Der Konstitutionstypus als genetisches Problem

Versuch einer genetischen Konstitutionslehre

Von

Dozent Dr. Klaus Conrad
Oberarzt der Universitäts-Nervenklinik Marburg (Lahn)

Berlin
Verlag von Julius Springer
1941

ISBN-13: 978-3-642-89609-5   e-ISBN-13: 978-3-642-91466-9
DOI: 10.1007/978-3-642-91466-9

Meinem Vater

Vorwort.

In einem ganz anderen Zusammenhang, als ihn dieses Buch zunächst erkennen läßt, nämlich bei dem Versuch, strukturpsychologischen Gedanken in der Psychopathologie Eingang zu verschaffen, erwies es sich als notwendig, das Konstitutionsproblem und seine Beziehung zur Charakterologie einmal von der genetischen Seite aus zu unterbauen. Dieser Versuch wuchs mir unter den Händen zu dem nunmehr vorliegenden Buche an. Sein Ergebnis war also nicht das Ziel, sondern nur ein Weg. Er besteht in dem Ausbau des Entwicklungsgedankens in der Konstitutionstypenlehre.

Dieser Entwicklungsgedanke ist nicht möglich ohne den Ganzheitsgedanken, der in den letzten Jahrzehnten — ein Zeichen von vielen für den geistigen Umbruch in unserem Denken — eine unschätzbare methodische Besinnung brachte. Wenn der Mensch den Menschen zum Gegenstand wissenschaftlicher Betrachtung macht, gerät er in dem Ringen um Erkenntnisse immer in das gleiche Dilemma. Er muß die Ganzheit der menschlichen Persönlichkeit zerschlagen, um in ihre Wirkungszusammenhänge eindringen und ihre Gesetze ergründen zu können. Mit dieser Analyse aber weicht das Geheimnis des Unteilbaren, das der menschlichen Persönlichkeit innewohnt, vor ihm zurück, wie eine Fata morgana, der man sich zu nähern sucht. Verzichtet er aber auf alle Analyse und bleibt bei der ganzheitlichen Betrachtung seines Gegenstandes, dann kommt er zwar, wie der formende Künstler, nahe an das Geheimnis der Ganzheit heran. Allein, er erschaut sie nur als Bild; ihre Gesetze bleiben ihm verborgen.

Um diese Gesetze zu ergründen, müssen wir also zerlegen. Aber — und hier liegt der Wert jener Besinnung — wir dürfen auch bei der Analyse die Ganzheit dessen, was wir analysieren, nicht aus den Augen lassen. Die Besinnung auf die Ganzheit erspart uns niemals das Zerlegen des Ganzen, wie man eine Zeitlang glaubte, aber wir lernen unter dem Gesichtspunkt des Ganzen erst wirklich das sinnvolle Zerlegen. Der Ruf nach der Synthese lehrte uns also vor allem eines: die sinnvolle Analyse.

Dies gilt, wie wir noch sehen werden, in besonderem Maße für unseren Gegenstand, die Lehre von der Variabilität der menschlichen Konstitutionsformen. Mit diesem Gegenstand hat sich bisher fast ausschließlich die klinische Medizin befaßt. Erst neuerdings beginnt — zögernd — auch die theoretische Wissenschaft von den Tatsachen der menschlichen Konstitutionsvarianten Kenntnis zu nehmen, die Anatomie und die Physiologie, die Anthropologie und — vorläufig am intensivsten — die Psychologie. Aber die Ansätze sind vorsichtig, die Versuche spärlich.

Demgegenüber ist die Arbeit der Klinik auf diesem Gebiet eine ungeheuer große. Die fruchtbarsten Ergebnisse finden wir in der Psychiatrie, der Lehre vom Körper mit der kranken Seele. Es ist kein Zufall, daß gerade von hier die Forschung über die menschlichen Konstitutionstypen ihren Anfang genommen hat.

Wir gehen nicht als Kliniker, sondern als Genetiker an das Problem der Konstitutionstypen heran. Wir fragen also nicht, wie sie sind, sondern wie sie geworden sind. Wie in aller Wissenschaft zerlegen auch wir unsere Materie in ihre Bestandteile, aber nicht in die Bestandteile ihres Seins, sondern in die ihres Werdens. Wir zerlegen ihren Werdeprozeß.

Eine genetische Analyse ist etwas anderes als eine klinische oder anatomische. Es wird deshalb nicht verwundern, wenn wir uns zunächst unsere Materie aufbereiten. In vielen Punkten können wir die reiche Vorarbeit der Klinik übernehmen, in manchen anderen können wir dies nicht. Klinischer und genetischer Gesichtspunkt bedeuten zwei sehr verschiedene Standorte. Was für den Kliniker eine Vielheit von Erscheinungen ist, ist für den Genetiker oft ein einziger Faktor, und was der Genetiker zerlegen muß, scheint oft dem Kliniker ein unzerlegbares Ganzes. So wird es der Kliniker verstehen, wenn manches von seiner Arbeit vom Genetiker umgearbeitet werden muß. Er wird es nicht als eine Kritik seiner Arbeit auffassen, sondern nur als eine Ergänzung von einer anderen Seite der Betrachtung. Vor allem aber werden wir auch bei dieser genetischen Analyse immer die Ganzheit im Auge behalten. Unser Ausgangspunkt ist deshalb auch nicht die Variation, sondern die Variabilität.

Zu danken habe ich meinen Lehrern: RÜDIN, dem Begründer einer psychiatrischen Genetik, dem Mitbegründer einer menschlichen Genetik überhaupt, und KRETSCHMER, dem Begründer der heutigen Konstitutionstypologie, dem Mitbegründer einer menschlichen Konstitutionslehre. Das Buch ist ein Versuch, diese beiden Disziplinen, die bisher allzu getrennte Wege marschierten, zu einer genetischen Konstitutionslehre zusammenzufügen.

Ich verdanke weiter außerordentlich viel der Beschäftigung mit den strukturpsychologischen Arbeiten der Schule von F. KRUEGER, vor allem dem Werke KRUEGERS selbst. Der Strukturgedanke durchzieht die ganze vorliegende Arbeit, ohne daß es möglich wäre, im einzelnen immer auf KRUEGER zu verweisen. Ich möchte deshalb diesen Hinweis generell, zugleich mit meinem Danke, schon an dieser Stelle bringen.

Zu danken habe ich aber auch meinen Kameraden und Schülern von der HJ. und der seit mehreren Jahren mit dem Hochschulbeauftragten cand. med. G. KOCH gemeinsam durchgeführten studentischen HJ.-Arbeitsgemeinschaft, deren Thema der hier behandelte Gegenstand war. Ich verdanke den jungen Kameraden mehr, als sie selbst wissen, nämlich das, was jeder Lehrer seinen Schülern verdankt: Anregung und Zwang, eigene Gedanken kritisch zu Ende zu denken.

Methodisch fußt das Buch auf vielen Hunderten von Körperbaumessungen, die im Laufe der letzten zwei Jahre von mir unter Leitung Prof. KRETSCHMERS an der Marburger Nervenklinik durchgeführt wurden, sowohl kranker wie gesunder Vergleichspersonen (Soldaten), sowie weiter auf mehreren hundert Messungen an Jugendlichen vor der Pubertät. Über die Ergebnisse dieser für bestimmte konkrete Einzelfragen durchgeführten Untersuchungen wird in den Fachzeitschriften berichtet werden.

Danken möchte ich endlich der Verlagsbuchhandlung, die trotz der erschwerenden Bedingungen des Krieges eine gute Ausstattung und ein promptes Erscheinen des Buches ermöglichte.

April 1941.

CONRAD
z. Zt. bei der Wehrmacht.

Inhaltsverzeichnis.

Das Problem.

1. Einleitung.

Es sind nun 20 Jahre her, seit KRETSCHMER sein bekanntes Werk mit den Worten begann[1]: „Der Teufel des gemeinen Volkes ist zumeist hager und hat einen dünnen Spitzbart am schmalen Kinn, während die Dickteufel einen Einschlag von gutmütiger Dummheit haben. Der Intrigant hat einen Buckel und hüstelt. Die alte Hexe zeigt ein dürres Vogelgesicht, wo es heiter und saftig zugeht, da erscheint der dicke Ritter Falstaff, rotnasig und mit spiegelnder Glatze. Die Frau aus dem Volk mit dem gesunden Menschenverstand zeigt sich untersetzt, kugelrund und stemmt die Arme in die Hüfte. Heilige erscheinen überschlank, langgliedrig, durchsichtig, blaß und gotisch.

Kurz und gut: die Tugend und der Teufel müssen eine spitze Nase haben und der Humor eine dicke ..." In unübertrefflicher Weise zeigte damals KRETSCHMER Zusammenhänge, von denen wir alle wußten, ohne sie doch zu kennen. Er zeichnete sie mit solcher Anschaulichkeit, daß dem Gemälde kein Strich mehr anzufügen war. Jeder Versuch, die Zeichnung zu verbessern, hätte gestört und verdorben, wie eine Retusche an den Werken alter Meister.

Von manchen Seiten wurde die Lehre vom Zusammenhang von Körperbau und Charakter weiter ausgebaut; sowohl nach der experimentell-psychologischen wie auch nach der physiologisch-funktionellen Seite ergaben sich weitere wichtige Korrelationen. Und der von KRETSCHMER gefundene Zusammenhang zwischen Körperbau und Charakter hielt jeder Nachprüfung stand. Klar gezeichnete Körperbaubilder und lebendig gesehene Charakterstrukturen stehen, wie wir heute mit Sicherheit wissen, in einem gesetzmäßigen Zusammenhang. An der Tatsache dieser Beziehung ist nicht mehr zu zweifeln.

Damit ergibt sich aber eine weitere, wichtige Frage, die seltsamerweise niemals ernstlich zu beantworten versucht wurde, nämlich diejenige nach der Erklärung dieser Beziehung. Daß im hageren, langgliedrigen und schmalbrüstigen Körper keine saftige, gemütliche und heitere Seele wohnt und im fetten, kurzgliedrigen und breiten Körper keine trockene, tugendhafte, sentimentale, ist gewiß. Aber warum ist dies so? Die Frage mag manchem töricht erscheinen, weil dieser Zusammenhang uns heute selbstverständlich ist. Aber man kommt, wie ich glaube, zumeist erst durch die Frage nach den Ursachen des „Selbstverständlichen" den Dingen auf den Grund. Im übrigen steht neben der Feststellung, daß zwei Dinge in der Natur zusammenhängen, immer sofort die Frage, warum sie zusammenhängen; erst sie ist das biologische Problem im engeren Sinne.

Wir wissen also durch KRETSCHMER: Leptosomer Körperbau und schizothyme Psyche bilden eine untrennbare Einheit, ebenso wie pyknischer Körperbau und cyclothyme Psyche. Körperbau und Charakter gehören zusammen wie die zwei Seiten eines Ganzen, sie sind nicht unabhängig voneinander auszutauschen, sondern bilden erst jenes geheimnisvolle Etwas, das man die psychophysische

---

[1] KRETSCHMER: Körperbau und Charakter. 1. Aufl. 1921, 13.—14. Aufl. 1941.

Ganzheit nennt. — Von der Erkenntnis dieses gesetzmäßigen Zusammenhangs ausgehend, in dem Körperbau und Charakter miteinander stehen, fragen wir nun: Welches sind jene Gesetze, nach denen sie „gesetzmäßig" zusammenhängen?

Wir fragen also nach den Gesetzen eines Zusammenhanges. Es muß doch biologische Gesetze geben, nach denen Körperbau und Charakter miteinander verbunden sind. Gerade das haben die Erkenntnisse KRETSCHMERS und alle Arbeiten seiner Schüler so deutlich gezeigt, daß hier eine tiefe und biologisch letzte Gesetzmäßigkeit verborgen sein muß, derzufolge ganz bestimmte körperbauliche Merkmale, Proportionen höchst charakteristischer Beschaffenheit mit ebenso bestimmten und ganz klar beschreibbaren, seelischen Eigenschaften verbunden sind. Es müssen doch Gesetze sein, nach denen z. B. die spitze Nase mit der Tugend und die dicke mit dem Humor zusammenhängen.

Nach diesen Gesetzen fragen wir in diesem Buch. Hier liegt, vom Allgemeinen her gesehen, das Problem, das wir uns stellen. Um an dieses Problem noch näher heranzukommen, wollen wir uns zunächst einmal einen Überblick über das ganze Problemgebiet und die bisherige Art seiner Behandlung verschaffen.

2. Deskriptive und genetische Fragestellung.

Lassen wir in einer Großstadtstraße den Strom der Passanten an uns vorbeifluten und betrachten aufmerksam jeden der uns Entgegenkommenden, so beginnt uns mit der Zeit zu schwindeln vor der Fülle der Gesichter. Formen um Formen, Gestalten um Gestalten tauchen für Sekunden in unser Blickfeld, und wir könnten stundenlang schauen und würden es nicht erleben, daß ein und dasselbe Gesicht zwei verschiedenen Menschen angehört. Es sind unendliche Variationen über ein Thema, nach einem strengen Kanon komponiert.

Es ist, als sähen wir in ein Kaleidoskop. Bei all den tausenden verschiedener Prägungen, Bildungen und Formungen, die uns dabei begegnen, handelt es sich, wie dort, um verschiedene „Muster". Fragen wir uns, wie wir wissenschaftlich an eine derartige Variabilität herangehen können, so stehen uns zwei Möglichkeiten offen: das Beschreiben und das Erklären.

Die Muster in einem Kaleidoskop, durch immer wieder neue Verteilung der kleinen bunten Splitterchen entstanden, können wir in verschiedener Weise beschreibend gruppieren, z. B. nach ihren Ganzqualitäten oder nach der Zahl ihrer Bestandteile, wobei die eine Methode den Vorteil besitzt, das Charakteristische des ganzen Musters klarer zu erfassen auf Kosten der Präzision und Abgrenzbarkeit; und die andere den Vorzug hat, klare Abgrenzungen und eindeutige Zuordnungen zu ermöglichen, aber vielleicht auf Kosten des Typischen des jeweiligen Musters. Wir erkennen, daß es verschiedene Möglichkeiten gibt, wie man beschreibend in eine große Variabilität eine Ordnung hineinbringen kann, von denen keine richtiger und keine falscher ist als die andere.

Betrachten wir eine andere Art von Mustern und ihre Ordnungsprinzipien wie etwa die Eisblumen mit ihrer strengen Abhängigkeit von den Bedingungen des jeweiligen Systems, also von der Glasfläche und ihrem Temperaturgefälle, ihren Randwirkungen, ihrer Feuchtigkeitsverteilung, so sehen wir, daß die Muster in ihrer Entstehung bestimmten Gesetzmäßigkeiten folgen, die dem Studium durchaus zugänglich sind. Wenn auch die Wissenschaft gerade den Mustern der Eisblumen noch kein besonderes Interesse entgegengebracht hat, so würde doch eine Erforschung all der Bedingungen ihres Entstehens zu einer weitgehenden Erklärung der einzelnen Formen und ihrer Unterschiede führen.

Darin liegt ein andersartiges Ordnungsprinzip von Mustern: nämlich nach den Bedingungen ihrer Entstehung. Diese spielten im Beispiel der Kaleidoskopsterne keine bedeutende Rolle, weil sie von uns selbst erdacht und willkürlich variierbar waren. Es handelte sich um künstliche Muster. Sie erweisen sich aber schon im Beispiel der Eisblumen als sehr wesentlich für die Erklärung dieser natürlichen Muster, z. B. für ihre Eigenschaft, fast niemals nach unten zu wachsen.

Neben diese natürliche, aber anorganische Musterbildung stellen wir nun das Beispiel einer organischen Musterbildung, den Schmetterlingsflügel. Auch hier eine Verteilung kleiner präformierter Teilchen, der Schuppen, nach ganz bestimmten Verteilungsprinzipien. Noch weniger spielt hier der Zufall eine Rolle; nicht im geringsten sind hier die Entstehungsbedingungen von unserem Belieben abhängig. Das ganze dynamische Geschehen der Entwicklung ist streng von bestimmten naturgegebenen Bedingungen abhängig, nämlich den auf dem häutigen Flügel herrschenden topologischen Verhältnissen mit seinen Adern, Härchen und Randwirkungen, den verschiedenen zeitlichen Stadien seiner Entwicklung, von Stoffwechselvorgängen im Organismus des Tieres, die zu der Farbstoffbildung führen usw. In Gang gesetzt wird dieser ganze Vorgang von der Dynamik der organischen Differenzierung, geleitet wird er von den Genen. Wir werden auf diese interessante und schon recht weitgehend erforschte Musterbildung noch eingehend zu sprechen kommen. Wir machen uns aber hier schon klar, daß eine derartige organische Musterbildung, wie sie der Schmetterlingsflügel repräsentiert, nur verstanden werden kann, wenn man sowohl ihre Entwicklungsdynamik, wie auch ihre Systembedingungen studiert. Um das Muster zu erklären, müssen wir also Entwicklungsmechanik treiben. Die Beschreibung von Mustertypen allein würde uns in der Erklärung dieser Formen nicht allzuweit bringen.

Ein letztes Beispiel führt uns wieder zu unserem Ausgangspunkt, der Variabilität der menschlichen Konstitutionstypen zurück. Wir dürfen nicht glauben, daß Muster immer nur flächenhafte Gebilde sein müssen, wie in den bisherigen Beispielen. Sehen wir uns etwa die menschliche Wirbelsäule näher an, so erkennen wir, daß keine der anderen völlig gleicht. Eine schier unendliche Fülle verschiedenartigster Variationen ist den Anatomen seit langem bekannt, die in der jeweils verschiedenen Höhe der Abschnittsgrenzen zwischen Hals- und Brustabschnitt, Brust- und Lenden- und schließlich Lenden- und Kreuzbeinabschnitt und ihren verschiedenen Kombinationen bestehen. Diese verwirrende Fülle von Variationen betrifft nicht nur die knöchernen Anlagen mit ihren zusätzlichen Gebilden der Rippen und Knochenfortsätze, sondern auch die daran ansetzenden Muskeln und dazwischen durchlaufenden Nervengeflechte. Auch hierbei handelt es sich um typische organische Musterbildungen. Ähnliche derartige Muster treffen wir im menschlichen Körper allenthalben, etwa in der Mannigfaltigkeit der Pneumatisation des Schädels, den Geflechten der Arm- und Beinplexus, den Venengeflechten, den Papillarlinien an den Fingerbeeren, den Handlinien, der Behaarungsverteilung, den Gefäßanastomosen, den Gehirnwindungen und schließlich auch den Verschiedenheiten der Körperformen und dem menschlichen Antlitz.

Bei allen diesen Musterbildungen lehrt uns ein einfacher deskriptiver Einteilungsversuch zunächst die einzelnen Formen sehen, aber ein „Verständnis" der verschiedenen Formen bringt er uns nicht. Eine Erklärung der organischen Musterformen — wir können noch allgemeiner sagen, der organischen Variabilität — also die Erkenntnis der Gesetzmäßigkeiten ihrer Entstehung, erlangen wir erst bei genetischer Fragestellung, wie dies für die Variationen der Wirbelsäule die schönen Untersuchungen von FISCHER und KÜHNE gezeigt haben, auf die wir ebenfalls noch näher zu sprechen kommen werden.

So wird jede Erforschung biologischer Variationen zwei Etappen durchlaufen. Die erste Etappe besteht in der möglichst eingehenden und gleichsam schöpferischen Beschreibung der Mannigfaltigkeit der Erscheinungen. Die zweite Etappe bringt mit der genetischen Fragestellung die eigentliche Erklärung der Variabilität.

Wir wollen sehen, inwieweit diese allgemeinen Erwägungen auf unser eigentliches Problem, die Variabilität der menschlichen Konstitutionsformen anzuwenden sind.

Das Problem der Mannigfaltigkeit der menschlichen Körperbauformen hat die Menschen seit jeher beschäftigt. Tiefste Volksweisheit hat sie erkannt, Forscher frühester Zeiten haben sich mit ihren Erscheinungen auseinandergesetzt.

Tabelle 1.

Historische Übersicht über die Methodik der konstitutionellen Typologie.

	Autoren	I. Schmale Typen	II. Mittlere Typen	III. Breite Typen
1.	RESTAN (1826) Franzose	Type cerebral (respiratoire)	Type musculaire	Type digestif
2.	CARUS (1856) Deutscher	Cerebrale, sensible, asthenische Konstitution	Athletische Konstitution (bei Carus noch nicht von I getrennt)	Plethorische Konstitution mit bevorzugter Entwicklung der Ernährungsorgane
3.	A. de GIOVANNI (1877) Italiener	Phthisischer oder langliniger Habitus	Athletischer oder thorakaler Habitus	Plethorischer oder abdominaler Habitus
4.	HUTER (1880) Deutscher	Empfindungsnaturell	Bewegungsnaturell	Ernährungsnaturell
5.	MANOUVRIER (1902) Franzose	Makroskeler Typ	Mesoskeler Typ	Brachyskeler Typ
6.	STILLER (1907) Deutscher	Asthenischer, atonischer Habitus	—	Apoplektischer, arthritischer, hypertonischer Habitus
7.	SIGAUD (1908) Franzose	Type respiratoire (u. cerebral)	Type musculaire	Type digestif
8.	VIOLA (1909) Italiener	Longitypus-mikrosplanchnischer Typ	Normotypus-normosplanchnischer Typ	Brachytypus-makrosplanchnischer Typ
9.	TANDLER (1913) Deutscher	Hypotonische Konstitution	Normaltonische Konstitution	Hypertonische Konstitution
10.	BRYANT (1913) Amerikaner	Carnivorer Typ	Normaler Typ	Herbivorer Typ
11.	BAUER (1919) Deutscher	Asthenischer Habitus	—	Arthritischer Habitus
12.	KRETSCHMER (1921) Deutscher	Leptosom	Athletisch	Pyknisch
13.	PENDE (1922) Italiener	Katabolischer, hypovegetativer Biotypus	—	Anabolischer, hypervegetativer Biotypus
14.	STOCKARD (1923) Amerikaner	Längstyp, linearer Typ	—	Quertyp, lateraler Typ
15.	BEAN (1923) Amerikaner	Hyperontomorpher Typ (Epitheliopathen)	—	Meso-ontomorpher Typ (Mesodermopathen)
16.	MATHES (1924) Deutscher	Zukunftsform	—	Jugendform
17.	WEIDENREICH (1927) Deutscher	Leptosom	—	Eurysom
18.	RAUTMANN (1928) Deutscher	Hyposthenisch oder leptosom	Mesosthenisch oder mesosom	Hypersthenisch oder pyknosom

Und in den letzten Jahrzehnten hat sich auch die Wissenschaft in zunehmendem Maße mit diesem Problem befaßt. Von allen Versuchen hat sich nur eine einzige Lehre völlig durchgesetzt und ist zu einem internationalen Gemeingut der gesamten Konstitutionsforschung geworden, nämlich die Lehre von KRETSCHMER. Das ist kein Zufall. Abgesehen davon, daß KRETSCHMER keine Konstruktion, kein einfaches Einteilungsschema brachte, sondern ungemein plastische Schilderungen lebendiger Menschen, liegt das Besondere dieser Typologie darin, überhaupt keine „Einteilung" nach nur einer Perspektive zu sein, also kein Schema, etwa nach einzelnen Merkmalen, wie „dünn—dick" oder „breit—lang", sondern eine auf die dahinterliegenden biologischen Prinzipien abzielende und die Einzelform als eine Ganzheit unter Einbeziehung auch der charakterologischen Struktur fassende, konstitutionsbiologische Lehre. Diese Lehre hatte von Anfang an gar nicht die Absicht „einzuteilen", zu „ordnen", zu „klassifizieren", sondern empirisch Zusammenhänge zu finden, Wuchsprinzipien zu erkennen und von da auf biologische Gesetzmäßigkeiten vorzustoßen. Es ist klar, daß gerade diese Lehre als Ausgangspunkt für eine genetische Analyse der Variabilität von besonderem Wert sein muß. Sie ist die Grundlage, auf der wir aufbauen.

Die Tab. 1 die einen Auszug aus einer großen Zusammenstellung durch VON RHODEN darstellt, — seine Tabelle umfaßt etwa doppelt soviel Autoren — gibt einen Überblick über die wichtigsten Typensysteme. Eine kurze Betrachtung zeigt, worauf wiederholt hingewiesen wurde, daß sich die meisten dieser Systeme um drei konstitutionelle Grundformen zentrieren, die „von Künstlern und Ärzten jeden Zeitalters und jeden Volkes intuitiv erschaut und in ihren wesentlichen Zügen übereinstimmend geschildert wurden. Sie gerieten aber immer wieder in Vergessenheit, so daß sie von Zeit zu Zeit von neuem entdeckt und mit neuen Namen belegt werden mußten" (v. RHODEN).

Schon die alten Inder legten ihrer Einteilung der Frauentypen die zwei polaren Formen der „Elefantenkühe" und „Gazellen" zugrunde und stellten zwischen beide die „Hirschkuh" als edle mittlere Form. Die alten Ärzte unterschieden seit Hippokrates einen Habitus phthisicus und einen Habitus apoplecticus. Die großen Körperbausysteme des letzten Jahrhunderts stellen eine reiche Abwandlung dieses Einteilungsgrundprinzipes dar. Jeder Forscher geht von einem anderen Teilbereich der gesamten Konstitution aus, immer aber mündet das neugeschaffene System in der gleichen Grundpolarität aus, wie dies auch in VON RHODENs Tabelle sehr klar zum Ausdruck kommt. Beschrieben wird irgendeine Seite des großen Komplexes der Konstitution, gemeint sind aber letztlich immer die gleichen Formen. Rein morphologische Gesichtspunkte liegen etwa der Einteilung in makroskele und mikroskele Formen (MANOUVRIER), in Longityp und Brachytyp (VIOLA), in Hochwuchs und Breitwuchs (STERN), in engbrüstig und weitbrüstig (BRUGSCH), in linearer und lateraler Typus (STOCKARD), in Typ plat und Typ rond (MACAULIFFE) usw. zugrunde, für die sich heute die KRETSCHMERschen Bezeichnungen des leptosomen und pyknischen Körperbautypus weitaus am meisten eingebürgert haben. Von ihrer funktionellen Seite gefaßt werden die gleichen Formen in den Bezeichnungen des Typ cerebral, später des Typ respiratoire (SIGAUD) und Typ digestiv (ROSTAND), des Empfindungs- und Ernährungstypus (HUTER), der hypotonischen und hypertonischen Konstitution (TANDLER), des katabolischen und anabolischen Biotypus (PENDE), des stenoplastischen und euryplastischen Typus (BOUNAK), des hyposthenischen und hypersthenischen Typus (RAUTMANN). Und schließlich von ihrer Pathologie her bezeichnet und gefaßt sind wieder die gleichen Formen im phthisischen und plethorischen Habitus (DE GIOVANNI) im asthenisch-atonischen und apoplektisch-hypertonischen Habitus (STILLER), im T-Typ und B-Typ (JAENSCH) usw.

Einen Versuch, die Typen als entwicklungsgeschichtlich verschieden determinierte Formen zu verstehen, finde ich nur wenige, so den Einteilungsversuch von Bean in Epitheliopathen und Mesodermopathen und jenen von MATHES, der eine Zukunftsform von einer Jugendform abtrennte. Seine Vorstellungen sind fast vergessen. Wir werden gerade von dieser Lehre später noch zu sprechen haben.

Es wäre nun natürlich unrichtig, alle linksstehenden und alle rechtsstehenden Typen der Tabelle miteinander gleichzusetzen; jedes der Systeme hat seine eigene Umgrenzung. Vielfach ergäben sich jedoch Überschneidungen. Diese im einzelnen zu untersuchen, ist nicht unsere Absicht. Als sicher kann gelten, daß die Formen der linken und rechten Seite außerordentlich viel gemeinsame Züge haben, d. h.

daß die gleichen besonders ausgeprägten Vertreter dieser Gruppen als konkrete Beispiele von den meisten Autoren verwendet werden könnten.

Anders ist dies bei der mittleren Rubrik. Hier unterscheiden sich die Autoren grundsätzlich. Die eine Gruppe behandelt diesen Typus als die einfache Mitte zwischen zwei Polen, als die in der angegebenen Charakterisierung neutrale Form. Sie bringt ihn dann gar nicht als besondere Form, beschreibt ihn auch nicht näher; ja vielfach wird gar nicht von einer eigenen Form gesprochen, die Mitte bleibt leer unter der selbstverständlichen Voraussetzung, daß bei einer Typisierung neben den extremen Vertretern der in bestimmter Weise charakterisierten Typen auch in dieser Hinsicht uncharakteristische Mittelformen existieren müssen. Die andere kleinere, aber gewichtigere Gruppe von Autoren behandelt diese dritte Form durchaus nicht als eine derartige indifferente Mittelform, sondern als eine eigene dritte Gruppe, die ihrerseits durch ganz bestimmte Merkmale aufs schärfste charakterisierbar ist. Sie hat also eigentlich gar nicht in der Mitte zwischen den beiden anderen ihren Platz, sondern könnte ebensogut an einer anderen Stelle, gleichsam im Dreieck zu den beiden anderen Formen stehen. Je weiter gefaßt, je schematischer und abstrakter das Einteilungsprinzip ist, desto mehr nimmt jene Form den Charakter einer Mittelform an; je konkreter und lebendiger, vor allem je individueller und merkmalsreicher die beiden polaren Typen geschildert werden, desto individueller und schärfer wird sich auch diese dritte Form abheben. Ihr Hauptkriterium ist, wie wir sehen, die Kennzeichnung als muskulärer oder athletischer Typus. In bezug auf die Hauptkriterien der beiden erstgenannten Formen, also vor allem in bezug auf die Längen- und Breitendimension und ihre Relation zueinander, verhält sich diese dritte Form neutral, sie ist hingegen charakterisiert durch andere Merkmalsgruppen, bezüglich deren sich die anderen beiden Formen wieder neutral verhalten, nämlich die betonte Knochen- und Muskeltrophik. Wir werden gleich noch mehr über diese Zwei- oder Dreipoligkeit der Typensysteme sagen müssen.

Aus diesem Überblick ergibt sich, daß man die körperbauliche Variabilität des Menschen zunächst zu gliedern, Merkmalskorrelationen größerer und geringerer Häufigkeit aufzusuchen und zu beschreiben hatte. Derartige erhöhte Merkmalskorrelationen bezeichnet man eben als „Typus".

Wie steht es nun mit unseren genetischen Vorstellungen auf dem Gebiet der gegenwärtigen Konstitutionsforschung? Was wissen wir über die Entstehung der Körperbauformen? Welches sind ihre Entstehungsbedingungen?

Die einzelnen Konstitutionstypen stellen bestimmte Konstellationen — wir können auch sagen: Korrelationen — von Merkmalen dar. Diese Merkmale sind vorwiegend anlagebedingt. Man schließt daraus, daß die Typen Konstellationen von bestimmten Erbanlagen sind, die in erhöhter Korrelation zueinander stehen. Und zwar sind es zunächst Anlagen für morphologische Merkmale, die den Körperbautypus bilden. Diese sind ihrerseits wieder verbunden mit Anlagen zu physiologischen Reaktionen, die einen Reaktionstypus zusammensetzen. Und dieser physische Anlagekomplex ist seinerseits wieder korreliert mit psychischen Anlagen, die einen Charaktertypus aufbauen. Über die Art dieser zahlreichen Affinitäten ist bisher noch nichts bekannt. Im Hinblick darauf, daß KRETSCHMER auch Überkreuzungen (also die Verbindung pyknisch-schizothym und umgekehrt) für denkmöglich hält, benützt er als eine Art Modell für unsere Vorstellung das Beispiel der blonden Haare und blauen Augen, die zwar gewöhnlich miteinander kombiniert seien, aber sich auch einmal mit dem Gegenpol in der Form: Blonde Haare — dunkle Augen und umgekehrt verbinden können. KRETSCHMER denkt also an verschiedene Erbanlagen für die morphologischen und die psychologischen Merkmale, die sich in bestimmten Kombinationen (evtl. durch Züchtung) verbunden haben, sich aber evtl. auch wieder umzüchten lassen könnten. Dementsprechend stellte er auch den Begriff der konstitutionellen „Legierung" auf und versteht darunter die Vermischung, in der uns der Typus im empirischen Einzelfall entgegentritt; wir sähen den Typ immer nur vermischt mit kleinen Zugaben aus heterogenen Erbeinschlägen. Dieser Begriff der „Legierung" gelte ebenso auch für den psychischen Typ eines Menschen, überhaupt für die Gesamtheit seiner ererbten Anlagen, seiner Konstitution.

Über Art und Zahl der am Typus beteiligten Erbanlagen wissen wir bis heute noch recht wenig. Es scheint sich diese Frage auch einer Beantwortung zu entziehen. Wissen wir doch, daß allein für die Entstehung der Fingerleisten eine ganze Reihe von Genen maßgebend ist, ebenso für die Pigmentierung, die Form des Haares, die Ohrform usw. So äußert sich FISCHER[1]: „Über die Zahl und Art der Erbfaktoren, die die Gesamtheit einer Physiognomie zusammensetzen, lassen sich Angaben noch nicht machen, die Zahl muß aber sehr groß sein. Eine gewisse Vorstellung von der ganzen Erscheinung erhalten wir aus den Beobachtungen über die großenteils ungeheuer weitgehende physiognomische Ähnlichkeit erbgleicher Zwillinge, aber auch über die verschiedensten Grade der Ähnlichkeit von Geschwistern, Eltern und Kindern, aber auch Verwandter weiterer Kreise. Leider gibt es darüber noch fast gar keine wissenschaftliche Untersuchung." Auch über die Zahl und Art der Gene für Wachstum, Körpergröße, Muskelentwicklung, für Knochenskelett, Fettansatz und Entwicklung der inneren Organe wissen wir so gut wie nichts. Hingegen wissen wir durch die Zwillingsuntersuchungen VON VERSCHUERS, was für uns die Sachlage noch kompliziert, daß auch exogene Faktoren der Ernährung und der Übung für die Ausformung des Körperbaues von gewichtiger Bedeutung sind.

An der Entstehung einer Körperbauform, wie sie etwa der pyknische Habitus darstellt, müssen also nach den herrschenden Anschauungen eine schier unübersehbare Fülle von Genen beteiligt sein. Nehmen wir dazu noch seine innigen Beziehungen zu bestimmten Charaktereigenschaften, Temperamentslagen, zu Krankheitsdispositionen organischer und psychischer Art, die alle ihrerseits ohne Zweifel wieder genisch bestimmt oder mitbestimmt sind, so mußte es völlig hoffnungslos erscheinen, diesen riesigen „Genkomplex" gleichsam genetisch anpacken oder aufspalten zu wollen. Das gleiche gilt naturgemäß für die anderen Typen.

Diese Hoffnungslosigkeit prägt sich auch deutlich in der Resignation bei der genetischen Behandlung des Problems aus. Anders wäre es nicht zu erklären, wieso sich noch keinerlei Ansätze zu einer Genetik der Körperbautypen zeigen. Selbst die so naheliegende Fragestellung nach der Erblichkeit des Körperbautypus ist trotz der heutigen Aera erbbiologischer Untersuchungen niemals einer Arbeit zugrunde gelegt worden. Es gibt keine Erblichkeitsuntersuchung normaler Körperbautypen.[2]

Die Frage, warum unsere Ordnungssysteme jener organischen Musterformen, wie sie die Konstitutionstypen darstellen, vorläufig rein deskriptiver Art sind, ist also leicht zu beantworten: weil wir von einer genetischen Erklärung, ja auch nur von der Möglichkeit, wie wir zu einer solchen Erklärung gelangen könnten, bisher noch hoffnungslos weit entfernt zu sein scheinen.

Ist nun ein genetisches Verständnis wirklich so völlig aussichtslos, wie dies aus dem Vorherigen hervorzugehen scheint? Ist die Vorstellung einer derart hohen Polygenie des Typus genetisch haltbar?

---

[1] BAUR, FISCHER, LENZ, 4. Aufl. 1936, S. 193.
[2] Einen ersten erfolgreichen Versuch stellt die Arbeit von CLAUSSEN und SCHLEGEL über die Erbbiologie der asthenischen Konstitution dar. Doch handelt es sich dabei um eine abnorme Variante des Körperbaus.

Versucht man sich einmal theoretisch klarzumachen, wie denn die „Affinität" jener zahlreichen Merkmale, die den einzelnen Körperbautypus charakterisieren, zu denken ist, so kommt man bald zu recht andersartigen Ergebnissen. Betrachten wir die wesentlichen Merkmale des Pyknikers im Sinne von KRETSCHMER, so finden wir am Skelett: Hohe steile Stirn, flach ausladende Schädelkontur, mittellange Nase, breite Kinnbildung, ausladende Kieferwinkel (Fünfeckgesicht), rechtwinkliger Mandibularast, kurzer Hals, leichte physiologische Kyphose in der oberen Halswirbelsäule, breiter tiefer Thorax mit großem Brustumfang, kurze Arme und Beine, schmale Schultern, kurze weiche breite Hände; an den Weichteilen: tief einspringende Haarwinkel an der Stirne, oft früher Haarausfall am Kopf, zarte gut durchblutete Haut, breit aufsitzender Bartansatz, Fettreichtum des subcutanen Zellgewebes, geringe Muskelentwicklung, vorspringender Bauch usf.; dazu psychisch: heitere unkomplizierte Grundstimmung, schwingendes weiches Temperament zwischen den Polen heiter und traurig, gute affektive Steuerung, hohe Umweltkohärenz, bestimmte seelische Verhaltensweisen im psychologischen Versuch, wie Farbempfindlichkeit, großer Auffassungsumfang, geringe Spaltungsfähigkeit, assoziatives Denken, ungebundene Psychomotorik; dazu pathologisch: Disposition zur Hypertonie und Arteriosklerose, zum Diabetes und der Arthritis, zu manisch-depressiven Psychosen; ebenso Resistenzen gegenüber der Tuberkulose und anderen destruktiven Prozessen usw. Nehmen wir nun für alle diese Merkmale eigene Gene an, dann entsteht die auch genetisch völlig unauflösbare Frage: wieso versammeln sich alle diese Gene mit einer solchen Vorliebe im einzelnen Genom? Wenn auch durchaus nicht immer alle genannten Merkmale an einem Individuum vereinigt zu beobachten sind, so finden sie sich doch weit überdurchschnittlich häufig zusammen, sonst wäre ja eben die Aufstellung des Typus nicht möglich gewesen. Es gibt aber in der gesamten Genetik kein Beispiel für eine solche „Affinität" so zahlreicher Gene im einzelnen Genom.

Man pflegt sich bei der Erörterung dieser Frage meist auf zwei verschiedene Erklärungsweisen zurückzuziehen. Das eine ist die Vorstellung von der sog. Faktorenkopplung. Man weiß aus der Genetik, vor allem der Drosophila, daß gewisse Anlagen aneinander gekoppelt sind, wie z. B. die Faktoren Y = Voraussetzung für die Ausbildung dunkler Körperfarbe, W = Voraussetzung für dunkle Augenfarbe, M = Voraussetzung für richtig ausgebildete Flügel. Die Gen-Analyse ergab, daß diese Faktoren alle im gleichen Chromosom zu lokalisieren sind und deshalb ganz bestimmte Austauschwerte zeigen, aus denen sogar die Reihenfolge und der relative Abstand dieser Faktoren innerhalb des Chromosoms zu erschließen waren. Könnte es sich nun auch bei den Merkmalen des einzelnen Konstitutionstypus um Faktorenkoppelung handeln? Diese Frage ist bedingungslos zu verneinen. Es müßte dazu zunächst angenommen werden, daß alle beteiligten Gene in einem einzigen Chromosom liegen. Schon das ist gänzlich unwahrscheinlich. Weiter sind im Falle der Faktorenkoppelung die gekoppelten Anlagen immerhin unbegrenzt trennbar, was bei den hier vorliegenden Konstellationen durchaus nicht der Fall zu sein scheint. Vor allem aber darf man nie vergessen, daß man unter Faktorenkoppelung immer nur eine Gen-Koppelung verstehen kann, während es sich im Falle des pyknischen Körperbautypus zunächst nur um eine Merkmalskoppelung handelt. Um also überhaupt diese Frage entscheiden zu können, müßten wir zunächst die phänotypischen Merkmale auf ihre Gen-Faktoren reduzieren und dann deren exakte statistische Relation studieren. Wir werden noch sehen, daß wir bei dieser Prozedur zu sehr andersartigen Ergebnissen kommen werden.

Die zweite Art von Vorstellungen, die man sich bezüglich der Kombination jener zahlreichen Erbanlagen macht, ist dieselbe, wie sie bei den Rassentypen vorliegt, woher ja auch das Beispiel von Haar- und Augenfarbe hergenommen wurde; es ist also der Weg der Züchtung. In jahrtausendelangen Züchtungsprozessen sind bestimmte Anlagen mit einem durch die gesamte Umwelt erhöhten Selektionswert ausgelesen und homozygot geworden, so daß nun diese Anlagen bzw. ein Teil von ihnen in erhöhter Korrelation miteinander auftreten. So ist ja auch das Zusammenauftreten von depigmentierten Haaren und Augen bei den nordischen Völkern zu verstehen. Es handelt sich um zwei selbständige Anlagen, die auf diese Weise durch Züchtung verbunden wurden. Sie lassen sich deshalb auch durch Umzüchtung wieder trennen. Danach wären Pykniker und Leptosome nichts anderes als die Vertreter verschiedener Rassen, die in unserer Population trotz ihrer Vermischung immer wieder halbwegs rein herausspalten.

Man hat in der Tat eine Zeitlang gemeint, die Konstitutionstypen stellten in Wirklichkeit Rassentypen dar (STERN-PIEPER, PFUHL, RITTERSHAUS u. a.). Es ließ sich jedoch zeigen, daß die Typen quer durch fast alle Rassen durchlaufen, sich auch bei den mongolischen Völkern finden; ja daß selbst bei den höheren Primaten ähnliche Breit- und Langwuchsformen mit den entsprechenden akzidentellen Eigenschaften vorkommen, wie sie unseren Konstitutionstypen entsprechen. Wenn also der Pykniker ein solches Züchtungsprodukt, also ein Rassentypus wäre, müßte er an allen Orten der Erde unabhängig und gleichsinnig entstanden sein, ebenso der Leptosome. Und alle verschiedenen Rassen der Erde müßten jede für sich aus einer ursprünglich pyknischen und einer leptosomen Rasse durch Mischung entstanden sein. WEIDENREICH hat auf die Unmöglichkeit dieser Annahme hingewiesen. So geht es also auch mit dieser Erklärungsmöglichkeit nicht.

Es gibt aber nun eine dritte Möglichkeit, an die bisher am wenigsten gedacht wurde. Die große Zahl phänotypischer Merkmale die den Körperbautypus konstituiert, braucht nämlich gar nicht auf eine ebenso große Fülle von Genen zurückgeführt zu werden. Wir wissen ja, daß es Gene gibt, die sich im Phänotypus an den verschiedensten Stellen manifestieren. Eine solche pleiotrope Wirkung zeigt etwa das Gen, das KÜHNE und FISCHER für die Erklärung der Variationen der menschlichen Wirbelsäule und ihrer Anhangsgebilde heranziehen. Wenn es gelänge, auch für unsere Konstitutionstypen eine solche einheitliche Entwicklungstendenz nachzuweisen, wie sie KÜHNE und FISCHER für die Variationen der Wirbelsäule fanden, wäre damit eine Möglichkeit völlig neuer Art zur Erklärung für jene typische Merkmalskombination der Körperbautypen gegeben. Freilich müßte dabei nicht nur der Nachweis geführt werden, daß jene Merkmale alle die Wirkung eines solchen „pleiotropen" Genes sind, sondern auch die Frage beantwortet werden, auf welchem Wege jenes Gen sich gerade in jenen Merkmalen und nicht in anderen ausprägt. Kurz, es müßte das zugrunde liegende genetische Prinzip für die Entstehung der Typen gefunden werden.

Damit aber krystallisiert sich unsere Aufgabe schon etwas klarer heraus, und es erscheint nicht mehr so hoffnungslos wie zu Anfang, das Problem des Konstitutionstypus genetisch anzupacken. Unsere vordringliche Aufgabe besteht in der Suche nach einem solchen einheitlichen genetischen Prinzip.

Wir fassen zusammen: In der Fülle der menschlichen Musterformen der Konstitution wurden von KRETSCHMER zwei polare Grundstrukturen gefunden, die, wie KRETSCHMER zeigte, weit über das morphologische Bereich in physiologische und psychologische Gebiete hineinreichen. Diese Unterscheidung des pyknisch-cyclothymen und leptosom-schizothymen Konstitutionstypus ist vorläufig eine deskriptive. Da wir das genetische Prinzip, das ihrer Entstehung zugrunde liegt, nicht kennen, können wir den Merkmalszusammenhang des einzelnen Typus nur beschreibend feststellen, aber nicht genetisch erklären. Im besonderen ist uns die Art des Zusammenhangs bestimmter körperlicher Merkmale mit bestimmten psychischen Eigenschaften völlig dunkel.

Da sowohl die Annahme der Entstehung durch Faktorenkoppelung wie auch diejenige der Entstehung durch Züchtung bei den Konstitutionstypen nicht haltbar ist, müssen wir nach anderen Erklärungsmöglichkeiten suchen. Eine solche ist die Annahme eines einzigen faktoriellen Prinzips, das der Entstehung der Typen zugrunde liegt. Theoretisch bereitet es nämlich der modernen Genetik keine Schwierigkeiten, einen einzigen Faktor anzunehmen, der am polaren Aufbau der Konstitutionsvarianten als das zugrunde liegende Moment wesenhaft beteiligt ist. Wir wissen, daß es Gene gibt, die insbesondere dann, wenn sie frühzeitig in den Entwicklungsprozeß eingreifen, eine ungemein große Fülle von Merkmalen des Organismus in ihrer Ausprägung beeinflussen und in ihrem Auftreten bestimmen. Wir wissen vor allem längst, daß man in der Genetik nicht von der falschen Vorstellung ausgehen darf, daß jedem Merkmal im Phänotypus ein eigenes Gen im Genotypus entspricht, kurz, daß überhaupt geradlinige und direkte Entsprechungen zwischen Merkmal einerseits und Gen andererseits existieren. Die Fülle der pyknischen oder leptosomen Merkmale könnte also sehr wohl auf wenige Genwirkungen reduzierbar sein.

3. Begriffliche und terminologische Vorbemerkung.

Bevor wir in die genetische Bearbeitung des Konstitutionsproblems eintreten, bedarf es noch einiger wichtiger begrifflicher Klarstellungen, da eine genaue Begriffsbestimmung gerade in der Konstitutionsforschung besonders nottut und, wie einleitend erwähnt, der Standort des Genetikers von demjenigen des Klinikers in einigen Punkten erheblich abweicht. Damit aber werden einige Abweichungen auch der verwendeten Begriffe unvermeidbar. Unsere Erörterungen betreffen drei Teilbereiche des Typenproblems, das Problem der Typenmischung, dasjenige der Grenzen zwischen Norm und Abnormen und schließlich das Problem der Zahl der Typenpole, also Zwei- und Dreipoligkeit der Typensysteme.

1. Über das Problem der Typenmischung ist schon viel diskutiert worden. Der Naturforscher, der irgendeine Variabilität in der Natur — sei es auf dem Gebiete der Zoologie oder der Botanik, der Geologie, Meteorologie, Anthropologie oder Psychologie — beschreibend zu gliedern beginnt, kann gar nicht anders vorgehen, als seine Materie zunächst einmal nach bestimmten zugrunde gelegten Gesichtspunkten polar zu ordnen. Er stellt zwei oder mehrere Typen auf, d. h. Träger bestimmter einander entgegengesetzter Merkmale, Eigenschaften, Verhaltensweisen oder Reaktionen. Dazwischen bleibt nun eine Fülle von Erscheinungsformen, die nicht an die beiden Pole zu stellen sind, weil sie gleichsam von beiden etwas, aber nicht alles enthalten. So kommt er ohne besonderes Nachdenken von selbst zu dem Begriff des „Mischtypus". Er meint damit nichts anderes, als Formen, die zwischen zwei Typenpolen stehen.

Demgegenüber äußert sich HELWIG in einer Kritik des Typenbegriffes[1]: Schon der Begriff des Mischtypus ist ein Selbstwiderspruch; denn Typ heißt: deutliche Ausgeprägtheit zu einem von zweien oder mehreren einander entgegengesetzten Polen. Typisch ein „dieses" sein, schließt also aus, daß man zugleich typisch ein „jenes" ist. Typisches, das zueinander konträr steht, kann sich nicht mischen. Mischen kann man nur das, was in seiner Gestalt einen Typ darstellt, nicht aber den Typ selbst.

---

[1] HELWIG, P., Charakterologie. Leipzig 1936, S. 74ff.

Diese Erwägung ist vollkommen richtig. Sie hat aber auf unserem Gebiet dann keinen Angriffspunkt, wenn man bei dem Gebrauch des Begriffes eben die Mischung dessen meint, was der Typus darstellt und gar nicht den Typus als solchen. Tut man dies jedoch, dann entsteht eine Schwierigkeit genetischer Art, die uns deshalb hier zu beschäftigen hat. In der Bezeichnung „Mischung" liegt etwas Genetisches, nämlich der Sinn des durch Mischung Entstandenseins. Die Mitte braucht aber keineswegs aus der Mischung der Extreme entstanden zu sein. Es kann eine Form auch eine Mischung verschiedener typischer Merkmale enthalten, ohne deshalb aus der Mischung der Extreme hervorzugehen.

Wir müssen also dreierlei Bedeutungen bei dem Begriff des „Mischtypus" unterscheiden. Er wird verwendet im Sinne einer a) eine Mischung von Merkmalen enthaltenden Form, b) durch Mischung entstandenen Form und c) Mittelform.

Wenn man bei den Konstitutionstypen von dem Begriff des Mischtypus Gebrauch macht, dann ist dabei zunächst gemeint: die Formen enthalten Merkmalszüge, vielleicht nur in geringfügigen Andeutungen, die nicht dem aufgestellten Typenideal voll entsprechen, vielleicht sogar zu den Zügen des Gegentypus gehören. Hier haben wir den Begriff in der Wortbedeutung a) Man pflegt daraus zu schließen: also muß sie durch Vermischung zweier Extreme irgendwie entstanden sein, wodurch sich der Begriff in die Wortbedeutung b) abwandelt. Diese Überlegungen machen aber auch nicht halt, wenn man sich die Formen immer mehr von beiden Polen nach der Mitte zu abgerückt denkt. Auch dann noch, ja vielleicht gerade dann, spricht man gern von Mischtypen und setzt dann wohl auch das Kennzeichen „uncharakteristisch" hinzu (Wortbedeutung c).

Als Genetiker können wir uns nur an die Wortbedeutung b) halten im Sinne der durch Mischung entstandenen Form, da in der Genetik der Begriff der Mischung eindeutig festgelegt ist. Haben wir einen Fall vor uns, der keine reine Extremform, sondern eine Form zwischen den Typenpolen darstellt, dann dürfen wir also erst dann von einer Mischform sprechen, wenn wir nachgewiesen haben, daß diese Form in der Tat durch Mischung zweier extremer Varianten entstanden ist. Dabei muß dieser Nachweis natürlich nicht im Einzelfall, aber wenigstens generell geführt sein. (Maultier, Rehobother Mischlinge, rosa blühende Wunderblume.) Solche Formen sind dann genetisch ohne weiteres als Mischformen, oder wie die wissenschaftliche Bezeichnung lautet, als Bastarde zu bezeichnen. Wir werden noch sehen, daß die zwischen den beiden Extremvarianten liegenden mittleren Formen keineswegs in diesem Sinne als Bastardformen anzusehen sind.

Unter Konstitutionstypus verstehen wir zunächst mit KRETSCHMER eine Gruppe häufiger zusammen vorkommender biologischer Merkmale körperlich-seelischer Art[1]. Diesen Merkmalen liegen vom Durchschnitt abweichende Wuchstendenzen zugrunde. Die Zusammenfassung der den Typus konstituierenden Merkmale erfolgt zunächst in der Weise, daß man die Variabilität gleichsam unter einer bestimmten umfassenden Perspektive betrachtet, die Formen also unter einem bestimmten Gesichtspunkt ordnet. Je näher dieser Gesichtspunkt den zugrunde liegenden Wuchstendenzen und genetischen Gesetzen kommt, die man ja zunächst nicht kennt, desto besser und brauchbarer ist die Typologie.

Wir betrachten also die Konstitutionstypen unter dem Gesichtspunkt der ihnen zugrunde liegenden Wuchstendenzen. KRETSCHMER unterschied dabei

---

[1] Wobei diese Formulierung natürlich noch keine Definition ist, da auch die Merkmale, die den Mann von der Frau, den Neger vom Weißen oder den Affen vom Menschen unterscheiden, solche „Gruppen häufiger zusammen vorkommender biologischer Merkmale körperlich-seelischer Art" darstellen, ohne deshalb schon konstitutionstypische zu sein.

primär keimplasmatische (lokale und allgemeine) und zentral gesteuerte (humorale und zentral-nervöse) Wachstumsvarianten[1]. Hier fügt sich unsere im folgenden dargestellte genetische Untersuchung in die Lehre KRETSCHMERS organisch ein, indem sie gerade diesen, an der Entstehung der Konstitutionsformen beteiligten genetischen Prinzipien weiter nachzugehen sucht. Wir müssen unterscheiden den Konstitutionstypus als Gruppe korrelierter Merkmale und die Wuchstendenzen, die diesen Merkmalen zugrunde liegen. Um diese letzteren nun zum Gegenstand genetischer Betrachtung machen zu können, müssen wir sie zunächst zerlegen und, um eine Basis zu gewinnen, irgendeine der wesentlichsten derartigen Wuchsprinzipien, von denen der Konstitutionstypus aufgebaut wird, herausgreifen. Mit der Formulierung KRETSCHMERS: Das Wesentliche am Habitus des Leptosomen ist kurz gesagt geringes Dickenwachstum bei durchschnittlich unvermindertem Längenwachstum, und für den Pykniker starkes Tiefen- und Breitenwachstum (Dickenwachstum) auf Kosten des Längenwachstums, haben wir eine sehr klare und eindeutige Merkmalskonstellation, die eine ganze Reihe wichtiger Proportionen betrifft, wie etwa die proportionale Schädelhöhe, den relativen Kopf-, Brust- und Bauchumfang, die relative Extremitätenlänge u. a. m. Wir machen sie zunächst zur Grundlage unserer Überlegungen. Die aus dieser Wuchstendenz resultierenden Merkmale sind sehr wesentliche für das Bild z. B. des Pyknikers, aber sie sind noch nicht der Pykniker, der ausgezeichnet ist durch zahlreiche weitere charakteristische Merkmale, die nichts unmittelbar mit dieser Grundproportion zu tun haben, sondern mit ihr nur in einer erhöhten Korrelation stehen. Sie bilden gleichsam ein Grundgerüst des Typus. Wir sprechen mit Rücksicht auf eine saubere Terminologie deshalb gar nicht von Pyknikern und Leptosomen, sondern führen die etwas abgewandelten Begriffe der pyknomorphen und leptomorphen Wuchstendenz ein.[2] Pyknomorph ist also jede normale Konstitutionsvariante, bei der die Grundproportion des betonten Tiefenwachstums auf Kosten des Längenwachstums vorliegt; leptomorph jede, bei der geringes Tiefenwachstum bei unvermindertem Längenwachstum besteht. Jeder Pykniker ist pyknomorph, aber nicht jeder Pyknomorphe ist schon rein pyknisch im Sinne von KRETSCHMER.

Zwischen den beiden extremen Formen liegt ein Bereich von mittleren Formen. Auch für diese suchen wir eine Bezeichnung, damit nicht immer wieder der Begriff des athletischen Habitus, der ganz etwas anderes darstellt, und von dem wir gleich noch zu sprechen haben, in dieses Vakuum hineingleitet. Wir nennen die Formen zwischen den beiden extremen Typen Metromorphe[3].

Mit den bisherigen Ausführungen ist aber die Determinierung unserer abgewandelten Begriffe noch nicht erschöpft. Insonderheit der Leptomorphe in unserem Sinne unterscheidet sich vom Leptosomen im Sinne der bisherigen Typenlehre noch durch ein anderes wesentliches Moment. Wir kommen damit zu unserem zweiten Programmpunkt dieser terminologischen Klarstellung, nämlich zur Frage nach den Grenzen zwischen Norm und Abnormen.

---

[1] KRETSCHMER: Handb. d. Erbbiologie des Menschen. Bd. II, Berlin 1940.
[2] Mit der Endung -morph werden neuerdings in der Anthropologie (s. v. EICKSTÄDT, Rassenkunde, 2. Aufl. Stuttgart 1939, S. 60) Formen unter dem Gesichtspunkt ihrer Entwicklungsgeschichte bezeichnet. Es wird erst später verständlich werden, inwiefern dies bei unserer Betrachtungsweise der Konstitutionsformen zutrifft.
[3] Von τὸ μέτρον = das rechte Verhältnis, das rechte Maß, das Ebenmaß. Wir ziehen diese Bezeichnung allen andern, mit den Begriffen „Mitte" (etwa mesoskel, mesosom) oder mit dem Begriff „Norm" (etwa Normotypus) gebildeten Bezeichnungen vor, da er mehr ist als nur die Mitte, andererseits aber auch die beiden extremen Varianten, wie wir noch begründen werden, zur Gänze in die Norm hineinfallen.

2. Auf die Abgrenzung der Norm wollen wir hier nicht eingehen und nur
auf die Ausführungen von HILDEBRAND, JASPERS, LENZ u. a. verweisen, insbesondere auf die Unterscheidung zwischen Durchschnittsnorm und Idealnorm.
Den Genetiker interessiert die Frage, ob ein Merkmal oder eine Form normal oder
abnormal ist, nicht allzusehr. Es hängt dies auch von äußeren Momenten ab, die
außerhalb der genetischen Fragestellung liegen. Wir erinnern nur an das bekannte
Beispiel der Flügellosigkeit bei den Insekten der Kergueleninsel, wo infolge der
heftigen Stürme auf dieser kahlen Insel die geflügelten Formen einen wesentlich
geringeren Selektionswert haben wie die in der ganzen übrigen Welt „abnormen"
ungeflügelten Mutationen, die dort sozusagen die Norm darstellen. Wenn wir
mit LENZ unter dem „Abnormen" (der Anomalie) dauernde Abweichungen vom
Zustand voller Anpassung verstehen, so ist darin schon enthalten, daß der Norm-
begriff nicht nur vom Individuum, sondern auch seiner Umwelt, in die es hinein-
gepaßt ist, abhängt. Dabei wird, wie dies LENZ in ausgezeichneter Weise aus-
führte, diese Angepaßtheit nicht auf das Individuum, sondern auf dieses in seiner
Beziehung zur Geschlechterfolge, also gleichsam zu seiner Sippe orientiert werden.
Unfruchtbarkeit, die die Anpassung des Individuums in keiner Weise stört, ist
deshalb trotzdem abnormal, die Vorgänge der Geburt und des Wochenbettes sind
andererseits normal, da sie zum Vorgange der Arterhaltung gehören.

LENZ sagt weiter mit Recht, daß es nicht nötig ist, nur einen normalen Typus
in einer Bevölkerung anzunehmen; es können vielmehr mehrere recht verschiedene
Typen gleich erhaltungsgemäß sein. Immerhin erfüllen die Bedingung, in vollstem
Maße angepaßt zu sein, durchaus nicht alle Konstitutionsformen in gleichem Maße.
Es gibt unendlich viele kontinuierliche Übergangslinien, die nach allen Seiten in
Zustände herabgesetzter Angepaßtheit führen. Wenn auch die Grenze im Einzel-
fall oft schwer zu ziehen ist, so haben wir doch für die meisten Varianten ein
Urteil darüber, ob sie noch in den Bereich vollster Angepaßtheit hineinfallen
oder nicht. Natürlich gibt es immer Grenzfälle.

Der Umstand, daß es dabei auch auf Umweltverhältnisse ankommt, darf den Blick für
das Wesentliche nicht trüben. Gewiß gibt es Umwelten, in denen eine an sich sehr abweichende
Form glänzend angepaßt ist, auch bei den Menschen. Es gibt Zwergformen in manchen Alpen-
tälern, oft auf Inseln, die durch hormonale Störungen entstanden und durch Inzucht weiter
vererbt werden und die sich seit Jahrhunderten halten, ein Zeichen, daß sie in hohem Maße
an ihre Umwelt angepaßt sind. Es wäre dennoch falsch, sie deshalb als normale Formen zu
bezeichnen, weil sie gleichwohl, aus ihrem schützenden Alpental oder von ihrer Insel entfernt,
sehr rasch der Ausmerze verfielen. Es handelt sich also nur um einen relativen Grad von
Angepaßtheit und deshalb doch um Abnorme. Das gleiche gilt umgekehrt von der oft
angestellten Überlegung, daß manche Charaktereigenschaften, wie etwa diejenige der Furcht-
samkeit, das höhere Maß an Angepaßtheit bewirke wie draufgängerische Tapferkeit, die sich
oft selbst ausmerze. Man vergleiche etwa hierauf unter gleichalterigen Jugendlichen die vor
der Fortpflanzung durch Unglücksfälle (Motorrad, Auto, Segelfliegen, Sport usw.) ausfallenden
Formen. Ohne Zweifel sind darunter in vermindertem Maße Furchtsame zu finden. Hier
handelt es sich um einen relativen Grad von Unangepaßtheit, also wieder um einen
Sonderfall. Denn auch hier gilt, daß vom Allgemeinen her gesehen die Eigenschaft der Tapferkeit auch biologisch den größeren Selektionswert besitzen dürfte als die Feigheit. Im übrigen
dürfen die durch unsere Zivilisation bedingten „unbiologischen" Verhältnisse nicht ohne
weiteres für biologische Überlegungen herangezogen werden.

Wir stoßen bei diesen Erwägungen auf den Begriff der hypoplastischen
Kümmerform. Es ist niemandem zweifelhaft, daß es sich hierbei um einen
herabgesetzten Grad der Angepaßtheit, somit um eine abnorme Form handelt.
Solange wir einfach Biotypen beschreiben, kann es uns gleichgültig sein, ob die
vorfindlichen Formen mehr oder weniger angepaßt, mehr oder weniger anormal
sind. Auch werden wir uns klarmachen müssen, daß Formen, die heute und hier
angepaßt sind, morgen und woanders unangepaßt sein können. Der Begriff der
Norm kann also wechseln. Wenn wir jedoch das den Typen zugrunde liegende

biologische Prinzip genetisch anfassen wollen, müssen die beiden Typenpole
genetisch vergleichbar, eben wirklich Pole auf einer Perspektive sein;
sie müssen auf der gleichen begrifflichen Ebene liegen. Da die begriffliche Fassung der Typen, wie wir sahen, in unserem Ermessen liegt, werden wir Sorge
tragen, daß beide Typenpole auch im Hinblick auf ihre Normbeziehungen
gleichwertig sind. Es wird jedenfalls wesentlich mehr Aussicht auf Erfolg für
genetische Überlegungen bieten, wenn beide Typen in vergleichbarem Sinn als
Varianten des gleichen Normgrades angesehen werden können, als wenn dies
nicht möglich ist.

Deshalb hat KRETSCHMER — aus der gleichen Tendenz heraus — den alten
Astheniebegriff aufgegeben und dafür den Begriff des „Leptosomen" eingeführt,
um der pyknischen eine gleichwertige Normvariante auf dem anderen Pol gegen-
überzustellen. Auf Grund der später näher ausgeführten Überlegung, daß es
zwei verschiedene Wuchstendenzen zu sein scheinen, die dem Leptosomen einerseits und dem Hypoplastischen andererseits zugrunde liegen, wollen wir, den von
KRETSCHMER bereits begonnenen Weg weiterschreitend, aus unserem Begriff
des Leptomorphen, der ja noch keinen Konstitutionstypus, sondern nur eine
Wuchstendenz bezielt, den Komplex des Hypoplastischen überhaupt ausschalten.
Der von uns eingeführte Begriff des Leptomorphen, als einer einheitlichen
normalen Wachstumstendenz, schließt den Begriff des Hypoplastischen, als einer
Wuchstendenz sui generis, aus. Ein Leptomorpher ist als solcher ein nicht-
hypoplastischer Leptosomer, er kann natürlich außerdem noch hypoplastisch
sein. Ein Hypoplastiker ist als solcher nicht schon leptomorph, er kann es
nur außerdem noch sein. Einen hypoplastischen Leptomorphen, ganzheitlich
als Konstitutionstypus gesehen, bezeichnen wir, im Sinne der Konstitutionstypologie, als Astheniker. Der Astheniker fällt also nach unserer Terminologie nicht in den Begriff des Leptomorphen hinein wie in der bisherigen Typenlehre. Er enthält eine Wuchstendenz, eben die Hypoplasie, die — wie wir
noch zeigen werden — nichts unmittelbar mit der Leptomorphie zu tun hat.

Der Pyknomorphe und Leptomorphe stehen sich damit als zwei Normvarianten
gegenüber. Sie stellen eine Variationsbreite der Norm dar. Zwischen ihnen steht
der Metromorphe als die Breite der mittleren Formen. Wir bezeichnen diese
Reihe, wie wir noch begründen werden, als die Primärvarianten.

Daß diese Trennung der leptomorphen und hypoplastischen Wuchstendenz bei genetischen
Überlegungen wichtig ist, zeigen u. a. gewisse Nivellierungen von Proportionswerten, die dadurch entstehen, daß bei der Berechnung von Relativwerten vielfach die Körperhöhe als
Vergleichsmaßstab gewählt wird. Da nun die kurzen hypoplastischen Kümmerformen und
die langwüchsigen Leptomorphen sich in der Körperhöhe sehr verschieden verhalten, erhält
man bei der Berechnung von Durchschnittswerten dann, wenn man diese Formen nicht
trennt, stark der Mitte angenäherte Zahlen, die dann auch andere, auf die Körperhöhe be-
zogene Proportionen nivellieren. So differiert etwa die relative Beinlänge im Durchschnitt
bei den Leptosomen und Pyknikern bei den verschiedenen Untersuchungen um nur 0,1 bis
1,0%, bei manchen Untersuchungen (VON RHODEN, HENCKEL, KOLLE) hat der Pykniker
sogar die relativ längeren Beine (Tab. 2). Dies kommt daher, daß auch die Unterschiede
der Durchschnittswerte der absoluten Körperhöhe in diesen Messungen sehr gering sind.
Auch hier sind bei einigen Autoren die Pykniker durchschnittlich etwas größer als die
Leptosomen (OLIVIER, KOLLE) (Tab. 3). Wenn man jedoch die hypoplastischen Formen
aus dem Gesamtmaterial ausscheidet, dann erhält man sofort erheblich prägnantere Pro-
portionsunterschiede. Gerade diese aber brauchen wir für genetische Überlegungen.

3. Dies führt uns schließlich zu dem dritten Programmpunkt unserer terminologischen Erwägungen, nämlich zu der Frage nach der Zahl der Typenpole. Es
ist vermutlich schon aufgefallen, daß wir bisher ausschließlich vom Pykno- und
Leptomorphen sprachen und den dritten Typus KRETSCHMERS, den Athletiker,
beiseite ließen. Wir beschränkten uns vielmehr auf den Hinweis, daß dieser Typus

keinesfalls als mittlere Form aufgefaßt werden dürfte. Für letzteren führten wir
den Terminus des Metromorphen ein.

Über die Stellung des Athletikers wurde schon öfter diskutiert. Der
Inhalt des Begriffes, sowohl in morphologischer wie in psychischer Hinsicht, ist
durch die Darstellung bei KRETSCHMER und ENKE vor nicht allzu langer Zeit
festgelegt worden. Dabei wurde
in besonderem Maße klar, daß
dieser Form eine andere Wuchstendenz zugrunde liegen muß
als den beiden anderen Formen.
Die Kriterien des Pykno- und
Leptomorphen liegen vor allem
in den Proportionen von Kopf:
Rumpf:Extremitäten; diejenige
des athletischen Habitus liegen
vor allem in geweblichen Be-
schaffenheiten, in bestimmten

Tabelle 2. Die relative Beinlänge bei den
Grundvarianten[1].

	Pykn.	Lepto-som	Diff. L—P
JACOB-MOSER	54,5	54,6	0,1
v. RHODEN-GRÜNDLER. .	51,5	51,2	—0,3
KOLLE	56,2	55,2	—1,0
OLIVIER	52,5	53,3	0,8
KRETSCHMER	52,1	53,1	1,0
HENCKEL	53,7	53,5	—0,2
MICHEL-WEEBER	50,3	51,0	0,7

Dimensionen und Sonderproportionen, wie etwa dem Brust-Schulterverhältnis
oder dem Verhältnis des Gehirn- zum Gesichtsschädel.

Wir werden noch eingehend zu zeigen haben, daß dem athletisch-hyperplastischen Habitus mit seinen hypertrophischen Akzenten: große breite
Nase, akzentuierte Jochbögen,
vorspringendes Kinn, dadurch
langes Mittel- und Untergesicht,
breite Schultern, große Hände und
Füße (Akromegalie) sowie derbe
Hautbeschaffenheit und excessive
Behaarung als komplementärer
Gegenpol der asthenisch-
hypoplastische Habitus
gegenübersteht mit seiner gerade
entgegengesetzten hypotrophen
Beschaffenheit an den gleichen

Tabelle 3. Die durchschnittliche absolute
Körperlänge bei den Grundvarianten[1].

	Pykn.	Lepto-som	Diff. L—P
JACOB-MOSER	165,8	172,7	6,9
v. RHODEN-GRÜNDLER .	165,8	165,9	0,1
KOLLE	167,1	162,3	—4,8
OLIVIER	165,5	165,0	—0,5
KRETSCHMER	167,8	168,4	0,6
HENCKEL	167,9	169,5	1,6
MICHEL-WEEBER	163,8	167,8	4,0

Punkten: dünne scharfe Nase, hypoplastische Jochbögen, zurückfliehendes Kinn,
dadurch kümmerliches Mittel- und Untergesicht, schmale Schultern, kleine
Hände und Füße (Akromikrie), dazu dünne Hautbeschaffenheit und reduzierte
Behaarung. Wir werden weiter zeigen, daß gleichwohl nicht dasselbe Aus-
schließungsverhältnis besteht wie bei den Primärformen, so daß Impulse beider
Wachstumsformen sich im gleichen Individuum vorfinden können.

Hier wollen wir nur darauf hinweisen, daß damit der athletische Habitus
einen Typenpol einer anderen Wuchstendenz darstellt. Sie unterscheidet
sich auch noch in einem zweiten Punkt von der zunächst besprochenen Variationsebene des Pykno- und Leptomorphen. Diese nämlich lagen, wie wir sahen, völlig
im Bereich der Norm insofern, als sowohl der eine wie der andere bis in seine
optimalste Ausprägung gesteigert, nicht ins Abnorme hineinreicht: Der aller-
typischste Pykniker ist immer noch eine völlig normale Variante; seit der Abtrennung des Hypoplastikers ist das gleiche auch bei dem Leptomorphen der
Fall. Anders ist dies hingegen beim Athletiker; der typischste, extreme Vertreter
dieser Form ist bekanntlich der Akromegale. Kontinuierliche Übergänge verbinden diese pathologische Form mit den noch normalen Vertretern des Typus.

---

[1] Auszug aus einer großen Zusammenstellung von WEIDENREICH, Rasse und Körperbau, Berlin 1929, Seite 30ff.

Die Typologie schwingt also aus der Norm heraus. Wir bezeichnen aus ganz bestimmten Erwägungen, auf die wir später noch zu sprechen kommen, alle derartigen Konstitutionsvarianten, die aus der Norm herausschwingen und gleichsam ihre optimale Ausprägung im Abnormen haben, als Sekundärvarianten.

Hierzu ist noch folgendes ganz allgemein zu sagen: Es gibt kein Typenschema, das die ungeheure Variabilität der menschlichen Körperbauformen restlos nach einem Gesichtspunkt oder nach zwei oder drei Typenformen einzufangen imstande wäre. Es handelt sich bei den Typen immer nur um die Erfassung der Formen unter dem Gesichtspunkt großer Wuchsprinzipien, die bei der Entstehung der einzelnen Formen wirksam waren. In das hierarchische Gefüge der Entstehungsbedingungen, die eine einzelne Körperbauform entstehen lassen, gilt es, die darin wirkende Ordnung zu erkennen. Der leptosome und pyknische Körperbau sind Prägungen, bei denen ein solches allgemeines Wuchsprinzip wirksam war. Beim Athletiker war ein anderes solches Prinzip wirksam. Nach wieder anderen Wuchsprinzipien lassen sich andere Typen aufstellen. Andererseits waren sowohl beim einzelnen Pykniker oder Leptosomen, wie auch beim Athletiker, natürlich auch eine Fülle anderer Wuchsprinzipien wirksam, — bis in die letzte Ausformung der Nasenspitze oder der kleinen Fingerkrümmung manifestieren sich derartige Tendenzen, die, wie wir noch sehen werden, nichts anderes sind, als die Wirkung der Gene. In diese Fülle galt es zunächst Hauptgesichtspunkte zu bringen. Ein solcher — wie die ganze Entwicklung der Konstitutionstypologie lehrte, außerordentlich fruchtbarer — Gesichtspunkt war die Aufstellung der KRETSCHMERschen Typen. KRETSCHMERS Bestreben ging von Anfang an dahin, weitere solche Gesichtspunkte zu finden und die Fülle weiter zu gliedern. Deshalb würde es ein völliges Mißverstehen bedeuten, würde man glauben, die Typen sollten etwa drei große Töpfe oder Fächer darstellen, in die nun die gesamte, riesige Variabilität der menschlichen Formen hineingepreßt werden sollte. Ein „Typus" bedeutet in diesem Sinne nicht eine bestimmte „species", einer Tierart vergleichbar, sondern ein Bündel von bestimmten miteinander korrelierten Wachstumsprinzipien, die, neben anderen, bei der Entstehung der Form wirksam waren. Das gleiche gilt natürlich auch von den charakterologischen Strukturtypen.

Gehen wir als Genetiker an die Untersuchung dieser Wuchsprinzipien, dann müssen wir zunächst zweipolige Variationsreihen aufsuchen, da sich für den Genetiker alle Variabilität immer wieder auflöst in zweipolige Schemata, aus dem einfachen Grund, weil das ganze Erbgefüge des Organismus paarig und nicht dreiteilig angelegt ist, jeder Organismus also zwei Eltern und nicht drei Eltern hat. Wo immer in der Genetik drei oder mehrpolige Erscheinungsweisen oder Variationsreihen vorkommen, muß der Genetiker sie sich in mehrere zweipolige Reihen umbauen. Ein Beispiel soll das illustrieren.

Bei der Beschreibung der menschlichen Haarfarbe gelangen wir zu drei charakteristischen Typen, dem dunklen, stark pigmentierten, dem hellen unpigmentierten und dem roten Haar. Diese Haarfarbtypen stellen ein typisches dreipoliges Typensystem dar. Sobald wir aber nach der Genese dieser drei Formen fragen, ergibt sich alsbald die Notwendigkeit, aus dieser Dreipoligkeit gleichsam zwei verschiedene zweipolige Schematas zu machen: die zweipolige Reihe von schwarz zu blond, mit anderen Worten von starker zu schwacher Pigmentierung, und die andere Reihe von rot zu nichtrot, mit anderen Worten: von einem starken zu einem schwachen (nicht mehr feststellbaren) Rotfaktor. Die Rothaarigkeit beruht also auf einem Faktor sui generis, der sich in allen Kombinationen der Abstufung mit dem ebenfalls gestuften Dunkelpigmentfaktor verbinden kann.

In der gleichen Weise lassen sich alle drei- und mehrpoligen Typen bei genetischer Behandlung in zweipolige umformen. Anders ist eine Reduktion der Erscheinungen auf die zugrunde liegenden Gene nicht möglich. Die begriffliche Umkonstruktion, die wir vornehmen, besteht also lediglich darin, daß wir den athletischen Typus aus der Reihe zwischen den Polen des Pykno- und Leptomorphen, als eigenen Typenpol einer anderen Perspektive, gleichsam auf eine andere Ebene stellen, an deren anderem Ende der Astheniker steht. An dem Typus als solchem verändern wir dabei natürlich nichts.

Nach diesen kurzen Bemerkungen können wir uns nun der Besprechung des ersten großen Wuchsprinzips zuwenden, das der Entstehung der Primärvarianten zugrunde liegt.

Schrifttum[1].

BAUR-FISCHER-LENZ: Menschliche Erblehre. 4. Aufl. München 1936. — CARUS, C. A.: Symbolik der menschlichen Gestalt. 4. Aufl. Dresden 1938. — FISCHER, E.: Genetik und Stammesgeschichte der menschlichen Wirbelsäule. Biol. Zbl. **53**, 1933. — GROTE, R.: Über persönliche Norm. Einheitsbestrebung d. Med. (Verh.ber. 1932). — HELWIG, P.: Charakterologie. Leipzig-Berlin 1936. — HILDEBRAND, K.: Norm und Entartung des Menschen. Dresden 1920. — JASPERS, K.: Allgemeine Psychopathologie. 3. Aufl. Berlin 1923. — KRETSCHMER, E.: Körperbau und Charakter. Berlin 1936 — Handb. d. Erbbiologie des Menschen. Bd. II. Berlin 1940. — KRETSCHMER und ENKE: Die Persönlichkeit der Athletiker. Leipzig 1936. — KÜHNE: Die Vererbung der Variationen der menschlichen Wirbelsäule. Z. Morph. u. Anthrop. **30**, 1932. — LENZ, F. (BAUER, FISCHER, LENZ): 4. Aufl. München 1936. — PFUHL: Die Beziehungen zwischen Rassen- und Konstitutionsforschung. Z. Konstit.lehre **9**, 172 (1933). — v. RHODEN: Methoden der konstitutionellen Körperbauforschung. ABDERHALDEN: Handb. biol. Arbeitsmeth. IX, Tl 3. — RITTERSHAUS, E.: Konstitution oder Rasse. München 1936. — STERN-PIPER: Kretschmers psychologische Typen und die Rassenformen in Deutschland. Arch. f. Psychol. **67**, 569 (1923). — v. VERSCHUER: Die Erbbedingtheit des Körperwachstums. Z. Morph. u. Anthrop. **34**, 398 (1934). — WEIDENREICH: Rasse und Körperbau. Berlin 1927.

---

[1] Wir stellen im „Schrifttum" lediglich die im Text ausdrücklich zitierten Autoren zusammen, geben also nur eine Quellenangabe, nicht aber ein Verzeichnis des ganzen, einschlägigen Schrifttums. Diesbezüglich sei verwiesen auf die zahlreichen Sammelreferate und Handbücher der letzten Jahre.

Erster Teil.

Die Entstehung der Primärvarianten.
Die pyknomorphe und die leptomorphe Wuchstendenz.

A. Das ontogenetische Strukturprinzip.

Wir fragen nach der Entstehung der primären Konstitutionsvarianten. Diese
Frage kann man in verschiedener Weise zu beantworten suchen. Erstens ontogenetisch: Wie entstehen die Formen im Verlauf der individuellen Entwicklung?
Zweitens phylogenetisch: Wie entstanden sie im Verlauf der Entwicklung der
Art? Und schließlich genealogisch: Wie entstehen sie aus den Elternkreu-
zungen, wie verhalten sie sich im Erbgang? Wir beginnen bei der ersten, ontogenetischen Frage.

1. Die Entwicklung des Prinzips.

Die menschliche Morphogenese von der Eizelle zur fertig geprägten Form
durchläuft einen langen Weg. Wenn wir uns zunächst lediglich mit dem post-

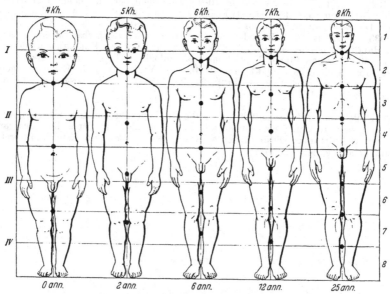

Abb. 1.   Wachstumsproportionen (nach STRATZ)[1].

fetalen Entwicklungsprozeß beschäftigen, so können wir an ihm zwei wesentliche
Komponenten trennen: das Wachstum im Sinne der Volumszunahme einerseits und
der Verschiebung der Proportionen andererseits. Die Volumszunahme der einzelnen
Teile des Körpers ist keineswegs eine gleichmäßige, sie betrifft manche Teile
stärker als andere, wodurch es zu einer sehr charakteristischen und strengen Gesetzen
der Entwicklung folgenden allgemeinen Proportionsverschiebung kommt.

---

[1] Gegen diese Darstellung sind gewisse Bedenken geäußert worden (A. H. SCHULTZ),
die sich aber lediglich gegen gewisse quantitative Momente wenden; hier kommt es aber
nur auf das Grundsätzliche an.

Beschränken wir uns zunächst auf die proportionalen Veränderungen, die der Körperbau des Menschen gesetzmäßig in seiner postfetalen Entwicklung durchläuft, so gibt dafür die Abb. 1 nach STRATZ einen guten Anhaltspunkt. Das Wesentliche dieser Darstellung ist die sehr charakteristische starke Längenzunahme der Extremitäten gegenüber einer wesentlich geringeren des Rumpfes und Kopfes. Dadurch rückt die Körpermitte vom Nabel nach der Symphyse hinunter und die relative Kopfhöhe nimmt von einem Viertel beim Säugling bis zu einem Achtel ab, der Kopf verkleinert sich relativ. Auf Abb. 2 wird dasselbe mit den absoluten Größenzunahmen dargestellt, also die Änderung der Dimensionen und der Proportionen. Diese Proportionsveränderungen sind an großem unausgelesenen Beobachtungsmaterial eingehend studiert worden.

Die charakteristische Verschiebung betrifft, wie wir gleich noch eingehend besprechen werden, bei weitem nicht nur dieses Rumpf—Extremitätenverhältnis, sondern noch eine ganze Reihe weiterer Proportionen. Wir begnügen uns jedoch vorläufig mit dieser einen Proportion als einem einfachen und übersichtlichen Modell.

Wenn wir die Abb. 2 in der aufgezeigten Richtung noch um eine Stufe weiterführen würden, gelangten wir zu einer weiteren Proportionsstufe, charak-

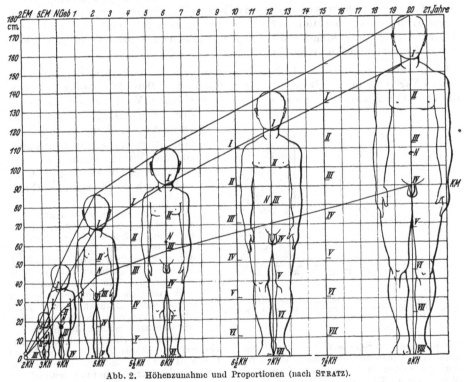

Abb. 2. Höhenzunahme und Proportionen (nach STRATZ).

terisiert durch einen langgliederigen Habitus, bei dem die Körpermitte deutlich unterhalb der Symphyse liegt und der Kopf weniger als $^1/_8$ der Gesamtlänge ausmacht. Diese Form würde mit ihren Proportionen ohne Zweifel an einen extrem leptomorphen Habitus anklingen. Wir sagen absichtlich „anklingen“, denn es müßten noch andere Bedingungen erfüllt sein, damit wir wirklich von einem Leptomorphen sprechen könnten.

2*

Umgekehrt würde eine Form von der Proportionsstufe des 6jährigen (6 KH) der Abb. 1, wäre sie in ihren Dimensionen auf das normale Maß des Erwachsenen vergrößert gedacht (so wie in Abb. 1), mit ihrem relativ großen Kopf und ihren kurzen Extremitäten erheblich an den pyknomorphen Habitus erinnern.

Da auch Vertreter der beiden Primärvarianten des Körperbauplanes den allgemeinen Entwicklungsgesetzen folgen — sowohl der Pykno- wie der Leptomorphe müssen, wie jeder andere, diese ontogenetischen Stadien durchlaufen —, können wir also sagen, daß der Leptomorphe in bezug auf die genannten Proportionen gleichsam an einen Punkt in der Linie der Proportionsverschiebung gelangt, den der Pyknomorphe niemals erreicht, da er schon auf einem früheren Stadium der Proportionsverschiebung verblieben ist. In dieser an sich sehr einfachen und naheliegenden Erkenntnis könnte nun eine gewisse Gesetzmäßigkeit verborgen liegen, der nachzugehen uns zu verlohnen scheint.

Tabelle 4. Relative Kopfhöhe (in Proz. der Körperlänge) nach STRATZ und OPPENHEIM.

Alter	rel. Kopfhöhe	Alter	rel. Kopfhöhe
Neugeb.	23	6—9 Jahre	16
1 Jahr	22	10—11 Jahre	15
2 Jahre	20	12 Jahre	14,5
3 Jahre	19	13 Jahre	14
4 Jahre	18	14 Jahre	13,5
5 Jahre	17	15—17 Jahre	13
		20 Jahre	12,5

Wir wollen zunächst die eben erörterten Determinationsverschiedenheiten der beiden Varianten nochmals in Form einer Kurve darstellen. Wir fanden, daß sich die relative Kopfhöhe in der Ontogenese von einem Viertel zu einem Achtel der Körperlänge verschiebt. Diese Verschiebung verläuft anfangs rascher, später langsamer. Genaue Werte finden wir bei STRATZ und OPPENHEIM (Tab. 4), wobei sich die Kurve der Abb. 3 ergibt.

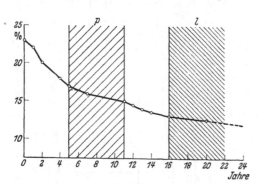

Abb. 3. Die ontogenetische Verschiebung der relativen Kopfhöhe. Die Felder des pykno- und leptomorphen Typus sind eingezeichnet.

Wollen wir in diese Kurve nun die Verhältnisse einzeichnen, wie sie sich beim pykno- und leptomorphen Typus finden, was theoretisch außerordentlich einfach wäre, dann stoßen wir hier auf die schon (S. 14) erwähnte Schwierigkeit, die dadurch entsteht, daß zahlreiche der in der Literatur vorliegenden Maßzahlen der Konstitutionstypen für diesen Zweck nicht verwendbar sind, da durch die Berechnung von Durchschnittswerten aus heterogenem Material die Werte zu weit den Mittelwerten angenähert sind, so daß praktisch keinerlei wesentliche Unterschiede hervortreten. Dies wird hier ganz deutlich. Wenn wir bei der Berechnung der relativen Kopfhöhe (in Prozent der Körperhöhe) mit den gleichen Werten für die Körperhöhe bei Pykno- und Leptomorphen rechnen müssen, dann können die Verhältniszahlen auch nicht wesentlich differieren; denn das, worin sich gerade in dieser Proportion die beiden Typen unterscheiden, ist ja nicht die absolute Kopfhöhe, — die bleibt im Wachstumsprozeß sehr weitgehend stabil und ändert sich schon vom 6. bis 8. Lebensjahr nicht mehr allzu erheblich — sondern eben die Körperhöhe, so daß in der Relation ein deutlicher Unterschied zutage tritt. Wenn wir aber die Durchschnittswerte der langgliedrigen Leptomorphen durch die hypoplastischen Kümmerformen nivellieren und dann mit Durchschnittswerten arbeiten, die praktisch gleich denen der Pykniker sind, verwischen wir uns damit die proportionalen Unterschiede, die wir doch so deutlich sehen.

Wenn wir den typischen Leptomorphen neben einen typischen Pykniker stellen (Abb. 4—7), so springt der Proportionsunterschied sehr deutlich in die Augen[1, 2]. Es ist auch anthropologisch erwiesen, daß kleinere Menschen im Durschschnitt größere Köpfe haben (MARTIN). Um nun doch zu Zahlenwerten zu gelangen, schlagen wir eine einfache Grenzwertmethode ein.

Eine „statistische" Bearbeitung typologischer Probleme ist immer eine zweischneidige Sache. Da wir den Typus als Ordnungsbegriff selbst bestimmen, können wir ihn natürlich nicht statistisch zu beweisen versuchen. Typologische Durchschnittswerte haben also keinen beweisenden, sondern nur einen illustrativen Wert. Ferner sagen die Durchschnittswerte über das Wesentlichste des Typus nichts aus, nämlich über die Grenzwerte, zwischen denen er festgesetzt ist. Sie müssen also durch solche ergänzt werden. Schließlich haben auch diese Grenzwerte als absolute Größen wenig Bedeutung, da der Typus immer nur in seiner Gegenüberstellung zum Gegentypus einen Sinn hat. Der Typus kann also nicht durch einen absoluten Durchschnittswert, sondern immer nur durch ein relatives Grenzwertbereich in seinem Verhältnis zu einem polar entgegengesetzten Grenzwertbereich erfaßt werden.

Wie bestimmen wir nun die Grenzen dieses Grenzwertbereiches eines Typus? Wir müssen dabei die äußeren von den inneren Grenzen unterscheiden. Die äußeren Grenzen werden repräsentiert durch die typischsten Vertreter, die Idealprägungen des Typus. Wir können also den äußeren Grenzwert niemals

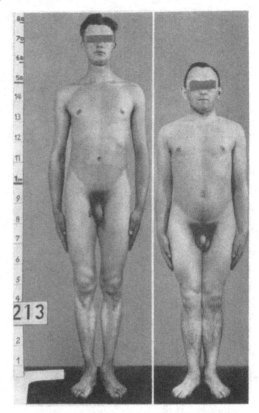

Gr 179	Sb 39,8	Gr 158	Sb 37
Gw 70	Al 79	Gw 61,5	Al 69
Bu 90	Bl 95	Bu 90	Bl 82
Hu 92	St.I. —0,5	Hu 90	St.I. +0,5

Abb. 4. Jugendliche leptomorphe und pyknomorphe Proportion; letztere entspricht der mittleren (6 KH), erstere der letzten (8 KH) Figur von Abb. 1.

durch eine Durchschnittsberechnung gewinnen. Denn jede Durchschnittsberechnung nivelliert, d. h. nähert die Werte der Mitte. Wir gewinnen die äußeren Grenzwerte aus typischen Einzelfällen[3].

---

[1] Wir stellen bei unseren Abbildungen grundsätzlich immer Gegentypen einander gegenüber, die sowohl im Alter, wie auch in ihren Normbeziehungen bzw. in ihren Beziehungen zu anderen Variationsebenen (Sekundärvarianten) wie endlich auch in ihrer photographischen Darstellung (gleicher Abstand des Objektivs, gleiche Beleuchtung, gleicher Apparat usw.) vergleichbar sind.

[2] Wir fügen den Bildern nach Tunlichkeit die wesentlichen Maßzahlen an. Es bedeuten dabei: Gr = Körpergröße, Gw = Körpergewicht (nackt), Bu = Brustumfang bei ruhiger Atmung (61 n. MARTIN), Hu = Hüftumfang (64,1 n. MARTIN), Sb = Schulterbreite (Breite zwischen den Akromien, 35 n. MARTIN), Al = ganze Armlänge (45 n. MARTIN, links gemessen), Bl = Beinlänge, Symphysenhöhe (6 n. MARTIN), St.I. = Strömgren-Index, der aus dem Verhältnis Körpergröße: sagittaler Brustdurchmesser: transversaler Brustdurchmesser errechnete Index [STRÖMGREN, Über anthropometrische Indices zur Unterscheidung von Körperbautypen, Z. Neur. **159**, 75 (1937)].

[3] Ähnlich ging M. SCHMIDT vor.

Die innere Grenze, d. h. jene Werte, nach der Mitte zu, wo der Typus gerade aufhört, „typisch" zu sein, können wir natürlich nicht vom Einzelfall, sondern werden diesen Wert aus Durchschnittsberechnungen erhalten, und zwar aus möglichst weitbegrenzten Kollektiven. Durchschnittsberechnungen an Typen stellen niemals äußere, sondern immer nur innere Grenzwerte dar. Ich setze also das Grenzbereich der Typen fest als jenes Bereich zwischen den Durchschnittswerten und den idealen Einzelwerten.

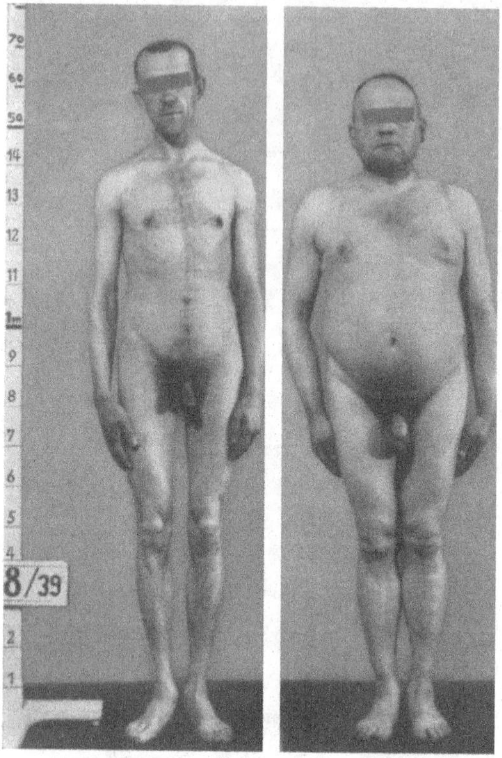

Wesentlich ist dabei, sich darüber klar zu sein, daß diese Grenzen überhaupt keine festen sind. Auch gegen unsere Methode läßt sich manches einwenden wie gegen jede andere. Dies liegt in der Natur der Sache. Da der Typus nichts fest Begrenztes ist, gibt es keine Methode, feste Grenzen zu finden; es gibt eben keine. Es handelt sich nur darum, zwar willkürlich, aber methodisch richtig zu irgendeiner Grenzziehung zu gelangen.

Diese Grenzwertmethode wird auch in den weiterhin zu besprechenden Proportionen nach Tunlichkeit eingehalten. Es entstehen so für die Werte bei Pykno- und Leptomorphen Felder, die durch die beiden oben beschriebenen Grenzwerte bestimmt werden. Setzen wir in die Abb. 3 die Werte für die Pykno- und Leptomorphen ein[1], so zeigt sich sehr deutlich, wie beim Pyknomorphen die Kopfhöhen-Körperlängen-Proportion zusammenfällt mit einer entwicklungszeitlich früheren Determinationsstufe als beim Leptomorphen.

Dies ist zunächst einmal eine deskriptive Feststellung, allerdings auf der Grundlage einer genetischen Überlegung. Es soll vorläufig gar nichts anderes heißen, als daß der Leptomorphe hier eine Proportionsstufe erreicht, zu der der Pyknomorphe nicht hingelangt. Das heißt natürlich nicht, der Pyknomorphe sei in seiner Entwicklung „zurückgeblieben", „retardiert". Es sei hier schon ausdrücklich darauf aufmerksam gemacht, daß die Ausdrücke der Retardierung im Sinne der Pathologie und der Determinierung im Sinne der Genetik streng auseinander gehalten werden müssen. Viel näher als die Vorstellung einer retardierten Entwicklung kommt deshalb die phylogenetische Vorstellung einer konservativen gegenüber einer propulsiven (oder progressiven)

Gr 173	Sb 38	Gr 162	Sb 40
Gw	Al 76	Gw 82	Al 73
Bu 84	Bl 94	Bu 107	Bl 82,5
Hu 84	St.I. −0,9	Hu 99	St.I. +1,2

Abb. 5a. Älterer leptomorpher und pyknomorpher Habitus.

---

[1] M. Schmidt gibt von Idealtypen für die relative Kopfhöhe die Werte $1/8$ für den Leptosomen und $1/6$ für den Pykniker an.

Entwicklung. Eine retardierte Entwicklung ist eine solche, die — vom Entwicklungsziel aus gesehen — zurückgeblieben ist; eine konservative ist eine solche, die — vom Entwicklungsbeginn aus gesehen — nicht so weit vorwärts gegangen ist. Den Begriff der Retardierung gebrauchen wir deshalb immer nur im Sinne einer abnormen Entwicklung, und zwar reservieren wir ihn im engeren Sinn (mit KRETSCHMER) für das abnorme Zurückbleiben der Reifung der Sexualkonstitution, also einer von den hier in Rede stehenden Entwicklungsvorgängen unabhängigen Determination[1]. Der Begriff der konservativen Entwicklung bezeichnet demgegenüber eine durchaus normale Entwicklungsvariante, die der ebenso normalen propulsiven gegenübersteht. Der Pyknomorphe zeigt also in Hinsicht auf die relative Kopfhöhe eine konservative, der Leptomorphe eine propulsive Entwicklung.

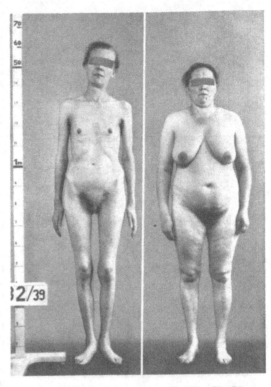

Gr 162   Sb 37,5   Gr 152   Sb 36,5
Gw 52   Al 75   Gw 67   Al 68,5
Bu 78   Bl 79   Bu 99   Bl 74,5
Hu 86   St.I. −1,2   Hu 100   St.I. +0,1

Abb. 5b. Weibliche Leptomorphe und Pyknomorphe. Links besteht außerdem eine erhebliche asthenisch-hypoplastische Komponente.

2. Das morphologische Geltungsbereich des Prinzips.

Wir untersuchen nun einige weitere Proportionen, um zu sehen, ob und inwiefern sich das gleiche Prinzip auch in anderen Proportionen, die im Laufe der Ontogenese einer Verschiebung unterliegen, als gültig erweist.

Der relative Kopfumfang nimmt ebenfalls im Laufe der Ontogenese ständig ab. Abb. 8 zeigt die aus der Tab. 5 sich ergebende Kurve. Setzen wir auch hier wieder die Werte für Pykno- und Leptomorphe ein, so finden wir aus den Durchschnittswerten der Literatur (Tab.6) als inneren Grenzwert der Pyknomorphen etwa 34,3%, der Leptomorphen etwa 33,0%. Die äußeren Grenzwerte bestimmen wir aus den typischen Einzelfällen etwa mit 36% bzw. 31%.

Tabelle 5. Relativer Kopfumfang (in Proz. der Körperlänge) ausgerechnet nach DAFFNER und PFAUNDLER, zit. nach BROCK, gekürzt.

Alter	rel. Kopfumf.	Alter	rel. Kopfumf.
Neugeb.	68	7 Jahre	45
1 Jahr	61	8 Jahre	43,5
2 Jahre	56,5	9 Jahre	41
3 Jahre	53	11 Jahre	38
4 Jahre	49,5	13 Jahre	36,5
5 Jahre }	45	14 Jahre	36
6 Jahre }		15 Jahre	35
		17—20 Jahre	33,5

[1] Im weiteren Sinn ist jede Hemmungsbildung (Hasenscharte, Hypospadie) eine Retardation.

Damit zeigt sich wieder das gleiche Prinzip: kleine Menschen haben im Durchschnitt größere Köpfe im Verhältnis zur Länge. Es ist klar, daß unter den kleineren
Menschen vorwiegend die Pyk-
niker erscheinen. Doch stimmt
dieser Satz nicht ganz allgemein,
denn hypoplastisch - asthenische
Kümmerformen haben bekanntlich sehr kleine Köpfe. Das, was
mit jenem in der obigen Form allzu
allgemein formulierten Satz gemeint ist, würde präziser folgendermaßen lauten: kleinere
Menschen, sofern sie normale
(nicht abnorme) Kurzformen sind,
haben, wie das Kind im Vergleich zum Erwachsenen, relativ größere Köpfe.

Auf den Schädelindex, eine
bekannte wichtige Proportion,
kommen wir später (S. 38) zu
sprechen.

Der transversale Cephalo-
facialindex (C.F.I.) betrifft das
Verhältnis von Gesichtsbreite zu
Schädelbreite. Er wird bestimmt
und ausgedrückt durch die relative Jochbogenbreite (in Prozent
der größten Schädelbreite). Dieser Index steigt vom Beginn der
Morphogenese immer höher an,
weil der Gesichtsschädel beim Neugeborenen gegenüber dem großen
Hirnschädel stark im Wachstum
zurück ist; erst im Lauf der
späteren Entwicklung wächst
der Gesichtsschädel in stärkerem

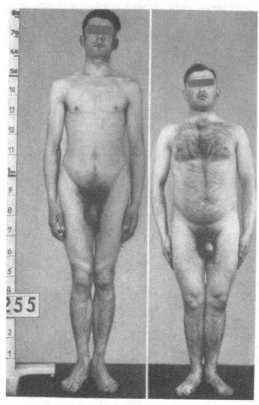

Gr 181	Sb 40	Gr 157	Sb 37,5
Gw 76	Al 81	Gw 67	Al 69
Bu 92	Bl 95	Bu 99,5	Bl 79
Hu 97	St.I. −0,8	Hu 95	St.I. +0,5

Abb. 6. Jugendlicher Leptomorpher und Pyknomorpher.
Beide nach dem hyperplastisch-athletischen Variationspol
verschoben.

Maß, wodurch es zu einer Proportionsverschiebung zugunsten des Gesichtsschädels
kommt. Die Kurve der Abb. 9 gibt die Maße der Entwicklung (Tab. 7) wieder.

Es läßt sich nicht von vornherein mit Sicherheit sagen, ob
und wie die Konstitutionsvarianten sich in diesem Index unterscheiden. Der Pyknomorphe hat
zwar im ganzen einen relativ
breiteren Schädel und ein brei-
teres Gesicht als der Leptomorphe. Wie aber das Verhältnis
beider zueinander beschaffen ist,
das müssen erst genaue Messungen lehren. Hier stört wieder

Tabelle 6. Relativer Kopfumfang bei
Konstitutionstypen.

Autor	Leptos.	Pyk.
JACOB-MOSER	31,8	34,5
v. RHODEN-GRÜNDLER . .	33,3	34,7
KOLLE	33,6	34,2
OLIVIER	33,6	33,6
KRETSCHMER	32,8	34,3
HENCKEL	32,3	34,3
MICHEL-WEEBER	33,1	34,6

die Vermischung des Leptosomen mit den Hypoplastikern. Die Astheniker
zeichnen sich ja bekanntlich gerade aus durch die Verkümmerung des

Gesichtsschädels gegenüber dem Hirnschädel. Der typische Astheniker-schädel ladet gegenüber dem kümmerlichen Gesichtsschädel deutlich aus. Er repräsentiert in diesem Punkt in der Tat infantile Verhältnisse. Das Umgekehrte ist beim Athletiker mit seinen stark ausladenden Jochbögen der Fall. Der C.F.I. muß also außerordentlich spezifisch vor allem für diese beiden sekundären Typen sein. Wir kommen auf diesen wichtigen Unterschied der beiden Sekundärvarianten später zu sprechen. Vermischen wir nun diese beiden Wuchsprinzipien und schalten umgekehrt den athletischen Habitus bewußt aus, dann verschieben wir damit die Verhältnisse. Die Werte für die Leptomorphen müssen deshalb bei den verschiedenen Messungen zu niedrig erscheinen (Tab. 8). Demgegenüber ergeben unsere eigenen Messungen an ausgelesenen typischen Leptomorphen im Vergleich zu dem Pyknomorphen eine schwache Umkehr dieses Verhältnisses: die Pyknomorphen haben einen etwas niedrigeren C.F.I. als die Leptomorphen. Die inneren Grenzwerte überschneiden sich deshalb in unserer Kurve. Immerhin zeigen die äußeren Grenzwerte die bei den Typen bestehende Tendenz an.

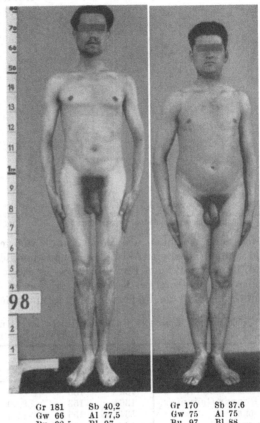

Gr 181	Sb 40,2	Gr 170	Sb 37.6
Gw 66	Al 77,5	Gw 75	Al 75
Bu 92,5	Bl 97	Bu 97	Bl 88
Hu 89	St.I. −0,6	Hu 98	St.I. ±0,0

Abb. 7. Jugendlicher Leptomorpher und Pyknomorpher. Beide leicht nach dem hypoplastisch-asthenischen Variationspol verschoben.

Der vertikale Cephalofacialindex wurde bei den Konstitutionstypen niemals bestimmt. Vor allem fehlen die dazu notwendigen Maße der schwer zu bestimmenden Ohrhöhe (projektivische Entfernung des Tragion vom Scheitel), die niemals bestimmt wurde. Bei der normalen Entwicklung nimmt dieser Index ständig zu.

Einige weitere Proportionsverschiebungen am Schädel lassen sich besser unmittelbar anschaulich machen, als durch Maßzahlen erfassen. Zu diesem Zweck betrachten wir den Schädel von typisch Lepto-

Tabelle 7. Transversaler Cephalofacialindex: Jochbogenbreite in Prozenten der größten Schädelbreite (nach Schwerz).

Alter	Transvers. C.F.I.	Alter	Transvers. C.F.I.
Neugeborenes	72,1	14—15 Jahre	84,3
6—7 Jahre	80,0	16—17 Jahre	85,4
10—11 Jahre	81,8	18—19 Jahre	88,3
12—13 Jahre	83,9	20 Jahre	89,0

morphen und ebenso typisch Pyknomorphen nebeneinander (Abb. 10 u. 11).

Die Profillinie macht im Laufe der ontogenetischen Entwicklung eine sehr charakteristische Veränderung durch. Die definitive Gesichtsprofilierung wird beim Menschen nach Martin erst ungefähr mit dem 20. Lebensjahr erreicht und bleibt dann bis zum 50. Jahr gleich. Im Kindes- und Jugendalter sind hingegen die Gesichtswinkel meist größer als bei der fertig geprägten Form. Das typische Kinderprofil zeichnet sich also durch seine Steilheit, außerdem aber auch noch

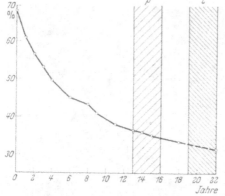

Abb. 8. Die ontogenetische Verschiebung des relativen Kopfumfanges. Die Felder des pykno- und leptomorphen Typus sind eingezeichnet.

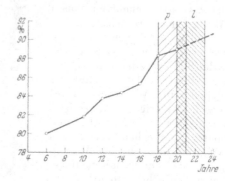

Abb. 9. Die ontogenetische Verschiebung des transversalen Cephalofacialindex. Die Felder des pykno- und leptomorphen Typus überschneiden sich.

durch seine Weichheit aus, sowie durch die geringe Ausformung der mittleren und unteren Partien (Abb. 12). Genau das gleiche Verhältnis zwischen steiler und stumpfwinkeliger Profillinie, wie es in der Ontogenese durchlaufen wird, finden wir nun wieder bei dem charakteristischen Profil der Konstitutionsvarianten: Beim Pyknomorphen finden wir die steile und weiche Linie entsprechend der jugend-

Tabelle 8. Transversaler Cephalofacialindex bei Körperbautypen
(nach WEIDENREICH).

	Leptosome			Pykniker		
	Jochb. B.	Schäd. Br.	C.F.I.	Jochb. B.	Schäd. Br.	C.F.I.
JACOB-MOSER	136	153	89,0	141	157	90,0
v. RHODEN-GRÜNDLER	136	153	89,0	142	156	91,0
KOLLE	134	153	87,8	140	157	89,1
OLIVIER	138	156	88,5	143	158	90,5
KRETSCHMER	139	156	89,1	143	158	90,5
HENCKEL	137	151	90,8	145	159	91,2
MICHEL-WEEBER . .	151	158	89,2	146	159	92,0

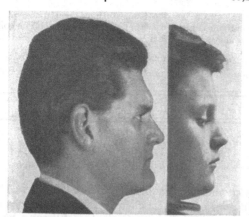

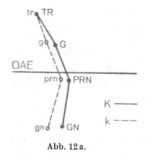

Abb. 12a.

Abb. 12. Wachstumsänderung des Profils. Die Profilkurven auf die Ohraugen-Ebene gebracht. k Knabe von 10 Jahren. K Dasselbe Individuum im Alter von 24 Jahren. (Aus MARTIN, Lehrbuch, 2. Aufl. II. Bd.)

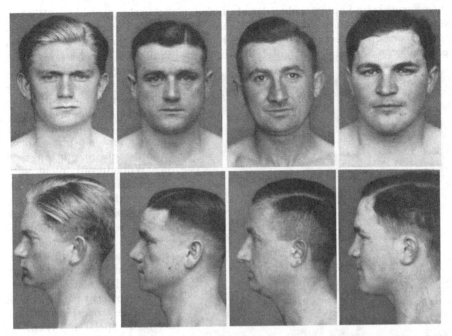

Abb 10. Eine Reihe pyknomorpher Schädel- und Gesichtsbildungen. Die Reihe reicht vom linken, leicht hypoplastischen Flügel über zwei metroplastische Stufen bis zum rechten, leicht hyperplastischen Flügel. Jugendliche Formen.

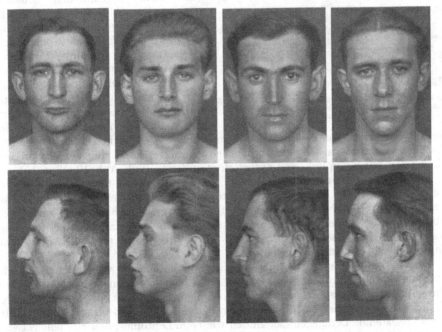

Abb. 11. Eine Reihe leptomorpher Schädel- und Gesichtsbildungen. Die Reihe reicht vom linken, leicht hypoplastischen Flügel über zwei metroplastische Stufen bis zum rechten, leicht hyperplastischen Flügel. Jugendliche Formen.

lichen Form; beim Leptomorphen den stumpfen (manchmal sogar rechten) Winkel, das stärker ausgeformte Profil mit flacherer Stirn, stärker vorgebautem Mittelgesicht, meist großen vorspringenden Nasen und akzentuiertem Kinn. Je nach dem Verhältnis von Nase und Kinn entsteht so auch das Winkelprofil, meist dann, wenn

zu der stark ausgeprägten Mittelgesichtspartie und der geneigteren Stirn noch eine hypoplastische Anlage eines fliehenden Kinns hinzukommt. Für unsere leptomorphe Normvariante scheint mir hingegen das Winkelprofil nicht sehr charakteristisch zu sein. Gerade aus der hier abgeleiteten Überlegung heraus müssen sich die Unterschiede im zunehmenden Alter immer stärker ausprägen, da sich dann die propulsive Entwicklung gleichsam immer weiter von der konservativen entfernt hat. Die Abb. 13a u. b zeigen ältere Vertreter der beiden polaren Typen.

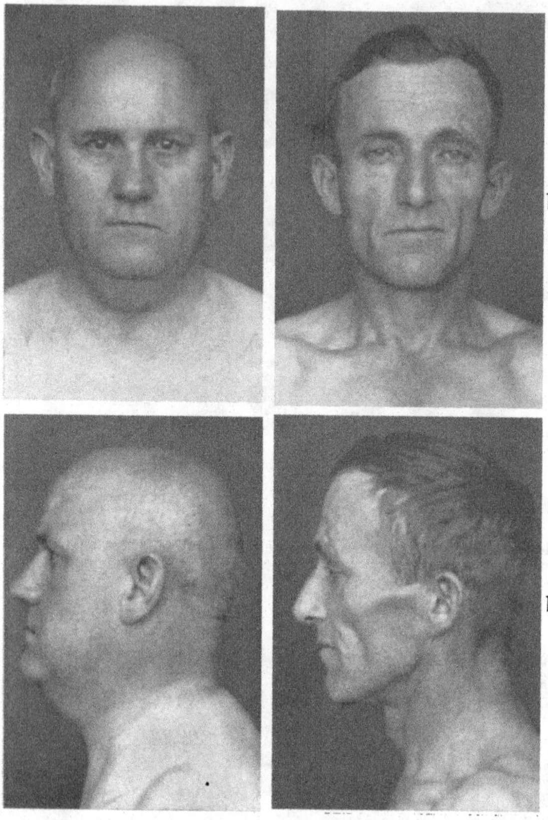

Im einzelnen sind noch folgende Punkte hervorzuheben: Der Stirnwinkel ist beim jugendlichen Schädel steiler (Abb. 14), worauf auch MARTIN ausdrücklich hinweist[1]. Es findet ontogenetisch eine Abnahme des Stirnneigungswinkels statt, weil die Entwicklung des Schädeldaches zeitlich früher einsetzt und weiter fortgeschritten ist als diejenige der Basis. Die

Abb. 13a. Pyknomorpher und leptomorpher Gesichtsschädel bei älteren Individuen. a) zeigt deutlich konservative Züge. b) deutliche propulsive Züge.

Form b_1 entspricht somit der Jugendform. Genau die gleichen Verhältnisse beschreibt KRETSCHMER als außerordentlich charakteristisch für den Pyknikerschädel mit seiner typisch steil aufgerichteten Stirne (vgl. Abb. 10, 13 u. 15).

Für die Nasenform gilt Ähnliches. Die kindliche Nase tritt meist als kurze etwas stumpfe Form mit geradem Rücken und etwas aufgeworfener Spitze aus dem steilen Profil heraus. Hakennasen, überhaupt große, scharfe, derbe oder gekrümmte Nasen, bilden sich erst im späteren Verlauf der letzten Ausprägung des Gesichtes in oder nach der Pubertät, wie sich überhaupt an den „Akren" am längsten Wachstumsimpulse erhalten.

Beim Pykniker finden wir durchaus jugendliche Formen vorherrschend, nach KRETSCHMER mittelgroße Typen, von geradem bis eingezogenem Rücken, an der Wurzel deutlich abgesetzt, mehr breit, doch nicht gequetscht, die Spitze fleischig bis dick, stumpf, weder gestülpt noch herabgezogen, die Nasenflügel häufig breit lateral ausladend. Demgegenüber finden wir beim Leptomorphen alle jene Nasenformen, die sich als spätere Prägungen ausbilden, meist überhaupt große Nasen

---

[1] MARTIN, Lehrbuch. Bd. II, S. 870.

mit den verschiedensten trophischen Akzenten an der Wurzel, am Rücken oder an der Spitze (Abb. 10 u. 11).

Es scheint mir also, daß nicht eine bestimmte Nasenform den einen oder den anderen Typus charakterisiert, sondern daß lediglich der Grad der Ausgeformt-heit, wie sie während der Ontogenese erreicht wird, das unterscheidende Moment ist. Würden wir etwa konserva-tive und propulsive Nasen-formen unterscheiden, wäre die Zuordnung zu den Ty-pen ganz klar. Nicht eine Spezialform der Nase, sondern ihre Progres-sionsstufe scheint ty-penspezifisch.

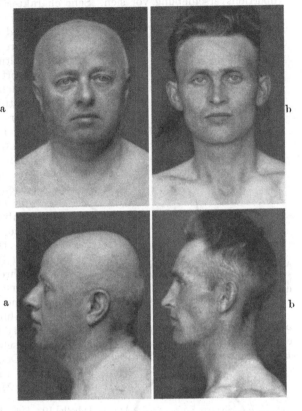

Auch die Bildung des Unterkiefers zeigt die gleichen charakteristischen Verhältnisse. Während noch beim Neugeborenen mit dem gering ausgebildeten — man könnte fast sagen hypoplasti-schen — Gesichtsschädel auch die Mandibula außer-ordentlich kurz und schwach entwickelt ist, nimmt sie in den nächsten Jahren deutlich zu und erreicht bald die typisch jugendliche Form mit dem rechtwinkligen Mandi-bularast. Erst später streckt sich dann die Mandibula nach unten, nimmt gleichsam an Länge zu in ähnlicher Weise wie die Extremitäten, wo-durch es dann zu der stumpf-winkligen Form kommt.

Abb. 13 b. Pyknomorpher und leptomorpher Gesichtsschädel bei älteren Individuen. Besonders deutlich die physiol. Kyphose bei a) als Rest der kindlichen Wirbelsäulenkrümmung. Bei b) völlige Streckung, dadurch scheinbare Verlängerung des Halses. Nicht etwa der Fett-ansatz, sondern der geringe „Streckungseffekt" sind bei a) typen-spezifisch.

Letztere Form finden wir dementsprechend in sehr charakteristischer Weise beim Leptomorphen, während der rechtwinklige Kiefer, wie dies schon KRETSCHMER zeigen konnte, für den Pyknomorphen außerordentlich charakteristisch ist. Da-durch kommt es auch zu der von KRETSCHMER be-schriebenen Fünfeckform des Gesichtes.

Wir können also den obigen Satz noch verall-gemeinern und sagen: im ganzen Gesicht sind es nicht bestimmte Züge oder Formen, sondern eine bestimmte Pro-

Tabelle 9. Relativer Brustumfang (in Proz. der Körperlänge) nach BROCK und STEMMLER (Maße für Männer).

Alter	rel. Brustumf.	Alter	rel. Brustumf.
Neugeboren	64	6 Jahre	49,4
1 Jahr	61	7 Jahre	48,1
2 Jahre	59,5	9 Jahre	47,4
3 Jahre	54,8	11 Jahre	47,7
4 Jahre	53,0	13 Jahre	48,1
5 Jahre	50,5		

gressionsstufe, welche typenspezifisch ist. Dies soll in etwas karikierter
Form Abb. 15 zur Anschauung bringen. Auf den Unterschied zu retardierten
Entwicklungen werden wir später zu sprechen kommen.

Aber nicht nur am Schädel geht während der Entwicklung eine erhebliche
Proportionsverschiebung vor sich. Sehr charakteristisch ist diese Verschiebung

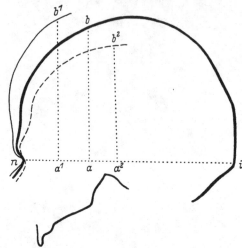

auch im Bereich des Rumpfes
und der Extremitäten. Hier besprechen wir zunächst die Verhältnisse im Bereiche des Thorax.
Dort sind sie gerade wegen ihrer
wachstumsbiologischen und konstitutionellen Bedeutung besonders gut studiert.

Die Entwicklung des Brustkorbes zeigt die Eigentümlichkeit,
daß alle seine Breitendimensionen
im Verhältnis zur Körperhöhe
nach der Geburt ständig abnehmen, bis mit bzw. nach der
Pubertät wieder ein mäßiger Anstieg der Werte einsetzt (Brock).

Der relative Brustumfang
(in Prozent der Körperhöhe) beschreibt somit während der ontogenetischen Entwicklung (Tab. 9)
eine charakteristische Kurve
(Abb. 16). Die Werte fallen von

Abb. 14. Mediansagittal-Kurve eines Elsässer Schädels (ausgezogene Linie) mit drei verschiedenen Neigungen des Stirnbeins. $1/2$ nat. Gr. (Nach SCHWALBE.) a, a^1, a^2 vertikale Projek-
tion des Bregma (b, b^1 und b^2) auf die Nasion-Inion-Linie bei
verschiedener Neigung des Stirnbeins. (Nach MARTIN.)

59,5% mit 2 Jahren bis auf etwa 48,6% beim 13jährigen, um dann wieder um
ein Geringes anzusteigen. Es findet also eine sehr erhebliche ontogenetische
Proportionsverschiebung in diesen Maßen statt. Dementsprechend ist der Brustumfang auch ein außerordentlich konstitu-
tionstypisches Maß, an dem sich nahezu alle

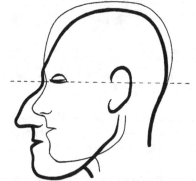

Tabelle 10. Relativer Brustumfang bei den
Körperbautypen. (Auszug aus WEIDENREICH.)

	Pykn.	Lept.
JACOB-MOSER	56,3	50,2
v. RHODEN-GRÜNDLER . .	55,8	47,8
KOLLE	57,9	50,9
OLIVIER.	57,1	50,3
KRETSCHMER	56,3	50,0
HENCKEL	59,3	48,3
MICHEL-WEEBER	57,4	50,5

Abb. 15. Die ontogenetische Progression der Gestaltung des Hirn- und Gesichtsschädels. Typen-
spezifisch ist der Grad dieser Progression. Die
dünne Linie stellt die kindlichen (pyknomorphen)
Verhältnisse, die ausgezogene Linie die erwachsenen (leptomorphen) Verhältnisse dar.

morphologischen Typologien orientiert haben.
Sie alle waren sich von jeher in der Zuordnung völlig einig: die Kurzformen in allen
ihren terminologischen Abwandlungen be-
sitzen den größeren Umfang, während die Langwuchsformen den schmalen und
flachen Thorax mit dem geringen Brustumfang aufweisen.

Um auch hier wieder die Werte des pykno- und leptomorphen Typus in unserer
Kurve einzeichnen zu können, genügt es wohl, hier als Grenzwerte einfach die
höchsten und niedersten statistischen Werte für die einzelnen Formen einzu-

zeichnen (Tab. 10), wobei allerdings auch hier wieder die Einschränkung gemacht werden muß, daß durch Einbeziehung der Kümmerformen der äußere Grenzwert nicht weit genug nach außen liegt. Es handelt sich aber hier vor allem um die Relationen. Wir erhalten somit die Felder der Abb. 16, die das gleiche Prinzip sehr deutlich erkennen lassen, daß nämlich der Pyknomorphe der ontogenetisch früheren Stufe entspricht, während der Leptomorphe die spätere Stufe repräsentiert.

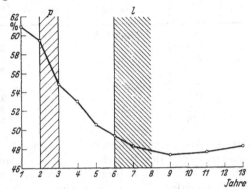

Abb. 16. Die ontogenetische Verschiebung des relativen Brustumfanges. Die Felder des pyknomorphen und leptomorphen Typus sind eingezeichnet.

Wir sehen uns gleich noch einige weitere Proportionsverhältnisse an, die den Brustkorb betreffen. Seine Länge wurde niemals systematisch verfolgt. Hingegen gibt es genaue Untersuchungen über den Sagittal- und Transversal-Durchmesser, die einen Einblick in die Einzelheiten der Formveränderung des Brustkorbs erlauben.

Der relative Sagittal-Durchmesser (in Prozent der Körperhöhe) fällt während der ganzen postfetalen Entwicklung bis zur Reife ständig ab. In früher Fetalzeit sind sich Breite und Tiefe nämlich annähernd gleich. Im Laufe der Entwicklung wächst der Brustkorb mehr in die Breite, während die Tiefenausdehnung hinter ihr zurückbleibt. Infolgedessen kommt es zu einer zunehmenden Abflachung des anfangs walzenförmigen Brustkorbes (BROCK). Auch hier wieder ergibt sich sofort, daß die beiden Körperbauvarianten auch auf dieser Kurve sehr verschiedene Standorte haben, d. h. daß jene Proportionsverschiebung bei diesen beiden Formen verschieden weit verläuft (Abb. 17).

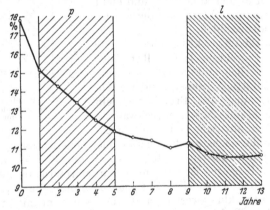

Abb. 17. Die ontogenetische Verschiebung des relativen Sagittaldurchmessers des Thorax. Die Felder des pykno- und leptomorphen Typus sind eingezeichnet.

Von KRETSCHMER selbst wie auch von den meisten Nachuntersuchern ist Sagittal- und Transversaldurchmesser nicht eigens gemessen worden, sondern bloß der Brustumfang. Erst STRÖMGREN hat auf diese beiden Maße besonderes Gewicht gelegt. Wir verdanken ihm die notwendigen Kenntnisse. Unserem eigenen Material entnehmen wir die in der Abbildung eingezeichneten Grenzwerte und stellen in Tab. 11 die Werte der auf Abb. 4—7 abgebildeten Individuen zusammen. Gerade mit diesen typischen Vertretern lassen sich sehr leicht die Orte in die Kurve einzeichnen.

Der relative Transversaldurchmesser (in Prozent der Körperhöhe) nimmt gleichfalls während der ontogenetischen Entwicklung ständig ab, jedoch nicht in demselben Maße wie der Sagittaldurchmesser, weshalb es eben zu der

Tabelle 11. Relativer transversaler und sagittaler Thoraxdurchmesser bei den 8 hier abgebildeten Individuen (Abb. 4—7, ohne die neuen von Abb. 5 b).

Abb.	Fall Nr.	Körperbau	Größe	Transv. Durchm.	Sagit. Durchm.	Transv. Index	Sagit. Index
8	213	leptomorph	179	27,8	19,5	15,5	10,9
9	118	,,	173	26,0	18,0	15,0	10,4
10	255	,,	181	29,0	20,6	16,1	11,2
11	198	,,	181	30,0	21,0	16,6	11,6
8	223	pyknomorph	158	26,6	19,2	16,8	12,2
9	131	,,	162	34,0	25,0	21,0	15,4
10	212	,,	170	28,2	24,0	16,4	14,1
11	226	,,	157	30,0	22,0	19,1	14,0

relativen Abflachung kommt. Es kommt daneben aber auch zu einer relativen Verschmälerung des Brustkorbes. Die entsprechende Kurve zeigt die Abb. 18. Auch hier steht der Leptomorphe mit seinem nicht nur flachen, sondern auch relativ schmalen Thorax am Ende der Kurve, während der Pyknomorphe mit seinem nicht nur tiefen, sondern auch breiten Thorax an ihrem Anfang steht. Bezüglich der Beschaffung der genauen Zahlenwerte gilt das gleiche wie beim Sagittaldurchmesser. Wir wollen im übrigen durch Berechnung genauer Dezimalstellen keine Exaktheit vortäuschen, die nicht vorhanden ist, sondern wir begnügen uns mit groben Grenzwerten. Worauf es hier ankommt, sind nicht absolute Werte, sondern Verhältniszahlen.

Die Thorakalindices (Breite in Prozent der Tiefe) selbst zeigen natürlich infolge der durchschnittlich zunehmenden Abflachung des Brustkorbes ein langsames Ansteigen, schwanken

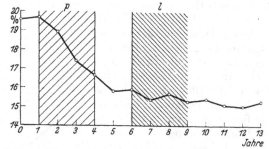

Abb. 18. Die ontogenetische Verschiebung des relativen Transversaldurchmessers des Thorax. Die Felder des pykno- und leptomorphen Typus sind eingezeichnet.

aber allzusehr, um eine spezifische wachstumsbiologische oder konstitutionstypologische Bedeutung zu haben. Zum mindesten verstehen wir sie derzeit noch nicht im einzelnen zu lesen.

Hingegen ist der obere Aperturwinkel noch von einem gewissen Interesse. In den ersten vier Lebensjahren nimmt die Rippenneigung sehr stark zu; diese Entwicklung verlangsamt sich dann, um mit etwa dem 10. bis 11. Lebensjahr ihren Tiefpunkt zu erreichen. Dann zeigen die Rippen wieder eine leichte Hebung. Konstitutionstypisch unterscheiden sich die Primärvarianten durch die geringere Rippenneigung des Pyknomorphen, die somit ebenfalls wieder an juvenile Verhältnisse anklingt, gegenüber den adulten Verhältnissen beim Leptomorphen mit seinen stark schräg nach unten verlaufenden Rippen.

Diese zunehmende Rippensenkung ist übrigens nach Brock und Stemmler nicht die einzige Ursache der Abflachung des Thorax, woran man evtl. denken könnte. Diese Autoren konnten zeigen, daß der relative Sagittaldurchmesser sich bis zum 12. Lebensjahr 6mal mehr verkleinert, als durch die gleichzeitige Rippensenkung erklärbar wäre. Der Brustkorb wird also nicht relativ flacher und enger, weil und in dem Maße, als er sich senkt, sondern es besteht nur den Durchschnittswerten nach eine gewisse Parallelität der Entwicklung in den verschiedenen Dimensionen. Gerade dies zeigt sehr deutlich, wie jene Proportionsverschiebungen der ontogenetischen Entwicklung die verschiedensten Teilproportionen unabhängig voneinander betreffen und dabei doch die gleiche Tendenz zeigen.

Um die Thoraxverhältnisse noch einmal zu überschauen, stellen wir nebeneinander die Thoraxformen des leptomorphen und pyknomorphen Typus (nach Radiogrammen schematisiert), wie sie WEIDENREICH abbildet (Abb. 19). Die

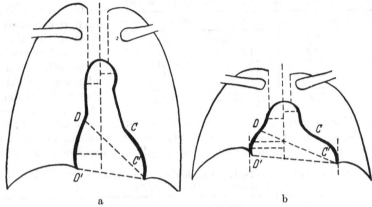

a   b

Abb. 19. Form und Lage von Lunge und Herz beim leptosomen (a) und eurysomen (b) Typus, nach Radiogrammen schematisiert. (Nach THOORIS, cit. bei WEIDENREICH.)

Formen dürften allerdings etwas karikiert sein. Die Ähnlichkeit der pyknomorphen mit den kindlichen Verhältnissen ist sehr auffällig.

Von den übrigen Rumpfmaßen zeigt lediglich der Nabel-Scheitelabstand (bzw. Nabel-Sohlenabstand) eine charakteristische Proportionsverschiebung in der ontogenetischen Entwicklung. Der Nabel liegt beim Neugeborenen unter

Tabelle 12. Nabelscheitelabstand und Nabelsohlenabstand (in Proz. der Körperhöhe) nach DAFFNER.

Alter	Nabelscheitel	Nabelsohlen
Neugeboren	54,5	45,5
3 Jahre	48,5	51,5
5 ,,	44,0	56,0
8 ,,	43,7	56,3
10 ,,	42,4	57,6
11 ,,	42,4	57,7
12 ,,	40,6	59,4
14 ,,	40,4	59,6
22 ,,	40,1	59,9

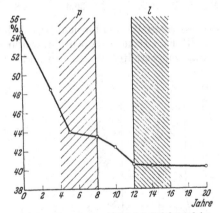

Abb. 20. Der relative Nabel-Scheitelabstand in seiner ontogenetischen Verschiebung. Die Felder des pykno- und leptomorphen Typus sind eingezeichnet.

der Körpermitte, mit etwa 2 Jahren entspricht er genau derselben und dann rückt er immer weiter über dieselbe hinauf, einfach deshalb, weil die Beine einen immer größeren Anteil an der Körperlänge bekommen. Mit etwa 12 Jahren sind die definitiven Verhältnisse erreicht (Tab. 12). Um diese Verhältnisse bei den Körperbauvarianten zu untersuchen, sind wir wieder auf eigene Untersuchungen angewiesen, da die Nabelhöhe niemals gemessen wurde. Wir finden an einem ausgelesenen Material die in der Kurve eingezeichneten Punkte (Abb. 20). Statistische Werte stehen uns nicht zur Verfügung. Die Kurve der physiologischen

Verschiebung verdanken wir DAFFNER und BROCK. Wir werden bei Besprechung der Extremitätenproportionen nochmals hierauf zu sprechen kommen.

Der Brust-Schulterindex, d. h. die Schulterbreite in Prozent des Brustumfanges ist ein Maß, das KRETSCHMER in die Anthropologie eingeführt hat, da sich hierin die Konstitutionsvarianten, insbesondere der pyknische gegen den athletischen Habitus, deutlich herausheben lassen. Die ontogenetische Verschiebung zeigt die Tab. 13a. Aber auch bei den Primärvarianten besteht

Tabelle 13a. Brust:Schulter-Index (KRETSCHMER) (ausgerechnet nach den Zahlen von WEISSENBERG durch BROCK).

Alter	Brust:Schulter-I.	Alter	Brust:Schulter-I.
Neugeboren	33,6	9 Jahre	42,6
2 Jahre	39,3	11 ,,	44,1
3 ,,	39,6	13 ,,	44,6
4 ,,	40,0	15 ,,	44,0
5 ,,	41,7	18—20 Jahre	42,8
7 ,,	41,9	21—25 ,,	42,7

insofern ein Unterschied, als dem Leptomorphen mit seinen breiteren Schultern und schmaleren Thorax der höhere Wert, dem Pyknomorphen mit seinen schmaleren und etwas zusammengeschobenen Schultern und seinem breiten Thorax

Tabelle 13b. Brust:Schulter-Index bei Konstitutionstypen (ausgerechnet nach Tabellen von WEIDENREICH).

	Leptosome			Pykniker		
	Sch.-Br.	Br.-U.	Ind.	Sch.-Br.	Br.-U.	Ind.
JACOB-MOSER	36,1	86,7	41,6	36,7	94,3	39,4
v. RHODEN-GRÜNDLER	34,8	79,7	43,6	37,2	92,3	40,3
KOLLE	37,7	82,7	45,7	39,6	96,8	41,0
OLIVIER	35,5	83,0	42,8	37,0	94,5	39,4
KRETSCHMER	35,5	84,1	42,4	36,9	94,5	39,0
HENCKEL	36,0	83,4	43,5	38,3	100,2	37,5
MICHEL-WEEBER . .	36,9	84,8	43,6	37,3	94,1	39,5

der niedrigere Wert entspricht (vgl. Abb. 4—7). Zeichnen wir wieder die Grenzwerte für die Konstitutionstypen ein, wofür wir die in der Tabelle von WEIDENREICH zusammengestellten Werte verwenden (Tab. 13b), entspricht auch hier der Pyknomorphe mit seinen schmalen Schultern bei einem breiten Thorax in charakteristischer Weise der kindlichen Proportionsstufe (Abb. 21).

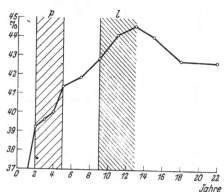

Abb. 21. Die ontogenetische Verschiebung des Brust-Schulter-Index. Die Felder des pykno- und leptomorphen Typus sind eingezeichnet.

Gerade in dieser Proportionsverschiebung, die ja offensichtlich wieder völlig anderer Art ist als die bisher untersuchten, nichts z. B. zu tun hat mit der Körperhöhe, wird die innere Gesetzlichkeit deutlich, die der Typenprägung zugrunde liegt. Es zeigt sich daran auch, wie richtig die Einführung dieses Index durch KRETSCHMER war, während mit dem Index der relativen Schulterbreite (in Prozent der Körperhöhe) konstitutionstypisch gar nichts anzufangen war (s. unten). Auch BROCK hat den Wert dieses Index und auch seine genetische Bedeutung geahnt, wenn er die Feststellung trifft, daß entsprechend den Befunden KRETSCHMERS beim Erwachsenen ,,das Kind, wenn es am pyknischsten ist (nämlich in jüngeren Jahren), die relativ schmalsten, wenn es am leptosomsten ist (nämlich wenn es älter wird), die relativ breitesten Schultern hat".

Die Beckenbreite (in Prozent der Körperhöhe) ist kein verwertbares Maß, da sie allzu stark modifikatorischen, vor allem endokrinen Einflüssen unterworfen ist, was sich auch in den sehr starken Geschlechtsunterschieden bemerkbar macht. Abb. 22 zeigt zwei Leptomorphe, von denen der eine deutliche dysgenitale Stigmen, vor allem die über-schießende Beckenbreite zeigt, ohne deshalb aufzuhören, lepto-morph zu sein.

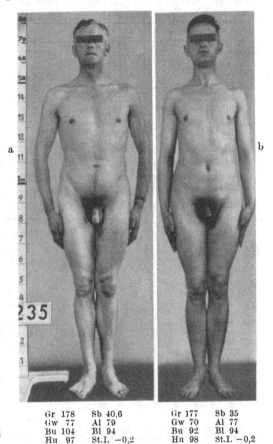

Wir gelangen zu der Unter-suchung der Extremitäten-proportionen. Allerdings fehlen uns hier auch vielfach die ent-sprechenden genauen und differen-zierten Untersuchungen an den Konstitutionstypen.

Die relative Armlänge (in Prozent der Körperhöhe) nimmt im Wachstumsverlauf langsam zu. Diese Zunahme ist nicht erheb-lich, sie beträgt nur etwa 3%, d. h. es findet eine langsame Propor-tionsverschiebung im Sinne der Streckung der Extremität statt, die jedoch, wie wir gleich sehen werden, gegenüber der Streckung bei den Beinen sehr gering ist.

Bei den Konstitutionstypen finden wir nur bei drei Autoren Angaben, die sich außerdem etwas widersprechen. Während nach VON RHODEN, GRÜNDLER und KOLLE praktisch überhaupt kein Unterschied besteht (die 0,3% liegen noch innerhalb der Meß-fehlerbreite), fand HENKEL eine ganz minimale Erhöhung bei den Pyknikern um 0,7% gegenüber dem Leptosomen. Auch dieser

Gr 178	Sb 40,6	Gr 177	Sb 35
Gw 77	Al 79	Gw 70	Al 77
Bu 104	Bl 94	Bu 92	Bl 94
Hu 97	St.I. −0,2	Hu 98	St.I. −0,2

Abb. 22. a) Normaler, kräftiger Leptomorpher als Ver-gleich zu b) Leptomorpher mit deutlichen dysgenitalen Stigmen, vor allem stark überschießender Hüftumfang.

Unterschied ist fast nicht zu verwerten. Es scheint uns richtig, die Frage offen zu lassen, inwiefern der relativen Armlänge besondere konstitutionstypologische Bedeutung zukommt. Erfahrungsgemäß scheinen sowohl die extrem kurzen wie die extrem langen Arme weder für den einen noch für den anderen Konstitutions-typus charakteristisch zu sein. Sehr kurze Arme findet man bei eigenartigen abnormen Formen, über die bei Besprechung der Sekundärformen noch ge-handelt wird (abortive Chondrodystrophe). Extrem lange Arme findet man ebenfalls als Sekundärvarianten, die dem Status dysraphicus angehören. Die Werte bei Pykno- und Leptomorphen nähern sich deshalb den Mittelwerten; es besteht konstitutionstypische Indifferenz der proportionalen Werte der relativen Armlänge. Dem entspricht auch die geringe ontogenetische Pro-portionsverschiebung. (Vgl. im übrigen unten.)

Anders liegen die Dinge bei den Verhältnissen der einzelnen Abschnitte zueinander. Die Wachstumsintensität der Hand ist am geringsten, etwas größer ist die des Unterarms, am bedeutendsten diejenige des Oberarms, was entsprechende Proportionsverschiebungen zur Folge hat. Der Neugeborene hat im Verhältnis zur ganzen Armlänge eine lange Hand und einen kurzen Oberarm, der Erwachsene eine kürzere Hand, dafür einen längeren Oberarm. Im Lauf des Wachstums wächst also vor allem der anfänglich kurze Oberarm, während die Hand relativ im Wachstum zurückbleibt. Eine differenzierte Messung der einzelnen Armabschnitte wurde von der Konstitutionstypologie bisher nicht durchgeführt. Gleichwohl weiß jeder,

Tabelle 14. **Relative Beinlänge** (in Proz. der Körperlänge). (Nach WEISSENBERG.) (Männer.)

Alter	rel. Beinl.	Alter	rel. Beinl.
Neugeboren	40,3	12 Jahre	52,5
2 Jahre	44,7	14 Jahre	52,9
3 Jahre	45,5	16 Jahre	52,9
4 Jahre	46,5	18 Jahre	52,2
6 Jahre	48,5	20 Jahre	52,1
8 Jahre	49,8	21—25 Jahre	52,0
10 Jahre	50,7		

der mit der Typendiagnostik vertraut ist, daß die relativ kurzen Oberarme außerordentlich charakteristisch für den pyknischen Körperbau sind. Eigene Stichprobenmessungen bestätigen diese Erfahrung.

Bezüglich der relativen Handlänge s. später.

Was schließlich die proportionale Verschiebung der Beinlänge zur Gesamtkörperlänge betrifft, so haben wir schon mehrfach auf die starke relative Längenzunahme Bezug genommen (Tab. 14). Einige andere Proportionen, wie etwa die relative Nabelhöhe, waren unmittelbar von ihr abhängig. Die Kurve (Abb. 23) gibt die normale Veränderung der Proportionen wieder. Wir sahen dieselbe Verschiebung schon auf Abb. 1 und 2 (STRATZ). Sie besagt nichts anderes, als daß im Laufe der Entwicklung die Beine im Verhältnis zum Rumpf wesentlich stärker wachsen, so daß sich das anfänglich bestehende Verhältnis von langem Rumpf zu kurzen Beinen schließlich umkehrt. Versuchen wir auch hier wieder, die den Konstitutionstypen entsprechenden Punkte auf diese Kurve zu bestimmen, so ergeben sich

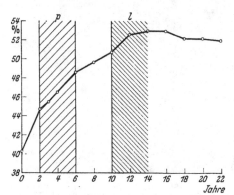

Abb. 23. Die ontogenetische Verschiebung der relativen Beinlänge. Die Felder des pykno- und leptomorphen Typus sind eingezeichnet.

durch die Einbeziehung der hypoplastischen Kümmerformen auch hier wieder die schon bekannten Schwierigkeiten. Nehmen wir diese Formen aus dem Material heraus, dann kommen sehr deutlich die konstitutionstypologischen Differenzen der relativen Beinlänge zutage, so daß wir an dem ausgelesenen Material die in Abb. 23 eingezeichneten Felder erhalten.

Wir sind hier noch aus einem anderen Grund darauf angewiesen, vorläufig nur auf eigene Messungen zurückzugreifen. Die Beinlänge der Tabelle (Abb. 14) und aller in der anthropologischen Literatur vorfindbaren Maßzahlen über das Wachstum der Beinlänge, vor allem der Tabellen von MARTIN und BACH wurde mit Hilfe der Trochanterhöhe bestimmt oder — wie etwa bei MANOUVRIER — es wurde als Beinlänge jene Zahl bestimmt, die der Abzug der Stammlänge von der Körpergröße ergibt (indirektes Maß). Bei allen Konstitutionsuntersuchungen wurde hingegen, dem Beispiel KRETSCHMERS folgend, die Symphysenhöhe als Beinlänge bestimmt, und zwar deshalb, weil die Trochanterhöhe durch das Maßband nicht exakt zu bestimmen ist, für den klinischen Gebrauch aber das anthropologische Handwerkszeug möglichst vereinfacht werden mußte. Die Symphysenhöhe ist aber ein anderes

Maß, das stets andere Werte ergibt, und zwar liegt sie um etwa 1—2 cm unter der Trochanterhöhe. Die Werte der Konstitutionsforschung sind deshalb nicht unmittelbar mit denen der
Anthropologen zu vergleichen. In unseren Messungen haben wir in einigen Stichproben die
Trochanterhöhe bestimmt, um die Werte für die Konstitutionstypen in die Wachstumskurve
der Anthropologen richtig einzeichnen zu können.

Nebenbei sei hier ein konstitutionstypologischer Versuch erwähnt, bei dem auf das Verhältnis von Beinlänge zu Körperlänge ein ganzes Einteilungsschema aufgebaut wurde. Es ist
die Typologie des Franzosen MANOUVRIER, der im Hinblick auf die verschiedenen Längen-
entwicklungen von Stamm und Extremitäten bei beiden Geschlechtern zwei typische Formen
unterschied, die er als Makroskele und Brachyskele bezeichnete. Er hat offenbar richtig
gesehen, daß er mit diesem Maß allein
auf eine tief einschneidende Unterscheidung von menschlichen Grundvarianten traf. Es ist aber natürlich
verkehrt, auf dieses Maß allein eine
Typologie aufbauen zu wollen wie
schon die Gegenüberstellung der
Abb. 24 und der Abb. 25 zeigen, wo
jeweils ein großwüchsiger Pyknomorpher einem kleineren Leptomorphen gegenübergestellt wird. In
einem Fall (Abb. 24) handelt es sich
um einen einfachen großen Pyknomorphen, im anderen (Abb. 25) um
einen Mann mit vorwiegend pyknomorphen Proportionen bis auf eine
deutlich sekundäre Überhöhung der
Beine (Eunuchoidie), die den Primärtypus schon fast unkenntlich macht.
Die doppelte Beinlänge (196 cm) über-
schießt mit 15 cm die Körperlänge
von 181 cm.

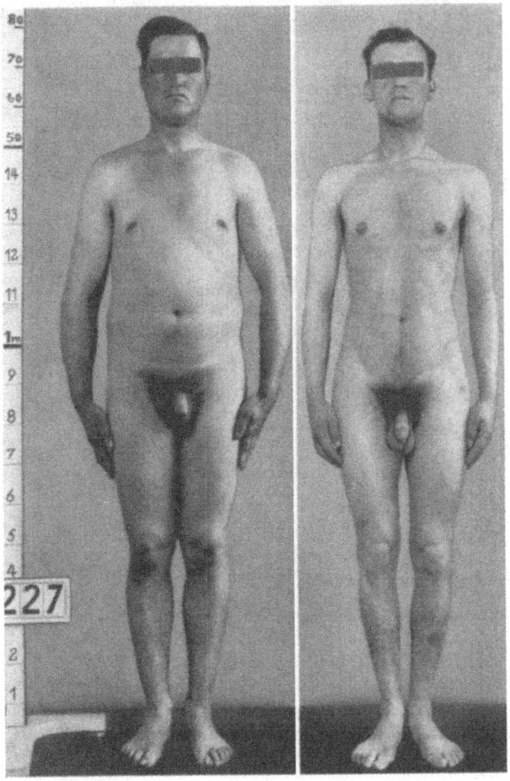

Wir sehen, daß die beiden
polaren Konstitutionsvarianten
des pyknomorphen und leptomorphen Habitus sich gerade
in jenen Proportionen typisch
unterschieden, die in der ontogenetischen Entwicklung
eine charakteristische Verschiebung durchmachen, wobei
sich der Pyknomorphe durchgängig als die ontogenetisch
früher determinierte Form erwies, während der Leptomorphe
stets die spätere Determinationsstufe darstellte. Es entsteht damit
die Frage, wie sich die Typen

a   b
Gr 180   Sb 36   Gr 176   Sb 39
Gw 93   Al 78   Gw 68   Al 74
Bu 106   Al 92   Bu 89   Bl 88
Hu 103   St.l. +0,5   Hu 92   St.l. −0,8

Abb. 24. a) Großwüchsiger Pyknomorpher. Jugendform.
b) Graziler Leptomorpher. Jugendform.

hinsichtlich der alterskonstanten Proportionen verhalten. Steckt hinter
jenen Beziehungen der ontogenetischen Proportionsverhältnisse zu den beiden
Körperbauformen ein allgemeingültiges Prinzip, so ließe sich dieses hierdurch
auf seine Gültigkeit hin prüfen.

Aus den bisherigen Untersuchungen zeichnet sich bereits der Satz ab: In
seinen morphologischen Proportionen verhält sich der pyknomorphe zum leptomorphen Körperbau wie eine ontogenetisch
frühere zu einer ontogenetisch späteren Proportionsstufe. Dieser
Satz erhielte dann eine gewisse Beweiskraft, wenn er umkehrbar wäre, d. h.,
wenn man die Ergänzung treffen könnte: Alterskonstante Proportionen

sind typenindifferent. Dabei verstehen wir unter alterskonstanten Proportionen solche, die während der postfetalen Entwicklung keine wesentliche Verschiebung mehr durchmachen. Wir wollen die Frage der Umkehrbarkeit unseres Satzes an einigen weiteren Proportionen näher untersuchen.

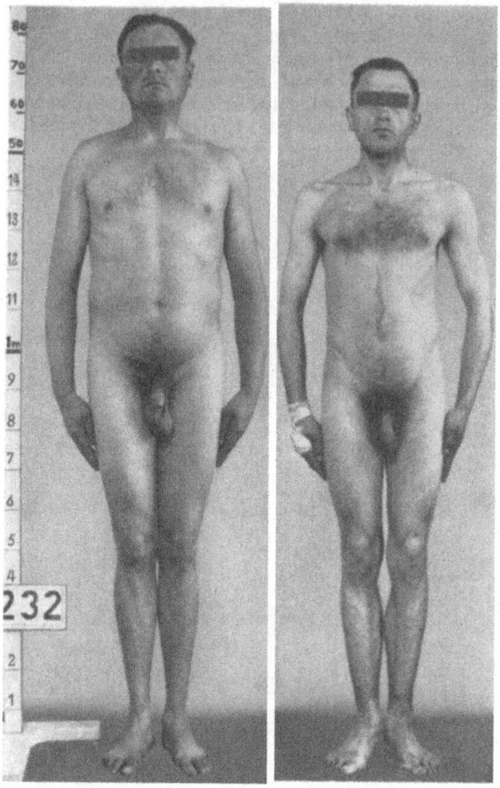

Wir beginnen diese Erörterung mit der Besprechung jener bekannten Proportion, die eigentlich schon an früherer Stelle zu besprechen gewesen wäre, nämlich dem Längen-Breiten-Index des Schädels. Diese oft geprüfte und sehr genau untersuchte Proportion ist ausgesprochen alterskonstant. Nach RANKE bleibt der Index bis auf eine recht geringe und nur vorübergehende Breitenzunahme im ersten Lebensjahr das ganze Leben über konstant (Tab. 15), d. h. mit anderen Worten: man wird mit seinem bleibenden Schädelindex schon geboren. Andererseits ist gerade diese Proportion bekanntlich eine recht variable und stellt eines der wesentlichsten Kriterien zur Unterscheidung unserer wichtigsten europäischen Rassen dar. Es ist deshalb die Frage zu prüfen, ob der Schädelindex konstitutionstypische Bedeutung besitzt oder nicht.

a   b
Gr 181   Sb 40   Gr 170   Sb 38
Gw 88   Al 70   Gw 60   Al 72,5
Bu 106   Bl 98   Bu 86   Bl 90,5
Hu 102   St.I. —0,1   Hu 85   St.I. —0,4

Abb. 25. a) Vorwiegend pyknomorph mit sekundärer Überhöhung der Beine. b) Graziler Leptomorpher (jedoch keineswegs asthenisch).

Ein Überblick über die bisherigen Messungen an den Konstitutionstypen zeigt, daß die Ergebnisse uneinheitlich sind (Tab. 16). So fanden JAKOB und MOSER, OLIVIER, KRETSCHMER bei Pyknikern einen tieferen Indexwert, d. h. längere Schädel, als beim Leptosomen, umgekehrt fanden VON RHODEN und GRÜNDLER, HENKEL einen höheren Wert, also kürzere Schädel. Bei KOLLE, MICHEL und WEBER ergaben sich hingegen überhaupt keine Unterschiede. WEIDENREICH vermutete bereits, daß der Schädelindex für den Konstitutionstypus uncharakteristisch sei. Allerdings sollte man, so meinte WEIDENREICH, eigentlich erwarten, „daß der Leptosomatiker wegen der größeren Schmalheit des Gesamtkopfes dem Eurysomatiker gegenüber einen geringeren Schädelindex aufweist, also langköpfiger erscheint". Da aber niemals konstante Verhältnisse gefunden werden, scheint dem Autor der konstitutionstypische Wert

Tabelle 15. Längen- und Breitenindex des Kopfes. (Nach RANKE.)

	Längen-Breitenindex (größte Breite in % der Länge
bei der Geburt	81,8
mit 1 Jahr	83,9
mit 2 Jahren	82,5
mit 4 Jahren	82,6
mit 6 Jahren	82,3
mit 15 Jahren	81,6

des Schädelindex, also gegen seine Erwartung, äußerst zweifelhaft. Auch
FIORE hat zwischen Langköpfigkeit einerseits und den somatischen Hauptformen
(Longityp und Brachytyp) keinerlei Beziehungen gefunden. Endlich hat GÜNTHER
in einer eigens dieser Frage
der konstitutionellen Bedeutung des Kopfindex gewid-
meten Untersuchung gezeigt,
daß zwischen Körper-
habitus und Kopfindex
keine regelmäßigen Be-
ziehungen bestehen.

Es gibt mit anderen
Worten Pyknomorphe mit
kurzen und solche mit langen
Schädeln, ebenso Leptomorphe

Tabelle 16. Schädelindex (nach verschiedenen konstitutionstypischen Messungen). (Männer.)

	Schädelindex Lept.	Schädelindex Pykn.
JACOB-MOSER	82,5	80,0
v. RHODEN-GRÜNDLER	81,1	82,1
KOLLE	83,9	83,5
OLIVIER	83,4	79,0
KRETSCHMER	86,7	83,6
HENCKEL	82,9	83,8
MICHEL-WEEBER	83,2	83,3

mit kurzen und mit langen Schädeln. Da wir nirgends in Deutschland eine
ganz rein kurz- oder rein langschädlige Population haben, sondern überall die
verschiedensten Mischungsverhältnisse vorliegen, ist es danach nicht verwunderlich, daß bei konstitutionellen Messungen die
verschiedensten Resultate erscheinen, je nachdem wo die Untersuchung vorgenommen
wurde. Der Ausfall hängt jeweils von dem
Mischungsverhältnis von kurz- und lang-
schädligen Individuen ab, wie es sich am
Ort der Untersuchung findet. Wir sehen
also, daß die alterskonstante Proportion des Schädelindex auch typenindifferent ist.

Die Längenverhältnisse des Rumpfes
wurden von den Konstitutionsforschern nie-
mals genau verfolgt. Dies kommt daher, daß auch dieses Maß keine erheblichen
konstitutionstypischen Unterschiede aufweist. Die absoluten Werte schwanken
erheblich, die relativen sind aber äußerst konstant. Es ist eine typenindifferente
Proportion. Demgegenüber ist es in
unserem Zusammenhang wesentlich, daß
dieses Maß, also etwa die Länge der
vorderen Rumpfwand (in Prozent der
Körperlänge) auch nahezu alterskonstant ist. Nach BROCK ist die größere
Relativlänge des neugeborenen Rumpfes
nur unerheblich höher gegenüber den
Werten jenseits der Kleinkinderzeit, wo
dann nur noch unbedeutende Schwankungen vorkommen (Tab. 17).

Eine weitere nahezu alterskonstante
Proportion ist die Schulterbreite in
ihrem Verhältnis zur Körperhöhe.
Nach WEISSENBERG ändern sich die

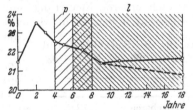

Abb. 26. Die ontogenetische Verschiebung
der relativen Schulterbreite ist minimal.
Die Felder der Typen überschneiden sich.
(Die Zahlen vom 10. bis 18. Lebensjahr
werden nicht genau bestimmt angegeben.
Nach WEISSENFELD.)

Tabelle 17. Vordere Rumpflänge (in
% der Körperlänge). (Nach SCHWERZ,
SCHAFFHAUSER.) (Männer.)

Alter	Rumpfl. in % n. Körperl.
Neugeboren	33
6—7 Jahre	29,6
8—9 Jahre	29,4
10—11 Jahre	29,1
12—13 Jahre	28,4
14—15 Jahre	28,8
17—18 Jahre	28,9
19—20 Jahre	29,0
20 Jahre	29,3
Erwachsene (MARTIN)	30,3

Proportionszahlen außer im ersten Jahr nur mehr unwesentlich. Eine gewisse
leichte Tendenz zur Verringerung ist allerdings auch bei dieser Proportion zu
bemerken (Abb. 26). Bei den Konstitutionstypen liegen die Dinge auch hier
wieder analog den bisher gefundenen Ergebnissen. Wir berechnen uns die kon-

stitutionstypischen Proportionen aus der Tabelle von WEIDENREICH (Tab. 18). Nehmen wir für die Typen die Maximal- und Minimalwerte der Untersuchungsergebnisse, so ergibt sich eine breite Überschneidung der beiden Gebiete. Immerhin deutet sich die gleiche Tendenz, die in der Ontogenese zu einem Absinken der Relativwerte führt, gleichsinnig auch bei den Körperbautypen an, indem auch hier wieder die leptomorphen Werte nach dem Endpunkt der Entwicklungskurve verschoben sind.

Tabelle 18. Relative Schulterbreite bei Konstitutionstypen. (Nach Tabelle WEIDENREICH.)

Autor	Lep.	Pyk.
JACOB-MOSER	20,8	22,2
v. RHODEN-GRÜNDLER	20,8	22,4
KOLLE	23,2	23,7
OLIVIER	21,5	22,0
KRETSCHMER	20,8	22,0
HENCKEL	21,2	23,8
MICHEL-WEEBER	22,0	22,8

Ein weiteres hierhergehöriges Maß ist die relative Handlänge (in Prozent der Körperhöhe). Sie erweist sich in der ontogenetischen Entwicklung als eine außerordentlich entwicklungsstabile Proportion. Die Werte verändern sich von 12,8% bei Neugeborenen nur bis zu 11,2% beim Erwachsenen, also fast überhaupt nicht (Abb. 19).

Nach unserer Erwartung müßten wir also auch hier konstitutionstypische Indifferenz finden, d. h. wir müßten erwarten, daß die relative Handlänge für die Konstitutionsvarianten uncharakteristisch ist. In diesem Sinne spricht bereits, daß sie niemals von den Konstitutionsforschern gemessen wurde, obwohl sie doch außerordentlich einfach zu bestimmen ist. Denn gerade die Maße an den nicht entkleideten Probanden erfreuen sich bei den Anthropologen stets großer Beliebtheit. Auch KRETSCHMER äußerte sich über diesen Wert niemals.

Tabelle 19. Relative Handlänge (Proz. der Körperlänge) (nach WEISSENBERG).

Alter	
Neugeboren	12,8
3 Jahre	12,0
6 „	11,6
9 „	11,2
20 „	11,2

Wir haben selbst an unserem Material diesen Wert verfolgt und können in der Tat bestätigen, daß eine Typenspezifität nicht besteht, d. h. mit anderen Worten: Pyknomorphe und Leptomorphe lassen sich mit Hilfe der relativen Handlänge in keiner Weise differenzieren. Die Verhältnisse liegen ähnlich wie beim Schädelindex.

Es gelingt hier schließlich eine nochmalige Gegenprobe unseres genetischen Prinzipes, nämlich mit Hilfe der relativen Handbreite (Handbreite in Prozent der Körperhöhe). Dieser Wert zeigt in der Ontogenese eine durchgehende Tendenz zur Verschmälerung. Der Handindex (größte Breite in Prozent der größten Länge) nimmt somit von Anfang an ab (Tab. 20). Dies entspricht wieder genau den Verhältnissen bei den Konstitutionsformen, indem für den Pyknomorphen die breiteren und deshalb relativ kürzeren Hände, für den Leptomorphen die schmäleren und deshalb relativ längeren Hände charakteristisch sind. (In diesem Zusammenhang bedeutet — das braucht eigentlich nicht eigens erwähnt zu werden — „kürzere" und „längere" Hand nicht, wie früher: im Verhältnis zur Armlänge oder gar zur Körperhöhe, sondern vielmehr im Verhältnis zur Handbreite.) Wenn wir erfahrungsgemäß beim Leptomorphen „lange Hände"

Tabelle 20. Handindex (größte Breite in Proz. der größten Länge) (aus BROCK, gekürzt).

Alter		
Neugeboren	52,7 (Nordamerikaner)	
	54,0 (Juden)	Nach
	58,0 (Polen)	LIPIEC
	59,2 (Schweizer)	
5 Jahre	45,0	
8 „	44,3	Nach
10 „	43,0	BRESINA
17 „	43,0	

erwarten, dann sind dies nicht proportional zur Gesamtlänge des Armes oder zur Körperhöhe „lange Hände", sondern proportional zur Breite der Hand „lange Hände". Und diese Proportion ist, wie wir sehen, wieder im gleichen Maß konstitutionstypisch, wie sie sich auch ontogenetisch verschiebt.

Schließlich haben wir wieder im Verhältnis der Abschnittsgrenzen der Beine zueinander ein ausgesprochen alterskonstantes Verhältnis. Das Verhält-

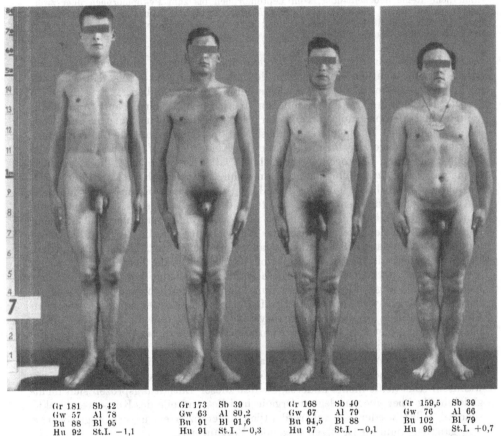

Gr 181	Sb 42	Gr 173	Sb 39	Gr 168	Sb 40	Gr 159,5	Sb 39
Gw 57	Al 78	Gw 63	Al 80,2	Gw 67	Al 79	Gw 76	Al 66
Bu 88	Bl 95	Bu 91	Bl 91,6	Bu 94,5	Bl 88	Bu 102	Bl 79
Hu 92	St.I. −1,1	Hu 91	St.I. −0,3	Hu 97	St.I. −0,1	Hu 99	St.I. +0,7

Abb. 27. Fortlaufende Reihe vom leptomorphen Pol über zwei metromorphe Zwischenstadien zum pyknomorphen Pol. Gleiche Altersstufe. Beachte dabei auch die gleichsinnige Verschiebung im Gesichtsschädel.

nis von Oberschenkel zu Unterschenkel bleibt schon vom 6. Fetalmonat an konstant. Ebenso fand SCHWERZ bei Schulkindern von 6 bis 14 Jahren das Verhältnis der Beinabschnitte zueinander recht konstant. Ebenso ist auch die relative Fußlänge (in Prozent der Körperhöhe) außerordentlich alterskonstant und schwankt vom Neugeborenen zum Erwachsenenalter nur um Bruchteile eines Prozentes.

Bei den Konstitutionstypen fehlen auch für diese Proportionen die entsprechenden Maße. Auch hier spricht dies in gewissem Sinn dafür, daß sie nicht als konstitutionstypisch anzusehen sind. Auch die allgemeine Erfahrung lehrt ja, daß dieses Verhältnis den Pyknomorphen in keiner Weise vom Leptomorphen unterscheidet. Es wäre also unmöglich, aus diesen Proportionen, etwa an dem Skelett eines abgetrennten Beines, zu bestimmen, ob der Träger ein pykno- oder leptomorpher Typus gewesen ist. Das gleiche gilt auch für die relative Fußlänge.

Wir sehen, daß der oben formulierte Satz von der ontogenetischen Relation der Typen in der Tat umkehrbar ist: Alterskonstante Proportionen sind typenindifferent.

Um schließlich die Aufmerksamkeit noch auf die Kontinuität zu lenken, mit der die beiden polaren Wuchsformen durch Zwischenformen miteinander verbunden sind, um also zu zeigen, inwiefern es sich um eine Variationsreihe zwischen zwei Polen handelt, ohne daß zwischen den einzelnen Formen eine scharfe Grenze zu ziehen ist, stellen wir in Abb. 27 eine solche kontinuierliche Reihe nebeneinander, vom Leptomorphen bis zum Pyknomorphen über zwei metromorphe Typen. Sie stellt zugleich eine Illustrierung der Abb. 1 (S. 18) von STRATZ dar[1]. Die Tauglichkeit des STRÖMGREN-Index zeigt sich auch in dieser Abbildung, wo er von links nach rechts ständig zunimmt.

Überblicken wir die im vorstehenden durchgeführten Untersuchungen, so lassen sie sehr deutlich ein zugrunde liegendes Prinzip erkennen, das wir nun nochmals zusammenfassend schärfer herausarbeiten wollen.

Die Entwicklung des menschlichen Körpers stellt einen außerordentlich komplexen Differenzierungsvorgang dar, der von der Befruchtung bis zum Tod niemals stillsteht. In einer ersten Phase, die die Entwicklung des befruchteten Eies bis zur Anlage der Primitivorgane des Keimlings umfaßt und die man als Keimentwicklung, Blastogenese, bezeichnet, fallen die Vorgänge, die man Furchung und Keimblattbildung nennt. Man rechnet jedoch auch die Entstehung und Ausbildung der Eihäute und die Ausbildung der Primitivorgane selbst hierher, wie etwa diejenige des Zentralnervensystems, der Chorda dorsalis, des Darmes, die Sonderung des mitteren Keimblattes und die Entstehung der einheitlichen Leibeshöhle. In der zweiten Phase der Entwicklung, die die Zeit der Entwicklung der Organe darstellt, auch als Organogenese bezeichnet, bilden sich aus den Primitivorganen die bleibenden funktionstüchtigen Organe heraus.

In ihren Hauptzügen ist auch diese Entwicklung lange vor Beendigung der Embryonalzeit abgeschlossen. Und nun folgt eine zeitlich enorm viel längere Periode, die gleichsam nur einen Entfaltungsprozeß der in den vorherigen Phasen angelegten Organe und Organsysteme darstellt und die über die Geburt bis zur Reifung fast zwei Jahrzehnte umfaßt. Am Ende dieser Wachstumsperiode steht die fertiggeprägte Form.

Diese Zeit des Wachstums nun ist charakterisiert durch die zwei Komponenten der Volumzunahme und der Proportionsverschiebung, wie wir dies schon erwähnten. Das heißt nichts anderes, als daß dieser Entfaltungsprozeß sich nicht gleichmäßig über alle angelegten Organe und Bestandteile des Körpers erstreckt, sondern selbst wieder ein außerordentlich differenzierter, in sich abgewogener und ganz bestimmten Gesetzen folgender Vorgang ist.

Es ist nun ganz klar, daß, wenn wir unter den geprägten endgültigen Formen eines solchen Entwicklungsvorganges verschiedene Variationen finden, die sich untereinander durch die Verschiedenheit der Proportionen unterscheiden, diesen Varianten nur Verschiedenheiten des Entwicklungsvorganges entsprechen können. Unterschiedliche Formen bedeuten also nichts anderes als unterschiedliche Entwicklungen. Dieser Satz hat allgemeinste Geltung für alle Variationen, die wir in der Natur finden. Wenn wir eine Antwort auf die Frage nach dem Wesen verschiedener Variationen der menschlichen Körperbauformen bekommen wollen, müssen wir deshalb nach der Verschiedenheit der Entwicklungen fragen, die zu den Formen geführt haben. Auch die beiden Primärvarianten des Pykno- und Leptomorphen können somit als zwei verschiedene Entwicklungen betrachtet werden. Bei der Frage nach diesen Entwicklungsverschiedenheiten gelangten wir zu jenem Prinzip, das sich bei der Betrachtung der morpho-

[1] Aus alter militärischer Gewohnheit habe ich bei den Abbildungen den Längsten an das linke Ende gestellt. Entsprechend der Abb. 1 und 2 (S. 18f.) müßte er natürlich rechts stehen.

genetischen Entwicklung der Typen überall als gültig erwies. Wir wollen es vorläufig folgendermaßen formulieren: Bei der ontogenetischen Verschiebung der Körperproportionen entsprechen der pyknomorphen Wuchstendenz durchgehend die ontogenetisch früheren, der leptomorphen Wuchstendenz die ontogenetisch späteren Proportionen, oder kürzer: die pyknomorphe verhält sich zur leptomorphen wie eine ontogenetisch frühere zu einer ontogenetisch späteren Proportionsstufe.

Diesen Satz konnten wir an folgenden Proportionen sehr klar aufzeigen:

Die relative Kopfhöhe und der relative Kopfumfang nehmen im Verlauf der ontogenetischen Entwicklung ständig ab. Der Pyknomorphe entspricht mit seinem relativ größeren Schädelumfang und seiner relativ größeren Kopfhöhe deutlich einer früheren Stufe als der Leptomorphe. Auch im Gesichtsschädel entsprach die steile Profillinie mit dem steileren Stirnwinkel, die undifferenzierten Nasenformen und die Bildung des rechtwinkligen Mandibularastes den jugendlichen Verhältnissen. Weiter erwies sich der deutlich größere relative Brustumfang, wie auch im einzelnen der größere relative Sagittal- und Transversaldurchmesser des Pyknomorphen als äußerst charakteristisches Zeichen einer frühen Proportionsstufe, während der geringe relative Brustumfang mit seinem geringen Transversal- und Sagittaldurchmesser des Leptomorphen eine ontogenetische Spätstufe ist. Auch der geringe obere Aperturwinkel des Pyknomorphen ist ebenso als frühere Stufe aufzufassen wie die gesamte sehr charakteristisch zutage liegende Thoraxkonfiguration, insbesondere in bezug auf ihre geringe Länge, für die Maßzahlen sehr schwer zu gewinnen sind. Weiter erwies sich die ontogenetische Verschiebung des Brust-Schulterindex für die Konstitutionstypen im gleichen Sinn charakteristisch, indem die im Verhältnis zum Brustumfang schmalen Schultern der jugendlicheren Entwicklungsstufe zugleich auch den Verhältnissen beim Pyknomorphen entsprachen, während umgekehrt die breiteren Schultern im Verhältnis zum Brustumfang den Leptomorphen charakterisierten, zum mindesten dann, wenn — was allerdings für alle Erwägungen als Voraussetzung gilt — die hypoplastischen Formen aus dem Begriff des Leptomorphen eliminiert werden. Schließlich galt das gleiche Prinzip auch bei der Verschiebung der Extremitätenproportionen, indem an den oberen Extremitäten, vor allem in der Verschiebung der einzelnen Abschnitte, sich der Pyknomorphe mit seinen relativ kurzen Oberarmen ebenfalls wieder als die ontogenetisch frühere Proportionsstufe erwies. Auch die relative Beinlänge stellte ein außerordentlich konstitutionstypisches und wieder gleichsinnig liegendes Maß dar. Dasselbe kam auch bei der Verschiebung des Nabel-Scheitelabstandes zum Ausdruck.

Dieses ontogenetische Verhältnis ließ sich nun auch in seiner Umkehrung als gültig erweisen. Es zeigte sich nämlich, daß alle alterskonstanten Proportionen, also jene, die in der ontogenetischen Entwicklung keine charakteristische Verschiebung durchmachen, wiewohl sie an sich erheblich variieren, auch typenindifferent sind und deshalb in der Körperbaulehre keine wesentliche Rolle spielen. Dies wurde demonstriert am Schädelindex, an den Längenverhältnissen des Rumpfes, an der relativen Schulterbreite, an der relativen Handlänge und an den Abschnittsgrenzen der unteren Extremität. Auch die relative Armlänge erwies sich als eine hierher gehörige Proportion.

Es ergab sich somit, daß in allen seinen wesentlichen Proportionen der Leptomorphe das Ergebnis einer propulsiven ontogenetischen Proportionsverschiebung darstellte, so daß er Entwicklungsstufen erreicht, die der bei weitem konservativere Pyknomorphe niemals erreicht. Die Polarität der beiden Typen erwies sich somit als eine ,,Polarität in der Zeit''; aus dem Entweder-Oder wurde ein Mehr-Weniger (bzw. ein Früher-Später).

Nun wissen wir seit langem, daß der Vorgang der ontogenetischen Proportionsverschiebung kein gleichmäßiger Prozeß ist, sondern in mehreren Wellen verläuft,
so daß nach einer Periode starker Verschiebung (Wellenberg) immer wieder eine
Phase des Ausgleichs und der Harmonisierung (Wellental) folgt. Für diese früher
als Streckungs- und Fülleperiode bezeichneten Phasen führt ZELLER den zweifellos besseren Ausdruck des ersten und zweiten Gestaltwandels ein[1]. „Im ersten
Gestaltwandel wird das Kind aus dem Stadium des Kleinkindesalters in das des
Jugendalters körperlich und seelisch überführt. Dieser Prozeß ist außerordentlich
einschneidend und schafft Körper und Seele des Kindes in erstaunlichem Maße
um. Denn bis zu dem Gestaltwandel, dessen Beginn wir in den Anfang des
6. Lebensjahres setzen, ist das Kind körperlich und seelisch Kleinkind. Die
physischen wie psychischen Formen dieses Kleinkindseins sind allzu bekannt, als
daß sie hier eingehend geschildert werden müssen. Es sei nur darauf hingewiesen,
daß die Gesamtform der kleinkindlichen Gestalt in ihrer Qualität beherrscht
wird von der Präponderanz des großen Schädels und der großen Körperhöhlen
und ihrer Gefäße, von Brust und Bauch und daß die Extremitäten und mithin
das motorische System ihnen gegenüber in einem eindeutig sichtbaren Rückstand
stehen. Im Gestaltwandel wird dieses Verhältnis umgeschaffen. Die großen
Körperhöhlen, Schädel, Brust und Bauch verkleinern sich relativ, die Extremitäten und mit ihnen das ganze motorische System erhalten eine außerordentliche
Verstärkung, und so treten ganz allmählich jene Gestaltveränderungen hervor,
die man früher sehr ungenau als erste Streckung bezeichnet hat. In diesem Begriff hatte man jedoch nur dimensionale Veränderungen getroffen, man erfaßte
damit nicht die großen und qualitativen Verwandlungen, die der Körper des
Kindes in jedem einzelnen Teil erfährt und die uns eben dazu bestimmt haben,
den Begriff der ersten Streckung in den des ersten Gestaltwandels zu erweitern.
Die lange Dauer dieses Verwandlungsprozesses der Gestalt über 1—1$\frac{1}{2}$ Jahre,
das Fehlen systematischer und detaillierter anthropometrischer Messungen und
der geringe Gebrauch, der von dem Hilfsmittel photographischer Aufnahmen
gemacht wurde, verhinderte bisher, diese einschneidenden Veränderungen im
Aussehen der Gestalt, in der physiognomischen Bildung, im seelischen Ausdruck
mit genügender Klarheit zu erkennen ... Diese Veränderungen schleichen sich
gleichsam unbemerkt ein, betreffen bald diese, bald jene Körperpartie und bringen
so allmählich ein Bild hervor, das erst nach seiner Vollendung im Vergleich zu
dem Ausgangsbild den erstaunlichen Wandel, der sich inzwischen vollzogen hat,
erkennen läßt. Mit der Vollendung des ersten Gestaltwandels sehen wir den kindlichen Körper gestreckt, den Kopf relativ sehr stark verkleinert, die Gesichtspartie
gegenüber der Stirnpartie vergrößert und stark differenziert, wir sehen schlanke,
in ihrer Muskelform und Kontur scharf gezeichnete Extremitäten, wir sehen einen
verkleinerten, von dem steiler gestellten Rippenbogen und den ebenso steiler gestellten Inguinalfurchen begrenzten, in seiner Prominenz stark zurückgestellten
Bauch, wir sehen den Brustkorb, der flacher und schmaler geworden ist, dessen
Zeichnung durch Rippen und Muskeln deutlich geprägt ist. Wir sehen endlich
die Haltung der Wirbelsäule deutlich differenziert, die Rückenmuskulatur, die
Stellung der Schulterblätter, die Ausbildung der Glutäen in derselben Weise verändert. Diesen Veränderungen entspricht der Ausdruckswandel des Gesichts, der
anzeigt, daß auch die seelische Grundhaltung des Kindes sich soweit geändert
hat, daß es nun für das Gemeinschaftsleben außerhalb der Familie und des mütterlichen Lebenskreises und für die Stellung unter neue Aufgaben bereit und
fähig ist."

---

[1] ZELLER, Wachstum und Reifung. Handb. d. Erbbiologie d. Menschen Bd. II, S. 374ff.
(1940).

Diesem ersten Gestaltwandel folgt nun eine längere Zeit der Latenz, eine „stumme Phase" der Entwicklung. Das Wachstum ist in dieser Phase schwer zu übersehen und kaum einheitlich zu fassen. Wachstumsschübe wechseln mit vorübergehenden Stillständen ab, während deren sich Breitwuchs und Fettansatz zeigen. Auch die seelische Entwicklung zeigt in diesen Jahren keine bisher von den Psychologen eindeutig festgestellten Zäsuren auf. Der Einbruch der geschlechtlichen Reifung vollzieht sich fast unmerkbar. Im übrigen ist das nach Vollendung des ersten Gestaltwandels durchharmonisierte Kind in Schulkindform im Eindruck seiner Proportionen der Gestaltform der Maturität sehr viel näher, als der Gestaltform des Kleinkindalters.

Wir folgen auch im weiteren der Darstellung, die ZELLER von der Weiterentwicklung gibt. Mit dem Wachstumsimpuls, der den Beginn der Geschlechtsreifung einleitet, setzt ein neuer, zweiter Gestaltwandel ein, der die Gestalt der Kinder ähnlich umschafft, wie im ersten Gestaltwandel. Der Körper wächst nicht gleichmäßig. Zuerst tritt das starke Wachstum der Beine hervor, das zeitweilig überhaupt den wesentlichen Anteil des gesamten Längenwachstums trägt. Der Rumpf bleibt klein und schmächtig. Und so entwickelt sich die typische Pubeszentendisharmonie mit langer unterer Extremität und kleinem Rumpf, eine Disharmonie, der sich noch andere Disharmonien zugesellen. Die Gesichtszüge werden häufig plump und unschön, sie vergröbern sich, die Kindlichkeit des Gesichts steht in groteskem Gegensatz zur Größe der Gestalt. Auch die Motorik der Kinder wird in dieser Phase unharmonisch.

Auch auf diesen zweiten Gestaltwandel folgt eine Phase der Harmonisierung, der Rumpf folgt mit Wachstumsimpulsen nach, wenn das Extremitätenwachstum schon abgeschlossen ist, und nun erst prägt sich der ausgewogene und harmonische in vollem Gleichgewicht der Formen und Funktionen befindliche „apollinische" metromorphe Körperbautypus aus.

Nun hat die bisherige Konstitutionsbiologie diese Entwicklungsphasen von den Konstitutionstypen der Erwachsenen grundsätzlich, sachlich und begrifflich, getrennt. Von der ohne Zweifel richtigen Annahme ausgehend, der Konstitutionstypus sei von Anfang an festgelegt, wenn auch vielleicht nicht erkennbar, meinte auch ZELLER, die Entwicklung laufe als eine Art selbständiger Prozeß darüber hin, die eigentlichen Züge des Typus „verwischend" und „verschleiernd"; erst nach Abschluß der Entwicklung „streift der Körper die Züge der Entwicklung ab" und tritt nun erst klar hervor. Die Tatsache, daß fast alle Autoren, die sich mit dem Konstitutionstypus bei Kindern befaßten, unabhängig voneinander einen „Habituswechsel" feststellten, in dem vom Kleinkindalter über das Schulalter und die Pubertät die schlanken leptosomen Formen ständig zu- und in demselben Sinne die runden pyknischen und eurysomen Typen abnehmen (LEDERER, KRASUSKI, WURZINGER, SCHLESINGER u. a.), wird erst in letzter Zeit[1] wieder von ZELLER damit erklärt, daß die Autoren den Konstitutionstyp als solchen überhaupt nicht erfaßt, sondern im wesentlichen nur den Entwicklungstypus gesehen hätten. Alle diese Befunde seien nur als Einflüsse der Entwicklung, aber nicht als Wandlung des Konstitutionstypus zu erklären.

Auf Grund unserer genetischen Überlegungen scheint sich die Sachlage nun zu vereinfachen. Wenn der Pyknomorphe in der Tat in allen seinen wesentlichen Proportionen eine Determination einer ontogenetisch früheren Entwicklungsstufe darstellt, der Leptomorphe aber diejenige einer späteren, dann ist der Schluß naheliegend, daß beide gar nichts anderes sind als jeweils das Resultat jener Entwicklung, die im Prozeß der ontogenetischen Proportionsverschiebung eben gerade bis zu der betreffenden Entwicklungsphase lief und über sie nicht mehr

---

[1] ZELLER. l. c. S. 44.

wesentlich hinausgelangte. Wenn wir uns den Prozeß der Proportionsverschiebung an einem Diagramm veranschaulichen, so ergeben sich die in Abb. 28 dargestellten Möglichkeiten. Der Prozeß kann mit unterschiedlichem Entfaltungstemperament verlaufen. Entweder er verläuft von Anfang an bedächtig und langsam, so daß schon im ersten Gestaltwandel der ganze Komplex von Veränderungen nur mäßige Fortschritte macht, in der darauf folgenden Periode der Harmonisierung sich wieder ausgleicht und im zweiten Gestaltwandel fast keine wesentlichen Proportionsänderungen mehr erfährt. Die Determinierung erfolgt dann schon gleichsam im Stadium der ersten Harmonisierung; die Form behält also die Proportionen dieser Stufe und wächst nur in ihren Dimensionen bis zur Geschlechtsreife weiter aus. Dem entspräche der extreme pyknomorphe Habitus. Er ist also das Resultat einer extrem konservativen Entwicklung. Andererseits kann der Entwicklungsvorgang auch vom Beginn an sehr vehement erfolgen,

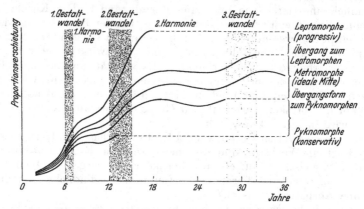

Abb. 28. Die verschiedenen Modi der Proportionsverschiebung.

so daß schon der erste Gestaltwandel sehr deutliche Veränderungen mit sich bringt, vor allem aber der zweite Gestaltwandel sich mit einem enormen Entfaltungstemperament vollzieht. Dann aber ist die Form determiniert, so daß die Stufe der zweiten Harmonisierung nicht mehr erreicht wird, daß also gleichsam die Verhältnisse des zweiten Gestaltwandels zur Dauerprägung werden. Dem entspräche der extreme leptomorphe Habitus. Wir wollen diesen Entwicklungsmodus einen propulsiven nennen.

Nun kann aber auch der ganze Prozeß mit einem mittleren Entfaltungstemperament vor sich gehen. Sowohl der erste wie auch der zweite Gestaltwandel vollziehen sich in ausgeglichenen Ausmaßen. Und diese Formen vermögen nun auch die auf den zweiten Gestaltwandel folgende Phase einer neuerlichen Harmonisierung zu erreichen. Es sind jene Entwicklungsverläufe, die am spätesten ihre Determination erreichen. Es ist möglich, daß es auch noch zu einer dritten solchen Wellenschwankung kommt, über die wir vorläufig noch wenig wissen. Es werden dann auch innerhalb der metromorphen nochmals mehr nach dem leptomorphen einerseits oder mehr nach dem pyknomorphen Pol andererseits hinneigende Formen zu erwarten sein. Diesen Entwicklungsmodus der Metromorphen könnte man als kompensative Entwicklung bezeichnen[1].

---

[1] Es ist klar, daß die in der Abb. 28 dargestellten Entwicklungslinien nur mehr oder weniger willkürlich herausgegriffene Einzelfälle eines Linienstromes darstellen, den man sich auf der einen Seite reißend und (wie etwa gegen das Ufer zu) immer langsamer und träger fließend denken kann. Jeder einzelnen Form wird man dann theoretisch in diesem Strom eine bestimmte Strombahnlinie zuteilen können.

So können wir abschließend allgemein formulieren: der extrem pyknomorphe Körperbau ist die Determination des ersten Gestaltwandels bzw. der Phase der ersten Harmonisierung; der extrem leptomorphe Körperbau die Determination des zweiten Gestaltwandels (der Pubertät). Erst die metromorphen Körperbauformen sind Determinationen späterer Proportionsstufen, die über die beiden ersten Stufen des Gestaltwandels der Entwicklung hinausgingen (Abb. 29).

Es ist klar, daß damit nicht gemeint ist, jeder Leptomorphe durchlaufe in konkreter Weise ein typisches pyknisches Stadium, an das sich bei ihm dann noch eine nächste Phase aufsetze. Wir stimmen im Gegenteil ZELLER durchaus zu, wenn er annimmt, daß schon in den allerersten Entwicklungsjahren sich die künftige Form manifestiere und durch alle weiteren Entwicklungsphasen erkennbar bleibe. Das, was die beiden Grundformen unterscheidet, sind lediglich die verschiedenen Entwicklungsmodi, die zu ihrer Prägung führen. Und diese sind, wie wir noch zeigen werden, fraglos genetisch, d. h. aber bereits vom Anfang der Entwicklung an, festgelegt. Dies kommt praktisch-diagnostisch darin zum Ausdruck, daß man die Hauptkonstitutionstypen in den meisten Fällen in jeder Lebensphase, die sie durchlaufen, an bestimmten Leitmerkmalen

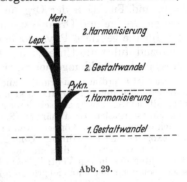

Abb. 29.

erkennen kann, die die schon von Anfang angelegten Wuchstendenzen verraten. Hierin stimmt die klinische Beobachtung mit der Anschauung ZELLERS vollkommen überein.

Wir setzen nun unsere Überlegungen fort und stehen vor folgender Frage: wenn unser Strukturprinzip richtig ist, dann wäre zu erwarten, daß es sich nicht allein im morphologischen Bereich erschöpft, sondern daß es auch im Bereich der Körperfunktionen, also in der Physiologie Geltung besitzt. Wir wenden deshalb unsere Aufmerksamkeit seinem physiologischen Geltungsbereich zu.

3. Das physiologische Geltungsbereich des Prinzips.

Ein eingehendes Studium der Physiologie der Konstitutionstypen ergibt, daß wir hier noch ganz im Beginn stehen. Schon seit langem haben sich Stimmen erhoben, die die Forderung aufstellten, über die Morphologie des Körperbaues hinaus in eine Physiologie der Konstitutionsvarianten vorzudringen, also gleichsam anstatt einer morphologischen, lieber eine funktionelle Typologie aufzustellen (BUMKE, BRUGSCH u. a.). Demgegenüber hält KRETSCHMER eine scharfe Trennung hier gar nicht für durchführbar. Ohne Zweifel wäre es aber von größtem Wert, mehr über die physiologische Eigenart der Grundtypen zu wissen. Es ist gar nicht unwahrscheinlich, daß wir bei genaueren funktionellen Kenntnissen zu einer wesentlichen Erweiterung, Ergänzung oder Abwandlung unserer Typologie kommen würden. Denken wir nur an die großen Systeme des Stoffwechsels und des Blutkreislaufes, der vegetativen und der endokrinen Gesamtlage, von denen jedes große, offenbar konstitutionstypische Unterschiede aufweist. Auf jedem dieser einzelnen Systeme ließen sich ganze Typologien errichten, und es wäre äußerst lohnend, zu untersuchen, inwiefern sich diese so entstehenden neuen Typen wieder untereinander und mit den schon bestehenden psychophysischen Typen zu Deckung bringen ließen. Hierin liegt ohne Zweifel gegenwärtig die Zukunft der Konstitutionsforschung. Gerade die KRETSCHMERsche Schule hat mit physiologischen Untersuchungen erfolgreichen Anfang gemacht (HIRSCH, HERZ, KURAS, MALL).

Wir stehen aber vorläufig immer noch am Anfang und können deshalb in diesem Zusammenhang nur Richtungen andeuten, Hypothesen aufstellen und im übrigen künftige Untersuchungen vorbereiten.

Es ist naheliegend, anzunehmen, daß sich im Laufe der Entwicklung auch eine Verschiebung in den Proportionen der inneren Organe vollzieht. Naturgemäß wissen wir darüber wesentlich weniger als über die äußeren Proportionsverschiebungen. Ebenso wahrscheinlich ist, daß parallel mit dieser inneren Proportionsverschiebung auch eine Funktionsverschiebung vor sich geht, denn Form und Funktion der Organe bilden eine untrennbare Einheit. Da nun die inneren Organe und Organsysteme mit ihrer Funktion und ihren Funktionssystemen für die gesamte Physiologie des Organismus von ausschlaggebender Bedeutung sind, führt die Untersuchung dieser „inneren" Proportionsverschiebung von selbst in das Problemgebiet einer funktionellen Konstitutionslehre.

Hier ist allerdings ein grundsätzlicher Unterschied zu den äußeren Proportionen hervorzuheben. Die inneren Organe sind außerordentlich entwicklungslabil, d. h., sie sind zwar ebenfalls letzten Endes genisch determiniert, aber in ihrer Ausbildung von einer großen Zahl von Faktoren aller Art abhängig. Sie werden nicht so ohne weiteres auf die Wirkung von Genen bezogen werden können, wenn nicht die mitbestimmenden Faktoren sowohl endogener wie exogener Art (Ernährung, Übung, Krankheitseinflüsse usw.) ebenfalls in die Rechnung eingesetzt werden. Um dies an einem einfachen Beispiel zu demonstrieren: Das Verhältnis des rechten und linken Ventrikels am Herzen ist ohne Zweifel konstitutionstypisch variabel, aber doch von einer sehr viel größeren Zahl von unübersehbaren Faktoren abhängig, wie etwa das Verhältnis von Thoraxbreite zu Thoraxtiefe. Es ist kein Zufall, daß sich alle konstitutionstypischen Merkmale immer vorwiegend an das Skelett, oder mindestens an die vom Skelett abhängigen Maße hielten. Die muskulären und parenchymatösen Organe sind ungemein viel wachstumslabiler, verändern sich deshalb auch im individuellen Leben viel stärker, so daß die zugrunde liegenden genisch gesteuerten Entwicklungen nicht klar zu erkennen sind.

a) Blut und Kreislauf.

Gesamtblutmenge, ferner Erythrocyten- und Leukocytenzahlen, Hämoglobingehalt usw. zeigen ihre größten Verschiebungen in der Neugeborenen-Periode. Es hängt dies mit der Umstellung des Kreislaufes wie auch mit einer Reihe anderer Faktoren zusammen, hat aber nichts unmittelbar mit der uns hier interessierenden ontogenetischen Proportionsverschiebung im Verlauf des postfetalen Wachstums zu tun. Das relative Herzgewicht (in Promille des Körpergewichts) geht nach MÜLLER, FALTA, FAHR u. a.[1] vom Zustand des Neugeborenen, wo das Herz unverhältnismäßig groß ist, weil das fetale Herz ja eine viel größere Blutmenge durch ein größeres Strombett zu bewegen hat, im postfetalen Leben langsam zurück, bis es etwa im 10. bis 11. Lebensjahr ein Minimum erreicht, um dann wieder etwas anzusteigen. Auch im Verhältnis der beiden Ventrikel zueinander findet sich eine Verschiebung, in dem nach Umstellung vom fetalen auf den bleibenden Kreislauf der rechte Ventrikel anfangs ganz hinter dem stark wachsenden linken Ventrikel zurückbleibt, um mit 6—10 Jahren den tiefsten Punkt zu erreichen; dann holt der rechte Ventrikel im Verhältnis zum linken wieder etwas auf.

Die relative Arterienweite wurde von BENNECKE in Promille der Körperlänge gemessen. Sie nimmt, nach einer leichten Zunahme bis zum 2. Lebensjahr, ständig ab, bis sie etwa im 16. bis 18. Lebensjahr den tiefsten Punkt erreicht. Sie folgt also, wie BROCK hervorhebt, wenn auch etwas nacheilend, gleichsam der kindlichen Statur, „welche anfangs gedrungen ist, bis zum 13. bis 15. Lebensjahr

[1] Die meisten dieser und der folgenden Daten entnehme ich: BROCK, Biologische Daten für den Kinderarzt. Berlin 1932.

immer schlanker wird, um dann bis zur Reife wieder eine gewisse Breitenentwicklung durchzumachen". BROCK prüft auch den Einwand, der gegen die an der Leiche durchgeführten Untersuchungen BENNECKES gemacht wurden und kommt zu dem Schluß, daß die angegebenen Zahlenwerte auch für die intravitalen Verhältnisse gelten.

Die relative Weite der beiden Hauptvenen verhält sich verschieden, indem im Laufe des Wachstums die relative Weite der Vena cava superior ab-, die der cava inferior zunimmt, was ohne weiteres verständlich ist, da das Schädelvolumen im Verhältnis zur Körpermasse immer mehr zurücktritt, andererseits die Unterlänge relativ zunimmt.

Das Verhältnis der Aortenweite zur summierten Weite beider Venae cavae nimmt im Laufe der Entwicklung zugunsten der Venen zu. BROCK bemerkt hierzu: Wenn man diese Zahlen wohl auf beide Systeme übertragen darf, so ist daraus zu folgern, daß beim jungen Kind im Vergleich zu seinem Arteriensystem, wenn man die Verhältnisse beim Erwachsenen zugrunde legt, das venöse System relativ eng ist und daß erst mit vollendeter Reife allmählich ein Verhältnis erreicht ist, bei dem eine Arterie einer über doppelt so großen venösen Strombahn entspricht. Es ist naheliegend, anzunehmen, daß diese Verhältnisse auch hämodynamisch eine gewisse Bedeutung haben, wie wir gleich noch näher besprechen werden.

Die Capillaren im frühen Kindesalter gelten ebenso wie die Lichtung der arteriellen Gefäße als relativ sehr weit. Da die Blutkörperchen beim Neugeborenen ja nicht kleiner sind als beim Erwachsenen, können sie eine bestimmte untere Grenze gar nicht unterschreiten. Im übrigen fehlen systematische Untersuchungen über eventuelle Besonderheiten des kindlichen Capillarsystemes (BROCK).

Die Gesamtblutmenge bleibt, abgesehen von den besonderen Verhältnissen des Neugeborenen, relativ konstant durch die verschiedenen Lebensperioden hindurch.

Die Pulsfrequenz nimmt während der ganzen Entwicklungszeit bis zur Reife ständig ab. Beim Neugeborenen schlägt das Herz in der Minute etwa doppelt so oft als beim Erwachsenen. Hervorzuheben ist schon hier, daß innerhalb gleicher Altersklassen, wenn man jeweils zwei Körperlängengruppen aufstellt, die kleineren Menschen durchschnittlich eine höhere Pulsfrequenz haben als die größeren (VOLKMANN).

Der Blutdruck nimmt während der ganzen Entwicklung bis zur Reife ständig zu. Es ergibt sich dabei eine interessante Verschiebung zwischen dem Durchschnittswert bei Knaben und Mädchen. Der weibliche Blutdruck liegt vom 5. bis 9. Lebensjahr etwas niedriger als der männliche. Dann kommt es jedoch gesetzmäßig zu einer Überhöhung des männlichen Blutdruckes durch den weiblichen für 2 bis 3 Jahre. Kurvenmäßig dargestellt ergibt sich, daß darin eine fast völlige Übereinstimmung zur Wachstumskurve beider Geschlechter zum Ausdruck kommt. Das Emporgehen des Blutdruckes zwischen 10 und 15 Jahren entspricht genau dem Wachstumsüberschuß der Präpubertät. Da diese bei den Mädchen früher einsetzt, so übertreffen sie die Knaben zwischen 10 und 13 Jahren an Körperlänge und Gewicht, ebenso wie hinsichtlich der Höhe des Blutdrucks.

Die Alterskurve des Blutdruckes ist aber nicht — wie man danach annehmen könnte, eine bloße Funktion ihres Längen- und Massenwachstums, denn wenn man in der Präpubertäts- und Pubertätszeit gleiche Körperlängen- und Gewichtsgruppen von Knaben und Mädchen hinsichtlich ihres Blutdruckes miteinander vergleicht, dann bleibt die Überhöhung der Knaben durch die Mädchen in den Gruppen, welche der Altersspanne von 10 bis 13 Jahren entsprechen, durchaus bestehen. Das Pubertätsalter mit seiner hormonalen Umstellung beeinflußt also auch unabhängig vom Wachstum unmittelbar den Blutdruck.

Wir erkennen hieran bereits die Vielfalt von Faktoren, die auf Funktionen von der Art des Blutdruckes Einfluß nehmen. Immerhin zeigt sich auch hier, wie wir gleich zusammenfassend besprechen werden, eine ziemlich konstante Verschiebung der durchschnittlichen Werte. BROCK hat außerdem die Blutdruckamplitude berechnet und fand ebenfalls ein Ansteigen der Amplitude zwischen Minimal- und Maximalblutdruck während des Schulalters.

Der Capillardruck in seiner Beziehung zur Entwicklung wurde von RO-MINGER untersucht. Er fand, daß dieser in allen Altersstufen, obgleich der arterielle systolische Druck so erheblich ansteigt, unverändert und gleich niedrig bleibt. Übrigens blieb auch die Blutströmungsgeschwindigkeit während der untersuchten Altersstufe völlig konstant.

Die Zirkulationsleistung (Umlaufzeit und Minutenvolumen) endlich macht ebenfalls in der Entwicklungszeit bis zur Reife eine charakteristische Verschiebung durch. Auf Grund von Überlegungen, auf die hier nicht näher eingegangen zu werden braucht, kommt BROCK zu dem Schluß, daß das Minutenvolumen pro Kilogramm Körpergewicht beim Säugling etwas mehr als doppelt so groß ist als bei Erwachsenen und ziemlich gleichmäßig bis zum Pubertätsalter auf über die Hälfte absinkt.

So finden wir also beim Kind gegenüber den Verhältnissen beim Erwachsenen bei gleicher relativer Gesamtblutmenge (abgesehen von den Verhältnissen bei Neugeborenen) eine erheblich größere Umlaufgeschwindigkeit dieser Blutmenge, die durch ein relativ weiteres Arterienrohr fließt, mit einer größeren relativen Weite auch in ihrem Verhältnis zur Venenweite und durch ein ebensolches relativ weites und weitmaschiges Capillarsystem. Dazu kommt eine erhöhte Pulsfrequenz. Demgegenüber ist jedoch, was an sich überraschen muß, der systolische Blutdruck niedriger, auch die Blutdruckamplitude gering, während der Capillardruck gleichbleibt.

Auf Grund dieser eigentümlichen Verhältnisse, die sich erst im Laufe der ontogenetischen Entwicklung langsam verschieben, bis der erwachsene Zustand erreicht ist — man würde bei größerer Umlaufgeschwindigkeit und schnellerem Puls hämodynamisch zunächst einen hohen Blutdruck erwarten — kommt BROCK auf Grund von Überlegungen, bezüglich deren auf seine Arbeiten verwiesen sei, zu dem Schluß, daß beim Kinde eine andere Blutverteilung vorliegen müsse als beim Erwachsenen, indem sich jeweils mehr Blut in dem arteriellen und capillaren Teil der Strombahn befindet. Dadurch muß unabhängig von der Zirkulationsgröße die Kreislaufleistung erleichtert sein. Andererseits bedeutet die größere relative Weite dieses Stromabschnittes, in welchem der eigentliche Druckverbrauch stattfindet, hämodynamisch einen geringeren arteriellen Blutdruck, denn dieser ist ja an jeder Stelle das Maß für die noch zu überwindenden Widerstände. Dazu kommt, daß die capillare Verzweigung beim jungen Kind um ein Vielfaches geringer sein muß als beim Erwachsenen, was ebenfalls bewirkt, daß trotz des hohen kindlichen Minutenvolumens der Blutdruck des Kindes niedriger ist als beim Erwachsenen. Ein dritter Faktor ist vielleicht auch die größere Elastizität der kindlichen Arterien.

Diese wichtigen Faktoren, die erhöhte Zirkulationsleistung (Minutenvolumen) und die größere Füllung des arteriellen und capillaren Schenkels der Strombahn, führen naturgemäß zu einer erheblich größeren Kreislaufleistung (Gas- und Stoffaustausch zwischen Blut und Gewebe), wie sie in der Tat den kindlichen Stoffwechsel charakterisiert. Damit wird natürlich nur eine Seite dieses Stoffwechsels getroffen; auf andere werden wir noch zu sprechen kommen.

Nun fragt es sich, inwiefern wir unser ontogenetisches Strukturprinzip, demzufolge die pyknomorphe Konstitutionsvariante einer früheren Determinationsstufe in der ontogenetischen Entwicklung entspricht, auch auf die hier erörterten physiologischen Verhältnisse zur Anwendung bringen können. Planmäßige Untersuchungen der Kreislaufverhältnisse an den Körperbautypen fehlen allerdings, so daß wir noch nicht in der Lage sind, die Fragen nach Arterienweite, Puls- und Blutdruck, oder gar nach Minutenvolumen oder Umlaufsgeschwindigkeit des Blutes bei den Primärvarianten zu beantworten.

Wir müssen uns also mit Vermutungen und den grob empirischen Erfahrungen mit den Körperbautypen begnügen. Hier scheint uns aber eine gewisse Wahrscheinlichkeit zu bestehen, daß in der Tat die Kreislaufverhältnisse des pyknomorphen Konstitutionstypus sich in dem Sinne von jenen des Leptomorphen unterscheiden, wie diejenigen des Jugendlichen sich von den Verhältnissen der Älteren unterscheiden. Hierfür möchte ich anführen die praktische Erfahrung, daß kleinere Menschen, unter denen sich der größere Teil der Pyknomorphen befinden dürfte, durchschnittlich eine höhere Pulsfrequenz besitzen; ferner die deutlich bessere arterielle Blutversorgung des Pyknikers gegenüber der Verschiebung nach dem venösen Teil der Strombahn beim Leptomorphen und endlich der ohne Zweifel höhere assimilatorische Stoffwechsel des Pyknikers, zudem ja auch die bessere Zirkulationsleistung gehört. Daher auch die größere Fettspeicherung, der bessere Gesamtturgor und die bessere Durchblutung beim Pykniker.

Wenn dies auch vorläufig im Bereich des Hypothetischen bleiben muß, so ergeben sich doch von hier aus klare Fragestellungen und interessante Ausblicke auch für die Pathologie. So besteht etwa die Möglichkeit, die Beziehungen des pyknomorphen Habitus zur Blutdruckerhöhung zu deuten. Wenn nämlich in der Tat bei diesem Körperbau eine andere Blutverteilung als Dauerzustand vorliegt, in dem sich relativ mehr Blut im arteriellen und capillaren Teil der Strombahn befindet, dann könnte dies im Laufe der Zeit, wenn die Elastizität der Gefäße nachzulassen beginnt, sehr wohl leichter zu einer erhöhten Druckspannung des arteriellen Gefäßrohres führen, als beim Leptomorphen mit seiner größeren relativen Füllung im venösen Anteil, dies um so eher, als auch die Gefäßwandverhältnisse entsprechend der überhaupt beim Pyknomorphen erheblich stärkeren kompensatorischen Fähigkeit der Gewebe für eine solche Druckerhöhung die notwendigen Bedingungen erfüllen. Natürlich gibt es zahlreiche andere Faktoren, die ihrerseits in diesen Wirkungszusammenhang eingreifen.

Wir können also zusammenfassend sagen, daß entsprechend der morphologischen Verhältnisse auch bezüglich der Kreislaufverhältnisse eine Art von Proportionsverschiebung während der Entwicklung bis zur Reife vor sich geht. Wenn auch bisher entsprechende physiologische Untersuchungen an den konstitutionellen Grundformen fehlen, so spricht doch einiges dafür, daß auch hierbei der Pyknomorphe die ontogenetisch frühere Stufe repräsentiert, der Leptomorphe hingegen die ontogenetisch spätere Stufe.

b) Atmung.

Als zweites Kapitel wollen wir kurz die Verhältnisse bei der Atmung streifen. Infolge der Formverhältnisse des kindlichen Thorax, über die wir bereits sprachen, befindet sich der kindliche Thorax mit seiner Faßform und den horizontal verlaufenden Rippen schon bei seiner Mittellage in extremer Inspirationsstellung, weshalb die Atmung ja auch fast nur abdominal erfolgen kann. Deshalb muß die Säuglingslunge auch in der Exspirationsphase viel stärker entfaltet sein, als die Lunge des Kindes oder des Erwachsenen.

4*

Die Atemfrequenz ist beim Säugling am höchsten, nimmt aber schon beim Kind erheblich ab, allmählich tritt die thorakale Atmung immer mehr in den Vordergrund, während zunächst ein rein abdominaler Atemtypus vorherrscht. Bemerkenswert ist übrigens, daß beim Mädchen der abdominale Anteil der Atmungsleistung für gewöhnlich stärker erhalten bleibt als bei Knaben, so daß beim weiblichen Geschlecht der kindliche Atemtypus beibehalten wird.

Die Atmungsleistung erfährt man durch Bestimmung des Atemvolumens, d. h. des Volumens des einzelnen Atemzuges, andererseits durch Bestimmung der in der Zeiteinheit, nämlich in einer Minute gewechselten Luftmenge, des sog. Minutenvolumens. Das maximale Atemvolumen eines Atemzuges bezeichnet man als Vitalkapazität. Diese steht nun in einer sehr deutlichen Korrelation zur Körperlänge, wie sowohl STEWARD und SHEETS, wie auch SEREBROWSKAJA feststellten, indem mit zunehmender Körperlänge auch die Vitalkapazität zunimmt. Bei Kindern verschiedener Körperbautypen ergibt sich, daß die Leptosomen trotz eines sehr viel geringeren Körpergewichtes (aber bei größerer Körperlänge) durchgehend höhere Vitalkapazitäten haben, als ihre pyknischen Altersgenossen, obwohl die Brustkorbweite der letzteren, auch absolut gemessen, die größere ist. Die Vitalkapazität entspricht vor allem der Exkursionsfähigkeit des Thorax, die natürlich beim Leptomorphen größer ist als beim Pyknomorphen, mit dessen horizontal verlaufenden Rippen. Der ontogenetischen Proportionsverschiebung der Formen entspricht also notwendig auch eine solche der Funktionen. Auch in bezug auf diese (Vitalkapazität) verhalten sich die Pyknomorphen zu den Leptomorphen wie die Kinder zu den Erwachsenen.

Die absoluten Minutenvolumina steigen nach BROCK von der Geburt bis zur Reife, obwohl sich das Gewicht in dieser Zeit verzwanzigfacht, nur auf das Zehnfache an, weil die Kraftwechselhöhe der Gewichtseinheit in dieser Zeit auf die Hälfte absinkt. . „Demgegenüber werden die Atemvolumina nicht nur durch Gewichtswachstum und Stoffwechselhöhe bestimmt, sondern entscheidend noch durch einen dritten Faktor, die Atemfrequenz. Die beiden ersten Faktoren würden auch ein allmähliches Anwachsen auf das Zehnfache bewirken, da aber gleichzeitig die Atemfrequenz auf weniger als ein Drittel absinkt, steigt das Atemvolumen (des einzelnen Atemzuges) von der Geburt bis zur Reife auf fast das Vierzigfache an" (BROCK).

Wir sehen also auch hier wieder eine charakteristische funktionelle Verschiebung. Auch hier wieder fehlen uns die diesbezüglichen Untersuchungen an den Konstitutionstypen, die uns in die Lage versetzen, festzustellen, welches die Orte sind, an denen in diesen ontogenetischen Entwicklungskurven die beiden Typen einzusetzen sind. Immerhin möchten wir auch hier für den Pyknomorphen die juvenileren Verhältnisse annehmen, da erstens auch die Thoraxverhältnisse den kindlichen Verhältnissen entsprechen, zweitens bekanntlich kleinere Menschen, unter denen sich vor allem die Pykniker befinden, eine höhere Atemfrequenz besitzen und schließlich bei ihnen trotz geringerer Vitalkapazität eine größere Stoffwechselleistung besteht. Im übrigen ist die Hypothese der Nachprüfung ohne weiteres zugänglich.

c) Energiestoffwechsel.

Wir wählen aus dem großen Gebiet der Stoffwechseluntersuchungen lediglich die Veränderungen, die der Grundumsatz im Verlauf der Entwicklung durchmacht. Der Grundumsatz ist der Energieverbrauch im nüchternen Zustand bei völliger Muskelruhe oder im Schlaf. Es werden uns auch hier vor allem die Relativwerte des Grundumsatzes, dessen absolute Werte naturgemäß im Wachstum zunehmen, interessieren.

Hier ist es vor allem seine Beziehung zum Gewicht und zur Oberfläche des Körpers. An und für sich liegt die Vorstellung am nächsten, daß die Wärmebildung der wärmeerzeugenden Masse, also dem Körpergewicht, proportional wäre. Das stimmt aber nicht, da in der Säugetierreihe der Grundumsatz pro Kilogramm Körpergewicht um so höher ist, je weniger dieses absolut beträgt. Es haben also die kleineren und leichteren Tiere einen höheren relativen Grundumsatz (pro Kilogramm Körpergewicht) wie die großen. Diese Regel gilt auch für die menschliche Wachstumsperiode, allerdings mit der Ausnahme des ersten Lebensjahres. Die Kurve fällt dann etwa, vom 1. bis 2. Lebensjahr angefangen, langsam ab, um ganz allmählich den erwachsenen Wert zu erreichen. Der relative Grundumsatz pro Körpergewicht ist also beim Jugendlichen im Vergleich zum Erwachsenen erheblich höher.

Das gleiche gilt für sein Verhältnis zur Oberfläche. Daß auch die Körperoberfläche einen wesentlichen Einfluß auf die Wärmeabgabe und somit auf den Stoffwechsel haben muß, liegt auf der Hand. RUBNER hat als erster den Beweis zu erbringen versucht, daß die Stoffwechselintensität der Körperoberfläche parallel geht. Er fand, daß bei Tieren des verschiedensten Gewichtes der Stoffwechsel pro Quadratmeter Oberfläche annähernd gleich ist. Auch diese sog. Flächenregel wird während des Wachstums durchbrochen, denn es ergab sich, daß der Grundumsatz (pro Quadratmeter Oberfläche) ebenfalls wieder nach einem enormen Anstieg in der Neugeborenen- und Säuglingsperiode langsam bis zum Reifezustand absinkt. Auch in bezug auf die Oberfläche gilt, daß der Grundumsatz des Jugendlichen im Vergleich zum Zustand des Erwachsenen erhöht ist. Der Energieverbrauch pro 1 cm Körperlänge erwies sich nach VON GRUBER von Beginn der Schulzeit bis zum reifen Mannesalter als relativ konstant.

Da die Inkonstanz dieser Kurven beweist, daß der Energieumsatz nicht eine Körperflächen- (oder Körperlängenfunktion) sein kann, wie er auch ebensowenig eine reine Massenfunktion ist, bleibt nur die Aktivität der Masse selber als eine den Stoffwechsel bestimmende Größe übrig. Zur Erklärung für dieses ständige Absinken der Energieproduktion pro Kilogramm Körpergewicht im Verlauf des Wachstums nahm man an, daß die Menge der am Stoffwechsel weniger beteiligten Zellen (bzw. Zellbestandteile) im Laufe der Entwicklung zunimmt (KASSOWITZ, FRIEDENTHAL, PFAUNDLER).

Wir halten also fest, daß der Energieumsatz im Ruhezustand beim jüngeren Kind größer ist als beim älteren und auch dort noch größer als beim Erwachsenen, und zwar auch dann, wenn man die durch den Einfluß der Gewichtszunahme oder Oberflächenvergrößerung beim Wachstum leicht verständliche Umsatzerhöhung ausschaltet. Wir können uns vorstellen, daß im jugendlichen Zustand der Motor gleichsam mit einer erhöhten Tourenzahl läuft, daß er auf größeren Verbrauch, aber auch auf größere assimilatorische Leistung eingestellt ist. Das Verhältnis der assimilatorischen zu den dissimilatorischen Vorgängen ist also zugunsten der ersteren verschoben. Dieses kann auch gar nicht anderes sein, wenn überhaupt ein Wachstumsvorgang ermöglicht werden soll. Und dementsprechend verschiebt sich gegen Ende des Wachstums dieses Verhältnis, assimilatorische und dissimilatorische Vorgänge halten einander die Waage.

Denken wir uns nun diesen Ausgleichspunkt variabel, indem er bei einer Gruppe von Variationsformen etwas nach dem in der Jugend herrschenden Verhältnissen verschoben bleibt, so daß die assimilatorischen Vorgänge etwas überwiegen, umgekehrt bei der anderen Gruppe von Konstitutionsvarianten er über jenen Ausgleichspunkt hinausgeschossen ist, so daß evtl. schon die dissimilatorische Kom-

ponente überwiegt, dann erhalten wir Verhältnisse, wie sie etwa denen der beiden
Körperbaugrundtypen entsprechen dürften. Damit hängt u. a. die verschiedene
Neigung zur Fettspeicherung zusammen, die bei Überwiegen der assimilatorischen
Phase, vor allem nach Abschluß des Wachstumsprozesses deutlich zutage treten
wird, während sie im umgekehrten Falle auch nach Abschluß der Wachstums-
periode niemals einen nennenswerten Betrag erreichen, ja zu fortschreitender
Abmagerung führen kann.

Wenn uns also auch hier noch bisher die konkreten diesbezüglichen Untersuchungen fehlen, so können wir doch angesichts der allgemeinen Verhältnisse
die Annahme vertreten, daß entsprechend den morphologischen Proportionen
auch im Energiehaushalt beim Pyknomorphen Verhältnisse vorliegen, wie sie
in der Ontogenese auf einer früheren Stufe bestehen, beim Leptomorphen hingegen solche, wie sie ontogenetisch sich erst viel später ausbilden. **Auch ener-
getisch gesehen entspricht also der Pyknomorphe der ontogenetisch früheren Stufe.**

Die italienische Schule (VIOLA, BARBARA, PENDE), die seit längerem sich mit
der funktionellen Seite des Konstitutionsproblems befaßt, bezeichnet geradezu
den Brachytyp als anabolischen, den Longityp als katabolischen Typus und stellt
bei jenen ein Überwiegen der assimilatorischen, bei diesen der dissimilatorischen
Vorgänge fest.

Noch eine Bemerkung über den **Einfluß der Muskeltätigkeit** auf den
Energiehaushalt sei hier angefügt. Man kann eine geleistete mechanische Arbeit
auch in Calorien ausdrücken und daher in Beziehung setzen zu dem in Calorien
ausgedrückten biologischen Energieaufwand, welcher nötig war, um sie zu ver-
richten. Das sich ergebende Verhältnis ist je nach der geleisteten Arbeit sehr verschieden. Über den ,,Wirkungsgrad'' der jugendlichen ,,Maschine'' gegenüber
dem des Erwachsenen ist leider nichts bekannt. Jedoch ist die Frage nach dem
Mehrbedarf an Energie, welchen das Muskelspiel gegenüber dem Ruhestoffwechsel
hervorruft, vor allem von HELMREICH studiert worden. Er fand, daß jüngere
Kinder dieselbe Bewegung gewissermaßen ,,billiger'' ausführen als ältere. Bei
einem Körpergewichtsverhältnis von 17:52 (also etwa 1:3) ergab sich z. B. ein
Verhältnis des O_2-Verbrauches wie 1:5,5. Noch günstiger steht das jüngere
Individuum da, wenn man den Mehrbedarf durch Muskelbetätigung, wie üblich, als
prozentualen Aufschlag zum Grundumsatz veranschlagt. Denn dieser beträgt
z. B. in dem angeführten Fall bei dem älteren Kind pro Kilogramm knapp
zwei Drittel des Wertes als bei dem jungen Kinde. Relativ zum Grundumsatz
pro Kilogramm ist also der Mehrverbrauch durch Bewegung des eigenen Körpers
beim kleinen (jungen) Kinde gegenüber dem Mehraufwand des größeren (älteren)
Kindes noch geringer als es schon aus dem Gesagten hervorging (BROCK). Deshalb
spielt nach HELMREICH die alltägliche Muskelarbeit für die Bewegung des eigenen
Körpers im Energiehaushalt des Kindes eine vergleichsweise geringere Rolle als
beim Erwachsenen und nur so ist es nach diesem Autor zu erklären, daß Kinder
im Spielalter fast den ganzen Tag in rastloser Bewegung sein können, ohne zu
ermüden. Wenn wir auch natürlich weit entfernt sind, diesbezüglich Genaueres
über die Verhältnisse bei den Konstitutionstypen auszusagen, möchten wir in
diesem Zusammenhang nur an die großen Unterschiede der Psychomotorik der
beiden Körperbautypen erinnern, worauf wir von der psychischen Seite her im
nächsten Kapitel nochmals zurückkommen. Manches aber von diesen psycho-
motorischen Unterschieden könnte auch seine stoffwechselphysiologische Entsprechung in den hier angedeuteten Verhältnissen haben. Verlangt doch gerade
die geringe Ermüdbarkeit des enorm motorisch bewegten hypomanischen Temperamentes mit seinem Bewegungsluxus bei manchem Pyknomorphen auch nach

einer physiologischen Erklärung. Da auch die Art dieser Motilität des Pyknisch-cyclothymen, wie wir noch zeigen werden, derjenigen des Kindes im Spielalter außerordentlich ähnlich ist, wird man auch für ihre physiologische Grundlage ähnliche Verhältnisse vermuten dürfen.

d) Wasserwechsel.

Auch hier können wir uns nur auf einige Andeutungen beschränken. Obwohl es nicht zweifelhaft erscheint, daß sich die beiden Körperbautypen auch im Wasserstoffwechsel verschieden verhalten, fehlen doch derartige Untersuchungen an den Konstitutionsvarianten bisher völlig. Die ontogenetische Entwicklung des Wasserstoffwechsels ist hingegen besser studiert. Zunächst ist die Tatsache hervorzuheben, daß der Wasserbestand des Körpers, auf die Gewichtseinheit gerechnet, im Laufe des Wachstums eine absteigende Kurve beschreibt, daß also der Organismus um so wasserreicher ist, je jünger er ist.

Dazu kommt weiter, daß jugendliche Gewebe nicht nur einen höheren Wassergehalt aufweisen, sondern auch eine größere Wasseravidität zeigen. Im Experiment läßt sich zeigen, daß jugendliche Muskeln sowie jugendliche Bindegewebe eine raschere Quellbarkeit besitzen. Im gleichen Sinn sind wohl die altersbedingten Verschiedenheiten im Ausfall der Quaddelprobe (wenn dieser auch ein komplexes Geschehen zugrundeliegen dürfte) zu deuten. Man bezeichnet als Quaddelzeit (McCHIRE und ALDRICH) die Zeit, binnen welcher eine intracutan gesetzte Quaddel von physiologischer Kochsalzlösung verschwindet. Es hat sich gezeigt, daß diese um so kürzer ist, je jünger ein Kind ist (LEONHARD).

Sehr viel größer sind die quantitativen Unterschiede im Wasserwechsel zwischen Säugling und Erwachsenem; denn pro Kilogramm beträgt die Flüssigkeitszufuhr beim Brustkind im ersten Trimenon 150—200 g, beim Erwachsenen nur 35—40 g täglich. Da man annehmen muß, daß in beiden Fällen die Zufuhr von dem auf einen Spielraum der Lebensbedingungen eingestellten Bedarf des Organismus abhängt, muß also der Flüssigkeitsbedarf beim Säugling vergleichsweise sehr viel höher sein als beim Erwachsenen (BROCK).

Bezüglich der Ausscheidung spielt beim Kind die Perspiratio insensibilis eine erheblich größere Rolle. Sie spricht zunächst auf Steigerungen der Wärmeproduktion leichter und ausgiebiger an, hat also mit anderen Worten eine größere wärmeregulatorische Bedeutung als beim Erwachsenen (BROCK). Die Perspiratio insensibilis richtet sich ferner beim Kind in sehr viel höherem Maße nach der Flüssigkeitszufuhr als beim Erwachsenen. Dasselbe zeigt sich übrigens auch bei einmaliger Flüssigkeitszufuhr, wie sie beim „Wasserversuch" stattfindet. Beim Erwachsenen wurde selbst bei sehr großer täglicher Flüssigkeitszufuhr ein Einfluß auf die insensible Perspiration entweder völlig vermißt oder es wurde nur geringe Steigerung der unmerklichen Wasserabgabe beobachtet.

Ließe sich also feststellen, daß der Körper beim pyknomorphen Habitus im ganzen wasserreicher ist, daß er eine größere Wasseravidität besitzt mit verminderter Quaddelzeit, daß die Perspiratio insensibilis auf Wärmesteigerung leichter anspricht (somit wärmeregulatorischer wirkt) und sich auch mehr nach der Flüssigkeitszufuhr richtet, daß endlich auch ein größeres Flüssigkeitsbedürfnis des Pyknikers vorliegt, als dies alles für den Leptomorphen zutrifft, dann würde auch hinsichtlich des Wasserwechsels die gleiche ontogenetische Verschiebung bestehen, wie wir dies nun bei einer Reihe von anderen Untersuchungen fanden. Wenn auch hier die entsprechenden Unterlagen noch fehlen, besteht doch grobempirisch eine gewisse Wahrscheinlichkeit, daß in der Tat der Wasserwechsel des Pyknomorphen sich in der vermuteten Weise von demjenigen des Leptomorphen unterscheidet. Der allgemeine Turgor des Gewebes beim Pyknomorphen

deutet auf einen größeren Wasserreichtum gegenüber demjenigen des Leptomorphen. Auch das Flüssigkeitsbedürfnis könnte man bei ihm erhöht annehmen,
zum mindesten würde man, wenn man die Besucher von Bierwirtschaften nach
ihrem Körperbau statistisch durchzählen würde, das Verhältnis stark nach der pyknischen Seite verschoben finden. (Wir wollen allerdings nicht übersehen, daß dies
auch andere Ursachen haben kann, die im psychischen Bereiche liegen.) Auch die
größere wärmeregulatorische Wirkung der Perspiratio insensibilis könnte man beim
Pykniker mit seinem erhöhten Bedürfnis nach rascher Wärmeabgabe vermuten.

Das Kind und vermutlich auch der Pyknomorphe enthält also mehr Wasser
(Hydrophilie), braucht mehr Wasser (Wasseravidität) und gibt auch das Wasser
leichter wieder ab. Umgekehrt demgegenüber beim Erwachsenen und entsprechend beim Leptomorphen: er enthält weniger Wasser, er braucht weniger,
hält aber das Wenige viel stärker fest. Es liegt auf der Hand, daß sich die Verhältnisse z. B. im Tropenklima sehr deutlich manifestieren müssen, indem das
trocken-heiße und wasserarme Wüstenklima leptomorphe Formen, das feuchtig-
keitsreiche, tropische Küstenklima hingegen in erhöhtem Maße pyknomorphe
Formen herauszüchten wird.[1]

Hier liegen unseres Erachtens lohnende Möglichkeiten zu weiteren Untersuchungen.

e) Das vegetative System.

Die Frage nach den konstitutionstypischen Varianten im vegetativen System
ergibt vorläufig noch ein recht ungeklärtes Bild. Um so geringer ist deshalb auch
die Aussicht, ihre Beziehungen zur ontogenetischen Entwicklung klar übersehen
zu können.

Daß sehr tiefgreifende konstitutionstypische Unterschiede in den Reaktionsformen des vegetativen Systems bestehen, wissen wir, seit EPPINGER und HESS
den vielumstrittenen Begriff der Vagotonie und Sympathikotonie aufstellten.
Diese Begriffe haben sich in der ursprünglichen Form nicht halten können. Auf
den neuesten, vor allem humoralpathologischen Stand unserer Kenntnisse vom
vegetativen System gebracht, erweisen sie gleichwohl auch weiter ihren Wert.

Sicher ist, daß es einen vagotonischen oder sympathicotonischen Konstitutionstypus im ursprünglichen Sinn nicht gibt, daß es also nicht möglich ist,
durch pharmakodynamische Reaktionen vagotonische und sympathicotonische
Typen voneinander zu scheiden, d. h. eine unterschwellige Dauererregung nervöser Apparate (vegetatives Nervensystem) durch bestimmte Pharmaka manifest
zu machen. Es ergab sich, daß durch Anwendung jener Pharmaka nicht eine
veränderte Tätigkeit des Nervensystems, als vielmehr eine abnorme Erregbarkeit
der Erfolgsorgane, eine besonders ausgeprägte Organempfindlichkeit erkennbar wurde. Damit aber ergab sich auf der anderen Seite, daß eine unterschwellige
Dauererregung — nicht des vegetativen Nervensystems, wie EPPINGER und HESS
meinten — wohl aber des vegetativen Betriebsstückes (GREMELS u. a.) im Sinne
einer parasympathischen Innervation in der Tat existiert, wie insbesondere das
Studium der allergischen Disposition ganz deutlich gezeigt hat, die FRANK
geradezu als eine pseudovagotonische Konstellation bezeichnet.

Damit stoßen wir auf ein wohlbekanntes konstitutionelles Syndrom, zu dem
neben der allergischen Diathese auch noch andere derartige pseudovagotonischen
Konstellationen, wie etwa die tetanoide Konstitution und vor allem die Hypo-

---

[1] Herr Dr. HOEHNE machte mich auf diese Möglichkeit aufmerksam, die sich bei unvor-
eingenommener Betrachtung, etwa der afrikanischen Rassenformen, auch zu bestätigen
scheint. Auf die eng mit der Wasserabgabe zusammenhängenden Temperaturverhältnisse
(Temperaturausgleich nach Erwärmung oder Abkühlung) gehe ich hier nicht ein, da vorläufig
allzuwenig konstitutionsbiologisches Untersuchungsmaterial vorliegt. Es sei jedoch hier auf
die in Vorbereitung befindlichen Arbeiten von Dr. HOEHNE verwiesen.

sympathicotonie gehört, und andererseits die vegetative Stigmatisierung, die erhöhte vegetative Labilität mit allen ihren Abwandlungen (v. BERGMANN).

Eine klare Beziehung zu unseren Körperbautypen hat sich bisher nicht ergeben. Es ist das auch nicht verwunderlich, als hier deutliche Übergänge ins Pathologische bestehen, wir uns aber im Gebiete der Primärvarianten schon begrifflich im Bereiche der Norm befinden. Es war deshalb von vornherein nicht wahrscheinlich, daß diese Varianten wesenhafte Beziehungen zu jenen pathologischen Syndromen besitzen; es war also, mit anderen Worten, nicht zu erwarten, daß eine bestimmte Form einer abnormen vegetativen Labilität die eine oder andere der beiden Primärvarianten in konstitutionstypischer Weise charakterisiert.

Wohl aber bestehen unzweifelhafte Beziehungen zu den Sekundärvarianten, und hier vor allem zum asthenisch-hypoplastischen Kreis, sicher aber auch zum athletisch-hyperplastischen Kreis und zu einigen dysplastischen Spezialvarianten. Wir werden auf diese noch später zu sprechen kommen.

Somit scheidet zunächst für die hier interessierenden Fragen die Besprechung der vegetativen Übererregbarkeit und ihrer krankhaften Manifestationen gänzlich aus. Eine andere Frage ist es, ob sich die beiden Grundvarianten durch Verschiedenheiten in ihrer vegetativen Ansprechbarkeit nicht doch grundsätzlich unterscheiden. Wenn in dieser Frage auch noch kein großes Untersuchungsmaterial vorliegt, so finden sich doch einige fruchtbare Ansätze, die hier weiterführen können.

Zunächst müssen wir uns über einen Punkt Klarheit verschaffen. Wir wissen seit GREMELS, daß die Übertragung der nervösen Impulse von Vagus und Sympathicus auf humoralem Weg erfolgt, wobei als chemischer Überträger der Vaguswirkung ein ganz oder nahezu dem Acetylcholin identischer Körper und für die Sympathicuswirkung ein dem Adrenalin nahezu oder ganz identischer Stoff in Frage kommt. Diese Stoffe sind als Potentialwirkstoffe im Sinne STRAUBS anzusehen, d. h. als humorale Körper, deren Wirkung nicht von ihrer absoluten Menge, sondern vom Potentialgefälle bestimmt wird. Die Verhältnisse liegen ganz ähnlich wie beim elektrischen Potential. Durch den ständigen Verbrauch wird eine fortwährende Neubildung dieser Wirkstoffe notwendig und aus dieser dauernden „Spannung" wird ihre Wirkung bestimmt. Die Wirkung dieser Körper ist also nicht abhängig von der absoluten Menge, sondern von ihrem Gefälle. Ist dieses groß, d. h. herrscht ein niedriger Sympathicustonus, so wird eine Reizung des Sympathicus bereits mit niedrigen Dosen eine heftige Reaktion ergeben, da das Gefälle zwischen Ruhe und Erregung eine große Spannweite hat. Handelt es sich aber um einen hohen Sympathicustonus, so wird bei der hohen Anfangsspannung nach der Reizung der Ausschlag trotzdem in engeren Grenzen sich bewegen, auch dann, wenn wir hohe Dosen verwandt haben. Was wir beobachten, ist immer nur der Ausschlag, nicht aber die Gesamtspannung im System.

Aus dieser Sachlage heraus resultierte eine gewisse Begriffsverwirrung in der Konstitutionsforschung. Die starken Ausschläge auf Grund eines Sympathicusreizstoffes (Adrenalin, Sympathol usw.), also z. B. große anhaltende Blutdrucksteigerungen auf Adrenalin, wurden als „sympathischer Typus", umgekehrt ein nur geringer Ausschlag als „vagischer Typ" bezeichnet. Menschen mit einer vagischen Reaktion hielt man zunächst für Vagotoniker. In Wirklichkeit handelt es sich aber gerade umgekehrt beim „vagischen Reaktionstyp" um einen hohen Sympathicustonus, während im ersten Fall, dem sympathischen Typ, ein niedriger Sympathicustonus bzw. ein Überwiegen der parasympathischen Wirkung vorlag, wodurch die starke Reaktion ermöglicht wurde.

Dasselbe gilt von den energetischen Vorgängen, die ihren Ausdruck im vegetativen System finden. Vergleicht man etwa die beiden Blutdruckkurven (Abb.30)
so wird unmittelbar klar, daß der Energieumsatz nach Sympathol in der Zeiteinheit bei dem Leptomorphen gewaltig höher liegen muß als bei dem Pykniker.
Nun ist nach HESS der Parasympathicus das System der anabolischen, der Sympathicus das System der katabolischen Vorgänge. Dem Sympathicus fällt nämlich nach HESS mit großer Konsequenz die Rolle zu, die Entfaltung aktueller
Energie zu fördern. Der Parasympathicus ist hingegen der auf längere Sicht
arbeitende Apparat zur Restituierung und Erhaltung der potentiellen Leistungsfähigkeit. Daher die Beziehungen der Sympathicusreizung zur Erregung, der

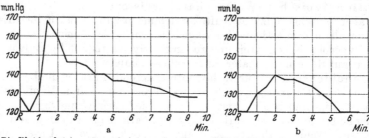

Abb. 30. Die Blutdrucksteigerung nach intravenöser Sympatholinjektion a) bei einem leptomorphen, b) bei
einem pyknomorphen Individuum. (Nach KURAS.)

parasympathischen Reizung zur Beruhigung und zum Schlaf. Das veranlaßte die
italienische Schule dazu (CASTELLINO), beim Megalosplanchniker, der unserem
Pyknomorphen entspricht, ein Übergewicht der parasympathischen, beim Mikro-
splanchniker (unserem Leptomorphen) ein Übergewicht des sympathischen
Systems anzunehmen. Auf Grund obiger Betrachtungen sehen wir nun, daß dieser
Schluß offensichtlich falsch ist und daß gerade beim Pyknomorphen aus seinem
energetischen Verhalten heraus auf einen erhöhten Sympathicotonus
geschlossen werden muß. Umgekehrt hat beim Leptomorphen nicht der Sympathicus, sondern der Parasympathicus das Übergewicht. Die erhöhte Reaktion auf einen sympathischen Wirkstoff beweist also, kurz gesagt,
nicht eine Sympathikotonie, sondern gerade umgekehrt eine Vagotonie. Das Sparsystem des Parasympathicus — um es einmal teleologisch auszudrücken — braucht derjenige in erhöhtem Maße, der auf zu starken Verbrauch
eingestellt ist, bei dem die Ausgaben die Einnahmen überwiegen; dies ist der
Fall beim vagotonischen Leptomorphen. Beim Pyknomorphen, bei dem die
Einnahmen überwiegen, ist das System nicht auf Sparen, sondern auf Verschwenden eingestellt, deshalb hoher Sympathicotonus.

Dies bestätigt auch eine Reihe von Untersuchungen an Konstitutionstypen.
So hat HIRSCH das Verhalten des Blutzuckerspiegels bei den Konstitutionstypen
untersucht. Er fand, daß die Blutzuckerkurve bei dem Pykniker hoch ansteigt,
lange auf ihrem Gipfel bleibt und langsam abfällt, oft aber gar nicht zum Nüchternwert. Die Leptosomen hingegen haben einen bedeutend niedrigeren Gipfel
der Kurven als die Pykniker und ihre Kurve fällt meist noch rascher und tiefer
unter den Nüchternwert als selbst bei den Athletikern. HIRSCH folgert aus seinen
Ergebnissen, „daß die Pykniker unter dem Einfluß einer physiologisch-starken
Tätigkeit des Adrenalinsystems stehen, die Leptosomen hingegen unter einer
physiologisch schwachen Funktion der Nebenniere". Der erhöhte Sympathicustonus der Pykniker setzt die Zuckertoleranz herab. Da die Speicherung des Glyko-
gens als assimilatorischer Vorgang einen erhöhten Vagustonus voraussetzt, wird
also beim Pykniker weniger Zucker durch den Inselapparat der Blutbahn ent-

nommen, die Blutzuckerbelastungskurve erhält ihre höchsten Werte. Umgekehrt bei den Leptosomen. Der hohe Vagustonus ermöglicht ein Überwiegen der assimilatorischen Vorgänge des Stoffwechsels, der Zucker wird durch das Insulin der Blutbahn entnommen, die Blutzuckerbelastungskurve zeigt die niedrigsten Werte.

Zu ganz ähnlichen Resultaten gelangte KURAS in seiner Untersuchung über Sympathicus-Reizversuche an den Körperbautypen. Er fand nach intravenöser Applikation von Sympathol bei den Pyknikern den geringsten Blutdruckanstieg, die Kurve ist niedriger, weniger steil, verzögert und erreicht den Ruhewert schon zwischen der 5. und 6. Minute. Bei den Leptosomen hingegen fand er durchgehend die höchsten Werte der Blutdrucksteigerung und die am längsten anhaltende Wirkung, d. h. Rückkehr zum Ruhewert erst in der 8. Minute (Abb. 30). Auch er kommt zu dem Schluß, daß der hohe Sympathicotonus des pyknischen Habitus schon unter physiologischen Bedingungen einen höheren Energieverbrauch unterhalte und damit das Anfangspotential zu entsprechend hohen Werten bestimmt. Eine Reizung des sympathischen Systems erfordere also höhere Konzentrationen, um eine Wirkung zu erreichen. Ein niedriger Sympathicotonus, wie er bei den Leptosomen anzunehmen sei, ermögliche hingegen einen Anstieg zu dem höchsten Potentialgefälle. In der Ruhe herrsche der Vagustonus mit seiner assimilatorischen Funktion vor, so daß nun durch den Sympathicusreiz enorme Energiequellen mobilisiert werden können, die zu dieser starken Verbrennungssteigerung führen, was für uns unter anderem sichtbar werde an dem steilen Anstieg der Blutdruckkurve zu den höchsten Werten[1].

Diese an der Marburger Klinik durchgeführte, schöne Untersuchung von KURAS führt unmittelbar auch zu psychischen Fragestellungen, wie wir dies im nächsten Kapitel noch zu besprechen haben (s. S. 98).

Auch HERZ fand mit intravenöser Adrenalin-, Atropin- und Pilocarpin-Injektion bei den Konstitutionstypen ähnliche Kurven wie KURAS, nämlich die stärkste Reaktion bei den Asthenikern, die schwächste beim Pykniker. Jedoch ist die Arbeit methodisch nicht ganz einwandfrei.

Wir können also zusammenfassen, daß auf Grund der bisherigen Untersuchungen anzunehmen ist, daß beim Pyknomorphen ein erhöhter Sympathicotonus vorherrscht, der damit zusammenhängt, daß im ganzen ein höherer Energieverbrauch besteht, als beim Leptomorphen mit seinem niederen Sympathicustonus. Diese Verhältnisse haben zur Folge, daß ein Sympathicusreizstoff, wie Adrenalin, beim Pykniker einen geringeren Effekt erzielen wird, als beim Leptomorphen. Sie stehen außerdem ohne Zweifel im Zusammenhang mit den schon besprochenen Verhältnissen des Kreislaufes und des Kraftstoffwechsels. Sie sind schließlich scharf zu trennen von dem gesteigerten Energieverbrauch durch das Schilddrüsenhormon. Bei derartigen thyreotoxischen Steigerungen des Energieverbrauches handelt es sich um pathologische Verhältnisse, die viel größere Ähnlichkeit mit den Sympathicusreizversuchen beim Leptomorphen besitzen, d. h. ein großes Potentialgefälle und damit einen erhöhten Erregungszustand erzeugen. Die häufig geäußerte Ansicht, daß das Temperament des Pyknikers durch eine erhöhte Schilddrüsentätigkeit zu erklären sei, ist sicher falsch und beweist, daß die Verhältnisse völlig mißverstanden werden.

Wenn wir uns nun fragen, inwieweit die ontogenetische Entwicklung einen Einfluß auf das vegetative System nimmt, so fehlen zwar diesmal die genauen Unterlagen von der entwicklungsphysiologischen Seite her. Es steht jedoch

---

[1] Allerdings ist nach TRENDELENBURG dabei auch Blutumlaufsgeschwindigkeit und das Ausmaß der Adrenalinzerstörung zu berücksichtigen.

fest, daß die Adrenalinempfindlichkeit des Kindes ganz allgemein
wesentlich geringer ist als diejenige des Erwachsenen (DUZAR), so
daß die gleichen geringen Ausschläge der Blutdruckkurve zu beobachten sind wie
beim Pyknomorphen. Aber auch aus allgemeinen Überlegungen heraus möchten wir nicht daran zweifeln, daß beim Kind gegenüber dem Erwachsenen ein
erhöhter Sympathicustonus bestehen muß. Die Zeit des Wachstums stellt ja
eine Zeit der enormen Energieentfaltung dar, die im Laufe der Entwicklung
langsam abklingt, um später einem energetischen Sparsystem Platz zu
machen. Wachsen heißt verschwenden, Altern heißt sparen. Dem
Wachstumsvorgang entspricht also ohne Zweifel ein gesteigerter Stoffwechsel,
eine Erhöhung der oxydativen physiologischen Prozesse und damit ein erhöhter
Sympathicotonus. Erst bei der Reifung, dem Stillstand des Wachstums und der
energetischen Umstellung auf einen stationären Zustand kommt es vermutlich
auch zu einer Einstellung auf einem niederen energetischen Niveau. Und wir
können nun sagen, je leptomorpher der Mensch ist, desto weiter hat er sich
in der ontogenetischen Entwicklung auch seines vegetativen
Systems vom Jugendzustand entfernt. Der Pyknomorphe hingegen
stellt, auch vegetativ betrachtet, eine Beharrung eines ontogenetisch
früheren Stadiums dar.

f) Zusammenfassung.

Ein Überblick über die Ergebnisse der physiologischen Untersuchungen am
Konstitutionsproblem zeigt, daß wir hier erst am Anfang stehen. Die Frage nach
der Entstehung der Varianten, nach den Bedingungen ihrer Entwicklung führt
notwendigerweise von selbst zur Frage nach den Funktionsvarianten. Form und
Funktion sind nicht scharf zu trennen. Die Körperform ist, wie KRETSCHMER
dies formuliert, nicht eine äußere Schale, die die inneren Lebensvorgänge um-
hüllt oder verhüllt, die ist auch nicht ein bloßes Stützgerüst für diese, sondern
jedes einzelne kleinste Formelement des Körpers ist Spiegelung oder plastischer
Ausdruck innerer Funktionen oder vielmehr ist selbst Funktion.

Der menschliche Körperbau ist somit nach KRETSCHMER selbst dann, wenn man
ihn in der Tat als dauernd und bleibend unterstellen würde — was im Grunde
nicht zutrifft, da er in ständiger, wenn auch langsamer Bewegung, in einem
dauernden Umbau begriffen ist —, gleichsam „fest gewordene Funktion", ein
greifbarer und zum Teil meßbarer Niederschlag einer großen Menge von trophischen Impulsen oder lebendig gesteuerten Wachstumsvorgängen, die er in der
Jugendzeit gesetzmäßig aus sich herausgetrieben hat. Gleichwohl handelt es
sich um zwei verschiedene Fragen, von denen die Frage nach den Funktionen
erst in den letzten Jahren — vor allem angeregt durch BUMKE, von JAHN
(s. später) und von der Marburger Klinik (HIRSCH, HERTZ, KURAS, MALL) — mit
Erfolg in Angriff genommen wurde. KRETSCHMER erkannte frühzeitig, daß eine
noch so subtile deskriptive Morphologie uns nicht die Erforschung funktionell-
physiologischer Zusammenhänge erspart. Ja, wir können erst von hier aus eine
letzte Fundierung auch unserer morphologisch-klassifikatorischen Erkenntnisse
erhoffen.

Wir möchten hier einen kurzen Hinweis noch auf die Art des Zusammenhangs zwischen
Form und Funktion einschieben. Wir sahen eben, daß Form und Funktion als zwei Seiten
eines Ganzen nicht zu trennen sind und sich wechselseitig bedingen. Dieser Zusammenhang
ist jedoch bei naturwissenschaftlicher Betrachtung weder als ein kausaler, noch als ein
finaler aufzufassen. Der Ochse hat also seine Beine nicht, damit er darauf stehen kann und
er steht auch nicht auf ihnen, weil er sie besitzt. Gewiß können wir diesen Zusammenhang
jederzeit auch in einer solchen teleologischen oder kausalen Weise betrachten, doch führt
dies in der Naturwissenschaft leicht in die Irre. Will man sich die Art des funktionalen

Zusammenhangs zwischen Form und Funktion in ihrer Beziehung zu den Gegebenheiten der Natur an einem einfachen Beispiel verbildlichen, so lege man sich die Frage vor: hat der Stern (Abb. 31) seine beiden Zacken *a* und *b*, um darauf zu stehen? Oder steht er darauf, weil er die Zacken *a* und *b* besitzt? Die erste Frage ist so sinnlos wie die zweite, denn niemand hat ihm die Zacken gegeben, damit er darauf stehe; hätte er sie aber nicht, dann wäre er gar nicht mehr er selbst.

Beide Fragen führen offensichtlich ad absurdum. Tun sie es nicht auch, wenn wir uns an die Stelle des Sternes einen Ochsen stellen und anstatt der Zacken „Beine" sagen? Wir pflegen die Dinge hier nur deshalb anders zu sehen, weil wir uns zwar den Stern, den wir selbst geschaffen haben, von dem erhöhten Standpunkt seines Schöpfers, den Ochsen aber, der unseresgleichen ist, von der Ebene des Ochsen aus betrachten. Würden wir aber auch diesen vom Standpunkt seines Schöpfers ansehen, wäre kein Unterschied mehr zwischen dem Stern und dem Ochsen und allen anderen Gebilden in der Natur. Wir stehen in der Naturwissenschaft meist noch viel zu sehr auf dem Standpunkt des Ochsen und zu wenig auf dem des Schöpfers; womit ich nur sagen will, daß wir uns über die Sache stellen müssen, die wir erkennen wollen, auch wenn wir

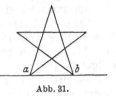

Abb. 31.

selbst der Gegenstand unserer Betrachtung sind. Vor allem aber müssen wir uns über den Standpunkt, den wir einnehmen, im klaren sein und nicht willkürlich von einem zum anderen hinüberwechseln, je nachdem, was wir betrachten.

Unser Überblick zeigte mit großer Deutlichkeit: die pyknomorphen und leptomorphen Körperbauvarianten weisen auch in ihren physiologischen Reaktionen die gleiche Tendenz auf, die wir beim Vergleich der morphologischen Proportionen erkannten: Der Pyknomorphe, der in seinen Proportionen sich von denjenigen des Leptomorphen unterscheidet, wie das Kind vom Jugendlichen, zeigte auch in seinen physiologischen Reaktionen die Verhältnisse, wie wir sie beim Kind, im Vergleich zum erwachsenen Organismus, finden; er stellte gegenüber dem propulsiven Leptomorphen die konservative Entwicklungsform dar. Das ontogenetische Prinzip der beiden körperbaulichen Grundvariationen erwies sich also nicht nur in der Morphologie als gültig, sondern auch auf dem Gebiet der Physiologie als wahrscheinlich.

Im einzelnen ergab sich folgendes:

Ein Überblick über die Kreislaufverhältnisse führte zu der Annahme, daß — entsprechend den Verhältnissen beim jugendlichen Organismus — beim Pyknomorphen jeweils mehr Blut im arteriellen und capillären Teil der Strombahn fließt, als im venösen Teil, wodurch es unabhängig von der Zirkulationsgröße zu einer Erhöhung der Kreislaufleistung kommen muß. Damit hängen weiter zusammen eine größere relative Weite des Arterienrohres, ein weiteres und weitmaschigeres Capillarnetz, erhöhte Pulsfrequenz, geringere Blutdruckamplitude. Demgegenüber erwarten wir beim leptomorphen Typus eine Verschiebung des Blutes nach dem venösen Schenkel der Strombahn, ferner geringe Weite des Arterienrohres, ein engmaschiges Capillarnetz, herabgesetzte Pulsfrequenz, große Blutdruckamplitude.

Bezüglich der Atmung vermuteten wir ebenfalls juvenile Verhältnisse beim Pyknomorphen, indem wir bei ihm bei geringerer Vitalkapazität eine größere Stoffwechselhöhe und eine höhere Atemfrequenz annehmen, während umgekehrt beim Leptomorphen bei größerer Vitalkapazität und langsamer vertiefter Atmung eine geringere Stoffwechselhöhe zu vermuten ist. Auch im Energiestoffwechsel ergaben sich typische Verschiebungen während der ontogenetischen Entwicklung, die auch wieder den Unterschieden bei den Konstitutionstypen parallel laufen. Der junge Organismus mit seinem höher gestellten Energiestoffwechsel, seiner assimilatorischen Einstellung entsprach auch hier wieder den pyknomorphen Verhältnissen. Auch bei Mehrverbrauch durch Muskeltätigkeit könnte man — entsprechend den Verhältnissen am jugendlichen Organismus — beim Pykniker einen höheren Wirkungsgrad vermuten, was die physiologische Grundlage für die ganze Motorik dieses Typus abgeben würde.

Im Wasserwechsel fanden wir beim Jugendlichen insofern die gleichen Verhältnisse, als dort ein größerer Wasserreichtum besteht, verbunden mit einer größeren Wasseravidität der Gewebe, einem größeren Flüssigkeitsbedürfnis und einer rascheren Wasserabgabe. Wir hatten gewisse Anhaltspunkte, ähnliche Verhältnisse auch beim Pyknomorphen anzunehmen. So hat auch PENDE bei seinem megalo-splanchnischen Typus, der unserem Pyknomorphen entspricht, eine größere Hydrophilie seiner Kolloide und einen größeren Wasserreichtum seines Protoplasmas festgestellt.

Was endlich das vegetative System betrifft, so zeigen Untersuchungen an den Konstitutionstypen, daß beim Pyknomorphen ein erhöhter Sympathicustonus besteht, wodurch Sympathicuswirkstoffe, entsprechend dem geringeren Potentialgefälle (STRAUB), einen geringeren Effekt erzielen als beim Leptomorphen. Umgekehrt ergibt aus dem gleichen Grund eine Zuckerbelastung bei Pyknomorphen eine erhöhte und verlängerte Blutzuckerkurve, da der erhöhte Sympathicotonus die Zuckertoleranz des pyknomorphen Organismus relativ herabsetzt. Dieselben Verhältnisse können wir mit einem gewissen Recht auch beim jungen Organismus im Vergleich zu demjenigen des Erwachsenen vermuten, da auch beim Kind die geringere Empfindlichkeit gegenüber Adrenalin auf einen erhöhten Sympathicotonus hinweist, was auch auf Grund der allgemeinen Erwägung wahrscheinlich ist, daß der Wachstumsprozeß als ein Zustand der Energieentfaltung anzusehen ist, für den nach HESS der Sympathicus der entsprechende Apparat ist, während in der späteren Zeit der Kraftersparung der Parasympathicustonus überwiegen muß. Über die sich daraus ergebenden Beziehungen zum Diabetes mellitus, der Hypertonie, der Fettsucht s. später.

Die Syndrome der abnorm gesteigerten sog. vegetativen Übererregbarkeit haben wir in das Bereich der Sekundärformen, vor allem des asthenisch-hypoplastischen, aber auch des athletisch-hyperplastischen Kreises und ins Gebiet gewisser endokriner, thyreotoxischer, corticopathischer und anderer Formen verwiesen.

Mit der Besprechung der Verhältnisse am vegetativen System ergibt sich von selbst die Brücke zu einem weiteren Bereich, in welchem unser ontogenetisches Strukturprinzip auf seine Gültigkeit hin zu erweisen ist, nämlich die Psyche. Haben doch unsere Konstitutionsvarianten nicht nur physische, sondern eben vor allem eine psychophysische Wirklichkeit.

Ein Prinzip, welches der Genese der beiden polaren Konstitutionsvarianten zugrundegelegt wird, kann naturgemäß vor der Psyche nicht haltmachen. Im Gegenteil, wird es gerade dort erst seine letzte Gültigkeit erweisen müssen.

Grundprinzipien der Typologien wurden schon eine ganze Reihe aufgestellt. Aber sie beschränkten sich immer entweder auf den Körperbau oder auf die Psyche allein. Vorläufig gibt es kein Prinzip, das in beiden Bereichen gleiche Gültigkeit besitzt. Es gibt mit anderen Worten kein Prinzip, demzufolge wir verstehen, warum der pyknomorphe Körperbau sich mit jener charakteristischen psychischen Struktur verbindet, die wir als Cyclothymie bezeichnen. Und warum umgekehrt der Leptomorphe gerade jene polar entgegengesetzte schizothyme Struktur gesetzmäßig besitzt. Alle Versuche morphologischer (und physiologischer) Art, zu einem zugrunde liegenden Prinzip vorzustoßen, blieben notwendig auf die Physis beschränkt. Alle charakterologischen Prinzipien andererseits blieben ebenso beschränkt auf die Psyche. Unser genetisches Prinzip enthält durch seine Anwendbarkeit auf Physis und Psyche schon gewisse Möglichkeiten in sich, in der Tat auf letzte Zusammenhänge vorzudringen.

Wir wenden nunmehr unsere Aufmerksamkeit seinem psychischen Geltungsbereich zu.

Schrifttum.

v. BERGMANN, Funktionelle Pathologie. 2. Aufl. Berlin 1936. — BROCK u. STEMMLER, Z. Kinderheilk. **51**, 322 (1931). — BROCK, J., Biologische Daten für den Kinderarzt. Berlin 1932—1934 (3 Bde.). — BRUGSCH, Die Lehre von der Konstitution. Jena 1934. — BÜRGER-PRINZ, Die körperliche Konstitution. Handb. d. Geisteskrankheiten. Bd. IX. Die Schizophrenie. Berlin 1930. — BUMKE, O., Lehrbuch der Geisteskrankheiten. 4. Aufl. München 1936. — DAFFNER, cit. nach BROCK. — DUZAR, Jb. Kinderheilk. **114**, 521 (1926); Mschr. Kinderheilk. **32**, 158; **34**, 387 (1926). — FIORE, M., Cranio e constituzione. Giorn. Med. mil. **80**, 648 (1932). — FRANK, Pathologie des vegetativen Nervensystems. Handb. f. Neurol. **6**, 1038. Berlin 1936. — GREMELS, Naunyn-Schmiedebergs Arch. **169**, 689; **179**, 360; **182**, 1; **186**, 625; **188**, 2 (1937). — GÜNTHER, H., Die konstitutionelle und klinische Bedeutung des Kopfindex. Z. Konstit.lehre **1936**, 551. — HARRASSER, A., Konstitution und Rasse. Sammelreferate in Fortschr. Neur. 1937 u. 1938. — HERTZ, Z. Neur. **134**, 605 (1931). — HIRSCH, Z. Neur. **140**, 710 (1932). — KRETSCHMER, E., Körperbau und Charakter. Berlin 1936. — KRASUSKY, Konstitutionstypen der Kinder. Berlin 1930. — KURAS, F., Sympathicusreizversuche an den Konstitutionen. Z. Neur. **168**, 415 (1939). — MARTIN, Lehrbuch der Anthropologie. Jena 1928. — MAUZ, F., Die Veranlagung zu Krampfanfällen. Leipzig 1937. — PENDE, N., Konstitution und innere Sekretion. Budapest-Leipzig 1924. — SCHLESINGER, Der Habituswechsel im Kindesalter. Z. Konstit.-lehre **1933**, 17. — SCHMIDT, MAX, Körperbau und Psychose. Berlin 1928. — SCHWERZ, Untersuchungen über das Wachstum des Menschen. Arch. f. Anthrop. N. F. **10** (1911). — STRATZ, C. H., Der Körper des Kindes und seine Pflege. 2. Aufl. Stuttgart 1928. — STRÖMGREN, E., Über anthropometrische Indices zur Unterscheidung von Körperbautypen. Z. Neur. **159**, 75 (1937). — TRENDELENBURG, Die Hormone. Physiologie und Pathologie. Berlin Bd. I 1928, Bd. II 1934. — WEIDENREICH, Rasse und Körperbau. Berlin 1927. — WURZINGER, Habitustypen und Körperentwicklung im Schulalter. Z. Konstit.lehre **1927**, 13. — ZELLER, W., Wachstum und Reifung in Hinsicht auf Konstitution und Erbanlage. Handb. d. Erbbiologie d. Menschen Bd. II, 360 (1940).

4. Das psychologische Geltungsbereich des Prinzips.

a) Psychologische Vorbemerkung.

Die Beschäftigung mit psychischen Problemen bedeutet für den Genetiker immer einen gewagten Schritt. Ihm ergeht es im Bereich des Seelischen wie einem Landbewohner auf dem hohen Meer. Wo eben noch fester Grund unter seinen Füßen war, ist nun alles schwankend, fließend, verschwimmend. Wo er bisher, klar und sicher bauend, Stein auf Stein setzen konnte, entgleitet ihm nun das Element, der einzelne Baustein zwischen den Fingern, zerrinnen ihm trennende Wände, verfließen ihm alle klaren Grenzen. Der Boden, den er bisher fest und sicher tragend gewohnt war, ist nun eine in sich scheinbar ungegliederte und nach außen unbegrenzte Materie, in die keine Gräben oder Stollen vorzutreiben, keine Wälle aufzuschütten und keine Fundamente zu legen sind. Diese Materie ist unteilbar, untrennbar, nur als ein Ganzes verständlich, aus dem man ewig schöpfen kann ohne jemals auf den Grund zu kommen, in die man nicht eindringen kann, ohne darin zu versinken und deren Eigenschaften man nur am Ganzen, nicht aber an seinen einzelnen Bestandteilen erfassen kann. So ist eine Zerlegung, in der Art, wie es der Genetiker gewohnt ist, nicht möglich. Wie aber soll er das grenzenlose Ganze anders als durch Zerlegung begreifen lernen?

Der Genetiker muß von klar definierbaren Merkmalen, sei es morphologischer oder funktioneller Art, ausgehen, die er bis auf ihre letzte genische Wurzel zurück verfolgen kann. Ohne diesen Angriffspunkt ist seine Arbeit aussichtslos. Solche Merkmale aber gibt es im Bereich des Psychischen nicht. Hier bedeutet ein „Merkmal", wie wir gleich noch besprechen werden, etwas gänzlich anderes als in der Morphologie, so daß man dieses Wort eigentlich hier gar nicht verwenden sollte. Hat es doch allzuoft den Genetiker verführt, Charaktereigenschaften als „psychische Merkmale" nach Art der morphologischen zu behandeln und den „Erbgang" des Merkmals Güte oder Skepsis zu bestimmen (SCHULZE-NAUMBURG).

Wir befinden uns im Bereich des Psychischen in der Tat gleichsam in einem anderen Aggregatzustand des Seins. Diese Tatsache wurde zwar von jeher klar erkannt, dennoch aber oft nicht die richtigen Konsequenzen daraus gezogen. Einmal tat man so, als gäbe es gar keinen wesensmäßigen Unterschied zwischen körperlichen und seelischen Funktionsbereichen, indem auch Seelisches nichts anderes als eine Funktion körperlicher Vorgänge bedeute. Man betrieb eine „Psychologie ohne Seele".

Auf der anderen Seite behandelte man Psychisches als etwas gänzlich außerhalb aller naturwissenschaftlichen Tatbestände Befindliches, erachtete alles Seelische als eine Welt für sich, bestenfalls als eine Spiegelung körperlicher Geschehnisse, nicht aber als ihre unmittelbare Äußerung.

Es war wieder die Beschäftigung mit genetischen Problemen, die hier zu klarer Stellungnahme zwang. Da es sich erweisen ließ, daß Seelisches ebenso vererbbar war, wie physische Merkmale, Vererbung aber als ein unmittelbar im Somatischen sich abspielender Vorgang erkannt wurde, konnte sich von hier aus eine neue Zugangspforte zu jenem ewig geheimnisvoll scheinenden Gebiet des körper-seelischen Zusammenhanges ergeben. Diese Pforte ist aber auch heute nicht gefunden. Wann immer man glaubte, das Seelische endlich in seiner innersten Wesensbeziehung zum Körperlichen erfaßt zu haben, erwies es sich, daß es wieder nur ein körperliches Substrat des Seelischen war, das man vor sich hatte. Das Seelische zog sich dahinter zurück wie der Regenbogen, dem man sich nähern möchte.

Über die Art, wie Seelisches vererbt wird, wissen wir auch heute noch nichts. Wir sehen Temperaments- oder Charaktereigenschaften vom Vater auf den Sohn weitergegeben. Wir erkennen an eineiigen Zwillingen frappanteste Ähnlichkeit einzelner Charakterzüge bis in feinste Nuancen hinein. Wie aber wird dieses Seelische weitergegeben? Wo sitzt es am Chromosom, das doch der Träger aller Vererbungsvorgänge im Lebewesen ist? Da es keinen anderen Träger der Vererbungsvorgänge gibt, müssen wir es wohl oder übel auch für die Vererbung seelischer Züge verantwortlich machen. Wir kennen die Orte, an denen im Chromosom die Vererbungsträger für die Blutereigenschaft, für andere Krankheitsmerkmale oder für die Ausbildung der Geschlechtsmerkmale liegen. An Tieren konnten wir sogar den relativen Abstand bestimmen, in dem sich die Orte für gewisse morphologische Merkmale voneinander befinden. Sollen wir auch „Orte" für „psychische Merkmale" annehmen? Dann läge etwa neben dem Locus für Polydaktylie oder für den Rutilismusfaktor der Locus für —? Ja, wofür? Für cyclothymes Temperament oder musikalische Begabung? Für die Eigenschaft der Güte oder des Humors? Für erhöhte Spaltungsfähigkeit, Farbbeachtung, Gefühlsansprechbarkeit, Perseveration und wie die psychischen „Grundfunktionen" heißen mögen? Machen wir hier nicht wieder den schon erwähnten Fehler, Seelisches dem Körperlichen gleichzusetzen und einfach so zu tun, als trennten nicht Welten diese beiden Bereiche des Seins? Wo aber ist die Brücke zwischen diesen beiden Welten, in denen doch die gleichen Gesetze der Vererbung herrschen?

In der Tat ist bisher kein Gen bekannt, das irgendwelchen psychischen Eigenschaften zugrunde liegt. So genau wir auch schon die Eigenschaften und Wirkungsweise von Genen für körperliche Merkmale kennen, so haben wir bisher noch von keiner einzigen psychischen Eigenschaft eine Kenntnis ihrer unmittelbaren genischen Grundlage. Wir wissen zwar, daß Gene an Psychischem beteiligt sind, wir wissen aber vorläufig noch nicht, w i e das Gen es macht, um Wirkungen im Psychischen zu erzielen.

Wir können uns Seelisches immer nur in Bildern aus der sichtbaren und greifbaren Welt vergegenwärtigen. Man hat sich dabei neuerdings den Zusammenhang von Körperlichem und Seelischem durch das Bild des Schichtenaufbaues zu veranschaulichen gesucht, so wie man auch das Seelische selbst sich als schichtenartig gegliedert vorzustellen geneigt ist. Die Schichte des Stofflichen, die die im Laufe der Entwicklung frühere und ältere darstellt, umfaßt die Gesamtheit der leblosen Natur. Auf ihr sei später die Schichte des Lebendigen entstanden, sie überlagere gleichsam als jüngere die ältere. In dieser Schicht des Lebendigen wiederum sei Leben biogenetisch älter als Geist und Seele. Psychisches sei stets vom Fundament des Leiblichen unterbaut und bilde gleichsam die höchste Schichte des Lebendigen (HOFFMANN).

Dieses Bild vom Schichtenaufbau des Seienden hat manches Bestechende. An gewissen Punkten versagt naturgemäß auch dieses Gleichnis. Es gründet offenbar auf dem Bestreben, jene drei strukturellen Bereiche von Materie, Leben und Geist in ihrem Zusammensein irgendwie sich zu vergegenwärtigen. Dieses Zusammensein ist ein eigenartiges Einandertragen, indem wir zwar Materie ohne Leben denken können und auch als einen Urzustand der Welt — ob mit Recht oder Unrecht wissen wir nicht — annehmen, nicht aber Leben ohne Materie. Dasselbe gilt auch für das Verhältnis von Leben und Geist, indem wir uns jenes auch ohne dieses zu denken in der Lage sind, aber auch wieder nicht umgekehrt. So scheint sich ein Bereich über das andere zu „schichten".

Dieses Gleichnis vom Schichtenaufbau ist aber nicht das einzige, das man sich bei der Art dieses Zusammenhanges machen kann. Es befriedigt insofern nicht, als damit der Zusammenhang allzu statisch dargestellt und das funktionale Moment des Zusammenhangs zu wenig berücksichtigt ist. Ein anderes Gleichnis für diesen Beziehungszusammenhang, das mir in manchen Punkten einen besseren Dienst zu tun scheint als dasjenige vom „Schichtenaufbau", möchte ich im folgenden kurz skizzieren. Man könnte es das Gleichnis vom „Koordinatenaufbau" nennen.

Wir stellen uns vor, die drei Bereiche von Materie, Leben und Geist verhalten sich zueinander wie die drei Zuständlichkeiten des ein-, zwei- und dreidimensionalen Raumes. Wenn wir uns auch infolge unserer eigenen Denkstruktur einen anderen Raum als den dreidimensionalen nicht vorstellen können, so postulieren wir ihn doch in der Mathematik auf Schritt und Tritt. Wir können von den 3 Koordinaten des Raumes eine fortlassen und erhalten ein Koordinatensystem aus 2 Dimensionen. Nehmen wir von diesen noch eine Ordinate fort, bleibt ein System von einer Dimension übrig. Mit einem solchen linearen System vergleichen wir den Zustand der unbeseelten und unbelebten Materie, den Urzustand des Kosmos. Dieses System befindet sich in einem dynamischen Gleichgewichtszustand, deren Gesetze in den Gesetzen der Physik, in den Planetenbahnen, ebenso wie im System des Atomkerns sich spiegeln (der Kreislauf der Gestirne).

Das Leben bedeutet demgegenüber nicht ein einfach Hinzukommendes, eine neue Schichte, die sich auf einer alten lagert wie in der Geologie, sondern es bedeutet eine neue Potenz, gleichsam einen Zustand anderer Dimensionalität. Es ist also nicht so, daß zur Materie nun noch das Leben hinzutritt, sondern die Materie selbst belebt sich, sie tritt in eine völlig neue Zuständlichkeit, sie erweitert sich gleichsam wie ein linearer in einen flächenhaften Seinszustand, sie gewinnt eine neue Dimension. Die belebte Materie — das Leben — ist also vergleichbar einem Seinszustand in zwei Dimensionen. Dieselbe innere eigengesetzliche Ordnung, das dynamische Gleichgewicht im System, herrscht auch hier, die Gesetze der Biologie sind dieselben Gesetze wie diejenigen der Physik, sie liegen nur auf einer anderen Organisationsstufe (der Kreislauf des Lebendigen).

Mit dem Auftreten des Menschen, d. h. mit einer bestimmten Kephalisationsstufe (s. später), erfolgt derselbe Wandel noch einmal, auch hier wieder ist der Geist, im Sinne der bewußten Reflexion, nicht eine neue Schichte, die zu der alten hinzukommt, sich ihr überlagert. Es kommt nicht zum Leben noch der Geist hinzu, wie dies aus dem Schichtengleichnis unvermeidlich abzuleiten ist, sondern die belebte Materie selbst wird beseelt[1]. Der Geist ist keine neue Schichte über derjenigen des Lebens, sondern er ist das Leben in einer neuen Dimension. Wie sich über einer flächenhaften Zuständlichkeit die räumliche erhebt, aus einem Koordinatensystem mit 2 Dimensionen ein solches mit 3 Dimensionen wird, so ist der Geist des Menschen Ausdruck einer neuen Organisationsstufe des Seins.

Damit ist der gegenwärtige Zustand „unserer" Welt erreicht, ebenso wie der dreidimensionale Raum „unser" Raum ist. Einen anderen können wir uns infolge unserer eigenen Dreidimensionalität nicht vorstellen. Auch in diesem System herrschen die gleichen Gesetze des dynamischen Gleichgewichtes. Die Strukturgesetze der Psychologie sind keine anderen Gesetze wie diejenigen der Physik oder der Biologie, sie sind dieselben,

---

[1] Damit wollen wir freilich Seele nicht gleich Geist setzen. Genau genommen wäre hier der Begriff des Geistes, im Sinne der bewußten Reflexion, besser am Platze, doch läßt sich davon kein Verb bilden.

aber auf einer anderen Organisationsstufe, so wie die Strukturgesetze des Kreises sich in der Kugel wiederfinden. Es sind dieselben und doch nicht dieselben.[1]

Es gab eine Zeit, da sah man das Prinzip der Ordnung, das den Kosmos (die unbeseelte und unbelebte Materie) regiere, außerhalb des Kosmos. Man nannte es Gott, der den Kreislauf der Gestirne regle; bis man erkannte, daß dieses Prinzip der Ordnung im Kosmos selber liegen müsse (KOPERNIKUS, KEPLER). Damals aber sah man das Prinzip der Ordnung, das das Leben (die unbeseelte, aber belebte Materie) regiere, noch immer außerhalb des Lebens. Man nannte es Gott, der den Kreislauf des Lebendigen regiere; bis man erkannte, daß dieses Prinzip der Ordnung im Lebendigen selber liegen müsse. Damals aber sah man das Prinzip der Ordnung, dem das geistige Leben des Menschen unterliege (die beseelte und belebte Materie), außerhalb des Geistes. Man nannte es Gott, dessen Odem den Menschen als einzigem Subjekt der Schöpfung eingeblasen wurde; bis man erkannte, daß das Prinzip der Ordnung des menschlichen Geistes im Geistigen selber liegen müsse. — So zieht sich unser Gottesbegriff, der Begriff des ordnenden Prinzipes „jenseits" der Welt, immer mehr ins Ungreifbare zurück, bis man erkannt haben wird, daß überhaupt nichts „jenseits" der Welt ist, sondern daß eben diese Ordnung selber, die im Kosmos, im Lebendigen und im Geistigen wirkt, Gott ist.

So verloren wir langsam den Glauben dieses abklingenden Jahrtausends an den Gesetzgeber über uns. Aber wir sind mit dem Anbruch des kommenden Jahrtausends im Begriffe, den Glauben an die Gesetze in uns zu gewinnen; denn die naturwissenschaftliche Aufklärung nahm den Menschen zwar ihren Gott, der über der Welt thronte; aber sie wird ihnen einen neuen geben, der in ihnen selbst wohnt. Und dies wird der Glauben des nächsten Jahrtausends sein. Seine Propheten aber waren die großen Naturforscher der vergangenen Jahrhunderte.

Aber kehren wir zu unserem Gleichnis zurück. Jener spezifische Zusammenhang zwischen diesen drei Bereichen, der zu dem Schichtengleichnis geführt hat, ist aus unserem Gleichnis noch viel besser abzuleiten: Das System der 3 Koordinaten enthält in sich dasjenige der Zweidimensionalität und dieses wieder dasjenige der einen Dimension, nicht aber umgekehrt. Infolgedessen scheint das erste den zweiten und dieses das dritte zu tragen, solange man sich die 3 Bereiche als getrennte Schichten, von denen die eine einfach zur anderen hinzukommt, vorstellt.

Wenn wir von diesem Gleichnis aus uns die ewig geheimnisvolle Frage nach dem Zusammenhang von Seele und Leib vergegenwärtigen, so ahnen wir etwas von der Unauflösbarkeit dieser Frage. Wir verstehen nämlich mit diesem Gleichnis, daß Leib und Seele überhaupt nicht zwei Dinge sind, die miteinander „zusammenhängen", sondern nur zwei Aspekte ein und desselben. Sie verhalten sich wie die Grundfläche des Würfels zum ganzen Würfel, die auch nicht miteinander „zusammenhängen", sondern sich verhalten wie der Teil zum Ganzen.

Solange wir die biologischen Gesetze erforschen und körperliches Geschehen studieren, bewegen wir uns in der „Fläche", in den Bereichen der 2 Koordinaten des Lebens. Wir können hier niemals auf Psychisches stoßen, nirgends eine Pforte zur Psyche entdecken, selbst wenn wir bis in die letzten Winkel unseres Forschungsfeldes kriechen. Solange wir uns in der „Fläche" bewegen, können wir nicht in den „Raum" hinaus, wir vielleicht auch ständig „über uns" wissen. Wenn wir uns aber in den „Raum" hinausschwingen, dann haben wir die „Fläche" verlassen, dann gelten nicht mehr ihre Gesetze, sondern diejenigen des Raumes. Wir befinden uns in dem gänzlich anderen Bereich des Psychischen. Der Schritt von körperlichem zu psychischem Geschehen geht also nicht von einer „Schichte" zur anderen, sondern gleichsam von der „Fläche" in den „Raum". Körperliches und Seelisches sind nicht der Ausdruck zweier verschiedener Welten, sondern sind ein und dieselbe Welt in verschiedenen Ausdrücken.

Alles, was in dem einen Bereich geschieht, wirkt in das andere hinein. Körper und Geist verhalten sich zueinander wie eine Membran, gespannt über den Hohlraum eines Instrumentes. Was in dem Raum an Schwingungen entsteht, teilt sich der Membran mit, und umgekehrt, die Schwingungen der Membran bringen den Raum zum Schwingen. Oft weiß man gar nicht, von wo die Schwingungen ihren ersten Ausgang nahmen, ob von der Membran oder ihrem Resonanzboden. Der Klang ist der gleiche. Oder übertragen: Oft weiß man nicht, ob seelisches das körperliche Geschehen, oder ob körperliches ein seelisches Geschehen zum Schwingen brachte. Der Effekt ist derselbe. Die schwingende Membran braucht den schwingenden Luftraum als Resonanz, um erklingen zu können, aber schwingen kann sie auch ohne ihn (die „Seele" des Tieres). Der Luftraum hinwiederum ist ohne die Membran nichts als

---

[1] Der „Physikalismus" in der Psychologie erscheint mir deshalb, wenn er richtig betrieben wird, nicht unbedingt falsch. Psychologische Systeme und Strukturen können in der Tat mit entsprechenden physikalischen verglichen werden, da sie in manchen Punkten ganz ähnliche Eigenschaften aufweisen. Man muß nur wissen, wo die Grenzen dieses Vergleiches liegen.

ein unbestimmbarer Anteil des großen Kollektivums der Luft überhaupt — der Geist über den Wassern —, erst durch die Membran erhält er seine Besonderung, sein individuelles Sein; so gehören die beiden zusammen, untrennbar und doch geschieden.

Wenn diese Vorstellung als eine dualistische bezeichnet würde, dann ist es zum mindesten diejenige vom Schichtenaufbau in noch höherem Maße. Sie könnte mit dem gleichen Recht aber auch als eine extrem monistische bezeichnet werden, denn sie geht ja aus von der Anschauung, daß Körperliches und Seelisches nicht als zwei irgendwie miteinander verbundene, aber doch Welten für sich sind, sondern daß sie ein und dieselbe in verschiedenen Zuständlichkeiten sind, daß wir gar nicht von „Materie und Seele", sondern von „unbeseelter und beseelter Materie" sprechen müssen. In Wirklichkeit ist sie weder monistisch, noch dualistisch, sondern eine „ganzheitliche" Vorstellung der Welt. Endlich aber ist sie, ebenso wie das Bild von den Schichten, nichts weiter als ein Gleichnis, aber keine Theorie. Gleichnisse sind nicht richtig oder falsch, sondern nur passend oder unpassend, stimmig oder unstimmig, praktisch oder unpraktisch. Sie sind dazu da, sich Unvorstellbares vorstellbar zu machen. Und jeder sucht sich, seiner Denkstruktur entsprechend, für diese Dinge seine eigenen Gleichnisse.

Die Gleichartigkeit der Gesetze des körperlichen und seelischen Bereiches könnten uns veranlassen, zu hoffen, daß auch die Gesetze der Evolution, die ontogenetischen Entwicklungsprinzipien und deshalb auch das hier verfolgte Prinzip im Psychischen in irgendeiner Form sich wird wieder auffinden lassen. Die Unvergleichbarkeit der im Psychischen herrschenden Gesetze mit jenen der Biologie auf der anderen Seite wird uns wieder vorsichtig machen. Immerhin ist gerade die Lehre von der Entwicklung jene biologische Basis, von der aus man sich am ehesten in den „Raum" des Psychischen wird schwingen können. Und zwar deshalb, weil man damit den Weg beschreitet, den in der Phylogenese und in der Ontogenese die Natur selbst geschritten ist.

Wenn wir vorhin sagten, daß wir vorläufig noch nicht wissen, wie das Gen es macht, um Wirkungen im Psychischen zu erzielen, so können wir nach dem Ausgeführten jetzt schon so viel sehen, daß das Gen als körperlich biologischer Tatbestand überhaupt nicht unmittelbar Seelisches bewirken kann. Die Wirkung des Gens ist immer als ein Eingreifen in körperliche Entwicklungsvorgänge vorzustellen. Zugleich mit diesen körperlichen Entwicklungsvorgängen laufen solche seelischer Art. In unserem Gleichnis: zugleich mit Vorgängen in der „Fläche" des körperlichen Bereiches verlaufen Vorgänge im „Raum" des Psychischen. Der gleiche Vorgang in der Fläche spielt sich auch im Raum ab. Wir möchten dabei durchaus an der Identität des Vorganges als solchem festhalten. Somit kommen dem Gen in beiden Bereichen Wirkungen zu. Wir können diesen Satz noch mehr verallgemeinern: Jedem Gen kommt vermutlich immer in beiden Bereichen eine Wirkung zu. Aber wir müssen daran festhalten, daß die Wirkungen des Genes als solchem immer körperlicher Art sind, da das Gen selbst ein körperlicher Sachverhalt ist. Und deshalb müssen wir auch das Gen immer bei dieser körperlichen Wirkung studieren und von dort her bezeichnen.

Wir können also zusammenfassen, daß wir grundsätzlich keine „psychischen" Gene kennen, auch keine Gene von Charaktermerkmalen oder -anlagen. Wir kennen nur Gene als Regulatoren, Beeinflusser, Beschleuniger oder Bremser körperlicher Differenzierungsvorgänge, die jedoch auch in der Dimension des Psychischen eine Wirkung haben können, da alles Geschehen im körperlichen Bereich auch in der psychischen „Dimension" seine Wirkung hat. Ein körperlicher Vorgang, wie etwa eine plötzliche Erregungssteigerung im sympathischen System, verhält sich zu seinem psychischen Korrelat, dem Erlebnis des Schrecks, wie eine in der Fläche verlaufende Bewegung zu derselben Bewegung im Raum. Auch die Mehrdeutigkeit der psychischen Entsprechung bei eindeutig festgelegtem körperlichen Verlauf kommt in diesem Bilde zum Ausdruck.

Wie werden also nun Charaktereigenschaften vererbt? Um diese sich immer wieder unerbittlich vordrängende Frage kommen wir als Genetiker

nicht herum. Wir haben bis jetzt gesehen, daß dies nur auf dem Wege der Gene,
d. h. aber, über deren Eingreifen in körperliche Entwicklungsvorgänge möglich
ist. Wir müssen uns nun, um dieser Frage näher zu kommen, noch mit dem Begriff der Charaktereigenschaft beschäftigen. Wir erwähnten bereits, daß
hier etwas grundsätzlich anderes gemeint ist als unter einem körperlichen Merkmal.

HELWIG, dem wir eine der besten und kritischesten Stellungnahmen der letzten
Zeit zum Problem der Charakterologie verdanken, der wir hier auch im wesentlichen folgen wollen, sagt: „Charaktereigenschaft ist der dunkelste Begriff der
ganzen Charakterologie, das Fragwürdigste der ganzen charakterologischen Be-
griffsbildung. Wissenschaftliche Charakterologie fängt damit an, die Voraussetzung fallen zu lassen, daß hinter den Charakterformen, die sich uns in den
Handlungen des Menschen zeigen, genau entsprechende „innere" „Eigenschaften"
lägen. Mit diesen sog. Charaktereigenschaften bezeichnen wir in Wirklichkeit
ganzheitliche „Ausprägungsrichtungen" des Charakters, nicht aber innere Einzelheiten. Und daß jeder Charakter so viele solcher ganzheitlichen Ausprägungs-
formen zeigt, liegt daran, daß er unter sehr vielen Perspektiven gesehen werden
kann. Nicht aber darf die Vielzahl der sog. Eigenschaften als Beweis dafür genommen werden, daß sie gleichsam nebeneinander in ihm, in seinem „Inneren"
vorhanden wären. Die uns allen geläufigen Redewendungen, jemand habe „viel
Güte, ein wenig Eigensinn, sehr viel Hilfsbereitschaft" usw., die im Bilde quantitativer Mengen beschreibt, ist sachlich nicht zu rechtfertigen. Es kann nur
heißen: der betreffende Charakter liege auf der Dimension „Güte — Hartherzig-
keit" deutlich nach der Seite der Güte, auf der Dimension „Nachgiebigkeit—
Eigensinn", nicht ganz so deutlich nach der Seite des Eigensinnes, auf der Dimension „Hilfsbereitschaft—Eigennutz" sehr deutlich zum Pol der Hilfsbereitschaft
hin usw."[1].

Das, was wir Eigenschaften nennen, sind Typenpole bestimmter Perspektiven,
unter denen der ausgeprägte Charakter in gegensätzlichen Gestaltpolen zu fassen
ist. Diese Ausprägungsgestalten sind also Endprodukte, nicht Anfangs-
komponenten des charakterlichen Prozesses. Wir stoßen so bei der Besprechung
der einzelnen Charaktereigenschaft wieder auf den Typenbegriff. Eigenschaft
im dinglich-physikalischen Sinn und Eigenschaft im charakterologischen Sinn
meinen völlig Verschiedenes. Die Eigenschaft der Helligkeit im physikalischen
Sinn wird von einem Nullpunkt in einer einzigen Dimension gemessen; ein Saal,
der von einer Lampe mit 10 Kerzen Helligkeit beleuchtet wird, ist für den Physi-
ker eben „10 Kerzen hell". „Eigenschaft" im Sinne der Charakterologie ist
immer Erlebnisqualität, meint eine ganz bestimmte Gestalt, einen Typ, prägt
sich immer zwischen zwei Polen aus und entsteht immer nur in der Brechung
mit unserem Erleben. Als Erlebnisqualität, d. h. als Eigenschaft, wie wir diesen
Begriff in der Charakterologie einzig und allein benützen, ist der Saal mit der
10kerzigen Beleuchtung dunkel, d. h. seine Helligkeitseigenschaft liegt auf der
betreffenden Perspektive zwischen den Typenpolen hell—dunkel nahe dem letzteren Pol. Charaktereigenschaften sind immer Erlebnisqualitäten und als solches
Typen. Bezüglich der Eigentümlichkeiten des Typenbegriffes sei hier wärmstens
auf die trefflichen Ausführungen von HELWIG verwiesen.

Die Analyse der Logik des Typenbegriffes ist für den Genetiker, sofern er sich
mit Fragen der Charaktervererbung befaßt, von ungemeiner Bedeutung. Es
ergibt sich daraus sehr klar, daß wir mit dem Eigenschaftsbegriff der Charakterologie für die Genetik zunächst überhaupt nichts anfangen können. Denn hier
benötigen wir „echte" Eigenschaften, die wir künftig „Merkmale" nennen. Die
Charaktereigenschaft erwies sich aber durchgehend als Typeneigenschaft, die nicht

---

[1] HELWIG: Charakterologie, S. 32ff.

Merkmale in oder an den Dingen, sondern immer nur die Ausprägung des ganzen Charakters in einer bestimmten, polar gegliederten Perspektive bezeichnen. Damit entsteht die Frage, inwiefern bei ihnen die Reduktion auf Merkmale im Sinne der Genetik überhaupt möglich ist.

Wir stoßen hier wieder auf die Grundfrage nach der Seinsart des Seelischen überhaupt. Auch hier zitieren wir HELWIG, der dargelegt hat, daß die Seinsart des Seelischen, also des „Inneren" durchaus nicht diejenige des „Außen" ist. Seelisches ist überhaupt nicht bei sich selbst. „Wir dürfen Charakter gar nicht erst als ein Etwas beziehen, das an sich selbst sein Sein hat, und „vor", „hinter", „unter" den Handlungen und sonstigen Äußerungen des Charakters ein Eigendasein mit Eigenstruktur hat. Wir dürfen unter Charakter nur meinen, was allein sinnvoll zu meinen ist: nämlich den Charakter in seinen Äußerungen ... Aus diesem Grund sind alle Versuche abzulehnen, die allein sichtbar werdenden Typengestalten der charakterlichen Ausprägungsrichtungen umzudeuten in Komponenten „im" Charakter ... Das Psychische erhält nur dann die ihm zukommende Sonderstellung gegenüber dem Materiellen, wenn auch seine besondere Seinsart erkannt ist: Nicht schon bei sich selbst ein gestalthaftes Etwas zu sein, sondern sich erst hin auf etwas anderes (eben den „Stoff") zu einem eigenen Selbst zu bringen." In jeder solchen Stoffart gliedert sich der Charakter anders. Nur sehr vorsichtig kann aus sehr vielen dieser Gliederungsarten auf eine sachliche faßbare Gestalt an der Struktur des Charakters selbst geschlossen werden.

Diese Besonderheit der Seinsart des Psychischen läßt sich ohne weiteres aus unserem Bilde vom Koordinatenaufbau ableiten, ja sie ist geradezu eine notwendige Folgerung. Denn jene dritte Koordinate, nach der wir Seiendes als beseeltes Leben sich ausprägen sehen, ist von den anderen beiden ja nicht abstrahierbar. Wir können sie nicht für sich betrachten, ebenso wie die dritte Dimension des Raumes nicht „für sich" betrachtet werden kann. Ohne die anderen ist sie nicht, sie ist erst durch die anderen. Sie hat „kein Sein bei sich selbst". (Dies ist eine Erkenntnis, die aus dem Schichtengleichnis niemals abzuleiten ist.) Dasselbe ist auch der Fall, wenn wir auf einer Stufe tiefer lediglich Materie und Leben in ihrem Zueinander betrachten. Auch Leben ist erst Äußerung in der Materie. Wir können ganz analog wie früher sagen: Es hat kein Sein bei sich selbst, ist nicht ein Etwas, das „vor", „hinter", „unter" oder „über" den Lebensäußerungen steht und dort ein Eigendasein mit Eigenstruktur hat, sich von dort her im Stoff äußert, wie man dies lange genug geglaubt hat, sondern es ist diese Äußerung selbst. Es gibt nicht Leben bei sich selbst, sondern nur Leben in seiner Verstofflichung.

Diese Überlegungen sind für jede genetische Betrachtung außerordentlich wichtig. Wenn in der Tat Charakter (bzw. Psychisches überhaupt) wesensmäßig eine sich selbst erst zur Wirklichkeit machende schöpferische Kraft ist und nicht etwas bei sich selbst, das sich obendrein noch äußert, wenn ihre Seinsart darin besteht, bei sich selbst gar kein eigenes Sein zu besitzen, dann ist es ja eine Fiktion, von „Vererbung des Charakters" überhaupt zu sprechen. Denn man pflegt sich gemeinhin vorzustellen, daß vererbt wird eben das, was „hinter" der Ausprägung im Stofflichen steckt, das was der Charaktereigenschaft „zugrunde" liegt, also die Grundfunktionen oder Radikale des Charakters. Wenn wir nun sehen, daß Charakter wie Seelisches überhaupt gar nichts anderes ist als diese Prägung selbst, als der Punkt, „wo sich Innenwelt und Außenwelt berühren" (NOVALIS) und daß überhaupt gar nichts dahinter oder darunter anzunehmen ist, müssen wir hier auch unsere genetischen Vorstellungen wesentlich umgestalten.

Bei dem Versuch, den Charakter auf einzelne Radikale (KRETSCHMER) oder Grundfunktionen (PFAHLER) zurückzuführen, handelt es sich um einen sehr wichtigen Versuch, in die verwirrende Vielfalt der sog. Charaktereigenschaften, mit denen, wie wir schon sahen, genetisch nichts anzufangen ist, eine Ordnung zu bringen. Mit diesem Versuch gelang es, für eine ganze Fülle von solchen Eigenschaften (Typen im Sinne von HELWIG) das gemeinsame Wesentliche herauszuschälen, so etwa, wenn man für eine Anzahl sog. schizothymer Eigenschaften des Denkens und der Psychomotorik das Moment der ,,Perseveration" als das Wesentliche erkannt hat gegenüber anderen gegenteiligen Eigenschaften des Cyclothymen, die in der gleichen Weise auf das Moment der ,,Assoziation" beziehbar waren. Mit diesen Reduktionen gelangen wir ohne Zweifel in einem gewissen Sinn in die ,,Tiefe", d. h. wir finden Zusammenhänge, Wurzeln, gemeinsame Grundlagen. Ob wir damit aber dem Wirkungsbereich der Erbanlage, der Gene und damit den Beziehungen zur Physis näherkommen, ist damit noch nicht bewiesen; ja, nach dem eben Ausgeführten ist gar nicht zu erwarten, daß wir auf diesem Weg zu den genetischen Wurzeln vordringen können. Denn auch bei der Feststellung, es verhalte sich jemand mehr oder weniger perseverativ oder assoziativ, besitze größere oder geringere Spaltungsfähigkeit usw., handelt es sich ja letzten Endes genau so um die Feststellung von Charaktereigenschaften, d. h. aber um eine Betrachtung in bestimmten typologischen Perspektiven, um eine Einordnung zwischen zwei Typenpolen. Auch diese Gestaltgliederungen liegen also am Ende und nicht als Grundkomponenten am Anfang. Genetisch unterscheidet sie nichts von der Charakterisierung der betreffenden Menschen als klebend oder wendig, als langsam oder rasch in Auffassung oder Äußerung, als haftend oder abspringend im Denken. Nur, daß wir für eine Reihe verschiedener, mehr oder weniger verschwommener und unklar bestimmter Termini der Umgangssprache prägnante, klar bestimmte und allgemeingültige Fachausdrücke setzten. Darin sehe ich den großen Wert jener Reduktion des Charakters auf seine Wurzelformen, nicht aber als eine Annäherung an seine genischen Wurzeln. Es handelt sich somit um Grundfunktionen im phänomenologischen oder strukturellen, nicht aber im genetischen Sinne.

Charakter ist also Äußerung[1]. Es ist nicht ein Etwas, das sich äußert, in Wirklichkeit aber hinter der Äußerung steht. Was aber äußert sich? Hierauf ist zu antworten: der physisch-dingliche lebendige Organismus als gegliedertes Ganzes ist es, der sich in der Dimension des Psychischen zur Äußerung bringt. Die Weise, in welcher er dies tut, nennen wir seinen Charakter.

Vererbung des Charakters bedeutet nichts anderes, als daß Gene die Weise des Sichäußerns bestimmen. Da Gene nur in der Art Wirkung haben, daß sie in Entwicklungsvorgänge eingreifen, wird damit nichts anderes ausgedrückt, als daß Gene in das Entwicklungsgeschehen jener Weise eingreifen, in der sich der Organismus als ein strukturiertes Ganzes in der Dimension des Psychischen zur Äußerung bringt. Daraus ergibt sich die logische Forderung, daß uns eine Reduktion auf genetische Grundfunktionen oder, im Sinne LERSCHs, auf das nicht mehr zurückführbare organisierende Prinzip, auch im genetischen Sinn nur dann gelingen wird, wenn wir einen Ansatz zu finden vermögen, uns auf das Entwicklungsgeschehen zu gründen. Hierin liegt der Angelpunkt, in welchem das Gen seine Wirkung auch im Bereiche dessen entfaltet, was wir Charakter nennen.

Die Weise, in welcher sich der Organismus in der psychischen Dimension zur Äußerung bringt, ist nicht eine vom Anfang der ontogenetischen Entwicklung an gleichartige, unveränderliche, sondern sie macht ebenso wie der physische Organismus selbst eine sehr erhebliche und strengen Gesetzen folgende Wandlung durch. Diese Wandlung in den einzelnen Zügen und Teilbereichen zu verfolgen und die einzelnen strukturellen Phasen miteinander zu vergleichen und mit den Strukturen unserer primären Konstitutionstypen in Parallele zu setzen, wird also unsere Aufgabe sein.

b) Die charakterologischen Grundtypen.

Die Vielfalt der menschlichen Charaktere hat, seit man überhaupt den Menschen zum Gegenstand einer Wissenschaft machte, zu den mannigfachsten Versuchen geführt, ein Prinzip zu finden, nach dem die Fülle der Formen und Varian-

---

[1] Natürlich im Sinne des Dispositionellen, nicht im Sinne einer einzelnen momentanen Verhaltungs,,weise".

ten zu gliedern ist. Man gelangte zu den verschiedensten Typensystemen, die also, wie wir aus dem vorigen ersahen, immer gleichsam polare Perspektiven, niemals aber Einteilungen genetischer Art darstellten.

Durch alle diese verschiedenen charakterologischen Typensysteme zieht sich wie ein roter Faden die Scheidung in zwei charakterologische Grundtypen. Diese Scheidung findet sich in den mannigfachsten Abwandlungen, oft verkleidet und fast nicht mehr zu sehen, oft deutlich ausgesprochen und formuliert als die Hauptachse des Systems. Schon in den Alltagscharakterologien des praktischen Lebens, bzw. des naiv beobachtenden Menschen findet sich dieser Gegensatz in den mannigfachsten Ausprägungen, wenn etwa der Praktiker vom Theoretiker, der Genußmensch vom Pflichtmensch, der Realist vom Idealist, der Gesellschaftsmensch vom Einsiedler unterschieden wird.

In anderer Form taucht diese Grundunterscheidung auf in den vorwissenschaftlichen Charaktersystemen, etwa derjenigen Schillers in seinem Gegensatz des naiven und sentimentalischen Charakters oder derjenigen Nietzsches bei seinem Gegensatz des Appollinischen und Dionysischen.

Sehr klar finden wir dann diese Grundunterscheidung in den mehr oder weniger medizinisch beeinflußten Charaktersystemen bei KRETSCHMER, JAENSCH, JUNG, PFAHLER und neuerdings auch bei den Ganzheitspsychologen (EHRENSTEIN, SANDER). Scheinbar ganz zurück tritt sie in den Charaktersystemen von JASPERS, SPRANGER, SCHELER, ferner in der Rassencharakterologie von CLAUS, in den sog. biologischen Typen von ORTNER, den philo-

Tabelle 21.
Charakterologische Typensysteme.

Autor	Typenformen	
KRETSCHMER .	cyklothym	schizothym
JUNG	extravertiert	introvertiert
JAENSCH . . .	integriert	desintegriert
PFAHLER . . .	fließende	feste Gehalte
SANDER . . .	ganzheitlich	einzelheitlich

sophischen Charakterlehren und bei KLAGES. Bei genauerem Zusehen aber finden sich auch in diesen charakterologischen Systemen Anklänge mannigfachster Art an diese Grundpolarität, nur werden hier andere Perspektivbündel zur Grundlage der Einteilung gemacht. Immer wieder aber schimmert auch dort die erwähnte Polarität irgendwie durch — so etwa bei KLAGES in seiner Unterscheidung von Bindungs- und Lösungseigenschaften —, so als wenn die Perspektive, nach der diese Grundpolarität gesehen ist, auch in ganz anderen Perspektiven sich zur Geltung bringen wollte.

Wir werden uns im folgenden vorwiegend mit den medizinischen Typologien befassen, schon allein deshalb, weil auch unser Ausgangspunkt ein biologischer, nämlich genetischer ist. Die genannten Typologien sind nun keineswegs einander einfach gleichzusetzen. Jede legt an das Problem des Charakters gleichsam von einer anderen Seite her ihren Maßstab an, betrachtet es unter einer anderen Perspektive. (Genauer ausgedrückt handelt es sich bei jeder um ein ganzes Perspektivenbündel.) Und doch sind es bei näherer Betrachtung die gleichen Individuen, die von den verschiedenen Lehren zum Ausgangspunkte gemacht werden. Man gelangt also zu deutlichen Entsprechungen, die nicht Identitäten der Betrachtung darstellen, wohl aber verschiedene Betrachtung identischer Sachverhalte. Wir wollen sie in Tabellenform kurz zusammenfassen (Tab. 21).

Wir geben im folgenden eine kurze Skizzierung der beiden Grundformen nach KRETSCHMER und fügen lediglich zur gröbsten Orientierung für den Nichtpsychologen eine knappe Schilderung auch der übrigen Typensysteme an.

KRETSCHMERS Ausgangspunkt waren die zwei großen endogenen Psychosenkreise des manisch-depressiven Irreseins und der Dementia praecox, wie sie durch KRAEPELIN in der psychiatrischen Diagnostik aufgestellt waren. Die Lehre von

den beiden charakterologischen Grundvarianten des cyclothymen und schizothymen Charakters hat sich jedoch sehr weitgehend von dieser psychiatrischen
Herleitung emanzipiert. Für die Kenntnis und Verwendung der Typologie ist
die Kenntnis jener Psychosen gar nicht mehr notwendig. Für die Typologie ist
ihr psychiatrischer Ausgangspunkt also mehr von historischer, nicht aber von
essentieller Bedeutung. KRETSCHMER sagt selbst, daß man zu dem Begriff des
„Schizothymen" käme, selbst wenn es gar keine Schizophrenie gäbe.

Die cyclothymen Menschen haben „Gemüt". Dieses Wort bringt noch am
ehesten das auf einen Ausdruck, was der Mehrzahl aller dieser Naturen durch die
verschiedenen habituellen Stimmungslagen hindurch gemeinsam ist: das weiche,
warme, gutherzige, menschenfreundliche, in Freude und Leid natürlich schwingungsfähige Temperament. In ihrer sozialen Einstellung sind sie gesellig, realistisch
und anpassungsfähig, es gibt für sie keinen schroffen Gegensatz zwischen Ich und
Umwelt, kein prinzipielles Ablehnen, keinen tragisch-zugespitzten Konflikt, sondern ein Leben in den Dingen, ein Aufgehen, ein Mitleben, Mitfühlen und Mit-
leiden.

Weiter findet sich, namentlich bei den hypomanischen Varianten, eine gewisse materielle Gesinnung zum Genießen, zum Lieben, Essen und Trinken, zum
natürlichen Hinnehmen aller guten Gaben des Lebens. Wir finden weiter flüssige
praktische Energie ohne starren Ehrgeiz, ohne starke innere Spannungen, sondern
Anpassungsfähigkeit, Unbefangenheit, Schlagfertigkeit; im Tempo zwischen ausgesprochen beweglich und behäbig, im Temperament schwingend zwischen den
Polen heiter und traurig, wobei dieses Verhältnis, das KRETSCHMER die diathetische Proportion nennt, in den verschiedensten Mischungsverhältnissen, oft in
eigentümlich unterschichteter Weise vorkommt, so zwar, daß einer dauernd
heiteren Grundstimmung oft eine depressive Stimmung gleichsam unterschichtet
ist, so daß sie bei geringen Schwankungen vorübergehend zutage tritt. Auch das
Umgekehrte kommt vor. Weiter charakteristisch ist das Fehlen der Nervosität,
Reizbarkeit oder Empfindlichkeit. Charakteristische Vertreter dieser Formen sind
der flotthypomanische Typus des „Unternehmers", der „Stillvergnügte", der
Typus des „Lebenskünstlers", der „Schwerblütige".

Die schizothymen Menschen haben eine Oberfläche und eine Tiefe. „Schnei-
dend brutal oder mürrisch stumpf oder stachlig-ironisch oder molluskenhaft-scheu,
schallos, sich zurückziehend — das ist die Oberfläche. Oder die Oberfläche ist
gar nichts; wir sehen einen Menschen, der wie ein Fragezeichen uns im Wege
steht, wir fühlen etwas Fades, Langweiliges und doch ungestimmt Problemati-
sches. Was ist die Tiefe hinter all diesen Masken? Wir können es der Fassade
nicht ansehen, was dahinter ist. Viele schizoide Menschen sind wie kahle römische
Häuser, Villen, die ihre Läden vor der grellen Sonne geschlossen haben; in ihrem
gedämpften Innenlicht aber werden Feste gefeiert."

Schizoide Charaktereigenschaften sind etwa: ungesellig, still, zurückhaltend,
ernsthaft, schüchtern, scheu, feinfühlig, empfindlich, nervös, aufgeregt, auch
langsam und brav, gleichmütig und stumpf. Der Schlüssel der schizoiden
Temperamente liegt darin, daß sie nicht entweder überempfindlich oder kühl,
sondern überempfindlich und kühl zugleich sind, und zwar in ganz verschiedenen
Mischungsverhältnissen. Dieses Mischungsverhältnis nennt KRETSCHMER die
psychästhetische Proportion und unterscheidet dementsprechend einen hyper-
und einen anästhetischen Pol. Im sozialen Kontakt haben diese Menschen Schwierigkeiten, empfinden eine Glaswand zwischen sich und den anderen, sondern
sich ab, ziehen sich ganz in sich selbst zurück, eine Haltung, die als Autismus
bezeichnet wird. Oder sie sind eklektisch gesellig im kleinen geschlossenen Zirkel
oder oberflächlich-gesellig ohne tieferen seelischen Rapport mit der Umgebung;

affektiv kalt und lahm, wurstig, hart, stumpf bis zu außerordentlicher Empfindsamkeit und Feinheit des Gefühls. In Ausdruck und Psychomotilität sind sie voll Spannungen und Befangenheit, stilisiert und verhalten, oft militärisch straff und zackig, im Tempo zeigen sie eine springende Temperamentskurve zwischen zäh und sprunghaft, nicht überschwenglich (wie der Cyclothyme), sondern überspannt, ohne affektive Mittellagen. Beispiele sind die „Empfindsam-Lahmen", die feinsinnigen kühlen „Aristokratentypen", die pathetischen „Idealisten", die kalten „Despotentypen", jähzornig stumpfe Varianten, zerfahrene „Bummler".

Dieser kurze Überblick zeigt, daß in der Tat hier eine sehr tiefgehende Polarität getroffen ist. Eine Eigentümlichkeit, die in der Skizzierung zum Ausdruck kommt, und die für unsere späteren genetischen Überlegungen eine gewisse Bedeutung hat, ist folgende: Der Cyclothyme liegt gleichsam tiefer im Bereich der Norm als der Schizothyme, der sich nach allen möglichen Richtungen in das Gebiet des Abnormen hinein erstreckt. Wir werden noch sehen, daß dies ganz bestimmte Ursachen hat. Wir können hier nicht einfach Bezug nehmen auf das, was wir bei den Körperbautypen bereits besprachen. Wir ließen dort die abnormen Varianten aus dem Begriff unserer Primärtypen heraus. Wenn auch dieselbe Forderung hier zu stellen ist, sehen wir doch sofort, daß ihre Durchführung wesentlich größeren Schwierigkeiten begegnen wird. Immerhin soll uns die Tendenz leiten, auch die beiden charakterologischen Strukturformen möglichst als Normvarianten zu sehen und nicht die eine mit Normmerkmalen, die andere mit abnormen Merkmalen anzureichern.

Die anderen vorwiegend medizinisch orientierten typologischen Systeme wollen wir nur kurz streifen.

Das besondere Verdienst der Typologie der Brüder JAENSCH sehe ich in dem diesem System zugrundegelegten Begriff der Integration. Der ursprüngliche Ausgangspunkt war — ähnlich wie bei KRETSCHMER — gleichfalls die Pathologie, und zwar der in gewissem Sinn bestehende Antagonismus der endokrinen Störungsformen der Schilddrüse und der Nebenschilddrüse: Basedowoider und tetanoider Typus. Diese Formen sind als Grundlage einer charakterologischen Typologie längst wieder aufgegeben und haben nur noch historisches Interesse. Hingegen entwickelte sich aus ihnen der Begriff der Integration und wurde nun zur Grundlage des Systems. Es wird damit der Grad des wechselseitigen Durchdringens und des Zusammenwirkens der Funktionen zur Grundlage der Unterscheidung charakterologischer Typen gemacht. Im Integrierten sind diese Funktionen zu einer Einheit verschmolzen, es besteht eine durchgehende einheitliche Verbundenheit, und zwar nicht nur innerhalb der Person, also nach innen, sondern auch zwischen der Person und der jeweiligen Umwelt, also nach außen. Dadurch gleichen sich dem Integrierten alle ihm entgegenstehenden Tendenzen sofort aus, er kommt stets zu einem Kontakt zu seiner Umwelt, der die gesamte momentane Situation zu einer Einheit verschmilzt: er hat eine sehr starke „Querschnittseinheit", d. h. die zeitlichen Querschnitte seines Lebensverlaufes bilden alle eine jeweilige Einheit. Im Gegensatz dazu ist dann die Längsschnitteinheit notwendig eine geringe; denn alle Maximen, Vorsätze, Überzeugungen, Willens,,linien" ändern sich in der starken jeweiligen Integration, die ihre Einheitsform ja gerade wechselnd, nämlich vom Erlebnis der wechselnden Umwelt bekommt.

Auf die verschiedenen Formen und die daraus abgeleiteten Unterformen wollen wir hier nicht eingehen.

Im Desintegrierten (oder besser im wenig Integrierten) ist die Verschmelzung der einzelnen Funktionen geringer, sowohl der Kontakt mit der Umwelt, wie auch das Zusammenwirken bei einzelnen psychischen Funktionen voneinander differenziert, so daß in einem Erlebnisquerschnitt die einzelnen Bereiche nicht völlig

ineinander zu einem einzigen Ganzen verschmelzen, sondern gleichsam als Teil-
struktur dieses Ganzen sich erhalten. Abweichende Strukturen, bei denen es zu
einem Zerfall der Ganzheit in ihre einzelnen Teilstrukturen kommt (S-Typen),
führen, wie wir ohne weiteres vermuten können, wieder aus den uns gesteckten
Grenzen der Norm heraus ins Abnorme. In der Tat finden wir sie nur bei abnormen Konstitutionen, die sehr viel gemeinsames mit dem Schizoiden im Sinne
KRETSCHMERS haben. Über die Beziehungen dieser Strukturen zur Asthenie
werden wir später noch zu sprechen haben.

Wir halten diesen Begriff der Integration vom genetischen Standpunkt aus
für sehr wertvoll, weil er enge Beziehungen hat zu jenem Moment, das wir später
kennenlernen werden, nämlich dem Moment der ontogenetischen Strukturbildung.

Nur kurz erwähnt sei der Gegensatz des extravertierten und introvertierten
Typus von C. G. JUNG. Bei diesem Gegensatz handelt es sich um die Art unserer
Beziehung zum Objekt. Es gibt danach die Interessenbewegung auf das Objekt
hin und diejenige vom Objekt weg auf das Subjekt zurück. Die erste Haltung
kennzeichnet den extravertierten, die zweite den introvertierten Typus. JUNG
skizziert den letzteren etwa folgendermaßen: Er ist, wenn normal, gekennzeichnet
durch ein zögerndes, reflexives, zurückgezogenes Wesen, das sich nicht leicht gibt,
vor Objekten scheut, sich immer etwas in der Defensive befindet und sich gerne
versteckt hinter mißtrauischer Beobachtung. Der extravertierte hingegen ist
charakterisiert durch ein entgegenkommendes offenes und bereitwilliges Wesen,
das sich leicht in jede gegebene Situation findet, rasch Beziehungen anknüpft und
sich oft unbekümmert und vertrauensvoll in unbekannte Situationen hinaus-
wagt unter Hintansetzung etwaiger möglicher Bedenken. Die offensichtliche
Übereinstimmung zu den KRETSCHMERschen Typen ist ohne weiteres zu sehen
und auch oft gesehen worden. Man übte mit Recht Kritik an den JUNGschen
Typen wegen ihrer allzu allgemein gehaltenen vagen Unbestimmtheit.

Als charakterologische Weiterführung KRETSCHMERS ist das System von
PFAHLER aufzufassen, der mit Hilfe seines Grundfunktionsbegriffes — das sind
die nach Art und Stärke angeborenen Voraussetzungen seelischen Geschehens
und Wachstums — zu der Darstellung der zwei Haupttypen der festen und fließenden Gehalte gelangt. Die festen Gehalte sind charakterisiert durch die natürliche Koppelung von enger fixierender Aufmerksamkeit und starker Perseveration,
die fließenden Gehalte umgekehrt durch die Koppelung von weiter fluktuierender
Aufmerksamkeit und schwacher Perseveration. Bei Besprechung der experimentellen Ergebnisse vor allem der KROHschen Schule werden wir uns gerade
mit diesen Formen noch eingehend zu beschäftigen haben.

In letzter Zeit wurde auch von der ganzheitspsychologischen Forschungsrichtung der Versuch gemacht, charakterologische Typen aufzustellen (SANDER,
EHRENSTEIN). Die Perspektive, nach der die Typenpole gebildet sind, ist der
Grad der Ganzheitlichkeit der Bewußtseinsstruktur, der sich in zahlreichen verschiedenen Reaktionsweisen manifestiert und sich am leichtesten in dem Verhalten
an optischen Täuschungen feststellen läßt, die übrigens auch schon von JAENSCH
verwendet wurden. Große Täuschungsbeträge zeigen den Typus überdurchschnittlich ganzheitlicher Bestimmtheit aller Teilerlebnisse des Bewußtseins an, der deshalb als G-Typus bezeichnet wird, während Individuen mit besonders kleinen
Täuschungsbeträgen als Typus von unterdurchschnittlicher ganzheitlicher Bestimmtheit, als A-Typus (Analytiker) bezeichnet werden. Wesentlich scheint
uns in diesem Versuch von EHRENSTEIN die Ausweitung seiner Typen auf das
Gebiet des Gefühlslebens, wobei die Gefühlslehre von KRÜGER diesem Versuch
zugrunde gelegt wird, ferner auf die Figur-Grunddifferenzierung des Bewußtseins und vor allem die Aufstellung auch eines in der Mitte stehenden Typus

Es ergibt sich aus der kurzen Übersicht, daß in der Tat in sehr vielen Hinsichten gemeinsame Züge zwischen den verschiedenen Systemen bestehen, d. h., daß es vielfach die gleichen Individuen sind, die von den einzelnen Typologien als charakteristische Vertreter benützt werden. Andererseits unterscheiden sich die Perspektiven in gewissen Richtungen, wodurch die Typen in manchen Punkten keineswegs zur Deckung gebracht werden können, sondern sich sogar zu widersprechen scheinen. Dies ist jedoch nur natürlich und gibt jeder Typologie ihre Lebensberechtigung. Es liegt in der Natur der Sache, daß die Vielfalt menschlicher Charaktere unzählig viele verschiedene Perspektiven der Betrachtung erlauben, ja erfordern. Wir brauchen nur an das einleitend gebrachte Beispiel von der Ordnung der Kaleidoskopmuster erinnern. **Deskriptive Typensysteme sind niemals falsch oder richtig, sondern immer nur mehr oder weniger zweckmäßig.**

Da wir als Genetiker nicht Anhänger eines einzigen Typensystems sind, sondern lediglich das den gemeinsamen Zügen aller Systeme zugrunde liegende Prinzip untersuchen wollen, liegt uns vor allem daran, das Gemeinsame der Systeme ins Auge zu fassen.

Wir werden im folgenden mit der Besprechung der experimentell psychologischen Ergebnisse beginnen, da sich dort die beste Gelegenheit ergibt, die verschiedenen Ergebnisse von unserer Fragestellung her zu prüfen, ohne allzu subjektiven Eindrücken und Deutungen ausgesetzt zu sein. Es ist ja die große Subjektivität und Unbeweisbarkeit aller psychologischen Arbeit dem Genetiker ein Dorn im Auge, der biologische Exaktheit und Objektivierbarkeit gewöhnt ist, die ein Sich-verlieren in Regionen des Unbeweisbaren unmöglich machen. Die Exaktheit der experimentell psychologischen Technik wollen wir dabei nicht überschätzen. Aber immerhin findet sich hier ein Ansatz, die Fehlerquellen einer allzu subjektiv geleiteten Beobachtung wenigstens etwas einzuengen. Wir werden dabei die Experimente aller eben skizzierten Typologien durcheinander betrachten, sie lediglich nach großen Teilbereichen ordnen und das einzelne Typensystem auffassen als das, was es vom übergeordneten Standpunkt auch ist: nicht als das System einer Charaktereinteilung, sondern als eine Betrachtungsweise neben anderen, die nur bestimmte Ausprägungsmöglichkeit des Charakters, nur Ausschnitte aus der Realität aller Möglichkeiten umgreift. Dabei werden wir unsere Betrachtung am Schluß auch auf die höheren Regionen umfassenderer und freierer Charakterbetrachtung ausdehnen.

c) Die Ergebnisse der Typenpsychologie unter dem Gesichtspunkte des Strukturprinzipes.

Weitaus die meisten Experimente liegen vor auf dem Gebiete des Gegenstandsbewußtseins, also vor allem des Wahrnehmungs- und Vorstellungslebens, des Denkens und Urteilens, nicht weil dieser Bereich charakteristischere typologische Unterschiede aufweise, als etwa das Gebiet des Willens- oder gar des Gefühlslebens, sondern vor allem deshalb, weil hier Experimente weitaus am leichtesten durchzuführen sind.

α) Erfassungsform.
Ganzheitlichkeit und Einzelheitlichkeit.

Täuschungsfiguren. Die Bestimmung des Verhaltens von Versuchspersonen an optischen Täuschungsfiguren ergab, wie die gestaltpsychologische Schule zeigen konnte, außerordentlich charakteristische Verschiedenheiten konstitutioneller Art. Sie ließen sich mit Hilfe der quantitativen Bestimmung des Täuschungsgrades bei den MÜLLER-LYERSCHEN Figuren (oder ihren Abwandlungen nach BENUSSI, ZÖLLNER, HERING, POCKENDORF, SANDER) quantitativ bestimmen. Es handelt sich bei diesen „Inadäquatheiten" der Wahrnehmung immer um den Einfluß der Eingliederung des betreffenden Musters in umfassendere, übergeordnete Zusammenhänge, denen gegenüber sich die Prägnanz der Teilstrukturen nicht durchzusetzen vermag. Das starke Unterliegen der Täuschung beruht also auf nichts anderem als auf einem hohen Grad der ganzheitlichen Bestimmtheit der individuellen Bewußtseinsstruktur. Die Hauptfigur besteht in der Wahrnehmung nicht als reine Einzelgestalt, sondern gerät in den Zusammenhang des Ganzen, der gesamten Umgebung und somit unter den Einfluß auch der anderen Bestimmungsstücke der Gesamtkonfiguration. Wir finden dieses Verhalten bei den Cyclothymen. Umgekehrt vermag derjenige, der der Täuschung nur in einem geringen Grade unterliegt, die Einzelgestalt von ihrem Umfeld stark abgehoben zu erleben, nicht als Teil in einem übergeordneten Ganzen, sondern stark verselbständigt. Er kann absehen, abspalten, isolieren und deshalb auch analysieren. Dies charakterisiert den Schizothymen.

Es bestehen also unmittelbare Beziehungen dieses ganzheitlichen und einzelheitlichen Typus zu den schizo- und cyclothymen Strukturen, ebenso aber auch zu den Typenformen anderer Typologien, vor allem denjenigen der Integrationspsychologie.

Wenn sich in dem unterschiedlichen Verhalten an Täuschungsfiguren ein tiefgreifender Typengegensatz manifestiert, der mit den beiden polaren Grundformen korrespondiert, entsteht nun für uns die Frage, wie sich dieses Verhalten in der ontogenetischen Entwicklung verhält. Handelt es sich bei dem Grad der Täuschung um ein individualspezifisches Maß, das vom Beginn der Entwicklung — soweit es überhaupt prüfbar ist — bis zu ihrem Ende konstant bleibt oder ändert es sich, und wenn ja, zeigt diese Veränderung eine entwicklungsspezifische Richtung? Diese Frage ist außerordentlich leicht zu beantworten und den Psychologen längst bekannt. Kinder unterliegen in bei weitem höherem Maß den optischen Täuschungen, sie zeigen einen erheblich höheren quantitativen Täuschungswert. Wenn wir also ein nach Konstitutionstypen unausgelesenes, willkürlich gewähltes Kollektiv von Kindern (etwa eine Schulklasse) in dem Durchschnittsgrad ihrer Täuschungsgröße vergleichen mit einer ebenso unausgelesenen Schar von erwachsenen Menschen, dann verhalten sich diese Durchschnittswerte zueinander etwa so wie die Täuschungswerte des G-Typus (wir könnten hier ebensogut sagen: des pyknisch-cyclothymen Typus, des I-Typus usw.) zu denjenigen des A-Typus (bzw. leptosom-schizothymen Typus, I_3- oder D-Typus). Die absoluten Werte werden vermutlich nach dem Pol der größeren Täuschung verschoben bleiben, das Verhältnis der beiden wird jedoch das gleiche sein.

Dieses Ergebnis ist in keiner Weise verwunderlich, ja, es ist so selbstverständlich, daß die Psychologen es niemals für wert fanden, es bei ihren typologischen Bestrebungen besonders ins Auge zu fassen. So selbstverständlich ist es aber wieder nicht und es verlohnt der Mühe, sich die Gründe dafür einmal näher vor die Augen zu stellen. Bevor wir dies jedoch tun, sehen wir uns noch einige weitere experimentelle Ergebnisse an.

Farbenkontrast. Beim Sehen von Farben kommt es sehr wesentlich darauf an, auf welchem Hintergrund die gesehene Farbe erscheint, da die objektive (physikalisch) gleiche Farbe A auf dem Hintergrund B ganz anders erscheint als auf dem Hintergrund C. Es hat sich nun gezeigt, daß auch mit dem Umfeld noch nicht die Erscheinungsweise der Farbe A eindeutig bestimmt ist, sondern daß es ebensosehr auch auf die subjektive gestaltliche Organisation ankommt, also darauf, daß Infeld und Umfeld durch ganzheitliche Auffassung von seiten des Individuums funktionell zusammengehalten werden. Neben äußeren spielen dabei auch subjektive (innere Einstellung) und konstitutionstypische Bedingungen eine erhebliche Rolle, so daß. der Farbkontrast, der mit Hilfe einer sinnreichen Verwendung des Farbenkreisels auch quantitativ bestimmbar ist, als konstitutionstypischer Test Verwendung finden kann. Je größer die Werte zur Korrektur des Kontrastes sind, desto größer kann die ganzheitliche Auffassung der betreffenden Versuchsperson angenommen werden; je kleiner sie ist, desto analytischer, diskreter ist die Haltung der Versuchsperson anzunehmen. BRUNSVIK machte darauf aufmerksam, daß die erstere Auffassungsweise diejenige des Cyclothymen, die zweite diejenige des Schizothymen darstellt.

Auch hier wieder kann gar kein Zweifel darüber bestehen, daß sich Kinder gegenüber Erwachsenen, beide als unausgelesenes Kollektiv einander gegenübergestellt, in hohem Maße durch ihre größere Ganzheitlichkeit in der Wahrnehmung unterscheiden.

Gestaltbindungsversuche. Exponiert man einer Versuchsperson irgendwelche sinnlose Figuren mit dem Auftrag, sie in einer darauffolgenden Exposition, wo ein Teil dieser Figuren in einem anderen figuralen Zusammenhang hineingestellt ist (sich etwa in einer in Dreiecksform angeordneten Punktfigur eingeordnet wiederfinden), wieder zu erkennen, so zeigen sich typologische Unterschiede insofern, als es manchen Versuchspersonen besonders schwer wird, diese Figuren in der neuen Anordnung wieder zu erkennen. Dies macht sich in einer hohen Fehlerzahl bemerkbar. Den anderen fällt dies viel leichter. Und zwar werden, je mehr die neue Figur als Gesamtgestalt durchorganisiert aufgefaßt wird, desto weniger Einzelfiguren herausgesehen; sie sind durch das Übergewicht der übergeordneten Gestalt „gebunden". Um sie zu erhalten, muß in analytischem Verfahren das Dreieck zerschlagen werden. Auch hierbei wieder sondern sich ganzheitliche und einzelheitliche Typen deutlich gegeneinander.

Es ist nun interessant, daß Tiere oft zu einer solchen Zerschlagung nicht imstande sind. Sie vermögen deshalb, wie z. B. die schönen Untersuchungen von DIEBSCHLAG an Tauben zeigten, nicht ihren gewohnten Futternapf aus einer figural geordneten Gruppe heraus zu erkennen. Auch Kindern macht diese analytische Einstellung in weit höherem Maße Schwierigkeiten, wie aus tausendfältigen Beobachtungen, auch des Alltags, deutlich erhellt.

Tachistoskopischer Leseversuch. Die Versuche, die von der KRETSCHMERschen Schule in die experimentelle Typenpsychologie eingeführt wurden, bestehen darin, sinnlose oder längere sinnvolle Worte tachystoskopisch zu exponieren, mit dem Auftrag, nach jeder Exposition das vermeintlich gelesene Wort aufzuschreiben. Dabei zeigt sich, daß die eine Gruppe von Versuchspersonen mehr dazu neigt, jedesmal bloß diskrete Einzelbuchstaben zu sehen und aus diesen das Wort langsam im Verlauf der weiteren Expositionen aufzubauen. Eine andere Gruppe hat schon aufs erste einen diffus ganzheitlichen Totaleindruck, der oft zu fertigen, sinnvollen, wenn auch nicht immer richtigen Lösungen führt und der dann im Laufe der Darbietungen immer wieder in ganzheitlicher Weise verbessert wird.

ENKE fand bei Pyknikern ein vorwiegend „synthetisches" (wir sagen lieber ganzheitliches), bei Leptosomen ein vorwiegend analytisches (wir bevorzugen einzelheitliches) Verhalten, und zwar verhalten sich bei Pyknikern die ersteren zu den letzteren Lösungsversuchen wie 5:3, bei den Leptosomen dagegen umgekehrt wie 2:6.

Dieser diffus ganzheitliche Totaleindruck des Pyknikers kommt ebenso in Versuchen zum Ausdruck, in denen lediglich die Zahl der zugleich aufgenommenen Teile, etwa Buchstaben, im Tachystoskop geprüft wird. Dabei zeigt sich (VAN DER HORST, KIEBLER), daß Pykniker einen wesentlich höheren „Bewußtseinsumfang" hatten als Leptosome. KRETSCHMER prägte dafür das glücklichere Wort

der Simultankapazität. Mit etwas anderen Versuchsanordnungen konnte
ENKE diese Ergebnisse nicht voll bestätigen, doch kommt hier vielleicht ein
weiterer Faktor hinzu (Perseveration?), der gegensinnig wirkt. Auf jeden Fall
erweisen auch diese Versuche die höhere Ganzheitlichkeit in der Auffassung des
Pyknikers, umgekehrt die höhere Einzelheitlichkeit und die schärfere Abhebung
der Objekte von ihrem Hintergrund beim Leptosomen.

Auch hier wieder kann kein Zweifel darüber bestehen, wie sich Kinder im allgemeinen in einer entsprechenden Versuchsanordnung verhalten werden, wobei
allerdings auf gegensinnig wirkende Faktoren, wie sie auch ENKE vermutete, zu
achten sein wird.

Spaltungsfähigkeit (Mehrfachleistung). Unter Spaltungsfähigkeit wird nach
KRETSCHMER die Fähigkeit zur Bildung getrennter Teilintentionen innerhalb
eines Bewußtseinsablaufes verstanden. ENKE läßt vor der Versuchsperson eine
unregelmäßig gemischte Reihe verschiedenfarbiger Quadrate vorüberziehen mit
der Instruktion, sich zu merken, wieviel Quadrate von jeder Farbe die Reihe
enthält; ausgewertet werden die gebrauchte Zeit und die Zahl der Fehler. Die
Versuchsperson muß also mehrere Reihen von ablaufenden Vorgängen gleichsam
getrennt im Bewußtsein nebeneinander registrieren können. Die Pykniker zeigten
sich dabei viel ungeschickter als die Leptosomen. Ihre durchschnittliche Fehlerzahl war fünfmal so groß als bei diesen.

Nach KRETSCHMER ist es bei diesem Versuch notwendig, das Gesamtbewußt-
sein ,,so scharf zu spalten, z. B. in die 3 Teilintentionen auf blau, rot und gelb, daß
jede dieser Bewußtseinsgruppen streng für sich, wie ein geschlossener Teilorganis-
mus funktioniert, ohne im mindesten in die andere Gruppe überzuschießen oder
durch sie gekreuzt zu werden. Dies ist es, ganz präzis, was wir unter dem Begriff
der Spaltung bzw. der Spaltungsfähigkeit in normalpsychologischem Sinn verstehen." Gestaltpsychologisch würden wir von der Fähigkeit sprechen, im Be-
wußtseinsquerschnitt Strukturen mit höherer Wandfestigkeit der einzelnen Teilbereiche zu bilden. Auch hier wieder liegt der Unterschied zwischen Kindern und
Erwachsenen klar auf der Hand. Kinder zeigen nicht im entferntesten
jenen Grad der Spaltungsfähigkeit, den der durchschnittliche Erwachsene
besitzt. Das Kind ist deshalb nicht imstande, zwei verschiedene Dinge zugleich
zu machen. Alles, was es macht, macht das Kind ganz. Das geht so weit,
daß zwei verschiedene Bewegungen mit den beiden Händen zu machen, dem Kind
schon erhebliche Schwierigkeiten bereitet.

Zusammengefaßt zeigen die Versuche über ganzheitliches und einzelheitliches
Verhalten sehr charakteristische, typologisch wichtige Unterschiede. Der eine
Pol ist charakterisiert durch die ganzheitliche, totale, synthetische, stark integrierte Auffassung der aufzufassenden Außenwelt und deckt sich zugleich mit
dem pyknomorphen Körperbau. Am anderen Pol findet sich die einzelheitliche,
analytische gering integrierte Auffassungsweise der Außenwelt, und zwar beim
Leptomorphen. Es kann mit Recht daraus geschlossen werden, daß weitgehend
verschiedene Strukturformen diesen beiden Auffassungsweisen zugrunde liegen
müssen, die sich in anderen Teilbereichen der Psyche wiederfinden werden, und
umgekehrt zu ganz verschiedenen Weisen führen müssen, in denen die Außenwelt
im Inneren erscheint, wie sie erlebt wird und wie sie sich im Handeln widerspiegeln
wird.

Wir fanden nun, daß ganz ohne Frage das Kind bzw. der jugendliche, geringer
strukturierte psychische Organismus sich in allen genannten Versuchen
wie der Pykniker verhält. Das Kind unterliegt in bedeutend erhöhtem Maß
den optischen Täuschungen, zeigt einen wesentlich stärkeren Farbkontrast, ein
erhöhtes Gestaltbindungsvermögen, es zeigt ein simultaneres Verhalten beim

tachystoskopischen Leseversuch, hat vermutlich eine größere Simultankapazität und verfügt schließlich über eine erheblich geringere Spaltungsfähigkeit, als der Erwachsene.

In allen Punkten gilt also auch hier die schon bekannte Formel: **der Pyknomorphe verhält sich in bestimmten Wahrnehmungs- und Auffassungsfunktionen zum Leptomorphen wie das Kind zum Erwachsenen**[1].

Dieses Ergebnis ist ganz selbstverständlich. Denn im Grunde genommen zeigen ja alle genannten Experimente nichts anderes als den **Grad der Strukturbildung** im Bereich der Wahrnehmung auf. **Entwicklung ist aber nichts anderes als fortschreitende Strukturierung**, im psychischen Bereich nicht minder als im organischen, so daß es gar nicht anders sein kann, als daß das Kind als der weniger strukturierte psychische Organismus sich bei allen Experimenten gleichsinnig im Sinne der geringeren Strukturierung verhalten wird. Bemerkenswert ist also an der Tatsache, daß der pyknomorphe Cyclothyme sich in allen Versuchen als der weniger strukturierte und deshalb ganzheitlichere, integriertere erweist, ebenso wie das Kind, lediglich, daß die eminente Bedeutung dieser Tatsache für eine genetische Betrachtung des Konstitutionsproblems bisher niemals gesehen worden ist.

Wir sehen zu, wie sich die Dinge in anderen Bereichen des Seelischen verhalten.

Gegenständlichkeit und Abstraktion.

Eine weitere Reihe von Versuchen ist dem unterschiedlichen Verhalten der verschiedenen Konstitutionstypen gegenüber Stoff und Form gewidmet. Das Verhalten der Versuchspersonen, wenn sie vor eine Alternative gestellt werden von der Art, zwischen Form und Sache, Form und Stoff zu wählen, zeigt höchst charakteristische Unterschiede.

Form-Farbversuche. Stellt man einer Versuchsperson die einfache Aufgabe, einen gelben Kreis zu einer von 2 anderen Figuren hinzuzuordnen, nämlich einem roten Kreis oder einem gelben Dreieck, dann zeigt sich, daß ein Teil der Versuchspersonen automatisch nach der Farbe ordnet, d. h. den gelben Kreis zu dem gelben Dreieck schiebt, ohne die Diskrepanz der Form wesentlich zu beachten, der andere Teil umgekehrt nach der Form, indem er den gelben Kreis zu dem roten Kreis tut, ohne die Diskrepanz der Farben zu beachten. Ein großer Teil der Versuchspersonen wird sich allerdings vorher erkundigen, worauf es mehr ankomme, auf die Farbe oder die Form und wird sich dergestalt der Testung entziehen.

SCHOLL hat diesen einfachen Versuch derartig abgewandelt, daß er im tachystoskopischen Experiment eine Anzahl von farbigen Figuren, also rote, blaue, gelbe, Dreiecke, Vierecke, Kreise usw. exponierte mit der Instruktion, eine unmittelbar zuvor gezeigte Figur in dieser Anordnung wieder aufzufinden. Die vorgezeigte Figur war aber als solche unter den nachher gezeigten gar nicht enthalten, sondern nur in einer anderen Farbe bzw. die gleiche Farbe, bei anderen Formen. Auch hierbei gelang es, verschieden reagierende Typen herauszuschälen, die SCHOLL Form- und Farbbeachter nannte, indem die einen mehr nach der Form, die anderen mehr nach der Farbe eingestellt waren. Es ergab sich dabei, daß es vorwiegend die pyknischen Körperbautypen waren, die sich als Farb- und die Leptosomen, die sich als Formbeachter erwiesen. Die Versuche wurden von ENKE und anderen in großen Reihen nachgeprüft und konnten durchweg bestätigt werden.

---

[1] Wir stellen hier und im folgenden der Einfachheit halber das Kind dem Erwachsenen gegenüber. Wir werden jedoch noch sehen, daß man genauer an Stelle des Erwachsenen den Jugendlichen in der Pubertät, etwa den 18—20jährigen, zu stellen hätte, da sich später die Funktionen wieder nach der anderen Seite harmonisieren.

Auch hier wieder liegt das gleiche ontogenetische Verhältnis klar auf der Hand. Aus zahlreichen kinderpsychologischen Untersuchungen wissen wir, daß das Kind gegenüber dem Erwachsenen ein erheblich größerer Farbbeachter ist. Die Farbe wird überhaupt ontogenetisch früher „beachtet", d. h. es gibt einen Zustand beim Säugling, in dem überhaupt nur die Farbe beachtet wird. Selbst gröbste Formunterschiede werden noch nicht gesehen, während relativ feine Farbnüancen bereits unterschieden werden können. Farbe und Form haben also ontogenetisch betrachtet eine äußerst verschiedene Wertigkeit. Diese zeitlichen Unterschiede der Beachtungsrichtung bleiben durch die ganze Kindheit erhalten, wenn sie sich auch mehr und mehr abschwächen und nach und nach der Beachtung der Form Platz machen. Wenn wir aber, ähnlich wie in den früheren Versuchen, ein großes konstitutionell unausgelesenes Kollektiv von Kindern mit ebenfalls unausgelesenen Erwachsenen vergleichen, dann ist ohne weiteres die erhebliche Verschiebung der Kinder nach der Seite der Farbbeachtung zu erkennen.

Figurenquadrat. Eine Abwandlung des eben beschriebenen Versuches stellt ein Versuch dar, bei dem 16 im Quadrat angeordnete Firguren tachystoskopisch exponiert werden, von denen 8 formale (geometrische) und 8 empirische (gegenständliche) Figuren in bunter Mischung vorhanden sind. Bei einfacher tachystoskopischer Exposition besteht die Instruktion, zu notieren, was alles gemerkt wurde. Es ergab sich eine Tendenz zum Auffassen der gegenständlichen einerseits, der formalen Figuren andererseits. Man unterscheidet dementsprechend Formseher und Dingseher. Hier erweisen sich die Pykniker als die größeren Dingseher gegenüber den Leptosomen, die Formseher sind.

Auch hier wieder entspricht dies durchaus dem Verhalten der Kinder, die in noch viel höherem Maße Dingseher sind, was im Hinblick auf die erheblich viel gegenständlichere Grundeinstellung des Kindes gegenüber dem Erwachsenen gar nicht verwundert.

Gestalt und Flächenkonstanz. Ein Rechteck von bestimmter Größe und von bestimmtem Verhältnis von Höhe und Länge wird verglichen mit einer Serie von Rechtecken, die alle durchgehend dieselbe größere Länge haben, aber sehr verschiedene Höhen. Es soll das Flächengleiche herausgefunden werden. Das gleiche Rechteck wird andererseits verglichen mit einer anderen Serie von durchweg größeren Rechtecken, die jedoch gleichfalls an Höhe variieren, so daß eines darunter das gleiche Höhen-Längenverhältnis, wenn auch vergrößert, besitzt. Es soll gefunden werden. Auch hier erweist sich, daß man Formseher von Flächensehern unterscheiden kann.

Inwieweit diese beiden Typen mit den Körperbauformen übereinstimmen, ist noch nicht geprüft worden. Aber BRUNSVICK vermutet ganz richtig, daß anzunehmen ist, daß der Pykniker der bessere Flächenseher sein dürfte. In ähnlicher Weise kann auch Anzahl und Fläche miteinander verglichen werden. Auch diese Untersuchungen sind in die konstitutionstypologische Technik noch nicht eingeführt.

Rorschachversuch. Auch im Rorschach macht sich die verstärkte Farbbeachtung des Pyknikers deutlich bemerkbar. Nach ENKE finden sich unter den Pyknikern 75% vorwiegende Farbantworten gegenüber nur 30% bei den Leptosomen. Vor allem aber zeigt sich deutlich die stärkere Dingbeachtung im Rorschach, in dem die in den Klexographien gesehenen Bilder meist konkret gegenständliche Bedeutung besitzen, während sie beim Leptosomen viel häufiger abstrakter, symbolischer oder rein formal-geometrischer Natur sind.

Zusammenfassung. Wenn wir uns die Bedeutung dieses Unterschiedes in der Beachtungsrichtung bei den beiden Typen klarmachen wollen, wählen wir anstatt der schwerer verständlichen Form-Farbbeachtung zunächst die erhöhte Gegenstandsbeachtung des Pyknikers, die derjenigen des Kindes sehr ähnlich ist. Es ist ja keine Frage, daß das Kind gegenüber dem Erwachsenen gegenstandsgebundener eingestellt ist, was sich auf Schritt und Tritt in seinem Verhalten zeigt und den Kinderpsychologen seit langem bekannt ist.

In einem frühesten Stadium ist also das Kind rein gegenständlich eingestellt, hier beachtet es lediglich den Gegenstand als Ganzes mit seiner Bedeutung. Der Sinngehalt gehört dabei untrennbar mit zur Erlebnisganzheit der Form. Die Form hat umgekehrt stets einen Sinngehalt konkreter Art oder wird mit Sinn erfüllt. Wird sie als sinnlos erlebt, dann wird sie überhaupt nicht beachtet. In diesem Stadium wird wohl auch die (für uns) rein geometrische Form, wie etwa „Dreieck“, „Viereck“, „Kreis“, vom Kind konkretisiert erlebt, etwas als „Hut“, „Haus“, „Teller“ und als solche aufgefaßt. In diesem Stadium kann auch die Gegenstandsbeachtung die Farbbeachtung überwiegen, was sich durch Experimente zeigen ließ (VON KUENBURG, TOBIS). Stellt man später das Kind vor die Alternative, in der Tat zwischen „reiner“ Form und „reiner“ Farbe zu wählen, d. h. zwingt man es durch die Versuchsanordnung, entweder die Farbe oder die Form als Auswahlprinzip gelten zu lassen, dann zeigt sich, daß bis zum Alter von 4; 8 ausnahmslos die Gleichheit der Farbe als Auswahlprinzip maßgebend ist, trotz der starken Abweichungen der gewählten geometrischen Formen; von 4; 10 an finden sich einige Kinder, welche formgleiche, aber verschiedenfarbige Figuren darreichten (KATZ). Auch VOLKELT kam zu ähnlichen Ergebnissen, ja, bei ihm war die Bevorzugung der Farbgleichheit noch stärker, und wenn er dann durch Änderung des Versuches die Kinder allmählich zur Beachtung der Formgleichheit überzuführen suchte, so war die Zähigkeit überraschend, mit der sie an der einmal gewonnenen Einstellung auf die Farbe hafteten.

Da der Sinngehalt untrennbar mit zu der Erlebnisganzheit gehört, das Kind aber noch viel ganzheitlicher strukturiert ist als der Erwachsene, wird es bei der Wahl zwischen Farbe und Gegenstand ein größerer Gegenstandsbeachter sein. Steht aber das Kind vor der ihm ganz fremdartigen Wahl, entweder die Form „an sich“ oder die Farbe „an sich“ zu beachten, dann allerdings kommt der Farbe ein viel größerer sinnlicher Aufforderungscharakter zu.

Farbe und Form sind also für das Kind Auffassungskategorien ganz verschiedener Art: Farben werden erfaßt, verglichen und zueinander geordnet, vornehmlich auf Grund ihrer sinnlichen Aufdringlichkeit, Formen auf Grund ihrer sinnhaften Bedeutsamkeit (STERN).

Ungemein ähnlich liegen die Dinge nun bei unseren Konstitutionstypen. Ja, sie scheinen mir ohne Berücksichtigung dieses Verhältnisses beim Kind gar nicht verständlich. KRETSCHMER warnte schon davor, aus den experimentellen Ergebnissen schließen zu wollen, daß der Farbkünstler immer Pykniker, der Formkünstler immer leptosom sein müsse. Gewiß gäbe es bezeichnende Beispiele betontester Form- bei relativer Nachlässigkeit der Farbsprache, gerade bei extremen Schizothymikern, wie etwa bei Michelangelo und Feuerbach; umgekehrt prägnante Beispiele eines im Rahmen realistischer Gegenständlichkeit auftretenden lebhaften Farbensinnes, wie bei Leibel und Thoma. Es sei aber zu bedenken, daß der Farbformgesichtspunkt sich in der Psychologie des Künstlers stets mit „anderen“ konstitutionspsychologischen Faktoren „durchkreuze“, besonders mit den expressionistischen und den abstraktiven Komponenten.

Was den Schizothymen gegenüber dem Cyclothymen kennzeichnet, ist primär keineswegs die geringe Farbbeachtung. Die Experimente von SCHOLL, ENKE u. a. zeigen lediglich die Relation zwischen den beiden Einstellungen. Es hieße die experimentellen Ergebnisse völlig mißverstehen, wollte man etwa aus ihnen auf eine gleichsam absolut geringere Farbbeachtung bei den Schizothymen schließen oder auf eine absolut hohe bei den Cyclothymen. Die Farbbegabung hat vermutlich nichts mit den Konstitutionstypen zu tun; ähnlich wie auch andere Begabungsanlagen (absolute Musikalität, Ausdrucksvermögen, Sprachbegabung usw.) konstitutionstypologisch unabhängig sind.

Daß sich der Schizothyme in dem betreffenden Wahlversuch für die Form und damit notwendig gegen die Farbe entscheidet, kann also seinen Grund lediglich in seinem strukturbedingten Bestreben haben, dem abstrakt begrifflichen Wesen der Dinge näher zu kommen. Er kann dabei eine ungemein viel größere „Farbbegabung" haben als ein typischer farbbeachtender Cyclothymiker.

Die Beachtung der Farbe ist auch beim Kind nicht das Primäre, was vor allem das Verhalten des Kindes zeigt, wenn es vor die Wahl zwischen Gegenstands- und Farbbeachtung gestellt wird. Sie ist aber in psychogenetischem Sinn von primitiverer Natur als die der Form. Aus diesem Grunde wird auch in der künstlerischen Gestaltung eine Rückkehr auf primitivere Stufen notwendig, mit einer größeren Farbigkeit einhergehen (wie im Expressionismus). Diese bewußte Rückkehr auf primitive Stufen der Gestaltung ist aber Ausfluß einer typisch schizothymen seelischen Struktur. Wir brauchen andere, „durchkreuzende" konstitutionsbiologische Faktoren gar nicht einmal anzunehmen.

Die Einsicht in die entwicklungsbiologischen Zusammenhänge zeigt die Gesetzmäßigkeiten des Entwicklungsverlaufes während der Ontogenese auf: Von einem rein gegenständlichen konkreten Verhalten zu immer fortschreitender Ablösung der konkreten Wirklichkeit, zu einer formal-schematischen Reduktion auf die wesensmäßigen „Begriffe". Dieser Abstraktionsprozeß muß notwendig dazu führen, von einer bestimmten Stufe der Entwicklung an sich in dem Farbformversuch für die Form zu entscheiden. Diese charakterisiert das Wesen, den Begriff der Figur in viel höherem Maße. Wir sprechen von „Figuren" und meinen damit ja schon einen Form- und nicht einen Farbbegriff. So ist das Verhalten des Schizothymen in der Tat das Aufgabengerechtere, trifft mehr ins Schwarze. Denn wenn auch bei der Instruktionserteilung vermieden wurde, der Versuchsperson von vornherein eine bestimmte Einstellung zu geben, so erhält sie schon durch die Tatsache, daß ihr „Figuren" gezeigt werden, von selbst eine Einstellung auf die Formen; die Zuordnung nach der Farbe ist also, genau betrachtet, eine Instruktionswidrige.

Inwiefern die Alternative zwischen Form und Fläche ebenfalls entwicklungsgeschichtlich deutbar ist, entzieht sich meiner Kenntnis, da entsprechende Untersuchungen an Kindern hier wohl noch nicht durchgeführt wurden. Das gleiche gilt für die Alternative zwischen Form und Anzahl. Es wäre interessant, an diesen ungeklärten Teilgebieten die hier aufgestellte Hypothese nachzuprüfen.

Wir können also zusammenfassen, daß wir auch die konstitutionstypologischen Ergebnisse der Form-Farbbeachtung ontogenetisch deuten können, und zwar im gleichen Sinne wie bisher in allen anderen Bereichen: der Pyknisch-Cyclothyme verhält sich zum Leptosom-Schizothymen in diesen Punkten wie das Kind zum Erwachsenen[1]. Während im vorigen Kapitel die Verschiedenheit des Verhaltens auf den Grad der Ganzheitlichkeit zu beziehen war, so hier auf den Grad der Gegenständlichkeit des Verhaltens. Hohe Ganzheitlichkeit und Gegenständlichkeit charakterisieren die kindliche Erfassungsform im Gegensatz zu der des Erwachsenen, ebenso die des Cyclothymen im Gegensatz zu der des Schizothymen.

[1] Siehe Fußnote S. 79.

β) Denkpsychologische Ergebnisse.

Typische Denkformen. Wir treffen sofort wieder auf die Begriffe von Form und Inhalt bei der Besprechung denkpsychologischer Arbeit am Typenproblem. Denn unter allen Merkmalen, die unseren Denktypen zukommen, ist keines so grundlegend und führend, wie das der Formbeachtung bzw. Formvernachlässigung. „Die Art und Weise, wie sich eine Versuchsperson zur Form an sich einstellt, ist entscheidend für den Charakter ihrer Denkstruktur und folglich auch für den ihrer Denkprodukte." In dieser Weise äußert sich DIETER, dem wir einen sehr schönen denkpsychologischen Beitrag zur Typenkunde verdanken[1]. Unter Form wird dabei immer die logische Form verstanden, also das die Teile verbindende Netz von logischen Relationen kausaler, teleologischer, gesetzmäßiger und ganzheitlicher Art. Den Versuchspersonen werden Textelemente vorgelegt, die in der verschiedensten Weise miteinander verknüpft werden können, wobei sich durch formale Umstellung der Elemente immer wieder andere Beziehungsformen ergeben. Die Aufgabe erlaubt aber auch ein stetes Abwechseln im Stoffgebiet, in dem ein und dieselbe Verknüpfungsform zur Anwendung kommt. Neue Szenerien, Personen, Ereignisse können erdacht werden. Wir nennen das Stoffgebiet, in dem sich eine logische Konstruktionsform konkretisiert, den Inhalt (auch: das Thema).

Methodisch verwandt wurde der Masselon-Test: bestimmte Textinseln, also Worte, die einen mehr oder weniger sachlichen Zusammenhang hatten (z. B. Wegweiser — Kind — Sturz — Draht u. a.), mußten von den Versuchspersonen, meist Kindern und Jugendlichen, zu ganzen Erzählungen ausgebaut werden. In diesen Denkprodukten zeigten sich deutliche persönlichkeitstypische Unterschiede.

Diese typischen Denkformen ließen sich sehr schön mit den KRETSCHMERschen Typen des Schizothymen und Cyclothymen zur Deckung bringen. Schon ein kurzer Überblick über die von DIETER aufgestellte Übersichtstabelle der allgemeinen Merkmale der Haupttypen, auf der links alle Züge der formalistischen, rechts alle diejenigen des gegenständlichen Denkens aufgeführt werden, zeigt, daß wir uns auf der linken Hälfte der Tabelle in dem wohlbekannten Gebiet des schizothymen, auf der rechten Seite in demjenigen des cyclothymen Persönlichkeitstypus befinden.

Wir müssen uns auch hier wieder darüber klar sein, daß es sich bei den einzelnen Merkmalszügen immer nur um eine Relation zwischen zwei Typenpolen, nicht aber um „absolute" Werte oder Größen handelt. Wenn wir an Hand einer derartigen Merkmalstabelle einen formalistischen von einem gegenständlichen Denktypus abgrenzen, so sind die einzelnen Merkmale (in Wirklichkeit also Typenpole einer bestimmten Perspektive, unter der die Denkform als ein Ganzes jeweils betrachtet wird), nur in ihrer gegenseitigen Relation gemeint. So muß etwa der formalistische Denktypus nicht eine absolut geringe „seelische Zentrierung", der gegenständliche Typus keine absolut geringe „sachliche Zentrierung" besitzen. Nur im Verhältnis zum vergleichbaren Gegentypus (vergleichbar hinsichtlich Gesamtniveau, Lebensalter, Reifezustand, Bildungsgrad, Geschlecht u. v. a.) steht der eine näher dem Pol sachlicher, der andere näher demjenigen seelischer Zentrierung. Die absoluten Größen[2] all dieser Eigentümlichkeiten des Denkverlaufes gehören in ein ganz anderes Kapitel.

---

[1] DIETER, G., Typische Denkformen in ihrer Beziehung zur Grundstruktur der Persönlichkeit. Experimentelle Beiträge zur Typenkunde. II. Herausgegeben von Kroh. Leipzig 1934. Seite 24 ff.

[2] Wenn man im Psychischen diesen Ausdruck der Mathematik überhaupt gebrauchen will. Er bezielt in Wirklichkeit auch nur eine Relation, und zwar die zum Durchschnitt.

6*

Diesen zwei verschiedenen typischen Verhaltungsweisen liegen ohne Zweifel verschiedene konstitutionelle Strukturen zugrunde. Sie lassen sich am klarsten darstellen, wenn wir von Körperbautypen ausgehen. Dies ist aber nicht unbedingt notwendig. Wir können uns auch fragen, inwiefern sich irgendwelche andere Auslesegruppen im Hinblick auf die beiden polar entgegengesetzten Verhaltensweisen orientieren lassen; inwiefern sich z. B. Mädchen von Knaben bei Kollektivuntersuchungen, oder wie sich zwei Gruppen aus verschiedenen soziologischen Schichten im Hinblick auf die hier genannten Eigentümlichkeiten des Denkens unterscheiden. Man würde dabei sehen, daß sich typische Unterschiede ergeben, indem beim Vergleich der beiden Geschlechter die Mädchen stärker auf der Seite der gegenständlichen, die Knaben stärker auf der Seite der formalistischen Denkart sich befinden. Das gleiche fände man bei Gegenüberstellung von Arbeiterkindern und überfeinerten Aristokratenkindern, von denen sich die ersteren vermutlich näher dem gegenständlichen, letztere näher dem formalistischen Pol befänden. Immer aber wird sich, wenn überhaupt eine Verschiebung feststellbar ist, diese auf konstitutionelle Faktoren zurückführen lassen; im ersteren Fall etwa auf direktem Wege, in letzterem auf indirektem Wege, weil die soziologisch ausgelesene Gruppe der Aristokratenkinder vermutlich zugleich eine Auslese nach dem leptomorph-schizothymen Pol darstellt (über die soziologische Auslese nach konstitutionellen Gesichtspunkten s. später).

Wenn wir in der gleichen Weise ein Kollektiv von Kindern der Vorpubertätszeit mit einem ebensolchen Kollektiv von älteren nach der Pubertät stehenden Jugendlichen oder Erwachsenen vergleichen würden, dann wäre das Ergebnis nicht zweifelhaft. Das Kind vor der Pubertät würde im Vergleich zu dem Jugendlichen nach der Pubertät (oder Erwachsenen) ohne Zweifel fast alle Merkmalszüge der Seite des gegenständlichen Verhaltens zeigen, während der Ältere (oder Erwachsene), wieder im Vergleich zu dem jüngeren Kinde, auf der entgegengesetzten Seite zu stehen käme.

Auf Einzelheiten einzugehen erübrigt sich. Es ist nicht zu bezweifeln, daß unter den allgemeinsten Merkmalen der Arbeitsproben, also der Produktion von Geschichten aus einzelnen gegebenen Wortinseln gegenüber dem Erwachsenen der Aufbau mehr auf Aneinanderreihung (Kombination) anstatt wie dort auf Konstruktion beruht, ebenso wie daß beim Kind die Geschichte in höherem Maße seelisch als sachlich zentriert sein wird, daß sie mehr Geschehenscharakter, anstatt Seinscharakter tragen wird, daß sie in der Form eines Erlebnisses eher als in derjenigen einer Tat eingekleidet wird, daß Bilder die reichere Verwendung finden werden, als Tatsachen, daß sie lebensnäher und voll organisch gewordener Erlebniseinheit sein wird als — wie beim Erwachsenen — lebensentfremdeter und als verstandesmäßig gemachter Sachganzheit; endlich daß die Einzelheiten mehr Gliedcharakter als stückhaften Charakter tragen werden.

Das gleiche gilt für den Inhalt der Produktionen. Beim Kinde werden — natürlich immer in Vergleich zum Erwachsenen — in ohne Zweifel höherem Maße organische Lebensvorgänge behandelt als tote Dinge, Technisches, Physikalisches. Das Kind schöpft stets aus seiner Erlebniswelt, der Erwachsene stellt Tatsachen hin. Das Kind behandelt Qualitatives, gebraucht vermutlich auch Wertbegriffe (gut, böse), der Erwachsene in viel höherem Maße Quantitätsbegriffe (viel, wenig). Das Kind wird dynamisches Geschehen in höherem Maße darzustellen suchen, als statisches Sein. Es wird, ganz in Raum und Zeit verhaftet, farbenreichplastische Szenerien und Erlebniszusammenhänge vor uns hinstellen, gegenüber dem Erwachsenen, der in weit höherem Maße außer-Raum-zeitliche Beziehungspunkte besitzt und verwendet und blasse farblose Situationen in begrifflicher Ordnung produziert.

Auch in der Denkweise sind die gleichen Unterschiede anzunehmen: Erlebnisbesinnung, emotionales, hinweisendes, fließendes Denken beim Kind, Sachbesinnung, urteilendes, begreifendes, diskursives Denken mit Orientierung an festen Gedankenstützpunkten demgegenüber beim Erwachsenen, vor allem aber auch hier wieder gegenständlich-realistisches Denken des Kindes, abstrahierendes idealisierendes Denken des Erwachsenen.

Hinsichtlich der Arbeitsform sei vor allem hervorgehoben das freie spielerische Gestalten des Kindes gegenüber dem planmäßigen, regelbewußten, zielstrebigen Verfahren des Erwachsenen. Auch hier wieder synoptisches Erfassen, simultanes Formen, mitreißende Bewegung auf der Kindseite, etappenweises Konstruieren, sukzessives Vorgehen, stockend gehemmte Bewegung beim Erwachsenen. Weiter ist ohne Zweifel beim Kind eine affektive Umbildung des Themas zu finden, während beim Erwachsenen ein Verhalten, das nicht engsten Anschluß an die Aufgabenstellung bewahrt, als „kindlich" betrachtet würde.

Was endlich die Mittel der Darstellung betrifft, so ist zu erwarten, daß das Kind mit der Verwendung von Bildern und Analogien anstatt von Maßgrößen und Begriffen arbeiten, daß es nachfühlend und deutend weit mehr als erklärend und registrierend vorgehen, daß es eine Ausdruckssprache (Ichform usw.) eher als eine dingbezeichnende Sprache sprechen wird. Ebenso sicher, daß sein allgemeinseelisches Verhalten eher subjektiv-persönlich, dem Künstler vergleichbar erscheinen wird, als objektiv-sachlich, der wissenschaftlichen Einstellung vergleichbar, daß Gefühl und Affekt eine größere Rolle spielen werden als Verstand und Wille, daß die Produktion unbewußt, mit einer Tendenz zur Verpersönlichung, zur Verlebendigung des Toten, verlaufen wird, während sie demgegenüber beim Erwachsenen bewußt reflexiv mit einer Tendenz zur Versachlichung und Verdinglichung des Lebendigen erfolgt.

Aus allem ergibt sich als Grundstruktur die größere Einheitlichkeit des Kindes mit größerer Einbettung der Momente in die personale Einheit, mit größerer Potentialität gegenüber der Realität und vor allem die stärkere Weltzogenheit, Umweltverbundenheit (Kohärenz), größere Wirklichkeitsnähe und Wendung nach außen. Die Distanzierung, Absonderung von der Umwelt, Lebensentfremdung und Innenwendung sind nicht Anzeichen der Pubertätsentwicklung, sondern sind geradezu die Pubertätsentwicklung, worauf wir noch eingehend zurückkommen.

Wir könnten also, anstatt jene beiden Konstitutionsvarianten an den Kopf der großen Tabelle von DIETER zu stellen, ohne uns auch nur in einem Punkte in Widersprüche zu verwickeln, ebensogut zwei verschiedene Altersstufen der ontogenetischen Entwicklung insbesondere den Jugendlichen vor und nach der Pubertät hinstellen. An manchen Stellen drängt sich diese Setzung bei der Betrachtung der Tabelle geradezu auf. Es ist seltsam, daß DIETER diesen Umstand mit keinem Worte erwähnt. Trotzdem kann ich nicht glauben, daß er ihn nicht gesehen hat. Es zeigt jedoch, daß bisher dieser Umstand anscheinend als belanglos, ja, wie wir noch sehen werden, sogar als störend erschienen ist.

Auch für die typischen Denkformen, wie sie in der vorwiegend von KROH inaugurierten typologischen Arbeitsrichtung aufgestellt und in unmittelbaren Zusammenhang zu den KRETSCHMERschen Grundtypen gebracht wurden, gilt unsere Formel: der cyclothym-gegenständliche verhält sich zu dem schizothym-formalistischen Denktypus wie der Denktypus des Kindes zu dem des Jugendlichen nach der Pubertät.

Perseverativer und assoziativer Denkprozeß. Der Begriff der Perseveration ist in der letzten Zeit sehr modern geworden. Er wurde damit zugleich so sehr ausgeweitet, daß es an der Zeit ist, ihn in seine Grenzen zurückzuweisen — oder sich zum mindesten über die Vielfalt dessen klar zu sein, was er bezeichnet. Wir wollen dies hier in aller Kürze tun, andernfalls könnte man auch uns den Vorwurf machen, die Überdehnung des Begriffes mit zu verschulden.

Unter Perseveration im psychologischen Sinne wurde ursprünglich nichts anderes verstanden als die Beharrungstendenz des jeweiligen Erlebnisinhaltes im Bewußtsein. Jeder Erlebnisquerschnitt in unserem Erlebensstrom hat diese Tendenz zur Beharrung. Die Ganzheitspsychologie spricht vom Einstellungscharakter des Erlebnisses und bringt diesen in Zusammenhang mit Eigentümlichkeiten der lebendigen Ganzheit überhaupt: Alles Erleben habe gewisse Richtungskonstanten, die in zwei Grundformen auftreten; und zwar in zur Schließung drängenden Erlebnissen als Drang zur Ganzheit — hier ist im eigentlichen Sinn von Gerichtetheit zu sprechen und in relativ geschlossenen Erlebnissen als Bewahrungstendenz vorhandener Ganzheit; hier sei von Einstellung zu sprechen (SCHADEBERG). Diese Bewahrungstendenz einer vorhandenen Erlebnisganzheit, die jeder Abwandlung oder Auflösung einen gewissen Widerstand entgegensetzt, dieses sehr charakteristische Nachklingen eines Erlebnisses, das mit Gedächtnisfunktionen, also der Reproduktion des Erlebnisses, nichts unmittelbar zu tun hat, wird psychologisch als Perseveration bezeichnet.

Sie hat offensichtlich sehr viel Gemeinsames mit einem Phänomen, das uns in einem psychischen Teilbereich, nämlich in der Sinnespsychologie, lange bekannt ist, nämlich dem optischen Nachbild. Auch hier verharrt ein Bewußtseinsinhalt aus nervenphysiologischen Gründen eine Zeitlang im Bewußtsein, um langsam durch neu gesetzte Spuren zu verlöschen. Es ist keine Frage, daß auch in allgemeineren Bereichen des Bewußtseins nervenphysiologische Vorgänge die somatischen Korrelate für das Phänomen der Perseveration bilden.

Noch aus ganz assoziationspsychologischen Anschauungen stammende Vorstellungen ließen die Perseveration als ein der Assoziation entgegenstehendes, entgegenarbeitendes Phänomen, als „assoziationslose Reproduktion" auffassen. MÜLLER und die ACHSche Schule, PASSARGE und KÜHLE haben sich eingehend mit dem Begriff auseinandergesetzt. Dementsprechend wurde — und wird bis in die heutige Zeit — die Prüfung auf perseveratives Verhalten mit Hilfe von sinnlosen Silben durchgeführt, wogegen vom ganzheitspsychologischen Gesichtspunkt erhebliche Bedenken bestehen. Immerhin zeigten sich charakteristische typologische Unterschiede im Verhältnis von perseverativem und assoziativem Verhalten bei verschiedenen Versuchspersonen. Wir kommen darauf gleich näher zurück.

So viel über die psychologische Seite des Phänomens. Nun findet sich der Begriff aber auch in der Psychopathologie. Die sehr schönen Untersuchungen der VON WEIZSÄCKERschen Schule über die Sensibilität, ferner die moderne Hirnpathologie, wie überhaupt die ganze moderne Neurologie, zeigen, daß jede Läsion des zentralen Nervensystems, wie z. B. die Unterbrechung des Hinterstranges, zu einem charakteristischen Funktionswandel führt, derart, daß die entsprechende Ladung und Entladung, Spannung und Entspannung oder wie immer man den Vorgang der Erregungsverteilung im Nervensystem nennen will, nicht mehr in der früheren prompten Weise erfolgen kann. Es kommt gesetzmäßig zu einer Verlangsamung des Spannungsausgleiches, zu einem Beharren der Erregung, subjektiv zu einer abnormen Nachdauer der Empfindung, zu einer „Perseveration". So wird etwa ein kurz anhaltender Tastreiz verlängert oder auch vervielfacht empfunden. Dasselbe sehen wir bei den Fehlleistungen der Aphasischen, bei denen dieses perseverative Verhalten oft maximale Formen annehmen kann, so daß eine einmal eingenommene Sprachvorstellung nicht mehr aus dem Bewußtsein verdrängt werden kann, so daß jede neue Leistung dadurch völlig blockiert wird (Sprachrest). Das gleiche finden wir schließlich bei diffusen Hirnschädigungen, wo der Ablauf des Denkens in hohem Maße durch die abnorme Beharrungsneigung der einmal aufgetauchten Inhalte gestört wird, wie etwa bei Demenzprozessen, bei der Arteriosklerosis cerebri, der progressiven Paralyse, dem Hirntumor und der Epilepsie. Durch den diffusen, das ganze Gehirn betreffenden Abbau entsteht auch hier diese Störung im Spannungsausgleich, was bei allen psychischen Abläufen, nicht nur im Denken und Vorstellen, sondern vor allem auch im Affektgeschehen sich äußert, das bei derartigen Kranken ebenfalls jenes charakteristische Phänomen der „Stauung" der Erregung zeigt, die sich in zwanghaftem Weinen oder Lachen, in abnormen Explosivreaktionen usw. manifestiert. Dies alles gehört ohne Frage in das Gebiet des Funktionswandels im Sinne VON WEIZSÄCKERS.

„Perseveration" als Ausdruck eines gestörten (und zwar hirnphysiologisch gestörten) Erregungsverlaufes im Sinne des Funktionswandels und „Perseveration" im Sinne der Beharrungsneigung jedes Erlebnisinhaltes im Sinne des optischen Nachbildes sind nun zwar ähnliche Erscheinungen, insofern es sich bei beiden Vorgängen um ein Beharren psychischer Inhalte handelt. Sie haben offenbar auch gemeinsame physiologische Wurzeln, aber sie sind eben doch begrifflich zweierlei Dinge, da es sich im einen Fall um einen normalpsychologischen Vorgang, im anderen Fall um ein psychopathologisches Störungsphänomen handelt. Die Notwendigkeit einer sauberen begrifflichen Trennung ist einleuchtend. Diese wird aber neuerdings in der Psychopathologie vielfach nicht genügend klar durchgeführt, was auf folgende Ursache zurückzuführen sein dürfte. Bei der Epilepsie finden wir nämlich in fortgeschrittenen Stadien das psychopathologische Phänomen der schweren cerebralorganischen Perseverationstendenz in ausgesprochenem Maß, wie man es mehr oder weniger bei allen schwer Hirngeschädigten findet. Außerdem aber finden wir bei Epileptikern nicht selten einen Konstitutionstypus vertreten, der auch normalpsychologisch eine vergleichsweise höhere Perseverationsneigung (z. B. im typologischen Experiment) zeigt, nämlich den athletisch-hyperplastischen Konstitutionstypus.

Beim Epileptiker haben also oft beide Wortbedeutungen des Begriffes der Perseveration Geltung. Aus diesem Zusammentreffen, das im übrigen kein zufälliges ist, worauf wir später noch einmal zurückkommen, erhielt nun das Phänomen der Perseveration ganz allgemein den Beigeschmack des „Epileptoiden".

Wenn also in irgendeinem Zusammenhang von einer Persönlichkeit der Ausdruck „perseverativ" fällt, dann bildet sich automatisch beim Psychiater und auch bei vielen Psychologen sofort eine Gedankenverbindung zur Epilepsie. Der „Perseverative" wurde auf einmal zum „Epileptoiden". Daß dies inkonsequent ist, zeigt schon die Überlegung, daß die Schule von Kroh nachwies, daß gerade der Schizothyme perseverativ ist im Vergleich zum assoziativ eingestellten Cyclothymen. Wann ist nun perseveratives Verhalten „epileptoid", wann ist es „schizoid"? Wir möchten darauf antworten: es ist weder das eine, noch das andere, sondern es ist eben einfach perseverativ, genau so, wie nicht jede Zuckerausscheidung im Harn „diabetoid" ist.

Es ist also immer zu fragen, ob der Begriff im normalpsychologischen oder im psychopathologischen Sinn gebraucht wird. Im folgenden wird der Begriff lediglich im normalpsychologischen Sinn verwendet, so wie er insbesondere von der Kroh-Pfahlerschen Forschungsrichtung in die Typenkunde eingeführt wurde.

Van der Horst fand bei der Prüfung von Gruppen verschiedener Konstitutionstypen mit Hilfe des Jungschen Assoziationsversuches (rasches Suchen eines Reaktionswortes auf ein zugerufenes Reizwort), daß beim Vergleichen der Assoziationen des leptosomen Schizothymen mit denen des pyknischen Cyclothymen es auffiel, daß unter den ersteren viel häufiger dieselben Reaktionen vorkamen. So reagierte ein Leptosomer 9mal mit dem Wort „arm", ein anderer 4mal mit dem Wort „anständig". Wenn man für beide Gruppen in Prozentzahlen die Frequenz berechnet, dann ergeben sich für den Leptosomen 2,2%, für die Pykniker nur 0,3%.

Enke fand bei ganz anderen Versuchen (Tachystoskopversuche) ebenfalls bei Leptosomen eine erhöhte Perseverationsneigung, die sich vor allem in einer Erschwerung der Umstellung auf eine andere Aufgabe oder Umkehrung derselben gerade durchgeführten Aufgabe bemerkbar machte. Diese Neigung zum zähen Festhalten einer einmal eingenommenen Intention, die Erschwerung der Umstellung dürfte auch, wie Kretschmer bemerkt, ein Hauptfaktor bei der geringen Ablenkbarkeit des Leptosomen sein, die sich bei einer Reihe von Versuchen deutlich nachweisen läßt. Demgegenüber besteht beim cyclothymen die umgekehrte Fähigkeit, Eindrücke miteinander zu verschmelzen, zu neuen Eindrücken zu verbinden, Intentionen rasch und mühelos zu wechseln und so ohne Schwierigkeiten neue Einstellungen zu finden. Dies kann in gesteigerter Form zu einer starken Ablenkbarkeit führen. In ausgesprochenen Fällen vermag der Cyclothyme keine Intention lange festzuhalten, ständig wechseln die Absichten und Inhalte, immer neue Einfälle, neue Beschäftigungen werden ergriffen. Die Beharrungstendenz des Erlebnisquerschnittes ist gering, dementsprechend der Fluß des Erlebnisstromes rasch, ein Reigen wechselnder bunter Inhalte.

Auch in den Ergebnissen von Dieter, der perseveratives und assoziatives Verhalten an der Exemplifikation von Sprichworten prüfte, wobei die Versuchsperson für jedes Sprichwort (z. B. „blinder Eifer schadet nur", „keine Rose ohne Dornen" usw.) soviel Beispiele als nur möglich und von verschiedenster Art liefern sollte, ließen sich die beiden Grundtypen sehr gut herausarbeiten. Auf der einen Seite

herrscht eine drängende übersprudelnde Fülle von farbenreichen Scenen und bewegten Ereignissen. Hier finden wir schöpferisches Leben, organisches Hervor-
quellen der Vorstellungen und Bilder. Abgerundete, meist sich zum Ausgangspunkt zurückwendende Geschehnisse, seelisch zentrierte, freie, komplexhafte
Kombinationen sind die Regel. Der Leser spürt ein organisches, unmittelbar dem
Erleben erfließendes Werden hochdimensionaler Gestalteinheiten, es sind Ganzheiten im vollen Sinn des Wortes.

Auf der anderen Seite finden sich spärliche, fahle, immer wiederkehrende
Situationen des Alltags, dargestellt in der lapidaren Kargheit eines Berichtes.
An die Stelle eines weitverzweigten Netzes von anschaulichen Verknüpfungen und
Beziehungen tritt die eindimensionale Schlußkette. Verstandesmäßig berechnete
und gemessene, kausalistisch geordnete und elementaristisch zusammengesetzte
Vorgänge werden konstruiert. Aus einer kühl distanzierten Haltung des Denkens
heraus wird ein Sachwert planvoll und gesetzmäßig aufgeschichtet. Selbst die
Teilkonstruktionen erscheinen mosaikartig aus Elementen zusammengefügt; die
Gedankenführung im ganzen bleibt dennoch klar und linienhaft. Der Konstruk-
tionsinhalt ist meist unanschaulich, gefühlsarm. Durch häufiges Einschalten
verkettender und verstraffender Kausalglieder wird eine vom Gegentyp nie erreichte Folgerichtigkeit und Notwendigkeit des Geschehens erzielt. Viele Konstruktionen wirken deshalb maschinenhaft, mechanistisch, starr (DIETER).

Dies zeigt deutlich, wie von hier direkte Wege in das produktive Schaffen
hinüberführen. Der Perseverative wird niemals produktiv sein können, der
Produktive mit seinen quellenden und weiterströmenden Einfällen kann nicht
verharren und haften; er wird nie ein ausgesprochener Perseverativer sein.

Gibt es auch hier eine ontogenetische Beziehung? Ganz ohne Frage. Das
jüngere Kind bis zu 6 bis 7 Jahren vermag durchweg Intentionen nicht lange
beizubehalten. Der ständige Wechsel der Intentionen ist ja geradezu das Prototyp
des kindlichen Vorstellungsverlaufes. Das kindliche Spiel, die kindliche Phantasie, die uns Erwachsenen aus strukturgesetzlichen Gründen ganz verloren geht,
das ganze kindliche Denken, sind außerordentlich charakteristische Beispiele
für assoziatives, d. h. unperseveratives Verhalten. Das Märchen mit seinen
gleitenden, nirgends verhafteten, ohne jede Logik wechselnden Bildern, die
kindliche Schöpferkraft, die sich in Geschichten erfinden, Zeichnen und Fabulieren
manifestiert und vieles andere aus der Kinderpsychologie, sind sichere Zeichen
des enorm geringen perseverativen Verhaltens der Kinder. Auch die Umstellungs-
und Ablenkungsfähigkeit sind bekanntlich beim Kind ungemein viel größer
und dementsprechend die Fähigkeit zum Festhalten einmal eingenommener Intentionen extrem gering.

Auch hier vollzieht sich während der Entwicklung ein sehr charakteristischer
Wandel, in dem im Verlauf der fortschreitenden Strukturbildung die Beharrungstendenz des psychischen Erlebnisquerschnittes immer größer wird. Im gleichen
Maße nimmt der bunte Wechsel von Einfällen und Bildern mehr und mehr ab.
Je nachdem, bis zu welchem Punkt in diesem Entwicklungsprozeß
die jeweilige Entwicklung verläuft, resultiert der Typus des assoziativen oder perseverativen Denkens.

Natürlich handelt es sich auch hier lediglich um die Relation zwischen den
beiden polar entgegengesetzten Verhaltensweisen. Der „Perseverative" muß nicht
unbedingt im absoluten Reichtum seiner Einfälle hinter dem „Assoziativen"
zurückstehen. Dieser kann jenem gegenüber unter Umständen ein kärgliches
Minimum von Einfallsreichtum besitzen. Denn auch hier wieder ist lediglich
das jeweilige Verhältnis assoziativer und perseverativer Reaktionen im psychologischen Experiment zugunsten der einen oder anderen Seite verschoben.

Unsere Formel gilt somit auch hier: Der cyclothym-assoziative Typus verhält sich zum schizothym-perseverativen so wie das Kind zum Erwachsenen.

γ) Die eidetische Anlage.

Bekanntlich nahm die Typologie der Brüder JAENSCH ihren Ausgangspunkt von der eidetischen Veranlagung. Darunter wird die Fähigkeit verstanden, einen Wahrnehmungsgegenstand auch dann, wenn derselbe objektiv nicht vorhanden oder nicht mehr vorhanden ist, anschaulich sich zu vergegenwärtigen. Das eigenartige Gebilde, das nicht mit einem Erinnerungs- bzw. Vorstellungsbild identisch ist, da es „leibhaftig" (im Sinne von JASPERS) im „Anschauungsraum" erscheint und deshalb als echte Wahrnehmung anzusprechen ist, hat die meisten Ähnlichkeiten mit einem optischen Nachbild. Doch besteht auch damit keine Identität, da es nicht unmittelbar und starr mit der beleuchteten Netzhaut korrespondiert, sondern auch nach Abklingen des „Reizes" zu produzieren ist. So bestehen gewisse Beziehungen zur Halluzination, von denen sich die Anschauungsbilder aber durch die Willkürlichkeit ihrer Reproduzierbarkeit unterscheiden. Allerdings gibt es auch unwillkürlich auftretende derartige Anschauungsbilder, die in der Tat dann außerordentliche Ähnlichkeiten mit Halluzinationen besitzen. Es zeigten sich nun bei den Untersuchungen JAENSCHS zwei bemerkenswerte Umstände. Der erste liegt darin, daß eine derartige eidetische Veranlagung bei ganz bestimmten Konstitutionstypen sich findet, während andere Gegentypen nicht über sie verfügen. JAENSCH erkannte richtig, daß diese Veranlagung ein sicherer Indicator für eine viel tiefer reichende psychophysische Eigenart des betreffenden Trägers ist und daß das Wesentliche dieser Eigenart der Grad der Integration ist, in welcher die einzelnen Funktionen miteinander verbunden sind. Wir haben darauf bereits verwiesen. In je höherem Maß die einzelnen psychischen Funktionen ein ungeteiltes, unstrukturiertes, gleichsam homogenes Ganzes darstellen, desto eher und stärker wird die eidetische Veranlagung ausgeprägt sein, weil die eidetischen Phänomene dadurch entstehen, daß Wahrnehmungs- und Vorstellungsleben nicht scharf getrennte Funktionsbereiche darstellen, sondern gleichsam ein gemeinsamer Wahrnehmungs-Vorstellungsraum existiert. Es ist mir nicht genau bekannt, ob entsprechende Untersuchungen durchgeführt wurden, aber ich möchte nicht zweifeln, daß bei dem Eidetiker nicht nur von der Vorstellungsseite, sondern auch von der Wahrnehmungsseite her die Eigenart seiner psychischen Struktur nachzuweisen ist. Denn ebenso wie in seine Vorstellungswelt Wahrnehmungselemente eingehen, gehen auch umgekehrt in seine Wahrnehmungswelt Vorstellungselemente ein (was natürlich nicht elementenpsychologisch zu verstehen ist).

Der zweite Umstand, der sich durch die Untersuchungen JAENSCHS ergab, liegt darin, daß die eidetische Veranlagung bei Kindern wesentlich häufiger ist als beim Erwachsenen, ja, daß vielleicht in früher Entwicklungszeit, wo aus technischen Gründen genaue Testuntersuchungen noch nicht durchführbar sind, jedes Kind eidetisch ist. Natürlich gibt es dabei derartige „Anschauungsbilder" auf allen Sinnesgebieten. Wahrnehmungs- und Vorstellungsleben sind ursprünglich nicht zwei getrennte Funktionsbereiche, sondern bilden gleichsam ein nicht trennbares einheitliches, also vom Erwachsenen her gesehen hochintegriertes Funktionsgebiet. Vom Kind her gesehen ist die Scheidung beim Erwachsenen umgekehrt ein Phänomen fortgeschrittener Desintegration. Erst relativ spät in der Entwicklung gliedern sich diese beiden Strukturen polar heraus, bis schließlich eine scharfe Scheidewand sich aufgerichtet hat, so daß für uns diese beiden Bereiche durch eine unüberbrückbare Wand getrennt sind. Die scharfe begriffliche Scheidung, wie sie etwa JASPERS aufgestellt hat, gilt also nur für die erwachsene

Psyche. Das ist oft übersehen worden. Von hier aus ergeben sich wichtige Beziehungen zu allen pathologischen Phänomenen, die eine Regression — wenn auch durchweg im Sinne eines unorganischen Einbruches in die differenzierte, fertige Struktur des Erwachsenen, nicht im Sinne eines organischen Abbaues auf frühere, d. i. unstrukturiertere Zustände — darstellen, wie wir dies bei den Psychosen, vor allem der schizophrenen Psychose, anzunehmen haben. Zahlreiche psychotische Phänomene finden von hier aus eine natürliche Deutung. Wir können diesen Gedankengang hier jedoch nicht weiter verfolgen.

Nur kurz hinweisen möchten wir hier auf den Umstand, daß, wie gerade die eingehenden Arbeiten der Schule von JAENSCH zeigten, sich mehrere ganz verschiedene Konstitutionsformen unter den Eidetikern verbergen. Wir glauben, von unserem Gesichtspunkt aus als das Gemeinsame das Moment der konservativen Entwicklung zu einer den kindlichen Strukturen näherstehenden Form ansprechen zu können. Das ist einerseits der I_1-Typus, der unserem Cyclothym-Pyknomorphen entspricht, andererseits sind es jene Formen, denen hypoplastische Entwicklungen zugrunde liegen. Auch bei diesen handelt es sich ja um ausgesprochen konservative Entwicklungen, die hier allerdings schon in das Gebiet der Retardierung führen. Diese hypoplastisch-asthenischen Formen entsprechen dem S_1- und S_2-Typus sowie vermutlich auch dem B-Typus nach JAENSCH. Pyknomorphe einerseits und hypoplastische Formen andererseits stellen ganz verschiedene Entwicklungen dar, die nicht einfach in eine Reihe gebracht werden dürfen, sondern denen, wie wir noch zeigen werden, gänzlich unabhängige Determinationsvorgänge entsprechen, die sich allerdings in jeder Richtung kombinieren können. So vermuten wir etwa, daß die S_1-Struktur von JAENSCH nichts anderes ist als der hypoplastische Pyknomorphe und die S_2-Struktur der ebenso hypoplastische Leptomorphe, also der eigentliche Astheniker. Wir kommen erst im zweiten Teil nochmals darauf zurück.

Nun ergab sich für die rein deskriptive, und wie sich auch hier wieder zeigt, ganz ungenetische, typologische Forschungsrichtung folgende Schwierigkeit: „Die Grundformen menschlichen Seins", die Konstitutionstypen, wie sie durch JAENSCH in seinem Lebenswerk ausgebaut und in einem riesigen Aufwand von Mühe und schönen experimentellen Untersuchungen unterbaut wurden, mußten als Grundvarianten menschlicher Struktur von der Entwicklung unabhängig sein. Man wird als I_1- oder I_2-Typus, und wie die Bezeichnungen alle heißen mögen, geboren. Durch die ganze Entwicklung hindurch zieht die charakteristische Eigenart der typologischen Struktur, manifestiert sich in den einzelnen Lebensaltern in der diesem Alter entsprechenden spezifischen Weise, aber bleibt eben immer die I_1- oder I_2-Struktur. Diese Unabhängigkeit des Typus von dem Entwicklungsalter gehörte ja — scheinbar — mit zu dem Begriff einer Grundform menschlichen Seins. Da nun fast alle Kinder eidetisch sind, von den Erwachsenen aber nur ein kleiner Teil, ergab sich die Notwendigkeit, gerade diese Grundeigentümlichkeit, die eigentlich den Ausgangspunkt der ganzen Typologie bildete, wieder als wesentliches Charakteristicum des Typus aufzugeben. Denn wenn sie eine Grundfunktion, ein Achsenmerkmal der Konstitution darstellt, dann müßte sie sich eben durch die ganze Entwicklung hindurch erhalten. So aber muß es also Menschen geben, die in der Jugend Eidetiker, im Alter aber nicht mehr Eidetiker sind. Damit zog die größte Gefahr herauf, die einer statisch-deskriptiven Charaktertypologie droht: der Typenwandel. Denn wenn sich ein Typus A im Lauf der Zeit in einen Typus B verwandeln kann, wo bleibt dann die „Grundform"? Wo bleibt die erbmäßig verankerte Grundstruktur, die durch die Eingliederung der betreffenden Form in die Typologie erfaßt werden sollte? Kann sich dann nicht auch der Typus B in den Typus A verwandeln und überhaupt jeder Typus in jeden anderen? Ist damit nicht alle Typenkonstanz aufgegeben?

Um dieser Gefahr, die, wie wir noch sehen werden, bei genetischer Betrachtung überhaupt nicht existiert, zu begegnen, wurde die eidetische Veranlagung als essentielles Merkmal des Typus geopfert. Ist sie vorhanden, wird dies als ein wesentliches Bestimmungsstück für die Typisierung gebucht. Fehlt sie, muß noch nicht auf Desintegration geschlossen werden. Es gibt eine Reihe anderer Merkmale und Reaktionsweisen, die die Zuordnung gestatten. Daß aber nun dieser Umstand, daß Kinder in so viel höherem Maße Eidetiker sind, in die Typologie selbst einzubauen war, blieb einer vorwiegend deskriptiven Forschungsrichtung verborgen. Der Umstand wurde zwar häufig erwähnt, der Grund für diese Tatsache auch klar erkannt, daß nämlich Kinder in viel höherem Grade Integrierte sind als Erwachsene. Auch die unmittelbare Ähnlichkeit des I_1-Typus mit der psychischen Struktur des Kindes hat JAENSCH gesehen, so, wenn er etwa sagt: „Beiden gemeinsam (dem I_1- und dem I_2-Typus) ist auch eine innere Jugendlichkeit, die bei dem I_1-Typus sich auch deutlich in den äußeren Gesichtszügen und in der ganzen Haltung verrät. Er ist ganz dem naiven fröhlichen Kinde ähnlich und reagierte auch auf die experimentellen Untersuchungen wie dieses: man könnte ihn also wegen wesentlicher Gemeinsamkeiten auch als Kindheitstypus bezeichnen ..." Diese „Ähnlichkeit" wurde jedoch lediglich zur besseren Beschreibung des Typus verwendet. Die innere Gesetzlichkeit wurde nicht besonders beachtet.

Wir sehen von unserem genetischen Gesichtspunkt aus die Dinge ganz anders an. Die Tatsache, daß praktisch alle Kinder Eidetiker sind, daß also für die kindliche Psyche die eidetische Veranlagung strukturtypisch ist, scheint uns für die eidetische Veranlagung mancher Erwachsener von entscheidender Bedeutung. Die eidetische Veranlagung ist als ein Zeichen eines hohen Integrationsgrades der gesamten Psyche nichts anderes als eine Jugendform der Psyche, der natürliche Zustand der primitiveren Struktur. Entwicklung ist gesetzmäßig fortschreitende Strukturbildung. Somit kann es gar nicht anders sein, als daß die menschliche Psyche in ihren Anfängen den höchsten Grad der Integration zeigen muß. Die Psyche des Säuglings ist geradezu das Urbild des Zustandes, in dem alle Funktionen noch ein einziges großes und ungeteiltes Ganzes bilden: Wahrnehmung und Vorstellung, Wunsch- und Willensäußerungen, gefühlhafte Strebungen und Triebregungen sind in so hohem Maße ungegliedert, daß es unmöglich ist, diese Teilbereiche schon im einzelnen überhaupt als solche aufzufinden. In Wirklichkeit ist in der Wahrnehmung so viel dranghaft Gefühlsmäßiges, in den Willensäußerungen so viel von Wahrnehmungsvorgängen, daß die einzelnen Anteile im Sinne der Erwachsenenpsyche nicht voneinander zu scheiden sind.

Man hat früher das unglückliche Bild des Reflexes gebraucht, um sich das psychische Geschehen beim Kinde zu vergegenwärtigen, unglücklich, weil wir uns bis vor kurzem den Reflex als ein vom übrigen Ganzen völlig unabhängiges, höchst selbständiges Geschehen, also als Ausdruck hoher Desintegration, vorstellten und damit gerade auf den der Wahrheit entgegengesetzten Weg gerieten, uns auch die kindliche psychische Struktur als eine enorm desintegrierte — als eine Summe unabhängig voneinander arbeitender Reflexapparate — vorzustellen, zwischen denen sich erst im Laufe der Entwicklung langsam funktionale Beziehungen (Assoziationen) herstellen müssen. Heute wissen wir, daß umgekehrt das Bild des homogenen, in sich ungegliederten, gleichsam „einzelligen" Zustandes mit einigen ganz wenigen ersten polaren Gliederungen eine Anschauung der Säuglingspsyche gibt. Aus dem Stadium höchster Integration aller Teilfunktionen der Psyche kommt es gesetzmäßig zu weiteren Stadien fortschreitender Isolierung, Abtrennung, Verselbständigung einzelner Funktionsgebiete. Der dranghafte Zustand beim Neugeborenen, in dem Hunger und Durst, Schutz- und Fluchtstreben, Liebe und Angst und alle unsere späteren Trieb- und Gefühlsäußerungen im Keime vereinigt sind, polarisiert sich zunächst in die Richtungspole der Hinwendung und Abwendung, vergleichbar einer ersten Zellteilung. Weitere derartige „Teilungen" folgen. Relativ spät gliedern sich die einzelnen Wahrnehmungsbereiche langsam aus einer einzigen ungegliederten Wahrnehmungswelt heraus, weshalb die Phänomene der Synästhesie beim Kind so viel häufiger sind als beim Erwachsenen. Das Wahrnehmungs-Vorstellungsbereich gliedert sich, wie wir sahen, polar aus; auch im Fühlen und Wollen und vor allem im Triebleben kommt es zu den gleichen Differenzierungen, zur gleichen fortschreitenden Desintegration. In diesem Stadium gleicht die Psyche bereits einem hochdifferenzierten Organismus im Stadium der Organogenese.

Deshalb ist auch die FREUDsche These von der „Sexualität" des Kindes so wenig einleuchtend, weil sie einen Begriff höchster Desintegration aus der Welt des Erwachsenen, nämlich den aus dem riesigen Gesamt der Welt der Triebe sehr spezifischen und sich erst ganz spät herauslösenden Geschlechtstrieb, ein letztes Differenzierungsprodukt, in die Seele des Kindes zurückprojiziert. Gewiß ist er auch dort schon potentiell vorhanden, genau so wie die Augenlinse mit dem gesamten Aufhängeapparat bereits im Stadium des primären Augenbechers potentiell vorhanden ist oder die Sexualorgane im Stadium des Primitivstreifens. FREUD war deshalb sehr bald genötigt, mit Libido den undifferenzierten „Trieb" schlechthin zu bezeichnen, der die ganze Skala aller der verschiedenen Nuancen von Dranghaftem, vom Hunger bis zur Liebe, vom Geschlechtstrieb bis zur Religion in sich enthält. Dann ist dagegen natürlich nichts einzuwenden, man muß sich aber dann über die Begriffsfassung entsprechend im klaren sein und nicht infolge des unglücklich gewählten Wortes ständig in die engere Wortbedeutung der Erwachsenen-Psychologie hinübergleiten.

Finden wir also bei Erwachsenen und ausgereiften Menschen gewisse Variationsformen, die sich von anderen durch ihre persistierende eidetische Veranlagung auszeichnen, so kann es sich genetisch dabei um gar nichts anderes handeln als um ein Beharren von in dieser Hinsicht „jugendlichen" psychischen Strukturen. Es ist daraus der außerordentlich einfache Schluß zu ziehen, daß der Prozeß der gesetzhaft fortschreitenden Desintegration unterschiedlich rasch und unterschiedlich weit verläuft.

Je nach dem Grad der Integration unterscheiden wir· also mit JAENSCH verschiedene Typenformen menschlichen Seins. Wir fassen diese aber nicht als von Anfang an unabänderliche auf, sondern sehen das Wesentliche dessen, worin sie sich voneinander unterscheiden, in den Werdensvorgängen, die zu ihrer Ausprägung führten. Wir haben schon bei Besprechung der morphologischen Typenunterschiede die Formulierung gebraucht, daß Unterschiede der Form immer Unterschiede der Entwicklung bedeuten. Setzen wir anstatt „Form" im morphologischen Bereich den Begriff der „Struktur" im psychischen Bereich, dann können wir diesen Satz im Bereich des Psychischen dahin variieren: auch Unterschiede der Struktur sind nichts anderes als Unterschiede der Entwicklung.

Auf die übrigen von JAENSCH und seiner Schule aufgestellten Typenunterteilungen wollen wir hier nicht eingehen. Es handelt sich bei JAENSCH gleichsam um eine ganze Skala von Typenformen, nach Art und Grad der Integration bzw. Desintegration. Diese Versuche sind außerordentlich lohnend gewesen. Nur zu einem Teil möchten wir ihnen nicht folgen, insbesondere dort, wo Beziehungen zu Krankheitsdispositionen aus den Typen abgeleitet werden (die lytischen Typen Ly_{schi} usw. . . .). Das Wesentliche ist, daß die Typologie zwischen den Polen der Integration und Desintegration der psychischen Funktionen ausgespannt ist. Ob man hier zunächst nur zwei Pole und eine breite Mitte annimmt, wie dies letzten Endes KRETSCHMER tat, oder ob man diese breite Mitte weiter untergliedert und Abzweigungen, Sonderformen usw. aufstellt, bleibt für genetische Erwägungen gleichgültig. Daraus ergibt sich weiter, daß auch eine Polemik zwischen den beiden so fruchtbaren Schulen völlig unfruchtbar bleiben muß, da sie in keiner Weise Gegensätzliches bezielen.

Als wesentliches Ergebnis unserer Überlegungen können wir zusammenfassen, daß der Typus des stark Integrierten (I_1-Typus im Sinne JAENSCHS), der dem Pyknisch-Cyclothymen (im Sinne KRETSCHMERS) entspricht, die ontogenetisch frühere psychische Strukturform darstellt, während der stark Desintegrierte (I_3 und D-Typus) entsprechend dem Leptosom-Schizothymen die ontogenetisch späte Form repräsentiert.

δ) Psychomotorik.

Die Motorik ist die Äußerungsweise der innerseelischen Struktur. Von Gang und Geste angefangen, über alle Verrichtungen des Alltags, den erlernten Fertigkeiten motorischer Art, den Handlungen und Haltungen, den Umgangsformen und den mimischen Bewegungen bis in die feinsten Züge der Geschicklichkeitsbewegungen und der Handschrift hinein äußert sich die Strukturform in der gerade ihr eigentümlichen Weise.

Die Psychomotorik wäre also das bei weitem geeignetste Objekt des Studiums der Verschiedenheit von Charakterstrukturen, somit auch der Konstitutionstypen. Sie war auch der Ausgangspunkt der größten und ersten wissenschaftlichen Beschäftigung mit dem Problem des Charakters von KLAGES. Und dennoch hat sich die exakte typologische Forschung auf diesem Gebiet recht langsam entwickeln können. Das hat seinen guten Grund. Er liegt in der Schwierigkeit der Erfaßbarkeit und Mitteilbarkeit der Bewegungsformen. Gerade das Spezifische, die eigenartigen Nuancen in der Motorik eines Persönlichkeitstypus lassen sich nahezu nicht — oder nur sehr unbefriedigend — exakt einfangen, registrieren und wiedergeben, ja nicht einmal befriedigend beschreiben. Den Gang eines Menschen etwa so zu beschreiben, daß ein anderer, ohne Kenntnis des Menschen, diesen sofort aus einer Anzahl anderer herausfinden könnte, ist praktisch unmöglich. Die äußerlichsten Merkmale der Körperform, die mit der Charakterstruktur fast nichts mehr zu tun haben, reichen für diesen Zweck wesentlich besser aus als die so charakteristische Motorik. So kommt es, daß wir uns zwar in der Alltagscharakterologie, die wir täglich treiben, gerade aus den motorischen Äußerungen unserer Mitmenschen das sicherste Urteil über ihre Charakterstruktur bilden, die typologische Forschung damit vorläufig aber recht wenig anfangen konnte.

Immerhin haben sich ENKE, KIBLER, FRISCHEISEN-KÖHLER und einige russische Autoren (OSERECKI, GUREWITSCH u. a.) mit der Psychomotorik der Konstitutionstypen befaßt.

Schon in der Koordination der Gesamtmotorik sind die Pykniker, wie KRETSCHMER feststellte, durch weiche, abgerundete, flüssige, sperrungsfreie und ungezwungene vielgestaltige Bewegungen den Leptosomen überlegen. Bei diesen ist das Bewegungsganze häufig ausgesprochen steif, eckig, ungewandt und oft durch abrupte Bewegungsentgleisungen unterbrochen. Die Motorik des Pyknikers steht in ihrer ganzen Eigenart weit auf der Seite der Lösungseigenschaften gegenüber jener des Leptosomen, dessen Motorik vielmehr Bindungseigenschaften erkennen läßt (KLAGES). Dazu kommt, daß die Motilität des Pyknikers überhaupt reichhaltiger, oft zu einem ausgesprochen verstärkten Bewegungsantrieb gesteigert ist.

Im einzelnen wurde von ENKE geprüft das psychomotorische Tempo, das sich mit Hilfe von Klopf- und Metronomversuchen beim Pykniker etwas langsamer erwies als beim Leptosom-Asthenischen und auch langsamer als beim Athletiker. Dieser Umstand zeigt, daß das Klopftempo nichts Unmittelbares mit dem Temperament zu tun hat, das beim Athletiker ja ohne Zweifel weniger „bewegt" ist als beim Pykniker. Das Bewegungsbild, d. h. der Ablauf der Bewegungskurve als solcher, ist bei den Pyknikern wesentlich vielgestaltiger, ungebundener und ungleichmäßiger als beim Leptosomen, der bei gleichförmigen

Bewegungen zur Mechanisierung, Automatisierung und Stereotypisierung neigt. Die Umstellung vom Eigentempo auf ein vorgeschriebenes „Fremdtempo" fällt den Leptosomen im Durchschnitt schwerer als den Pyknikern. Erstere neigen zur Perseveration. Auch bei verschiedenartigen, gleichzeitig ausgeführten Bewegungen der rechten und linken Hand bleibt das Eigentempo des Pyknikers langsamer als das des Nichtpyknikers. Letztere neigen auch hierbei zur Stereotypisierung der in bezug auf rechts und links ungleichartigen Bewegungen.

Die Spaltung der Aufmerksamkeit in eine motorische und geistige Tätigkeit zu ein und derselben Zeit gelingt den Pyknikern weniger gut als den nichtpyknischen Gruppen, so daß sie durchschnittlich mehr Zeit brauchen, mehr Fehler machen und die Ausführung der motorischen Leistung häufig „vergessen". Das Eigentempo als solches behält jedoch dieselben Korrelationen wie bei den ersten Versuchen. Das Arbeitstempo der Konstitutionstypen verhält sich in allen Punkten analog dem Eigentempo. Die Ermüdung tritt bei den Pyknikern vorwiegend allmählich ein, bei den Leptosomen häufiger plötzlich. Auch die psychomotorische Begabung hat in ihren einzelnen Qualitäten bestimmte, immer wiederkehrende Teilbeziehungen zu den Typen. Feinheit und Abgemessenheit umschriebener kleiner Hand- und Fingerbewegungen ist bei den Leptosomen am besten ausgeprägt, weniger gut bei den Pyknikern — am schlechtesten bei den Athletikern.

KRETSCHMER machte neuerdings auf die der gesamten Motorik zugrunde liegenden „Wurzelformen" aufmerksam, als welche er etwa den Ruhetonus, Gespanntheit und Entspannungsfähigkeit, Ablaufsformen der Tonusüberleitung und dazu typische Rhythmusphänomene (Stereotypierung der Bewegungen) ansieht. Dabei stehen, was KRETSCHMER als eine Art psychophysische Gesetzmäßigkeit auffaßt, die konstitutionstypischen Tonusregulierungen der willkürlichen Muskulatur mit denen des vegetativen Systems und des psychischen Affektablaufes „mehrfach in korrelativem Zusammenhang".

Schon dieser ganz kurze Überblick der bisherigen experimentellen Arbeit am Problem der Psychomotorik der Konstitutionstypen zeigt offenbar die gleiche Richtung an, die wir in den vorigen Kapiteln aufdeckten. Die ontogenetische Entwicklung der Motorik durchläuft bekanntlich sehr charakteristische Stadien. HOMBURGER teilt die Entwicklung der kindlichen Motorik in drei Phasen: Rigor, Täppigkeit, Grazie. Nach einem ersten „Säuglingsstadium", das noch zahlreiche extrapyramidale Bewegungsformen erkennen läßt und einem zweiten Stadium (des „Läuflings") mit Unsicherheit der Tonusverteilung von mehr cerebellarem Typus, vollendet sich die Motorik mehr und mehr bis zum Eintritt der Pubertät. Dieses dritte Stadium einer fertigen Motorik (gegenüber der unfertigen bei den ersten Stadien), ist ausgezeichnet durch seine Grazie. Flüssigkeit und Weichheit, verbunden mit einem gewissen Bewegungsluxus. Dieser Bewegungstypus, der natürlich in unmittelbarem Zusammenhang mit der unreflektierten, unbewußten Psyche dieses Alters steht (vgl. nächstes Kapitel), stürzt in der Pubertät katastrophenartig zusammen, um nie mehr wiederzukehren. Die Auflösung und Lockerung der bereits erworbenen Systemverknüpfungen geht, wie KRETSCHMER meinte, mit teilweisen Rückschlägen auf frühere motorische Entwicklungsperioden einher. Es treten in der Pubertät zusammen mit Unbeherrschtheit eines elementaren Bewegungsdranges Mitbewegungen und choreaartige Innervationsstörungen auf, das Bewegungsganze entharmonisiert sich bis zur Dysrhythmie, Dysdynamik, Dysmetrie, Ausdruckswildheit und Ungebärdigkeit. Die aus diesem Umsturz sich neu aufbauende Motorik des Mannesalters ist durch die Ökonomisierung und Rationalisierung der Bewegungen gekennzeichnet (KRETSCHMER).

Stellen wir uns nun wieder vor, dieser Strukturwandel der Motorik vollziehe sich nicht bei allen Formen in identischer Weise, sondern der Prozeß verlaufe mit unterschiedlicher Intensität und Geschwindigkeit, dann gelangen wir einerseits zu konservativen Formen, die sich einen Teil jener natürlichen, unbewußten harmonischen Motorik des dritten Kinderstadiums der Grazie gleichsam bewahren, bei denen der Prozeß der Pubertät — über den wir im folgenden Kapitel noch ausführlich sprechen werden und den wir als einen Prozeß sehr radikaler Binnengliederung der Struktur bezeichnen können — nur eine oberflächliche Wellenbewegung, jedoch keinen tiefreichenden Umbruch bewirkt; und andererseits zu einem propulsiven Typus, der alle jene Umwandlungserscheinungen in besonders ausgeprägter Weise erkennen läßt. Zwei lediglich in ihrer Geschwindigkeit variable Entwicklungsverläufe des gleichen Entwicklungsgeschehens führen somit auch hier zu unseren beiden Konstitutionstypen, eine mittlere kompensative Entwicklungsgeschwindigkeit führt über das pubertäre Stadium hinaus zu einem neuen Ausgleich, einer Harmonisierung, wie wir sie — ähnlich wie auch beim Gestaltwandel — beim Metromorph-Synthymen finden.

Auch in bezug auf die Psychomotorik gilt somit unser Prinzip, wonach der Cyclothyme mit seiner gelösten, „natürlichen" Motorik eine frühe Beharrungsform innerhalb der ontogenetischen Entwicklung der Psychomotorik, der Schizothyme mit seiner gebundenen „bewußten" Motorik eine späte Entwicklungsform dieses ontogenetischen Strukturwandels darstellt.

ε) Gefühl und Wille.

Die Affektivität. Wir haben bisher nur eine Seite, eine „Schichte" des Psychischen besprochen, die etwa bei JASPERS als das Gegenstandsbewußtsein, bei LERSCH als der noetische Oberbau bezeichnet wird. Es sind in unserem Bewußtsein jene Inhalte, die ihr Gemeinsames darin haben, daß sie uns gegenüberstehen, in einem Horizont der Gegenständlichkeit gegeben sind. Zu diesen Inhalten gehört — wir folgen hier LERSCH — das, was wir wahrnehmen, vorstellen, sei es in der Erinnerung oder in der Phantasie, ferner unsere Begriffe, die wir in Urteilen und weiteren Denkzusammenhängen miteinander verbinden. All diesen Inhalten der seelischen Wirklichkeit ist es eigentümlich, daß sie im Schema des Nebeneinander zu ordnen sind, sie erscheinen im Raum des Bewußtseins, also auf eine Art, daß wir ihnen gegenüberstehen und auf sie hinschauen können; sie sind gegenständlich mittelbar. Sie haben nach LERSCH Erscheinungscharakter. Mit dieser ihrer Eigenart hängt es zusammen, daß sie dem Experiment relativ gut zugänglich sind und deshalb im allgemeinen und auch in ihrer konstitutionstypologischen Bedeutung und Variabilität besser erforscht sind.

Neben diesen gegenständlichen Erscheinungsinhalten des Bewußtseins finden wir jedoch in den einzelnen, jeweils erlebten Bewußtseinslagen Gehalte, die uns gegeben sind als solche eines inhaltlich qualifizierten subjektiven Kerns, als Inhalte des Zumuteseins, als Qualitäten einer intimen Zuständigkeit und des Bei-sich-Seins der Seele (LERSCH). Sie haben endothymen Charakter. Sie sind Innerlichkeitsgehalte, ausgezeichnet durch zuständliche Unmittelbarkeit, also dadurch, daß sie uns nicht im Abstand der Gegenständlichkeit gegeben sind. Deshalb entzogen sie sich bisher der experimentellen Erforschung weitgehend und sind auch typenkundlich viel weniger klar und exakt zu verwerten. Trotzdem spielen gerade sie in den Erscheinungsformen der charakterologischen Varianten die entscheidende Rolle.

Hierher gehören vor allem diejenigen seelischen Vorgänge, die wir als Affekte, Gemütsbewegungen, Stimmungen, Gefühle und Leidenschaften bezeichnen; sie alle tragen das Merkmal der intimen zuständlichen Unmittelbarkeit des Erlebtwerdens.

Auch LERSCH benutzt hier das Bild des Schichtenaufbaues, demzufolge die
endothymen Gehalte unseres Erlebens eine unterste tragende Schichte bilden, die
er als den endothymen Grund bezeichnet. Darüber baut sich ein Oberbau
des seelischen Lebens, bestehend aus den Vorgängen des Wollens und des Denkens.
Letzteren bezeichnet LERSCH als den noetischen Oberbau.

Bei derartigen Bildern aus der gegenständlichen Welt, mit denen wir versuchen, uns
Psychisches zu vergegenwärtigen, müssen wir uns immer klar darüber sein, ob wir dabei
das Seelische von außen betrachtet oder von innen her gesehen meinen, ob wir nach JASPERS
objektive (Leistungs-)Psychologie oder subjektive Psychologie (Phänomenologie) treiben.
LERSCHS Psychologie ist ausgesprochene Phänomenologie. Sie handelt von den subjektiven
Erscheinungen des Seelenlebens, sie versucht von innen heraus Seelisches nachzuerleben.
Nur von dorther ist sein Bild vom Schichtenaufbau zu verstehen. Und von dort her verstanden, ist es ein sehr schönes und treffendes Bild. Denn in der Tat wird jene „Schichte"
des Endothymen als tiefer Wesensgrund alles Seelischen erlebt und auch die Wirkung des
Verstandes als eine darübergelagerte, oft recht dünne Schichte empfunden. Hier ist das Bild
des Schichtenaufbaues völlig richtig.

Nun wird aber fälschlicherweise dieses Bild unvermerkt auch in die objektive (Leistungs-)
Psychologie hinübergeschmuggelt. Man ist sich vielfach gar nicht klar, wo man steht, wechselt
den Standpunkt, behält aber das Bild des Schichtenaufbaues des Seelischen bei. Bei der
Betrachtung von außen scheint es mir aber keineswegs mehr zweckmäßig[1].

Wenn wir die menschliche Psyche objektiv, also von außen, in ihren Leistungen und Funktionen ansehen, dann stehen jene drei Bereiche, in die man seit Aristoteles die Psyche gliedert,
nämlich Trieb — Gefühl — Verstand, keineswegs im Verhältnis von Schichten zueinander.
Hier scheint mir das Gleichnis ein viel zu statisch-mechanisches und summenhaftes Bild
abzugeben. Von außen betrachtet, ist die Psyche vielmehr einem dynamischen Vorgang
zu vergleichen, einem Geschehensablauf, in welchem die Triebe die lebendige Kraft, die Dynamik darstellen, die Gefühle hingegen die Weisen des Ablaufs, das Tempo, den Rhythmus
und die Verstandes- und Begabungsanlagen, schließlich die Systembedingungen. Von einem
„Durchbruch der Schichte des Fühlens in die Schichte des Geistes" zu sprechen, entspräche es,
die Überschwemmung eines Flusses zu beschreiben als „Durchbruch der Schichte der Wasser-
geschwindigkeit in die Schichte der Uferanlagen"; eine gewiß nicht sehr klare Beschreibung
eines an sich einfachen Vorganges.

Wie sieht es nun mit dem endothymen Grund und seinem Verhältnis zum
noetischen Oberbau bei den charakterologischen Grundtypen aus? Unterscheiden
sich die Typenformen in dem Gefühlsleben, und in welcher Weise? Wie diese
Unterschiede aussehen, zeigen alle lebensvollen und unmittelbaren Beschreibungen
der Persönlichkeitstypen, die wir in erster Linie KRETSCHMER selbst verdanken.
Auch in fast allen späteren typologischen Arbeiten von KROH, PFAHLER, JAENSCH,
JUNG und anderen wurde auf diese Bereiche großes Gewicht gelegt. Wir können
hier auf das reiche vorliegende Material verweisen.

Wir wollen nur einige wesentliche Punkte herausgreifen und versuchen, unser
ontogenetisches Strukturprinzip auch in die Bereiche des endothymen Grundes
hineinzuverfolgen. Wie bei der ganzen bisherigen Behandlung der Einzelbereiche
der Psyche muß auf die lebensnahe Beschreibung der Lebensformen, wie sie
durch die bisherige typologische Arbeit in reichem Maße vorliegt, auch hier verzichtet werden.

KRETSCHMER beschreibt den Cyclothymen: „Die meisten Cycloiden haben
ein besonders gut ansprechbares Gemütsleben, das von dem sanguinischen Queck-
silbertemperament bis zu der tiefen und warmherzigen Empfindung der mehr
schwerblütigen Naturen in allen Übergängen sich schattiert. Das Temperament
des Cycloiden schwingt in tiefen weichen und abgerundeten Wellenschlägen, nur
rascher und flüchtiger bei den einen, voller und nachhaltiger bei den anderen
zwischen Heiterkeit und Betrübnis. Nur die Mittellage dieser Schwingungen liegt
bei den einen mehr nach dem hypomanischen, bei den anderen mehr nach dem
depressiven Pol zu. Cycloide Menschen haben Gemüt."

[1] Dieser Einwand betrifft nicht den Begriff der „Schichten", wie er sich bei ROTHACKER
findet, wo er im wesentlichen genetisch zu verstehen ist.

Demgegenüber charakterisiert KRETSCHMER die Grundlage der schizoiden Temperamente folgendermaßen:

„Die schizoiden Temperamente liegen zwischen den Polen reizbar und stumpf, sowie die cycloiden Temperamente zwischen den Polen heiter und traurig liegen. Dabei werden wir die Symptome der seelischen Überreizbarkeit besonders herausheben müssen, weil diese als integrierender Bestandteil der schizoiden Gesamtpsychologie noch viel zuwenig allgemein gewürdigt sind, während wir die nach der Seite der Stumpfheit zu gelegenen Symptome schon lange in ihrer Wichtigkeit erkannt haben. Den Schlüssel zu den schizoiden Temperamenten aber hat der, der klar erfaßt hat, daß die meisten Schizoiden nicht entweder überempfindlich oder kühl, sondern daß sie überempfindlich und kühl zugleich sind, und zwar in verschiedenen Mischungsverhältnissen. Wir können aus unserem schizoiden Material eine kontinuierliche Reihe bilden, die anfängt bei dem, was ich „HÖLDERLIN-Typus" zu nennen pflege, jenen extrem empfindsamen, überzarten, beständig verwundeten Mimosennaturen, die „ganz Nerven sind", und die aufhört bei jenen kalten, erstarrten, fast leblosen Ruinen der schwersten Dementia praecox, die stumpf wie das Vieh in einem Winkel der Anstalt dahindämmern."

In der subjektiven Psychologie könnte man sich den Affekt in einem Menschen veranschaulichen mit den Spannungsverhältnissen in einem elektrischen Leiter. Es ist ja kein Zufall, daß die Sprache gerade derartige Worte wie Spannung oder Ladung zur Veranschaulichung affektiver Vorgänge wählt. Um nun die Unterschiede zwischen den Primärvarianten wiederzugeben, könnte man sich zwei verschiedene solche Systeme vorstellen. Beide Systeme bestehen, diesem Bild entsprechend, aus Leitern, in denen ständig, wie in einer Batterie, neu Elektrizität gebildet wird und ständig nach einem nur teilweise isolierenden Milieu (Medium) abströmt. Sowohl gebildete wie abströmende Elektrizitätsmengen sind nicht konstant, sondern zeigen ein ständiges Auf und Ab, eine Art Wellenschlag.

Bei dem einen System, das uns die cyclothyme Struktur repräsentiert, wäre anzunehmen, daß ständig große Elektrizitätsmengen gebildet werden (also eine große Aktivität der Batterie), daß aber das Medium keine hochisolierende Wirkung, also wie etwa Öl oder Hartgummi, eine hohe Dielektrizitätskonstante besitzt, was zur Folge hat, daß niemals hohe Potentiale erreicht werden können. Es handelt sich um ein System mit großer Kapazität, in welchem das Verhältnis von Elektrizitätsmenge zu erreichtem Potential nach der Seite der ersteren verschoben ist.

Der großen Kapazität (und großen Elektrizitätsmenge) entspricht bei objektiver Betrachtung der Eindruck der „Wärme", der von diesen Menschen ausgeht, der schlechten Isolierung des Mediums die hohe „Umweltkohärenz" und „geringere Distanz", dem geringen Potential die Unfähigkeit, zu affektiven Hochspannungen zu gelangen, also der jeweils rasche und völlige Erregungsausgleich, der eintritt, lange bevor jemals hohe Spannungen erreicht werden. Dies ist das Bild der cyclothymen Affektivität.

Im anderen System, das uns die schizothyme Struktur repräsentieren soll, werden kleinere Mengen Elektrizität von der Batterie gebildet. Das Medium aber hat hoch isolierende Wirkung, so daß die gebildete Elektrizität nicht abströmen kann und das Potential des Systems ein hohes ist. Es handelt sich also um ein System mit vergleichsweise geringerer Kapazität, in welchem das Verhältnis von Elektrizitätsmenge zum erreichten Potential nach der Seite des letzteren verschoben ist.

Der geringeren Kapazität entspricht objektiv der Eindruck der „Kühle", der von diesen Menschen ausgeht, der guten Isolierung der Eindruck der „großen Distanz" und geringen „Umweltkohärenz", dem hohen Potential die innere

Fähigkeit, ja Notwendigkeit, leicht und rasch zu seelischen „Hochspannungen"
zu gelangen, die Unfähigkeit, einen raschen Spannungsausgleich zu finden.
Das ist das Bild der schizothymen Affektivität.

Wie sieht die Affektivität der Kinder im Vergleich zu derjenigen des
Erwachsenen aus? Wohl das charakteristischste Moment der kindlichen Affektivität ist der rasche Spannungsausgleich. Jeder auftreffende Reiz löst unmittelbar die psychomotorische Reaktion aus und führt damit zum völligen Ausgleich. Eine Retention, eine Affektstauung — in unserem Bild ein hohes Potential — wird niemals erreicht. Schon bei den einfachsten Formen affektiven Geschehens läßt sich das beobachten, etwa beim Schmerz. Ein Schmerzreiz trifft
das Kind; es bedeutet ein Ansteigen der „Elektrizitätsmenge" im System; sofort
aber erfolgt Abströmen in das Medium (Umsetzung in Psychomotorik, also heftige
Schmerzäußerung, Weinen usw.), und nach kurzer Zeit ist der völlige Ausgleich
hergestellt. Der Erwachsene „beherrscht sich"; das ist jedoch durchaus kein
reiner oder bewußter Willensakt; denn er kann gar nicht anders, als sich
zu beherrschen, selbst wenn er anders wollte. Auch wenn er wollte, wenn
er etwa allein oder unbeobachtet ist, könnte er nämlich nicht mehr schreien
und weinen wie das Kind. Seine höherdifferenzierte psychische Struktur läßt
dies nicht mehr zu, die „Isolierung" ist bereits zu groß geworden. Demgegenüber wird das „Potential" erheblich größer werden und die Spannung
länger anhalten.

Neben dem rascheren Spannungsausgleich des Kindes ist auch die Gesamt-
menge der Elektrizität, die „Aktivität der Batterie", eine größere als beim Erwachsenen, es ist mit anderen Worten viel mehr Affektwesen, es ist in allen
seinen Reaktionen durchdrungen von affektiven Vorgängen, es besitzt keinen
seelischen Bereich, an dem die Affekte keinen Anteil hätten. Daraus ergibt sich
auch die geringere innerseelische Isolierung oder, um einen gestaltpsychologischen
Ausdruck zu verwenden, die geringe Grenzfestigkeit der innerseelischen Systeme.

Die ontogenetische Entwicklung der Psyche stellt sich also vom Affekt aus
gesehen, in unserem Bild dar als eine ständige Abnahme der gebildeten
„Elektrizitätsmenge" — die Batterie wird gleichsam immer schwächer —
und eine Zunahme der „Isolierwirkung des Mediums". Das System zeigt
also eine ständige Abnahme seiner Kapazität. Trotz Abschwächung der Batterie
wird aber das Potential des Systems nicht vermindert, sondern sogar unter
Umständen erhöht, so daß die Leistung des Systems nicht sinkt, sondern
sogar erheblich steigt. Dieser Wandel ist im übrigen ein Modell für alle
Formen des natürlichen Strukturwandels dynamischer Systeme in der Zeit.
Immer unterscheiden sich jugendliche Systeme von den entsprechend älteren
durch ihre stärkere innere Dynamik bei geringerer äußerer Isolierung: Je
schwächer das Feuer innen brennt, desto stärker wird außen die
Kruste — bei jedem erkaltenden Gestirn, in jedem alternden Organismus, und
ebenso auch in der geistigen Entwicklung des einzelnen Menschen.

Interessante Beziehungen ergeben sich von hier aus zu den somatischen Kor-
relaten des Affektes im vegetativen System, wie wir sie bereits (S. 59) besprachen.
Die Übereinstimmung der Verhältnisse dort und hier liegt auf der Hand.

Wir wollen jedoch diesen „Physikalismus", wie man die Verwendung physi-
kalischer Vorstellungen zur Vergegenwärtigung psychischer Tatsachen zu nennen
pflegt, nicht allzu weit treiben, da derartige Parabeln eine gewisse Gefahr in sich
schließen, nämlich die Gefahr, als Wirklichkeiten mißverstanden zu werden.
Wir müssen uns jedoch darüber klar sein, daß auch das Schichtengleichnis nichts
anderes ist als ein „Geologismus" und ebenso nichts als ein Kunstgriff, ein
Gleichnis! Das eine ist nicht richtiger, es ist höchstens für bestimmte Zwecke

praktischer als das andere. Für unsere Überlegungen scheint unser Gleichnis praktischer zu sein, da es Wesentliches besser zu veranschaulichen vermag.

Der endothyme Grund und die Pubertät. Mit der Einführung des genetischen Prinzipes in die konstitutionstypologische Tatsachenwelt stoßen wir auf ein Phänomen, dem wir besondere Aufmerksamkeit zu schenken haben, nämlich die Pubertät. Dieses Phänomen ist von ungemein großer Wichtigkeit und schließt eine Fülle von Erscheinungen morphologischer, physiologischer und psychologischer Art in sich, die für unsere Überlegungen von größter Bedeutung sind. Wir können hier gleichwohl nur einige wesentliche Punkte heranziehen. Zunächst einige physiologische Vorbemerkungen.

Es scheint mir, daß man sich angewöhnt hat, das gewaltige Geschehen der Pubertät viel zu sehr unter dem Gesichtswinkel der Hormone zu betrachten. Die Entdeckung dieser humoralen Wirkungen auf die Entwicklung der Psyche zieht seit mehreren Jahrzehnten den Blick auch der Psychologen, mehr noch der Psychiater, magisch an sich. Und in der Tat läßt sich nicht bestreiten, daß die Hormone in den Ursachenkreis dieses Geschehens sehr wesentlich mit eingeschaltet sind. Es hört jedoch bei der Erklärung des Pubertätsvorganges mit Hilfe der Hormone die Frage nicht auf, sie beginnt eigentlich erst dort.

Schon die Beziehung der hormonalen Wirkungen zur Psyche überhaupt stellt man sich vielfach allzu einfach vor. Eine kleine Steigerung der Schilddrüsenproduktion bewirke — so können wir allenthalben lesen — das erhöhte Temperament des hypomanischen Menschen[1]. Fehlt es, dann werde das Temperament langsam und träge. Das gleiche gelte bei der Umwandlung der Psyche in der Pubertät. Die Wirkung der Keimdrüsenhormone setze ein und verursache damit den Reifungsprozeß und damit die psychischen Veränderungen des Organismus, und schon scheint damit alles erklärt. Denn — so folgert man scharf, bleibt diese Wirkung aus, dann bleibt auch jene pubertäre körperliche und psychische Veränderung aus, wie wir dies etwa beim Infantilismus und anderen hormonalen Störungen sehen.

Zwei Geschehensverläufe, einer im organisch-physiologischen (Hormonproduktion, körperliche Reifung des Organismus) und einer im psychischen Bereich (Strukturwandel der Psyche), laufen nebeneinander her. Es scheint mir nun voreilig, die Hormonwirkung als Ursache der Reifung des Organismus anzusehen, und noch voreiliger, sie als die Ursache des Strukturwandels der Psyche zu betrachten. Psychisches hat überhaupt niemals seine Ursachen, sondern immer nur seine Bedingungen im Physischen. Die Hormonwirkungen sind also höchstens ein Glied in der Gesamtheit der Bedingungen des Psychischen. Verfolgen wir nun die Entwicklung dieser Bedingungen weiter nach rückwärts, dann sehen wir sehr bald, daß die Hormone bzw. das ganze endokrine Funktionssystem seinerseits von Genwirkungen abhängig ist. Wie wir später noch näher ausführen werden, kann man sich die Hormone geradezu als eine nach vorn geschobene, also in die spätere Individualentwicklung hineinverlegte „sekundäre" Genwirkung vorstellen. Die ersten Entwicklungsabläufe, beginnend vom Zustand der befruchteten Eizelle, werden dirigiert durch die Gene, deren Wirkung wir uns quantitativ gestuft und proportional der Menge von formativen Wirkstoffen denken, die ihrem Wesen nach schon außerordentliche Ähnlichkeit mit Hormonen haben. Je differenzierter dieser Entwicklungsvorgang wird, desto inniger und komplexer greifen jene Wirkungen nach Art eines abgestimmten Systemes ineinander. Um nichts anderes als um einen weiteren Ausdruck der Differenziertheit des Vorganges fassen wir nun die Entstehung der Hormonbildungsapparate auf. Sie sind wie Sekundärgene, produzieren ebenfalls formative Substanzen von katalytischer Wirkung, die proportional ihrer Menge Determinationsvorgänge beeinflussen. Die Hormone sind also Regulatoren, in ihrer Entwicklung unmittelbar von Genen abhängig, die selbst gleichsam die Wirkung der Gene in der späteren Individualentwicklung übernehmen und fortsetzen.

Wenn ein einfaches Beispiel erlaubt ist, können wir uns dies folgendermaßen veranschaulichen: auf kleinen Schiffen (auf niederen Stufen der organismischen Differenzierung) ist der Steuermann zugleich der Kapitän in einer Person. Auf größeren Schiffen dirigiert zwar der Kapitän den Kurs des Schiffes, aber gleichsam durch die Hand seines Steuermanns. Dieser steht nun am Ruder und lenkt das Schiff, wird selbst aber wieder gelenkt durch den Kapitän als das oberste Regulationsprinzip. Je höher die Differenzierung steigt, desto komplexer wird diese hierarchische Ordnung, wie etwa auf einem großen Überseedampfer, auf dem eine ganze Anzahl von Steuermännern und anderen Instanzen ineinandergeschaltet sind. Dieses System sich gegenseitig bedingender Regulatoren, die jedoch in ihrem Einsatz von einem übergeordneten Regulativ, dem Kapitän des Schiffes, abhängig sind, verbildlicht uns das aufeinander abgestimmte System der endokrinen Hormone und ihr Verhältnis zum Gensatz, dem Genom. Die Hormone sind die Steuermänner, aber der Kapitän ist das Genom.

---

[1] Wir haben schon auf S. 59 auf die Unhaltbarkeit dieser Vorstellung hingewiesen.

Die Zurückführung von Entwicklungsvorgängen auf hormonale Wirkung führt zwar zu wesentlichen Erkenntnissen, bleibt aber doch auf halbem Wege stehen. Dies gilt auch bei der Untersuchung der Pubertät. In dieser Entwicklungsphase spielt natürlich die Produktion der Keimdrüsenhormone eine große Rolle. Aber wenn wir danach fragen, warum diese Pubertät so und jene so ganz anders verläuft, wenn wir nach den Eigenarten der psychischen Umstrukturierung fragen, wenn wir uns also das Wesen dieses merkwürdigen Vorganges klarmachen wollen, dürfen wir bei den Hormonen nicht stehenbleiben. Sie sind nur ein Glied in einer Kette von Bedingungen, die — wie alles Entwicklungsgeschehen — bei den Genen beginnt.

Also: nicht die Keimdrüse macht die Pubertät, sondern: der Organismus gelangt auf Grund der ihm durch sein Genom innewohnenden Entwicklungspotenzen zur Reifung und damit auch seine Keimdrüsen. Oder noch schärfer präzisiert: nicht die Keimdrüse läßt den Organismus reifen, sondern der Organismus läßt die Keimdrüsen reifen.

Betrachten wir unter diesem Gesichtspunkt das Pubertätsgeschehen, so verlieren die Hormone erheblich an Bedeutung. Sie spielen für den ganzen Vorgang nur eine sekundäre Rolle. Was uns an diesem Geschehen vor allem hier zu interessieren hat, ist die primär genetisch gesteuerte Strukturveränderung der Psyche selber.

Es gibt viele sehr gute Darstellungen des Strukturwandels, der sich während der Pubertätszeit vollzieht. Als eine der schönsten Darstellungen wollen wir uns hier auf die Schilderung beziehen, die Spranger über die Psychologie des Jugendalters gab. Liest man die Gesamtcharakteristik der psychischen Entwicklung, dann drängt sich der Eindruck förmlich auf, daß die schizothyme psychische Struktur im Vergleich zur cyclothymen gar nichts anderes ist als eine Akzentuierung und Fixierung verschiedener Phasen jenes Strukturwandels, den die jugendliche Psyche in der Pubertät durchläuft. In der Tat wurde die Pubertät manchmal als eine „schizothyme Phase der Entwicklung" bezeichnet. Man sah darin jedoch lediglich äußere Ähnlichkeiten, ohne die tiefen genetischen Zusammenhänge darin zu erkennen.

Dies wird deutlich, wenn man die Darstellung von Spranger in der Weise liest, daß man gleichsam hinter dem Phasenhaften des Dargestellten die bleibenden Strukturen sich zu erkennen bemüht. Das wird um so leichter gelingen, je mehr man sich die beiden charakterologischen Grundstrukturen, wie sie Kretschmer gezeichnet hat, zu eigen machte. Aber auch von den Beschreibungen der Charakterformen durch Pfahler oder Jaensch aus kann man diese durchgehende Beziehung deutlich erkennen. Wir heben auszugsweise einige wesentliche Stellen aus Sprangers Darstellung hervor. Die Auswahl ist fast gleichgültig, denn an jeder Stelle springt das Prinzip deutlich in die Augen, wenn man die typischen Strukturen nur einmal unter dem genetischen Gesichtspunkt zu sehen sich gewöhnt hat.

Spranger beschreibt zunächst das Verhältnis zwischen Phantasie und Wirklichkeit beim Kind vor der Pubertät. Für das Kind gäbe es keine Differenz zwischen der Phantasie und der Wirklichkeit. Was für uns Phantasie scheint, hat für das Kind Wirklichkeitswert:

„Weil für das Kind der Kontrast zwischen Phantasie und Wirklichkeit fehlt, der sich uns unvermeidlich aufdrängt, wenn wir von unserer Welt aus in die Erlebniswelt des Kindes hineinblicken, könnte man von der monistischen Phantasie des Kindes reden im Gegensatz zu den dualistischen der späteren Altersstufen oder von einer naiven im Gegensatz zu sentimentalen. Das Kind ist in der Periode, die wir hier meinen, mit seiner ganzen Innerlichkeit noch in die Menschen und Dinge der Umgebung, die es bemerkt, hineingeflochten. Es stellt sich ihnen noch nicht bewußt gegenüber als ein Wesen für sich, wenn es auch den Schmerz der Ichbeeinträchtigung Stunde für Stunde erleben muß. Aber dieser Schmerz ist noch kein Weltschmerz. Seelische Innenwelt, fremde Seelenwelt und unbeseelte Welt sind noch nicht auseinander gerissen."

Damit ist sehr schön im Erleben des Kindes das zusammengefaßt, was im Hinblick auf die Funktionen von JAENSCH als die hohe Integration bezeichnet wird und was sich andererseits in den stark integrierten Charaktertypen wiederfindet. SPRANGER fährt fort:

„Diese Charakteristik ist aber nicht ganz richtig. Sie übertreibt, um zunächst den entscheidenden Punkt herauszuheben. In Wahrheit ist auch das Leben des Kindes kein rein monistisches Verschmolzensein in die ihm bedeutsamen Umgebungsausschnitte. Auch das Kind erlebt von früh auf einen Kontrast, nämlich den Kontrast seiner naiv beseelenden triebhaften Einstellungen gegen den sog. „realen" Weltlauf und gegen die Forderungen der erwachsenen Welt, die in zahllosen Beziehungen in seine Welt eingreifen. Ferner: es erlebt diese seine zweite Welt keineswegs nur schmerzhaft und ablehnend, sondern in sie hineinlangend und zu ihr immer entschiedener hinstrebend, also mit einem kurzen Wort: dem Kontrasterlebnis, mit dem wir die Kinderwelt sehen und das uns — schon weil es sentimental stimmt — zur ganz einfühlenden Kinderpsychologie ungeschickt macht, entspricht auch im Kinde selbst etwas, nur daß es den Kontrast von der entgegengesetzten Seite erlebt und nicht mit romantischem Rückwärtssehen, sondern entdeckungsfrohem Vorwärtsstreben. Das ist im Grunde nur natürlich: Blicke ich über den Zaun in den Garten des Nachbars, so sehe ich seinen Besitz anders, als er den meinigen sehen muß wenn er zu mir herüberblickt.

Unsere Beschreibung der kindlichen Welt führt uns also auch nur bis an die Grenze heran, jenseits deren eine von uns so abweichende Struktur beginnt, daß wir sie zwar noch verstehen, aber nicht voll nacherleben können. Ganz können wir in diese Form nicht mehr hinein, weil unsere Seele. um mit Hölderlin zu reden, zu reif geworden ist."

Es ist dieselbe Unfähigkeit, mit der der Schizothyme die cyclothyme Struktur zwar versteht, aber nicht nacherleben kann, weil er zu „reif" geworden ist. Und es ist dieselbe noch größere Unfähigkeit, mit der der Cyclothyme der schizothymen Struktur wie etwas Fremdem, Unverständlichem gegenübersteht.

„Zu jenen beiden allgemeinsten Formen der Wirklichkeit, die nach Kant das Grundschema der Erscheinungswelt allgemeingültig bestimmen, zu Raum und Zeit, hat das Kind jedenfalls ganz anders gefärbte Erlebnisbeziehungen als der Erwachsene. Ob es den Raum als unendlich vorstellt, weiß ich nicht. Das aber steht fest, daß für das Kind noch mehr als für den naiven Hinterwäldler der Raum aus zwei Sphären besteht: einer um das Ich herumgelagerten, wohlbekannten und eindeutig erfüllten Zentralsphäre, und einem großen Mantel, der mit beliebigen Gebilden aus der Innenwelt ausgestattet werden kann. Jene Kernsphäre nun wird aufs Intensivste ausgeschöpft. Jedes kleinste ist in ihr bekannt und voll nächster Beziehungen zum eigenen Ich. Niemals wieder lernen wir im Leben einen Raum so intensiv kennen, als wir einen Winkel des Zimmers als kindliche „Entdeckungsreisende" erforscht haben."

Wir werden noch sehen, wie anders der Pubertierende den Raum erlebt, wie dort erst das Erlebnis der Ferne, der Unendlichkeit auftaucht.

„Anders und doch ähnlich liegt es für das Zeiterleben des Kindes. Die Zeit ist noch nicht diese zusammenhängende, unerbittliche Bewegung unserer selbst und alles Seins auf einer Linie, von der nie ein Punkt wiederkehrt, die aber — für den Lebenden als Subjekt — einmal plötzlich abreißen und ins Dunkle entschwinden wird, sondern eine Folge von anfänglich unverbundenen, in sich unendlichen Momenten, von denen jeder zwar im Leben so intensiv ausgekostet wird, daß das Bewußtsein des Flusses und des Unwiederbringlich fast ganz fehlt. Wird plötzlich die Zeit anders erlebt, so kann dies eine metaphysische Erlebnis den Abbruch der Kindheit, das Erwachen der Seele ankündigen. Denn der seelische Übergang in die Pubertät erfolgt, wie wir noch sehen werden, oft durchbruchartig, als sei eine Hülle plötzlich durchgestoßen und eine tiefere Schicht aufgebrochen."

SPRANGER bringt dafür ein eindrucksvolles Beispiel aus den Jugenderinnerungen des Adolf Stahr, worin dieser beschreibt, wie er mit 13 Jahren — auf der Fahrt zu einem Besuch, auf den er sich sehr freute, plötzlich unterwegs den Gedanken hatte: an eben dieser Stelle wirst du heute abend wieder vorbeifahren, und dann wird all die Freude vorbei sein. „Ich hatte das Gefühl der Unendlichkeit der Zeit verloren, das recht eigentlich zum Glücke der Kindheit und Jugend

gehört. Meine Jugend war vorbei." Spranger bemerkt hierzu: „Sagen wir genauer, seine Kindheit war vorbei; er war in das Stadium der seelischen Pubertät
eingetreten; er hatte aufgehört, naiv zu erleben. Es war jenes Sentimentale in
ihm erwacht, dessen eigentliche Hintergründe wir in diesen Betrachtungen zu
charakterisieren suchen."

„Es gibt weiter im Kindesalter noch kein Nachdenken über die seelische Seite der um-
gebenden Menschen, die nicht gerade dem kleinen Ich (als dem Weltmittelpunkte) ausdrücklich zugewandt ist. ... Und endlich findet in diesem Lebensalter noch viel weniger eine
Reflexion über die eigene Seele statt, es sei denn, daß dies durch nachdrückliche Hinlenkung
seitens einer pietistischen Umgebung oder durch Erziehungsdruck künstlich und vorzeitig
herausgeholt werde."

Gerade dieses Fehlen von Reflexion finden wir wieder bei den Cyclothymen
klassischer Prägung. In fast allen von Kretschmer gezeigten Lebensbildern
kehrt diese durchaus realistische, unspekulative, unreflexive Grundeinstellung
des pyknisch-cyclothymen Menschen wieder.

Spranger beschreibt nun weiter in kurzen Strichen die Zeit vom 8. bis
12. Lebensjahr, die sich von unserem Gesichtspunkte aus, als noch vor der be-
ginnenden Pubertätsentwicklung liegend, an die bisher geschilderte unmittelbar
anschließt und auch weiterhin Grundzüge erkennen läßt, wie sie gar nicht charakteristischer für den pyknisch-cyclothymen Charakter geschildert werden
könnten:

„Bezeichnend für dieses Alter ist in der Regel eine frische, nach außen gewandte kindliche
Realistik. Die Grundlage bildet ein kräftiges körperliches Lebensgefühl. Ein hoher Grad
von Anpassung an die kindlichen Lebensbedingungen ist erreicht. Daraus folgt ein Sicherheitsgefühl, das allmählich immer mehr anwächst und endlich ein Kraftüberschuß, der sich
in den bekannten Erscheinungen der Flegeljahre entlädt. Der Knabe ist (im Gegensatz zur
inneren Unsicherheit der Pubertät) seiner selbst gewiß und sich selbst genug. Die beseelende
Funktion zieht sich aus der Wirklichkeitsauffassung schon merklich zurück. Sie wird schon
mehr zur „Phantasie" in unserem Sinne und ergeht sich in freien Umdeutungen der wirklichen Situationen. Sie betätigt sich mehr im Spiel mit Kameraden, als im Umgang mit leblosen Dingen (Baukasten, Soldaten). Der realistischere Charakter des neuen Spielens aber
kommt in solchen Wendungen zum Ausdruck, wie „das ist kein richtiges Spiel", d. h. die
Phantasie bindet sich stärker an selbstgegebene Regeln. Im übrigen ist das Interesse stark
nach außen gewandt. Außenwelterkenntnis wird durch bewußtes Fragen und Forschen
gesucht; typisch für diese Zeit ist ferner das Erwachen technischer Interessen, das auch
bei dafür Unbegabten zu dem „Basteln" führt. Der Mensch in dieser Epoche seiner Entwicklung ist schon Realist. Aber er ist es in eigentümlicher Beschränkung auf die Gegenstände, die die kindliche Welt ausmachen oder in sie hineinreichen. Man hat den entschie-
denen Eindruck, daß das Kind als solches „fertig geworden ist". Ein Gleichgewichtszustand
der Kräfte ist erreicht, soweit es sich um die Bewältigung der bisherigen Lebenssphäre handelt."

Transformieren wir das Strukturelle an diesem Bilde auf Erwachsenendimensionen (ebenso, wie wir die Proportionen der Stufe 3 der Abb. 1 [S. 18]
auf Erwachsenendimensionen brachten), dann haben wir ungemein viel vom
Bilde der cyclothymen Struktur vor uns. Dies braucht gar nicht im einzelnen
ausgeführt zu werden.

In diese gesicherte Seelenlage bringt nun die Reifezeit so tiefe neue Erschütte-
rungen, daß man nicht mit Unrecht von einer neuen Geburt gesprochen hat.
Spranger sagt darüber: „Der Prozeß selbst kommt von innen, aus dem Wachstum der Seele selbst. Er kann nicht als Wirkung von außen betrachtet werden.
Er tritt verschieden stark auf. Aber er bleibt bei geistig gesunden Personen nie
ganz aus." Diese Unterschiedlichkeit aber, mit der der Prozeß bei den verschiedenen Charakterformen auftritt, ist in enormem Maße konstitutionstypisch bedingt, worauf weder Spranger noch auch die moderne typologische Forschungsrichtung in besonderem Maße geachtet hat. Während er bei der einen Form
gleichsam an der Oberfläche bleibt, so daß die darunterliegende ursprüngliche
Struktur nicht wirklich von Grund aus umgewandelt wird, sondern sich in wesent-

lichen Zügen erhält — es sind die Formen, die wir eben später als cyclothym
bezeichnen —, prägt er beim anderen Extrem die kindliche Struktur von Grund
aus um, schafft eine scheinbar völlig neue Struktur, die, wie sich zeigen wird,
genau in ihrem Wesen derjenigen entspricht, die wir als die schizothyme bezeichnen. Bei den mittleren Formen gleicht sich auch diese extreme Strukturbildung später in dem harmonischen Bild der Synthymen aus.

„Wir müssen versuchen, die Kennzeichen der neuen seelischen Organisation an den entscheidenden Punkten zu fassen. Es sind drei:
1. die Entdeckung des Ich;
2. die allmähliche Entstehung eines Lebensplanes;
3. das Hineinwachsen in die einzelnen Lebensgebiete.
Das erste ist das (metaphysische) Grunderlebnis der Individuation; das zweite die Auswirkung dieses Eigenseins (dieser Form) an dem Stoff des Lebens; das dritte die Auseinandersetzung mit den einzelnen Seiten des Lebens, die anfangs noch unverbunden erfolgt, bis im
günstigen Falle die individuelle Formkraft sich durchgesetzt hat. — Ich erläutere diese drei
Momente noch etwas näher.
1. Die Entdeckung des Fürsichseins ist nicht so aufzufassen, als ob es bis dahin
kein Icherlebnis gegeben hätte[1]. Auch das Kind hat sein Ego. Aber es ist ihm so selbstverständlich, daß es ihm gar nicht als etwas zum Bewußtsein kommt, das auch nicht sein
oder nicht gelten könnte. Man kennt den erfrischenden, unreflektierten Egoismus des Kindes.
Unser Stichwort ist aber auch nicht so zu verstehen, als ob der Mensch in den Reifejahren
nun schon sich selbst fände, wie es Wilhelm Meister am Ende seiner Lehrjahre tut und am
Ende der Wanderjahre auf einer höheren Stufe noch einmal tut. Sondern gemeint ist, als
ein eigenartig Neues, die Wendung des Blickes nach innen (Reflexion), die Entdeckung
des Subjektes als einer Welt für sich, die auf immer inselhaft getrennt ist von allem anderen
in der Welt, von Dingen und Menschen — und damit das Erlebnis der großen Einsamkeit."

Auf dieses grundlegende Moment der Reflexion wurde in der Typenkunde
noch zu wenig geachtet. Es ist mir kein Zweifel, daß sich hier in der Tat grund-
legendste konstitutionstypische Unterschiede manifestieren. Es wäre eine
lohnende Aufgabe, diesem Moment bei typologischen Untersuchungen und Experimenten, aber auch in Biographien und im künstlerischen Schaffen cyclothymer
und schizothymer Schriftsteller näher nachzugehen. — SPRANGER fährt fort:

„Derselbe Mensch findet die entgegengesetztesten Züge in sich, wechselnd wie Wellen-
gipfel und Wellentäler; auf Übercnergie und Rekordbrechen folgt unsägliche Faulheit. Aus-
gelassener Frohsinn weicht tiefer Schwermut. Göttliche Frechheit und unüberwindliche
Schüchternheit sind nur zwei verschiedene Ausdrucksformen für den einen Tatbestand,
daß sich das wichtigste der Seele in völliger Zurückhaltung und Heimlichkeit vollzieht.
Ebenso wechseln Selbstzucht und Selbstverleugnung, Edelmut und Frevelsinn, Geselligkeits-
trieb und Hang zur Einsamkeit, Autoritätsglaube und umstürzlerischer Radikalismus, Taten-
drang und stille Reflexion.
Mit einem Wort: je stärker die Stürme der Pubertät toben, um so mehr entsteht der Eindruck, daß eigentlich der Stoff zu allem in der Seele sei. Gleichviel nun, ob es so ist —
eine sehr metaphysische Frage —: für den Jugendlichen selbst muß dieses Hin- und Her-
geworfenwerden etwas unendlich Quälendes haben."

SPRANGER stellt sich vor, daß die Natur hier eine Art von Selektionsbasis
für den künftigen Menschen schaffe; sie experimentiere mit sich selber, um zuletzt eine einzelne Form als bestimmtes Ergebnis stehenzulassen. Dieser Gedanke
kommt unseren genetischen Vorstellungen sehr nahe. Wir fangen langsam an,
die unendliche Mannigfaltigkeit der schizothymen Formen zu verstehen, der
gegenüber der Cyclothyme außerordentlich einheitlich erscheint. Wir beginnen

---

[1] Dazu bringt SPRANGER folgende Fußnote: „Die Psychologie müßte die Stufen der Be-
wußtheit näher untersuchen. Es gibt ein einfaches Bewußtsein, das sich in dem Haben von
Erlebnissen und Akten zu erschöpfen scheint. Darüber erhebt sich ein Bewußtsein, das
diesem Haben noch einmal zusieht (erste Stufe der Reflexion). Endlich gibt es ein Bewußtsein, das das Seelische auf Begriffe bringt und sich zu einem Wissen vom Bewußtsein erhebt
(2. Stufe der Reflexion). Z. B.: Ein Bergsteiger kann die Hochgebirgswelt einfach erleben,
er kann aber auch dies sein Erlebnis noch erleben und dadurch den Genuß steigern oder
melancholisch verstimmt werden. Endlich kann er sich über dies Erlebnis Rechenschaft
ablegen. Gemeint ist hier die erste Stufe der Reflexion.

zu ahnen, inwiefern jene Kritiker der KRETSCHMERschen Lehre recht und unrecht zugleich haben, wenn sie an der allzu weiten Fassung des Schizothymie-
begriffes beanstanden, daß er die „allgemeinmenschliche Problematik" schlechthin
betreffe.

„In allem Wechsel der Stimmungen und Seelenlagen heben sich nun aber gewisse Tendenzen
heraus, die für alle Jugendlichen typisch sind. Sie hängen sämtlich mit dem zusammen,
was wir die Entdeckung des Selbst genannt haben. Alle diese Erlebnisse sind ungeheuer
stark ichbezogen. Beim Kinde waren sie es auch, aber noch ganz naiv. Jetzt herrscht ein
neues Ichgefühl vor: das Bewußtsein, daß sich eine tiefe Kluft zwischen dem Ich und allem
Nichtich aufgetan hat, daß nicht nur alle Dinge, sondern auch alle Menschen unendlich fern
und unendlich fremd sind, daß man mit sich im tiefsten allein ist. Damit ist jener geistige
„Sündenfall" vollzogen, durch den sich Subjekt und Objekt getrennt haben. Die Subjektivität
wird nun zu einer Welt für sich. „Im Inneren ist ein Universum auch." Das Sichselbst-
erleben beginnt.

Die natürliche Folge ist Selbstreflexion in allen möglichen Formen, aber von dem bloßen
Sicheingraben in die eigenen gegenstandslosen Gefühle bis zu philosophischer Vertiefung.
Es gibt in diesen Jahren einen Grübelzustand ohne Gedanken. Gottfried Keller schildert
ein solches zielloses Insichversunkensein im „Grünen Heinrich": nach dem Künstlerfest
sitzt er tagelang vor der Staffelei und fügt sinnlos Strichelchen an Strichelchen. Aber dieser
Zustand kann sich verdichten bis zu der radikalen Existenzfrage: „Warum lebe ich überhaupt? Warum ist nicht lieber nichts?" Das Kind fragt: „Wo war ich, als ich noch nicht
geboren war?" Allenfalls: „Was war, als ich noch nicht war?" Der Jugendliche fragt: „Warum
bin ich, worin liegt mein Wert?" Die Ratlosigkeit dieses metaphysischen Kampfes und der
rein metaphysische (nicht notwendig ethische) Ekel an sich selbst kann in hochgesteigerten
Fällen bis zum Selbstmord führen."

Wir kommen hier nahe an Entwicklungen heran, wie sie den Beginn mancher
schizophrener Prozesse kennzeichnen. Daraus ergab sich von selbst die Annahme
fließender Übergänge von der schizothymen Charakterstruktur über das Schizoid
bis zur schizophrenen Psychose. Man muß sich bei der Diskussion dieser „Übergänge" im klaren sein, ob man das Psychische von außen gesehen meint (objektive Psychologie) oder von innen nacherlebend bezielt (subjektive Psychologie,
Phänomenologie)[1]. Im ersten Fall scheint mir an der Annahme von Übergängen
nicht zu zweifeln, da man sehr wohl eine kontinuierliche Reihe von zunehmendem
Autismus oder abnehmender Umweltkohärenz bilden kann, die ohne scharfe
Grenzen vom Schizothymiker bis zum Schizophrenen verläuft. Im zweiten Fall
ist es viel zweifelhafter, denn möglicherweise ist die schizophrene Erlebnisstruktur
eine grundsätzlich andersartige Erlebnisform, die wie ein Destruktionsprozeß im
Körperlichen, an einem klar definierbaren Punkt beginnt, von dem aus man
sagen kann: von hier an ist Schizophrenie; eine Erlebnisstruktur, die sich gegen
jedes, auch psychopathisch-abnorme Erleben scharf abheben läßt (K. SCHNEIDER)[2].
Aber selbst hier ist es auch möglich, daß Zwischenformen bestehen, daß also
gleichsam Bruchlinien durch die Erlebnisstruktur laufen, die aber gleichwohl
„halten", nicht dekompensiert oder gar progredient werden. Es mündet dann
in eine terminologische Frage aus, ob man derartige (gewiß nicht häufige) Formen
schon Schizophrene oder noch Schizoide nennen soll.

„Man achte nun auf die seltsame Gegensätzlichkeit der Innenbewegung, die teils darauf
gerichtet ist, sich selber zu entfliehen, teils darauf, sich selbst zu finden. Ein und dieselbe
Erscheinung kann beides enthalten. So ist der Wandertrieb, der seit Ewigkeiten junge Men-

---

[1] Im Sinne von JASPERS.
[2] Ich bin persönlich der Meinung, daß das schizophrene Erleben, von innen her
(phänomenologisch) betrachtet, überhaupt nicht in der Fortsetzung des schizoiden oder
schizothymen Erlebens liegt, gewissermaßen als dessen höchste Steigerung, sondern in
gerade entgegengesetzter Richtung. Denn die Schizothymie bedeutet subjektiv: Erlebnis
der Abhebung des Ich vom Außen, bedeutet: Aufrichtung und Festigung der Wände des
Ich, bedeutet: Individuation; die Schizophrenie ist hingegen subjektiv: Erlebnis des Ich-
Verlustes, Zusammenbruch der Wände des Ich gegen das Außen; sie bedeutet: magische
Kollektivation.

schen erfüllt, ein Ausdruck der inneren Unruhe, die von der Scholle (also einem Stück des alten Ich) losstrebt, Betäubung sucht bis zur Dumpfheit, äußeren neuen Eindrücken nachjagt und doch wieder Stille und Sammlung anstrebt. Vieles im Jugendalter dient überhaupt der Betäubung oder mindestens der Dämpfung des seelischen Zustandes, der an sich schon die Doppelseitigkeit des „Rausches" in sich trägt, ekstatische Selbsterhöhung und Selbstauslöschung zu sein. Der dionysische Taumel dieser Jahre strebt geradezu nach schweren Erschöpfungszuständen, die dann Ruhe vor sich selbst mit sich bringen. Andere leben stiller, literarischer. Sie „befreien" sich von ihren Übererregungen, indem sie sie dem Tagebuch oder einem Gedicht anvertrauen. Geformter Ausdruck ist immer beides: Selbstfindung und Selbstbefreiung. Das ausgesprochene Freundschaftsverhältnis des jungen Menschen zu seinem Tagebuch beruht darauf, daß es ihm Leiden und Freuden abnimmt, ihn gleichsam anzuhören scheint und ihm jene restlose Offenheit gestattet, die allein den Wall von Selbstschutz und Verschlossenheit für stille Augenblicke sprengt."

Hier zeigt sich sehr deutlich jene innere Zwiespältigkeit und Gegensätzlichkeit, jene Polarität in der Einheit des Selbst, jene tiefgreifende Strukturbildung, die dem Schizothymen seinen Namen gab und die dem Cyclothymen fehlt.

„Das Erwachen des Selbst äußert sich aber nicht nur in Selbstreflexion, sondern auch in großer Empfindlichkeit, die auf ein gesteigertes, noch höchst schonungsbedürftiges Selbstgefühl hinweist. Die eben für sich selbst aufblühende Seele beansprucht um so mehr Achtung von den anderen, besonders von den Erwachsenen, als sie ihrer selbst noch gar nicht sicher ist. Die Existenz in diesem „Zwischenlande" ... bedingt eine große Labilität des gesamten inneren Zustandes."

SPRANGER beschreibt weiter, wie es das Schicksal dieses Lebensalters sei, nicht für voll genommen zu werden, obwohl gerade danach das heiße Bedürfnis besteht. Wird dieses Bedürfnis nach Geltung und Anerkennung nicht befriedigt, so erfolgt eine „Sezession", d. h. der Jugendliche verlegt das Schwergewicht seines Lebens in eine Sphäre, die von den Maßstäben der Erwachsenen frei gehalten ist. Er mißt sich dann nach eigenen Maßen. Setzen wir hier anstatt des Jugendlichen den Schizothymen und statt des Erwachsenen die Mitwelt schlechthin, so behält der Satz völlig seine Gültigkeit.

„Neben Selbstreflexion und Empfindlichkeit ist auch der erwachende Selbständigkeitsdrang ein Zeichen, daß sich in der Tiefe der Seele ein neues Ich gebildet hat. „Emanzipationsbestrebungen" sind daher in dieser Lebensepoche notwendig, nicht etwa Ausfluß von Ungehorsam oder Lieblosigkeit. Der junge Mensch beginnt sich selbst Ziele zu setzen. Zunächst nur experimentierend. Eine Wanderung — in sinnlosem Tempo und unmäßiger Ausdehnung — wird unternommen, um vor sich selber festzustellen, wie weit man kommt. Naturgenuß spielt dabei im Anfang keine oder eine sehr nebensächliche Rolle. Ja, ob sich dieser Drang auf einen Leibessport wirft oder auf Sammeln, auf Abhandlungen schreiben oder auf Laubsägen, das ist psychologisch genommen ... ein und dieselbe Sache. Denn das wichtigste dabei ist, etwas Eigenes zu haben, eine Domäne, in die kein anderer dreinredet. Damit stimmt die andere Erscheinung überein, daß solche Anwandlungen geradezu „anfallartig" auftreten. Sie setzen ganz plötzlich ein — der Beobachter sucht vergeblich nach dem Motiv — und sie hören nach 6 Wochen oder einem halben Jahr ebenso plötzlich auf, falls sie nicht — und dies ist ein ungünstiges Zeichen für die Entwicklung — trotz ihres geringen Sinngehaltes zuletzt chronisch werden."

Hier sehen wir förmlich den „Schizoiden" in statu nascendi, aus einer Persistenz dieser Pubertätsleidenschaften entstehen. Wir werden auf diese Dinge[1], sofern sie die psychopathologische Seite dieses Problems berühren, im 3. Teil zurückkommen.

Über die Entstehung eines Lebensplanes sagt SPRANGER:

„Für das Kind ist im allgemeinen das Leben eine Folge von unverbundenen Momenten. Indem es von Genuß zu Genuß, von Interesse zu Interesse eilt, hat es noch nicht das Bewußtsein, damit an einem Ganzen zu wirken. Die Zeit scheint unbegrenzt. Keine Lebensepoche stellt sich dem subjektiven Erleben als so lang dar wie die ersten 12 bis 13 Jahre. Bekannt ist auch das geringe Gedächtnis des Kindes für Gemütsbewegungen; sie haben noch keine so zentrale Lebensbedeutung wie später. Mit der seelischen Pubertät beginnt ganz allmählich, von Jahr zu Jahr wachsend, die neue Einstellung: Du wirkst mit deinem Tun an einem Ganzen, und was du in dieses Gewebe hineinwebst, ist unwiderruflich. Es bleibt ein Stück von dir."

[1] Vgl. auch KRETSCHMER: „Geniale Menschen". Berlin 1929.

So beginnt sich langsam ein Ideal zu formen. Jedem steht in dieser Zeit ein Bild von dem vor der Seele, was er werden soll; „nicht als abstrakte Formel eines kategorischen Imperativs, sondern als das plastische Bild einer idealen Form der eigenen Seele (Entelechie). Und dieses Formgesetz, in das die besten inneren Kräfte hineinstreben, wird in den Hemmungen von innen und außen zum Normgesetz". Von hier aus sind Verschiebungen und Verbildungen, Abirrungen und Störungen nach vielen Richtungen denkbar. Die Beziehungen zur Neurosenlehre tun sich auf; doch wollen wir hier darauf nicht näher eingehen. Aber auch SPRANGER stößt auf Schritt und Tritt an die Grenze des Abnormen:

„Minderwertigkeitsgefühle erzeugen von selbst Kompensationstendenzen; manchmal wirken sie sich auf dem Gebiete der Minderwertigkeit selbst aus; häufiger noch auf anderen Gebieten. Der Drang nach Fülle des Lebens und der Liebe, zu deren Realisierung ROUSSEAU die Kraft fehlte, ließ in ihm als poetische Kompensation die „Neue Heloise" entstehen. Wer selbst sehr stark lebt, schreibt keine Romane. Darin zeigt sich die produktive Kraft der Sehnsucht. Beeinträchtigungsgefühle, d. h. Minderwertigkeitsgefühle, die durch Nicht-anerkennung seitens der Umgebung veranlaßt sind, drängen die seelischen Energien in eine andere Richtung ab, in der der Weg nicht versperrt ist. Das Schwergewicht des Geltungs-dranges wird in andere gesellschaftliche Kreise verlegt, oder er äußert sich als Angriffstrieb und Verneinungstrieb (Aggressionstrieb oder Negationstrieb), oder er führt zum Selbstgenuß der Einsamkeit, wie bei NIETZSCHE, der in seiner inneren Mächtigkeit schwelgte, je mehr ihm das Gefäß des wirklichen Lebens in seiner Hand zersprang."

SPRANGER spricht von der „unendlichen Verschlossenheit dieses Alters", die sorgfältig verberge, was in den Tiefen geschieht.

„Sichtbar wird ein hartnäckiger Widerstand, Trotz, Feindseligkeit; wunderliche Vor-sätze, die nur aus Negation eines anderen, von außen aufgenötigten, erklärbar sind; plötzliche Loslösungen vom alten Glauben und alten Idealen, geliebten Menschen und Gegenden. Hinter all diesen Ressentimenterscheinungen liegt ein Typus des Verhaltens, den ALFRED ADLER richtig charakterisiert: „Ich muß so handeln, daß ich letzten Endes Herr der Situation bin." Die innere Verkrampfung kann schon im Jugendalter so weit gehen, daß Selbstmord geübt wird nur aus Lust an der Vorstellung der Qual, die einem anderen dadurch bereitet wird. Das geknickte Selbstgefühl greift nach jedem Ersatz, der einen Teil des Erstrebten zu retten gestattet, koste es, was es wolle."

Auch hier wieder sind die Beziehungen zum Psychopathologischen außerordentlich enge und fließende. Die ganze reiche Fülle schizothymer Züge, wie sie KRETSCHMER in seinen Charakterbildern der schizothymen Struktur entwirft, ist identisch mit diesen Pubertätsbildern. Es sind nicht oberflächliche „Ähnlichkeiten", sondern tiefste Identitäten. Sowohl die hyperästhetischen Formen, die Feinsinnig-Kühlen, die Pathetischen, die Romantischen und Sensitiven, wie auch die anästhetischen Formen, die Kalten, Despotischen, Jähzornigen, Dumpfen und Zerfahrenen, sind solche Dauerprägungen aus der Zeit einer kritischen Pubertätsentwicklung.

In dieser ganzen schönen Darstellung von SPRANGER wurde die Entwicklung der jugendlichen Erotik noch nicht einmal gestreift. Die Entwicklung des Geschlechtstriebes ist in diesen ganzen Strukturprozeß eingebettet. Sie ist ein Teil davon, der nicht daraus zu abstrahieren ist, der aber auch nicht die „Ursache" dieser Entwicklung ist. Die geschlechtliche Reifung besitzt ohne Zweifel eine hohe Selbständigkeit im Prozeß der Strukturbildung. Sie ist — biologisch gesprochen — das Ziel des ganzen Entwicklungsprozesses, das unter allen Umständen erreicht wird. Die verschiedenen Formen, gleichsam Meilensteine auf dem Wege der fortschreitenden Strukturbildung, haben deshalb nichts mit den verschiedenen Entwicklungsstadien der sexuellen Reifung zu tun, die immer bis zum Endpunkt verläuft. Es handelt sich dabei um einen unabhängigen Determinationsvorgang. So nimmt im gesamten Prozeß der ontogenetischen Strukturbildung die sexuelle Reifung eine eigenartige selbständige Sonder-stellung ein. Sie ist auch begrifflich wohl zu trennen von den Vorgängen der

Strukturbildung. Formen, die auf dem Wege der sexuellen Reifung zurückbleiben (wir sprechen dann von Retardierung), gehören ins Gebiet des Pathologischen. Wir kommen im 2. Teil darauf näher zu sprechen.

Überblicken wir zusammenfassend die Darstellung, die SPRANGER von der
Pubertätsentwicklung gibt, so läßt sich daran besonders eindrucksvoll erkennen,
wie jener seltsame Umbruch der menschlichen Seele sich vollzieht aus einem
Zustand naiver, in sich selbst ruhender, realistischer, nach außen gewandter
Seelenverfassung, dem daraus wachsenden Sicherheitsgefühl, dem hohen Maß der
Anpassung, dem Kraftüberschuß usw. in eine Struktur sentimentaler, reflektier-
ter, gespannter, idealistischer Seelenverfassung mit nach innen gewandter Blickrichtung, dem Erlebnis des Fürsichseins, der Abhebung vom Außen. Für diese
Entwicklung und ihre Gesetzlichkeit, die nur ein Teil der großen Urgesetzlichkeit
ist, die sich in allen Entwicklungsvorgängen in der Natur findet und die wir als
strukturelle Progression bezeichnen, wollen wir für alle folgenden Überlegungen den prägnanten Ausdruck der Individuation wählen, da er am besten
das Wesentliche in jenem psychischen Strukturwandel wiedergibt[1].

Der Mensch bekommt nun ,,eine Oberfläche und eine Tiefe''. Wir können es
der Fassade nicht mehr ansehen, was dahinter ist; und wir müssen an den Vergleich mit den römischen Häusern denken, ,,Villen, die ihre Läden vor der grellen
Sonne geschlossen haben; in ihrem gedämpften Innenlicht aber werden Feste
gefeiert''. Wir können die Schilderungen der schizoiden Temperamente von
KRETSCHMER von Anfang bis Ende verfolgen: wie ein roter Faden zieht als
das gemeinsame ihrer Züge jene Übereinstimmung mit dem kritischen Umbruch der Pubertätsentwicklung hindurch.

Man hat, wie schon erwähnt, oft gegen KRETSCHMER kritisch eingewendet,
daß er die Grenzen dessen, was er schizothym nannte, nicht scharf genug gezogen habe, so daß der Begriff, insbesondere in seiner Prägung des Schizoiden,
bald so ausgeweitet wurde, daß schließlich darunter alles Allgemeinmenschliche
schlechthin, alle menschliche Problematik überhaupt verstanden wurde. Man
hat sich gefragt, worin denn der gemeinsame Nenner der ,,typisch schizothymen
Eigenschaften'' liege. KRETSCHMER selbst glaubte ihn im Temperament zu
sehen, d. h. in den verschiedenen Schwingungsebenen der Temperamente, beim
Cyclothymen zwischen den Polen heiter und traurig, beim Schizothymen zwischen
den Polen überempfindlich und kühl. Es ist inzwischen klargeworden, daß die
tiefreichenden strukturellen Unterschiede der beiden Typen nicht zur Gänze auf
Unterschiede des Temperaments im engeren Sinne zurückführbar sind (PFAHLER,
vgl. unten), sondern daß umgekehrt die Gefühlsansprechbarkeit mit ihren Polari-
täten selbst nur ein Teil der strukturellen Unterschiede der Typen sind. Welches
aber jener ,,gemeinsame Nenner'' eigentlich ist, blieb bisher dunkel.

Was nun das Temperament betrifft, so erkennen wir, daß die beiden
,,Schwingungsebenen'' nicht einfach nebeneinander zu stellen sind, sondern daß
sie bei genetischer Betrachtung gleichsam zeitlich hintereinander stehen. Zu der
Schwingungsebene der diathetischen Proportion zwischen den Polen heiter und
traurig, die jene polare Abhebung vom Innen und Außen noch nicht kennt, kommt
im Verlauf des ontogenetischen Individuationsprozesses eine neue Schwingungsebene hinzu, die sich in der psychästhetischen Proportion zwischen den Polen überempfindlich und kühl darstellen läßt. Auch das hyperästhetische oder anästheti-
sche (schizothyme) Temperament schwingt natürlich zwischen den Polen heiter

---

[1] C. G. JUNG gebraucht den Ausdruck in einem etwas weiteren Sinn (C. G. JUNG,
Die Beziehungen zwischen dem Ich und dem Unbewußten, Darmstadt 1928), so daß unser
Begriff ganz in den seinen hineinfällt.

und traurig. Es ist nur außerdem noch durch den Grad der Reizempfänglichkeit
charakterisiert, die erst durch die erlebte Abhebung des Ich vom Außen möglich
wird. Das cyclothyme Temperament kennt nur das unreflektierte Eingebettetsein
im Erlebnisganzen, in dem jene Abhebung des Ich noch nicht in diesem Um-
fange erlebt wird. Das schizothyme Temperament hat also gegenüber
dem cyclothymen eine wesentliche Struktureigenschaft hinzube-
kommen; eine gewaltige Binnengliederung hat sich vollzogen.

PFAHLER hat darauf aufmerksam gemacht, daß es sich bei den beiden Temperamentsformen nicht um reine Gegensätze handeln könne, sondern einerseits um
qualitative, also nach Art und Richtung der Ansprechbarkeit der Gefühle bestimmte Formen andererseits um solche quantitativer Art, also nach Stärke
und Schwäche der Ansprechbarkeit charakterisierte Formen. Quantitäts- und
Qualitätsformen könnten aber grundsätzlich keine polaren Gegensätze sein. Es
tue sich hier — nach PFAHLER — außerdem eine entscheidende Schwierigkeit
in der KRETSCHMERschen Charakterologie auch dort auf, wo er diese Reaktionsweisen in ursächlichem Zusammenhang mit anderen, nicht polaren Gefühlsformen
bringt. KRETSCHMER konstatiere einfach diese ursächliche Abhängigkeit der ersteren von den letzteren, ohne sie durch charakterologische Analysen zu erhärten.
Wie ließen sich — so fragt PFAHLER — etwa Autismus, Rigorismus, zähes Festhalten an Ideen und Wertungen auf die Wurzeln Über- und Unempfindlichkeit,
wie Kompromißgeneigtheit, Umstellungsfähigkeit, Weitschweifigkeit, Betriebmacherei auf die Wurzeln Heiterkeit und Traurigkeit zurückführen? Die Unlös-
barkeit dieser Aufgabe beweise, daß die schizothymen und cyclothymen Eigenschaften nicht auf jene Temperamentsformen als die zugrundeliegende Grundfunktion zurückführbar seien. Damit begründet PFAHLER die Notwendigkeit der
Aufstellung seiner Grundfunktionsgefüge der festen und fließenden Gehalte.

Diese Kritik PFAHLERS besteht deshalb nicht ganz zu Recht, weil bei
KRETSCHMER der Begriff des Temperaments weit über das hinausreicht, was
KRETSCHMER die diathetische und psychästhetische Proportion nennt. Der
Ausdruck Temperament sei, so formuliert es KRETSCHMER, zunächst noch kein
geschlossener Begriff, sondern ein heuristisches Kennwort, dessen Reichweite
wir jetzt noch nicht übersehen, das aber der Richtungspunkt für eine wichtige
Hauptdifferenzierung der biologischen Psychologie werden soll. Mit dieser Ausweitung kommt der Temperamentsbegriff bei KRETSCHMER, wie mir scheint, einem
Begriff der neueren Psychologie sehr nahe, der, wie sich bereits gezeigt hat, für unsere
genetischen Überlegungen unerläßlich ist, nämlich dem Begriff der Struktur
im Sinne der Schule KRÜGERS. Als Struktur bezeichnen wir das gegliederte, in
sich relativ geschlossene, dispositionelle Ganze im Sinne eines dauerhaften Ge-
füges, das die Bedingungen des Erlebens schafft. Die Gefühle sind nach KRÜGER
die Komplexqualitäten des Erlebens, wobei wir unter Komplexqualitäten jene
spezifischen Eigenschaften verstehen, die über alle Eigenschaften der Elemente
hinaus den zusammengesetzten seelischen Erlebnissen zukommen. Gerade die
Erkenntnis der hohen Bedeutung der Gefühlsseite des Erlebens bildet die Be-
rührungsfläche des Temperamentsbegriffs von KRETSCHMER und des Struktur-
begriffs von KRÜGER.

Erst mit diesem Strukturbegriff können wir die Gesamtheit aller, die beiden
Grundtypen charakterisierenden Eigentümlichkeiten ganz erfassen. Die Unterscheidung betrifft eben in der Tat das ganze Gefüge der Charaktere, so daß es
von vornherein ein fruchtloses Beginnen ist, irgendein Teilbereich, — sei es das
Gefühlsleben oder das Willensleben, das Denken oder das Vorstellen, die Veranlagung zu Anschauungsbildern oder die Triebe usw. — als das „Zugrundeliegende" zu betrachten und alles andere darauf zurückführen zu wollen. Wir

meinen demgegenüber, daß — umgekehrt — der Unterschied der beiden Grundformen eben im strukturellen Ganzen liegt und deshalb auch in allen seinen Teilbereichen sich auswirken muß. Bis hierher sind wir also mit Pfahler ganz einer
Meinung. Die Art der Unterscheidung aber führt notwendig in das Gebiet der
Entwicklungsvorgänge und damit der Genetik, da das gefügehafte Ganze der
menschlichen Persönlichkeit, also die Struktur, eben gerade nicht vom Säuglingsalter bis zum Erwachsenen unverändert und konstant bleibt, wie dies alle
bisherigen Typologien (auch Pfahler) in irgendeiner Form annahmen, sondern
ganz gesetzmäßigen Wandlungen unterworfen ist, die wir mit Krüger als eine
fortschreitende Strukturbildung bezeichnen können.[1]

Pfahler glaubte mit der Aufstellung seiner Grundfunktionen (Aufmerksamkeit, Perseveration, Gefühlsansprechbarkeit, Aktivität) dem genetischen Wesen
des Typus näherzukommen, indem jeweils einer solchen Grundfunktion eine
Genwirkung entsprechen solle und durch eine Reihe von Kombinationen dann
verschiedene Grundfunktionsgefüge entstünden, die der Mannigfaltigkeit der
Charaktere zugrunde liegen. Mit diesem Ansatz blieb Pfahler jedoch unseres Erachtens ganz im Phänomenologischen, denn die Grundfunktionsgefüge der festen
und fließenden Gehalte sind ja, wie wir schon einleitend ausführten, nur phänotypisch betrachtet, „Grundfunktionen". Der Genwirkung sind sie nicht viel
näher als die Begriffe Autismus, Umstellungsfähigkeit, Betriebmacherei usw.
Sein Ansatz ist also zwar eine strukturpsychologische Vertiefung, indem er die
Fülle der charakterologischen Bilder und Varianten auf wenige strukturelle Grundformen reduzierte, aber eine Erklärung genetischer Art, also einen gemeinsamen
genetischen Nenner, gibt auch er nicht.

Sein Werk ist demjenigen Jaenschs in dieser Beziehung außerordentlich
ähnlich, bei dem ebenfalls jene Reduktion der Vielheit charakterologischer Erscheinungen auf ein zugrundeliegendes Strukturprinzip, das Prinzip der Integration, den großen Wert seiner Lehre ausmacht. Aber um ein genetisches Strukturprinzip handelt es sich auch bei ihm nicht. Beide Forscher haben, so nahe sie
den genetischen Zusammenhängen gekommen sind, das genetische Prinzip, das
jenen Strukturformen letztlich zugrunde liegt, nicht gesehen.

Das genetische Prinzip aber lautet: Die polaren Grundstrukturen sind nichts
anderes als zwei verschiedene Determinationsstufen im gleichen ontogenetischen Prozeß der fortschreitenden Strukturbildung, den wir als
Individuationsprozeß bezeichneten, in dem die cyclothyme Struktur das Ergebnis einer konservativen, die schizothyme Struktur dasjenige einer propulsiven Entwicklung darstellt.

Zusammenfassender Überblick.

Überblicken wir nochmals den bisher zurückgelegten Weg, so lassen sich
folgende Etappen daran aufweisen:

1. In der Fülle menschlicher Variationsformen finden sich zwei morphologische Grundstrukturen, deren Schilderung durch alle typologischen Körperbausysteme hindurchzieht und die sich zwischen den Polen des Lang- und Breit-
wuchses erstrecken. In der Terminologie und Begriffsfassung schließen wir uns
derjenigen Kretschmers eng an und unterscheiden die Pole der pykno- und
leptomorphen Wachstumstendenz als Komponenten des pyknischen und leptosomen Gesamthabitus. Die Variationsebene liegt in der Verschiedenheit der
Proportionen, auf der einen Seite betontes Längenwachstum auf Kosten des

---

[1] Was konstant bleibt, ist der Entwicklungsmodus, also die Konservativität oder
Propulsivität der jeweiligen Entwicklung. Nur in diesem Modus gibt es „Grundformen
menschlichen Seins" (Jaensch) oder „Grundfunktionsgefüge" (Pfahler).

Tiefenwachstums, auf der anderen Seite betontes Tiefenwachstum auf Kosten des Längenwachstums. Nach keiner der beiden Seiten besonders charakterisierte Formen bezeichneten wir als Metromorphe.

Ausgehend von einer Untersuchung der während der Ontogenese bis zur Pubertät sich vollziehenden Proportionsverschiebung fanden wir, daß in allen charakteristischen Proportionen der Pyknomorphe die frühere, der Leptomorphe die spätere Stufe jener gesetzmäßigen Verschiebung der Proportionen repräsentiert. Die typischen Proportionen des Pykno- und Leptomorphen waren also nicht entwicklungsunabhängig, sie verteilten sich auch nicht wahllos auf die ontogenetische Verschiebung, sondern sie zeigten eine ganz klare und regelhafte Ausrichtung in der Weise, daß im Verlauf der ontogenetischen Entwicklung der Organismus gleichsam auf einer früheren Durchgangsstufe das Insgesamt der pyknomorphen Proportionen durchläuft, um sich im weiteren Verlauf der Endstufe mit ihren leptomorphen Proportionen mehr oder weniger anzunähern.

Wir konnten formulieren: Die polaren morphologischen Grundformen des Pykno- und Leptomorphen sind nichts anderes als verschiedene Determinationsstufen im ontogenetischen Prozeß der Proportionsverschiebungen. Diese durchgehende Regel bezeichneten wir als das ontogenetische Strukturprinzip der Körperbauformen. Es ließ sich zunächst mit Hilfe seiner Umkehrbarkeit insofern bestätigen, als entwicklungsstabile (alterskonstante) Proportionen sich als typenindifferent erwiesen. Als Beispiel gilt etwa der Schädelindex, der in der Ontogenese außerordentlich stabil ist und sich vom Neugeborenen bis zum Erwachsenen praktisch nicht mehr ändert, andererseits nach den neueren Forschungen in der Tat auch typenindifferent ist. Das gleiche gilt für eine Reihe anderer Proportionen.

2. Wir versuchten nun, dieses Prinzip auch in anderen Bereichen auf seine Gültigkeit hin zu prüfen. Zunächst war es ins physiologische Bereich hinein zu verfolgen. Wir fanden, daß — soweit sich überhaupt schon eine Konstitutionsphysiologie überblicken läßt — in der Tat das Prinzip auch dort volle Geltung besaß und sich nirgends Widersprüche ergaben; daß es sogar eine Reihe von wichtigen Anregungen zu geben imstande war. Es erwies sich auf physiologischem Gebiet als heuristisch brauchbar.

3. Da wir unter dem Konstitutionstypus eine psychophysische Ganzheit verstehen, war die wichtigste Fundierung des Prinzipes vom Psychischen her zu erwarten. Erwies es sich auch hier als gültig, konnte mit einem gewissen Recht dem Prinzip eine Tragfähigkeit für die Errichtung einer genetischen Theorie zugemutet werden.

Auch im Gebiete der Charakterologie lassen sich zwei Grundstrukturen erkennen, die sich, wenn auch mit verschiedenen Namen und unter den verschiedensten Verkleidungen, durch fast alle typologischen Systeme hindurchziehen. Wir schlossen uns auch hier an die Typologie KRETSCHMERS an mit seiner Unterscheidung einer cyclothymen und einer schizothymen Charakterstruktur, von denen die erste bekanntlich dem pyknomorphen, die zweite dem leptomorphen Körperbau zuzuordnen ist. In allen untersuchten Bereichen der Psyche, sowohl demjenigen des noetischen Oberbaues (LERSCH) mit seinen typenspezifischen Verschiedenheiten in den Erfassungs-, Beachtungs- und Denkformen, dem Grade der Integration im Sinne JAENSCHs, wie auch schließlich im Bereich des endothymen Grundes, dem Trieb- und Gefühlsleben, den Temperamentsunterschieden und der Affektivität, erwies sich der Cyclothyme — projiziert auf den ontogenetischen Strukturwandel, den wir als den ontogenetischen Prozeß der fortschreitenden Individuation bezeichneten — als die konservative oder Frühstruktur — der Schizothyme hingegen als die propulsive oder Spätstruktur. Dazwischenliegende, kompensative Entwicklungen führen zu mittleren Formen, die vor allem dadurch entstehen, daß sie nach der enormen Binnengliederung der Struktur in der Pubertät noch eine Phase des Ausgleichs erleben, eine neue seelische Harmonisierung, die einem körperlichen Ausgleich der Proportionen, also einer körperlichen Harmonisierung parallel läuft. Weitere derartige Entwicklungsphasen können sich anschließen, die von den bereits determinierten extremen Strukturformen des Cyclothymen und Schizothymen nicht mehr erreicht werden. Das Diagramm von Seite 46 gilt also in vollem Umfang auch für die seelischen Entwicklungsvorgänge.

Wir konnten somit formulieren: die polaren charakterologischen Grundstrukturen des Cyclo- und Schizothymen sind nichts anderes als verschiedene Determinationsstufen im ontogenetischen Prozeß der fortschreitenden Individuation[1].

Das ontogenetische Strukturprinzip der Konstitutionstypen erwies sich also auch im Bereich des Psychischen als gültig.

4. Damit aber glauben wir, jenes ursprüngliche, nicht mehr zurückführbare organisierende Prinzip gefunden zu haben, das LERSCH theoretisch postulierte. Das ideale Ziel der strukturellen Aufhellung — so sagt LERSCH — sei die strukturelle Reduktion, d. h. aber die Rückführung aller aufweisbaren Eigenschaften auf ein solches ursprüngliches organisierendes Prinzip, das alle seelischen Züge eines Menschen bestimmt. Aus der Hierarchie der unterscheidbaren Merkmale müßte man schließlich zu letzten, nicht mehr zurückführbaren Merkmalen kommen, die er als charakterologische Primeigenschaften bezeichnet. Diese seien nicht zu verwechseln mit den erbbiologischen Radikalen, die nicht unbedingt strukturelle Radikale sein müßten. Wir sahen demgegenüber, daß die vermeintlichen erbbiologischen Radikale gar nicht genetischer, sondern struktureller Art sind, während unser Ansatz in der Tat eine genetische Wurzel der Konstitutionstypen aufdeckte und ihnen damit erst ihre tiefste strukturelle Berechtigung gab. Wir können also auch sagen: In den beiden psychophysischen Grundstrukturen haben wir in der Tat letzte strukturelle — weil genetische — Grundformen vor uns.

Damit aber ergibt sich die Möglichkeit, auf diesem ontogenetischen Grundprinzip eine Theorie der Konstitutionsformen aufzubauen. Das Prinzip als solches ist ja noch keine Theorie, sondern eine induktiv gewonnene Erkenntnis eines Zusammenhanges. Es bedarf nun noch der Erklärung dieses Zusammenhanges. Mit anderen Worten: Wir wissen zwar nun, daß die pyknisch-cyclothyme Konstitutionsvariante die gesamte Eigenart ihrer so sehr charakteristischen psychophysischen Konstellation dem Umstand verdankt, daß sie eine frühe Determinationsstufe bestimmter Entwicklungsvorgänge darstellt. Die Frage, warum der Pykniker also cyclothym sein muß, ist damit insofern beantwortet, als beide, sowohl die physische wie die psychische Beschaffenheit, Ausdruck des gleichen Strukturprinzipes sind; das gleiche gilt beim anderen Typus.

Aber wie kommt es zu jenen verschiedenen Determinationen? Wovon hängt es ab, daß Entwicklungsvorgänge in dieser Weise determiniert werden? Wie verhält sich die Variabilität der Konstitutionstypen zu anderen organischen Variationsbildungen? Ist vielleicht jede Variationsbildung in der Natur in diesem Sinne eine genetische?

Es ergibt sich von selbst, daß wir durch diese Fragen mitten hineingeführt werden in die Grundfrage der Genetik überhaupt, nämlich in das Determina-

---

[1] Wollte man ganz konsequent sein, müßte man von unserem Gesichtspunkte aus den Ausdruck cyklothym abändern in homothym, weil damit erst die polare strukturelle Gegenüberstellung zum Begriff des Schizothymen ausgedrückt wird.

tionsproblem. Nur wenn wir deshalb tiefer in die Ergebnisse der modernen Genetik eindringen, können wir hoffen, zu einer befriedigenden genetischen Theorie der Konstitutionstypen zu gelangen. Das soll die Aufgabe des nächsten Kapitels sein.

Schrifttum.

BRUNSWICK, L.: Experimentelle Psychologie in Demonstrationen. Berlin 1935. — CLAUS, L. F.: Rasse und Seele. München 1934. — DIEBSCHLAG, E.: Über den Lernvorgang bei der Haustaube. Z. vergl. Physiol. **28**, 67 (1940). — DIETER, G.: Typische Denkformen in ihrer Beziehung zur Grundstruktur der Persönlichkeit. In: Experimentelle Beiträge zur Typenkunde (Kroh). Bd. II, 1934. — EHRENSTEIN, Ganzheitspsychologische Typenkunde. — ENKE: Die Psychomotorik der Konstitutionstypen. Leipzig 1930 — Hdb. der Erbbiologie des Menschen. Bd. II (1940). — FRISCHEISEN-KÖHLER: Das persönliche Tempo. Leipzig 1933. — HELWIG, P.: Charakterologie. Leipzig 1936. — HEISS, R.: Die Lehre vom Charakter. Berlin-Leipzig 1936. — HOFFMANN: Die Schichttheorie. Eine Anschauung von Natur und Leben. Stuttgart 1935. — VAN DER HORST: Experimentell-psychologische Untersuchungen zu Kretschmers „Körperbau und Charakter". Z. Neur. **93**, 341 (1924). — JAENSCH: Grundformen menschlichen Seins. Berlin 1929. — JASPERS, K.: Allgemeine Psychopathologie. 3. Aufl. Berlin 1923. — JUNG, C. G.: Psychologische Typen. Zürich 1930. — KIBLER, M.: Experimentell-psychologischer Beitrag zur Typenforschung. Z. Neur. **98**, 524 (1925). — KLAGES: Die Grundlagen der Charakterkunde. Leipzig, 4. Aufl. 1926. — KÖHLER, W.: Psychologische Probleme. Berlin 1933. — KOFFKA: Die Grundlagen der psychischen Entwicklung. (Einführung in die Kinderpsychologie.) Leipzig 1921. — KRETSCHMER, E.: Körperbau und Charakter. Berlin 1936 — Geniale Menschen. Berlin 1929 — Medizinische Psychologie. 5. Aufl. Leipzig 1939. — KROH, O.: Experimentelle Beiträge zur Typenkunde. Leipzig 1939. — KRÜGER, F.: Über psychische Ganzheit. Neue psych. Stud. Bd. I, 1926 — Der strukturelle Grund des Fühlens und Wollens. In: Gefühl und Wille. Ber. über d. XV. Kongreß d. dtsch. Ges. f. Psychol. (Herausgegeb. O. Klemm.) — Der Strukturbegriff in der Psychologie. Jena 1924. — LERSCH, PH.: Der Aufbau des Charakters. Leipzig 1938. — LUTZ, A.: Exper. Beiträge zur Typenkunde. 1. Leipzig 1929. — ORTNER, E.: Biologische Typen und ihr Verhältnis zu Rasse und Wert. Leipzig 1937. — PETERMANN, B.: Wesensfragen seelischen Seins. Leipzig 1938. — PFAHLER: System der Typenlehren. Leipzig 1929. — ROHRACHER, H.: Kleine Einführung in die Charakterkunde. 2. Aufl., Leipzig 1936. — SANDER, F.: Kinder- und Jugendpsychologie als genetische Ganzheitspsychologie. Vjschr. Jugendkde **3** (1933). — SCHADEBERG, W.: Über den Einstellungscharakter komplexer Erlebnisse. Neue Psychol. Forschung **10**. — SCHOLL: Untersuchungen über die teilinhaltliche Betrachtung von Form und Farbe. Z. Psychol. **101**. — SPRANGER: Lebensformen. — Psychologie des Jugendalters. Leipzig 1926. — STERN, W.: Psychologie der frühen Kindheit. Leipzig 1927. — VOLKELT: Experimentelle Kinderpsychologie. Neue psychol. Forschung. — WACHTER, P.: Über den Zusammenhang der typischen Formen des Gestalterlebens mit den Temperamentskreisen Kretschmers. In: Beiträge zur Charakterkunde III; Arch. f. Psychol. **104**, 1 (1939). — v. WEIZSAECKER: Der Gestaltkreis. Leipzig 1940.

B. Aufbau einer genetischen Theorie.

1. Vorbemerkung.

Wir haben einleitend die Vielfalt der Formen menschlichen Körperbaues, von denen keine der anderen völlig gleicht, als Muster bezeichnet. Es handelt sich, biologisch gesehen, dabei um eine enorme Variabilität einer Grundform innerhalb bestimmter vorgezeichneter Grenzen. Ein derartiges Variieren innerhalb der der Art gesteckten Grenzen, ein Oscillieren gleichsam um einen Mittelwert nach verschiedenen Richtungen finden wir überall in der Natur. Nirgends lassen sich organische Formen in photographischer Weise zur Deckung bringen. Jedes Organ, jede Zeichnung der Haut, des Felles oder Gefieders, der Flügeldecke oder des Schneckenhauses, jedes Geäder von Blutgefäßen oder Nerven, vom Säugetierkörper bis in die Schmetterlingsflügel oder Blattrippen hinein, jede Begrenzung, Größe oder Gewicht von Organen, wie endlich auch jede innere Struktur der Organismen variiert so, daß niemals ein Vertreter seiner Art dem anderen völlig gleicht. Es ist klar, daß die Variabilität der Menschen nur ein Sonderfall der Variabilität in der Natur überhaupt ist.

Jede Art bildet somit eine Fülle verschiedener Muster. Wie kommen diese zustande? Jede Form, die die Natur prägt, ist das Resultat eines Entwicklungsprozesses, der gesteuert wird durch die Gene, d. h. jene der Art in ganz bestimmter Konstellation zugehörigen Entwicklungsregulative, die den der lebendigen Substanz innewohnenden Entfaltungsdrang in ganz bestimmten Grenzen ablaufen lassen. Ob man sich unter den Genen die dosierten Kräfte der Entwicklung selbst oder nur bestimmte, diese Kräfte steuernde Regulative vorstellt, kommt letzten Endes auf das gleiche heraus. Durch den neuerdings viel gebrauchten Vergleich der Gene mit Produzenten von Katalysatoren, d. h. also von Stoffen, die proportional ihrer Menge Reaktionen von bestimmter Geschwindigkeit auslösen, wird mehr die letztere der beiden Anschauungen getroffen.

Wie dem auch sei, für jeden Entwicklungsprozeß sind durch die Gene gewisse Grenzen gesetzt. Wohin innerhalb dieser Grenzen der Entwicklungsprozeß verläuft, entscheidet die Gesamtheit von außen wirkender Faktoren, so daß man sagen kann, daß die endgültige Form durch die Resultierende im Kräfteparallelogramm aller Umweltwirkungen innerhalb der durch die Gene gesetzten Grenzen bestimmt wird. Es gibt also zwei verschiedene Arten von Variationen; erstens solche, die lediglich durch verschiedene Umweltkonstellationen bedingt sind. Diese nennt man modifikatorische Variationen oder Modifikationen; und zweitens Variationen durch die Gene selbst, also Abwandlungen der durch die Gene festgesetzten Grenzen; diese nennen wir mutative Variationen. Wir können es an sich einer Variation von vornherein nicht ansehen, ob es sich um eine modifikatorische oder um eine mutative handelt. Das kann erst das genetische Experiment zeigen. Trotzdem wissen wir ohne besondere Experimente von zahlreichen Variationen, daß es sich dabei nur um mutative handeln kann. Und wir wissen besonders durch die genetischen Untersuchungen der letzten Jahre, daß in der Tat die Gene selbst genau jenes gleiche Oszillieren, jene quantitative Instabilität zeigen, wie wir das bei allen Dingen in der Natur beobachten.

Davon ist wohl zu trennen die bekannte „Stabilität" der Gene. In der Tat kennen wir bisher nur wenige Methoden, eine Umwandlung der Gene absichtlich herbeizuführen. Nur mit schweren Geschützen gleichsam können wir das Gen in seiner Struktur ändern und künstliche Mutationen erzeugen. Dabei handelt es sich meist um destruktive Veränderungen. Demgegenüber aber scheinen die Gene selbst spontan zu minimalen quantitativen Plus- und Minusmutationen zu neigen m. a. W. zu Variationen der die jeweilige Entwicklungsgeschwindigkeit bedingenden Wirkstoffquanten.

Viele Musterformen, die wir in der Natur beobachten, gehen nun, wie die Genetik zeigen konnte, auf solche mutativen Variationen zurück; ja, eigentlich jede, die nicht allein modifikatorisch erklärbar ist. Dies gilt auch für die menschlichen Musterformen. Da wir längst nicht mehr glauben, daß alle Verschiedenheiten allein durch Umweltverschiedenheiten erklärbar sind, da wir auf der anderen Seite schon allein durch die Alltagserfahrung die Vererbbarkeit der meisten Variationen kennen, ferner auch durch die Ergebnisse der Zwillingsforschung bestätigen können, sind also auch hier mutative Variationen in dem der Art homo sapiens zukommenden Genom anzunehmen.

Eine genetische Theorie der Konstitutionstypen hat somit die Aufgabe, die Wirkung von Genen im Konstitutionsaufbau herauszuarbeiten. Sie muß, sofern sie Anspruch auf Geltung erhebt, zu erklären imstande sein, auf welche Weise Gene in das komplexe Geschehen der konstitutionellen Entwicklung eingreifen, wie man sich ihre Wirkung vorzustellen hat und inwiefern die phänotypischen Merkmale der verschiedenen Konstitutionstypen auf den Genotypus reduzierbar sind. Sie muß mit anderen Worten die Reduktion des Phänotypus auf den Genotypus durchführen.

Bekanntlich gehen die Ansichten weit auseinander, ob der Begriff der Konstitution etwas vorwiegend Genotypisches oder etwas Phänotypisches meint. Eine Reihe von Autoren ist geneigt, den Begriff Konstitution mit dem Begriff des Genotypus gleichzusetzen. Dem widerspricht ein anderer Teil von Autoren, der darunter lediglich Erscheinungsbildliches der einzelnen Form verstanden wissen will. Ein dritter Teil faßt unter der Konstitution schließlich das Gesamt jener phänotypischen Merkmale, die ihren Schwerpunkt im Genotypus haben (KRETSCHMER). Der Begriff gehört zu jenen fiktiven „Kunstgriffen" des Denkens, mit denen man sich verständigen kann, ohne daß sie exakt definierbar wären. Sicher aber ist, daß sowohl phänotypische wie genotypische Bestimmungsstücke in den Begriff hineingehören (im Sinne der KRETSCHMERschen Definition) und daß er letztlich Strukturelles meint: Struktur als Dauergefüge gegliederter, in sich geschlossener, dispositioneller Ganzheit (im Sinne von KRÜGER).

Im einzelnen muß eine genetische Theorie der Konstitutionstypen folgende Punkte berücksichtigen:

1. Sie darf nicht auf die morphologisch-funktionelle Seite der Konstitution und auch nicht auf die psychisch-charakterologische Seite allein beschränkt sein, sondern muß der psychophysischen Ganzheit des Konstitutionsbegriffes Rechnung tragen.

2. Sie muß, auch wenn sie sich vor allem an den extremen Strukturformen morphologisch-psychischer Art orientiert, dennoch auch Platz haben für das große Gebiet der dazwischenliegenden mittleren Formen.

3. Sie muß, auch wenn sie von der fertigen Prägung der Konstitutionstypen ihren Ausgang nimmt, gerade ihre Entwicklungs- und Entstehungsbedingungen berücksichtigen und dabei dem Umstand Rechnung tragen, daß schon in frühester Kindheit die polaren Strukturformen ausgeprägt sein können, worauf die Konstitutionstypologie wiederholt hingewiesen hat.

4. Sie muß sich, als eine genetische Theorie, in das Gesamtgebiet der Genetik organisch einfügen lassen, d. h. sie muß zeigen können, inwiefern die Genetik der Konstitutionen nichts anderes ist als ein Sonderbeispiel für genetische Vorgänge überhaupt.

5. Sie muß auch eine Vorstellung von den Erbverhältnissen der Konstitutionstypen vermitteln, die sich mit den empirischen Tatsachen, sofern solche bereits bekannt sind, befriedigend zur Deckung bringen läßt.

6. Sie soll womöglich auch eine Brücke schlagen zu unseren heutigen phylogenetischen Vorstellungen.

2. Bisherige theoretische Versuche.

Zuvor seien einige Bemerkungen über die bisherigen genetischen Vorstellungen über die Entstehung der Körperbautypen eingeschoben. Diese Vorstellungen sind vorläufig recht allgemeiner Art. Wir haben schon erwähnt, daß die bisherige Arbeit am Konstitutionsproblem hauptsächlich deskriptiver Art war, sofern sie nicht rein medizinische Fragestellungen betraf, wobei Fragen nach den Entstehungsbedingungen seit jeher eine größere Rolle spielen. Immerhin haben sich manche Beschreiber von Körperbausystemen zur Frage der Entstehung der Formen geäußert. Es finden sich hier die verschiedensten Ansichten vertreten.

MACAULIFFE erklärt die Entstehung seiner Typen auf physiologische Weise: Er geht von den Vorstellungen der Kolloidchemie aus und betrachtet den menschlichen Organismus als ein Gel mit geringerer oder größerer Hydrophilie seiner Kolloide und entsprechendem Wasserreichtum seines Protoplasmas. Diese Grundeigenschaft, die an den Zellen und Geweben hafte, bedinge die Gesamtform. Jede Zelle besitze eine Oberflächenspannung, die geringer als Wasser sei.

Daraus folge, daß diese zunehme, wenn die Zelle sich mit Wasser vollsauge: die Zelle runde sich ab, und zwar um so mehr, je mehr sie zugleich auch Salz absorbiere, — dies gäbe den Typ rond (bzw. den pyknomorphen Habitus). Bei weniger hydrophilem Zustand sei die Oberflächenspannung geringer, das Protoplasma sinke zusammen und breite sich aus; das komme in der allgemeinen Körperform im Typ plat (bzw. dem leptomorphen Habitus) zum Ausdruck. Dieser umfaßt also die eingetrockneten Formen, jener die saftreichen aufgeblähten. WEIDENREICH bemerkt hierzu, daß durch eine derartige Betrachtungsweise zwar der Unterschied der Form auf eine besondere physikalische Beschaffenheit der Zelle und der Gewebe zurückgeführt, aber damit eine Erklärung für die Verschiedenheiten selbst nicht gegeben werde.

KRETSCHMER hat sich bisher zur Frage der Entstehung der Typen immer sehr vorsichtig geäußert. Im Hinblick auf die Erfahrungen der Pathologie, insbesondere mit den psychophysischen Störungsformen durch den Ausfall endokriner Drüsen (Kastration, Hypophysenausfall, Kretinismus) hält er den Gedanken für naheliegend, daß die großen, normalen Temperamentstypen des Cyclo- und Schizothymikers in ihrer empirischen Korrelation mit dem Körperbau durch ähnliche humorale Parallelwirkungen zustande kommen möchte, wobei wir natürlich nicht einseitig an die Blutdrüsen im engeren Sinn, sondern an den gesamten Blutchemismus denken müssen, wie er z. B. wesentlich durch die großen Eingeweidedrüsen, letzten Endes durch jedes Körpergewebe überhaupt, mit bedingt ist.

Zur Stütze der humoralen Betrachtungsweise der Temperamente bezieht sich KRETSCHMER auch auf das empirische Material von seiten der endogenen Psychosen „als der extremen Zuspitzungen der normalen Temperamentstypen"; denn bei der Schizophrenie läge eine Reihe von speziellen Tatsachen an Körperbau, Sexualtrieb und klinischer Verlaufsweise vor, die alle zusammengenommen „zum mindesten einmal für die Keimdrüse sehr belastend" seien, wobei allerdings keinesfalls an massive monosymptomatische Keimdrüsenstörungen, sondern an komplizierte Dysfunktionen der Keimdrüse in Korrelation mit dem endokrinen Gesamtapparat und dem Gehirn zu denken sei. KRETSCHMER läßt aber offen, ob man nicht überhaupt eher an andere Faktoren des Blutchemismus, wie z. B. die großen Eingeweidedrüsen, und nicht in erster Linie an die engeren Blutdrüsen zu denken habe.

Gegenüber diesen außerordentlich vorsichtigen und abwartenden Formulierungen stellen andere Autoren recht hurtig unmittelbare Beziehungen zum endokrinen System her. STOCKARD etwa nimmt an, daß die von ihm als lateraler Typ bezeichnete Form, die etwa unserem Pyknomorphen entspricht, eine Art abortives Myxödem sei, weshalb sie als zentralkontinentale Wuchsform des Menschen gelten müsse, weil im Inneren der Kontinente das Jod spärlicher vorkomme und daher die Schilddrüse schlecht funktioniere. Der lineare Typus, entsprechend unserem leptomorphen, sei hingegen im Küstengebiet, also im maritimen Klima, häufiger, und zwar deshalb, weil hier reichlichere Mengen von Jod zur Verfügung stünden und daher die Schilddrüse normal funktioniere.

Auch PENDE baute die Körperbaulehre von VIOLA in Richtung des endokrinen Systems weiter aus und erklärt sich die Entstehung der Verschiedenheit der Formen, und zwar auch der normalen Konstitutionsformen, als verschiedene subendokrinopathische Formen, von denen er immer eine Hyper- und Hypofunktionsform gegenüberstellt.

Der Gedanke, die endokrinen Drüsen für die Entstehung der Konstitutionsvarianten verantwortlich zu machen, ist deshalb naheliegend, weil damit eine Möglichkeit gegeben scheint, eine ganze Reihe von Teilentwicklungen, sowohl

morphologischer wie physiologischer und sogar psychologischer Art damit auf
einen Nenner, eine einzige zentrale Wirkung zurückzuführen. Wir haben aber
schon erwähnt — und werden später noch ausführlich davon sprechen —, daß
diese plejotrope Wirkungsart der Hormone nur gleichsam eine Abwandlung der
Wirkung der Gene selbst ist. Dennoch ist der Schritt von der Hormon- zur Genwirkung erst in der letzten Zeit vollzogen worden.

Die beiden Körperbautypen wurden endlich von KOLLMANN u. a. als Rasse-
formen einer Urmenschenform aufgefaßt. Ihre Kombination mit den drei möglichen Gehirnschädelformen hätten 6 Urtypen entstehen lassen, die untereinander
vermischt, die Grundlagen der heutigen Rassen gegeben hätten. Überhaupt
gingen alle heutigen Habitusformen auf jene 6 Urtypen und ihre Kreuzungen
zurück.

WEIDENREICH, der gerade zum Thema Körperbau und Rasse einen wichtigen
Beitrag geleistet hat, äußert sich sehr vorsichtig. Wenn man nach den Ursachen
der Entstehung für die Herausbildung der Typen frage, so sei es schwer, eine
befriedigende Antwort zu geben. Denn damit rühre man grundsätzlich an das
Wachstumsproblem. Der reine Leptosome und Eurysome (Pyknomorphe) seien
als extreme Wuchsformvarianten aufzufassen. Bestimmte Anhaltspunkte, daß
die beiden Formen erblich seien, gäbe es gar nicht. Es sei jedoch wohl Erblichkeit
anzunehmen, aber auch exogene Momente spielten eine große Rolle.

Wesentlich moderner scheinen uns die Vorstellungen, die MATHES geäußert
hat, wenn sie heute auch schon ziemlich vergessen sind. MATHES, der seine Untersuchungen nur an Frauen vornahm, bezeichnete den pyknomorphen Typus als
die Jugendform, den Leptomorphen als Zukunftsform. Letzteren dachte er sich
als eine extreme Weiterentwicklung des Körpers im Sinne der Streckung und
Aufrichtung des Menschen aus dem anthropoiden Zustand. Beim Pykniker
handelte es sich um eine Beibehaltung des primären Zustandes. MATHES hatte
also eine ausgesprochen genetische Blickrichtung. Er warf jedoch pathologische
Formen, wie etwa den asthenisch-,,intersexuellen" Typus, mit dem des Normalen
in einen Topf, verwechselte ständig die Begriffe ,,sexuelle Retardierung" und
,,genetische Determinierung", so daß er zum Teil zu gänzlich umgekehrten und
sich widersprechenden Folgerungen gelangte; so etwa, wenn er die Jugendform
als eine Art von Entwicklungshemmung auffaßte, die ,,mit der Hypoplasie in
gewissem Sinne wesensgleich" sei. Immerhin liegen gute Ansätze in seiner Lehre,
auf die wir noch zu sprechen kommen werden.

Der erste moderne genetische Ansatz stammt von JUST. Er selbst bezeichnet ihn als Arbeitshypothese: ebenso wie das Geschlecht durch ein quantita-
tives Wirkungsverhältnis von Männlichkeits- und Weiblichkeitsanlagen, durch
eine Relation F/M entwicklungsphysiologisch bestimmt und durch die an dieser
Relation beteiligten Gene bzw. Genkomplexe genetisch festgelegt wird, so wird
der Konstitutionspol, zu dem hier die Entscheidung in bezug auf den psychophysischen Bauplan erfolgt — soweit dieser im Konstitutionstypus gegeben ist —
durch eine Relation L/P^1 festgelegt. Innerhalb der dem Organismus grundsätzlich möglichen Variationsbreite der Konstitution gibt diese Relation die im
individuellen Fall einzuschlagende Richtung an. Ist durch entsprechende Plus-
oder Minusmutation des einen oder des anderen an diesem Wirkungsverhältnis
beteiligten Genes bzw. Genkomplexes ein Übergewicht zugunsten von L oder zugunsten von P geschaffen, so werden die betreffenden, erbbedingten Entwicklungsabläufe vielleicht zu einem bestimmten Zeitpunkt determinativen Eingreifens dieses L/P-Wirkungsverhältnisses im Sinne der Beschleunigung oder
Verlangsamung, der Intensivierung oder Abschwächung oder in ähnlicher gegen-

---
[1] L = leptosom, longitudo; P = pyknisch, pondus.

sätzlicher Weise beeinflußt. Das Ergebnis ist im einen Falle leptosomer Hochwuchs, vorzugsweise Formbeachtung, gesteigertes persönliches Tempo, im anderen Falle pyknischer Breitwuchs, vorzugsweise Farbbeachtung, langsameres persönliches Tempo. Diese Vorstellung gibt den an der Konstitutionsdeterminierung beteiligten Genen, ähnlich wie das für die geschlechtsrealisierenden Gene gilt, den Charakter von Faktoren, deren entwicklungsphysiologische Wirkung in der Steuerung zahlreicher, an sich wieder von anderen Genen abhängigen Entwicklungsabläufe beruht. Die entwicklungspsychologische Auswirkung der L/P-Relation stellt sich auch JUST zum mindesten vorwiegend auf hormonalem Weg erfolgend vor.

Hier finden wir also den ersten Versuch, auch in der Theorie wenige Gene an den Beginn der Entwicklung zum einzelnen Körperbautypus zu setzen. Die beiden Typen sind für JUST zwei durch die Verschiedenheit der Proportionen bestimmte Formen mit einer erhöhten, in ihrem Wesen aber unverständlichen Korrelation verschiedener Merkmale, die außerdem in einer, ebenfalls unverständlichen Korrelation zu gewissen psychischen Eigenartigkeiten stehen, als welche von JUST die Formfarbbeachtung und das psychische Tempo hervorgehoben werden. Als besonders bemerkenswert möchte ich an dieser Hypothese hervorheben, daß von JUST immerhin die Möglichkeit erwogen wird, daß nur zwei Gene — er setzt allerdings meist hinzu: oder Genkomplexe — für die Entstehung der Variationsformen beteiligt sein könnten; und zwar ein Gen für den P-Typus und ein Gen für den L-Typus, also gewissermaßen ein pyknomorphes und leptomorphes Gen.

Diese Arbeitshypothese JUSTS scheint uns im Ansatz wertvoll, weil sie den Weg aufweist, auf dem die Frage allein lösbar ist. Ohne seine Denkmöglichkeit vollkommen auszuschließen, möchte ich jedoch versuchen, hier eine andere Theorie konsequent durchzuführen. Auf jeden Fall gebührt JUST das Verdienst, als erster das Problem genetisch angefaßt zu haben.

Der Punkt, an dem sich die größten Schwierigkeiten für eine Klärung der Frage nach der Entstehung der Typen ergaben, war die Unkenntnis des einigenden Bandes, das die einzelnen Bestimmungsstücke des Körperbautypus, des Funktionstypus und des Charaktertypus jeweils in sich verknüpfte und die drei Bereiche wieder untereinander verband.

Mit unserem ontogenetischen Strukturprinzip glauben wir nun dieses einigende Band gefunden zu haben. Wir haben im ersten Kapitel ausführlich entwickelt, wie praktisch alle wesentlichen morphologischen Merkmale, die den Pyknomorphen von seinem Gegenpol, dem Leptomorphen, unterscheiden, auf den Umstand zurückzuführen sind, daß sie bei der ontogenetischen Proportionsverschiebung dem ursprünglich kindlichen Zustand näher blieben. Wir haben weiter gesehen, daß sich das gleiche Prinzip auch bei der Untersuchung der Funktionen bemerkbar macht. Und endlich fand auch im psychischen Bereich das gleiche Prinzip seine Bestätigung; auch dort erwies sich die cyclothyme Charakterstruktur als die im Individuationsprozeß der Psyche dem Ausgangspunkt näherliegende Stufe, die schizothyme als die dem Endpunkt entsprechende Stufe. Ein einziges Prinzip also, und zwar ein genetisches, erwies sich als wirksam genug, in der Tat alle Charakteristica der Typen in allen Bereichen zu umfassen.

Dieses ontogenetische Strukturprinzip setzt uns nun in den Stand, die Frage nach den genetischen Grundlagen der Konstitutionstypen neu zu stellen. Wir brauchen nämlich jetzt nicht mehr nach der genetischen Fundierung von tausend Einzelmerkmalen, Einzelreaktionen und Einzeleigenschaften zu forschen, die mit einem unbekannten Band verbunden sind, sondern wir fragen jetzt lediglich

118

Aufbau einer genetischen Theorie.

nach der genetischen Fundierung dieses einen Prinzipes. Unsere Frage lautet also: Inwiefern bedingen Gene jenes ontogenetische Strukturprinzip? Wir können, einiges vorwegnehmend, auf diese Frage die Antwort geben: dieses Prinzip kann selbst gar nichts anderes sein als Ausdruck der Wirkung eines einzigen Genes.

Während wir bisher den neutralen Begriff eines Strukturprinzipes gebrauchten, können wir nun anstatt dessen von einem faktoriellen oder einem Entwicklungsprinzip sprechen. Es muß also ein Gen existieren, welches in jenem hochkomplexen und natürlich durch zahlreiche und unübersehbare Genwirkungen bedingten Entwicklungsprozeß den Ort festsetzt, bis zu welchem er sowohl hinsichtlich morphologischer Proportionen, physiologischer Reaktionen wie auch hinsichtlich der psychologischen Struktur zu verlaufen hat.

Um diese These, die vorläufig unbegründet und unbewiesen von uns aufgestellt wird, des näheren auf ihre Richtigkeit zu prüfen, müssen wir uns nun in die Wirkungsweise der Gene etwas näher vertiefen. Wir werden dies an Hand einiger gut studierter Beispiele aus der Genetik versuchen.

3. Die Wirkung des Gens.

Da es sich in unserem Fall um eine Art Musterbildung handelt, werden wir auch bei der Wahl der Beispiele möglichst derartige genetisch genauer analysierte Musterbildungen, d. h. also Variationen einer fiktiven Mittelform, wählen. Da es sich um normale Variationen handelt, werden wir auch bei dem Beispiel Variationen des Normbereiches verwenden. Da es sich schließlich um Variationen des Menschen handelt, werden wir uns umsehen, ob wir nicht auch bereits am Menschen ein derartiges, gut analysiertes Beispiel finden. Solche Beispiele sind allerdings bisher außerordentlich spärlich. Wir müssen deshalb zunächst tiergenetische Studien voranstellen, die andere große Vorteile haben; wir werden aber auch eine humangenetische Analyse heranziehen. Der Besprechung dieser Analysen sei vorausgeschickt, daß die genetischen Grundgesetze, die Art der Wirkung der Gene überall und in allen Bereichen der Natur die gleichen sind. Es ist deshalb ein Vergleich auch mit niederen Tierformen durchaus erlaubt.

a) Das Beispiel der Raupenzeichnung.

Als erstes Beispiel wählen wir den von GOLDSCHMIDT genauer analysierten Fall der Raupenzeichnung bei Lymantria. Unter den Raupen der geographischen Rassen von Lymantria dispar (Schwammspinner) gibt es 3 Haupttypen. Der erste Typus (in Südjapan zu Hause) zeigt eine reiche, helle Zeichnung, die durch alle Stadien bis zur Verpuppung bestehen bleibt. Der zweite Typus (in Europa beheimatet) zeigt fast nichts von der hellen Zeichnung, sondern ist nahezu gänzlich dunkelpigmentiert. Der dritte Typus (in Nord- und Mitteljapan zu Hause) sieht in jüngeren Jahren, also den ersten Häutungsstadien wie der erste Typus, hell aus und verdunkelt sich durch allmähliche Verdrängung der hellen Zeichnung durch dunkles Pigment im Laufe der Entwicklung, so daß die erwachsene Raupe so wie die zweite Variante aussieht. Innerhalb eines jeden Typus gibt es ferner eine Reihe von Unterstufen, je nach dem Maß der Helligkeit (Ausdehnung der hellen Flecken) in jungen Jahren und dem Maß der Verdunkelung im Laufe der Entwicklung.

Es handelt sich also um nichts anderes als um verschiedene „Konstitutionstypen". Wenn man in der Zoologie auch derartige Variationen als „Rassen" bezeichnet, so entspräche doch, übertrüge man die Ausdrücke der Anthropologie auf die Zoologie, hier vielmehr der Begriff des Konstitutionstypus, da man in der menschlichen Erblehre unter Rasse viel höhere, und zwar durch Selektion entstandene Einheiten versteht, nicht aber schon Variationen, die sich lediglich in einem oder wenigen Genen voneinander unterscheiden. Diese Doppeldeutigkeit des Rassenbegriffes hat — nebenbei bemerkt — schon wiederholt zu groben Mißverständnissen geführt. Übertragen auf die menschliche Genetik, würden wir hier also von verschiedenen Konstitutionsvarianten sprechen. Variierendes Merkmal ist die Pigmentation.

Die Entwicklung des Pigments in den verschiedenen Formen läßt sich durch Kurven veranschaulichen (Abb. 32). Die Abszisse gibt die Entwicklungszeit, gemessen an der Zahl der Häutungen, die Ordinate gibt eine Klassenunterteilung von den hellsten bis zu den dunkelsten Zeichnungstypen in 10 Klassen, von denen wir mit I die hellste, mit X die dunkelste benennen.

Eine genaue Untersuchung dieser Formen ergibt nun folgendes: Auch die dunkelsten unter den dauernd dunklen Raupen zeigen auf sehr frühen Stadien, bevor die eigentliche statistische Erfassung beginnt, die gleiche helle Zeichnung wie die hellen Rassen. Andererseits können die dauernd hellen Rassen unter bestimmten äußeren Bedingungen sich auch allmählich etwas pigmentieren. Endlich können die erst hellen, dann dunklen Rassen, je nach den äußeren Bedingungen (aber parallel in den verschiedenen Rassen) sich schneller oder langsamer verdunkeln. Der Verdunkelungsvorgang durch Einlagerung von Pigment in die helle Zeichnung ist also ein während der ontogenetischen Entwicklung langsamer oder schneller fortschreitender Vorgang,

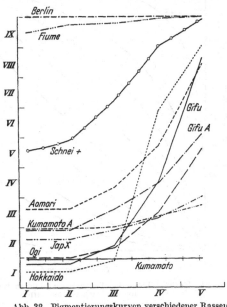

Abb. 32. Pigmentierungskurven verschiedener Rassen von Lymantria dispar (nach GOLDSCHMIDT).

der bei großer Geschwindigkeit schon die jüngsten Entwicklungsstadien trifft, bei kleiner Geschwindigkeit unter bestimmten Bedingungen auch am Ende der Entwicklung noch nicht sichtbar wird.

Dieser Vorgang wird, wie die Forschung zeigen konnte, durch ein bestimmtes Gen gesteuert. Dieses Gen tritt in verschiedenen Quantitätsstufen auf, indem es einmal (in geringer Quantität) den Vorgang der Pigmentbildung sehr langsam verlaufen läßt (helle Rasse), ein anderes Mal (in großer Quantität) den Vorgang sehr beschleunigt verlaufen läßt (dunkle Rasse). Derartige verschiedene quantitative Stufen eines einzigen Genes nennt man multiple Allelomorphe. Wollen wir also die verschiedenen Typen, die von verschiedenen Gliedern des multipel-allelomorphen Systems bedingt sind, entwicklungsgeschichtlich beschreiben, so können wir sagen: die genetische Grundlage aller dieser Formen ist die maximal helle Zeichnung. Zu dieser kommt dann ein Pigmentierungsfaktor in verschiedenen multipel-allelomorphen Zuständen, die wir etwa mit A_1 bis A_{10} bezeichnen können, der dafür sorgt, daß Pigment, das die Zeichnung verdrängt, mit einer bestimmten Geschwindigkeit gebildet wird. Wird das Pigment sehr langsam gebildet, so erscheint es selbst im letzten Häutungsstadium noch nicht. Wir haben die dauernd helle Form. Äußere Bedingungen können aber den Prozeß etwas beschleunigen, so daß doch eine leichte Verdunkelung schließlich eintritt,

die beweist, daß es sich hier nicht um ein Fehlen des Pigmentierungsvorganges
handelt, sondern um eine sehr geringe Geschwindigkeit der Pigmentbildung.
Wird das Pigment unter dem Einfluß eines anderen Allelomorphes, also einer
quantitativ anderen Stufe des gleichen Gens, sehr schnell gebildet, so daß es schon
in jüngsten Stadien die vorher noch nachweisbare helle Zeichnung bedeckt, so
haben wir die von Anfang an dunkeln Rassen. Wird das Pigment mit einer mittleren Gesamtgeschwin-
digkeit gebildet, dann
erhalten wir Rassen, die
erst hell sind und all-
mählich dunkler werden.

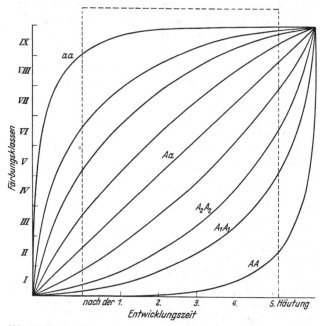

Es sind somit diese
multipel-allelomorphen
Faktoren Gene, die einen
in der Entwicklung fort-
schreitenden Pigmen-
tierungsvorgang von ty-
pisch verschiedener Ge-
schwindigkeit bedingen.

Die Bestätigung für diese
Anschauungen brachten die
Kreuzungsexperimente, die
ergaben, daß in allen
untersuchten Fällen das
Zeichnungsmuster eine einfache Mendelspaltung zeigt.
Kreuzt man eine dunkle und
helle Rasse, so sind die
jungen Raupen in F_1 zunächst hell, werden aber im
Laufe der Entwicklung
immer dunkler. Man pflegt
einen solchen Wandel des
Erscheinungsbildes als Do-

Abb. 33. Ideales Schema der Pigmentierungskurven verschiedener dispar-
Rassen (nach GOLDSCHMIDT).

minanzwechsel zu bezeichnen, denn von den zwei in der Heterozygote vereinigten Genen
scheint hier zuerst das eine (für helle Zeichnung), dann das andere (für dunkle Zeichnung)
wirksam zu sein. Wie dies in Wirklichkeit zu erklären ist, zeigt die Abb. 33, die die
Wirkungsweise sämtlicher denkbarer Allelomorphen des Systems mit den von ihnen bedingten Pigmentierungsreaktionen verschiedener Geschwindigkeit darstellt. Die Heterozygote Aa erzeugt deshalb das Bild des Dominanzwechsels, weil ihre Wirkung genau in
der Mitte liegt zwischen derjenigen der homozygoten Eltern AA und aa und deshalb
eine Form bewirkt, die, wie die Kurve sehr klar zeigt, notwendigerweise zuerst hell sein muß
und dann im Laufe der Häutungen immer dunkler wird. Genau die gleiche Wirkung hat natürlich auch die Homozygote einer Allelstufe irgendwo zwischen dem Allel A_1 und A_{10}, also
etwa die Form A_5A_5.

Dieses außerordentlich klar analysierte Beispiel ist für unsere Überlegungen
sehr bedeutsam. Es zeigt zunächst nichts anderes, als daß ein qualitatives Merkmal wie dasjenige der dunklen und hellen Zeichnung auf einen Quantitätsfaktor
reduziert wird, nämlich den Grad der Schnelligkeit, mit der das Pigment gebildet
wird. Das gilt grundsätzlich für jede genetische (ja, überhaupt für jede wissenschaftliche) Analyse; immer müssen wir, wenn wir die letzten Zusammenhänge
verstehen wollen, die in Untersuchung stehenden Erscheinungen auf ihre quantifizierbare Wurzel zurückführen.

Das Beispiel zeigt weiter, wie eine Variabilität entsteht dadurch, daß die die
Ausbildung des Merkmals steuernden Gene in quantitativ verschiedenen Stufen
auftreten, wodurch die Ausbildung des betreffenden Merkmals verschieden weit
gedeihen kann: entweder sie bleibt in einem Anfangszustand (konservativ)

stecken, oder sie verläuft während der gleichen Zeit (propulsiv) ein großes Stück
weit, je nachdem, ob gleichsam am Anfang viel oder wenig „Entfaltungstemperament" dahintersteckt. Den Punkt, an dem es sich entscheidet, wie weit der
betreffende Entwicklungsvorgang verlaufen wird, nennen wir den Punkt der
Determinationsentscheidung; den ganzen zu einem bestimmten Ziel hin verlaufenden Prozeß können wir auch als Determinationsprozeß bezeichnen, den Punkt,
an dem der Entwicklungsvorgang abgeschlossen ist, den Determinationspunkt
oder die Determination.

Verschiedene „Konstitutionstypen", nämlich die Pigmentierungstypen eines
dunklen und hellen Extremtyps mit Zwischenstufen, lassen sich somit auf die
Wirkung eines quantitativ gestuften Genes, auf eine multipel-allelomorphe Reihe,
zurückführen. Insofern wäre das Beispiel unmittelbar auf unseren Fall zu übertragen, wie dies nicht näher ausgeführt zu werden braucht. Nun handelt es sich
im vorliegenden Falle aber nur um eine einzige Entwicklungslinie, nämlich die
Pigmentbildung. Hier liegen die Dinge in unserem Fall wesentlich komplizierter,
da nicht eine einzige Entwicklung, sondern eine fast unübersehbar große Fülle
derartiger einzelner Entwicklungen in Betracht kommt, die alle ihrerseits selbst
wieder von Genen bestimmt und gesteuert werden. Denken wir nur an die Formbildung des Gesichtsschädels, des Thorax, der Extremitäten, an die Entwicklung
innerer Organsysteme usw., so ist keine Frage, daß hier eine große Reihe von
Genen beteiligt ist. Das zeigt sofort die einfache Überlegung, daß — einmal
abgesehen von den beiden grundtypischen Unterschieden, die sich in gewissen
Proportionseigentümlichkeiten manifestieren — in der Formprägung eine Reihe
von charakteristischen familiären Eigentümlichkeiten zu finden sind, die nicht
das geringste mit den beiden „Typen" des Pykno- oder Leptomorphen zu tun
haben. Am deutlichsten wird das im Gesichtsbau, wo die Familienähnlichkeit
der einzelnen Angehörigen einer Sippe gar nicht anders als durch eine hochkomplexe Konstellation verschiedener Genwirkungen zu erklären ist. Andernfalls
müßten sich alle typischen Pyknomorphen zum Verwechseln ähnlich sehen. Es
sind also zahlreiche Gene am Werk. Diese werden irgendwie durch jenes konstituierende Prinzip in ihrer Wirkung beeinflußt. Insofern liegen hier die Dinge
anders als im Beispiel des Raupenmusters. Dieses veranschaulicht die Verhältnisse bei nur einer einzigen derartigen Entwicklungslinie. Wir sehen uns deshalb
nach einem weiteren Beispiel um, mit Hilfe dessen wir den in unserem Fall vorliegenden Verhältnissen näherkommen können und das insbesondere zeigt, wie
mehrere Gene aufeinander abgestimmt sein müssen. Wir wählen als zweites
Beispiel die Musterzeichnung des Schmetterlingsflügels, die von GOLDSCHMIDT,
KÜHN u. a. genauer erforscht und geklärt werden konnte.

b) Das Flügelmusterbeispiel beim Schmetterling.

Das Muster eines Schmetterlingsflügels kommt zustande durch die regelmäßige Verteilung bestimmter Areale, die verschieden gefärbte und zum Teil auch verschieden strukturierte Schuppen enthalten. Diese Areale können qualitativ chemisch verschieden sein, indem sie verschiedenartige Farbstoffe, wie Melanine, Guanine oder Carotin enthalten; sie
können quantitativ chemisch verschieden sein, wenn sie z. B. nur Melanine verschiedener
Intensitätsstufen enthalten; sie können schließlich auch physikalisch verschieden sein nach
Schuppenform oder der Oberflächenstruktur der Schuppen (optische Farben). Die Muster
kommen durch Kombination nicht allzu zahlreicher Elemente zustande. Innerhalb einzelner
Gruppen, z. B. Sphingiden, Arktiden usw. hat bei einer großen Mehrzahl von Arten das Muster
einen gemeinsamen Grundcharakter, es stellt Abwandlungen innerhalb eines generellen
Typus dar.

Es hat sich nun gezeigt, daß bereits im ganz jungen Flügelchen lange Zeit,
bevor irgendein Farbstoff in den Schuppen abgelagert wird, nämlich am Anfang
des Puppenstadiums, sich das spätere Zeichnungsmuster ausbildet. Es wird am

besten sichtbar, wenn man den Flügel austrocknet. Dann fallen bestimmte Teile
der Flügelfläche zusammen, andere nicht, und das so sichtbar werdende Relief-
bild von höheren und tieferen Flächen ergibt genau das Zeichnungsmuster. Die
Ursache dieser verschiedenen Beschaffenheit der einzelnen Areale des Flügels ist,
daß an bestimmten Stellen des Musters die Schuppen noch weiche, blutgefüllte
Säckchen sind, die beim Austrocknen zusammenfallen. An anderen Stellen aber
sind die Schuppen schon chitinisiert und können beim Eintrocknen nicht mehr
zusammenfallen. Mit anderen Worten: die verschiedenen Areale des Musters
unterscheiden sich durch verschiedene Entwicklungs- bzw. Differenzierungsgeschwindigkeiten. Die primäre Ursache des Musters muß also ein Vorgang
sein, der den verschiedenen Epithelbezirken des Flügelchens verschiedene Differenzierungsgeschwindigkeiten verleiht. Es ergab sich weiter, daß im großen und
ganzen die Teile des Musters, die die langsamste Differenzierung zeigen, später
durch Melanine gefärbt, also dunkel werden, daß weiße oder gelbe Teile schneller
differenzieren und daß in gewissen Fällen rote und orange Bezirke zuerst fertig
sind und auch zuerst Färbung bekommen (GOLDSCHMIDT).

Welches also auch bei jedem Objekt die Einzelheiten sind, in jedem Fall
wird das Muster zuerst durch verschiedene Differenzierungsgeschwindigkeiten
verschiedener Areale festgelegt, und diesen Arealen wird dann die definitive
Farbe in bestimmter Reihenfolge zugeteilt. Würden wir zu einem bestimmten
Zeitpunkt der Entwicklung einen Querschnitt durch das Entwicklungsgeschehen
legen, dann würden wir verschiedene Flächenteile des Flügels in verschiedenen
Entwicklungsstadien antreffen.

Völlig unabhängig von diesen Vorgängen verlaufen nun weitere Vorgänge —
ebenfalls mit bestimmter Geschwindigkeit —, die zur Produktion der verschiedenen Farbstoffe führen, die, wenn sie in das erstarrende Chitin der Schuppen
eingelagert werden, deren Färbung bedingen. Die betreffenden Grundstoffe für
die Färbung, z. B. Harnsäure, Tyrosin, Carotin, mögen dabei nichts sein als
Stoffwechselendprodukte, die zu bestimmten Zeitpunkten der Entwicklung als
Konsequenz der vorhergehenden Stoffwechselvorgänge zur Verfügung stehen
(also nicht etwa eigens gebildet werden „um die Schuppen zu färben"). Die Einlagerung der Farbstoffe in das Chitin der Schuppe dürfte aber an ein bestimmtes
Stadium (kolloidaler Zustand) gebunden sein. Wenn somit z. B. in einem bestimmten Moment Harnsäure zur Einlagerung in Schuppen zur Verfügung steht,
so wird sie in allen den Schuppen niedergelegt, die gerade das richtige Entwicklungsstadium haben, um eine kolloidale Lösung zu erlauben, also in ganz bestimmte Teile des Musters. Dasselbe gilt natürlich für alle anderen Substanzen
zu anderen Zeitpunkten und in Beziehung zu anderen Teilen des Musters. So
wird durch ein äußerst einfaches System ein kompliziertes Farbmuster ermöglicht.

Nun entsteht die weitere Frage: wie kommt es zu den verschiedenen Differenzierungsgeschwindigkeiten in den verschiedenen Bezirken des Flügels? Gibt
es für diese Differenzen bestimmte Determinationspunkte, und ist die Determination von anderen Determinationen abhängig oder nicht? Es gibt in der Tat für
das Flügelmuster zeitlich festgelegte Determinationspunkte. Werden nämlich
Puppen hohen oder niederen Temperaturen unterworfen, so werden bestimmte
Abänderungen der Muster erzielt, die in ziemlich gesetzmäßiger Weise die Teile
des Musters gegeneinander verschieben. Es hat sich nun gezeigt, daß solche
Wirkungen nur in einer bestimmten kurzen Periode zu Beginn des Puppenlebens
möglich sind, der sog. sensiblen Periode. Das bedeutet, daß am Ende dieser
Periode, die lange vor der sichtbaren Differenzierung liegt, die Determinations-
entscheidung des Musters gefallen ist. Dementsprechend haben alle möglichen
Versuche, nach dieser Periode das Muster abzuändern, niemals ein einwandfreies

positives Ergebnis gehabt. Während dieser sensiblen Periode müssen also jene Prozesse vor sich gehen, die den verschiedenen Zellbezirken der Flügelfläche verschiedene Differenzierungsgeschwindigkeiten verleihen. Es müssen dies Chemodifferenzierungen sein, mit Verteilung der verschiedenen Substanzen, die die Grundlage für verschiedene Differenzierungsgeschwindigkeiten nach einem bestimmten Plan geben. Dieser Plan muß in den physikalisch-chemischen Bedingungen des Systems des Flügels, in Form der als kolloidale Einheit wirkenden Epithelfläche, in der Anordnung von Tracheen und Blutbahnen, der Beschaffenheit des umspülenden Blutes usw. liegen. Man hat an ähnliche Vorgänge gedacht, wie sie der Entstehung der sog. LIESEGANGschen Niederschlagsfiguren entsprechen, die eine physikalisch-chemisch notwendig ablaufende Konsequenz des Zustandes eines bestimmten mehrphasigen Systems sind, in dem in einer kolloidalen Grundlage chemisch verschiedene Stoffe miteinander reagieren und die Produkte in gesetzmäßiger Form im Raum verteilt werden.

Über den Vorgang der gesetzmäßigen räumlichen Verteilung verschiedener Stoffe innerhalb eines Systems bestimmter Bedingungen, der zu jener Differenzierung der Flügelfläche in verschieden determinierte Zellbezirke führt und den GOLDSCHMIDT allgemein als Schichtungsphänomen bezeichnet, wissen wir noch allzu wenig. Immerhin können wir den ganzen Vorgang in enger Anlehnung an GOLDSCHMIDT folgendermaßen zusammenfassen: Das junge Flügelchen ist, genau wie das Ei, vor der Lokalisation der organbildenden Stoffe oder wie die Extremitätenknospe im undeterminierten Zustand ein einheitliches System, dessen Systembedingungen gegeben sind durch die kolloidale Beschaffenheit des Epithels selbst und seine physikalischen wie chemischen Beziehungen zu Adern, Blutstrom, Tracheenverlauf, Verbindung mit dem Körper, Oberflächenverhältnisse usw. In diesem System tritt nun Chemodifferenzierung ein, genau wie im Beginn einer jeden Organdifferenzierung. Es folgt dann die typische Verteilung, also Lokalisation der Stoffe, durch die die einzelnen Regionen — das Muster — determiniert werden. Diese Verteilung ist das Produkt einer eintretenden Reaktion, die entweder innerhalb des Systems allein eintritt (unabhängige Determination) oder durch Zuführung eines Stoffes von außerhalb (abhängige Determination), einer Reaktion, deren Produkte sich im ganzen System nach seinen physikalisch-chemischen Gesamtbedingungen typisch verteilen müssen. Die verteilten Stoffe sind solcher Art, daß sie bei der Schuppenentwicklung eine spezifische Geschwindigkeit des Entwicklungsvorganges bedingen, was auch ganz elementaren physikalisch-chemischen Gesetzmäßigkeiten der Reaktionsgeschwindigkeiten zuzuschreiben sein wird. Mit dieser Lokalisation ist dann das Muster determiniert, und dieser Zeitpunkt muß mit dem Ende der sensiblen Periode zusammenfallen.

Gleichzeitig und unabhängig von der weiteren Flügelentwicklung verlaufen im Gesamtorganismus Reaktionen, die Reaktionsprodukte zu verschiedenen Zeiten des Puppenlebens liefern, die mit oder ohne weitere mehr oder minder starke Oxydierung in die Schuppen, die gerade im richtigen Stadium sind, als Farbstoffe abgelagert werden können (Lösung in kolloidalem Chitin). Welche Teile des Musters also welche Farbstoffe erhalten (oder gar keine), hängt ab von der Geschwindigkeit der Differenzierung der Teile des Musters und dem Zeitpunkt der Produktion des betreffenden Farbstoffes.

Dies ist die entwicklungsphysiologische Seite des ganzen Vorganges. In welcher Beziehung steht er nun zu den Wirkungen der Gene? Es ist ja kein Zweifel, daß Gene diesen Vorgang der Musterbildung beim Schmetterlingsflügel dirigieren.

Wir greifen aus den verschiedenen Musterformen, die GOLDSCHMIDT analysierte, lediglich jenen Typus heraus, der in einer Verschiebung der Quantität von Flächenteilen innerhalb des Musters besteht und am besten illustriert wird durch die Erscheinungen des Melanismus bzw. Albinismus. Als Beispiel wählt GOLDSCHMIDT den Melanismus der Nonne (Lymantria monacha), deren Zeichnungsmuster in einer nach Art, Anordnung Beziehung zu den Adern genau festgelegten Gruppe von Zickzackbinden besteht, deren primäre Determination im übrigen auf einem häufigen Reaktionsvorgang beruht, da solche Zickzackbinden in vielen Gruppen und Arten vorkommen. Mutierte Gene bedingen nun, daß das Areal der schwarzen Schuppen sich auf Kosten der dazwischenliegenden weißen Fläche vergrößert, indem sich die strichförmigen Binden verbreitern, bis

Abb. 34. (Auszug aus GOLDSCHMIDT.)

sie schließlich ganz konfluieren (Abb. 34). Wie wir im vorstehenden eingehend besprachen, entstehen diese schwarzen Zickzackbinden in der Weise, daß die später schwarzen Schuppenreihen sich langsamer differenzieren als die, die später weiß werden. Letzteres sind ja jene Partien, die schon so fest chitinisiert sind, wenn das Farbstoffangebot erfolgt, daß ein solcher dort nicht mehr eingelagert werden kann. Die verschiedenen Stufen des Melanismus entsprechen also einer Ausdehnung der langsam differenzierenden Schuppenareale.

Die Determinierung dieser verschiedenen Areale erfolgt nun in der sensiblen Periode, denn es lassen sich tatsächlich durch Temperaturversuche die Areale der Zickzacklinie verändern. Der Vorgang kann nur in der Weise verlaufen wie oben geschildert, nämlich durch Stofflokalisation in einem kolloidalen System. Die Gene, die für den Melanismus verantwortlich sind, müssen also bewirken, daß bei Eintritt dieser Diffusionsvorgänge, die in bezug auf die grundlegenden Systembedingungen für Melanisten und Nichtmelanisten identisch sind, relativ verschiedene Quantitäten der zwei sich schichtenden Substanzen zur Verfügung stehen. In irgendeiner Weise müssen von den betreffenden Genen die Quantitäten der beiden sich schichtenden Stoffe bedingt sein. Da die absolute Quantität der Phase, die die langsamere Differenzierung (gleich schwarze Schuppen) bedingt, proportional ist der Quantität der beteiligten Gene, so ist eben der

größeren Ausgangsquantität der Gene auch eine größere Reaktionsgeschwindigkeit in der Produktion des betreffenden Stoffes beigeordnet, von dem somit zum
identischen Zeitpunkt (dem Moment der Schichtung) entsprechend größere
Quantitäten zur Verfügung stehen. Alles weitere ist dann physikalisch-chemische
Notwendigkeit. Wir sehen, wie das Gen innerhalb des durch das Gesamtsystem
festgelegten Gesamtmusters Verschiebungen seiner Teile, also eine Art von
Proportionsverschiebung bewirken kann.

GOLDSCHMIDT gibt für diese ganze Vorstellung die folgende graphische Darstellung (Abb. 35). Es sind, nebenbei bemerkt, mehrere Darstellungsweisen
möglich. Ob die hier verwendete die Sachlage am anschaulichsten macht, wollen

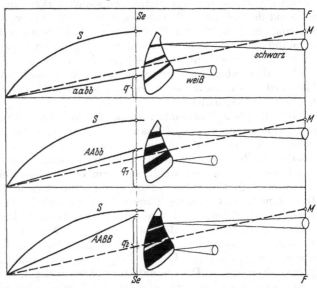

wir dahingestellt sein
lassen. Wir behalten die
Form der Darstellung
vor allem aus vergleichs-
technischen Gründen bei.

GOLDSCHMIDT gibt
folgende Erläuterung:
Es sind drei mehr oder
weniger melanistische
Muster dargestellt als
drei getrennte Kurven-
systeme: der Faktoren-
konstitution aabb ent-
spräche die oberste
Kurve der Stammart.
Der Faktorenkonstitu-
tion AAbb entspricht
das mittlere Schema für
eine mittelmelanistische
Form; und der Konsti-
tution AABB (unteres
Schema) entspricht

Abb. 35. Schema der Entstehung melanistischer Zeichnungsmuster
(nach GOLDSCHMIDT).

hochgradiger Melanismus. Die Entwicklungszeit ist in drei Perioden geschieden,
die sensible Periode Se und die Entwicklung vor- und nachher. In der ersten
Periode verlaufen zwei uns interessierende Reaktionsketten von bestimmter
Geschwindigkeit:

1. Eine in allen drei Fällen gleiche Reaktion S, die zur Zeit der sensiblen
Periode ihr Wirkungsquantum erreicht hat und den Eintritt der Schichtung
bedingt.

2. Die von den Genen AaBb katalysierten Reaktionen, die am Flügelchen
den Stoff liefern, dessen Anwesenheit langsamere Differenzierung der Schuppen
bedingt. Proportional der Zahl der dominanten Gene verläuft die Reaktion (oder
Reaktionskette oder Gruppe von Reaktionen) schneller oder langsamer (Steilheit
der Kurven), und proportional steht dann zur Zeit der sensiblen Periode weniger
(obere Kurve) oder mehr (untere Kurve) der genannten Substanz zur Verfügung.
Diese Quantität ist gemessen als Distanz q, q_1, q_2 auf der Ordinate Se—Se.
Dementsprechend erfolgt die Schichtung in der sensiblen Periode so, wie es das
Schema des Flügelchens angibt. Diese determinierten Teile entwickeln sich dann
in der dritten Periode mit spezifischer Geschwindigkeit, die durch anwachsende
Kegel dargestellt ist. Der Zellbezirk mit der fraglichen Substanz entwickelt sich
langsam (langer Kegel), die dazwischenliegenden Bezirke schnell (kurzer Kegel).
Wenn dann die unabhängig determinierte Reaktion der Melaninbildung M zum

Zeitpunkt F—F eintritt, sind nur die schwarz gezeichneten Schuppenbezirke noch in einem Stadium, in dem der Farbstoff ins Chitin aufgenommen werden kann. — GOLDSCHMIDT bemerkt, daß dieses Schema, wenn verallgemeinert, im übrigen die Quintessenz seiner ganzen Theorie enthalte.

In der Tat ist diese Analyse auch für unsere Probleme von grundsätzlicher Bedeutung. Zunächst wird damit ein Beispiel gegeben, wie zwei verschiedene Konstitutionstypen, die sich voneinander lediglich durch eine Verschiebung von Proportionen unterscheiden, nämlich des Verhältnisses von weißen zu schwarzen Flächen im Flügelmuster, durch die verschiedene Quantität eines Genes bedingt werden. Zweitens geht aus dem Beispiel sehr klar hervor, in welcher Weise mehrere Gene ineinander wirken, indem durch das eine Gen während der sensiblen Periode festgelegt wird, wie weit jener Differenzierungsvorgang am Flügelmuster zu verlaufen hat, der seinerseits bei der — unabhängig dann durch andere Gene bestimmten — Farbgebung später die Bedingungen herstellt zur entsprechend verschiedenen Schwärzung des Flügels.

Vor allem aber illustriert es in einer sehr geeigneten Weise den wichtigsten, hier noch etwas näher zu beleuchtenden Begriff, nämlich denjenigen des Determinationspunktes.

Bis zu einem bestimmten Punkt in der Entwicklung ist ein Gewebe noch indifferent, kann noch gleichsam „alles" aus sich heraus entwickeln, ist omnipotent, wie dies ja durch die schönen Untersuchungen von SPEMANN fast in wörtlichem Sinne erwiesen wurde. Dann kommt jener Punkt, in dem gleichsam das Schicksal festgelegt wird: zu einem bestimmten Zeitpunkt ist etwa ein bestimmter Teil des Keimes determiniert, die dorsale Embryohälfte zu liefern. In diesem Keim treten nach bestimmter Zeit wieder Determinationspunkte auf, etwa für Epidermis und Urdarm. Dann kommt das dritte Determinationssystem, z. B. innerhalb der Epidermis, das Nervenrohr; in diesem folgen die Determinationspunkte 4. Grades für Augenanlage, Medulla usw., und so geht es immer weiter, die ganze Entwicklung in ein nach Reihenfolge, Zeit und Ort festgelegtes System von Determinationspunkten zerlegend. In der Bestimmung bzw. Festlegung dieser Determinationspunkte liegt das Wesen der Wirkung der Gene begründet. Mutationen bedeuten nichts anderes als Verschiebungen eines dieser Determinationspunkte, der etwa infolge einer Quantitätsabnahme der durch das Gen gesteuerten Wirkstoffproduktion zu früh oder auch zu spät eintritt, dadurch das gesamte System aufeinander abgestimmter Reaktionsgeschwindigkeiten störend. Je früher das Stadium ist, in dem eine solche Verschiebung stattfindet, desto allgemeiner wird die Wirkung sich in der gesamten Verfassung zeigen; je später sie erfolgt, desto peripherer wird sie sein.

Ein ganz geringes Schwanken, ein Oszillieren gleichsam, der Quantität eines Genes um einen Mittelwert herum, das andere Determinationsvorgänge in ihrem Ablauf nicht beeinträchtigt, führt zu Varianten, die noch keine Störungsformen (pathologische Formen) bedeuten, wie wir das auch im obigen Beispiel sehen. Die Verringerung der Quantität des Genes ist proportional einer Verringerung der von dem Gen katalysierten Reaktionen, die im Flügel den Stoff liefern, dessen Anwesenheit eine langsamere Differenzierung der Schuppe bedingt, und dem entspricht die stärkere Pigmentierung.

Diese Beispiele sind durchaus grundsätzlichen Charakters, d. h. sie können auf alle beliebigen, von Genen bewirkten Reaktionsketten übertragen werden. Inwiefern können sie für unsere Zwecke in Anwendung gebracht werden?

c) Die Übertragung auf die Konstitutionsvarianten.

Genau so wie im obigen Beispiel stehen auch wir vor einer Reihe verschiedener Typen, aus denen wir wie oben drei Vertreter herausholen: So wie dort die drei

verschiedenen Farbmuster, eine helle, eine mittlere und eine dunkle Variante,
so hier drei verschiedene „Proportionsmuster“, die wir der Kürze halber als P-
und L-Typus und eine mittlere Stufe als M-Typus bezeichnen. Wir nehmen aus
den zahlreichen Proportionen, die die beiden extremen Typen charakterisieren,
zunächst als Paradigma eine beliebige solche Proportions-
unterscheidung heraus, etwa die Thorax-Extremitäten-
proportion: auf der einen Seite betontes Tiefenwachstum
bei geringem Längenwachstum, auf der anderen Seite betontes Längenwachstum bei geringem Tiefenwachstum.
Ähnlich stellen auch die verschiedenen Pigmentstufen
letzten Endes Proportionsstufen dar, indem sie das Verhältnis der pigmentierten zu den unpigmentierten Flächenteilen betreffen. Diese Proportion unterliegt im Laufe der
Ontogenese einer gesetzmäßigen Verschiebung insofern, als
die Pigmentierung ein in der Entwicklung in einer bestimmten Richtung verlaufender Vorgang ist, der nicht
umkehrbar denkbar ist, d. h. immer vom unpigmentierten
Zustand zu den hohen Pigmentstufen verläuft. Deshalb

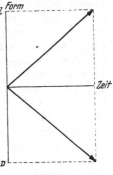

Abb. 36.

stellen die beiden Extremtypen nicht zwei einfache morphologische, sondern
zugleich auch entwicklungszeitlich bestimmte Variationsformen dar, also nicht
zwei verschiedene Entwicklungen vom Typus der Abb. 36, sondern vom Typus
der Abb. 37 bzw. 38.

Durch die Aufdeckung des ontogenetischen Strukturprinzipes der Konstitutionstypen gilt das gleiche auch für die Konstitutionstypen. Auch hier also
handelt es sich nicht um zwei verschiedene Entwicklungen
vom Typus der Abb. 36, wie man sich dies bisher vorstellte,
sondern ganz offensichtlich um den Typus der Abb. 37.
Würden wir auf der Abszisse nicht die Zeit der Entwicklung, sondern unmittelbar die Verschiebung der Proportionen
auftragen, dann würde Abb. 38 am besten die Verhältnisse
darstellen. In diesem Punkte also sind beide Entwicklungsverläufe durchaus vergleichbar; daß sie es in anderen nicht
sind, braucht uns hier nicht zu bekümmern.

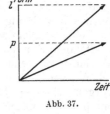

Abb. 37.

Wir betrachten zunächst die physiologische Seite der
Entstehung der Konstitutionsformen und gehen auch hier
aus von jenem primären Vorgang, den GOLDSCHMIDT das
Schichtungsphänomen nannte. Es ist kein Zweifel, daß an
irgendeinem Punkt in der Entwicklung es sich entscheidet,
welche der primären Konstitutionsvarianten angelegt wird.
Es kann weiter als sicher angenommen werden, daß dieser
Punkt relativ früh in der fetalen Entwicklung liegt; das zeigt
die Tatsache, wie tief die Scheidung in morphologische und
physiologische Bereiche hineinreicht. In welcher Phase der

Abb. 38.

Entwicklung diese Determinationsentscheidung erfolgt, das zu entscheiden ist
Sache der Entwicklungsgeschichte. Verwiesen sei in diesem Zusammenhang auf
Vorstellungen von BEAN, der annimmt, daß die genetische Unterscheidung der
Konstitutionstypen bereits in die Zeit der Keimblattdifferenzierung zu verlegen
ist. Ob dies zutrifft, möchten wir nicht entscheiden, die Frage ist außerordentlich interessant, aber für unsere Überlegungen nicht von grundsätzlicher Bedeutung.

Zu einem bestimmten Zeitpunkt erfolgt also jener Schichtungsvorgang, der
der späteren Entwicklung des Konstitutionstypus zugrunde liegt. Als Schichtung

bezeichnen wir jede Musterbildung durch räumliche Sonderung verschiedener Stoffe innerhalb eines Systems. Worin im einzelnen dieser Vorgang besteht, wissen wir nicht. Ohne Zweifel aber ist es ein Vorgang vom Typus etwa der Sonderung des Ekto- und Entoplasmas eines Mosaikeies oder die dorsoventrale Anordnung von formativen Stoffen in der Extremitätenknospe oder ein ähnlicher Differenzierungsvorgang auf früher Stufe der Keimesentwicklung.

Daß wir über ihn nichts aussagen können, ist nicht weiter verwunderlich. Es handelt sich erstens nicht um den Differenzierungsvorgang eines oberflächlich gelegenen Organes, wie beim Schmetterlingsflügel, sondern um einen solchen des ganzen Organismus; er ist zweitens nicht so einfach unter die Lupe des beobachtenden Zoologen zu nehmen wie selbst die ersten Entwicklungsstadien des Seeigels oder der Flügelentwicklung im Puppenstadium, sondern er entzieht sich, wie die frühen Entwicklungsstadien der menschlichen Fetalperiode, gänzlich der genauen Erforschung; schließlich läßt er sich auch nicht durch Temperaturversuche oder ähnliche äußere Einflüsse modifizieren, wie dies beim Schmetterlingsmuster möglich ist. Die Abgrenzung der sensiblen Periode ist deshalb gleichfalls nicht möglich.

Dennoch können wir mit allergrößter Wahrscheinlichkeit annehmen, daß auch für diesen Differenzierungsvorgang eine sensible Periode existiert, die lange vor der sichtbaren Differenzierung liegt und an deren Ende die Determination des Musters abgeschlossen ist. Während dieser Zeitspanne müssen jene Prozesse vor sich gehen, die für den später erfolgenden Streckungsprozeß, für die in der postfetalen Entwicklung einsetzenden Proportionsverschiebung, die Geschwindigkeit dieses Vorganges festlegen, ebenso wie den Punkt, den er im Verlauf dieser Entwicklung erreichen wird. Es ist klar, daß diese Differenzierung ihrerseits wieder getragen wird von vorhergehenden Determinationsvorgängen der ersten Keimesentwicklung.

Völlig unabhängig von diesem Schichtungsvorgang wird dann im Lauf der postfetalen Entwicklung jener komplexe Streckungsvorgang determiniert, mit all seinen zahlreichen Proportionsverschiebungen, über den wir im ersten Teil schon einiges erörterten. Hier greifen zahlreiche Gene in diesen Differenzierungsvorgang ein, ein riesiges komplexes Gengefüge ist am Werk. Dieser Vorgang entspricht in unserem Vergleich etwa der Pigmentbildung durch gewisse Stoffwechselvorgänge im Schmetterlingsorganismus, in welchem Reaktionen verlaufen, die gewisse Stoffwechselprodukte zu verschiedenen Zeiten des späteren Puppenlebens liefern, die in den Schuppen, die gerade im richtigen kolloidalen Stadium sind, als Farbstoffe abgelagert werden können.

Genau so beruht auch jener Streckungsvorgang auf unabhängig im Gesamtorganismus verlaufenden Reaktionen, die nun nach Maßgabe der in der sensiblen Periode festgelegten Wirkstoffquanten den Vorgang schneller oder langsamer — oder besser: weiter oder weniger weit — nach vorwärts treiben. Inwieweit in diesem Prozeß auch Hormone eine Rolle spielen, ist schwer zu bestimmen. Daß sie ebenfalls in das ganze Wirkstoffsystem, das an der Entwicklung beteiligt ist, sehr wesentlich eingeschaltet sind, ist selbstverständlich; das heißt aber nicht, daß eine einzige endokrine Drüse im Sinne des erwachsenen Zustandes verantwortlich zu machen ist; vor allem aber sind es Wirkstoffe ganz anderer Art als die reifen Hormone des endokrinen Systems, die hier von wesentlicher Bedeutung sind.

Wir fassen also diese physiologische Seite des ganzen Vorganges zusammen: In irgendeinem, vermutlich frühen Zeitpunkt der Keimesentwicklung kommt es zu einem für den resultierenden Konstitutionstypus entscheidenden Schichtungsvorgang mit einer typischen Verteilung bzw. Lokalisation jener Stoffe, durch die einzelne Vorgänge, die für die spätere Typenbildung von Bedeutung sind, determiniert werden. Diese Verteilung ist die Folge einer Reaktion, die durch ein Gen in Gang gesetzt wurde. Die verteilten „Stoffe" sind solcher Art, daß sie bei den späteren Streckungs- und anderen Differenzierungsvorgängen in der postfetalen Entwicklung die Entfaltungsvorgänge mit einer spezifischen Geschwindigkeit konservativ oder propulsiv ablaufen lassen. In einem frühen Zeitpunkt der fetalen Entwicklung ist damit schon der künftige Konstitutionstyp (Primärform) festgelegt. Alles weitere ist dann nur mehr eine Art Entfaltungsvorgang in bestimmten, generell und individuell festgelegten Bahnen.

Wir kommen nun zur Betrachtung der genetischen Seite des Vorganges. Es kann ja kein Zweifel darüber sein, daß Gene die von der physiologischen Seite soeben betrachtete Entwicklung bestimmen. Wir halten uns nun zunächst wieder an unser Flügelmusterbeispiel und nehmen an, daß auch in unserem Falle ein Gen den Eintritt des Schichtungsvorganges bedingt; und daß weiter eine Reihe von genisch katalysierten Reaktionen ablaufen, die jenes Wirkstoffsystem liefern, dessen Beschaffenheit die Bedingungen für die größere oder geringere Streckung (und andere konstitutionstypische Proportionen) schaffen. Proportional der Quantität dieses Genes stehen dann zur Zeit der sensiblen Periode weniger oder mehr der genannten Wirkstoffsubstanzen zur Verfügung, und dementsprechend verläuft dann die Reaktionskette schneller oder langsamer.

Wir könnten somit das gleiche Schema (Abb. 35) der graphischen Darstellung auch für unseren Fall verwenden. Hier müssen wir uns jedoch selbst einen Einwand machen, auf Grund dessen wir eine Abänderung dieses Schemas treffen. Es kann sich in unserem Fall bei den Faktoren, die alle zusammen den Konstitutionstyp aufbauen, nicht um die Wirkung nur eines einzigen Genes handeln. Der Typus ist ja nicht allein durch den Grad der Streckung, sondern durch zahlreiche andere Proportionsverschiebungen, sowohl im Gesichtsschädel, in den Rumpf-Schultern- und Extremitäten-Proportionen, ferner den physiologisch-funktionellen, schließlich durch psychologisch-charakterologische Eigentümlichkeiten charakterisiert, die alle in ihrem Zusammenwirken ein gemeinsames Moment verbindet, das wir im ontogenetischen Grundprinzip umreißen konnten, die aber schon deshalb nicht die Folgen eines einzigen Genes sein können, weil sie durchaus nicht immer in identischer Weise miteinander verbunden sind. Es müssen zahlreiche Gene an ihrem Zustandekommen beteiligt sein. In diesem Punkt liegen die Dinge wesentlich anders als im Flügelmusterbeispiel. Die Andersartigkeit läßt sich nun sehr leicht am gleichen Schema korrigieren, und gerade die Einfachheit der Korrektur macht zugleich die Annahme doppelt wahrscheinlich. Wir halten diesen Punkt für einen der wesentlichsten unserer ganzen Theorie.

Die Schwierigkeit wird nämlich sofort behoben, wenn wir annehmen, daß die entscheidenden Unterschiede der Quantität der Reaktionsstoffe, die in dem Schema (Abb. 35) mit q, q_1, q_2 bezeichnet sind, nicht durch ein Variieren der Gene selbst, die dort mit A und B bzw. a und b bezeichnet sind, sondern durch ein Variieren des mit S bezeichneten und dort in allen drei Fällen konstant angenommenen Gens, das den Eintritt der sensiblen Periode bestimmt, beherrscht wird. Wir verlegen also die Variabilität aus dem einzelnen Faktor in ein übergreifendes, für zahlreiche Faktoren und ihre Determination wirksames Gen (Abb. 39).

Diese Möglichkeit hat GOLDSCHMIDT im übrigen bereits vorausgesehen, indem er sagte, daß es für den Effekt grundsätzlich gleichgültig sei, welches von den aufeinander abgestimmten Reaktionsgeschwindigkeiten als variant angenommen wird. Deutlich wird dies etwa am Beispiel der augenlosen Mutante der Drosophila. Auch hier hängt der Effekt ab von dem Determinationspunkt, d. h. von dem Punkt, von dem an Nervenzellen nicht mehr zu Retinazellen werden können. Im Normalfall muß also die Reaktionskurve für die Augendetermination (Abb. 40) die Horizontale N erreicht haben, wenn sie die Determinationslinie D e schneidet (A u). Kommt sie zu spät (A u₁), würde kein Auge mehr gebildet werden können, es entstünde die augenlose Mutation. Die gleiche Augenlosigkeit würde jedoch entstehen bei Konstanz der Kurve A u, aber bei Verschiebung von D e nach links, da auch dann der Punkt A u₂ die N-Linie nicht erreicht. Es handelt sich eben nur um das Verhältnis dieser beiden Vorgänge zueinander, um ihre „Abstimmung", nicht aber um „absolute" Geschwindigkeiten.

Dementsprechend nehmen wir also im Falle der Konstitutionsvarianten an, daß jenes, den Eintritt des Schichtungsvorganges bestimmende Gen — wir behalten die Bezeichnung S bei — quantitativ variiert. Wir wählen aus dieser Variationsreihe drei Stufen S — S₁ — S₂. Die Abb. 39 illustriert, daß wir natürlich auch mit dieser Fassung die drei verschiedenen Quantitäten q, q₁ und q₂ erhalten; alles andere bleibt dementsprechend identisch.

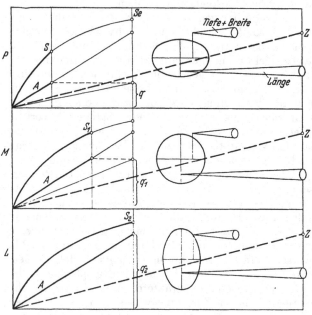

Abb. 39. Schema der Entstehung verschiedener Proportionsstufen im Prozeß der ontogenetischen Proportionsverschiebung (vgl. Abb. 35).

Wir haben aber damit die Möglichkeit gewonnen zu der Annahme, daß diese verschiedenen quantitativen Verschiebungen des Determinationspunktes S auf eine ganze Anzahl, ja sehr zahlreiche Gene, von denen das dargestellte Gen A nur eines von vielen ist, seine Rückwirkung besitzt. Für eine ganze Reihe von höchst verschiedenen Entwicklungsabläufen wird es also für den Endeffekt sehr wesentlich sein, welche Determinationsstufe durch das Gen S erreicht wurde.

Dieses Gen ist es also letzten Endes, welches bestimmt, welche Stufe die einzelnen Entwicklungen im Prozeß der Proportionsverschiebung, wie auch in denjenigen der Reaktionsverschiebung, wie endlich auch demjenigen der Individuation erreichen werden. Wir können diesen S-Faktor deshalb mit einem guten Recht als den Strukturbestimmer bezeichnen.

Zur Vermeidung von Mißverständnissen möchten wir hier nochmals hervorheben, daß wir damit natürlich nicht die Absicht haben, ein einziges Gen für die gesamte Konstitution eines Menschen verantwortlich zu machen. Selbstverständlich sind auch wir der Meinung, daß die Konstitution das Endergebnis von Reaktionsabläufen einer großen Fülle von Genen ist. In dieser Hierarchie aber kommt einem Gen die Aufgabe zu, den Punkt festzulegen, bis zu welchem jener Strukturprozeß in der ontogenetischen Entwicklung verläuft, wo also auf der einen für die Typisierung entscheidenden Variationsebene zwischen den Polen der pykno- und leptomorphen Proportionsform die bleibende Prägung erfolgt. Es gibt selbstverständlich zahlreiche andere Variationsebenen, die mit der hier gemeinten nicht das geringste zu tun haben. Wir werden bei Besprechung der

Sekundärvarianten selbst noch derartige Perspektiven kennenlernen. Das Gen „Strukturbestimmer" bestimmt also die Konstitution nur von einer ganz bestimmten Perspektive aus, die wir die Variationsebene der Primärformen nannten. Nur zwischen den Polen dieses Variationsbereiches wird durch den S-Faktor der Punkt der Entwicklung festgelegt.

Hierzu noch eines zu dem Begriff der „Festlegung". Diese ist lediglich im genotypischen Sinn zu verstehen. Wenn wir sagen, der S-Faktor lege in einem individuellen Fall den Punkt auf der primären Variationsebene fest, dann sagt dies nichts über die Modifikationsfähigkeit, d. h. also über das phänotypische Abwandlungsbereich, das von diesem lediglich genotypisch gemeinten „Punkt" möglich ist. Um dies an einem ganz einfachen Beispiel zu illustrieren: einem in dieser Weise leptomorph determinierten Individuum — d. h. also auf einem Punkt nahe dem L-Pol „festgelegten" Genotypus — werde im frühen Kindesalter aus irgendeinem Grunde die Schilddrüse total exstirpiert. Das Ergebnis im Phänotypus ist selbstverständlich nicht im entferntesten mehr ein leptomorpher Habitus, sondern ein myxödematöser Zwergwuchs. Das Modifikationsbereich des Genotypus ist, wie man sieht, ein sehr großes. Das tut aber der Tatsache keinen Abbruch, daß es sich — genotypisch gesprochen — um einen „Leptomorphen" handelt. Da man jedoch zweckmäßigerweise die Bezeichnungen pykno- und leptomorph für den Phänotypus reserviert, um nicht eine völlige Begriffsverwirrung zu stiften, ist diese Formulierung (oben in „ " gesetzt) in sich

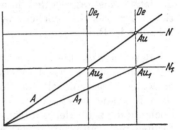

Abb. 40. Die Entstehung der augenlosen Mutation bei der Drosophila durch Verminderung der Reaktionsgeschwindigkeit des Genes A zu A_1 oder durch Verschiebung des Determinationspunktes von De nach De_1. (Vereinfacht nach GOLDSCHMIDT.)

unmöglich. Man wird besser sagen, es handele sich um eine sekundär durch ein Myxödem unkenntlich gewordene Primärvariante. Nur im Falle von eineiigen Zwillingspaaren kann die darunterliegende Primärform erkannt werden.

Wir kommen zu unserem Schema Abb. 39 zurück. Das Gen mit seinen quantitativen Stufen bestimmt die „Schichtung", d. h. es legt die Quantität der Wirkstoffbildung fest, die später in der postfetalen Entwicklung die Streckungsstufe bzw. die Stufe der Individuation bestimmt. Wenn nun viel später durch zahlreiche andere Gene, deren Determination viel später liegt, auf einem schon sehr hohen Differenzierungsniveau des Individuums jene letzten Entfaltungsvorgänge im postfetalen Leben ablaufen, dann können diese Vorgänge nicht über den Punkt hinausgehen, der durch die vorerwähnte Schichtung zur Zeit der sensiblen Periode auf früher Entwicklungsstufe festgelegt wurde. Es ist genau so wie im Flügelmusterbeispiel, wo das relativ spät gebildete Pigment nicht mehr in alle Teile des Flügels eingelagert werden kann, sondern nur in ganz bestimmte Bezirke, die noch in einem kolloidalen Stadium sind, in welchem der Farbstoff aufgenommen werden kann.

Aus der Vielzahl der Proportionseigentümlichkeiten der Typen greifen wir wieder diejenige der Streckung und Fülle heraus, die ja eine der kennzeichnendsten ist, und stellen die einzelnen Varianten schematisch durch die beiden Ellipsen dar, von denen die quergestellte das Überwiegen der Breiten- und Tiefendimension, die längsgestellten das Überwiegen der Längendimension symbolisieren soll. Wir schließen uns, vor allem aus Vergleichsgründen, der GOLDSCHMIDTschen Darstellung an. Die Verschiebung verläuft dort von einem Verhältnis zugunsten der schnell differenzierten Zellbezirke (die deshalb weiß bleiben) zu einem umgekehrten Verhältnis zugunsten der langsam differenzierten Bezirke (die sich schwärzen); die Verschiebung verläuft in unserem Fall von einem Verhältnis zugunsten der Breiten-Tiefen-Dimension zu einem Verhältnis zugunsten der Längendimension.

Wir können dementsprechend annehmen, daß dann, wenn die unabhängig determinierte Reaktion der Streckung zu einem Zeitpunkt Z eintritt, dieser Vorgang im ersten Falle P nur in beschränktem Ausmaß stattfinden kann, weil gleichsam die Determinierung des Überwiegens der Breitendimension bereits stattgefunden hat. Im Falle L kann es umgekehrt in sehr starkem Ausmaß vor sich gehen, weil hier dieselbe Determinierung in sehr geringem Maße erfolgte. Dies wird, wie im Flügelmusterbeispiel, mit Hilfe der kurzen und langen Kegel veranschaulicht. Genau das entsprechende gilt natürlich auch für alle anderen Proportionsverschiebungen.

So resultieren jene beiden Grundformen der menschlichen Konstitution als die letzte Ausprägung im Phänotypus eines enorm hoch gegliederten Determinationsvorganges, in welchem jedoch die Wirkung eines einzigen Genes die entscheidende Rolle spielt.

Bevor wir die hier dargestellte genetische Theorie der beiden primären Konstitutionstypen nochmals übersichtlich zusammenfassen und sie in den Rahmen entwicklungsgeschichtlicher Vorgänge überhaupt hineinstellen, wollen wir noch dem Einwand begegnen, daß das Modell des Flügelmusters vom Schmetterling doch auf die zentralen Probleme der Entstehung der menschlichen Konstitutionsformen nicht anwendbar sei; erstens sei der Mensch schwerlich mit dem Insekt und zweitens sei seine Konstitution nicht mit dem Pigmentmuster auf dem Schmetterlingsflügel in Parallele zu setzen. Die Vorgänge könnten also wegen des weiten Abstandes der Vergleichsobjekte überhaupt nichts Gemeinsames besitzen.

Jeder Genetiker weiß allerdings, daß dieser Einwand grundsätzlich nicht stichhaltig ist; denn die Genetik ist gerade dasjenige Gebiet, wo in der Tat völlig die gleichen Gesetze für alle Formen der Natur gelten. Dies hat seine einfache Ursache darin, daß die einzelnen Formen sich auseinander heraus entwickelt haben und daß auf dem Wege der Gene in der Tat eine kontinuierliche Beziehung selbst zwischen dem Amphioxus und dem Menschen besteht. Die Keimmasse und ihre genetischen Gesetze der Differenzierung sind das ewig gleichbleibende Band, das alle Formen in der Natur miteinander verbindet.

Trotzdem wollen wir uns umsehen, ob wir in der Humangenetik ein schon bekanntes Beispiel entdecken, das zeigt, daß beim Menschen in der Tat die Verhältnisse mit denjenigen beim Schmetterling vergleichbar sind. Bei dieser Umschau finden wir, daß die Humangenetik an vollkommen durchgeführten Analysen allerdings recht arm ist. Doch treffen wir eine sehr schöne solche Analyse, die für unsere Zwecke völlig ausreicht. Es ist die grundlegende Analyse der Variabilität der menschlichen Wirbelsäule durch FISCHER und KÜHNE. Wir wollen die Ergebnisse dieser Untersuchung kurz skizzieren und gleich die Parallele zu unserer Konstitutionsanalyse ziehen.

d) Das Beispiel der Wirbelsäulenvariationen.

Die menschliche Wirbelsäule zeigt, wie schon den alten Anatomen bekannt war, eine enorme Variabilität. Man findet die bunteste Vielfalt von Abweichungen, die in Verschiebungen der Abschnittsgrenzen der einzelnen Wirbelsäulenabschnitte bestehen. So findet man eine 13. oder 14. Rippe oder Fehlen der 12. Rippe, Sacralisation des 5. Lendenwirbels oder Lumbalisation des 1. Kreuzbeinwirbels; Halsrippen oder Fehlen der 1. Brustrippe usw. Alle diese Formen treten auch in

Abortivformen, also mit rudimentären Rippenansätzen oder Knochenbrücken, oft auch nur halbseitig, auf, ein buntes, mannigfaches Bild der Variabilität bietend.

Kühne fand nun bei einer erbbiologischen Untersuchung, daß sich die einzelne Varietät niemals als solche vererbt, wohl aber die Richtung im Auftreten der Varietäten, nämlich entweder nach kopfwärts oder nach steißwärts. Diese „Tendenz" nach oben oder unten erwies sich als ausgesprochen erblich, und zwar war die kranialwärts gerichtete Tendenz dominant über die caudal gerichtete. Ein einziges Allelenpaar beherrscht also die Erscheinung. Mit Hilfe einer Zwillingsserie konnte Kühne weiter nachweisen, daß auch bei EZ durchgehend diese Tendenz sich konkordant erwies, daß jedoch im Grad der Ausprägung bei Abweichung Umweltfaktoren eine ausschlaggebende Rolle spielen müssen, da auch EZ erheblich voneinander abweichen. Weiter konnte Frede, eine Schülerin Fischers, nachweisen, daß mit diesen Varietäten der Wirbelsäule gesetzmäßig verbunden waren auch solche der Nervenplexus und der Rückenmuskeln, einschließlich der Pleurasinus. Die ganzen Organe der hinteren Rumpfwand, Wirbel und Rippen, Muskeln und Nerven werden also von einem einzigen Erbfaktorenpaar in ihrer Ausprägung geregelt. Fischer konnte an Hand dieses außerordentlich instruktiven Beispiels zeigen, daß von hier aus auch Beziehungen zur Stammesgeschichte bestehen, indem sich diese Tendenz, die Grenzen kopfwärts zu verschieben, durch die ganze Primatenreihe hindurchzieht. Er kommt zu dem Schluß, daß diese Ergebnisse gar nicht anders als durch die Auffassung von der quantitativen Natur der Gene (im Sinne Goldschmidts) und die Annahme einer Orthogenese erklärbar sind. Wir kommen im letzten Kapitel nochmals auf dieses Problem zu sprechen.

Wir sehen also, wie beim Menschen ein Faktor nachgewiesen ist, der allein imstande ist, jene enorme Variabilität der Wirbelsäule und ihrer Anhangsgebilde zu bewirken. Wir können diese Variabilität auch hier wieder als Musterbildung bezeichnen; und damit kommen wir auf ungemein ähnliche Verhältnisse wie auch beim Schmetterlingsflügel. Denn es kann kein Zweifel bestehen, daß auch dieses Gen nichts anderes bewirkt als die Bestimmung eines Determinationspunktes im Verlauf der Keimesentwicklung. Dieser „Schichtungsvorgang" wird vermutlich später liegen als im Falle der Konstitutionstypen, da es sich um eine wesentlich speziellere Entwicklungslinie, also nicht die gesamte Körperverfassung, sondern gleichsam nur die „Verfassung" der hinteren Rumpfwand handelt. Dementsprechend wird die Schichtung vielleicht zu verlegen sein in die Zeit der Bildung der Sklerotome. Vollzieht sich dann auf einem viel späteren Differenzierungszustand, von anderen unabhängigen Determinationsvorgängen beeinflußt, die spezielle Ausformung der Gebilde der hinteren Rumpfwand, dann können diese Vorgänge nur innerhalb eines gewissen, durch jenes Gen bestimmten Bereiches variieren. Diese Varianten sind auch in diesem Fall stark modifizierbar. Die Verhältnisse liegen dem Musterbeispiel des Schmetterlingsflügels durchaus analog, und Fischer selbst verweist auf dieses Beispiel. Die schönen Untersuchungen stellen also gleichsam die Brücke her zwischen den genetischen Analysen am Insekt und den hier entwickelten Vorstellungen über die genetischen Zusammenhänge in den wesentlich höheren Bereichen der menschlichen Konstitution. Hier wie dort herrschen ohne Zweifel die gleichen Gesetze. Es handelt sich nur darum, ihr Wirken hinter der bunten Fülle der Erscheinungen zu erkennen.

e) Die multiplen Allelomorphen des S-Faktors.

Und nun möchten wir schließlich, zurückgreifend auf das ersterwähnte Beispiel von den Farbstufen der Raupenzeichnung, für unser Gen Strukturbestimmer ebenfalls mehrere quantitative Stufen annehmen, also multiple Allelomorphe.

Diese Annahme ist schon aus der Tatsache der zahlreichen kontinuierlichen Übergangsstufen zwischen den beiden Polen sehr wahrscheinlich. Sie gewinnt bei
Betrachtung der genealogischen Verhältnisse, worauf wir im folgenden Kapitel
zu sprechen kommen, noch an Wahrscheinlichkeit.

Wenn wir ebenfalls — ganz willkürlich — zehn verschiedene Stufen quantitativer Abstufung annehmen wie im Raupenbeispiel, und zwar von Stufe I eines
pyknomorphen bis zur Stufe X des leptomorphen Poles, dann können wir das
Schema (Abb. 33) unmittelbar auf unsere Verhältnisse übertragen (Abb. 41).
Dem Punkt C auf der Abszisse würde etwa das 2. bis 4. Lebensjahr entsprechen,
wo man anfangen kann, den Konstitutionstypus zu beurteilen, der Abstand von
diesem Punkt bis zum Schnittpunkt der Koordinaten entspräche der Säuglings-
und Fetalzeit bis zu dem Punkt der Determinationsentscheidung, also dem Abschluß der sensiblen Periode. Der Mensch macht nun zwar keine Häutungen
mit, so daß die einzelnen Marken in seiner Individualentwicklung nicht so schön
zu markieren sind wie bei der Raupe; doch ist diese präpuberale Entwicklung
in der Tat ein durchaus entsprechender Metamorphoseprozeß wie dort, und wir
können uns die Häutungsstufen durch die entsprechenden zeitlichen Strecken
ersetzen. Das Ende dieser Entwicklung ist die Pubertät, mit der der Prozeß zum
Stillstand kommt. Dabei handelt es sich auch hierbei um einen unabhängigen
Determinationsvorgang eigener Art, der uns jedoch im einzelnen hier nicht zu
beschäftigen hat.

Wir sehen an der graphischen Darstellung sehr deutlich die verschiedenen
theoretischen Möglichkeiten, die denkbar sind. Mit S_1S_1 wird eine homozygote
Form bezeichnet, bei der die Proportionsverschiebung entsprechend ihrer Determination durch die Genstufe mit dem geringsten Struktureffekt so langsam
verläuft, daß, vom Anfang der Entwicklung angefangen (C), bis zum Ende der
Entwicklung eine Proportions- und Individuationsstufe erreicht ist, die noch
ganz unten auf der Ordinate liegt (Punkt D); die also gleichsam frühkindliche
Proportionen festhält. Umgekehrt ist mit $S_{10}S_{10}$ eine Form bezeichnet, die schon
beim sichtbaren Beginn der Entwicklung hoch auf der Stufenskala der Ordinate
liegt (A), so daß sie sich während der nun folgenden Entwicklung gar nicht mehr
viel ändert (B).

Diese beiden Formen stellen zugleich die extremen Typenpole dar und entsprechen in ihrer Entwicklung auch den empirisch gefundenen Tatsachen, daß
sie sich schon frühzeitig (insbesondere der letztere) manifestieren und während
der ganzen Entwicklung deutlich bleiben. Wer als ausgesprochener Leptomorpher auf die Welt kommt, bleibt es sein ganzes Leben; beim
Pyknomorphen gilt dies durchaus nicht so allgemein.

Damit erklärt sich auch die ganz allgemein herrschende Ansicht von der
völligen Entwicklungsunabhängigkeit der Typenformen, die so lange den Blick
vor den hier aufgezeichneten Zusammenhängen verschloß: die typischen Strukturen ließen sich vom Anfang der Entwicklung an erkennen und verfolgen. Dies
spricht aber nicht, wie dies auch das Diagramm Abb. 41 veranschaulicht, gegen
die gesetzmäßige Abhängigkeit von der Entwicklung. Auch die Pigmentierungs-
formen sind unter Umständen schon am Anfang der Entwicklung typisch zu
erkennen. Deshalb ist aber gleichwohl die höhere Pigmentierung die entwicklungszeitlich spätere Determinationsform als die geringere Pigmentierungsstufe.

Nun aber sehen wir noch das große Bündel der mittleren Formen. Und diese
zeigen während ihrer präpuberalen Entwicklung jene charakteristische Verschiebung der Proportionen, die auch bei großen Kollektivuntersuchungen deutlich
zum Ausdruck kommt. Dies zeigen alle im ersten Teil wiedergegebenen Kurven,
die jedem Handbuch der menschlichen Wachstumsvorgänge zu entnehmen sind.

Da diese mittleren Formen wesentlich zahlreicher sind als die extremen Formen, bestimmen sie auch den Ausfall aller größeren Kollektivuntersuchungen an einem körperbaulich unausgelesenen Material. Auch diese mittleren Formen können, wie das Schema ergibt, noch Abstufungen zeigen und neigen dann mehr dem einen oder mehr dem anderen Pol zu.

Wie haben wir uns eine solche mittlere oder nur leicht aus der Mitte herausgerückte metromorphe Form in der Wirklichkeit vorzustellen? Mit $S_7 S_7$ oder $S_6 S_8$ wird etwa eine Konstitutionsform zu bezeichnen sein, die in der Kindheit

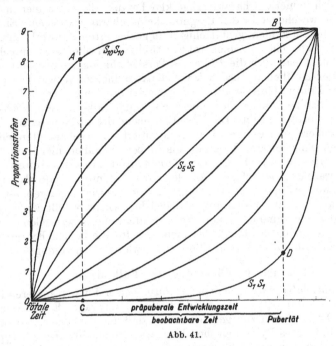

Abb. 41.

nach keiner Seite besonders auffällt, in der ersten Streckungsperiode sich etwas mehr streckt als der Durchschnitt, diesen Vorsprung beibehält, so daß nach der Pubertät ein etwas gestreckter Typus mit einigen „leptomorphen" Zügen des Gesichtsschädels, des Rumpfes und der Extremitäten resultiert und psychisch vielleicht eine gewisse reflexive selbständige Charakterentwicklung einen mittleren Grad der Individuation erreicht, jedoch ohne extrem schizothyme oder gar schizoide Züge, bei dem sich aber später noch eine Harmonisierung des Körperbau im Sinne leichter Fülle und der Psyche im Sinne des Strukturausgleiches vollzieht. Es handelt sich dann um eine jener zahlreichen Menschenformen, die man sich innerlich sträubt, „schizothym" zu nennen, weil sie nicht jenes ausgeprägte Bild innerer Abgeschlossenheit, keinen Autismus usw. bieten, wie sie der Begriff der Schizothymie im engeren Sinne bezielt, die aber auch keineswegs in der Richtung des aufgelockerten Cyclothymikers liegen, wenn sie auch über gewisse weiche schwingungsfähige Temperamentszüge verfügen. Weder körperbaulich noch charakterologisch ist also eine Extremform erreicht. Die Determination erfolgte erst spät und in mittleren Regionen, der Fall wird von den beiden Polen her nicht charakteristisch getroffen (s. im übrigen Abb. 27 auf S. 41).

Erfahrungsgemäß wird in solchen Fällen bei der Beurteilung nicht ganz konsequent vorgegangen. Handelt es sich bei der erwähnten Strukturstufe um eine differenzierte, harmonische und geistig hochstehende Persönlichkeit, dann prägen sich alle Charakterzüge schärfer und deutlicher aus, so daß man dann von einer „echten Mischform", einer typischen „Konstitutionslegierung" zu sprechen pflegt, weil sowohl cyclothyme wie auch schizothyme Züge deutlich in Erscheinung treten. Das geschieht jedoch nur deshalb, weil bei einer geprägten und differenzierten Persönlichkeit überhaupt die seelischen Züge nuancenreicher sind und greifbarer hervortreten. Handelt es sich umgekehrt um eine undifferenzierte, geistig tiefstehende, ungeformte, primitive Person auf der gleichen Strukturstufe, dann prägen sich keinerlei Charakterzüge klar heraus, alles ist ärmer und leerer an Nuancen, verwaschener in der Prägung, keine charakteristischen Einzelzüge finden sich an diesem kahlen, großflächigen, ungegliederten Bauwerk: man pflegt hier von einer verwaschenen, uncharakteristischen Mittelform zu sprechen.

In Wirklichkeit hat aber die Höhe des Persönlichkeitsniveaus — das Formniveau, um einen trefflichen Ausdruck von KLAGES hier zu verwenden — nichts zu tun mit der Eingruppierung auf unserer Variationsebene zwischen den Polen des Cyclo- und Schizothymen; der eine wie der andere kann sehr hochstehend und ebenso ganz primitiv sein. Die Variationsebene des Formniveaus ist gleichsam eine ganz andere Perspektive, die sich quer mit der hier behandelten schneidet. Es handelt sich nach unserer Terminologie in beiden Fällen nicht um „Mischformen", sondern um **mittlere Strukturformen verschiedenen Formniveaus**. Es wäre ungenetisch gedacht, den einen Fall nur deshalb als Legierung zu bezeichnen, weil er infolge seines anderen Niveaus deutlicher ausgeprägt ist und deshalb Züge aus beiden Formenkreisen deutlicher erkennen läßt als der andere.

Mit Hilfe der Annahme einer polyallelen Stufenreihe unseres Genes erhalten wir somit eine befriedigende Erklärung nicht nur für die beiden Extremformen, sondern gerade auch für das große Bereich mittlerer Ausprägungsstufen.

f) Einige Einwände und ihre Entkräftung.

Es ist bekannt, daß der pyknomorphe Habitus sich erst in den späteren Lebensjahren, also etwa um die 40 herum, am deutlichsten ausprägt. Es ist zwar bisher von fast allen Beobachtern zugegeben worden, daß auch schon in den jüngeren Jahren die Struktur des Pyknomorphen klar zu erkennen ist, aber die typischen Proportionen des großen Brustumfanges und der so charakteristische Fettansatz, auch einige weitere Züge, wie die sog. physiologische Kyphose, der breite, schildförmige Gesichtsumriß, die spiegelnde Glatze, das starke Brustfell und vor allem der stattliche Fettbauch prägen sich erst im späteren Alter zu voller Deutlichkeit aus. Ich erwarte deshalb den Einwand: es könne nicht sein, daß die pyknomorphe Struktur die frühere Determinationsstufe sei; denn sie folge in der ontogenetischen Entwicklung ja erst als die letzte Prägungsstufe nach. Es wurde auch in diesem Zusammenhang von einem Erscheinungswechsel gesprochen, so, als ob im späteren Lebensalter gleichsam das Erscheinungsbild des Leptomorphen sich plötzlich in dasjenige des Pyknomorphen verwandeln könnte.

Ein Blick auf die obige Aufzählung dieser später auftretenden „pyknischen" Merkmale zeigt jedoch, daß es sich durchweg nicht um die entscheidenden Proportionsveränderungen, sondern um das Auftreten gewisser akzidenteller Merkmale handelt, von denen sich fast die meisten auf den größeren Fettansatz reduzieren lassen, der aus gewissen, klar übersehbaren Ursachen eben erst im späteren Lebensalter auftritt. Um es scharf zu präzisieren: es gehört zwar mit zu den Eigentümlichkeiten des Pyknomorphen, im späteren Alter Fett anzusetzen. Dadurch wird aber jemand, der im späteren Alter Fett ansetzt, nicht zum Pykniker. Ebenso gehört es zu den — vorläufig nicht klärbaren — Eigentümlichkeiten des Pyknomorphen, schon im mittleren Lebensalter in einer charakteristischen

Weise seine Haare zu verlieren. Dadurch wird er aber nicht dann erst zum Pykniker. Auch für die mittleren Proportionen, wie sie in der Abb. 41 der Form S_5S_5 entsprechen, ist dieser Vorgang des Altersfettansatzes oder der Haarlichtung durchaus physiologisch, ohne sie deshalb nachträglich pyknomorpher zu machen.

Die einzige Proportion, die in diesem Zusammenhang besonders zu besprechen ist, wäre die Zunahme des Brustumfanges im höheren Alter. Es ist möglich, daß sich der Thorax des Pyknomorphen in der Tat später noch etwas ausweitet. Erklärungen dafür gäbe es genug: Die Neigung des Pyknikers zum Emphysem, der Zwerchfellhochstand, der durch die Mächtigkeit der Bauchorgane bedingt ist, schließlich auch wieder die größere Fettauflagerung, die eine knöcherne Umfangszunahme vortäuscht. Aber es ist schließlich auch möglich, daß in der Tat später noch ein richtiges Wachstum in die Breite stattfindet. Ein völliger Wachstumsstillstand in der Pubertät ist gar nicht wahrscheinlich. Es scheint mir nun sehr charakteristisch, daß es gerade derjenige Thorax ist, der seine Wachstumsmöglichkeiten während des Streckungsprozesses gar nicht ausgenützt hat, der also hinsichtlich seiner Proportionen früher fixiert wurde, der nun auch später noch — nicht in seinen Proportionen, d. h. also im Verhältnis von Breite zu Tiefe —, wohl aber in seinen Dimensionen sich ändert. Es widerspricht also nicht den hier ausgeführten Anschauungen, wenn sich in der Tat beim Pyknomorphen auch später noch eine weitere Volumszunahme des Thorax bemerkbar macht.

Wenn also aus einem bis dahin für leptosom gehaltenen Mann in den 40er Jahren plötzlich ein „Pykniker" wird, dann war es entweder vorher kein wirklicher Leptosomer, sondern ein magerer Pykniker, oder es ist später doch kein Pykniker, sondern ein verfetteter oder dysplastischer Leptosomer oder schließlich, was am häufigsten der Fall sein wird, es ist vorher und nachher eine Mittelform, die mit zunehmendem Alter physiologischerweise etwas Fett ansetzt.

Wir haben noch einem weiteren Punkt unser Augenmerk zuzuwenden, nämlich dem Geschlechtsunterschied bei den Konstitutionstypen. Wir beschränken uns dabei auf das morphologische Bereich, da die bisherigen verwendbaren Unterlagen auf seelischem Gebiet für das, was zur typisch weiblichen seelischen Struktur im Gegensatz zur typisch männlichen gehört, vorläufig noch so dürftig sind, daß damit praktisch nicht viel anzufangen ist. Wir fanden, daß der weibliche Körper in seiner ganzen Variationsbreite gleichsam um einige Schritte nach dem pyknomorphen Pol zu verschoben ist. Innerhalb dieser Breite zeigt er genau die gleiche Polarität zwischen dem pykno- und leptomorphen Pol. Aber es scheint, als ob bei gleichem Gengefüge der weibliche Körper mehr in Richtung des pyknomorphen Poles läge. Dies ergibt sich erstens aus der Betrachtung der sog. „idealen Mitte", der Idealnorm im Sinn des Künstlers, der dem weiblichen Körper, auch abgesehen von der reichlicheren Rundung durch größeren Fettansatz, Proportionen gibt, wie wir sie beim Pyknomorphen kennen, nämlich eine größere Tiefen-Breiten-Dimension auf Kosten der Längendimension. Was an dieser Längen-Breiten-Proportion beim männlichen Körper als ideale Mitte erscheint, würde beim weiblichen bereits als starke Verschiebung nach dem leptomorphen Pol wirken. Und umgekehrt würden die idealen weiblichen Proportionen, auch abgesehen vom spezifisch weiblichen, endokrin mitgesteuerten Fettansatz, beim Mann schon als Verschiebung nach dem pyknomorphen Pol erscheinen.

Ein zweiter Beweis dafür ist der Umstand, daß rein statistisch der pyknomorphe Habitus unter weiblichen Probanden häufiger gezählt wird als unter männlichen. Dabei wollen wir davon absehen, daß der weibliche Körper in viel höherem Maße modifikatorischen Einflüssen, vor allem hormonaler Art, unterliegt, so daß die primäre Struktur durch Sekundärwirkungen oft nahezu völlig

verwischt wird. Immerhin sehen wir, daß, auch abgesehen von jenen modifikatorischen Veränderungen, die Variationsbreite beim weiblichen Körper nach dem
pyknomorphen Pol verschoben ist. Wie ist diese Verschiebung vom Standpunkt
unserer Theorie zu erklären?

Zunächst ist es klar, daß diese Verschiebung nicht am Gen selbst liegen kann.
Die Weitergabe des Genes S erfolgt ja, wie bei jedem Gen, ganz unabhängig
davon, ob es nun in einen weiblichen oder männlichen Körper hineingerät. Die
Wahrscheinlichkeit ist bei jeder Kreuzung 50%, ob mit dem Gen S_n nun ein
weiblicher oder männlicher Organismus sich entwickeln wird; genetisch ausgedrückt, ob das Gen S_n sich in einem Genom mit einem doppelten oder nur einem
einfachen X-Chromosomensatz befindet. Mit Sicherheit kann gesagt werden,
daß es selbst nicht im X-Chromosom liegt. Wenn es also in einem XY-Genom
zu liegen kommt (männlicher Organismus), dann liegt seine Wirkung im Phänotypus mehr nach dem L-Pol, wenn es in einem XX-Genom seine Wirkung entfaltet, dann wird diese den Phänotypus mehr nach dem P-Pol verschieben. Wir
haben seine Wirkung als die Festsetzung eines bestimmten Schichtungsvorganges
zu einem bestimmten Zeitpunkt der Entwicklung und von bestimmter Intensität
kennengelernt. Auch diese Wirkung muß wohl bei beiden Geschlechtern identisch
angenommen werden. Die Bereitstellung der entsprechenden Wirkstoffquanten
wird also ebenfalls vom Geschlecht unabhängig angenommen werden können.
Im weiteren Verlauf der Entwicklung entfalten aber die verschiedenen Ge-
schlechtschromosome ihre determinierende Wirkung, die zu der Ausbildung der
verschiedenen Sexualorgane und der sekundären Geschlechtsmerkmale führen.
Von dieser Wirkung, die von den hier besprochenen Genwirkungen gänzlich unabhängig ist, scheint nun auch ein Einfluß auf jenen Vorgang der ontogenetischen Proportionsverschiebung auszugehen, und zwar in dem
Sinne, daß die XY-Konstellation die strukturelle Progression beschleunigt, die
XX-Konstellation hingegen hemmt, mit anderen Worten, das genotypische
Milieu des männlichen Organismus wirkt seinerseits propulsiv, dasjenige des
weiblichen Organismus hingegen konservativ auf den ontogenetischen Strukturprozeß. Dies hängt ohne Zweifel damit zusammen, daß sich die Entwicklung
des männlichen Organismus gerade durch ihre propulsive Natur von der typisch-
konservativen weiblichen unterscheidet. Der männliche Organismus hat gegenüber dem weiblichen durchgehend propulsive, umgekehrt der weibliche durchgehend konservative Züge. Wir wollen hierauf jedoch nicht näher eingehen.

Man könnte also sagen: die gleiche Genstufe, etwa S_7, führt im männlichen Genom zu einem höheren Grad von — um es mit einem einzigen
Wort zu symbolisieren — Streckung bzw. Individuation, wie im weiblichen. Umgekehrt kann man deshalb auch bei einer bestimmten Proportionsstufe eines weiblichen Körpers annehmen, daß eine höhere Genstufe anzunehmen
ist als bei der gleichen Proportionsstufe eines männlichen Körpers. Mit anderen
Worten: eine weibliche Leptosome bedeutet einen höheren Grad von Verschiebung
nach dem L-Pol des Genes als der gleiche männliche Leptosome. Dies ist für
genealogische Erwägungen, wie wir noch sehen werden, wichtig.

Eine besondere Bestätigung dieser Anschauung sehen wir darin, daß auch
im psychischen Bereich ganz die gleichen Verhältnisse vorliegen; die weibliche
Psyche zeigt durchschnittlich einen geringeren Grad von Individuation wie die männliche. Sie liegt also im Seelischen in genau entsprechender Weise dem P-Pol näher, wenn auch hier wieder die gleiche Variabilität
zwischen den beiden Polen besteht. Dies unterstützt unsere Theorie in Hinsicht
auf die Frage der Wirkung eines Genes in morphologischem und psychologischem
Bereich. Es zeigt, daß in der Tat die Beziehungen zwischen körper-

lichen und seelischen Vorgängen in den Entwicklungsvorgängen zu
suchen sind.

Ein weiterer Umstand ist hier noch kurz zu behandeln, nämlich die Frage,
wie mittels unserer Theorie jene Formen zu erklären sind, bei denen sich Züge
aus beiden polar entgegengesetzten Typenkreisen finden. Man macht sich in
solchen Fällen meist die Bastardvorstellungen zu eigen. Mit unserer Theorie sind
hingegen derartige Fälle viel einfacher zu deuten, wenn man sich nämlich klar-
macht, daß der S-Faktor ja nichts anderes als — ähnlich wie bei der Wirbelsäule —
eine Tendenz der Entwicklung, nicht aber feststehende, definierbare, womöglich
absolut meßbare Merkmale bedingt. Es ist nun selbstverständlich, daß auch
bei der Tendenz zur pyknisch-cyclothymen Strukturform durch weitere und
andersartige Faktoren Proportionen hervorgerufen werden, die dem ursprünglichen Primärentwurf entgegenlaufen. Z. B. kann infolge anderer, die Epiphysen-
verknöcherung steuernder Faktoren das Längenwachstum des Knochens gesteigert sein, so daß beim tiefen Thorax mit horizontal verlaufenden Rippen —
dem pyknischen Thorax also —, trotzdem lange Extremitäten sich finden. Das
gleiche ist umgekehrt denkbar: Der Effekt eines hypoplastisch wirkenden Faktors
läuft der Wirkung des S-Faktors im Punkte der Extremitätenlänge entgegen.
Ungezählte Möglichkeiten der Kombination im Phänotypus sind aus wenigen
unabhängigen Faktoren und ihrer abgestimmten Wirkung möglich. In besonderem Maß ist dies der Fall, wo unser Unterscheidungsvermögen so außerordentlich geschärft ist wie bei den Gesichtszügen, wo die feinsten Nuancierungen bereits für unser Auge erkennbar sind. Wir müssen uns also klar sein darüber,
daß der S-Faktor lediglich die Entwicklung im Sinne einer allgemeinen
Tendenz bestimmt, in großen Zügen gleichsam, die allerdings bis in Einzelheiten hineinreichen können; in allen Einzelzügen können sich aber auch
entgegengerichtete Tendenzen manifestieren, wie kleinere Wellen-
bewegungen sich über irgendeine große superponieren können.

Wir stoßen auf diesem Wege auf ein weiteres Problem, nämlich das Hetero-
zygotenproblem und damit auf die Frage nach den Erbverhältnissen der
Konstitutionstypen.

4. Die genealogische Seite des Typenproblems.

Erbbiologische Arbeiten zu unserem Problemgebiet sind vorläufig noch sehr
spärlich. Dies ist um so bemerkenswerter, als erbbiologische Arbeiten in den
letzten Jahren die Zeitschriften überschwemmten und der genetische Gesichtspunkt sich gebieterisch fast in allen biologischen Disziplinen Bahn gebrochen hat.
Zwillingsforschung, Erbstatistik, Erbprognoseforschung, Sippenuntersuchungen
usw. gehören zum selbstverständlichen Handwerkszeug bis in die Populärwissen-
schaft hinein; mit den MENDELschen Gesetzen hantiert heute bereits der Lehrer
in der Volksschule. Dabei ist durch die Zwillingsforschung die Tatsache der
enorm starken Anlagebedingtheit der Körperbauverhältnisse über allem Zweifel
erhaben, wie etwa die Schule VON VERSCHUERS mit Sicherheit nachweisen konnte,
wenn auch gerade von diesem Forscher immer wieder auch auf die modifikatorischen Einflüsse die Aufmerksamkeit hingelenkt wird.

Erbbiologischen Untersuchungen zum Typenproblem stehen allerdings auch
recht erhebliche Schwierigkeiten entgegen. Die eine Schwierigkeit liegt in der
Typendiagnostik selbst. Für eine erbbiologische Untersuchung ist es eine Grundbedingung, eindeutig feststellen zu können, ob das zur Untersuchung stehende
Merkmal vorhanden ist oder nicht. Nur dann kann man die Resultate statistisch
verarbeiten. Mit einem Mehr oder Weniger können wir so lange nichts anfangen,
als wir keine Maßskala besitzen, das Mehr oder Weniger wenigstens in der Form

einer groben Klassifizierung oder Benotung genauer zu charakterisieren, wie man dies etwa bei der Feststellung der Haarfarbe mit Hilfe der Martinschen Haarprobentafel zu tun vermag. Dies ist vorläufig in der Typendiagnostik noch keineswegs erreicht. Eine unausgelesene Kollektion von Untersuchungspersonen (etwa eine Sippe) läßt immer nur wenige reine Formen herausspringen, die größere Mehrzahl läßt sich keineswegs klar der einen oder der anderen extremen Typengruppe zuordnen, sondern steht irgendwo in der Mitte, d. h. aber zugleich auch außerhalb der Typologie. Wie soll man solche Fälle nun erbbiologisch behandeln?

Eine zweite Schwierigkeit ist technischer Art. Während wir bei der Untersuchung von Krankheitsmerkmalen, von Psychosen oder Mißbildungen usw. ohne weiteres auf die Angaben der Angehörigen uns beziehen können zur Feststellung, ob das Merkmal in der Sippe und bei welchen Sippenmitgliedern es vorliegt, ist dies bei den Körperbautypen unmöglich. Hier müssen wir jedes einzelne Mitglied der Sippe selbst eingehend untersuchen, um zu einer halbwegs richtigen Diagnose des Körperbautypus zu gelangen. Alle Mitglieder einer Sippe sind jedoch praktisch niemals untersuchbar, so daß jede derartige Untersuchung von vornherein immer mit einer großen Lückenhaftigkeit rechnen muß.

Alle diese Schwierigkeiten sind jedoch überwindbar, und der Mangel an Untersuchungen liegt wohl zum größeren Teil an einem Fehlen der entsprechenden Fragestellungen. Wir müssen uns deshalb begnügen, die theoretischen Grundlagen der Vererbungsverhältnisse der Konstitutionstypen zu erörtern und diese durch kasuistisches Material zu illustrieren.

Die Erfahrung, die jeder machen kann, der sich aufmerksam die konstitutionstypische Beschaffenheit seiner eigenen Sippenangehörigen oder seiner Bekannten betrachtet, zeigt, daß praktisch alle erdenklichen Möglichkeiten von Kombinationen, sowohl in Aszendenz wie Deszendenz, sich finden lassen. Im einzelnen gibt es erfahrungsgemäß Beispiele für folgende Möglichkeiten:

I. Deszendenz (aus folgenden Kreuzungen):

1. heterotypische Kreuzung (ein Elter: leptomorph, andere Elter: pyknomorph)
   a) Deszendenz mittlere Formen.
   b) Deszendenz aufgespalten nach den Eltern.

2. homotypische Kreuzung (beide Eltern vom gleichen Extremtypus)
   a) Deszendenz homotypisch (wie die Eltern).
   b) Deszendenz abweichend bis zu Gegentypen.

3. metrotypische Kreuzung (beide Eltern Mitteltypen)
   a) Deszendenz ebenfalls mittlere Typen.
   b) Deszendenz läßt Extremformen „herausmendeln".

II. Aszendenz:

1. Ausgangsfall:
Die reine Extremform (pykno- oder leptomorph)
   a) Eltern von derselben Extremform.
   b) Eltern von der entgegengesetzten Extremform.
   c) Eltern Mittelformen.

2. Ausgangsfall:
Die Mittelform (metromorph)

a) Eltern Mittelformen.
b) Eltern Extremformen.

III. Geschwisterschaften:
1. Ausgangsfall:
Die reine Extremform (pykno- oder leptomorph)

a) Geschwisterschaft spaltet sich nach beiden Seiten bis in Extremformen.
b) Geschwisterschaft hält sich in der Mitte.

2. Ausgangsfall:
Die Mittelform (metromorph)

a) Geschwisterschaft spaltet sich.
b) Geschwisterschaft hält sich in der Mitte.

Für alle oben dargestellten Möglichkeiten lassen sich ohne besondere Mühe Beispiele beibringen. In welchen statistischen Zahlenverhältnissen diese einzelnen Möglichkeiten zueinander liegen, können wir mangels entsprechender Untersuchungen vorläufig nicht bestimmen. Exakte Auszählungen an auslesefreiem Material müssen erst durchgeführt werden.

Nebenbei sei bemerkt, daß auch dieser Umstand, daß gleichsam bei der Vererbung der Typen alles möglich ist, nicht ermutigend oder anregend für eine erbbiologische Untersuchung wirkte. Bekanntlich haben jene Merkmale am frühesten eine exakte statistische Untersuchung angeregt, wo schon der grob empirische Überblick einen „Erbgang" deutlich hervortreten ließ, wie es etwa der geschlechtsgebundene Erbgang der Blutereigenschaft oder der dominante Erbgang der Huntingtonschen Chorea ist. Hier jedoch ist von der ehernen Gesetzmäßigkeit, die zu finden die Freude jedes Erbbiologen ist, nicht viel zu sehen; im Gegenteil diese wirre Aufteilung, diese Unordnung, in der eben alles mit gleicher Wahrscheinlichkeit möglich zu sein scheint, sah verdächtig nach reinem Zufall aus.

Demgegenüber steht jedoch der bereits exakt erwiesene Umstand, daß erbgleiche Zwillinge niemals polar verschiedenen Typen angehören, ja überhaupt ungemein wenig im Typus voneinander abweichen, erbverschiedene jedoch fast stets erhebliche Abweichungen zeigen. Die Erbbedingtheit stand also außer jeder Frage. Ein Zweifel an der Erbbedingtheit des Körperbautypus ist auch niemals ernstlich aufgekommen. Die scheinbar zufallsmäßige, alle Möglichkeiten der Verteilung in sich schließenden Verhältnisse mußten deshalb wohl auf unklare, bisher nicht überschaubare, vermutlich überaus komplexe Faktoren, zahlreiche Haupt- und Nebengene, die in unklaren Dominanz- und Recessivverhältnissen stehen, zurückgeführt werden.

Diese Resignation und Skepsis ist jedoch auf Grund unserer bisherigen Untersuchungen nicht am Platze. Wir sahen, daß die Erbverhältnisse bei den Konstitutionstypen wesentlich einfacher liegen müssen, als man bisher angenommen hatte. Wir wollen deshalb im folgenden untersuchen, ob man nicht theoretisch, unter der Annahme eines einzigen, quantitativ gestuften Genes, also einer Reihe multipler Allelomorphen alle die genannten, empirisch auffindbaren Kreuzungsergebnisse ohne weiters erklären bzw. genetisch ableiten kann. Diese Erörterungen können natürlich die Richtigkeit unserer Theorie nicht beweisen, da ein naturwissenschaftlicher Beweis immer induktiv gewonnen werden muß, aber sie können von dieser Seite her gleichsam ihren Wahrscheinlichkeitswert erhöhen. Mehr liegt gar nicht in der Absicht der nachstehenden Ausführungen.

Vorausschicken möchten wir einen Hinweis auf die Analysen polyaleler Reihen der experimentellen Genetik. Außer der bekanntesten solchen Reihe, der Augenfarbe bei Drosophila, die eine Stufenskala von rot bis weiß bildet, ist hier vor allem zu nennen die sehr schöne

Untersuchung der Morganschule über die Bandaugenmutation bei Drosophila. Das normale Facettenauge der Taufliege mit einer Facettenzahl von etwa 800 Facetten kann durch die Mutationsskala eines einzigen Genes, das offenbar den Zellteilungsvorgang der Bildungszellen für die Ommatidien beeinflußt, auf eine ganze Stufenskala geringerer Facettenzahlen bis auf 25 Facetten reduziert werden. Durch den Umstand, daß die Zahl der Facetten die Möglichkeit einer exakt quantitativen Untersuchung der einzelnen Mutationsstufen und ihrer Wirkungsbedingungen gibt, konnte das Wesen und Zusammenwirken derartiger alleler Genquanten sehr genau untersucht werden.

Analog diesen Verhältnissen wollen wir auch in unserem Fall eine Stufenskala quantitativer Abstufungen von — ganz willkürlich — 10 Stufen annehmen. Davon entspräche S_1 der Allelstufe mit den geringsten, S_{10} demjenigen mit dem höchsten Wirkungsquantum. Da jedes Individuum über ein väterliches und ein mütterliches Allel verfügt, besteht die Formel für jedes Individuum aus zwei Zahlenwerten, die wir mit einem Schrägstrich verbinden: S_3/S_6 würde also ein Individuum bedeuten, das aus einer Kreuzung eines S_3 und eines S_6-Gameten stammt. Wir kürzen diese Darstellung ab, indem wir die immer gleichbleibende Genbezeichnung S weglassen und lediglich die Indexzahlen benützen, die gleichsam Ordnungszahlen der Quantität des betreffenden Genes darstellen. Das obige Individuum wird also als 3/6 bezeichnet. Dabei nehmen wir die Ordnungsziffer der väterlichen Erbmasse in den Zähler, die der mütterlichen in den Nenner. In fast allen bisher durchgeführten genetischen Analysen polyalleler Reihen handelt es sich um mehr oder weniger pathologische Mutationen. Bei allen diesen erwies sich fast durchgehend das Wildallel dominant über alle Mutationsstufen. Diese erwiesen sich untereinander oft als intermediär. Oft war auch dort noch ein Dominanzverhältnis des höheren über die niederen Stufen festzustellen. Auch Abweichungen von dieser Regel gibt es, etwa solche, wo die unterste Stufe dominant über die höheren ist. Die Ergebnisse an diesen Reihen haben damit auch zu einer interessanten Neuordnung des gesamten Dominanzbegriffes geführt, worauf wir hier jedoch nicht eingehen wollen.

Bei uns liegen die Dinge insofern anders, als es sich ja angenommenermaßen nicht um eine Verlustmutation handelt, sondern um ein Schwanken um einen Mittelwert nach zwei entgegengesetzten Seiten, von denen keine Seite gegenüber der anderen als abnorm oder pathologisch anzusehen wäre. Es handelt sich also nicht darum, daß ein Wildallel schrittweise mutiert ist bis zu einem Pol, wo bereits schwere Anpassungsstörungen resultieren müssen, die nur deshalb überleben, weil durch Domestikation geänderte Außenbedingungen geschaffen wurden. Sondern es handelt sich hier um ein Variieren gleichsam innerhalb des Wildallelbereiches selbst. Wir können deshalb mit einem gewissen Recht die Annahme machen — es ist nicht mehr als eine Annahme —, daß alle einzelnen Allelstufen untereinander intermediär sind, was um so mehr Wahrscheinlichkeit hat, als Variationen im Bereiche der Norm sehr oft mehr oder weniger intermediär sich verhalten. Im übrigen würde auch die Annahme von Dominanz der einen über die anderen Allele an unseren Überlegungen grundsätzlich nichts ändern[1].

Die Wirkung der beiden Gen-Quanten in dem Heterozygoten muß also, wie GOLDSCHMIDT annimmt, keine konkurrierende, sondern kann auch eine additive sein, d. h., ihre Wirkung entspricht der Summe der den Gen-Quanten entsprechenden Wirkstoffquanten, die proportional ihrer Quantität bestimmte Reaktionen

---

[1] Es wäre möglich, daß der höhere Struktureffekt über den niederen dominant ist, mit anderen Worten, daß die leptomorph-schizothyme Struktur über die pyknomorph-cyclothyme dominiert. Dies wäre aus phylogenetischen Erwägungen zu erwarten (wir kommen im letzten Kapitel darauf zurück) und entspräche der Dominanz des Kranial-Allels über das Kaudal-Allel bei FISCHER-KÜHNE. Es hat aber keinen Sinn, hier zu theoretisieren, bevor nicht diesbezügliche Untersuchungen durchgeführt sind. Wir machen deshalb die einfachste Annahme des intermediären Verhaltens.

mit bestimmter Geschwindigkeit verlaufen lassen. Der Formel 3/6 entspräche ein Wirkstoffquantum von 9. Wenn wir als die Pole niederster und höchster derartiger Kombinationen die beiden extremen Homozygoten 1/1 und 10/10 wählen, so wären die beiden Extrempunkte unserer Reihe repräsentiert durch die Werte 2 und 20. Diese beiden Werte stellen gleichsam die Endpunkte der Maßskala dar, an der wir unsere Typen messen. Auf diesem Maßstab bedeutet der untere Pol den pyknomorphen, der obere Pol den leptomorphen Körperbau.

Genetisch ausgedrückt bedeutet die Formel 1/1 (also der unterste Wert 2), daß hier das Gen proportional seiner geringen Quantität ein außerordentlich geringes Wirkstoffquantum produziert, das dann im Verlauf der ontogenetischen Proportionsverschiebung (bzw. dem ihm im psychischen Bereich entsprechenden Individuationsprozeß) ein nur sehr kurzes Stück weit zu führen imstande ist, so daß sehr frühzeitig die Determination auf einer tiefen (d. h. früheren) Proportions- bzw. Individuationsstufe erfolgt. Dies ergibt eben die pyknomorph-cyclothyme Struktur.

Umgekehrt besagt die Formel 10/10, daß hier, entsprechend der hohen Quantität, ein hohes Wirkstoffquantum produziert wird, proportional dem im ontogenetischen Strukturprozeß ein sehr weites Stück zurückgelegt werden kann, so daß erst spät, d. h. auf einer späten Proportionsstufe, die Determination erfolgt. Dies ergibt die leptomorph-schizothyme Struktur. Die Strukturformel 5/5 bezeichnet schließlich eine Mittelform auf dieser Skala, und die dazwischenliegenden Werte bilden den Übergang zu den beiden Polen. Bei welchem Wert man die Grenze setzen will zwischen dem Extrempol und der Mittelform, ist wieder ganz willkürlich. Auch in der Praxis der Körperbaudiagnostik wird dies äußerst willkürlich gehandhabt. Ein Teil von Autoren hat das Bestreben, jede anfallende Form in eine der beiden bzw. (einschließlich des athletischen Typus) in eine der drei Typenpole einzuordnen. Sie dehnen dementsprechend das Polbereich so weit aus, bis sich beide Pole in der Mitte berühren. Für eine Mittelform scheint dann gar kein Platz zu bleiben. (In Wirklichkeit übernimmt dann meist der Begriff des Athletikers die Funktion der Mittelform.) Der andere Teil der Autoren hat das umgekehrte Bestreben, nur die sicheren „reinen" Typen als solche zu bezeichnen. Bei ihnen wird nur der engere Polbezirk als pykno- bzw. leptomorph bezeichnet, dazwischen bleibt dann ein breites Mittelbereich übrig, das, wie etwa bei MÖLLENDORF, bis zu 50% der Fälle umfassen kann.

Wir wollen uns auf einen mittleren Standort stellen und bei dieser ganz schematisch-theoretischen Überlegung die Werte von 2 bis 7 zum pyknomorphen Pol rechnen, von 8 bis 14 zum metromorphen und von 15—20 zum leptomorphen Typus. Die Werte an den beiden Grenzen des Metromorphen (8 bis 9) und (13 bis 14) bilden Übergangsformen nach den beiden Polen (Abb. 42).

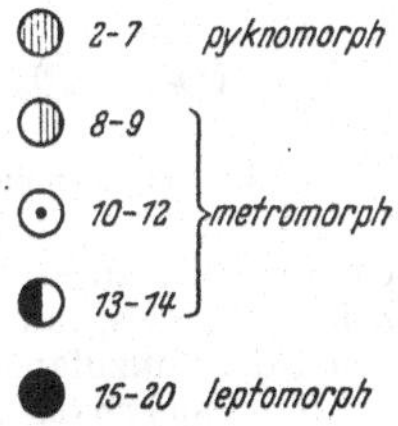

Es ist aus dem Gesagten klar, daß der heterozygoten Form 3/7 und der homozygoten 5/5 gleiche Phänotypen, nämlich metromorphe Bilder entsprechen mit dem bei beiden gleich großen Wirkungsquantum von 10[1]. — Da ein Individuum von der Formel 3/7 nur Gameten vom Werte 3 und solche vom Werte 7 bildet und ein anderes Individuum von der Formel 2/5 solche von den Werten 2 und 5, ist es klar, daß bei einer

2-7   pyknomorph

8-9
10-12 metromorph
13-14

15-20 leptomorph

unbekannt

Abb. 42. Zeichenerklärung.

---

[1] Unter der Annahme des intermediären Verhaltens! Wären die höheren Werte über die tieferen dominant, dann wäre 3/7 nach der leptomorphen Seite verschoben (was durchaus im Bereich der Möglichkeit liegt, ja uns sogar wahrscheinlicher dünkt).

Kreuzung dieser beiden Individuen folgende Kombinationen möglich sind:

$$3/2, \quad 3/5, \quad 7/2, \quad 7/5.$$

Bei einer Kreuzung von Homozygoten, wie etwa jene zwischen den beiden Formen 3/3 und 5/5 ergibt sich dementsprechend das homogenere Bild:

$$3/5, \quad 3/5, \quad 3/5, \quad 3/5,$$

also lauter gleiche Heterozygoten. Nach diesem Schema läßt sich nun in außerordentlich einfacher Weise theoretisch nachprüfen, welche Möglichkeiten bei den verschiedenen Kreuzungen existieren.

Wir wollen die einzelnen Kombinationen in dieser Weise durchsehen und benutzen dabei als Illustrationsmaterial durchweg praktische Beispiele aus einer seit Jahren in Form einer Sammelkasuistik durchgeführten Sammlung von Sippschaftsbefunden. Die Sammlung ist nicht groß und nicht repräsentativ genug, um statistische Schlußfolgerungen zuzulassen. Sie gibt aber zur Genüge ein Bild von der bunten Fülle der verschiedensten Möglichkeiten. Zum Teil handelt es sich dabei um mir persönlich bekannte Familien, von denen ich alle Angehörigen zur Genüge kenne, um eine sichere Konstitutionsdiagnose zu stellen. Ein Teil stammt auch von mir freundlichst überlassenen Sippentafeln von konstitutionstypologisch geschulten Mitarbeitern der Marburger Klinik.

a) Deszendenzuntersuchungen:

Heterotypische Kreuzungen.

Derartige Kreuzungen von konstitutionellen Extremformen sind gar nicht selten; ja es scheint, daß eine gewisse biologische Affinität besteht, die zwei Extremformen sich gegenseitig anziehen läßt. KRETSCHMER hat auf diese Partnerregel schon einmal aufmerksam gemacht.

Familie 1 (Abb. 43).

Der Vater, 178 cm großer, hagerer Mensch, stammt selbst aus vorwiegend langwüchsiger, ausgesprochen leptomorpher Familie mit zahlreichen Junggesellen. Er selbst „kann kein Fett ansetzen", wurde, je älter er war, desto hagerer; flacher Thorax, lange Extremitäten.

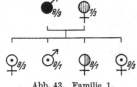

Charakterologisch schizothym, energischer Ingenieur, der sich mit zähem Fleiß emporgearbeitet hat, beherrscht die Familie.

Die Mutter, eine 164 cm große, rundliche, klassische Pyknika, mit tiefem Thorax, gut differenziertem rundlichem Gesicht, steilem Profil. Psychisch ausgesprochen unternehmungslustig, geschäftstüchtig und betriebsam, hypomanisches Temperament. Fängt trotz vielem Mißgeschick im Leben (früher Tod des Mannes), immer wieder von neuem an, unentwegt und immer optimistisch. Einige Schuld, daß sie es

Abb. 43. Familie 1.

trotzdem nicht wirklich auf einen grünen Zweig bringt, ist ihre Unfähigkeit, ihr Geld beisammen zu halten und die unbeherrschbare Neigung, nach einiger Zeit ihr ganzes, mit viel Mühe und Eifer aufgebautes Geschäft aufzugeben, um etwas gänzlich Neues anzufangen.

5 Kinder, von denen eins in jungen Jahren gestorben ist.

1. (Tochter): Körperbaulich nach keiner Seite charakterisiert, metromorph, normal proportioniert, Größe etwa 168 cm, weder im Schädelbau, noch in den Körperproportionen besonders hervorstechende Züge. Temperamentsmäßig lebhaft mit einer gewissen Überschwenglichkeit, unternehmend, jedoch lange nicht in dem Maß, wie die Mutter, hat eine gewisse Distanz, ist geschieden.

2. (Sohn): Kräftig-muskulöse Mittelform, außer einer leicht hyperplastisch-athletischen Note keine besonderen Einschläge im Sinne der Primärvarianten, Größe etwa 173 cm. Psychisch bedächtig, etwas schwerfällig und langsam, keine besonderen Züge nach einem der beiden Eltern.

3. (Tochter): 166 cm groß, leichte Verschiebung nach dem pyknomorphen Pol, jedoch lange nicht in dem Maß wie die Mutter. Auch psychisch korrespondierendes cyclothymes Temperament, dabei reflexive Züge, synton.

4. (Tochter): Leicht hypoplastisch, etwa 162 cm groß, zierlich. Keine deutliche Charakterisierung nach den beiden Primärstrukturen.

Fragen wir uns, mit welcher Strukturformel wir dieses Ergebnis erklären könnten, dann nehmen wir für die Eltern, von denen der Vater ein ausgesprochen Leptomorph-Schizothymer ist, die Mutter umgekehrt eine ausgesprochen Pykno-morph-Cyclothyme, etwa die Formeln 8/9 und 1/3 an, wobei damit der Vater mit der Wirksumme 17 an den leptomorphen Pol, die Mutter mit der Wirksumme 4 an den pyknomorphen Pol zu stehen kommt. Die Kreuzung ergibt folgende Möglichkeiten:

$$8/3, \quad 9/1, \quad 8/1, \quad 9/3.$$

Es ergeben sich also lauter mehr oder weniger in der Mitte liegende Formen, von denen nur eine mehr nach dem P-Pol zu liegt (8/1).

Familie 2 (Abb. 44):

Vater: Extremer Leptosomer, 189 cm lang, hager, schmalschultrig, etwas muskelschwach, jedoch nicht asthenisch, in der Jugend tuberkulosegefährdet. Psychisch streng und etwas autistisch, lebt ganz in seiner Familie, die er etwas tyrannisiert, neigt zu katatymen Reaktionen, geringe Umweltkohärenz, stark verschlossen; Kaufmann.

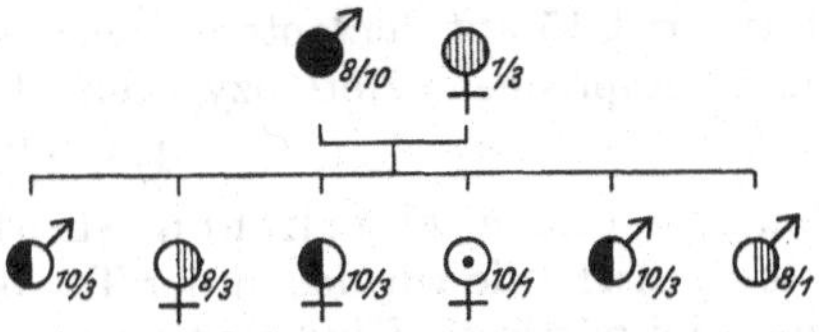

Mutter: Typische Pyknika, 162 cm groß, reichliche Adipositas, bis ins hohe Alter sehr beweglich, sonniges Temperament, geht ganz im Haushalt auf, lebt ganz für die Familie, glänzende Küche, unreflexiv realistisch.

Abb. 44. Familie 2.

Kinder:

1. (Sohn): 178 cm groß, höherer Postbeamter, in der Statur dem Vater ähnlich, jedoch ohne ihn annähernd in der Größe zu erreichen, auch stärkerer Fettansatz. Glatze. Etwas pedantisch, humorlos, sehr tüchtig, hat einige „Steckenpferde", z. B. Amateurphotographie; sammelt leidenschaftlich Marken.

2. (Tochter): Körperbaulich der Mutter ähnlich, ohne sie im Typus zu erreichen, 165 cm groß, in der Jugend schlank, später dicklich. Psychisch etwas empfindlich, leicht verstimmt, glaubt sich leicht benachteiligt, weint leicht, weich, nicht sehr glücklich in der Ehe (vgl. Fam. 7).

3. (Tochter): 167 cm groß, dem Vater ähnlich, wird im Alter hagerer, etwas hypoplastisch. Ähnelt dem Vater in der strengen, etwas harten Art, unverheiratet.

4. (Tochter): 169 cm groß, schlank, sowohl körperbaulich wie charakterologisch sehr ausgeglichen, synton, reflexiv.

5. (Sohn): Leptomorphes Grundschema, 174 cm groß, dem Vater ähnlicher werdend, doch wesentlich aufgeschlossener, unternehmender; sarkastisch, romantisch, leidenschaftlicher Angler, Schriftsteller.

6. (Sohn): 178 cm groß, körperbaulich metromorphe Züge, neigt etwas zum Fettansatz, tiefer Thorax, steiles Profil, psychisch aufgeschlossen, bon vivant, guter Gesellschafter, cyclothyme Züge, mit einer eigenbrödlerischen Note.

Die kurze Skizze zeigt, daß aus der Kreuzung eines klassischen Leptomorphen mit einer ebenso klassischen Pyknika von allen 6 Kindern keine einem der Eltern ganz entsprechende Form hervorgegangen ist. Allerdings sind Anklänge an jeweils einen der beiden Eltern vorhanden, und zwar gerade hälftig, bei 3 Kindern nach dem Vater, bei den 3 anderen etwas nach der Mutter. Man könnte folgende Strukturformeln annehmen: für die klassisch-pyknomorphe Mutter nehmen wir die Formel 1/3, für den ebenso klassisch-leptomorphen Vater die Formel 8/10 an. Daraus ergeben sich folgende Kreuzungsmöglichkeiten für die Kinder, wie sie in Abb. 44 eingetragen sind.

Das Beispiel führt hinüber zum gegenteiligen Kreuzungseffekt: bei heterotypischer Kreuzung erhalten sich die beiden extremen Typen der Eltern in den Kindern.

Familie 3 (Abb. 45).

Vater: Typischer Pyknomorpher, etwa 169 cm groß, schon seit der Jugend Neigung zum Fettansatz, tiefer Thorax, kurzgliedrig; trägt Spitzbart. Sehr gesellig, unternehmend, Jagdliebhaber, großzügig und allgemein sehr hochgeschätzter Mensch.

Mutter: Typisch Leptomorphe, 172 cm groß, also wesentlich größer als ihr Mann, bis ins Alter niemals erheblicher Fettansatz, fast hager wirkend, leichter Rundrücken. Im Wesen liebenswürdig, aber immer distanziert, leichte „Glaswand", obwohl immer sehr hilfsbereit, „aufopfernd".

Kinder:

1. (Tochter): „Ganz die Mutter", fast identisch in der Gestalt, gleiche Größe, hager, schmaler Thorax, leichter Rundrücken, langgliedrig. Auch im Wesen der Mutter ähnlich, Distanz zur Umwelt, Künstlerin, kinderlos und nicht glücklich verheiratet.

2. (Sohn): Metromorphe Proportionen, ziemlich langbeinig, bei tiefem Thorax, kein erheblicher Fettansatz, leichter Rundrücken. Steile Profillinie. Im Wesen sehr harmonisch, ausgesprochen synton, bei großer Weltzugewandtheit doch eine gewisse kühle Distanz, die ihn zum guten, objektiven Beobachter macht, Humor.

3. (Tochter): Typische Pyknika, Größe 165 cm, seit jeher Neigung zum Fettansatz, dicklich, pummelig, durchaus weltzugewandt, anmutig, realistisch, konkret, gute Hausfrau, Wirklichkeitssinn.

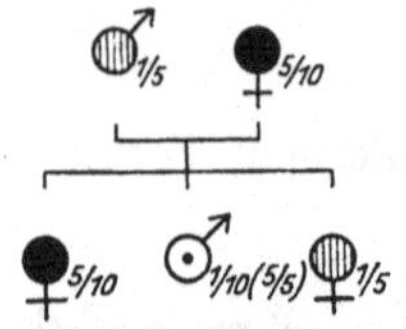

Abb. 45. Familie 3.

Die Übersicht legt folgende Deutung nahe: Für die Eltern nehmen wir die Formel 1/5 und 5/10 an, wobei der Vater mit dem Gesamtwert von 6 noch deutlich auf der pyknomorphen, die Mutter mit 15 auf der leptomorphen Seite stehen. Es handelt sich in beiden Fällen um ausgesprochene Heterozygoten. Demgemäß ergibt die Kreuzung:

$$1/5,\ 1/10,\ 5/5,\ 5/10,$$

d. h. die beiden elterlichen Strukturtypen tauchen in den Kindern wieder auf, wie wir das in der Tat beobachten. Dabei ist sehr charakteristisch, wie beim mittleren Kind eine ausgesprochen metromorphe Struktur vorliegt, die sowohl als Homozygote mit 5/5, wie auch als Heterozygote mit 1/10 aufgefaßt werden kann. Welche Formel in der Tat anzunehmen ist, können erst seine Nachkommen zeigen.

Homotypische Kreuzungen.

Bei Kreuzungen zwischen konstitutionstypisch ähnlichen Formen kommt es naturgemäß meist auch zu ähnlichen Formen bei den Kindern. Dies muß jedoch keineswegs der Fall sein. Zunächst ein Beispiel für erstere Möglichkeit:

Familie 4 (Abb. 46).

Vater: 189 cm groß, immer deutlich untergewichtig, hager, ausgesprochener Leptomorpher, Philosoph, abstrakter Denker. Als Jüngling starke Sturm- und Drangperiode, später kritisch, logisch, starke Grundsätze.

Mutter: Etwa 174 cm groß, kräftig, aber niemals dick, fast hager. Sehr temperamentvoll, im Wesen distanziert, läßt niemanden viel von sich wissen, verschlossen, zurückhaltend.

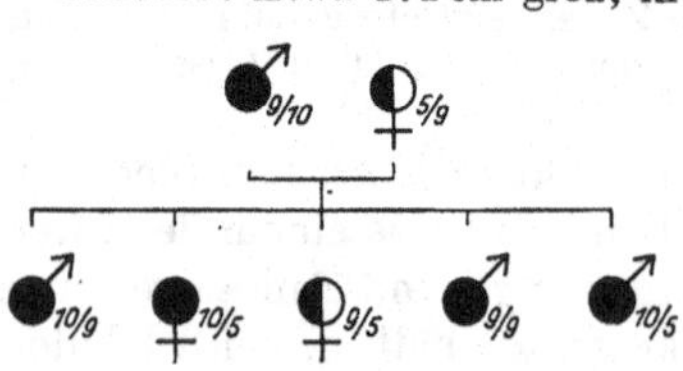

Kinder:

1. (Sohn): 186 cm groß, dem Vater sehr ähnlich, „ätherisch", langer schmaler Mensch, schlanke Hände, überzart. Psychisch außerordentlich sensibel, von pedantischer Ehrlichkeit, Künstler (Graphiker).

Abb. 46. Familie 4.

2. (Tochter): 171 cm lang, sehr dünn und mager, schmales Becken, leptomorph, wird nie dick. Obwohl sehr temperamentvoll, wirkt sie nach außen kühl, oft befangen, zeigt keine Gefühle; starke aber unglückliche Bindung, unverheiratet.

3. (Tochter): 169 cm lang, in der Jugend Neigung zum Fettansatz, der sich seit dem 22. Lebensjahr völlig verloren hat, wurde ganz schlank, verlor fast 20 Pfund, flacher schmaler Thorax. Der Mutter im Wesen ähnlich, lebhaft, etwas unsicher und scheu, distanziert.

4. (Sohn): 187 cm groß, etwas kräftiger als der ältere Bruder, jedoch auch ausgesprochen leptomorph. Im Wesen sehr zurückgezogen, Einsiedler, intellektuell, sehr begabt, versteckt seine Gefühle, geht den Menschen aus dem Wege.

5. (Sohn): 189 cm groß, der kräftigste von den Brüdern, ebenfalls stark leptomorph, „Herzengewinner", dabei aber immer ziemlich unbeteiligt, findet bei großer Distanz am leichtesten Kontakt.

Die Familie hat ein ausgesprochen leptomorphes Gepräge, wenn gewisse Schwankungen auch hier vorliegen. Formelhaft dargestellt, wäre für den Vater als einer extrem leptomorphen Form die Struktur 9/10 anzunehmen, für die

Mutter etwas abgeschwächt 5/9. Daraus ergeben sich die in Abb. 46 angenommenen Möglichkeiten für die Kinder.

Es weht ein kühler Hauch von solchen Familien, aber sie stellen bei hohem allgemeinem Niveau oft die wertvollsten geistigen Kräfte für die Gemeinschaft; nicht selten findet man derartige Sippenbilder bei Aristokraten.

Familie 5 (Abb. 47).

Vater: ist identisch mit Familie 2, 5. Kind.

Mutter: ausgesprochene Leptosome, hager, etwa 173 cm, niemals Fettansatz, leichte Stigmen der Retardierung. Psychisch sehr zurückgezogen, reflexiv, schwierig, empfindlich, etwas exaltiert, viel Streit mit den eigenen Verwandten, unter denen zahlreiche schizothyme Psychopathen sind.

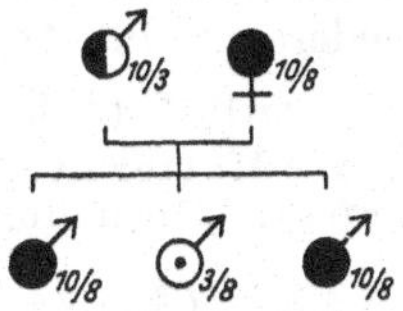

Kinder:

1. (Sohn): ausgesprochen leptomorph, 176 cm groß, sehr flacher Thorax, langgliedrig, sehr hager, fast Winkelprofil, eckige Psychomotorik, Eigenbrödler, Sammler, pedantisch, romantisch, guter Schachspieler.

2. (Sohn): 180 cm, sehr kräftig, muskuläre Mittelform, guter Abb. 47. Familie 5.
Sportsmann, Naturbursch, weiß nicht, wohin mit seiner Kraft, viel in Formationen tätig, Vereinsmeier, unproblematisch, wodurch er deutlich von den Brüdern absticht.

3. (Sohn): 168 cm, zart, feingliedrig, sehr flacher schmaler Thorax, mager, Winkelprofil, leichte asthenische Komponente. Immer Vorzugschüler, sprachenbegabt, etwas eigenbrödlerisch, eigensinnig, originell.

Die Formel dieses Sippenbildes gibt die Abb. 47. Wir nehmen für die Mutter die extreme Formel 10/8 an, was ihrer für eine Frau um so bemerkenswerteren leptomorphen Struktur etwa entspricht. Wir nehmen für die Söhne dementsprechend folgende Formel an: 10/8, 3/8, 10/8. Ob man etwa dem ersten Sohn die Formel 10/10 zuteilen sollte, ist eine Frage der Taxierung. Meist entscheidet erst die gesamte Lebensentwicklung über die eigentlich anzunehmende Strukturformel. Bei jüngeren Menschen wird sich eine Zuordnung fast niemals mit Sicherheit durchführen lassen. Bemerkenswert ist hier bereits, wie unter den Kindern in Nr. 2 eine beiden Eltern recht unähnliche Form zutage tritt.

Ganz anders mutet das Bild auf dem anderen Pol unserer Skala an. Auch dort ergibt sich bei homotypischen Kreuzungen eine weitgehende Gleichartigkeit der Form.

Familie 6 (Abb. 48).

Vater: ausgesprochener Pykniker, kurzgliedrig-mächtiger Thorax, reichlicher Fettansatz; sehr gemütlicher, jovialer Mensch, neigt dem Alkohol zu, künstlerisch begabt, kunsthandwerklich tätig.

Mutter: gleichfalls typische Pyknika, klein und dicklich, etwas rührselig und weich, oft depressiv verstimmbar, dabei realistisch, in gutem Einvernehmen mit ihrer Mitwelt, nicht sehr intellektuell.

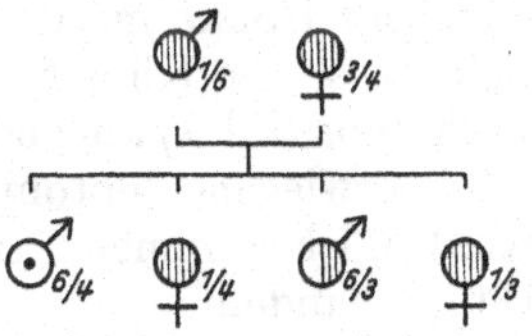

Kinder:

1. (Sohn): Körperbau: Breiter Thorax, leicht adipös, jedoch ohne pyknomorphe Proportionen. Größe etwa 174 cm. Psychisch nicht sehr aufgeschlossen, ohne besondere Distanz, verdrückt, guter Handwerker.

2. (Tochter): pyknischer Habitus, 166 cm Größe, immer etwas dicklich, betriebsam unternehmend, zahlreiche Freunde, etwas geschwätzig.

Abb. 48. Familie 6.

3. (Sohn): deutlich pyknomorphe Züge, 172 cm groß, breiter Thorax, reichlicher Fettansatz und dabei muskelkräftig. Psychisch weich, beeinflußbar, etwas haltlos, kein Rückgrat, Kompromißnatur.

4. (Tochter): ausgesprochene Pyknika, 163 cm Größe, seit jeher dicklich, kurzgliedrig, ziemlich frühreif, etwas hypererotisch, betriebsam, unternehmend, dabei streitsüchtig, mit ihrer Familie entfremdet.

Die Formel ergäbe sich in folgender Weise: die Eltern sind beide vorwiegend pyknisch-cyclothyme Strukturen; von den Kindern kann lediglich der erste

Sohn nicht als eine solche Struktur gelten. Was auch mit der empirischen Tatsache übereinstimmt, kommt in der Formel gleichfalls zum Ausdruck: keines
der Kinder wiederholt sich identisch in den Eltern. Jedes hat seine
eigene Struktur, wenn auch die Verschiebung nach dem pyknomorphen Pol
durchgehend zu sehen ist.

Nun zeigt die Erfahrung, daß aus scheinbar pyknischen Kreuzungen auch
rein leptomorphe Formen ausgehen können. Dieses „Herausmendeln" wird gar
nicht so selten beobachtet. Meist finden sich dann ähnliche Züge bei einem der
beiden Großelternteile, der dann anscheinend in großer Ähnlichkeit beim Enkel
wiedererscheint. Dies ist in folgender Familie der Fall:

Familie 7 (Abb. 49).

Die Mutter ist identisch mit Tochter 2, Familie 2. Der Vater ausgesprochener Pyknomorpher, 167 cm groß, dicklich, Rundkopf, spiegelnde Glatze, Bäuchlein, psychisch: naive

Selbstsucht, egozentrisch, Haustyrann, knauserig, jovial.

Kinder:

1. (Sohn): metromorphe Form, mittelproportionierter Thorax,
etwa 174 cm Größe, tüchtiger Unternehmer, sehr betriebsam, ein-
fallsreich, intelligent, großer Umweltkontakt, Arbeitstier, erfolgreich.

2. (Sohn): ausgesprochener Leptomorpher, hoch aufgeschossen,
186 cm Größe, schmalbrüstig, etwas muskelschwach, in seiner
ganzen Statur seinem Großvater (Vater in Familie 2) ähnlich.
Starb mit etwa 20 Jahren an Tuberkulose.

Abb. 49. Familie 7.

3. (Sohn): etwa 178 cm groß, sehr kräftig, im ganzen mittelmäßig proportioniert, kein
Überwiegen nach einer Seite, im Wesen farblos, etwas beeinflußbar, keine charakteristischen
Züge.

Bei der Mutter, die wir ihrer Statur nach bei Abb. 44 als metromorph darstellten, wäre man äußerlich geneigt, einen abgeschwächt pyknischen Habitus
anzunehmen, wobei vermutlich der Einfluß des weiblichen Geschlechts eine
leichte phänische Verschiebung nach dem P-Pol bewirkt, der genotypisch nicht
vorliegt. Wir haben im vorigen Kapitel bereits besprochen, daß im weiblichen
Geschlecht die ganze Skala (im Phänotypus) etwas nach dem pyknomorphen
Pol verschoben ist. So stammt von anscheinend pyknischen Eltern kein wirklich
in demselben Maße pyknisches Kind, und eines ist sogar ein extremer Gegentypus, indem der leptomorphe Großvater (Familie 2, Vater) sehr deutlich hier
zutage zu treten scheint, obwohl der andere Elternteil keineswegs die Entstehung
einer Leptomorphie begünstigt haben kann. Wir schließen deshalb auf die in
Abb. 49 dargestellte Strukturformel.

Daß zwei vorwiegend Pyknomorphe ein extrem leptomorphes Kind haben
können, zeigt im übrigen die Formel, wonach aus der Kreuzung 1/8 × 1/8 sehr
leicht ein Homozygoter 8/8 resultieren kann; und wenn es der Zufall will, auch
mehrere solche Kinder, während die Mittelformen oder die entsprechende pyknische Form (1/1) ungeboren bleiben können. Dasselbe gilt natürlich umgekehrt:
zwei vorwiegend leptomorphe Eltern, 3/10 × 3/10, können das ganz pyknische
Kind 3/3 bekommen. Immer aber muß es sich dabei um stark heterozygote
Eltern handeln.

Metrotypische Kreuzungen.

Wenige Worte sind schließlich den Kreuzungen zwischen mittelproportio-
nierten Formen zu widmen. Aus den bisher dargestellten Formeln geht ja schon
zur Genüge hervor, wie etwa sich bei metromorphen Kreuzungen die Deszendenz
verhalten kann: entweder gleichfalls metromorph wie die Eltern oder aufgespalten
in Extremformen. Für letzteren Fall ein Beispiel:

Familie 8 (Abb. 50).

Vater: körperlich metromorph, mittlere Größe (etwa 174 cm), breiter kräftiger Thorax,
in der Jugend schlank, erst im Alter etwas Fett ansetzend. Sehr jovial und lebhaft, tem-

peramentsmäßig nach dem cyclothymen Pol verschoben, große Umweltkohärenz, sehr temperamentvoll, jähzornig, unproblematisch.

Mutter: körperbaulich mittlere Proportionen, im Alter leichte Neigung zur Adipositas, sehr phantasiebegabt, originell, reist gern, sehr viel Humor, dabei aber zurückhaltend, ausgesprochen reflexiv, Distanz, wählt sich ihre Freunde.

Kinder:

1. (Tochter): typische Pyknika, reichlich adipös, gesund, urwüchsig, problemlos, heiter, früh verheiratet, zahlreiche Kinder, gute Hausfrau.

2. (Sohn): kräftige Form mit pyknomorphen Zügen, bei 175 cm Größe, normal proportioniert, ziemlich problemlos, unkompliziert, umweltkohärent, etwas weich, selbstgefällig, heiter, gutmütig, farblos.

3. (Sohn): angedeutet leptomorph, 174 cm groß, schmaler flacher Thorax, psychisch sehr verschlossen, freundlich bei starker Distanz, geringe Umweltkohärenz, angedeutet schizothym, stiller Humor, etwas sonderlingartig, egozentrisch.

4. (Tochter): zartgliedrig, schmal, aufgeschossen leptomorph, leichter Rundrücken, flacher Thorax. Stark reflexiv, geringer Umweltkontakt, scheu, befangen, nicht verheiratet.

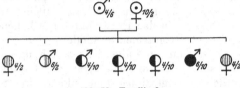

Abb. 50. Familie 8.

5. (Tochter): der vorigen strukturell ähnlich, körperlich und psychisch. Schmal und flachbrüstig, leichter Rundrücken, geringer Fettansatz, psychisch scheu, etwas autistisch, Eigenbrödlerin, Tierliebhaberin. Nicht verheiratet; hängt an der Schwester.

6. (Sohn): ausgesprochen leptomorph (180 cm groß), sehr langgliedrig und schmal, flacher Thorax, leichte asthenische Komponente, Winkelprofil. Schwieriger Mensch, etwas verblasen, beeinflußbar, ohne rechtes Ziel, möchte Schauspieler werden, schizothym.

7. (Tochter): der ältesten Schwester körperlich und seelisch außerordentlich ähnlich, fast eine zweite Auflage, kräftig gebaute, seit jeher etwas dickliche Pyknomorphe. Früh verheiratet, realistisch, derb, freundlich, unproblematisch und lebenslustig, im großen Gegensatz zu den beiden anderen Schwestern.

Der Familie käme etwa Strukturformel der Abb. 50 zu, die deutlich zeigt, wie den beiden ziemlich metromorph proportionierten Eltern, die allerdings selbst eine gewisse Verschiebung nach den beiden entgegengesetzten Polen zeigen, sehr verschiedene Kinder entstammen können, von denen keines die elterliche Formel genau wiederholt. Die Abb. 49 zeigt das bunte Bild dieser Familie, das etwa der Wirklichkeit entspricht. Bei derartigen großen Geschwisterschaften stellen sich — und zwar entsprechend den Altersbeziehungen und den einzelnen Strukturen — ganz bestimmte Untergliederungen ein, die für ein Studium einfachster soziologischer Strukturen von großem Interesse sind. So ist hier etwa ein sehr enger Zusammenschluß der Geschwister 3, 4 und 5 erfolgt, die in der etwas nach außen abwehrenden Grundhaltung, in der engen Bindung, die sich selbst genügte und keinen Außenstehenden aufnahm, eine Art abgeschlossenes Ganzes bildeten. Demgegenüber stand Geschwister 6 immer sehr isoliert, während 7 innigen Anschluß an Geschwister Nr. 1 fand. Auch hier wieder gesellten sich gleich und gleich zusammen.

Was schließlich die metromorphen Kreuzungen anbelangt, bei denen die gleichen Formen resultieren wie die Eltern, wäre es banal, dafür Beispiele zu bringen. Sie bilden ja das Gros aller Kreuzungen und sind einfach nach dem Schema aufzubauen:

$$4/6 \times 4/6 : 4/4 + 4/6 + 4/6 + 6/6$$

oder bei homozygoter Kreuzung:

$$5/5 \times 6/6 : 5/6 + 5/6 + \text{usw.}$$

Der Überblick zeigt, daß in der Tat alles möglich ist, selbst unter dieser einfachsten Annahme einer zehnstufigen polyallelen Reihe eines einzigen Genes. Nun ist diese Annahme ja ohne Zweifel viel zu vereinfacht und schematisch.

Erstens kann eine viel größere Stufenfolge angenommen werden, ja, es ist überhaupt fraglich, inwieweit nicht überhaupt eine fluktuierende Kontinuität, nicht aber eine Stufenskala anzunehmen ist. Diese Fragen, die grundsätzlich für alle polyallelen Reihen gelten, sind gegenwärtig noch nicht spruchreif.

Das zweite Moment, das die Sachlage erschwert, ist der übrige Genotypus. Wir machten bisher die stillschweigende Annahme, daß man durch die Feststellung des Typus im Erscheinungsbild zugleich auch eine Feststellung des genotypischen Sachverhaltes treffen könne, indem wir unmittelbar aus der Kenntnis des Erscheinungsbildes die Erbkonstellation, gleichsam die Wirksumme der beiden allelen Faktoren abschätzen könnten. Dies ist natürlich nur eine Fiktion, um das Grundsätzliche daran zu illustrieren. In Wirklichkeit dürfte dies schwerlich jemals, wenigstens vorläufig, mit einiger Sicherheit möglich sein, vor allem deshalb, weil in das Entwicklungsgeschehen bei jedem Menschen nicht nur eine variierende Komponente, sondern eine ganze Fülle von solchen zur Wirkung gelangen; und diese alle nicht beziehungslos nebeneinander herlaufen und jeder für sich getrennt im Phänotypus zur Geltung gelangt, sondern ein durchaus ganzheitliches Integrationsgefüge bilden, ein „System", in dem sich jede Änderung von einer Stelle aus im ganzen Gefüge geltend machen muß. Wir werden bei Besprechung der Sekundärformen darauf eingehend zu sprechen kommen. In der hier gegebenen Darstellung glauben wir also nicht ein vollständiges und reales Bild der Verhältnisse zu geben, sondern wir wollen lediglich das heuristische Prinzip zur Anschauung bringen, das in der Einführung einer polyallelen Serie eines einzigen Genes, des Strukturbestimmers, liegt.

b) Aszendenz-Untersuchungen.

Für sie gilt grundsätzlich dasselbe wie bei den eben besprochenen Deszendenzbefunden. Praktische Fälle brauchen hier nicht eigens herangezogen zu werden. Wir wollen nur das Grundsätzliche kurz rekapitulieren. Reine Typen können unter ihren Eltern wieder die gleichen reinen Formen haben. Es sind jene Fälle, wo man zu sagen pflegt: Der Sohn sei ganz der Vater, die Tochter ganz die Mutter. Also z. B.:

$$3/3 \times 3/10 : 3/3 + 3/10 + 3/3 + 3/10.$$

Die Kinder spalten sich genau nach den Eltern auf, die eine Hälfte bildet den Vater, die andere die Mutter getreu wieder ab; dies muß dabei natürlich nicht mit dem Geschlecht parallel laufen. Oft genug geht es übers Kreuz, so daß die Tochter die Struktur des Vaters, der Sohn diejenige der Mutter erhält, wobei dann allerdings der Geschlechtsfaktor immer eine gewisse Modifikation anbringen wird.

Der reine Pyknomorphe kann aber ebenso gut auch unter seinen Eltern heterozygote Mittelformen besitzen, oft solche, die gar keine Beziehung zum pyknomorphen Pol haben, so daß das Kind aus der ganzen Familie im Typus stark herausfällt, wie z. B. der Pykniker 3/3 in der Sippe:

$$3/10 \times 3/10 : 3/3 + 3/10 + 3/10 + (10/10).$$

Es sind schon deutlich nach der leptomorph-schizothymen Seite verschobene Eltern, wie auch die Mehrzahl der Geschwister, unter diesen sogar eine leptosome Extremform. Würde dieser letztere nicht geboren, dann fände sich unter außerordentlich homogenen Verhältnissen, nämlich lauter 3/10 Formen, plötzlich ein Pykniker 3/3. Genau das gleiche gilt umgekehrt für den Leptomorphen in der pyknischen Familie:

$$1/7 \times 1/7 : (1/1) + 1/7 + 1/7 + 7/7.$$

Dort fällt es vielleicht noch mehr auf, weil ein Schizothymer, vereinzelt in einer pyknischen Familie, mit seiner erschwerten Anpassungsfähigkeit, seiner geringen Umweltkohärenz, seiner Kontakterschwerung, seinem Sturm und Drang, seinem Autismus usw., förmlich wie das „häßliche junge Entlein" wirken muß. Umgekehrt wird sich der anpassungsfähige und realistische Cyclothyme auch in einen heterotypischen Kreis viel leichter eingliedern.

Schließlich kann ein extrem Leptomorpher auch von zwei Eltern abstammen, die beide ganz dem gegenteiligen Pol entsprechend strukturiert sind. Einen solchen Fall zeigte die Familie 7.

Daß Metromorphe ebenfalls, und zwar in besonders deutlicher Weise, alle Arten von Elternkombinationen haben können, ist offensichtlich. Der homozygote Metromorphe 5/5 kann abstammen von gänzlich polaren Eltern 1/5 und 5/10, wie ebenso von den ganz homotypischen und ihm selbst gleichartigen Formen 5/5 × 5/5. Der erscheinungsbildlich ähnliche Metromorphe 1/10 kann abstammen aus der völlig extremen heterotypischen Kreuzung 1/1 × 10/10, ebenso wie aus der ganz homotypischen Kreuzung 1/10 × 1/10. Jedesmal werden sich dementsprechend die eigenen Geschwisterkonstellationen verschieden verhalten. In den meisten Fällen werden die Verhältnisse jedoch nicht derart extrem zugespitzt sein, sondern mehr nach der Mitte zu liegen, wie etwa im Falle des Metromorphen von der Formel 2/9, in dessen Geschwisterschaft dann, wenn er aus der Kreuzung 2/7 × 4/9 stammt, alle Möglichkeiten in leicht abgeschwächter Form sich finden, ebenso wie wenn er aus der ihm ähnlichen Kreuzung 2/9 × 2/9 stammt. In diesem Fall werden die Extremformen etwas stärker heraustreten.

c) Geschwisteruntersuchungen.

Damit ist zugleich auch die Frage nach den Geschwisterschaften beantwortet. Im ganzen gilt der Satz: Je homotypischer und homozygoter die Eltern sind, desto ähnlicher sind die Kinderschaften (bzw. Geschwisterschaften des Probanden). 3/3 × 3/3 gibt lauter 3/3-Formen, ebenso wie 8/8 × 8/8 lauter 8/8-Formen gibt. Je weiter der einzelne Elter in seiner eigenen Erbstruktur auseinander klafft, mit anderen Worten: je mehr er selbst das Produkt einer heterotypischen Kreuzung ist, d. h. also, je heterozygoter er selber ist, und je weiter die beiden Eltern in ihrer Erbstruktur auseinandertreten, um so bunter wird das Bild einer Kinderschaft bzw. Geschwisterschaft sein.

Dies entspricht ganz den praktischen Erfahrungen. Es wird eine interessante Frage sein, zu untersuchen, wie weit diese Regeln für die Entstehung psychopathischer Persönlichkeiten eine Rolle spielen.

Einige kurze Bemerkungen seien hier noch über das bekannte Hervortreten großelterlicher Struktureigenschaften in den Enkeln eingeschoben. Sofern diese den Primärtypus betreffen, geben schon einige unserer obigen Beispiele dieser alten Erfahrung eine genealogische Grundlage.

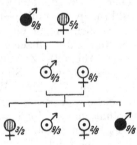

Abb. 51. Familie 9.

Das Hervortreten großelterlicher Merkmale ist besonders dann sehr auffällig, wenn der Großelternteil eine sehr ausgesprochene Form darstellt, wie in Abb. 51, wo der Vater ein typischer Leptomorpher ist, der in der ersten Filialgeneration ganz verschwunden war und erst durch eine Heterozygotenkreuzung einer Tochter mit einem Partner, der selbst gar nicht viel von dem Typus besaß, in der zweiten Filialgeneration in ganz übereinstimmender Form wieder zutage tritt. Es bedarf dann meist nur noch einiger weniger zusätzlicher übereinstimmender Züge, oft ist es etwa nur der gleiche Pigmentierungsgrad oder ein gleiches zusätzliches Accidens (Myopie usw.), die dann eine überraschende Ähnlichkeit mit dem Großvater hervorbringen.

Oft kann sich ein derartiger Fall von hervorstechendem extremem Konstitutionstypus in mehreren Generationen wiederholen. In der Sippentafel (Abb. 52) kehrt ein stark leptomorpher Habitus in 4 Generationen wieder. Lägen sie, wie dies auch hier ohne weiteres möglich wäre, in einer direkten Linie, dann drängte sich die Vorstellung der Dominanz unwillkürlich auf. Andere Stammbäume zeigen demgegenüber wieder, wie etwa auf Abb. 51, das längere „Verdecktgehen", das Überspringen von Generationen, woraus mit der gleichen Wahrscheinlichkeit auf Recessivität geschlossen werden könnte. Man pflegt in solchen Fällen, wo das gleiche Merkmal wie hier der leptomorphe Habitus in dem einen Stammbaum dominant, im anderen recessiv „mendelt", meist auf mehrere Biotypen zu schließen. Wie irreführend diese einfach „mendelistischen" Vorstellungen bei

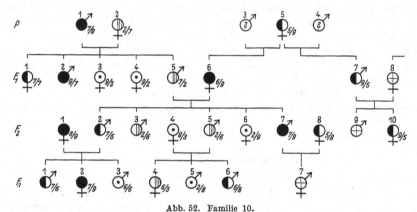

Abb. 52. Familie 10.

Anwendung der neueren Erkenntnisse über die Wirkungsweisen der Gene sind, wurde in diesem Buch schon mehrfach hervorgehoben; sie geht auch aus der obigen Ableitung deutlich hervor.

Wir bringen als Überblick nochmals ein Beispiel einer größeren, durch mehrere Generationen gut analysierbaren Sippentafel, lediglich um zu zeigen, wie sich das Prinzip der multiplen Allelenreihe eines Genes durchgehend anwenden läßt. Wir verzichten auf eine genaue Schilderung der einzelnen Vertreter der Sippe und wollen nur einzelne Punkte, die aus der Tafel zu entnehmen sind, hervorheben (Abb. 52). Zunächst zeigt sie keinen ausgesprochenen „Sippenstil", wie man das bei vielen Sippen häufig findet; im Gegenteil treten alle Arten von Strukturen in buntem Wechsel auf. Der stark leptomorphe Habitus des einen Mannes in der P-Generation wiederholt sich in sehr ähnlicher Weise, wie schon erwähnt, in den folgenden Generationen. Insbesondere Nr. 2 in F_1 und Nr. 7 in F_2 haben auffallende Ähnlichkeit. Ein abgeschwächter pyknomorpher Einschlag zieht sich ebenfalls durch 3 Generationen, ausgehend von Nr. 2 in der P-Generation. Sie entstammte selbst wieder einer Familie mit zahlreichen Pyknomorphen. Auch bestanden auffallende Übereinstimmungen mit Nr. 5 in F_1, ferner Nr. 3 und Nr. 5 in F_2, die auch schließlich noch einmal in Nr. 4 in F_3 zutage tritt. Natürlich kann man hier schon keineswegs mehr von dem gleichen Erbmerkmal der Urgroßmutter sprechen. Es ist nur die gleiche Strukturstufe, die in Verbindung mit einigen weiteren „familiären Merkmalen" des Gesichtsschädels oder der Pigmentstufe wie ein Weiterleben des gleichen Familientypus wirkt. Die Formen Nr. 8 in F_1 und Nr. 9 in F_2 waren wegen einer endokrinen Fettsucht nicht genauer zu bestimmen; die Form Nr. 7 in F_3, ein Kind, war noch nicht einstufbar.

d) Das monogene Strukturprinzip.

Diese erbbiologischen Ausführungen sollen und können unsere Theorie von dem „monogenen" Strukturprinzip des Konstitutionstypus nicht beweisen. Zu einem wissenschaftlichen Beweis gehört immer eine gegen Zufall und Selbsttäuschung geschützte, quantifizierbare, induktive Beobachtungsreihe. Eine solche liegt hier nicht vor. Die Ausführungen sollten vor allem zeigen, daß die erbbiologischen Verhältnisse, die gerade bei der erblichen Weitergabe der konstituierenden Elemente des Typus außerordentlich vielfältige und unübersichtliche zu sein schienen, durch die Annahme einer multiplen Allelenreihe eines einzigen, in mehreren Stufen auftretenden Genes ohne weiteres deutbar sind; oder, um es noch vorsichtiger zu formulieren, daß diese empirisch gefundenen Verhältnisse keineswegs der Annahme der Monogenie zu widersprechen brauchen.

Ich vermute, daß hier vor allem die Kritik einsetzen wird. Wie kann man, so höre ich manchen Kritiker erbbiologischer Thesen ernsthaft fragen, ein so komplexes Geschehen, wie es die Entstehung des Konstitutionstypus ist, auf ein einziges Gen zurückführen: wo doch eine so viel einfachere Entwicklung, wie diejenige der Farbe des Kaninchenfelles, schon auf 5 oder mehr Genen beruht. Ganz abgesehen von aller Theorie sei es einfach von vornherein unwahrscheinlich, daß hier Monogenie und nicht hohe Polygenie vorläge.

Diese Kritik, die ich hier kurz vorwegnehmen möchte, obwohl ich gleich zusammenfassend noch einmal darauf einzugehen habe, würde einen wesentlichen Umstand unserer Theorie übersehen. Wir glauben nämlich in dem Sinn dieser Kritik gar nicht an Monogenie. Wir glauben allerdings überhaupt nicht an die Monogenie irgendeines normalen Merkmales. Entsprechend den Ausführungen auf Seite 156ff. möchte ich umgekehrt formulieren, daß jedes normale Merkmal — um es etwas überspitzt auszudrücken — von so viel Genen bedingt ist, als der Mensch überhaupt besitzt, mit anderen Worten: das gesamte Genom ist in seiner ganz speziellen Eigenart notwendig, damit das betreffende Merkmal in seiner individuellen Ausprägung so und nicht anders entstehen konnte[1]. Immer können Mutationen zahlreicher Gene zu einer Änderung dieser Merkmalsausprägung führen. Deshalb sind stets alle diese zahlreichen Gene für die Normalprägung des betreffenden Merkmals von essentieller Bedeutung, sind also Gene „für" dieses Merkmal. So ist es auch bei der Farbe des Kaninchenfelles. Die genaue Analyse zeigte, daß zunächst ein Faktor die Fähigkeit, überhaupt Pigment zu bilden, bedingt; auch das ist schon wieder ungenau ausgedrückt; richtiger, daß die Störung eines bestimmten Genes die Bildung des Pigments überhaupt verhindert, etwa auf dem Wege, daß ein Stoffwechselfaktor oder ein Temperaturfaktor verändert wird (einer Schmelzpunktverschiebung vergleichbar), so daß das Pigment aus seiner Pigmentvorstufe mangels des entsprechenden Fermentes usw. nicht gebildet werden kann. Die Mutationen anderer Gene führen zu Veränderungen der Quantität des Pigmentbildungsvorganges, greifen also auf einem anderen Weg in die Entwicklung ein; wieder andere beeinflussen, wenn mutiert, die Qualität des Pigmentes, den Zeitpunkt seiner Bildung, seine Zusammensetzung usw. Die Polygenie der Fellfarbe des Kaninchens löst sich bei genauerem Zusehen auf in eine Hierarchie von ineinandergreifenden Reaktionsketten, deren ganz bestimmtes Aufeinander-abgestimmt-sein für den Pigmentbildungsprozeß notwendig ist.

---

[1] Den gleichen Gedanken finde ich nach Abschluß des Manuskriptes bei TIMOFEEF-RESSOVSKY: „Wir haben gewisse Gründe anzunehmen, daß letzten Endes für das Zustandekommen jedes Merkmales alle oder fast alle Gene notwendig sind." (Hdb. d. Erbbiol. Bd. 1, 41 (1940).

So sind auch wir mit allen unseren Kritikern völlig einer Meinung, daß der gesamte Komplex von Merkmalen, der uns in der Konstitution eines Menschen entgegentritt, hoch polygen ist. Dabei verstehen wir unter Polygenie nicht, daß mehrere Gene gleichsinnig und miteinander auswechselbar das Merkmal bedingen, sondern unter Polygenie verstehen wir lediglich die Tatsache, daß ein Merkmal durch Mutationen verschiedener Gene in gleichsinniger Weise abwandelbar ist.

Insofern also auch der Merkmalskomplex, der dem Konstitutionstypus zugrunde liegt, von mehreren verschiedenen Genen her abwandelbar ist, halten auch wir ihn für polygen. Das hindert aber nicht und spricht in keiner Weise gegen unsere Anschauung, daß unter all diesen Genen einem ganz bestimmten und hier eingehend behandelten Gen eine besondere Bedeutung zukommt für die Ausbildung eines bestimmten Primärtypus, d. h. für die Einordnung auf einem bestimmten Punkt zwischen den Polen des pykno- und leptomorphen Körperbautypus. Im Hinblick auf dieses eine Gen können wir also auch von einem monogenen Prinzip sprechen.

Mit dieser Theorie des monogenen Strukturprinzipes des Primärtypus wollen wir uns gar nicht auf die Monogenie festlegen. Wir sehen hier gar kein striktes Entweder-Oder. Im Gegenteil sind wir selbst sehr bestrebt, weitere Gene zu finden, die gleichfalls in den Determinationsprozeß des Typus eingreifen. Wir haben solche weiteren Gene in den geschlechtsbestimmenden Faktoren bereits kennengelernt. Weitere werden wir bei Besprechung der Sekundärformen kennenlernen. Als sicher aber scheint uns jetzt schon, daß dieses Eingreifen weiterer Gene von anderen Seiten des Entwicklungsprozesses her erfolgen muß, als bei dem hier behandelten Gen, das wir den Strukturbestimmer nannten.

Noch nichts können wir über die Frage der Poly- oder Monomerie sagen, d. h. also über die Frage, ob mehrere Gene gleichsinnig, nur quantitativ gestuft, an dem Strukturprozeß teilnehmen.

Genau die gleichen Reservate gelten für die Frage der Dominanz. Die erbbiologische Forschung am Menschen scheint uns, wie wir schon erwähnten, immer noch zu tief in der unfruchtbaren, ja uninteressanten Diskussion über die Frage zu stecken, ob ein Merkmal dominant oder recessiv sich verhalte, während die Frage, wie überhaupt das Gen in die Entwicklung eingreift, viel zu wenig behandelt wird.

Wir machten in unserem Fall die Annahme, die einzelnen Allelstufen verhielten sich intermediär, ohne uns aber im mindesten auf diese vorläufige Annahme festlegen zu wollen. Erst statistische Untersuchungen werden darüber Sicherheit bringen können. Ob das Merkmal nun aber dominant oder recessiv mendelt[1], hängt, wie wir sahen, erstens von gewissen Quantitätsstufen des Gens selbst, vor allem zweitens aber auch von ihrer Relation zu dem übrigen Genom ab. Die noch ausstehende genaue Analyse der entwicklungsgeschichtlichen Vorgänge bei der Entstehung der Typen wird zeigen, daß dann von Fall zu Fall erklärbar sein wird, warum hier diese, dort jene Wirkungsform des Genes entstanden ist.

Fassen wir das Ausgeführte kurz zusammen, so konnten wir zeigen, daß die große Mannigfaltigkeit der Kreuzungsergebnisse, wie sie die Empirie aufweist, mit Hilfe einer quantitativen Allelie in ihren Grundzügen deutbar ist. Die empirischen Ergebnisse der Vererbung der primären Konstitutionstypen sprechen deshalb nicht gegen die Annahme einer einzigen Genwirkung als genetischem Hauptprinzip, das bei der Determination der einzelnen Form zwischen den Polen

---

[1] Absolute Dominanz oder Recessivität stellen, wie wir heute wissen, nur seltene Grenzfälle dar, zwischen denen alle Übergänge verschiedener Dominanzgradationen existieren.

des pykno- und leptomorphen Poles wirksam ist. Wir haben deshalb von einem monogenen Strukturprinzip im Konstitutionsaufbau gesprochen, wobei der Begriff der Monogenie mit einem gewissen Vorbehalt unter eingehender Begrenzung dessen, was darunter zu verstehen ist, gebraucht wurde. Eine Beweiskraft, so führten wir aus, kann den hier skizzierten genetischen Deutungen der einzelnen Kreuzungen nicht zukommen. Dazu werden exakte erbstatistische Untersuchungen notwendig sein, die es vorläufig noch nicht gibt. Doch läßt sich jetzt schon ein klares Arbeitsprogramm aufstellen, dem noch einige kurze Worte gewidmet seien.

Statistisch zu untersuchen wäre in erster Linie: Wie sieht die Kinderschaft bei reinen heterotypischen Kreuzungen aus? Dabei müßte unterschieden werden zwischen den beiden Möglichkeiten, daß einmal der Vater, einmal die Mutter den pykno- bzw. leptomorphen Habitus besitzen. Vermutlich ergäbe sich ein bestimmter Prozentsatz von P- und L-Formen und eine große Zahl mittlerer Formen. Zum Zwecke einer exakten Zuordnung der einzelnen Formen zu den Strukturtypen müßte ein einheitlicher Weg, die Berechnung eines brauchbaren Index, als welcher sich meines Erachtens der von STRÖMGREN angegebene Index weitaus am besten eignete, wie auch eine experimentell psychologische quantifizierbare Zuordnung vorgenommen werden. Es müßte nun weiter untersucht werden, wie groß die Wahrscheinlichkeit ist, daß in den Kinderschaften ein Leptomorpher ein pyknomorphes Geschwister bzw. ein leptomorphes Geschwister besitzt. Weiter wäre zu fragen: wodurch unterscheiden sich die Elternpaare jener Kinderschaften, die vorwiegend mittlere Formen aufweisen, von jenen mit extremen Typen? Die nächste Frage wäre: Wie sieht die Kinderschaft aus homotypischen Kreuzungen aus, also die Kinder von reinen pykno- oder reinen Leptomorphen? Wie verschieben sich die Proportionsziffern gegenüber der vorigen Gruppe der heterotypischen Kreuzungen?

Ebenso könnte man umgekehrt nach der Aszendenz fragen: Wie sehen, statistisch-kollektiv, die Eltern reiner Leptomorpher aus? Oder von reinen Pyknomorphen? Wodurch unterscheiden sich konstitutionell diejenigen Leptomorphen, unter deren Eltern wieder reine Typen sind, von jenen, deren Eltern Mittelformen sind? Wie sehen schließlich die Geschwisterschaften jener Leptomorphen aus, deren Eltern reine Typen, und wie andererseits die Geschwisterschaften jener, deren Eltern Mittelformen sind?

Erst wenn wir in dieser Weise systematisch die Erbstatistik der Konstitutionsformen durchgeprüft haben, werden wir imstande sein, exakte und fundierte Angaben über die wirklichen Erbverhältnisse der Konstitutionstypen zu machen.

Wir brachten diese programmatischen Ausführungen, um damit nochmals hervorzuheben, daß wir mit unserer ganz schematischen, formelhaften Deutung, die wir einigen ausgewählten Stammbäumen gaben, nichts anderes als eine Möglichkeit andeuten wollten, wie mit Hilfe der Annahme einer Allelenreihe eines einzigen Genes eine genetische Erklärung der empirischen Verhältnisse möglich wäre; und um praktische Forschungen anzuregen, die allerdings schwerlich von der Klinik, sondern allein von Forschungsstätten besonderer Art durchgeführt werden könnten.

C. Zusammenfassung.

Wir versuchen nun nochmals einen Überblick über die Theorie von der Entstehung der primären Konstitutionstypen zu geben. Die Variabilität der menschlichen Körperbauformen haben wir als „Musterbildung" bezeichnet. Sie ist ein Sonderfall der Variabilität aller Formen in der Natur, die sich am besten am

Zeichnungs- oder Farbmuster studieren läßt. Man muß derartige Variationsformen zunächst beschreiben und als Varianten der gleichen Grundform erkennen, wie z. B. die albinistische und melanistische Variante eines Schmetterlingsmusters. In einem zweiten Schritt kann man diese Variabilität zu erklären suchen, indem man etwa die beiden Formen als verschiedene Determinationsstufen des ontogenetischen Pigmentbildungsvorganges und damit als die Wirkung eines einzigen Genes erkennt.

Ebenso waren auch bei den Mustern der menschlichen Konstitutionsformen zunächst die entsprechenden, zueinander gehörigen Varianten der gleichen Wuchstendenzen aus der Fülle der Formen herauszuschälen. In einem zweiten Schritt mußte nun auch hier die genetische Erklärung der Varianten, das zugrunde liegende genetische Prinzip gesucht werden. Wir glauben es in unserem ontogenetischen Strukturprinzip der Konstitutionstypen gefunden zu haben. Dieses konnten wir folgendermaßen formulieren: Die polaren psychophysischen Konstitutionstypen sind nichts anderes als verschiedene Determinationsstufen jener ontogenetischen Metamorphose, die wir als den Prozeß der strukturellen Progression bezeichneten. Dabei stellt der pyknomorph-cyclothyme die konservative, der leptomorph-schizothyme die propulsive Strukturstufe dar. Körperbautypus einerseits und psychische Struktur andererseits bilden gleichsam korrespondierende Punkte der identischen Entwicklung in verschiedenen Seinsbereichen. Dieses Prinzip hatte als ein genetisches von vornherein eine gewisse Wahrscheinlichkeit für sich. Eine genaue Analyse der drei Bereiche morphologischer, physiologischer und psychologischer Art erwies in der Tat seine durchgehende Geltung.

Mit Hilfe dieses Prinzipes wurde die Frage nach der Entstehung der beiden polaren Konstitutionsformen neu gestellt. Sie konnte nun formuliert werden als Frage nach der Entstehung dieses Prinzipes. Die Frage lautete: Welches sind die Entstehungsbedingungen jener verschiedenen Determinationsstufen der ontogenetischen Strukturbildung? Ein Vergleich exakter genetischer Analysen ähnlicher, aber leichter zugänglicher Musterformen der Biologie machte es wahrscheinlich, daß auch in unserem Falle die Annahme eines einzigen Genes genügt, das für die Determinierung der beiden polaren Typen verantwortlich zu machen ist.

Um dies ganz verständlich zu machen, möchten wir hier einen Exkurs in sehr Grundsätzliches unserer allgemeinen Vorstellungen vom Wesen der Vererbung überhaupt einschieben. Wir müssen uns ein für allemal freimachen von der Vorstellung, daß der Phänotypus einer fertig geprägten Form — einmal abgesehen von den äußeren (modifikatorischen) Einflüssen — das Resultat einer Summe nebeneinander herlaufender Entwicklungen ist, so daß mehr oder weniger jedem Merkmal im Phänotypus ein Gen im Genotypus entspreche. Diese falsche und gleichwohl unausrottbare Vorstellung ist die Folge eines völlig mißverstandenen Mendelismus einer überwundenen Zeit[1]. Die Wirkung der Gene ist keine summenhafte in dem Sinne, daß der Genotypus, also die Gesamtheit aller Gene, etwa vergleichbar wäre einem Haufen verschiedener Samenkörner, auf eine Wiese verstreut, aus denen im Laufe der Entwicklung dann die verschiedenen

---

[1] Besonders verhängnisvoll wirkte sich diese Summenvorstellung der Genwirkungen in der modernen neodarwinistischen Abstammungslehre aus mit ihrer Scheinerklärung aller Artwandlung und Artentstehung durch die Mutationen. Diese scheinen mir der deus ex machina der heutigen Genetik zu sein, der nur deshalb alles zu erklären imstande ist, (also auch die ganze Artentstehung) weil man noch nicht hinter seinen Mechanismus zu schauen vermag. Die Grundvoraussetzung dafür ist zunächst die ganzheitliche Auffassung auch des durch die Gene gesteuerten Entwicklungsgeschehens. Wir kommen im letzten Kapitel darauf noch einmal zu sprechen.

Blumen wachsen, so daß jeder solchen Blume (Merkmal im Phänotypus) ihr Samenkorn (Gen im Genotypus) entspräche und der Phänotypus mit all seinen Merkmalen die Summe aller Blumen dieser Wiese wäre. Wir müssen uns vielmehr die Wirkung der Gene als eine im höchsten Maß hierarchische vorstellen; wenn wir in dem Bilde bleiben wollen, am ehesten vergleichbar den Verzweigungen eines Baumes. Der Phänotypus mit all seinen Merkmalen entspräche in diesem Bilde dem Gesamt der Blätter einer Baumkrone. Gehen wir hier den Weg von einem solchen Merkmal in der Richtung auf die „Wurzeln" zurück, dann kommen wir zunächst zu einer kleinen Zweiggabel, von dort zu einer nächstgrößeren, von dort wieder zu einer größeren und tiefer gelegenen Gabelung, und so immer tiefer, bis wir zuletzt beim Stamm angelangt sind. Jeder solchen Gabelung entspräche die Wirkung eines Genes. Die erste Stammgabelung wäre vergleichbar der Wirkung des allerersten Schichtungsvorganges der sich zum erstenmal teilenden Eizelle. Jede weitere Gabelung entspräche einer neuen, späteren und durch die vorhergehenden Abzweigungen erst ermöglichten Genwirkung, d. h., einem neuen Schichtungsvorgang, der zu einem gegebenen Zeitpunkt eine mit bestimmter Geschwindigkeit ablaufende weitere Reaktionskette einleitet — ein neuer Ast —, bis in diesem wieder ein weiterer Schichtungsvorgang sich abspielt — neue Abzweigung — usw., bis in die letzte Peripherie. Je weiter wir nach oben gelangen, desto „peripherer" ist die Wirkung, d. h. desto weniger betrifft sie mehr den Phänotypus als Ganzes; umgekehrt, je tiefer wir uns befinden, desto mehr wird die Krone als Ganzes betroffen. Jedes phänotypische Erbmerkmal — pflegt man anzunehmen — wird bedingt durch ein Gen; um im Bilde zu bleiben: jedes Blatt wird getragen durch einen Zweig. Welches aber ist der eigentliche, tragende Zweig des Blattes? Das kleine Zweiglein, auf dem es sitzt, wird selbst getragen von einem größeren, und dieser wieder von einem größeren usw., bis zum Stamm. Dieser aber trägt alle gleichmäßig. Ein bestimmtes Gen „für" ein bestimmtes Merkmal also gibt es, genau genommen, gar nicht. Wohl kann man davon sprechen, wenn man etwa mit dem ersten Zweiglein in der Peripherie beginnt. Deshalb sind jene an der äußersten Peripherie ansetzenden Genwirkungen auch am besten bekannt; nämlich dann, wenn Mutationen sie verändert haben, so daß ihre Wirkung sich deutlich abheben läßt. Das ist etwa der Fall bei den verschiedenen Mißbildungen, die die letzte Ausformung der Körperoberfläche oder des Skelettes betreffen. An derartigen Merkmalen ist deutlich zu machen: Bis hierher ging der ganze Verzweigungsprozeß normal, von dieser „Gabelung" angefangen, die meist schon recht hoch gelegen ist, stimmt es nicht mehr, hier blieb z. B. ein bestimmter Bildungsablauf stark im Tempo zurück. An dieser Fehlentwicklung ist deutlich ein bestimmtes Gen beteiligt. Dies pflegt man dann wohl auch als „das" Gen „für" jenes abnorme Merkmal zu bezeichnen. Aber auch diese pathologischen Merkmale erweisen sich zumeist nicht gebunden an ein einziges solches Gen. Das zeigt etwa die Reihe: Syndaktylie als einfaches Erbmerkmal — Bardet-Biedlsches Syndrom (Syndaktylie + Schwachsinn + Dystrophia adiposogenitalis) — schwere lebensunfähige Mißbildungen mit Syndaktylie. Das pathologische Erbmerkmal der Syndaktylie kann also allein, kann aber auch gesetzmäßig kombiniert mit allen möglichen anderen Mißbildungen vorkommen. Man hat komplexe Genkoppelungen annehmen zu müssen geglaubt, anstatt lediglich den Zeitpunkt des Einsatzes der Genwirkung, den Determinationspunkt, als variant zu erkennen.

Auch die Überlegung, ob denn die normale Entwicklung des Merkmales ebenfalls durch das gleiche (nun nicht mutierte) Gen „bedingt" sei, führt ohne die hier skizzierte Betrachtung in Schwierigkeiten. Denn zur Ausbildung des normalen Merkmals, etwa der normalen 5-Strahligkeit der Finger, bedarf es zwar dieser betreffenden peripheren normalen Abzweigung, aber auch aller vorherigen. Wenn schon auf tieferen Gabelungen eine Mutation zu einer Störung geführt hätte, könnte es gleichfalls nicht mehr zur Ausbildung des betreffenden Merkmals gekommen sein. Man kann also evtl. noch von einem Gen für ein pathologisches Merkmal (besser eine abnorme Entwicklung) sprechen, auf keinen Fall aber von einem Gen für die entsprechende normale Entwicklung. Damit erklärt sich der Satz von Lenz, daß pathologische Merkmale meist monogen, normale aber stets polygen bedingt seien.

So also ist auch der Phänotypus des primären Konstitutionstypus, jene große, schon eingangs geschilderte Fülle verschiedener Merkmale zu verstehen. Wenn wir nun sagten, daß den beiden polaren Typenformen eine einzige Genwirkung zugrunde liege, so ist damit nicht mehr und nicht weniger gesagt, als daß — um in dem genannten Bilde zu bleiben — an einer jener „Gabelungen", wo eben eine neue Schichtung erfolgt, ein Gen einen bestimmten Differenzierungsvorgang einleitet, der für die Entstehung der Typenform von entscheidender Bedeutung wird. Die quantitative Stufung dieses Genes hat zur Folge, daß graduell verschiedene Entwicklungen von dieser „Gabelung" angefangen nun möglich sind. Gerade wegen ihrer tiefgreifenden, durch alle Schichten und Bereiche gehenden Wirkung sind wir berechtigt, diese Genwirkung in relativ frühe Entwicklungsstadien zu verlegen.

Das Gleichnis des Baumes hat auch seine Nachteile, vor allem, weil es das zeitliche Moment zu wenig berücksichtigen läßt. Gerade das aber ist sehr wesentlich bei der Genwirkung. Fast durchgehend läßt sich nämlich nachweisen, daß Unterschiede von Genwirkungen in Wirklichkeit Unterschiede von Entwicklungsgeschwindigkeiten sind. Wir verlassen deshalb das Gleichnis und machen uns die Wirkung des in Rede stehenden Genes, das wir den Strukturbestimmer oder S-Faktor nannten, auf andere Weise klar.

Zu einem bestimmten Zeitpunkt der frühfetalen Entwicklung fällt die Entscheidung darüber, bis zu welcher Stufe in dem postfetalen Prozeß der Proportionsverschiebung die Entwicklung verlaufen wird. Über diese Entscheidung wüßten wir nichts und würden niemals etwas erfahren, wenn hier nur eine einzige Möglichkeit existierte, d. h. wenn diese Proportionsstufe immer die gleiche wäre. Gäbe es keine Variabilität, würde der Schichtungsvorgang uns nicht bekannt werden können. Das Gen zeigt aber quantitative Variationen, die jene Proportionsverschiebung mehr oder weniger weit verlaufen lassen. Dieses „Mehr oder Weniger" sind unsere polaren Strukturformen der beiden Konstitutionstypen. Zu dem erwähnten Zeitpunkt erfolgt also die Determinationsentscheidung vielleicht in der Weise, daß — wie.Goldschmidt es sich vorstellt — damit die Quantität der Wirkstoffe bereitgestellt wird, die im späteren Verlauf für den postfetalen Streckungsvorgang zur Verfügung stehen; aber nicht nur für diesen, sondern noch eine ganze Anzahl weitere Verschiebungen, sowohl von Proportionen, wie auch von Reaktionsweisen, wie schließlich auch im psychischen Bereich für Verschiebungen der Struktur, die wir, vom Ganzen her betrachtet, als ontogenetischen Individuationsprozeß bezeichnen. Für diese ganze ontogenetische Metamorphose (im Sinne fortschreitender Strukturbildung) wird durch die jeweilige Genstufe eine bestimmte Wirkstoffquantität bereitgestellt.

Nun verläuft der Entwicklungsvorgang weiter. Neue Determinationspunkte (Schichtungen) stellen sich ein, weitere Gene greifen in den Entwicklungsablauf ein. Das Individuum wird immer höher differenziert und formt sich nach Maßgabe seines übrigen Genbestandes zu immer individuellerer Stufe aus. In diesem Ausdifferenzierungsvorgang, in den ständig neue Gene eingreifen, bedeutet die

Geburt nur eine mehr oder weniger zufällige Zäsur. In Wirklichkeit geht der Vorgang bis zur Zeit der Reife oder, noch besser, bis zum Lebensende weiter. In dem nach der Geburt einsetzenden, ebenfalls durch bestimmte Gene in Gang gesetzten „Streckungsvorgang" wird nun die durch das Wirkstoffquantum (im Einzelfall) bestimmte Proportionsstufe erreicht.

Andere Gene greifen in andere Entwicklungen ein, bestimmen etwa den Zeitpunkt der geschlechtlichen Reifung oder den Pigmentierungsgrad der Haare oder bestimmte Prägungen der Schädelform oder den Eintritt pathologischer Entwicklungen. Bis zum letzten Tag des Lebens erfüllen sich so vorbereitete Determinationen, ja der Eintritt des physiologischen Todes kann bis zu einem gewissen Grade ebenfalls als die Manifestation eines derartigen Determinationsvorganges angesehen werden.

Es braucht natürlich nicht erwähnt zu werden, daß jede derartige Determinationsentscheidung ein S p i e l b e r e i c h bedeutet, innerhalb dessen die Resultierende aller Umweltwirkungen den jeweiligen Punkt erst festsetzt, der de facto erreicht wird.

Das Erscheinungsbild mit all seinen Reaktions- und Entwicklungsmöglichkeiten ist also das Endprodukt aller überhaupt wirkenden Gene, ebenso wie die Baumkrone getragen wird von dem Gesamt des Verzweigungssystems bis hinunter zum Stamm. Innerhalb dieses Gesamts aber kommt für die Manifestierung desjenigen Anteiles im Erscheinungsbild, der die Zuteilung zu einem bestimmten Konstitutionstypus erlaubt, einem einzigen Gen, dem Strukturbestimmer, die entscheidende Bedeutung zu.

Dies ist — wie ich glauben möchte — nicht mißzuverstehen. Auch das konstitutionstypische Merkmal z. B. des relativen Brustumfanges ist seinerseits das Endergebnis nicht nur einer einzigen Genwirkung, sondern, wie am Beispiel des Baumes gezeigt, das Endergebnis aller vorhergehenden „Gabelungen" bis hinunter zur ersten Zellteilung. Es ist natürlich „polygen". Dasjenige, was dieses Merkmal aber zu einem konstitutionstypischen macht, ist gerade seine gemeinsame Herleitung aus einer ganz bestimmten Determination mit anderen, ebenfalls konstitutionstypischen Merkmalen, also gleichsam die gemeinsame Abstammung aus einer ganz bestimmten „Gabelung". Insofern ist auch es bedingt durch das eine Gen, den Strukturbestimmer.

Die Reduktion aller konstitutionstypischen Merkmale auf ein einziges Gen heißt also nicht, daß, analog dem Beispiel der Blumen auf der Wiese (Merkmale), die sich alle aus den Samenkörnern (Genen) herleiten, alle diese Blüten aus einem Samenkorn erwüchsen und n u r aus diesem einen Samenkorn — diese Vorstellung wäre gewiß absurd —, sondern sie heißt, daß, wenn wir für alle diese Merkmale ihren Entwicklungsgang zurückverfolgen würden, wir notwendig nach zahlreichen anderen, späterliegenden Genwirkungen an einen gemeinsamen Ausgangspunkt gelangten. Dieser Punkt ist die Determinationsentscheidung in der frühfetalen Entwicklung; er wird bedingt durch ein Gen, eben den S-Faktor.

Dieses Gen ist quantitativ gestuft, d. h. es erscheint in seiner Wirkung in einer Reihe von Allelomorphen, von denen lediglich die beiden Extreme die „Typen" bedingen. Dazwischen aber besteht eine ganze Fülle von Zwischenstufen; eine Skala, die man als multiple Allele bezeichnet. Der untersten Stufe entspricht die geringste Wirkstoffproduktion und dieser wieder die kürzeste Strecke im Verlauf der ontogenetischen Strukturbildung. Dabei ist es im Effekt gleichgültig, ob wir sagen: durch das geringe Wirkungsquantum verläuft der Prozeß der Proportionsverschiebung usw. langsam, so daß er bis zu seiner Determination nur ein geringes Stück Weg zurückgelegt hat. Oder: durch das geringe Wirkungsquantum erfolgt sehr frühzeitig eine Determination, so zwar, daß der später einsetzende Streckungsimpuls nun keine Möglichkeit mehr hat, zur Wirkung zu gelangen. Das letztere wäre der Fall im Beispiel des Flügelmusters beim Schmetterling, wo der später einsetzende Pigmentierungsvorgang keine Möglichkeit mehr hat, zur Wirkung zu gelangen, da die Flügel bereits chitinisiert sind. Im einen Fall ist der Prozeß selbst der durch das Gen unmittelbar gesteuerte, im anderen Fall steuert er selbst wieder einen anderen abhängigen Determinationsprozeß. Der letztere Fall ist vermutlich im hierarchischen Aufbau der Genwirkung derjenige, mit dem wir es häufiger bei konstitutionsbiologischen Fragen zu tun haben. Vermutlich liegen im konkreten Fall die Dinge noch viel komplexer, so daß noch viel mehr ineinander wirkende Abhängigkeiten bestehen.

Die Determination auf der frühen Proportionsstufe ist also die Folge einer frühzeitigen Fixierung, die einen später einsetzenden, unabhängig determinierten Streckungsvorgang unmöglich macht. Diese frühzeitige Fixierung hat zur Folge — im morphologischen Bereich — eine sehr geringe Verschiebung der Proportionen des ontogenetischen Metamorphoseprozesses; im physiologischen Bereich ein Verbleiben auf einer Stufe sehr hoher Integration der Funktionen, im psychologischen Bereich ein Beharren einer homothymen Charakterstruktur als einer Stufe geringer Individuation. Wir können hier von einem geringen Struktureffekt des Genes sprechen; seine Wirkung ist deshalb konservativ. Das Resultat ist der pyknomorph-cyclothyme Typus.

Demgegenüber entspricht der höchsten Stufe des Genes die größte Wirkstoffproduktion und dieser wieder die längste Strecke im Verlauf der ontogenetischen Strukturbildung. Die Determination erfolgt auf einer sehr späten Stufe der Proportionsverschiebung. Auch hier wieder handelt es sich vermutlich nicht um einen besonders schnell verlaufenden Verschiebungsprozeß allein, sondern um eine sehr spät einsetzende Fixierung, so daß der unabhängig davon verlaufende Vorgang der Verschiebung in dieser Zeit sehr weit verlaufen kann. Der Effekt ist im morphologischen Bereich: sehr weitgehende Verschiebung der Proportionen im Sinne der Progression; im physiologischen Bereich: sehr weit getriebene Differenzierung und Desintegrierung der Funktionen; im psychologischen Bereich: sehr weit vorgeschrittener Prozeß der Individuation. Der Struktureffekt des Genes ist also ein sehr hoher. Seine Wirkung ist eine propulsive. Das Resultat ist der leptomorph-schizothyme Typus.

Dazwischen liegt die Skala der mittleren Genquanten mit entsprechendem mittleren Struktureffekt. Es ist die große Fülle mittlerer bzw. in der hier angelegten Perspektive uncharakteristisch getroffenen Formen. Der Effekt ist im morphologischen Bereich: eine mit mittlerem Entfaltungstempo verlaufende Proportionsverschiebung, die nach dem zweiten Gestaltwandel noch eine Phase der Harmonisierung der Proportionen erreicht. Im physiologischen Bereich: Harmonisierung des Integrationsgefüges der Funktionen. Im Psychischen: kompensativer Ausgleich im Strukturbildungsprozeß und Möglichkeiten weiterer Entwicklung. Das Resultat sind die metromorphen synthymen Formen der Mitte.

Aus unserem Bilde vom hierarchischen Aufbau der Genwirkung läßt sich unmittelbar ableiten, daß derartige Formen durch später liegende Genwirkungen noch sehr wesentlich abgewandelt werden können. Wir werden derartige spätere (deshalb sekundäre) Strukturformen im nächsten Kapitel kennenlernen.

Mit diesem Überblick schließen wir die Darstellung der Theorie ab. Wir sind uns des Hypothetischen in manchen Punkten vollkommen bewußt. Es wird noch manche Arbeit notwendig sein, vieles zu stützen, manches vielleicht zu ändern. Den Wert, den wir selbst unserer Theorie zumessen, sehen wir darin, daß damit ein Anfang gemacht wurde mit einer genetischen Analyse des Konstitutionsproblems.

Schrifttum.

Schrifttum.

MCAULIFFE: Morphologie médicale. Paris 1912. — BACH: Körperproportionen und Leibesübungen. Z. Konstit.lehre **12**, 469 (1926). — BEAN, R. B., The two European types. Amer. Sour. Anal. **31**, 359 (1923). — BONNEVIE, K.: Tatsachen der genetischen Entwicklungspsychologie. Hdb. d. Erbbiol. d. Menschen. Bd. I. 73 (1940). — CASTELLINO: Della costituzione individuale. Fol. med. **12** (1926). — FISCHER, E.: Die Erbunterlagen für die harmonische Entwicklung der Gebilde der hinteren Rumpfwand des Menschen. Anat. Anz. **78**, Erg.-H.; Verh. anat. Ges. Würzburg 1934. — FISCHER, E.: Genetik und Stammesgeschichte der menschlichen Wirbelsäule. Biol. Zbl. **53** (1933). — FREDE, M.: Untersuchungen der Wirbelsäule und des Extremitätenplexus der Ratte. Z. Morph. u. Anthrop. **33** (1935). — GOLDSCHMIDT: Psychologische Theorie der Vererbung. Berlin 1927. — JUST, G.: Die erbbiol. Grundlagen der Leistung. Naturwiss. **27**, 154 (1939) — Probleme des höheren Mendelismus beim Menschen. Z. indukt. Abstammungslehre **67**, 263 (1934) — Die mendelistischen Grundlagen der Erbbiologie des Menschen. Hdb. d. Erbbiol. d. Menschen **1**, 371 (1940). — KEHRER-KRETSCHMER: Die Veranlagung zu seelischen Störungen. Berlin 1924. — KRETSCHMER: E.: Körperbau und Charakter (allgemeiner Teil). Handbuch der Erbbiologie des Menschen **2**, 730 (1940). — KÜHNE, K.: Die Vererbung der Variationen der menschl. Wirbelsäule. Z. Morph. u. Anthrop. **30** (1931) — Symmetrie-Verhältnisse und die Ausbreitungszentren in der Variabilität der regionalen Grenzen der Wirbelsäule des Menschen. Z. Morph. u. Anthrop. **34** (1934) — Die Zwillingswirbelsäule. Z. Morph. u. Anthrop. **35** (1936). — MATHES: Die Konstitutionstypen des Weibes, insbesondere der intersexuelle Typus. Biol. u. Pathol. d. Weibes **3** (1924). — PENDE: Die italienische Konstitutionsforschung Erg. d. ges. Med. **10**, 52 (1927). — SIGAUD: La forme humaine. Paris 1904. — STOCKARD, M. R. (Übers. v. ROSENKRANZ): Die körperliche Grundlage der Persönlichkeit. Jena 1932. — TIMOFEEF-RESSOVSKY, N W.: Allgemeine Erscheinungen der Genmanifestierung. Handb. d. Erbbiologie d. Menschen **1**. 32 (1940). — WEIDENREICH, Rasse und Körperbau. Berlin 1927.

Zweiter Teil.

Die Entstehung der Sekundärvarianten.

A. Die Sekundärvarianten erster Ordnung. Die hyperplastische und hypoplastische Wuchstendenz.

1. Einleitung.

Bei der wissenschaftlichen Bearbeitung der Variabilität menschlicher Konstitutionsformen kann man zwei Wege beschreiten. Bei dem einen ist der Ausgangspunkt das Individuum, die einzelne Variationsform, beim anderen die Variabilität als Ganzes. Der eine Weg geht vom Besonderen zum Allgemeinen, der andere vom Allgemeinen zum Besonderen; der eine ist bei deskriptiver Betrachtungsweise der geeignetere, der andere erweist sich bei genetischer Fragestellung als praktischer. Wir glauben, daß sich unser Ansatz von dem der bisherigen Konstitutionsforschung in diesem Punkte unterscheidet und wollen auch beim weiteren Fortschreiten unserer Überlegungen diesen Ausgangspunkt beibehalten, indem wir von der Variabilität als einem Ganzen zum Einzelfall vorstoßen.

Von diesem Ausgangspunkt aus erkennen wir sofort, daß weder morphologisch noch psychisch mit unserer primären Variationsebene die Variabilität erschöpft ist. Mit der Zuweisung einer bestimmten Form zu einer der beiden Primärtypen ist sie noch nicht annähernd vollständig charakterisiert, sondern ist lediglich unter dem einen Aspekt, den wir als den Primäraspekt bezeichnen können, charakteristisch erfaßt. Sie kann aber ebenso unter anderen Gesichtspunkten studiert, eingereiht, gruppiert, klassifiziert, aber auch genetisch erklärt werden. Im besonderen Maße gilt dies für jene durch den Primäraspekt nicht charakteristisch getroffenen Formen. Sie können unter anderen Aspekten viel besser getroffen und damit überhaupt erst zu einem hervortretenden, ganzheitlich sich abhebenden „Typus" werden. Eine Form als typisch pyknomorph zu bezeichnen, schließt deshalb nach unserer Terminologie nicht aus, daß sie zugleich typisch eine andere, z. B. hyperplastische ist; eine typisch leptomorphe Form kann zugleich typisch dysraphische Stigmen aufweisen. Es gilt nun, andere Aspekte genetisch näher zu untersuchen. Wir fassen dabei diese Aspekte als Sekundäraspekte zusammen. Die auf diese Weise charakteristisch getroffenen Formen wollen wir als Sekundärvarianten bezeichnen. Vom Gesichtspunkt der Wuchstendenzen aus, heißt das nichts anderes, als daß wir uns nach weiteren und unabhängigen solchen Wuchstendenzen umsehen müssen.

Wir rechnen zunächst hierher den hyperplastisch-athletischen und den hypoplastisch-asthenischen Formenkreis. Dazu kommen weiter die endokrin bedingten, meist abnormen Formen, die wir unter der Sammelbezeichnung des hormopathisch-dysplastischen Kreises fassen. Endlich gehört hierher die Gruppe der Mißbildungen im weitesten Wortsinne, die wir als genopathisch-dysmorphischen Formenkreis bezeichnen. Kurz können wir dementsprechend von Hyperplasien, Hypoplasien, Dysplasien und Dysmorphien sprechen.

Zuvor haben wir noch darzustellen, welches die grundsätzlichen Erwägungen sind, die uns veranlassen, zwischen den beiden Hauptgruppen der primären und sekundären Variationsformen eine so scharfe Trennung vorzunehmen und inwiefern wir begründen, die eine als „primäre", die andere als „sekundäre" zu bezeichnen.

Wir haben für diese Unterscheidung eine Reihe von Kriterien.

1. Die primären Strukturformen sind Variationspole innerhalb der Norm. Wir haben ja bewußt alle abnormen Bestimmungsstücke aus der Begriffsbestimmung vor allem des leptosomen (asthenischen) Typus herausgenommen, was uns zwang, einen etwas abgewandelten Terminus „leptomorph" einzuführen, um gerade die innerhalb der Norm stehende Variante des einen Typenpoles damit zu bezeichnen. Die sekundären Variationsformen liegen in einer Variationsebene, deren einer Pol im Bereich der Norm liegt, bzw. die Norm selbst ist, deren anderer aber außerhalb der Norm liegt. Es handelt sich um ein Variieren aus der Norm heraus. Dies gilt für die hyperplastischen wie für die hypoplastischen Bildungen ebenso, wie für alle dysplastischen Formen; daß auch die Dysmorphien hierhergehören, ist selbstverständlich.

2. Unter dem Primäraspekt scheiden wir die Gesamtheit der psycho-physischen Ganzheiten, als welche wir die Konstitutionsformen auffassen, in sehr tiefgreifender Weise. Insbesondere reicht die Scheidung tief in physiologische und psychologische Reaktionsbereiche hinein, so daß sie quer durch alle psychischen und physiologischen „Schichten" durchgeht. Dies zeigen vor allem die experimentell-psychologischen Ergebnisse sehr deutlich. Bei den Sekundärvarianten geht der Schnitt nicht annähernd so tief. Vielfach prägt sich das unterscheidende Prinzip lediglich in gewissen Merkmalskonstellationen aus, die das Ganze der Konstitution nur unwesentlich mitbestimmen. Auch ins psychische Gebiet reicht die Unterscheidung nicht allzu tief hinunter. Von einer die ganze Persönlichkeit in ihren Grundlagen erfassenden Unterscheidung ist fast nirgends die Rede.

3. Die bei den extremen Primärvarianten typischen Merkmale kombinieren sich im Einzelfall nicht, sondern heben sich als „typische" gegenseitig auf, so daß mittlere Formen fast niemals über Merkmale verfügen, die in der gleichen Prägung auch bei den extremen Formen vorhanden sind. Bei den Sekundärvarianten lassen sich die typischen Merkmale in der mannigfachsten Weise kombinieren, so daß sich oft extreme Prägungen des einen, etwa hyperplastischen Typus, am gleichen Individuum mit solchen des anderen, hypoplastischen Typus finden. In noch höherem Maß ist diese Kombinationsfähigkeit bei den Dysplasien bekanntlich der Fall.

4. Die Primärformen stellen die Variationspole einer einzigen Perspektive dar; sie liegen alle gleichsam in einer einzigen Linie. Die Sekundärformen stellen jede für sich eine eigene Perspektive dar; sie bedeuten als Ganzes ein Perspektiven-Bündel, mit anderen Worten ein Bündel höchst verschiedener Wuchstendenzen. Es kann eine bestimmte Form nur an einem Punkt auf der Skala der Primärformen (zwischen pykno- und leptomorphem Pol) liegen, zugleich aber auf zahlreichen anderen Punkten der verschiedenen sekundären Perspektiven.

5. Es kann eine Form durch ihre Charakterisierung auf dem einen Pol der primären Variationsreihe (also ein typischer Pykno- und Leptomorpher) niemals die Lage auf einer anderen sekundären Variationsebene verdecken, z. B. kann die Beschaffenheit als noch so extremer Pyknomorpher niemals die Beschaffenheit als hypoplastischer oder hyperplastischer Typus oder auch als eine „subendokrinopathische" Form zudecken. Umgekehrt kann aber eine Form durch ihre Charakterisierung auf dem einen Extrempol einer sekundären Variationsreihe (also etwa des hypoplastischen Kreises) sehr leicht die Lage auf der primären Variationsebene verdecken; z. B. kann eine schwere generelle Hypoplasie die Einstufung auf dem pyknischen Pol der primären Variationsebene völlig unmöglich machen. Die extremen Sekundärformen erlauben fast niemals die Einstufung der betreffenden Form auf der primären Variationsebene.

11*

Genetisch formuliert würden wir sagen: die sekundären Mutanten sind
epistatisch über die primären.

Durch all diese Kriterien, deren genetische Grundlagen wir im Nachstehenden
noch zu besprechen haben werden, lassen sich primäre und sekundäre Variationsebenen sehr wohl unterscheiden. Aus den Kriterien selbst läßt sich wohl schon
die Wahl der Ausdrücke primär und sekundär verstehen. Wirklich begründen
können wir sie erst, wenn wir ausgeführt haben werden, daß die genetische
Grundlage für alle Kriterien in der Lage der Determinationsentscheidung liegt;
und zwar liegt diese bei den Primärformen wesentlich früher als diejenige bei
den Sekundärformen. Diese Ausführung kann aber erst nach Besprechung der
einzelnen Formenkreise folgen, mit der wir nun beginnen wollen.

2. Der athletisch-hyperplastische Formenkreis.

Sosehr der lepto- und pyknomorphe Konstitutionstypus klar definiert und
seit KRETSCHMER bei allen Konstitutionsforschern in weitgehend übereinstimmender Weise verwendet wird, so weit gehen die Bestimmungen des sog. muskulären oder athletischen Habitus auseinander. Wir haben schon mehrfach darauf
hingewiesen, daß hier immer noch kein einheitlich verstandener Begriffsinhalt
vorliegt. Schon eine flüchtige Durchsicht der konstitutionstypologischen Literatur läßt erkennen, daß zwei ganz verschiedene Formen unter dem Begriff des
athletisch-muskulären Typus gefaßt werden.

Auf der einen Seite steht die französische Schule, etwa MACAULIFFE und CHAILLOU, die
unter dem muskulären Typus eine harmonische, gleichmäßig proportionierte Bildung des
Rumpfes und des Kopfes verstehen mit einer kräftigen Entwicklung der Muskulatur. Für den
Gesichtsschnitt wie für die Gestaltung des Rumpfes und der Gliedmaßen heben sie die harmonischen Teile, d. h. die Gleichmäßigkeit ihrer Ausbildung als charakteristisch hervor.
Das Gesicht soll quadratisch und jede der drei Etagen gleich gut entwickelt sein. Daher
auch ihre Angabe, daß der muskuläre Typus dem Schönheitsideal des klassischen Griechen-
tums entspreche. Schon WEIDENREICH bemerkte hierzu, daß diese Schilderung im Grunde
genommen dem normalen Mittel zwischen dem Leptosomen und dem Eurysomen (Pykniker),
entspricht, dem also, was MANOUVRIER als Mesoskel und VIOLA als Normaltypus bezeichnet
hat. Auch seien die beiden Untertypen, in die die französischen Autoren diesen Muskulären
teilten: der lange und der kurze Typus, nichts anderes als leptosome und eurysome Grund-
charaktere.

WEIDENREICH hat deshalb an die Aufstellung eines solchen selbständigen Typus scharfe
Kritik gelegt, sofern er dem lepto- und eurysomen Typus gleichberechtigt an die Seite gestellt
werden soll. Die Herausbildung einer kräftigen Muskulatur sei im übrigen Sache der Übung,
wenn auch ein konstitutionelles Moment ohne weiteres zuzugeben sei. Die starke Ausbildung
des Knochengerüstes sei sekundärer Natur und durch die Muskelentwicklung bedingt. Diese
Kritik WEIDENREICHS kann sich nicht gegen den KRETSCHMER'schen Begriff des athletischen Habitus richten, weil dieser etwas völlig anderes darunter versteht.

Der athletische Habitus bei KRETSCHMER sieht nämlich ganz anders aus als
bei den französischen Autoren: breit ausladende Schultern, ein derber hoher Kopf
über einer Nackenpartie, der die schräg-lineare Kontur des straffen Trapezius
von vorne gesehen, ihr besonderes Gepräge gibt, durchwegs grober Knochenbau
mit trophischen Akzenten auch an den Extremitätenenden, die in einzelnen
Fällen fast ans Akromegale anklingen können, schmales Becken; neben Knochen
und Muskeln zeigt auch die Haut eine hypertrophische Ausbildung; sie erscheint
im Gesicht derb, dick, manchmal pastös. Die Gesichtsform ist die verlängerte
Eiform, im Gesichtsbau fällt vor allem die extreme Mittelgesichtshöhe auf. Auch
das Kinn ist hoch und derb, oft zapfenförmig oder vorstehend. Hinzu treten
breite akzentuierte Backenknochen, betonte Supraorbitalbögen, derbe breite,
auch hakenförmige Nasen. Die Körpergröße ist meist erhöht.

Hier also ist ein Typus gemeint, der durchaus nicht als eine harmonische
Mittelform anzusprechen ist, sondern durch sehr positive „unharmonische"
Kriterien scharf präzisiert ist. Die reinsten Prägungen findet man bekanntlich

unter den großen Boxchampions, die derartig reine Inkarnationen dieses Typus sind, daß sie sich untereinander alle so ähnlich sehen, daß man an einen gemeinsamen Stammvater für alle Boxer dachte resp. eine eigene Boxerrasse annahm. Dieser Typus hat sehr wenig mit dem griechischen Schönheitsideal gemeinsam. Hingegen zeigt er fließende Übergänge zur Akromegalie. Nach KRETSCHMER ist diese Wuchsstörung gleichsam die Extremprägung des athletischen Habitus.

Nun sollte man meinen, diese so sehr differierenden Fassungen des Begriffes, die eigentlich nichts miteinander gemeinsam haben als den Namen, würden klar auseinander gehalten werden, zumal schon wiederholt auf die Verschiedenheit der Begriffsinhalte hingewiesen wurde. Es fiele jedoch leicht, eine ganze Reihe von Autoren namhaft zu machen, die sich über die Verschiedenartigkeit der beiden Begriffe nicht im klaren sind, sondern in gleichem Atemzug den Terminus als ideale Mittelform, dann wieder als extreme Wachstumsvariante im Sinne KRETSCHMERS verwenden. Ich möchte anstatt vieler lediglich ein charakteristisches Beispiel herausgreifen. Kein geringerer als VON EICKSTÄDT schreibt in der neuen Auflage seiner Rassenkunde[1]: ,,KRETSCHMER . . . beschreibt als dritten und selbständigen Typus neben dem cyclothymen Pykniker und schizothymen Leptosomen noch den athletischen Typus mit starker Entwicklung von Skelett, Muskulatur und Haut, breiten Schultern und stattlichem Brustkorb. Es ist der normale und kräftige, allerdings ein wenig hyperplastische Mitteltypus, der jedoch nicht nur schlechthin die Mitte bildet, sondern Eigenart und Eigenkonzentration besitzt. Nicht Übergang, sondern dritte Häufung liegt vor. Nicht Bipolarität, sondern Tripolarität erschöpft also eigentlich die Möglichkeiten der Körperbauvariabilität. Denn man darf nicht vergessen, daß körperliche Gegenstände — und zu diesen gehört ja zweifellos der räumlich wachsende Mensch — keineswegs mit der Schilderung von Breitenkomponente und Längenkomponente völlig beschrieben sind, sondern daß noch die Rolle der dritten, der Tiefenkomponente, fehlt. Diese Tiefenkomponente mit ihrer ausgleichenden Rolle im Zusammenspiel der Wachstumsbestimmung ist es, die zum sog. Normaltypus oder KRETSCHMERschen Athletiker führt." Aus dieser Darstellung spricht das Bemühen, die Unstimmigkeiten, die sich aus der Nebeneinanderstellung des athletischen neben die beiden Primärformen des Lepto- und Pyknomorphen ergeben, zu überbrücken. So wird der Athletiker zur Manifestation der ,,Tiefenkomponente", die in der Beschreibung ,,körperlicher Gegenstände, zu denen der räumlich wachsende Mensch gehört", noch fehle. Er sei zwar ,,Mitteltypus", aber ,,ein wenig hyperplastisch", nicht ,,Übergang, sondern dritte Häufung", aber doch wieder der sog. ,,Normaltypus".

Es ist nicht dem verdienten Anthropologen, sondern der begrifflichen Unklarheit zuzuschieben, die sich trotz der klaren Fassung des Begriffes bei KRETSCHMER wie ein roter Faden durch die konstitutionstypologische Literatur zieht, wenn hier offensichtlich nicht Zusammengehöriges durcheinander geworfen wird.

Wie groß die Unklarheiten erst werden müssen, wenn psychologische Experimente an den einzelnen Körperbauformen durchgeführt werden, bei denen die Eindeutigkeit der Typenfeststellung Grundbedingung ist, läßt sich unschwer erraten. In den meisten Experimenten erwies er sich als in der Mitte stehend zwischen den beiden Primärtypen. Er bekam ein psychologisches Gesicht erst durch die speziell darauf gerichteten Untersuchungen von KRETSCHMER und ENKE, auf die wir gleich näher zu sprechen kommen werden. Die Untersuchungen zeigten, daß auch auf psychologischem Gebiet seine Kennzeichnung auf einer anderen Ebene als derjenigen der Primärtypen liegt.

Der Grund, warum diese Verwechslung besteht, ist klar: in bezug auf jene Proportionen, durch die sich der lepto- und pyknomorphe Habitus polar unterscheiden, wird der athletische Habitus nicht scharf charakterisiert, nicht genau

---

[1] VON EICKSTÄDT: Rassenkunde und Rassengeschichte der Menschheit **1**, 772ff.

getroffen, liegt also irgendwo „in der Mitte". Damit ist er aber überhaupt noch nicht charakterisiert. Prägnant getroffen ist er erst auf einer ganz anderen Perspektive, nämlich etwa jener zwischen den Polen hyper- und hypoplastisch,

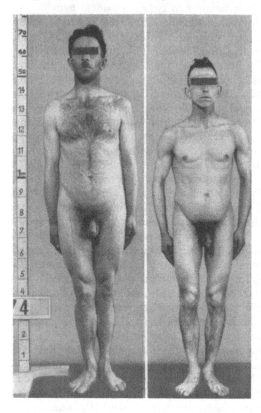

sthenisch und asthenisch usw. Hier liegt er klar und eindeutig auf dem einen Pol, nämlich demjenigen der Hyperplasie. Es ist dies aber ein gänzlich anderer Aspekt, unter dem wiederum die Pykno- und Leptomorphen ganz unscharf, praktisch überhaupt nicht getroffen werden und ihrerseits irgendwo in der Mitte liegen. Solange man sich über die Unterschiedlichkeit dieser beiden Aspekte nicht im klaren ist, muß notwendig ein ständiges Schillern des Begriffes die Folge sein.

Für jene Wuchstendenz, die zu Formen führt, die in der Mitte zwischen pykno- und leptomorphem Pol liegen, haben wir den Ausdruck „metromorph" geprägt, um damit die Verwechslung mit dem athletischen Habitus zu verhindern. Der Metromorphe kann nun mehr oder weniger hyperplastisch sein. Nur wenn er auch in dieser Hinsicht in der Mitte liegt, nähert er sich dem griechischen Schönheitsideal. Wir führen dafür die Bezeichnung metroplastisch ein. Dem griechischen Schönheitsideal entspräche also eine metromorphe und zugleich metroplastische Wuchsform. Die Muskulatur darf dabei das dem Geschlecht zu-

Gr 168	Sb 39,5
Gw	Al 71
Bu 98	Bl 86
Hu 96	St.I. + 0,0

Gr 158	Sb 37
Gw 51	Al 66
Bu 88	Bl 80,5
Hu 84	St.I.

Abb. 53. Sekundärvarianten erster Ordnung: Hyperplastischer und hypoplastischer Typus. Die Primärvarianten sind nicht mehr klar zu erkennen; vermutlich handelt es sich um Metromorphe.

kommende Normalmaß nicht überschreiten. Denn die weibliche Metromorphe ist überhaupt nicht muskulös; entsprechend dem Geschlechtstypus verfügt sie über ein weiches Fettpolster, das eine vergleichsweise mäßige Muskelbildung überrundet.

Soll der athletische Habitus Anspruch auf eine Sonderstellung haben, soll er also als eigener Biotypus aufgefaßt werden, dann muß er in beiden Geschlechtern existieren, sonst handelt es sich eben nicht um eine eigene Konstitutionsform, sondern um eine andere Bezeichnung für den einen der beiden Geschlechtstypen. Es muß mit anderen Worten auch athletisch-hyperplastische Frauen geben. Daß es solche gibt, ist kein Zweifel. Diese Formen nähern sich aber erheblich den Grenzen des Abnormen. Daraus erhellt, daß die ganze Form keine einfache Normvariante sein kann, denn es kann, genetisch betrachtet, ein Biotypus nicht in einem Geschlecht normal (ja ideal), im anderen aber abnormal sein.

Wir können uns angesichts einer derartig muskulösen Form fragen: Wie würde dieser Mann aussehen, wenn er mit allen seinen Anlagen nicht ein Mann, sondern eine Frau geworden wäre? Oder genetisch gefaßt: Wie würde er aussehen, wenn in seinem Genom lediglich die XY-Chromosomen-Konstellation durch eine entsprechende XX-Konstellation ersetzt würde? Wir können dann, natürlich nur theoretisch, im einen Fall sagen: hier wären dann keinerlei auffallende muskuläre Formen, keine besondere Derbheit der Gewebe, kein betontes Acren-

wachstum mehr zu sehen — dann handelt es sich um einen Metro-morphen. Oder wir können sagen: auch dann noch träten in auffallender Weise Muskeln, Knochen, Haut als besonders derbe, hyperplastische Bildungen hervor — dann handelt es sich um einen echten athletisch-hyper-plastischen Habitus.

Daraus ergibt sich, daß der athletisch-hyperplasti-sche Habitus im Sinne KRETSCHMERS, dem wir uns anschließen, nicht das ge-ringste mit einer sog. Mittelform zwischen den Primärvarianten zu tun hat, sondern die Extrem-variante einer anderen Per-spektive ist, die zugleich aus dem Normbereich heraus-führt ins Abnorme. Dies zeigt im übrigen auch der fließende Übergang zur Akromegalie.

Somit sehen wir nun klarer: unter athletischem Habitus verstehen wir eine Wachstumsvariante, deren Hauptkennzeichnung in der hyperplastischen Anlage fast aller Gewebe und in ganz bestimmten trophischen Ak-zenten liegt. Sie hat nichts zu tun mit irgendwelchen idealen Mittelformen. Sie findet sich bei Männern und

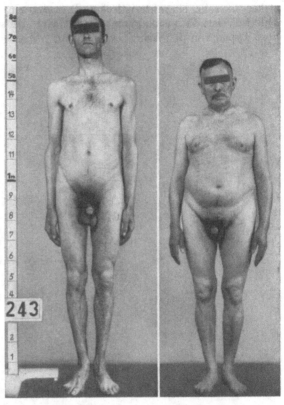

Gr 183	Sb 40
Gw 69	Al 84
Bu 91	Bl 95
Hu 92	St.I. − 1,0

Gr 161	Sb 39
Gw 75	Al 75
Bu 104	Bl 83
Hu 103	St.I. + 0,7

Abb. 54. Zum Vergleich mit Abb. 53: Typischer älterer Lepto-morpher in Gegenüberstellung mit einem älteren Pyknomorphen. Der Vergleich mit der vorigen Figur veranschaulicht den Unterschied zwischen den Begriffen des Leptomorphen und des Hypoplastischen.

Frauen in gleichem Maße, wenn ihre Prägung auch bei Frauen durch gewisse geschlechtsbestimmende Faktoren gedämpft wird (s. später). Sie zeigt auch im charakterologischen Bereich eine ganz bestimmte Eigenart.

In dieser Begriffbestimmung durch KRETSCHMER findet sich nichts von den Bestimmungsstücken der primären Strukturvarianten, d. h. aber, die beiden Aspekte sind voneinander begrifflich unabhängig, es handelt sich um zwei verschiedene Wuchstendenzen. Daraus aber wieder ergibt sich, daß eine einzige Form, sowohl unter dem einen wie auch unter dem anderen Aspekt charakteristisch bestimmt wird, mit anderen Worten: es müßte sowohl lepto-morphe, wie auch pyknomorphe Athletiker geben und dazwischen eine Skala von metromorphen athletischen Formen. Und dies ist in der Tat der Fall.

WEISSENFELD, der sich mit der näheren Charakterisierung des athletischen Habitus am eingehendsten befaßt hat, kam bei großen Kollektivuntersuchungen zur Aufstellung verschiedener Formen von Athletikern: die sog. Derbathleten

(früher als Hochathleten bezeichnet) und die sog. Weichathleten (eine dritte
Form, Breitathleten gab WEISSENFELD später wieder auf). Nun ist der Derbathletiker in der Schilderung durch WEISSENFELD nichts anderes als ein klassischer
Leptomorpher, der außerdem athletisch ist; und ebenso ist der sog. Weichathletiker in sehr charakteristischer Prägung ein Pyknomorpher, der daneben
athletisch ist. WEISSENFELD bemüht sich in seiner trefflichen Schilderung,
diese Typen von den Primärtypen scharf abzugrenzen. Aber immer wieder ver-

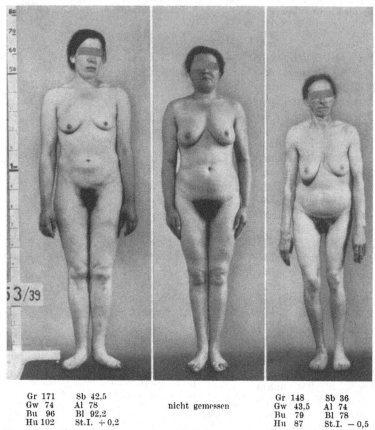

Gr 171	Sb 42,5		Gr 148	Sb 36
Gw 74	Al 78	nicht gemessen	Gw 43,5	Al 74
Bu 96	Bl 92,2		Bu 79	Bl 78
Hu 102	St.I. + 0,2		Hu 87	St.I. − 0,5

Abb. 55. Eine Reihe weiblicher Formen, vom hyperplastisch-athletischen Pol über eine metroplastische Form
zu einer schwer hypoplastischen Kümmerform. (Leichter Status dysraphicus.) Sehr deutlich sind auch die
gleichsinnigen Veränderungen des Gesichtsschädels.

schwimmen ihm die Grenzen, die er immer wieder aufzurichten versucht. So
schildert er den Weichathletiker[1]: „Es besteht mehr oder weniger stark ausgesprochene Neigung zum Fettansatz — wenn auch nicht so ausgesprochen wie
beim Pykniker . . .“; „der Brustkorb ist breit, aber kürzer und weniger gewölbt,
als der der Derbathletiker . . . die Extremitäten der Weichathletiker sind ausgesprochen kurz, Hände und Füße wieder groß und breit, die Hände aber weicher
im Griff und in der Oberflächenbildung . . .“ Demgegenüber der Derbathletiker:
„Im Gesamtausdruck überwiegt der Eindruck der Länge . . . Der Brustkorb ist
lang, gut gewölbt, aber mehr breit als tief. Die Glieder sind bei reinen Vertretern

[1] WEISSENFELD: Neue Gesichtspunkte zur Frage der Konstitutionstypen, Z. Neur. 156,
432 (1936).

des Typus ausgesprochen lang und stets muskelkräftig ... Der ganze Mensch wirkt trotz aller Derbheit verhältnismäßig schlank und gut durchgeformt."

Da diese Ergebnisse gar nicht von unserem Gesichtspunkt aus gewonnen wurden, können sie unseren Ansatz bestätigen, daß die Perspektive, unter der der athletisch-hyperplastische Habitus gesehen ist, eine völlig andere ist, wie jene des lepto- und pyknomorphen Typus. Noch schärfer präzisiert können wir sagen: Jede Form liegt irgendwo zwischen den Polen lepto- und pyknomorph und zugleich auf jener zwischen den Polen hyperplastisch und hypoplastisch. Es handelt sich um zwei verschiedene Wuchstendenzen.

Wenn wir im übrigen einleitend davon sprachen, daß es sich bei den Sekundärformen um ein Variieren aus der Norm heraus handele, so ist das nicht so zu verstehen, daß jeder Vertreter deshalb schon ein Abnormer sei. Lediglich der Typenpol, d. h. die letzte charakteristische Extremprägung liegt außerhalb der Norm. Abb. 53 zeigt die Gegenüberstellung eines hyperplastischen und hypoplastischen Typus, und dazu zum Vergleich nochmals einen Pykno- und Leptomorphen (Abb. 54). Es zeigt sich damit auch wieder die Verschiedenheit der leptomorphen und hypoplastischen Wuchstendenz. So zeigt auch Abb. 60 zwei Leptomorphe, die sich aber ganz gegenteilig in Hinsicht auf die Sekundärvarianten verhalten: das eine ein hyperplastischer, das andere ein hypoplastischer Leptomorpher. Abb. 55 stellt eine metroplastische zwischen hyper- und hypoplastische Form bei Frauen.

Nach dieser begrifflichen Klarstellung wenden wir uns nun zur genetischen Seite des Problems. Wir fragen uns: Wie hat man sich dieses Wuchsprinzip, das uns im hyperplastisch-athletischen Formenkreis entgegentritt, genetisch vorzustellen. Auch für die hyperplastische Wachstumsvariante muß unser Satz Geltung besitzen: Jede Verschiedenheit der Form ist eine Verschiedenheit der Entwicklung. Zunächst lassen sich gewisse, den Typus charakterisierende Eigentümlichkeiten des Skelettes sehr leicht auf einen Nenner bringen. Die trophischen Akzente an den Supraorbitalbögen, den Jochbögen, der Nase und dem Kinn, die Länge des Mittelgesichts und des Untergesichts, damit aber das starke Hervortreten des Gesichtsschädels gegenüber dem Hirnschädel (vergl. Abb. 56), weiter die ausladende Schulterbreite mit ihren trophischen Akzenten an den clavicularen und akromialen Knochenenden, schließlich die groben Wachstumsimpulse an den Extremitätenenden, den Metacarpalia und Phalanges der oberen und unteren Extremität, der Verlängerung der Vorderarme, das alles beruht offenbar auf einem verstärkten Acrenwachstum, auf vermehrten Wachstumsimpulsen an ganz bestimmten, spezifisch charakterisierten Anteilen des Skelettes. Diese Anteile gehören fast durchwegs dem Extremitätenskelett an, bzw. treten an diesen Stellen am stärksten in Erscheinung, wobei wir hierzu auch den Schultergürtel, wie auch — was entwicklungsgeschichtlich zu begründen ist — Ober- und Unterkiefer rechnen. Daher der lange Gesichtsschädel, die ausladenden Schultern und die großen Hände und Füße.

Dieser verstärkte Wachstumsimpuls beschränkt sich aber nicht auf verschiedene Prädilektionsstellen des Skelettes, sondern betrifft weiter fast die ganze bindegewebige Anlage, vor allem die bindegewebigen, vielleicht aber auch epithelialen Anteile der Haut, vor allem die Lederhaut, ferner des Bandapparates und der Muskulatur.

Seine volle Ausprägung erfährt der athletische Habitus erst nach der Pubertät. Damit ist nicht gesagt, daß er sich nicht schon vorher in seinen wesentlichen Zügen abzeichnet, aber beim Jugendlichen findet man niemals jene extremen Proportionen, wie sie den Vollathletiker auszeichnen. Im Gegenteil ist es sehr wesentlich, wie sich erst in oder gar nach der eigentlichen Pubertät jenes eigenartige Acrenwachstum einstellt, so als ob noch Wachstumsimpulse vorhanden wären, die aber nur mehr an bestimmten Punkten, die noch Wachstumsmöglichkeiten besitzen, angreifen können. Damit zeichnet sich nun die Art der Genwirkungen ab, die der Entstehung des hyperplastischen Habitus zugrunde

liegen: Es muß sich um Determinationsverschiebungen handeln, durch
die verstärkte und verlängerte proliferierende Wachstumsimpulse
auf noch nicht determiniertes wachstumsfähiges Gewebe nach der
Pubertät ausgeübt werden. Ob es sich dabei um Eigentümlichkeiten handelt,
die im Gewebe selbst liegen, oder ob es zentrale Faktoren sind, die diesen Vorgang auslösen, oder schließlich Hormone, deren Wirkung man in diesem Fall

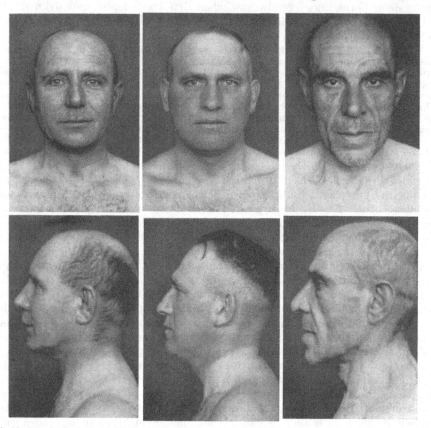

Abb. 56. Eine Reihe hyperplastischer Schädel- und Gesichtsbildungen. Die Reihe reicht vom linken, leicht
pyknomorphen über eine metromorphe bis zum rechten, leptomorphen Flügel. Mittleres Alter.

dem Wachstumshormon des Hypophysenvorderlappens gleichzusetzen hätte,
wissen wir nicht. Es scheint uns jedoch unwahrscheinlich, daß man den athletisch-hyperplastischen Habitus der hypophysären Dysfunktion, die zur Akromegalie führt, gleichsetzen darf. Der Effekt im Erscheinungsbild ist ohne Zweifel
ähnlich, deshalb muß aber die Art des zugrunde liegenden Vorganges nicht identisch sein. Wir erinnern nur an die zahlreichen Beispiele, in denen in der experimentellen Genetik exogene, modifikatorische Wirkungen den gleichen Effekt
haben wie Genwirkungen, z. B. die Temperaturversuche an Schmetterlingspuppen
usw. Auf das Prinzip der genetischen Abstimmung der Gewebsfunktionen
kommen wir später zu sprechen.

Auch hier ist es wieder durchaus möglich, daß die Wachstumsimpulse nicht
im ganzen Bereich gleichmäßig zur Manifestation gelangen. Es liegt in der viel-
fältigen Bestimmtheit aller der Faktoren, die in den Wachstumsprozeß an irgendeiner Stelle eingreifen, wenn diese Wachstumsimpulse sich nur an einigen Stellen

deutlich zeigen, an anderen aber überhaupt nicht in Erscheinung treten. Dadurch entstehen jene eigenartigen vereinzelten, trophischen Akzentuierungen in sonst hypoplastischen Gesichtsschädeln, wie man sie insbesondere in bestimmten soziologischen Auslesegruppen so häufig findet (Abb. 57). Zur Klärung derartiger Formen muß man sich immer das vielschichtige Geschehen der Entwicklung vor Augen stellen. Die Determinationsentscheidungen fallen nicht gleichzeitig, sondern zeitlich hintereinander; denn die ganze Entwicklung ist ja nichts anderes als eine Kette in bestimmten zeitlichen Abständen erfolgender Determinationsentscheidungen. So kann eine Formbildung wie etwa die des Jochbogens schon so weit determiniert sein, daß eine weitere Veränderung durch appositionelles Wachstum nicht mehr stattfinden kann — denken wir nur an die Pigmenteinlagerung im Schmetterlingsflügel lediglich an den noch in einem entsprechenden kolloidalen Zustand befindlichen Flügelpartien — während der gleiche Wachstumsimpuls an anderen Stellen, etwa dem Unterkiefer, noch große Wirkungen nach sich zieht (vgl. auch die Profile der Abb. 58). Wachstumsimpulse auf der einen Seite, Determinationen an einem bestimmten Punkt der Entwicklung auf der anderen und ihr präzises Aufeinander-abgestimmt-sein, das ist, wie im ganzen Entwicklungsgeschehen, auch hier die Wirkung der Gene.

Damit ergibt sich aber eine außerordentlich wichtige Parallele zu den im ersten

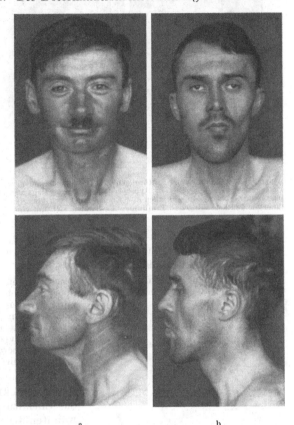

a   b

Abb. 57. Sekundärvarianten, die die primären Proportionen nicht mehr klar erkennen lassen. a) Trotz des kurzen Gesichtes eine durchaus propulsive Form (stark fliehende Stirn) mit hypoplastischem Untergesicht. b) Hypoplastisches Mittelgesicht mit starken trophischen (hyperplastischen) Akzenten im Untergesicht; trotzdem keineswegs athletischer Gesamttypus. Derartige Störungen der Harmonisierung durch heterogene Wachstumsimpulse im Gesichtsschädel sind in der Großstadtbevölkerung ungemein häufig.

Teil besprochenen Verhältnissen. Wir konnten dort als das Grundkriterium der primären Konstitutionsvarianten das konservative bzw. propulsive Entwicklungstemperament der zugrunde liegenden Entwicklungstendenz erkennen. Genau dasselbe ergibt sich nun auch hier: Alle Merkmale des athletisch-hyperplastischen Typus sind Ausdruck eines typisch propulsiven Entwicklungstemperaments, denn die Entwicklung nimmt gesetzmäßig ihren Ausgang von Formen, die dem athletisch-hyperplastischen Habitus gerade entgegengesetzt sind: Überwiegen des Hirnschädels über den Gesichtsschädel (also relatives Zurücktreten unter dem großen Hirnschädel), ferner Zurücktreten der Extremitäten gegenüber den Eingeweidehöhlen und schließlich geringere Ausbildung und

Zartheit des gesamten Stütz- und Muskelgewebes. Von diesen typisch kindlichen Merkmalen führt die Entwicklung progressiv in jene Richtung, deren extremen Endpunkt der Vollathletiker aufweist, während die komplementäre Habitus-

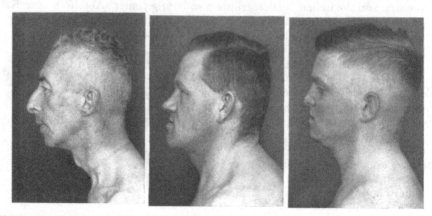

Abb. 58. Sekundärvarianten. Störungen der Harmonisierung der Gesichtsbildung. a) Stark hypoplastisches Untergesicht (Winkelprofil). b) Hyperplastisches Untergesicht von akromegaloidem Typus. c) Amorph-hypoplastische Gesichtsbildung in allen drei Etagen; eine zwar konservative, aber doch nur entfernt an eine pyknomorphe Form anklingende Profillinie. Es handelt sich um eine Wachstumshemmung (Dystr. adipl.genit.).

form, die hypoplastisch-asthenische Wuchsform, auf dem gleichen Wege konservativ am Anfang stehengeblieben ist Dies veranschaulicht nochmals — etwas karikiert — die Abb. 59.

Auch hier wieder steht der weibliche Körperbautypus auf der konservativen Seite, während die propulsiv-athletischen Merkmalsgruppen zugleich — wie wir das schon auf Seite 166 kurz streiften, als männliche Körperbaumerkmale erscheinen. Vielleicht liegt darin eine Gesetzmäßigkeit, die auch die Variabilität nach den Geschlechtstypen auf ein verschiedenes Entfaltungstemperament gewisser letzter Wuchstendenzen zurückführen lassen.

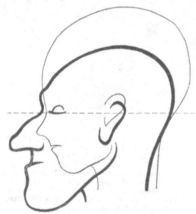

Abb. 59. Die ontogenetische Progression in der Richtung der Ausgestaltung des Gesichtsschädels (zugleich hyperplastischer und hypoplastischer Typus, karikiert). Diese „progressive Entkephalisation" des Gesamtschädels ist auch in der Phylogenese als eine orthogenetische Progression zu beobachten (homo primigenius). Die „progressive Kephalisation" ist davon scharf zu trennen; sie betrifft nur die neomorphotischen (nicht aber die orthogenetischen) Progressionsschritte (vgl. letztes Kapitel).

Nun können wir uns die gleiche propulsive Entwicklung immer mehr gesteigert, das Entfaltungstemperament nach den erwähnten Kriterien noch um ein Vielfaches potenziert vorstellen und gelangen dann zu einer hypothetischen Form, charakterisiert durch eine Reihe von Merkmalen: Fliehende Stirn mit riesigen Supraorbitalbögen, massive Jochbögen und enorm vorgebautes Untergesicht mit überdimensionierten Mandibeln und entsprechend kräftigem Gebiß, völliges Zurücktreten des kleinen Hirnschädels gegenüber dem vervielfachten Gesichtsschädel, riesig ausladende Schultern, extrem lange Vorderarme mit prankenartigen Händen, dazu exzessiv derbe, lederartige Haut mit fellartiger Behaarung und schließlich eine enorme Muskulatur mit insbesondere einem gewaltigen Trapezius, der sich kapuzenförmig vom Nacken über die Schultern erstreckt.

Dieses zunächst einmal abgeleitete, rein gedachte Bild hat nun auffallende Ähnlichkeit mit den Rekonstruktionen des Homo primigenius, insbesondere des Neandertalers, dessen Skelettreste von der Anthropologie eingehend bearbeitet wurden. Diese Formen werden mit Recht als das Resultat propulsiver Entwicklungen aufgefaßt. Wir können erst im letzten Kapitel auf die sich hieraus ergebenden Fragen eingehen;

hier wollen wir nur festhalten, daß uns im athletisch-hyperplastischen Habitus eine propulsive Wuchstendenz entgegentritt, die wir in enorm gesteigerter Weise auch in phyletischen Entwicklungen am Werke sehen.

Wir kommen damit auf die Frage, ob und inwiefern sich das Vorhandensein einer derartigen hyperplastisch-athletischen Anlage auch im psychologisch-charakterologischen Bereich äußert. Nach allem Bisherigen werden wir erwarten, daß auch hier die Charakterisierung, wenn sich charakteristische Züge herausarbeiten lassen, auf einer von den Primärformen abweichenden Linie liegen werden.

Hier macht sich, wie bei allen Versuchen, typische charakterologische Bilder bestimmten Körperbautypen zuzuordnen, eine gewisse methodische Schwierigkeit bemerkbar. Man geht meist von den Körperbaubildern aus und sucht sich über die typischen Charaktere der nach dem Körperbau ausgelesenen Persönlichkeiten klar zu werden. Es besteht nun die Gefahr, daß mit der Auslese nach dem Körperbautypus zugleich auch andere Auslesewirkungen sich einschleichen, die dann auf die Schlußfolgerungen zurückwirken. So führt etwa die Sammlung typischer

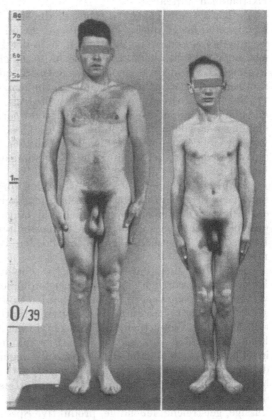

Gr 181   Sb 40
Gw 77.5   Al 81   nicht gemessen
Bu 95   Bl 95
Hu 96   St.I. − 0,9

Abb. 60. In beiden Fällen handelt es sich um Leptomorphe, bei a) jedoch um eine hyperplastische, bei b) um eine hypoplastische Wuchstendenz. Es ergibt sich daraus die Notwendigkeit der Trennung der leptomorphen und hypoplastischen Wuchstendenz, da b) nicht einfach als Extremform von a) (Abb. 54) angesprochen werden kann.

athletischer Körperformen automatisch in tiefere soziologische Schichten, da man gerade dort diese Formen ungleich häufiger vertreten findet. Das Persönlichkeitsbild, das man an diesen Versuchspersonen gewinnt, kann deshalb leicht von ihrer durchgängig tieferen soziologischen Schichte mitgefärbt werden, ohne deshalb unmittelbare Beziehungen zu dem Körperbautypus haben zu müssen. Würde man die Körperbautypen aus der gleichen soziologischen Schichte wählen, könnten sich eventuell andere Befunde ergeben. Manche psychologische experimentelle Untersuchungen sind, wie mir scheint, deshalb mit Vorsicht zu behandeln. Es ist andererseits natürlich kein Zufall, daß der athletische Habitus in den sozial tieferen Schichten häufiger vorkommt. Auch darin kann selbst wieder eine Beziehung biologischer Art vermutet werden (geringere soziale Aufstiegmöglichkeiten infolge geringerer seelischer Differenzierung). Diese beiden Beziehungen sind jedoch begrifflich klar zu trennen.

Wir beziehen uns bei der nun folgenden Skizzierung der athletischen Charakterstruktur auf die einwandfreien Untersuchungen von KRETSCHMER und ENKE. Dabei heben wir als für den athletischen Habitus besonders kennzeichnende Züge nur jene hervor, wo er in seinen Reaktionen und Leistungen im Experiment nicht in der Mitte stehend zwischen pyknischen und leptosomen, sondern als Extremform auftrat.

In der Psychomotorik zeigte er die stärkste Tendenz zu motorischer Einförmigkeit, die geringste Fähigkeit zur Feinheit und Abgemessenheit der Bewegung bei Koordinationsleistungen, d. h. der Fähigkeit, bestimmte Bewegungsleistungen sowohl ökonomisch, also unter möglichst geringem Aufwand an Bewegungen, wie auch harmonisch, also in möglichst glattem und flüssigem Zusammenspiel aller erforderlichen Bewegungen, zu vollbringen.

Bei den Sinnes- und denkpsychologischen Aufgaben zeigte sich vor allem eine hohe perseverative Tendenz und geringe Ablenkbarkeit. Diese Haftneigung war jedoch mehr von der Art des passiven Hängen- und Klebenbleibens, wie wir sie in extremen Formen bei Hirnverletzten finden. Sie hatte mit dem aktiv gespannten „eigensinnigen" Beharrungsvermögen des Leptosomen nicht viel zu tun.

Affektiv zeichnete sich der Athletiker durch die kürzeste Dauer der innerseelischen Erregbarkeit aus. Er zeigte fast keinerlei Neigung zum Nachwirken der Affekte. Ferner ergab sich auch eine langsamere affektive Ansprechbarkeit und plötzliche Neigung zu hoher Explosibilität, zu starken Affektausbrüchen. KRETSCHMER prägte für das ganze Bild den Begriff des viskösen Temperaments.

„So tritt uns der Athletiker" — wir übernehmen die Darstellung KRETSCHMERS wörtlich[1] — „in den meisten Fällen als ruhig, langsam und bedächtig entgegen, gemessen in Miene, Gebärden und Gang, in extremen Graden auch als schwerfällig und plump. In erregten Situationen wirkt er durch seine Reaktionsarmut unerschütterlich, bei starken Bewegungen als wuchtig. Wirkt kein besonderer Anlaß ein, so sind die Bewegungen in jeder Beziehung sparsam, in einzelnen Fällen kann dies bis zur Bewegungsabneigung gesteigert sein ... die Sprache ist meist ausgesprochen wortkarg, trocken, schlicht; gar nicht phrasenhaft, manchmal stockend und gehackt ... Das, was man einen guten Redner nennt, ist unter den Athletischen selten zu finden, sofern man darunter eine flüssige, geistreiche, lebendige, produktive Sprechweise versteht." Im Sport trete schon auf Grund der körperlichen Konstitution die Schwerathletik in den Vordergrund; vor allem findet man — wie schon erwähnt — unter den berühmten Boxern exzessive Formen von athletischem Habitus, was vor allem auch auf die Torpidität und geringere Reizempfindlichkeit, die sie zum Hinnehmen der schweren Insulte dieses Sportes besonders befähigen, zurückzuführen sei. Auch im Handwerk zeigt sich die deutliche Bevorzugung des kräftigen und wuchtigen; die Arbeit geschieht mehr mit der ganzen Hand, weniger mit den Fingern. „Soll man die Geistigkeit des athletischen Menschen zunächst negativ charakterisieren, so findet man durchweg das Fehlen dessen, was man „Esprit" nennt, des Leichten, Flüssigen oder Springenden im Gedankengang, ebenso des Feinsinnigen und Sensiblen ... Der Geist der Schwere liegt über dem Ganzen."

Affektiv gehöre er zu den nicht nervösen Temperamenten. Der relativ noch häufigste aktive Affekt ist die explosive Zornmütigkeit. Doch seien starke Affekte im Vergleich zu den anderen Typen überhaupt selten, besonders aber die sensibleren und differenzierteren Schwingungen. Hervorzuheben ist die schwere Umstellbarkeit, die große Tenazität, die vorwiegende Passivität, Ruhe und Zähigkeit.

---

[1] KRETSCHMER und ENKE, l. c. S. 60.

Durch diese klaren Ergebnisse tritt uns das Persönlichkeitsbild des athletischen Menschen außerordentlich anschaulich entgegen. Sehr leicht kann man es aus der Erfahrung mit Inhalt erfüllen. Eine ganze Reihe von Individualitäten tauchen vor dem inneren Auge auf, die sich sofort und zwanglos in die Reihe dieser Formen eingruppieren lassen.

Wenn wir uns die Frage nach dem gemeinsamen genetischen Nenner dieser Charakterzüge vorlegen, so wird zunächst einmal klar, auf einer wie ganz anderen Ebene diese Persönlichkeitsstruktur liegt, verglichen mit den Primärformen. Während wir dort als das gemeinsame Grundprinzip den verschiedenen Grad der Individuation, der ontogenetischen Strukturbildung erkannten, so handelt es sich hier offensichtlich um etwas gänzlich anderes. Auf der Skala der ontogenetischen Strukturbildung hat die psychische Struktur des Athletikers überhaupt keinen bestimmten Platz. Sucht man nach einem Vergleich, so drängt sich bei der Schilderung durch KRETSCHMER und ENKE sofort ein Beispiel aus der Pathologie auf, nämlich der Hirnverletzte. Aus tausendfältiger Erfahrung kennt die Psychiatrie den „Typus des Hirnverletzten" (bzw. Hirnorganikers), ganz gleichgültig, wie die Verletzung lokalisiert ist, gleichgültig auch, ob es sich um eine schwere Commotio oder eine Contusio cerebri gehandelt hat. Dieses Wesentliche in der Persönlichkeitsveränderung des Hirnverletzten ist ganz allgemein jene eigenartige Entdifferenzierung des ganzen psychischen Menschen: die Motorik wird grob und plump, entbehrt der feineren Regulationen, die Koordinationsleistungen nehmen an Präzision ab (auch ohne Läsion in der motorischen Sphäre), die Bewegungen werden bedächtig und langsam, alle Wendigkeit geht verloren, die Anpassungsfähigkeit wird geringer. Im Bereich der Sinnesleistungen fällt die große Perseverationsneigung auf, und zwar ist es gerade jene passive, haftende Perseveration, die sich bis zu schwersten Graden steigern kann. Die höheren Regionen des geistigen Lebens, insbesondere die Beschwingtheit der Phantasie, der Einfälle und Ideenproduktion leiden Not, die Assoziativität ist erschwert, der Gedankengang wird schwerfälliger und plumper, die Ablenkbarkeit ist gering. Vor allem aber verändert sich die Affektivität in ganz gleichsinniger Weise: Die affektive Ansprechbarkeit wird geringer, daraus resultiert der Eindruck der Torpidität, in höchsten Graden der völligen Stumpfheit; dringt aber ein Reiz durch, kann es zu plötzlichen affektiven Ausbrüchen kommen, so als ob nicht das geringste Reservoir bestände, die plötzlich sich anstauende Erregung auszugleichen; es besteht eine Neigung zu Kurzschlußreaktionen.

K. SCHNEIDER unterscheidet bei Kopfverletzten als die häufigst zu findenden Eigenschaftsreihen: euphorisch, redselig, umständlich, aufdringlich, treuherzig; ferner: apathisch, antriebsarm, stumpf, langsam, schwerfällig; schließlich: reizbar, mürrisch, explosibel, gewalttätig, undiszipliniert. KRETSCHMER formulierte es folgendermaßen: Die affektive Ansprechbarkeit für nivellierte Reizreihen ist erniedrigt, diejenige für Reizstöße erhöht.

Die Ähnlichkeiten des extremen athletischen Persönlichkeitsbildes mit demjenigen des Hirnverletzten sind allzu auffallend, als daß sie zufällige sein könnten.

Man kann beim Hirnverletzten als Ursache für sein psychisches Verhalten eine allgemeine Entdifferenzierung der Hirnleistung, eine Art von Funktionswandel im Sinne von WEIZSÄCKERS — um diesen Ausdruck der Nervenphysiologie auf die höchsten ganzheitlichen Hirnleistungen zu übertragen — annehmen. Den gleichen Typus einer entdifferenzierten Funktion finden wir in noch höherem Maße auch in anderen Gebieten der Pathologie, nämlich bei manchen Schwachsinnsformen und beim Epileptiker. Es eröffnet sich hier vor uns ein großer Kreis von irgendwie Zusammengehörigen, wobei wir uns freilich hüten müssen, hier gleich Identitäten zu sehen, wo vorläufig nur Ähnlichkeiten, Analogien vorliegen. Immerhin können wir feststellen, daß die Kennzeichnung des athletischen Persönlichkeitsbildes in allen psychischen Bereichen, der Psychomotorik, der Affektivität und der Sinnes- und Denkleistungen gewisse Übereinstimmungen aufweist mit verschiedenen Zuständlichkeiten einesteils des geschädigten, anderenteils des mangelhaft ausdifferenzierten Gehirnes. Als wesentliches gemeinsames Moment ist hervorzuheben die geringere Differenzierung der ganzheitlichen, zentralnervösen Funktion.

Wir wollen uns bezüglich der sehr notwendigen Unterscheidung zwischen Differenzierung und Strukturierung hier mit einem kurzen Hinweis begnügen: Ein primitiver Holzfäller aus dem niederbayerischen Wald ist wenig differenziert, kann aber eine hohe Strukturbildung zeigen, sofern es sich um einen extrem Leptomorph-schizothymen handelt. Ein pyknischer Genialer hat eine hohe Differenzierung bei geringer Strukturierung (im Sinne seiner cyclothymen „kindähnlichen" Struktur). Die Ausdifferenzierung einer Persönlichkeit könnte man veranschaulichen mit der „Ausentwicklung" einer photographischen Platte, bei der alle Feinheiten des Bildes herausgeholt werden. Zu wenig „ausentwickelte" Platten bleiben „unreif", entbehren der einzelnen feinsten Nuancierungen. Eine andere Frage ist, was auf der Platte dargestellt ist; dies betrifft die Struktur: Das Bild in seiner Komposition wird durch den Strukturbegriff erfaßt; das Bild in seiner Ausführung durch den hier verwendeten Begriff der Differenzierung. Eine sehr einfach strukturierte Komposition kann außerordentlich nuanciert — bis ins letzte — ausgeführt sein; umgekehrt eine hochkomplexe reichhaltige Komposition nur skizzenhaft hingeworfen oder stümperhaft plump ausgeführt.

Ein bemerkenswertes Moment ist es deshalb, daß wir unter den Genialen außerordentlich wenige echte Athletiker finden, ein Umstand, auf den KRETSCHMER mehrfach hinwies. Es ist, wie wenn dem Athletiker jene besondere und schwer in Worte zu fassende Ausformung fehlte, die sich in der höchsten Geistigkeit erweist; „der Geist der Schwere liegt über dem Ganzen". Gerade dieser reifen Geistigkeit (wohl zu unterscheiden vom Intellektualismus, den wir beim Astheniker besprechen werden), sind sowohl Leptomorphe wie Pyknomorphe in höherem Maße fähig als der athletische Mensch. In den differenziertesten Persönlichkeitsbildern, in denen sich dieses athletisch-visköse Persönlichkeitsradikal findet, bewirkt es Solidität und Zuverlässigkeit, Gründlichkeit, Arbeitskraft, Fleiß und Zähigkeit, Gleichmäßigkeit, Treue. Gehen wir von diesem Pol relativ hoher Differenzierung immer weiter zurück auf primitivere Stufen des Formniveaus, dann gelangen wir zu immer charakteristischeren Persönlichkeitsbildern, bis wir auf der Stufe des debilen, primitiven, torpiden, stumpfen und ungeformten, tierisch triebhaften, dumpf amorphen, explosiven Untermenschen jene Formen antreffen, die MAUZ in seiner enechetischen Defektkonstitution geschildert hat. Hier zieht sich also eine kontinuierliche, durch keine scharfen Grenzen irgendwo durchschnittene Reihe hindurch bis tief in ganz bestimmte, schwer abnorme Persönlichkeitsstufen hinunter. Und je tiefer wir gelangen, desto charakteristischer prägen sich bestimmte typische Züge dieses Konstitutionstypus aus. Damit wird es auch klar, warum wir durch eine Auslese athletischer Körperbauformen in die tieferen soziologischen Schichten hineingelangen müssen.

Wenn wir auch von hier aus wieder einen Seitenblick auf die oben angeschnittenen phylogenetischen Probleme werfen, dann erscheinen die Ergebnisse im psychischen Bereich den morphologischen durchaus gleichsinnig. Wir möchten mit der modernen Paläontologie den Neandertaler nicht als unseren direkten Vorfahren, sondern bereits als eine Seitenlinie einen Vetter, ansehen, der eine vorzeitige Spezialisierung erfuhr, phyletisch alterte und deshalb bald ausstarb. Über seine psychischen Fähigkeiten wissen wir fast nichts. Immerhin dürfte auch die psychische Differenzierung, nach den morphologischen Verhältnissen zu schließen, als eine gigantische Steigerung dessen anzusehen sein, was wir als visköses Temperament bezeichneten, wodurch es verständlich wird, daß diese Menschenform noch keine hohe Kulturstufe zu erreichen imstande war.

Wenn wir uns also ein vorläufiges Bild von den genetischen Grundlagen der athletisch-hyperplastischen Wachstumsvariante machen wollen, dann ist zu sagen, daß es sich um eine Wuchstendenz handeln muß, die in propulsiver Weise zu einer Art von Ent-Kephalisierung, einer Spezialisierung in Richtung auf das Extremitätenskelett (wobei Gesichtsschädel und Schultergürtel mit eingeschlossen ist) und nach dem Stützgewebe hin (Bindegewebe, Muskeln) — gleichsam auf Kosten der höchsten nervösen Leistungsfähigkeit — führt, die dadurch im psychischen Bereich dem Bilde der Entdifferenzierung der Gehirnfunktion vergleichbar wird. Auch dieser Wuchstendenz liegen frühontogenetische Genwirkungen zugrunde. Es ist uns kein Zweifel, daß diesem Faktor eine wichtige phylogenetische Bedeutung — und zwar auch heute noch — zukommt.

Wir stehen mit dem Verständnis dieses Formenkreises ohne Zweifel erst am Anfang. Der erste groß angelegte Versuch, ihn in allen seinen Korrelationen zu erfassen, stammt von MAUZ in seinem Begriff der enechetischen bzw. iktaffinen Konstitution. Als ein konstitutionsbiologisches Radikal der rassischen Zusammensetzung spielt er vermutlich in den riesigen russischen und dinarischen Volkskörpern eine gewisse Rolle. Auf die pathologischen Beziehungen, insbesondere zur Epilepsie, kommen wir im nächsten Kapitel noch zu sprechen.

3. Der asthenisch-hypoplastische Formenkreis.

Der Weg, den der Begriff der Asthenie im Verlauf seiner Geschichte genommen hat, ist lang und verzweigt. Wir wollen ihm nicht folgen. Wir können auch nicht die Vielfalt dessen, was er bezeichnet, im einzelnen erörtern. Im Allgemeinen ist man sich darüber ziemlich einig, welche Formen man im wesentlichen heute darunter meint.

STILLER hat den Begriff zum erstenmal mit einem sehr reichen und vielseitigen Inhalt erfüllt. Er faßte ihn als Konstitutionsvariante, begriff aber auch die aus derselben entspringende Krankheit, den „Morbus asthenicus" darunter. Von der Auffassung als einer Krankheit kam man mit Recht bald ab, der Konstitutionsbegriff blieb jedoch bestehen. STILLER beschrieb den Typus folgendermaßen: Der Grundcharakter des Organismus liege in seiner Zartheit, Schlaffheit, Atonie, welche sich in allen Teilen manifestiere. Sie offenbare sich schon im Skelett; sein Gebälke ist dünn, von femininer Zierlichkeit, die Körpergröße meist unter dem Mittel; das Gesicht ist im Verhältnis zum Schädel klein, als Folge der Zartheit der Gesichtsknochen, besonders des Unterkiefers, der Gaumen ist oft schmal und steil. Er beschreibt weiter den Brustkorb als schmal, seicht und lang, mit abfallenden Rippen, weiten Intercostalräumen, spitzem epigastrischem Winkel, ferner flügelförmig abstehende Schulterblätter. Als wesentliches Stigma beschreibt er die 10. freie Rippe. Zu diesen äußeren Merkzeichen kommen innere Stigmen, abnorme Lappenbildungen an Lunge, Leber, Milz und Niere, abnorme Kürze des Dünndarms, hypoplastische Anlagen des Herzens, der Gefäße und des Uterus, anormale Kleinheit oder auch Größe der Ovarien, Kryptorchismus, angeborene Mitralstenose. Er faßt zusammen: alle diese so zahlreichen äußeren und inneren anatomischen Abweichungen geben Zeugnis dafür, daß der asthenische Organismus das Produkt einer atypischen Entwicklung ist und drücken demselben den Stempel der Entartung auf.

Besonders schön herausgearbeitet wurden von STILLER schon die Funktionsstörungen der Organe, die zum Teil mit den anatomischen Anomalien zusammenhängen. In diesen Funktionsstörungen sah er die eigentliche Krankheit. Sie alle lassen sich seiner Meinung nach zurückführen auf eine abnorme Atonie und Hypoplasie der gesamten glatten Muskulatur der inneren Organe. Daraus folgen als wesentlichste Hauptgruppen der funktionellen Störungen: die Enteroptose (richtiger: Splanchnoptose), die nervöse Dyspepsie, die Ernährungsstörungen und letzten Endes auch die eigentümliche Neurasthenie.

Auf die Fassung des Begriffes in der französischen Typenlehre wollen wir hier nicht näher eingehen, da sie bei uns kein wesentliches Interesse mehr findet.

KRETSCHMER hat mit dem Ausdruck der Asthenie auch einiges von dem Inhalt des Begriffes übernommen, als er ihn im Anfang dem pyknischen Habitus gegenüberstellte. Es stellte sich jedoch heraus, daß dem Wort „asthenisch" etwas Mißliches anhaftet, weil sich das rein sprachlich in ihm liegende Werturteil des Kraftlosen, Kränklichen, biologisch Minderwertigen trotz aller Vorbehalte nicht ganz entfernen läßt. KRETSCHMER gelangte durch die Tendenz, den Begriff von diesem biologisch Minderwertigen zu reinigen, zur Aufstellung des Begriffes des Leptosomen, der bei ihm als der weitere Begriff denjenigen der Asthenie mit umfaßt. Wir setzten diesen von KRETSCHMER bereits beschrittenen Weg weiter fort und schalteten nun den Begriff der Hypoplasie überhaupt aus dem Leptosomiebegriff aus; und zwar auf Grund der genetischen Überlegung, daß es sich dabei um zwei verschiedene Wuchsprinzipien handelt, die voneinander unbedingt zu trennen sind.

Unsere Frage als Genetiker geht auch hier wieder nach dem gemeinsamen Grundnenner aller der in dem Begriff zusammengefaßten Symptome. Eine eingehende Betrachtung der hier gemeinten Formen zeigt, daß sie fast in allen Punkten dem eben besprochenen Begriff der athletisch-hyperplastischen Körperform entgegengesetzt sind (Abb. 53 und 60). Wir finden ein ausgesprochenes Zurückbleiben des Acrenwachstums, ein fliehendes, kurzes, zurückbleibendes Kinn, das dem Profil jenes Vogelartige verleiht, was KRETSCHMER im treffenden Ausdruck des Winkelprofils erfaßte. Auch die Jochbögen sind zart und schmal, sehr wenig ausladend, und der Oberkiefer ist oft auffallend kurz, oft mit einer etwas konkav eingesunkenen Fossa canina; die Nase ist scharf, schmal und dünn, die Nasenflügel wenig ausgeprägt, der Gaumen häufig steil. Der ganze Gesichtsschädel tritt deshalb in seinem Verhältnis zum Hirnschädel relativ stark zurück (also gerade umgekehrt wie beim Athletikerschädel), wodurch der Hirnschädel dominiert (Abb. 61). Diese Dominanz ist jedoch nur eine relative, da auch der Hirnschädel meist klein ist, was sich in seinen geringen Umfangsmaßen zeigt. Weiter sind die Schultern sehr schmal, laden wenig aus, hängen oft herunter oder schieben sich nach vorn zusammen, wodurch sich der Eindruck des Rundrückens, der oft besteht, noch verstärkt; die Scapulae stehen ab. Auch die Extremitätenenden sind sehr kümmerlich ausgeformt, so daß oft das komplementäre Gegenteil der Akromegalie zu finden ist, die Akromikrie, d. h. sehr schmale, kleine und schwache Hände, denen das innere Stützgerüst zu fehlen scheint, so daß man sie beim Händedruck auffallend stark zusammendrücken kann. Auch die Körpergröße bleibt hinter dem Durchschnitt zurück.

Derselbe Gegensatz zum athletischen Habitus findet sich in der Beschaffenheit der Gewebe, der Muskulatur, des Knochenskelettes und der Haut. Überall scheint die bindegewebige Anlage außerordentlich zart, dünn, faserarm, schlaff und atonisch. Auch das subcutane Fettpolster ist hypoplastisch angelegt. In all diesen Punkten haben wir einen komplementären Gegensatz zum hyperplastischen Habitus vor uns.

Auch hier braucht nicht immer das volle Syndrom ausgeprägt zu sein. Von vereinzelten leichten Hypoplasien in der Gesichtsbildung, namentlich in der Gegend der Fossa canina oder in der Mandibula angefangen, über Formen mit einer allgemeinen, leichten Schwäche der bindegewebigen Anlage mit zarten Muskeln und dünner Haut, meist bei Menschen, die entsprechend ihrer Schwächlichkeit zu sitzenden oder unkörperlichen Berufen gelangen (Schreiber und Friseure, Schuster und Schneider gehören hierher) bis zu den schweren asthenischen Kümmerformen finden wir eine große und reiche Skala, deren Endpunkt in extremen, offensichtlich tief im Pathologischen liegenden Formen liegt. So wie im vorigen Kapitel vom gleichen Normpunkte nach der Seite der hyperplastischen

Bildungen, so geht es hier nach der entgegengesetzten Seite der hypoplastischen Bilder ins Abnorme; wo wir die Grenze setzen, ist dabei ganz willkürlich und interessiert hier nicht wesentlich.

Der eine gemeinsame Nenner des ganzen reichen Bildes der Asthenie ist also, woran auch STILLER schon dachte, offenbar die hypoplastische Bildung. Was im einzelnen davon betroffen ist, können wir noch nicht mit Sicherheit sagen. Sicher scheint zu sein, daß auch die inneren Organe, also das Herz und die Gefäße, der Darm usw. in ihrem muskulären Bestand betroffen sind. Aber selbst

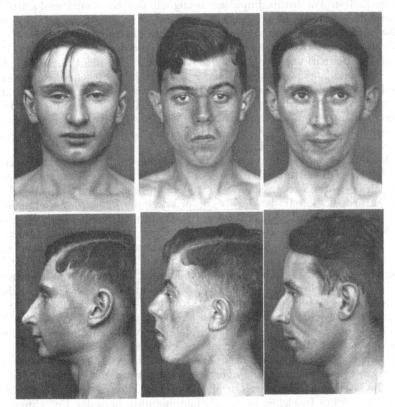

Abb. 61. Eine Reihe hypoplastischer Schädel- und Gesichtsbildungen (vgl. Abb. 56).

die parenchymatösen Organe mit ihrer häufigen Lappung scheinen nach STILLER beim Astheniker häufig hypoplastisch angelegt zu sein.

Damit haben wir bereits einen Hinweis auf die Art der Genwirkung. Wenn wir nämlich auch hier wieder uns den Entwicklungssatz aller Formvariationen in Erinnerung rufen, dann ergibt sich sofort, daß beim Astheniker das Gesamt aller Merkmale, die diesen Begriff konstituieren, als ein abnormes Beharren auf einem Niveau ist, das in der ontogenetischen Entwicklung durchlaufen wird; aber nicht im Sinne der kindlichen Struktur, sondern im Sinne der kindlichen Gewebsdifferenzierung und gewisser, unmittelbar davon abhängiger Proportionen. Wir brauchen nur an die typische Beschaffenheit des kindlichen Habitus zu erinnern mit seiner allgemeinen bindegewebigen Schwäche, den dünnen Muskeln, zarten Knochen, der weichen feinen papillenarmen Haut, der fehlenden Sekundärbehaarung, der für Kinder von 10—12 Jahren so charakteristischen Pelzmützenbehaarung und häufigen Lanugo, den negativen

12*

Akzenten an den Acren, wodurch vor allem das für die kindliche Form so charakteristische Dominieren des Hirnschädels über den Gesichtsschädel bedingt ist,
weiter der typisch hypoplastische „Kinderbauch" mit seinem halbkugeligen
Vortreten senkrecht auf der Leistenbeuge, und vieles andere. Diese „Kindlichkeit" des hypoplastischen Körperbaues wurde ja schon oft genug hervorgehoben.

Wir müssen also annehmen, daß im Genom des Menschen auch hier wieder
eine Mutation eines bestimmten Genes eine ausgesprochen konservative Entwicklung bezüglich der Ausdifferenzierung der Organe und Gewebe bewirkt, so daß
bei mangelhaften Wachstumsimpulsen bezüglich des Extremitätenskeletts insbesondere der gesamte bindegewebige Apparat mangelhaft ausgebildet wird.
Ohne Zweifel handelt es sich auch hier wieder um eine quantitative Stufenreihe
von Mutationsschritten von der Art multipler Allelomorphe. In welcher Weise
man sich die Genwirkung vorzustellen hat, ist vorläufig nicht zu sagen. Dazu
wäre es notwendig, eine genaue Analyse der einzelnen asthenischen Merkmale
durchzuführen. Solche genetischen Analysen einzelner Wesenszüge bestimmter
Konstitutionstypen fehlen aber vorläufig noch völlig. Gerade um des Grundsätzlichen willen, wollen wir kurz einen solchen Versuch einer Merkmalsanalyse
hier einschieben, der für die Kenntnis gerade der hier zu studierenden Formenkreise einiges Wesentliche erkennen läßt.

Es handelt sich um eine eigene Untersuchung der Terminalbehaarung
und ihrer Korrelation zu den Körperbautypen, über die an anderer Stelle
ausführlich berichtet werden soll. Wir wollen einige Ergebnisse vorwegnehmen.

Die Anthropologie hat sich bisher in der Frage der Behaarung viel mehr mit
Art, Beschaffenheit und Pigmentierung des Haares als solchen befaßt, als mit
seiner Verteilung. Nun zeigt aber gerade diese eine Reihe von bemerkens-
werten Eigenschaften. Studiert man die Verteilung der Behaarung an einem
größeren Kollektiv der gleichen Rassenzusammensetzung, so ergeben sich höchst
verschiedene Intensitäts- bzw. Verteilungsbilder der Behaarung. Wir betrachten
Bart- und Rumpfbehaarung getrennt[1]. Die verschiedenen Verteilungsbilder —
es handelt sich auch hier wieder um Musterformen — lassen sich bei näherer Betrachtung in eine einfache Reihe ordnen (Abb. 62 u. 63). Auf den ersten Blick
läßt sich erkennen, daß diese Verteilungsbilder identisch sind mit den einzelnen
Entwicklungsstufen, die die Behaarung in der Ontogenese zurücklegt.

Angefangen vom völlig bartlosen Zustand — repräsentiert durch das Kind
oder die Frau — beginnt in der Pubertät zugleich mit dem Flaum der Oberlippe
eine kleine Insel von Barthaaren an der seitlichen Kinnpartie; bald gesellt sich
ein weiteres solches Inselchen in der Medianlinie unterhalb der Unterlippe dazu.
Beide Inseln verbreiten sich, steigen unter das Kinn hinab, wo sie schließlich
miteinander konfluieren. Schon ist Kinn und Oberlippenbart angelegt, aber es
bestehen noch mächtige Aussparungen an der seitlichen Lippenpartie. Inzwischen ist eine kleine Insel auch an der Wange neben dem Ohr aufgetreten, die
rasch mit der Kopfbehaarung vor dem Ohr verschmilzt. Dieser Backenbart ist
vom Kinnbart noch durch eine bartlose Brücke getrennt. Am Mundboden der
Submaxillargegend beginnt aber auch hier nun ein Verschmelzungsprozeß, so
daß ein Stadium entsteht, in dem an der Unterfläche (dem Mundboden) der
Bart von der Wange bis zum Kinn reicht, die Wange selbst aber noch fast bart-
los ist. Nun geht der Verschmelzungsvorgang immer weiter, die Wangenaus-
sparung füllt sich langsam auf, so daß schließlich die obere Begrenzung des Bartes
von der Oberlippe in einem leicht geschwungenen Bogen zur Kopfbehaarung vor
dem Ohre reicht. Außerdem aber haben sich in etwa diesem Stadium Bartbrücken

---

[1] Die Extremitätenbehaarung lassen wir aus der Betrachtung fort, da sie eigenen,
schwer überschaubaren Gesetzen unterliegt.

unterhalb des Ohres auf den Hals hinübergezogen und stellen schließlich eine Verbindung des Wangenbartes zu der Nackenbehaarung des Kopfes her. Außerdem reichen sie in Fortsätzen bis auf den Hals nach abwärts und treffen sich hier

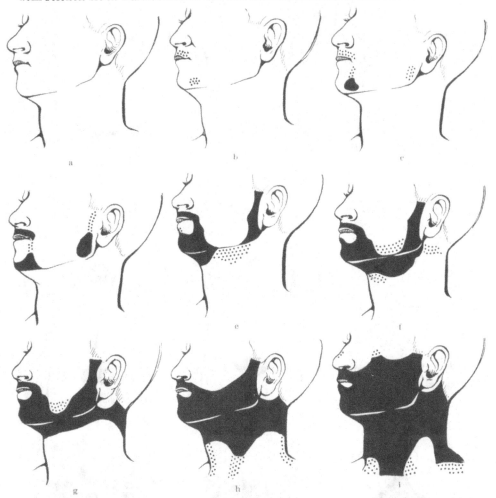

Abb. 62. Die Entwicklung der Verteilung der Terminalbehaarung. Jede Stufe kann als Dauerform determiniert werden.

mit Behaarungsbrücken vom Thorax. Schließlich reicht in excessiven Fällen die Bartbehaarung bis in die Jochbeingegend hinauf, meist finden sich dann auch schon einzelne Haare auf der Nase.

Ähnliches vollzieht sich am Rumpf (Abb. 63). Der erste Ansatz, der sich in der Pubertät einstellt, ist eine dünne Kranzzone um die Peniswurzel. Sie verdichtet sich und steigt etwas in der Leistenbeuge nach aufwärts, bis die obere Begrenzungslinie eine Horizontale bildet. Zugleich damit hat sich in einer eigenen Insel die Axillarbehaarung eingestellt. In dieser Form bleibt die Behaarung beim weiblichen Körper stehen. Am männlichen Körper geht der Behaarungsvorgang in gesetzmäßiger Weise weiter. Es tritt, wieder inselförmig, ein dünner Kranz, oft aus vereinzelten Haaren bestehend, um die Mamillen herum auf. Zugleich entsteht eine dünne, linienartige Verbindung von der Symphyse zum

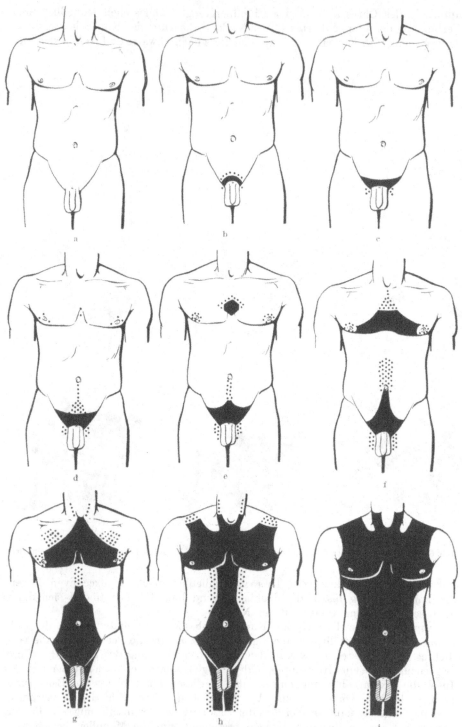

Abb. 63. Die Entwicklung der Verteilung der Terminalbehaarung. Jede Stufe kann als Dauerform determiniert werden.

Nabel. Diese behaarte Linea alba verbreitet sich nach beiden Seiten, bis eine Dreiecksform von der Leiste zum Nabel entsteht. Zugleich hat sich eine weitere Insel auf der Brust, in der Medianlinie, gebildet. Nun beginnen die circummammillaren und die mediane Insel zu konfluieren, bis schließlich ein etwa dreieckiges Brustfell mit der Spitze gegen den Hals und der Basis durch die Verbindungslinie der beiden Mamillen gebildet wird. Dieses dreieckige Brustfell verbreitet sich mehr und mehr, vom Nabel steigt ein breites medianes Band nach oben, bis es in der unteren Sternalgegend mit dem Brustfell verschmilzt. Zugleich stellen sich Brücken zu den Axillarhaaren her. Schließlich steigen bei excessiver Behaarung auch über die Schultern Behaarungsbrücken und bilden die Verbindung mit meist schütteren Haarinseln am Dorsum. Durch weitere Konfluierungen entsteht schließlich das Bild der ausgesprochenen Excessivbehaarung.

Die Verteilung des Terminalhaarkleides folgt also, wie wir sehen, strengen Regeln. Dementsprechend findet man bei Erwachsenen irgendeines der angegebenen Stadien fixiert. Der Behaarungsvorgang verläuft also vom Beginn in der Pubertät bis zu einem bestimmten Punkt, an dem er stehen bleibt (bzw. sich nur ganz langsam etwas weiter in der vorgezeigten Richtung verschiebt). Dabei laufen Bart- und Rumpfbehaarung ziemlich gleichsinnig nebeneinander her, so daß den niederen Stufen der Körperbehaarung meist auch niedere Stufen des Barthaares entsprechen. Gewisse Verschiebungen entweder nach kopf- oder nach rumpfwärts lassen sich jedoch nicht selten beobachten.

Dieser Vorgang besitzt nun eine interessante Analogie zu den Scheckungsbildern in der Zoologie.

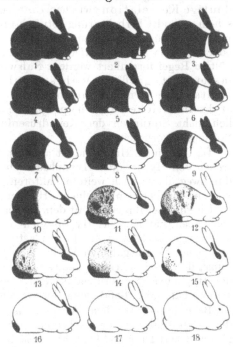

Abb. 64. Holländerzeichnung (nach CASTEL).

Auch dort finden sich Verteilungsreihen ganz ähnlicher Art, nur daß anstatt des Verhältnisses von haarlosen zu behaarten Flächen dort das Verhältnis von unpigmentierten zu pigmentierten tritt. Die Abb. 64 zeigt dies an der Reihe der Holländerzeichnung der Kaninchen. Die Berücksichtigung der genetischen Grundlagen derartiger Scheckungsmuster kann uns deshalb evtl. für die genetische Klärung der Behaarungsverteilung von Nutzen sein.

Ebenso wie bei der Pigmentbildung gibt es auch beim terminalen Haarkleid einen Faktor, der bestimmt, ob überhaupt ein Haarkleid gebildet werden kann (Faktor C). Fehlt dieser Faktor, dann können Terminalhaare nicht wachsen. Dieser Faktor ist hier interessanterweise ein Hormon, und zwar ein Gonadenhormon. Solange dieses Hormon nicht aktiviert ist, also vor der Pubertät, kann das Terminalhaarkleid nicht gebildet werden. Umgekehrt geht die Behaarung sukzessiv zurück, d. h. es wachsen laufend keine neuen Haare nach, wenn es, etwa durch Kastration, wegfällt.

Weiter wissen wir, daß das weibliche Keimdrüsenhormon eine Hemmungswirkung an einem bestimmten Punkt der Entwicklung entfaltet, der den Vor-

gang über diesen Punkt nicht hinausgehen läßt, so daß die Behaarungsstufe c
(Abb. 63) als Dauerform fixiert bleibt. Beim Rückgang der Hormonproduktion
im Klimakterium oder bei hormonalen Störungen geht der Vorgang manchmal noch
weiter, wobei die Verteilung wieder den strengen Regeln der Abb. 62 und 63 folgt[1].

Neben diesem Faktor C, entsprechend dem Ausfärbungsfaktor beim Kaninchen, bestimmen andere Faktoren, bis zu welchem Punkt in der ontogenetischen
Progression des terminalen Behaarungsvorganges das Individuum gelangt. Wir
bezeichnen, entsprechend den Farbgenen beim Kaninchen, diesen Faktor mit B.
Er scheint nun identisch zu sein mit dem Hyper- bzw. Hypoplasiefaktor, von dem
wir hier ausgingen. Durch unsere Untersuchungen ergab sich nämlich eine eindeutige Korrelation zwischen Unterbehaarung (Stufe a bis c) und hypoplastischem — und Überbehaarung (Stufe h bis i) und hyperplastischem Habitus. Die
mittleren Behaarungsstufen sind dementsprechend korreliert mit den mittleren
oder metroplastischen Stufen dieser Genreihe. Ja, es kann als sehr allgemeingültige Regel formuliert werden: Schwerere Grade von Unterbehaarung
lassen mit größter Wahrscheinlichkeit eine hypoplastische Ge-
samtanlage vermuten, bei höheren Graden von Überbehaarung besteht fast sicher eine hyperplastische Anlage, sofern im übrigen natürlich nicht Störungen der Keimdrüsenfunktion oder andere sichere hormonale
Störungen vorliegen.

Das terminale Haarkleid ist also als ein quantitativer Indicator für das Bestehen von Hyper- oder Hypoplasien zu verwenden. Freilich gilt er auch nicht
durchweg, da es noch weitere Faktoren gibt, die gleichfalls in den Behaarungsvorgang einzugreifen scheinen. Hierher sind wieder hormonale Wirkungen zu
zählen, die aber ihrerseits mit dem Hyper- bzw. Hypoplasiefaktor enge Beziehungen haben, nämlich das Hypophysen- und das Nebennierenrindenhormon. Die
eigenartige Beziehung des hyperplastischen Habitus zum Hypophysenhormon
und seiner akromegaloiden Wirkung besprachen wir bereits. Wir glauben allerdings, daß diese Wirkung keineswegs auf einer verstärkten Hormonproduktion
der Hypophyse zu beruhen braucht, sondern ebensogut auf einer besonderen
Bereitschaft oder Befähigung der Gewebe, auf das Hormon zu reagieren.

Beim hypoplastischen Formenkreis scheint eine ganz entsprechende Rolle
die ,,Unterfunktion'' der Nebennierenrinde zu spielen. Doch gilt auch dort die
gleiche Überlegung wie beim hyperplastischen Formenkreis und der Hypophyse.
Wenn auch das Ausfallsyndrom bei Nebennierenschädigung dem Syndrom der
Asthenie außerordentlich ähnlich ist, mit seiner allgemeinen Atonie der Muskulatur, der Störung der Thermoregulation, des Zuckerstoffwechsels, des Blutdruckes
usw., so muß deshalb beim Hypoplastiker nicht sogleich eine Unterfunktion des
Rindenapparates, sondern es kann auch hier eine herabgesetzte Bereitschaft der
Gewebe, auf das Hormon zu reagieren, angenommen werden. Bei der athletisch-
hyperplastischen Wuchsform könnte man also eine gesteigerte Reaktivität gegenüber dem Wachstumshormon der Hypophyse, beim asthenisch-hypoplastischen
Habitus eine herabgesetzte Reaktivität gegenüber dem Nebennierenrindenhormon vermuten. Diese hormonalen Organe sind in den funktionalen Zusammenhang eingeschaltet, ohne daß wir diesen jedoch schon genauer umreißen könnten.

Wir wollten an dem hier eingeschobenen Fall des Terminalhaarkleides und
seiner vermutlichen genetischen Grundlage zeigen, wie überhaupt der Symptomen-

---

[1] Diese fortschreitende Terminalbehaarung bei Frauen, auch als Virilismus bezeichnet,
findet man vor allem bei Störungen der Nebennierenrindenfunktion. Sie ist jedoch wohl
zu unterscheiden von der feinen, flaumartigen Oberlippenbehaarung mancher Frauen, vor
allem der mediterranen Rasse, die schon von Jugend auf besteht und nicht zur Terminal-,
sondern zur Primär-(Lanugo-)behaarung gehört.

komplex der Hyper- und hypoplastischen Konstitution aufgelöst werden muß. Denn ohne Zweifel werden auch für die übrigen Merkmale, die jene Konstitutionen auszeichnen, also z. B. die Wachstumsverhältnisse des Skeletts mit ihren äußerst charakteristischen Prädilektionsstellen an den Akren (man wird manchmal fast an das Russenkaninchen mit seiner „Akromelanie" erinnert), die Dinge ähnlich liegen. Die Analyse der Behaarungsverhältnisse stellt einen Sonderfall dar für den Weg einer genetischen Analyse des ganzen Hypoplasiebegriffes.

Bezüglich der erbbiologischen Verhältnisse liegt beim Astheniker bereits eine exakte und brauchbare Untersuchung vor, nebenbei bemerkt die erste und einzige bisherige erbbiologische Untersuchung am Körperbauproblem. Sie stammt aus der Schule von VERSCHUERS. SCHLEGEL und CLAUSSEN fanden an 7 Familien mit 301 Personen einen anscheinend einfach dominanten Erbgang des‘ Habitus asthenicus mit leichten Manifestationsschwankungen. Dabei fiel interessanterweise auf, daß die ausgeprägtesten Asthenikertypen meist aus der Verbindung eines grazilen Elters mit einem kräftigen Partner stammten, in dessen Familie aber eine vasoconstrictorische Disposition erblich verbreitet war, also Migräne, Hypertonie und Krampfkrankheiten. Diesen Anlagen wurde als Nebengenen ein fördernder Einfluß auf die Entwicklung der Asthenie zugeschrieben.

Diese Untersuchungen sind ein sehr aussichtsreicher Anfang. Sie bestätigen eines mit großer Wahrscheinlichkeit, daß die Zahl der Gene, deren Mutationsstufen der Entstehung der Körperbauvariante des hypoplastischen Habitus zugrunde zu legen sind, sicher nicht allzu groß anzunehmen ist. Es ist möglich, daß in der Tat nur ein einziges Gen an dem Konstitutionstypus verantwortlich ist.

Damit kommen wir zur psychisch-charakterologischen Seite des Asthenieproblems. Auch hier halten wir die begriffliche Trennung der schizothymen Charakterstruktur des Leptomorphen von der psychologischen Struktur des Asthenikers für zweckmäßig. Diese Trennung ist bisher nicht scharf durchgeführt worden, weshalb wir uns bei den folgenden Überlegungen nicht auf ein klar erfaßtes Untersuchungsmaterial stützen können.

Interessante Hinweise auf die spezifischen Momente der Charakterstruktur des Hypoplastikers scheinen mir die Untersuchungen der JAENSCHschen Schule über den S_1- und S_2-Typus zu enthalten, der sich weitgehend mit unserem Asthenie begriff überdeckt. Das Wesen des „Synästhetikers" — als einer übersteigertintegrierten Form — ist das Dominieren des Innenlebens im Verhältnis zur Außenwelt. Diese Menschen projizieren ihre subjektive Art in jeder Form in das Außen, stellen daher einen „Projektionstypus" dar, der am ähnlichsten sich nach JAENSCH auch bei primitiven Naturmenschen und märchengläubigen Kindern findet; zuweilen führen solche Menschen ein Traumleben, in dem alles nach der jeweiligen subjektiven Stimmungslage gefärbt wird. Herrscht bei der einen Gruppe das Träumerische und Magische, das Weiche und Labile vor, so versuchen andere, ihre ganz und gar subjektive Vorstellungswelt in ein System zu bringen, um dadurch gegen die eigene Labilität einen Halt zu gewinnen. Die erste Variante bezeichnet JAENSCH als den S_1-Typus, die zweite mit dem rationalen Oberbau als den S_2-Typus. Diese Strukturen zeigen nach JAENSCH eine Affinität zu destruierenden Erkrankungen, wie die Tuberkulose oder die Schizophrenie, worauf weitere Unterformen aufgebaut werden. Auch zu einer Zerlösung des Ich neigen manche Formen, „so daß die betreffende Persönlichkeit gar kein festes und durchgehendes Ich mehr besitzt, sondern ihr Ich von Moment zu Moment gleichsam auswechselt." Beziehungen zur Hysterie tauchen damit auf.

„Die Zusammenhänge des ‚Realen‘ sind für diesen Typus nicht als solche bedeutsam, sondern nur insoweit, als sie ... von der Leuchtkraft des im menschlichen Innern befindlichen Scheinwerfers oder Projektionsapparates getroffen und geformt werden. Demgegenüber ist das Bewußtsein des I_1-Typus wie ein leerer Raum, in dem sich die Dinge begegnen und der sich mit ihren Beziehungen anfüllt." Die Vorgänge und Erscheinungen der Außenwelt besitzen für den S-Typus keine zwingende Realität, sie werden durch die Einflüsse, die von seinem Inneren ausgehen, umgewandelt und der subjektiven Welt angepaßt; allerdings finden sich auch in dieser Innenwelt des Synästhetikers keine festen Richtungen und Wertungen, es ist alles labil und schwankend; „dieser Typus müßte an äußerer und innerer Haltlosigkeit bald zugrunde gehen, wenn nicht bei seinen höherdifferenzierten Repräsentanten eine Ergänzung vorhanden wäre, die allerdings unter den meisten Verhältnissen des Daseins nur einen unzulänglichen Ausgleich herbeiführt. Diese Kompensation besteht darin, daß der labilen Primärperson eine gefestigtere Sekundärperson aufgesetzt ist in Gestalt eines „rationalen Oberbaues". Dieser vom Intellekt geschaffene Oberbau — die „Raison" — übernimmt nun alle Funktionen, die sonst von den elementareren Schichten der Persönlichkeit geleistet werden: als Orientierungsmittel über die Außenwelt dient nicht die Wahrnehmung, die ja beim S-Typus der Überzeugungskraft entbehrt, sondern nur der Gedanke; als Richtlinie des Handelns nicht der Trieb, Instinkt oder das tiefverankerte Gefühl, sondern nur die vom Verstand gestiftete Maxime, die von ihm eingesetzte Methode der Lebensführung." JAENSCH hat sich in den letzten Jahren gerade mit diesem sog. S_2-Typus mit dem rationalen Oberbau besonders beschäftigt. Er sei in seinem Verhalten zu seinen Mitmenschen mit einem Schauspieler zu vergleichen, der bald diese, bald jene vom Intellekt nahegelegte Rolle spielt und keine organisch gewordenen, in seiner Wesenseigenart verankerten, ethischen und sozialen Wertungen besitzt. Die spezifisch-moderne Kultur, das heute sog. „Asphaltmenschentum", sei von dieser Struktur geprägt. Der Synästhetiker lebe somit nicht nur mit der Welt, sondern in eigentlichem Sinne in ihr, sein Welterleben liege oft in der Richtung des Primitiv-Archaischen und sei dem Polytheismus ähnlich. Die Unterformen zeigen scheinbar Gegensätze; neben blühender Phantastik finden sich gedankliche und formalistische Haltungen; magische und mystische Weltbilder und märchenartige Denksysteme werden häufig mit großer Konsequenz durchgeführt[1]. Der S-Typus ist als Wissenschaftler häufig Mathematiker oder konstruktiver Theoretiker, auch der Anthroposophentyp gehöre zur S-Gruppe. Der ganze Cartesianismus habe nach JAENSCH das Gepräge der S-Struktur. Während also der Hyperplastiker, als rassenbiologisches Radikal betrachtet, nach dem Osten Europas führte, werden wir bei der entsprechenden Betrachtung der hypoplastischen Wuchstendenz nach dem Westen geführt. Gerade JAENSCH hat auf diese interessanten Beziehungen mehrfach hingewiesen. Der Deutsche erweist sich auch hier gleichsam als ein „Volk der Mitte".

Sehr wesentlich ist nun für unseren genetischen Ansatz, daß nach den Untersuchungen von FREILING und anderen die Synästhesie, die sinnesphysiologisch diesen Typus auszeichnet, in der Kindheit weiteste Verbreitung findet. JAENSCH sagt: die Anlage zu dieser Grundform scheint also in der Kindheit in weiter Verbreitung vorhanden zu sein, um dann später allerdings wieder zu verschwinden. Er legt sich deshalb die Frage vor, ob den Menschen oder vielleicht einer Gruppe besonders plastischer Menschen in der Kindheit mehrere Typuswege offen stehen, während später eine zunehmende Festlegung und zugleich Einschränkung der Variationsmöglichkeiten stattfindet.

---

[1] Vgl. im übrigen S. 90.

Es zeigt sich damit, daß auch in der psychischen Struktur ein durchaus komplementäres Verhalten zu der Struktur des Athletikers besteht. Man könnte geradezu — in Umkehrung des KRETSCHMERschen Satzes — vom Astheniker sagen: der Geist der Schwerelosigkeit liegt über dem Ganzen, und zwar mit allen damit verknüpften Nachteilen: Mangel an Substanz, an Halt, an Gebundenheit an den Boden, an die Heimat; eine große Neigung zur Entwurzelung, Kosmopolitismus, Internationalismus, Intellektualismus, „Asphaltmenschentum". Es ist kein Zufall, daß völlig unabhängig von der KRETSCHMERschen Kennzeichnung des athletisch-viscösen Temperaments, JAENSCH für seinen S-Typus den Begriff des Esprit erörtert, indem er den Unterschied zwischen dem S-Typus und dem I-Typus am Unterschied zwischen „Geist" und „Esprit" aufzeigt: Geist wie Esprit stiften Verknüpfungen, die dem durchschnittlichen, weniger beweglichen Denken fernliegen. Der Geist findet die in den Dingen selbst gelegenen Verbindungen auf und stellt sie heraus, der Esprit knüpft Verbindungen und gerät darum zuweilen in Gefahr, die Dinge dadurch zu vergewaltigen. Gerade dies zeichnet die S-Struktur aus.

Auch in der Psychomotorik liegt der Typus mit seiner Wendigkeit, Beweglichkeit, seiner oft ganz besonderen Ausdrucksbegabung und darstellerischen, auch schauspielerischen Fähigkeit am entgegengesetzten Pol wie der Athletiker[1].

Endlich verhält sich auch die Affektivität beim Astheniker gerade komplementär zu der des Athletikers. Während wir dort eine außerordentlich geringe Retentionsfähigkeit fanden und ein abnorm rasches Abklingen des Affektes zur Ruhe, gehört ganz ohne Frage zur asthenischen Psyche die enorm gesteigerte Retentionsfähigkeit der Affekte, die den Typus zu Sensitivreaktionen prädestiniert. Von hier aus ergeben sich auch wieder Übergänge zum vegetativen System, indem hier die eigentliche Domäne der vegetativen Übererregbarkeit, vor allem der Pseudovagotonie (FRANK) und der vegetativen Stigmatisierung (VON BERGMANN) liegt, die JAENSCH zur Aufstellung seines B-Typus, der ja eng hier anschließt, veranlaßten.

Man könnte geneigt sein, bezüglich der hypoplastischen Wuchstendenz auch nach Beziehungen zum Aufbau der Groß-Rassenformen, bzw. nach ihrer phylogenetischen Bedeutung zu fragen. Dabei wäre vor allem an die verschiedenen Pygmäen zu denken, deren Vertreter vermutlich bei konstitutioneller Blickrichtung als extrem-hypoplastische Bildungen aufgefaßt würden. Auch bezüglich ihrer Psyche würde dies mit JAENSCHS Vermutung, daß gerade die S₁-Struktur sich bei primitiv-archaischen Völkern findet, zusammenstimmen. Doch wollen wir uns mit diesem Hinweis begnügen.

Wir sehen also, daß sich bei dieser Betrachtungsweise manches recht wohlgefällig ordnen läßt und sich manche Unstimmigkeiten aufheben, die die bisherigen Typologien untereinander aufwiesen. So war in der Typologie von JAENSCH der unmittelbare Anschluß von B- und S-Typus an die I-Typen, nach Art einer kontinuierlichen Reihe abnehmender Integration immer recht unbefriedigend. In Wirklichkeit liegen beide auf einer durchaus anderen Ebene. Gemeinsam ist ihnen lediglich die Eigentümlichkeit der konservativen Entwicklung.

In der Typologie KRETSCHMERS scheint mir bisher der Begriff der Schizothymie zu weit in abnorme Strukturen hineinzureichen. Der Typologie fehlt hier

---

[1] Die Polarität dieser beiden gegensätzlichen Typenpole wird gut getroffen in der alttestamentarischen Legende vom Riesen Goliath und dem kleinen David; dem plumpen, muskelkräftigen, aber geistig schwerfälligen Athleten und dem kleinen, wendigen, schlauen Astheniker. Daß gerade der letztere als Repräsentant der jüdischen Rasse von den Juden selbst aufgefaßt wurde, ist sehr bezeichnend. JAENSCH hat in seinem „Gegentypus" diese Beziehungen sehr klar gesehen.

noch ein Ausdruck, der gegenüber dem viskösen Temperament des Athletikers die substanzlose Leichtigkeit, Flüssigkeit und Flüchtigkeit der asthenischen Wesensart bezeichnet. Wir führen dafür den Begriff der spirituellen Struktur ein, wobei in dieser Bezeichnung gerade ihre Herleitung von der alkoholischen, sehr leichtflüssigen, rasch verdunstenden Substanz besonders betont sei, die in einem konträren Gegensatz zum Viscösen, Dickflüssigen steht. Auch ihre Übertragbarkeit auf „Geistiges“ im wörtlichen Sinne, ihre Beziehung zur Welt des Übersinnlichen (auch zur Anthroposophie), zum „materialisierten Geist“ also, kennzeichnet in etwa die hier gemeinte psychische Substanz.

Wir stellen somit der athletisch-viscösen Struktur die asthenisch-spirituelle gegenüber.

Dieser Ansatz ist vorläufig noch nicht viel mehr als ein heuristischer Gedanke. Die empirische Unterbauung steht noch aus; sie ist jedoch geplant. Vorläufig zeichnet sich lediglich der Grundgedanke in groben Zügen ab. Dieser Gedanke aber ist genetisch fundiert und besitzt damit eine gewisse biologische Tragfähigkeit.

4. Zusammenfassende Erörterungen.

Fassen wir diese genetischen Erörterungen nochmals kurz zusammen, und versuchen wir, eine Art Schema für die genetischen Sachverhalte zu konstruieren, das der Entstehung der Sekundärformen 1. Ordnung zugrunde zu legen wäre, so ergeben sich immer noch erhebliche Schwierigkeiten. Das beiden Formen gemeinsame Moment ist die mangelnde Ausdifferenzierung. Diese ist jedoch bei beiden polar verschieden. Während körperbaulich beim Hypoplastiker Verhältnisse fixiert bleiben, wie sie in der Ontogenese durchlaufen werden, gehen auf Grund der gleichen mangelnden Differenzierung beim Hyperplastiker, wie infolge der Verschiebung von Determinationspunkten dieselben Wachstumsvorgänge weiter, schießen gleichsam über das normale Ziel hinaus, wodurch es zu

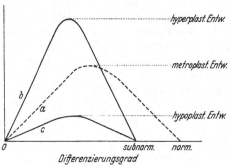

Abb. 65. Versuch einer graphischen Darstellung der Genwirkungen bei den Sekundärvarianten 1. Ordnung.

dem fast komplementären Bild der Hyperplasie kommt. Asthenisches und athletisches Syndrom verhalten sich also in vielen Punkten genau gegensätzlich, ihr gemeinsames Moment, das sie wieder von den Primärvarianten abhebt, ist das Moment der nicht fertigen Differenzierung. Dies legt folgende graphische Darstellung nach Art einer ballistischen Kurve nahe: die Schußbahn des Geschosses a mit einem mittleren Winkel von 45° abgeschossen, ist am längsten (die Differenzierung hat das höchste Maß erreicht). Die Geschoßbahn b ist am höchsten (progressive Entwicklung, erreicht aber trotzdem — oder gerade deshalb — nicht ein so weites Ziel wie a (geringerer Differenzierungsgrad). Dasselbe ist aber auch bei der Geschoßbahn c der Fall, deren Abschußwinkel von Anfang an niedrig und deren Bahn kurz war (konservative Entwicklung). Nur bei einem mittleren Winkel also werden die größten Entfernungen (höchsten Differenzierungen) erreicht, sowohl propulsive wie konservative Entwicklungen „landen“ gleichsam früher.

Die Beziehung der beiden Variationsebenen zwischen Primärformen und den hier besprochenen Sekundärformen erster Ordnung läßt sich sehr leicht in ein

Schema bringen. Nach den bisherigen Ausführungen kann angenommen werden, daß alle Kombinationen denkmöglich sind. Wenn wir uns die Verhältnisse in einem einfachen Diagramm veranschaulichen, so ergibt sich folgendes Bild:

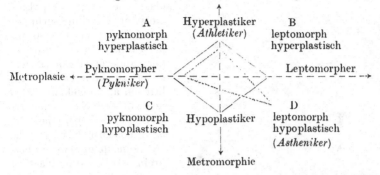

Die 4 Eckpunkte A bis D repräsentieren die Typenpole; zwischen ihnen verläuft die Kontinuität aller Übergangsformen. Dabei ist hervorzuheben, daß wir bei der Verschiebung in der Horizontalen nirgends aus der Norm heraustreten, wohl aber bei Verschiebung in der Vertikalen, da sowohl die extremen oberen wie unteren Pole, wie wir eingehend begründeten, als abnorme Extreme anzusehen sind. Tragen wir in dieses Schema die Biotypen KRETSCHMERS ein, so wird ihre Lage durch das eingezeichnete Dreieck dargestellt. Der Pykniker in der KRETSCHMERschen Prägung liegt in der ersten Sekundärebene in der Mitte, während der Leptosome (Astheniker) gegen den Pol D verschoben ist.

Die Eckpfeiler stellen in der KRETSCHMERschen Fassung die „Mischformen" dar: A ist der pyknisch-athletische Mischtyp, B der leptosom-athletische Mischtyp, C der sog. pyknisch-asthenische Mischtyp, der von der KRETSCHMERschen Schule ebenfalls unter den Mischtypen aufgeführt wird[1]. Es besteht also logisch eine gewisse Schiefheit in der Fassung der Typen bei KRETSCHMER, die sich gleichsam in der Schiefheit der Dreiecksfigur abbildet. Darauf ist wiederholt hingewiesen worden, sie ist reichlich bekrittelt worden; gerade die Logiker und Systematiker haben sich immer wieder an ihr gestoßen. Die Empirie, der praktisch-klinische Gebrauch, aus dem die ganze Lehre entstand, hat hingegen niemals daran Anstoß genommen, im Gegenteil, er ist offensichtlich mit der Dreipoligkeit sehr gut gefahren. Dies ist ganz verständlich. Solange man phänomenologisch-deskriptiv vorgeht, Bilder beschreibt, den Reichtum der Formen zu sehen lehrt, nicht aber in ein begrifflich-logisches Schema pressen, sondern in anschaulichen lebendigen Bildern vor die Augen stellen will, so lange gibt es gar kein „schief" oder „nicht schief". Der Begriff der „Schiefe" entsteht ja überhaupt erst dort, wo gerade Wände, Pfähle und Pfosten aufgerichtet werden. Wo es keine senkrechten Wände gibt, gibt es auch keine schiefen. In der wachsenden Natur gibt es nichts Schiefes. Die phänomenologische Ordnung KRETSCHMERS ist aber nichts anderes als eine aus der Natur unmittelbar herausgehobene, nicht eine in sie hineingestellte Ordnung; sie ist kein „System", und solange sie es nicht ist, verfehlt auch jede Kritik an KRETSCHMER in dieser Richtung ihr Ziel.

Es scheint mir im übrigen einen ganz bestimmten Grund zu haben, warum die KRETSCHMERschen Typen sich dem Empiriker gerade in jener Weise repräsen-

---

[1] Nach unserer Terminologie ist gewissermaßen jeder Mensch eine Mischform, da jeder irgendwo auf der Linie zwischen dem pykno- und leptomorphen, und zugleich zwischen dem hyper- und hypoplastischen Pol liegt. „Reine" Typen sind nur solche, die bezüglich der anderen Variationsebene mittlere Typen sind.

tieren mußten. Dieser Grund liegt darin, daß im Phänotypus jene beiden Variabilitätsrichtungen in verschiedener Weise zur strukturellen Ganzheit zusammentreten. Ganz kurz auf einen Begriff gebracht, läßt sich sagen, daß die hyperplastischen und die pyknomorphen Merkmalsgruppen einerseits und die hypoplastischen und leptomorphen andererseits sich gegenseitig zu höherer Wirkung bringen als umgekehrt. Dies liegt in der Natur der betreffenden Typenpole. Es ist offensichtlich so, daß der Pyknomorphe, wenn er obendrein stark hyperplastisch ist, eine maximal-prägnante Form bildet; und ebenso der Leptomorphe, wenn er obendrein hypoplastisch ist (Abb. 66 u. 67). In dieser Schwingungsebene — in unserem Diagramm von links oben nach rechts unten — treten die Typen am stärksten polar heraus und wurden auch in vielen Typologien in dieser Weise charakterisiert. Demgegenüber ist die umgekehrte Schwingungsrichtung zwischen den Polen B und C viel weniger signifikant, weil der Pyknomorphe durch hypoplastische Züge an Prägnanz stark einbüßt, sich somit uncharakteristischen Formen annähert, während

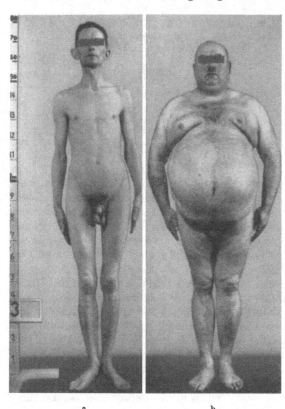

a
Gr 177   Sb 37,8
Gw 52   Al 72 (75)
Bu 78   Bl 92,5
Hu 87   St.I. −1,45

b
Gr 169   Sb 42
Gw 129,5   Al 75
Bu 127   Bl n. m.
Hu n. m.   St.I. n. m.

Abb. 66. a) extrem hypoplastischer Leptomorpher (Astheniker); b) extrem hyperplastisch-fettsüchtiger Pyknomorpher (Arthritiker).

sich der Leptomorphe mit hyperplastischen Zügen dem modernen Schönheitsideal nähert. Die Wirkungen dieser Komponenten schwächen sich in der Prägnanz gegenseitig ab. Man würde dieses Verhältnis darstellen können als ein etwas gegeneinander verschobenes Achsenkreuz, in dem die Punkte A und D maximal weit auseinander, die Punkte B und C demgegenüber viel näher beieinander liegen (Abb. 68). Die Natur selbst verhält sich also gegenüber unseren Einteilungsschemata durchaus „schief"; sie hat keinen Sinn für unser Bedürfnis nach rechtwinkligen Ordnungsbauten, sie setzt sich kühl über unsere wohlberechtigte, logisch fundierte, begrifflich

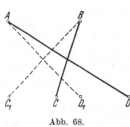

Abb. 68.

klare Grenzsetzung hinweg, sie kümmert sich gar nicht darum, daß wir von ihr verlangen, Ordnung zu halten und daß diese Ordnung doch nur durch ein vertikales und rechtwinkeliges Koordinatensystem möglich ist.

Der empirische Beschreiber sieht die Natur, wie sie ist. Er kann sie gar nicht anders sehen. Er versteht gar nicht die Forderungen des Logikers an die Natur. Dieser wieder sieht die Natur gleichsam durch ein Fernglas mit Faden-

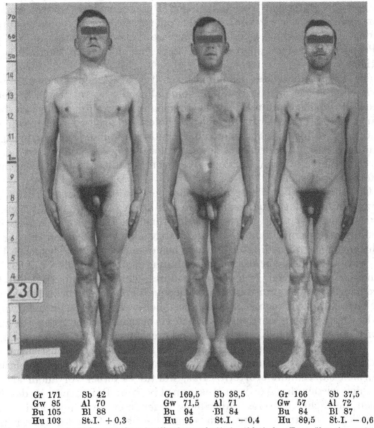

Gr 171	Sb 42	Gr 169,5	Sb 38,5	Gr 166	Sb 37,5
Gw 85	Al 70	Gw 71,5	Al 71	Gw 57	Al 72
Bu 105	Bl 88	Bu 94	Bl 84	Bu 84	Bl 87
Hu 103	St.I. + 0,3	Hu 95	St.I. − 0,4	Hu 89,5	St.I. − 0,6

Abb. 67. Eine metromorphe Reihe von einer deutlich hyperplastisch-athletischen Form über eine metroplastische zu einer hypoplastischen. Die Gegenüberstellung zeigt, wie die Züge sich links nach der pyknomorphen, rechts nach der leptomorphen Seite akzentuieren.

kreuz und richtet sie nach diesen Koordinaten seiner Logik aus. Er kann sie gar nicht anders sehen. Und er wieder versteht nicht die Gelassenheit, mit der sich der Empiriker über die Ordnungsprinzipien hinwegsetzen kann, die für ihn ja ständig da und allgegenwärtig, gleichsam dauernd in seinem Gesichtsfeld sind. Wir als Genetiker glauben aber beide, Empiriker und Logiker, richtig verstehen zu können. Wir sehen, daß beide von ihrem Gesichtspunkt aus Recht haben, daß sie aber sehr oft aneinander vorbeireden. Wir trösten uns mit dem Gedanken, daß auch das zu den notwendigen „Schiefheiten" der Natur gehört.

B. Die Sekundärvarianten zweiter Ordnung.

1. Der hormopathisch-dysplastische Formenkreis.

Die konstitutionsbiologische Selbständigkeit der beiden ersten bisher besprochenen Gruppen der Sekundärformen liegt klar auf der Hand, ebenso auch ihre innere Geschlossenheit, die lediglich topologische Abstufungen aufwies, insofern wir von partiellen und generellen Hypo- bzw. Hyperplasien sprechen konnten. In dieser Art von topologischer Steigerbarkeit unterschieden sie sich im übrigen gegenüber den Primärformen, wo eine derartige Stufung nicht möglich war. Wir können nicht etwa von einem partiellen pyknomorphen oder leptomorphen Habitus sprechen oder gar von „partiellen Pyknomorphien" oder „generellen Leptomorphien", so wie wir von partieller oder genereller Hypoplasie sprechen. Es gibt dort nur eine stärkere oder schwächere Gesamtprägung, die sich in einzelnen Proportionen mehr oder weniger stark, nicht aber in Partialprägungen manifestiert.

Mit der Besprechung des hormopathisch-dysplastischen Formenkreises betreten wir ein Gebiet, in dem nicht nur eine allgemein quantitative Stufenskala wie bei den Primärvarianten oder eine topologisch-variante Reihe, wie bei den Sekundärvarianten erster Ordnung sich vorfindet, sondern wo sich uns eine Fülle auch qualitativ völlig verschiedener, voneinander unabhängiger Formprägungen aller Art darbietet, die ihrerseits jeweils wieder sowohl quantitativ als auch topologisch variieren können, kurz eine Welt von Variantenbildungen der menschlichen Formen für sich.

Das Gemeinsame aller dieser hier zusammengefaßten Varianten ist ihre Beziehung zu Veränderungen der endokrinen Funktion. KRETSCHMER prägte dafür den Ausdruck der Dysplasie, den wir speziell für diese Gruppe von Konstitutionsvarianten reservieren möchten. Demgegenüber wollen wir die unmittelbar genisch, also nicht hormonal mitbedingten Formen aus dem Begriff der Dysplasie herausnehmen und dafür die gemeinsame Bezeichnung der Dysmorphie wählen. Diese Unterscheidung begründet sich lediglich durch ein Bedürfnis, für die beiden verschiedenen Tatsachenkreise zwei verschiedene Bezeichnungen zu besitzen. Daß völlig scharfe Grenzen auch hier nicht bestehen, wird sich sehr bald zeigen.

Mit der Besprechung der dysplastischen Habitusformen betreten wir zugleich das Gebiet des eigentlich Krankhaften und werden damit in gleichem Maß aus unserem Thema, der Genetik der normalen menschlichen Konstitutionstypen herausgeführt. Wir wollen hier deshalb nur einige der wichtigsten dysplastischen Sonderformen skizzenhaft erörtern. Das, worauf es dabei vor allem ankommt, ist auch hier wieder der Ausbau des genetischen Prinzipes in der konstitutionellen Betrachtungsweise. Allerdings liegen hier die Dinge anders als bei den normalen Konstitutionstypen, da wir uns bereits im Gebiet des Medizinischen befinden, das seit je wesentlich genetisch orientiert ist. Die hierhergehörigen Konstitutionsvarianten werden deshalb auch heute schon nach ihren Entstehungsbedingungen, nämlich eben ihrer hormonalen Bedingtheit, gefaßt und verstanden.

Man stellt sich vor daß die hormonale Störung dann entsteht, wenn eines oder mehrere der endokrinen Organe zuwenig oder zuviel Inkret produziert, wodurch es in dem in einem dynamischen Gleichgewichtszustand befindlichen System zu einer Störung kommt. Diese bewirkt ihrerseits eine Verschiebung im Funktionsgefüge des Organismus, die sich in funktionellen und von hier aus auch in morphologischen und psychologischen Bereichen manifestiert, sei es in abnormen Wachstumsimpulsen, Stoffwechselveränderungen oder psychischen Abweichungen.

Untersucht man den Sachverhalt genauer, dann ergibt sich, daß die abnorme Funktion aus einem Wirkungszusammenhang zweier Faktoren entsteht: dem Hormon auf der einen Seite und dem Erfolgsorgan auf der anderen. Eine gewisse Menge und Beschaffenheit des gebildeten Hormons bewirkt eine gewisse, nach Art und Geschwindigkeit determinierte Reaktion des reagierenden Gewebes. Das, was wir in effectu beobachten, ist diese Reaktion. Zum Reagieren gehören aber immer zwei: das Agens und das Reagierende. Damit taucht ein Faktor auf, der

— wie ich glaube — in der Diskussion über die dysplastischen Störungsformen meist allzuwenig Erwähnung und Beachtung findet: die autochtone Beschaffenheit des Erfolgsorganes. Sie wird meist als eine Konstante und Invariante in die Rechnung eingesetzt, in der lediglich die Hormone als die Variablen gedacht werden. Änderungen in dem Rechenexempel (also Störungen oder Varianten der gebildeten Form) werden deshalb stets bezogen auf eine Änderung der hormonalen Wirkung, sei es im Sinne der Herabsetzung oder Steigerung oder qualitativen Änderung der Hormonproduktion. Solche Änderungen sind nachgewiesen, an ihnen ist natürlich nicht zu zweifeln. Aber der gleiche Effekt kann auch anders zustandekommend gedacht werden: Auch die autochtone Beschaffenheit des Erfolgsorganes, des reagierenden Gewebes, ist ohne Zweifel eine Variable; die Ansprechbarkeit auf das Hormon kann verschieden sein, die Reaktionsgeschwindigkeit kann variieren, ja, die Antwort auf das gleiche Hormon kann von zwei verschiedenen Organismen unter Umständen gerade entgegengesetzt erfolgen. So kann der Ausfall desselben Hormones in einem Organismus eine geradezu entgegengesetzte Reaktion hervorrufen als in einem anderen.

Das Hormon hat überhaupt nur eine steuernde, regulierende Wirkung. Es schafft selbst nichts Neues, sondern der Organismus produziert das Neue aus sich heraus unter der steuernden (normalen oder gestörten) Wirkung des Hormons. Um einen Satz von früher zu variieren: nicht die endokrine Drüse produziert den Fettansatz, sondern der Organismus setzt Fett an, wenn die steuernde Wirkung des Hormons wegfällt. Dieses verfettende Gewebe macht sich gleichsam selbständig, wenn sein hormonales Regulativ wegfällt; es wird autonomer.

Die Verhältnisse liegen hier ähnlich, wie wir sie im Nervensystem genauer kennen. Die hochdifferenzierte, steuernde Wirkung der Hormone ist vergleichbar der Funktion des cerebrospinalen Nervensystems, insonderheit seiner neueren Anteile, des Pyramidenbahn- und des Hinterstrangsystems. Fallen diese Wirkungen fort, dann stellt sich ein neuer, entdifferenzierter Gleichgewichtszustand ein, ältere Systeme werden autonom. Je mehr auch diese zugrunde gehen, desto weiter rückt die Funktion in die Peripherie, in das Erfolgsorgan selbst zurück, aus dem sie im Laufe der Phylogenese gegen das Zentrum zu verschoben wurde: Die Peripherie wird autonom.

Das Gewebe besitzt also auch im Stoffwechsel eine gewisse Autonomie, eine autochtone Eigenart, die sich auch in der Antwort manifestieren wird, die das Gewebe dem Hormon erteilt. Fällt die Hormonwirkung weg, stellt sich auch hier ein neuer entdifferenzierter Gleichgewichtszustand ein, das Gewebe selbst wird wieder autonom. Diese autochtone Reaktivität der Gewebe ist genisch bedingt, d. h. es müssen Gene letztlich für das Zustandekommen dieser Reaktionsweisen verantwortlich gemacht werden. Auch die Hormonproduktion unterliegt, wie wir bereits besprachen, letztlich Genwirkungen, ist jedoch in viel höherem Maße auch modifizierenden Wirkungen ausgesetzt. Sehr viele schwere und krankhafte endokrine Störungen des Körperbaues und der Körperfunktionen sind von außen bedingt durch Tumoren (Hypophyse, Epiphyse), Tuberkulose (Nebenniere), Traumen, Entzündungen (Keimdrüse) oder unbekannten exogenen Noxen (Schilddrüse), die die Inkretorgane treffen. Für genetische Überlegungen sind diese Störungen daher weniger wichtig und brauchen in diesem Zusammenhang nicht besprochen zu werden.

Mit dem, was dann zur Besprechung übrigbleibt, kommen wir zu gewissen konstitutionellen Funktionsabweichungen im Körperhaushalt, deren Wesen man in anlagebedingten Schwächen oder Steigerungen gewisser hormonaler Organe — ich erwähne nur die Bezeichnungen: Keimdrüsenschwäche, Nebennierenrindeninsuffizienz, subendokrinopathisches Syndrom usw. — zu sehen glaubt. Nach dem Ausgeführten ist diese Schlußfolgerung verfrüht. Alle die genannten konstitutionellen Syndrome und Varianten können ebensowohl von seiten des Erfolgsorganes her gedeutet werden. Sie können bestehen in einer anlagebedingten, genisch begründeten Unfähigkeit des Gewebes, auf das — normal produzierte — Hormon zu reagieren.

Diesen Gedanken wollen wir den folgenden Ausführungen zugrunde legen. Wir bezeichnen ihn als das Prinzip der genetischen Abstimmung der Gewebsfunktion auf die Hormone. Gerade für genetische Erwägungen ist er von einer gewissen Wichtigkeit.

Die Grenze zwischen hormonalen und genischen Wirkungen ist nicht scharf zu ziehen. In beiden handelt es sich letztlich um humorale Wirkungen, d. h. um die Wirkungen von Stoffen (Wirkstoffen), die sich auf humoralem Wege allgemein verteilen und eine spezifische Antwort der Gewebe hervorrufen. Es scheint mehr und mehr, daß alle Impulse zur geweblichen Weiterdifferenzierung auf dem Wege dieser Wirkstoffe vermittelt werden; in den niederen Stadien der organismischen Differenzierung erfolgt die Bildung dieser Stoffe gleichsam in der Peripherie überall in den Geweben. Je höher die Differenzierung ist, desto zentralisierter wird die Produktion — jeder organische Differenzierungsprozeß führt zu einer progressiven Zentralisierung der Funktion —, und die hormonalen Organe sind nichts anderes als die Zentren dieser Wirkstoffproduktion. Genau so also, wie wir in den vorigen Abschnitten auf Grund einer geringen Wirkstoffproduktion (geringe Valenz der Gene) eine konservative Entwicklung ablaufen sahen, auf Grund einer hohen Wirkstoffproduktion (hohe Valenz) hingegen eine progressive Entwicklung, genau so können wir auch bei jedem einzelnen Entwicklungsablauf im Verlauf der späteren feinsten Ausdifferenzierung des Organismus derartig konservative und propulsive Entwicklungen beobachten. Die beiden Komponenten: Wirkstoff und reagierendes Gewebe, bilden dabei ein Ganzes, ein System; jede Änderung auf der einen Seite muß notwendig auch eine Änderung auf der anderen mit sich bringen. Die Ursache für die Verschiedenheit der Gesamteinstellung dieser Systeme kann aber letzten Endes nur in das Genom verlegt werden. — Unsere Übersicht beschränkt sich auf die Besprechung nur der wichtigsten endokrinen Abortivformen; die Besprechung wieder beschränkt sich auf eine kurze Skizzierung der Problematik und der genetischen Gesichtspunkte. Nicht auf die Darstellung der Formen kommt es an, sondern auf ihre genetische Deutung.

a) Die akromegaloide Konstitution.

J. BAUER beschrieb als erster Fälle, in denen vom Abschluß der Entwicklung an die die Akromegalie kennzeichnenden Merkmale der äußeren Körperform in mehr oder minder ausgeprägtem Maße vorhanden sind, ohne daß Zeichen einer eigentlichen Erkrankung jemals sich einstellen würden. Diese Eigentümlichkeit fand sich in ausgesprochenem Maße familiär gehäuft. BAUER hielt es seinerzeit schon für zweifelhaft, wieweit hier konstitutionelle Abweichungen der Hypophysenfunktion und wieweit autochtone Besonderheiten des Skelettes und der übrigen Erfolgsorgane vorliegen. Doch führen fließende Übergänge von dieser Akromegaloidie zur ausgesprocheneren gutartigen, im Verlauf des Lebens sich entwickelnden Akromegalie und von da zur rasch letalen, akuten Form des Leidens.

Das Syndrom ist schon aus der äußeren Erscheinung sehr leicht zu diagnostizieren: Mächtig vortretende, vergrößerte oder vergröberte Nase, Unterkiefer, Augenbrauenbogen, Jochbögen, dick gewulstete Unterlippe, vergrößerte Ohrmuschel, Lücken zwischen den Zähnen, große Zunge, Zunahme des Schädelumfanges; häufig cervicodorsale Kyphoskoliose mit Lordose der Lendenwirbelanteile, Verdickung der Schlüsselbeine, der Rippen und des Sternums; an den Extremitäten nehmen nur die distalen Abschnitte an den charakteristischen Veränderungen teil; es entstehen auch durch Dickenzunahme der Weichteile tatzenförmige Hände und gewaltige Füße, mit breiten plumpen Fingern bzw. Zehen. Neben diesem vermehrten Dickenwachstum sieht man manchmal auch ein vermehrtes Längenwachstum. Die Haut ist verdickt und gefurcht, häufig voll Fibrome und Warzen. Die Haare sind dick und hart, Terminalbehaarung fast stets excessiv entwickelt. Auch an den inneren Organen findet man mitunter Massenzunahme, also Splanchnomegalie bei Herz, Leber, Milz, Nieren, Nebennieren, Pankreas, Magen und Darm, Geschlechtsorganen, Gehirn, Spinalganglien und sogar peripheren Nerven (BAUER). Mikroskopisch findet man Bindegewebsvermehrung in den inneren Organen. Auf die zahlreichen funktionellen physiologischen Abweichungen wollen wir hier nicht eingehen. Sie betreffen Grundumsatz, Stickstoffausscheidung, Harnsäureausscheidung, Kohlehydratstoffwechsel, Wasserstoffwechsel, Blutbild; schließlich finden sich auch psychische Veränderungen.

Es läßt sich heute mit Sicherheit sagen, daß in allen Fällen voll ausgeprägter progressiver Akromegalie pathologische Veränderungen des Hypophysenvorderlappens vorliegen, die unzweifelhaft hyperplastischen Charakters sind und offenkundig zu Überfunktion führen. In der Mehrzahl der Fälle handelt es sich um Adenome, mitunter um maligne degenerierende Adenocarcinome, aber auch einfache Hyperplasien des eosinophilen Apparates.

Der Schluß ist naheliegend, daß auch im Falle der akromegaloiden Konstitution, wo sich einzelne und abgeschwächte Symptome des Vollsyndroms finden, und zwar als Dauermerkmal der betroffenen Konstitution ohne Progredienz und mit familiärer Häufung, ebenso eine hereditär-hyperplastische Anlage der Hypophyse vorliegt. Doch ist dieser Schluß nicht zwingend. Vor allem die Tatsache, daß es einzelne akromegale Stigmen gibt, die in sonst ganz mittleren Konstitutionen auftreten und als ausgesprochene Familienstigmen gelten — die bekannte Unterlippe der Habsburger — spricht sehr zugunsten der Annahme, daß auch die autochthone Beschaffenheit bestimmter Gewebe oder Körperanteile auch für die Ausbildung des Merkmals verantwortlich zu machen ist. Es würde sich, denkt man diese Möglichkeit konsequent durch, als polar entgegengesetzte Erklärungsweise für die akromegaloide Konstitution folgendes Bild ergeben: Die Hypophyse funktioniert völlig normal, sie würde weder morphologisch noch auch funktionell — sofern man ihre Funktionsstärke, etwa im biologischen Versuch, bereits exakt messen könnte — irgendwelche Abweichungen von der Norm zeigen; hingegen besteht eine abnorme Reaktionsbereitschaft des betreffendes Gewebes, auf das Wachstumshormon der Hypophyse zu reagieren. Diese Bereitschaft der Gewebe, überhaupt auf Wachstumsreize zu reagieren, ist natürlich keine durch das ganze Leben konstante, sondern sie ändert sich durch die verschiedenen Lebensalter hindurch. Die hier angenommene erhöhte Reaktionsbereitschaft könnte deshalb nur eine zeitlich etwas verschobene, an sich ganz physiologische Ansprechbarkeit sein. Die besondere Stärke braucht also nur in einem zeitlich etwas verschobenen Optimalpunkt dieser physiologischen Empfänglichkeit zu bestehen.

Wir kommen von hier wieder sehr nahe an jene in den vorigen Kapiteln wiederholt näher behandelten Determinationsvorgänge heran, denn diese hier erwähnte Verschiebung einer zeitlichen Lage optimalster Empfänglichkeit für Wachstumsreize ist nichts anderes, als was wir genetisch eine Verschiebung in der zeitlichen Lage des Determinationspunktes bezeichnen. Gerade in dieser Weise aber haben wir uns mutative Genwirkungen vorzustellen; wir sahen schon, daß jede Genmutation nichts anderes bewirkt als eine solche Verschiebung in der zeitlichen Lage der Determinationsentscheidung.

Mit dieser genetischen Auffassung eines „hormonalen" Symptomenkomplexes rücken wir gewissermaßen aus der rein endokrinen Vorstellungsweise heraus. Das Symptom wird nicht einfach als Hormonwirkung, sondern als Ausdruck der Wechselwirkung zwischen Hormon und Gewebe aufgefaßt. Hormonproduktion und Beschaffenheit der Gewebe erweisen sich als zwei Seiten eines einzigen, tieferliegenden Vorganges, der wieder seinerseits genisch bedingt, also Genwirkung ist.

Wie die Dinge in Wirklichkeit liegen, wissen wir nicht. Ein sehr instruktiver Sonderfall, nämlich die sog. Schwangerschaftsakromegalie, könnte hier eventuell weiter führen. Es ist ja bekannt, daß in der Schwangerschaft bei manchen Frauen deutlich akromegale Stigmen auftreten, die sich nach der Schwangerschaft wieder zurückbilden können. Da während dieser Zeit die Hauptzellen der Hypophyse sich vermehren, hat man die akromegalen Symptome seit jeher auf diese verstärkte Hypophysenwirkung zurückgeführt. Wenn wir aber bedenken, daß keineswegs jede Frau diese Akromegaloidie zeigt, daß zum mindesten sehr erhebliche quantitative Unterschiede bei den verschiedenen Frauen bestehen, dann kommen wir wieder auf die Erklärung der konstitutionellen Bereitschaft der Gewebe. Es scheint mir auch, daß es gerade jene etwas derb gebauten, knochigen, hyperplastischen Frauen sind, die am stärksten akromegal reagieren. Es liegt nahe, hier von vorneherein eine derartig erhöhte Bereitschaft der Gewebe anzunehmen. Da auf der anderen Seite bei jeder Schwangeren die Hypophyse verstärkt produktiv tätig ist, müßte man, würde man lediglich diese vermehrte Hormonproduktion als die Ursache annehmen, auch bei jeder Schwangeren eine solche Akromegalie erwarten. Das ist aber nicht der Fall. Eine genauere konstitutionelle Untersuchung der Schwangeren und ihre Beziehung zu jener akromegalen Wachstumsveränderung wäre hier sehr aufschlußreich.

Auch eine andere Form konstitutioneller Akromegaloidie gehört hierher, die BAUER als Pubertätsakromegalie bezeichnete. Bei gewissen, auch sonst konstitutionell als abnorm stigmatisierten Individuen kommt es in der Pubertät zu einem vorübergehenden Auftreten mehr oder minder deutlicher akromegaler Symptome. Die tatzenförmige Plumpheit der Hände und Füße geht jedoch später, wie STICKER beobachtete, durch wirkliche Rückbildung, nicht nur durch einfachen Wachstumsstillstand, wieder zurück. Auch hier sind die Dinge grundsätzlich dieselben, wie bei der Schwangerschaft; eine erhöhte, aber vorübergehende Tätigkeit der Hypophyse im Wechselwirkungsverhältnis zu einer abnormen Ansprechbarkeit der Gewebe.

Schließlich wurde es bereits deutlich, daß keinerlei scharfe Grenzen bestehen zwischen der hier als akromegaloide Konstitution beschriebenen Variante und dem hyperplastisch-athletischen Körperbautypus. Die Formenkreise gehen fluktuierend ineinander über. Dort, wo in abnormer Weise das Acrenwachstum ausgesprochen akzentuiert ist, besonders wenn gleichzeitig die hyperplastische Komponente der übrigen Gewebe zurücktritt, sprechen wir von akromegaloider Konstitution. Bei dem noch im Bereich des Physiologischen befindlichen hyperplastischen Typus mit einer generellen hyperplastischen Anlage sprechen wir von athletisch-hyperplastischem Habitus. Genetisch bestehen ohne Zweifel enge Beziehungen.

b) Die eunuchoide Konstitution.

Auch hier interessiert uns nicht der Krankheitszustand, der entsteht bei Verlust der Keimdrüsen, also die Folgen der Kastration, sondern die Konstitutionsanomalie bei vermutlich hypoplastischer Anlage des Keimdrüsenapparates. Als Eunuch bezeichnen wir den sog. Frühkastraten, d. h. den vor Erreichung der Geschlechtsreife seiner Keimdrüsen beraubten Mann. Als eunuchoid wird dementsprechend jene Konstitutionsanomalie bezeichnet, bei der die Lebensenergie des Keimdrüsenapparates von Anfang so gering ist, daß ihre Pubertätsentwicklung nicht oder nur in mangelhafter Weise eintritt, ihr infantiler Zustand also dauernd erhalten bleibt und sie der Greisenatrophie verfallen, ohne jemals das normale Reifestadium erreicht zu haben (BAUER).

Einige Autoren bezeichnen deshalb den Eunuchoidismus als einen Partialinfantilismus, oder, wenn es sich um eine ganz besonders hochgradige Hypoplasie handelt, als partialen Fetalismus. Es ist sicher, daß es auch hier eine kontinuierliche Übergangsreihe bis zur Norm gibt. Derartige Zwischenstufen wären charakterisiert durch abnorm spätes Einsetzen der Geschlechtsfunktion, vor allem auch der Menstruation oder durch abnorm frühes Aussetzen, also verfrühte Involution.

So schildert BAUER eine 27 jährige Frau von ausgesprochen eunuchoidem Hochwuchs mit mangelhaft ausgebildeten sekundären Geschlechtsmerkmalen, die erst im Alter von 20 Jahren unregelmäßig zu menstruieren begonnen hatte, immerhin aber mit 24 Jahren ein lebendes Kind auszutragen vermochte, um aber im Anschluß an die Laktation die Menstruation für immer zu verlieren und eine hochgradige senile Atrophie der Geschlechtsorgane zu bekommen; also Partialinfantilismus und Partialsenilismus der offenkundig minderwertigen, durch normale Belastung einer einzigen Gravidität bereits erschöpften Eierstöcke. BAUER berichtete auch über Familien, in denen die Menses fast durchwegs erst mit 17—19 Jahren einsetzten oder mit 38—42 Jahren bereits aussetzten.

Auch beim Mann gibt es zweifellos derartige leichte Varianten einer hypoplastischen Keimdrüsenanlage, doch lassen sich hier die Termine nicht in derselben Weise wie bei der Frau an der Menstruation ablesen.

Die wesentlichen Merkmale dieses Konstitutionstypus sind kurz zusammengefaßt folgende:

Zunächst als wesentliches Merkmal die hypoplastische Anlage der Keimdrüse, die sich in abnormer Kleinheit der Testes und Ovarien ausdrücken kann, aber nicht unbedingt ausdrücken muß. Die histologische Untersuchung ergab jedoch bisher noch in allen Fällen von Eunuchoidismus morphologische Zeichen deutlicher Unterentwicklung (TANDLER und GROSS, STERNBERG, GARFUNKEL, SELLHEIM). Die Hodenkanälchen gleichen dabei bis zu einem gewissen Grade den Hodenkanälchen von Kindern. Gewisse Entwicklungsstörungen in der Genitalentwicklung, vor allem mangelhafter Deszensus testikulorum (Kryptorchismus) gehören wohl einer anderen Entwicklungsreihe an. Sie können mit der Keimdrüsenhypoplasie verbunden sein, haben dann aber eine ganz bestimmte Bedeutung, auf die wir noch zu sprechen kommen.

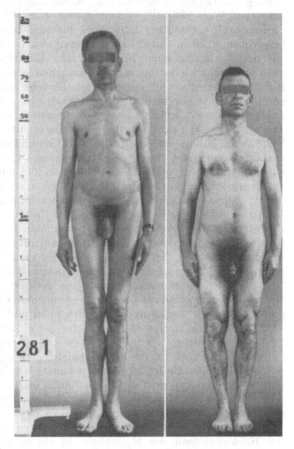

Gr 193	Sb 42.6	Gr 175	Sb 37
Gw 68	Al 88	Gw 72	Al 77,5
Bu 93	Bl 106	Bu 94.5	Bl 89,5
Hu 92,5	St.I. — 1,1	Hu 97	St.I. — 0,8

Abb. 69. Schwerer eunuchoider Hochwuchs im Vergleich zu einem besonders kurzgliedrigen Mitteltypus.

Körperbaulich finden wir als wesentlichstes Merkmal die Überlänge der unteren Extremitäten, die überschießende Beinlänge. Diese entsteht durch einen verspäteten Epiphysenschluß. Da die Wirbelsäule sich an diesem abnormen Längenwachstum weniger beteiligt, überwiegt die Unterlänge über die Oberlänge. Auch die Spannweite der Arme wird oft abnorm groß. Die Verknöcherung der Schädelnähte tritt gleichfalls verspätet auf, der Kopf bleibt relativ klein, die Schädeldecke dünner als sonst bei Männern. Sehr charakteristisch ist ferner ein leicht überschießender Hüftumfang (der größer ist als der maximale Brustumfang) und zwar nicht nur infolge des häufig auch größeren Fettansatzes an den Nates, sondern auch wegen der Konfiguration des Beckens, das in seiner Form eine Mittelstellung zwischen männlichem und weiblichem Becken einnimmt. Hinzu kommt schließlich ein Zurückbleiben der gesamten Terminalbehaarung und eine häufig abnorme Fettsucht mit Fettansatz vorwiegend an den Nates, den Brüsten und den Oberschenkeln (vergl. auch Abb. 69).

Eine genaue Analyse des sehr charakteristischen psychischen Bildes steht noch aus. Verwiesen sei diesbezüglich auf die Untersuchung von FISCHER. Die Intelligenz wird fast stets normal befunden; gewisse Charakterzüge, wie scheues Wesen, Neigung zur Zurück-

gezogenheit und geringe Mitteilsamkeit, oft sonderbare Liebhabereien, Freude am Spinti-
sieren usw. sind nach BAUER nur mittelbare Konsequenzen des Hypogenitalismus, die sich
aus der psychologischen Einstellung des Individuums zu seiner Anomalie, sowie aus dem
Wegfall der das normale Seelenleben entscheidend beeinflussenden psychosexuellen Gedanken-
welt ergeben. Der Stoffwechsel der Eunuchoiden zeigt keine typischen Abweichungen von der
Norm, nur die Kohlenhydrattoleranz scheint regelmäßig recht hoch zu liegen (FALTA).

Genetisch betrachtet, liegen auch hier die Dinge ganz ähnlich, wie sie eben
besprochen wurden. Auch hier darf man sich bei genetischer Betrachtung nicht
mit der Erklärung einer herabgesetzten Keimdrüsenfunktion zufriedengeben;
denn auch hier wieder müssen wir ausgehen von der Wechselwirkung zwischen
Hormon einerseits und reagierendem Gewebe andererseits. Das Keimdrüsenhormon bewirkt also nicht das lange Wachstum der Röhrenknochen schlechthin,
sondern es steuert lediglich gewisse Faktoren in diesem komplexen Wachstumsvorgang; diese Wirkung scheint vor allem in einer Verlagerung des Punktes des
Epiphysenschlusses zu liegen, der bei Verminderung des Keimdrüsenhormons
wesentlich verspätet liegt. Für das abnorme Längenwachstum bedarf es aber
nun weiterer positiver Wachstumsimpulse, die einerseits in dem Erfolgsorgan,
also dem wachsenden Gewebe selbst zu denken sind, ferner aber auch Wirkungen
der Hypophyse sein können. Fehlen diese wachstumsfördernden Wirkungen, dann
kann ausnahmsweise, trotz persistierender Epiphysenfugen und trotz eunuchoider
Proportionierung des Körpers, der betreffende Kranke untermittelgroß bleiben,
ja es kann ausgesprochener Zwergwuchs auftreten. Dasselbe beweisen die Beobachtungen BAUERS, der über eine Familie berichtet, in der neben einem ausgesprochenen, 202 cm langen Eunuchoid ein fast ebenso langer Vater und 196 cm
langer Bruder existierten, die nicht die geringsten Abweichungen der Genitalorgane und auch keine entsprechende eunuchoide Proportionierung zeigten. Auch
zwei Schwestern waren weit übermittelgroß und sexuell normal.

Es gibt auch andere Momente, die bei einer genetischen Betrachtung des
Problems sehr wesentlich in die Waagschale geworfen werden müssen. Zunächst
gilt das gleiche auch für den eunuchoiden Fettwuchs, der sich ebenfalls gar nicht
selten in Familien findet, in welchem andere Mitglieder gleichfalls fettleibig sind,
ohne etwa auch hypogenital zu sein. Auch hier wieder dürfte die kompensatori-
sche Reaktion der Hypophyse eine wesentliche Rolle spielen. So nahm man an,
daß von dem Aktivitätszustand der Hypophyse es abhänge, wann bei Hypogenitalismus Fettsucht und wann Hochwuchs entstehe. Man vermutete, daß sich
bei Hochwüchsigen die Hypophyse in einem aktiveren Zustand befindet als
bei Fettsüchtigen (NOWAK, KOCH, BAUER).

Es finden sich aber nun eunuchoide Skelettproportionen auch bei gesunden,
sonst ganz normalen Individuen, und zwar vor der Pubertätszeit, wo also keineswegs ein bei offenen Epiphysenfugen länger mögliches und anhaltendes Wachstum
der Röhrenknochen die Ursache für die disproportionale Extremitätenlänge abgeben kann, worauf BAUER mit Recht hinwies. Vor allem aber kommen auch
als Rassenmerkmal unverhältnismäßig lange Extremitäten bei gewissen Neger-
stämmen vor, die wir in unseren Breitengraden fraglos als Eunuchoidismus
bezeichnen würden. Die Pubertät liegt jedoch bei diesen Rassen eher früher,
und die Keimdrüsen sind natürlich völlig normal.

Zur Erklärung dieser disproportionalen Formen gibt es also zwei entgegengesetzte Möglichkeiten. Die eine ist die bekannte Erklärung mit Hilfe des Ausfalls
oder der Minderung des Keimdrüsenhormons bei sonst normalem Genbestand.
Die andere ist die Annahme einer Genmutation, welche eine veränderte — herabgesetzte — Reaktionsbereitschaft auf das in normaler Quantität gebildete Keimdrüsenhormon bewirkt. Im Effekt muß in beiden Fällen das gleiche Bild
resultieren. Auch der Weg dazu ist der gleiche. Am Anfang dieses Weges stehen

aber verschiedene Ursachen: in einem Fall eine herabgesetzte Hormonproduktion des endokrinen Organes, im anderen Fall eine herabgesetzte Hormonempfänglichkeit bestimmter Gewebe. Letzteren Fall möchten wir unbedingt für die hochwüchsigen Rassen annehmen, wo ja die Pubertätsentwicklung, wie auch die Keimdrüsen ganz normal sind. Auch bei der Pubertätseunuchoidie dürften die Dinge ähnlich liegen. Die eigentliche hormonale, nicht unmittelbar chromosomale Eunuchoidie kann sich ja erst in oder nach der Pubertätszeit entwickeln, da die Kindheit gleichsam ein physiologisch-hypogenitaler Zustand ist, so daß zu jener Zeitperiode jeder Mensch die Zeichen des „Hypogenitalismus" zeigen müßte.

Auch die Eunuchoidie muß also sowohl hormonale, wie chromosomale Radikale besitzen. Wir möchten jedoch nicht, wie BAUER dies tut, die Wirkung dieses Gens mit der Anlage zur Intersexualität in Zusammenhang bringen. Wir werden später, auf GOLDSCHMIDTS eigener, höchst skeptischer Anschauung über die Intersexualität des Menschen fußend, dazu noch Stellung nehmen müssen.

c) Die Fettsucht und die Magersucht.

War in den beiden ersten kurz besprochenen Bildern, der akromegaloiden und eunuchoiden Konstitution, eine bestimmte endokrine Drüse wenigstens als ein Hauptakteur am Zustandekommen der Wuchsformvariante beteiligt, so handelt es sich nun um äußerst verschieden bedingte Konstitutionsvarianten, deren gemeinsames Moment die abnorme Fettspeicherung des Organismus ist, bzw. umgekehrt die vollkommene Unfähigkeit der Fettspeicherung. Wie bei den anderen Konstitutionstypen wollen wir auch hier nicht die Erkrankungen ins Auge fassen, die zu abnormer Fett- oder Magersucht führen können, sondern lediglich die letzten Endes genisch bedingten Konstitutionsvarianten. Doch weisen die Erkrankungen immerhin deutlich auf ein bestimmtes endokrines System hin, bei dessen Störung der Fettstoffwechsel fast immer mitgestört erscheint, das Hypophysen-Zwischenhirnsystem. Von hier aus glaubt man, die wichtigste der hier zu nennenden Formen deuten zu müssen, die sog. Dystrophia adiposogenitalis (FRÖHLICH); hierher gehört weiter das LAURENCE-BIEDELsche Syndrom, die Lipodystrophia progressiva, das Syndrom von CUSHING, von ACHAR-THIERS, die DERKUMsche Fettsucht und die Dystrophia pigmentosa LESCHKE, umgekehrt die SIMMONSsche hypophysäre Magersucht. Neben diesen Störungsformen von seiten der Hypophyse kennen wir Fettsuchtformen bei Erkrankungen der Epiphyse, der Schilddrüse und der Keimdrüse, sowie einige andere seltenere Formen.

Gemeinsam sind allen diesen abnormen Fettsuchten ganz bestimmte Fettlokalisationen: mehr oder weniger wulstige, oft geradezu entstellende Speckschichten, vorwiegend an Brüsten und am Beckengürtel, insbesondere oberhalb der Darmbeinschaufeln, an Trochanteren, Lenden, Unterbauchgegend, Mons pubis, Gesäß und Oberschenkel. Abweichungen von dieser Fettverteilung zeigen Sonderformen, wie etwa der Reithosentypus mit Fettansammlung vorwiegend an den Oberschenkeln und Trochanteren, oder die besondere Fettansammlung an Ober- und Unterschenkeln, besonders knapp oberhalb der Sprunggelenke, der supramalleoläre Fettkragen bei relativer Fettarmut an Stamm, Hals und oberen Extremitäten. Spezielle Sonderformen sind noch die Lipodystrophia progressiva, bei der es sich um umschriebenen Lipomatosen handelt.

Eine Illustration zu dieser endokrinen Fettsucht gibt die folgende eigene Zwillingsbeobachtung, über die KRÄMER in einer Doktordissertation berichtet (Abb. 70a u. 70b). Es handelt sich um ein sicher eineiiges Zwillingspaar, von denen beide Partner als konstitutionell etwas abwegige Formen zu bezeichnen sind (sehr schwache Terminalbehaarung, leichte Lanugo, späte Menarche, beide mit 36 Jahren noch ledig). Die eine erleidet ein an sich geringfügiges Kopftrauma mit Kommotio cerebri leichten Grades (nur Minuten dauernde Bewußtlosigkeit, danach Brechreiz) und zeigt schon eine Woche später das Bild einer schweren hypophysären Insuffizienz: Diabetes insipidus, Fettsucht, vegetative Symptome, schwere subjektive Beschwerden und psychische Veränderungen. Langsame Besserung nach Monaten. Die Abb. 70 zeigt die Zwillinge einige Monate nach dem Unfall, von denen die gesunde Partnerin gleichsam das Abbild der Kranken vor ihrer Erkrankung darstellt — beide Zwillinge sind bis dahin ständig von den näheren Angehörigen verwechselt worden —, so daß an dem Vergleich der beiden gleichsam die Veränderungen der einen unmittelbar abgelesen werden können. Hier kann also mit einer gewissen Wahrscheinlichkeit auf eine anlagebedingte „Schwäche" des hypophysären Systems geschlossen werden, das schon zu normalen Zeiten gleichsam maximal anstatt optimal arbeitete und durch das Trauma in einen Zustand der Dekompensation geriet. Die gesunde Zwillingsschwester ist von diesem Gesichtspunkt als eine Kompensationsform einer hypophysären Systemschwäche interessant. Es ist anzunehmen, daß auch andere Belastungen des Systems, wie etwa eine Schwangerschaft, zu den gleichen Dekompensationserscheinungen führen könnten. Bezüglich der Einzelheiten verweise ich auf die Publikation.

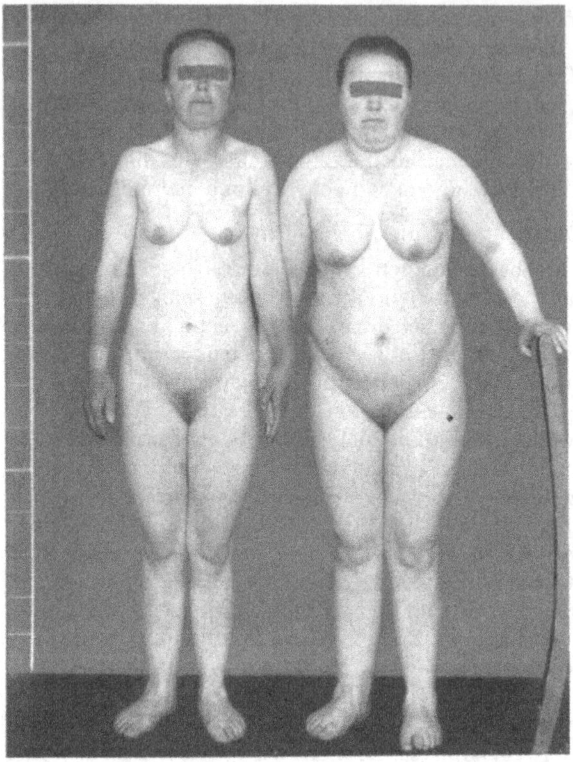

Abb. 70a. Eineiige Zwillinge. a) Gesund; b) erkrankte nach einer leichten Commotio cerebri an Diabetes insipidus und Fettsucht von hypophysärem Typus. Auch a) stellt eine subendocrinopathische (sekundäre) Variante dar, so daß mit Sicherheit auf eine konstitutionelle Bereitschaft zu schließen ist.

Von allen genannten mehr oder weniger wahrscheinlich endokrin bedingten Fettsuchtsformen ist die konstitutionell - familiäre Adipositas zu trennen, die nach BAUER 80% aller Fettsuchtsformen ausmachen soll. Auch bei diesen Fettsuchtsformen ist der hypophysäre Typus der Fettverteilung häufig andeutungsweise vertreten. Nicht selten findet man auch in ein und derselben Familie eine mit Amenorrhöe und Eunuchoidie vergesellschaftete, zweifellos endokrin bedingte neben einer einfach konstitutionellen Fettsucht bei pyknischem Habitus, die nicht die geringsten sonstigen endokrinen Störungen zeigt.

Es ist verständlich, wenn auch von unserem Gesichtspunkt sehr bedauerlich, daß die Klinik den krankhaften endokrinen Fettsuchtsformen weit mehr Augenmerk geschenkt hat als den einfachen konstitutionellen Fettsuchten und ihren sonst durchaus gesunden Familien. Gerade diese sind es, die uns in diesem Zusammenhang am meisten interessieren. Ohne Zweifel spielt auch bei ihnen ein endokrines Moment eine gewisse Rolle. Ebenso fraglos ist es, daß die konstitutionelle Besonderheit der abnormen Fettspeicherung auf Genwirkungen zurückzuführen sein muß. Aus diesen zwei Bedingungen erwächst von selbst die nun schon bekannte Forderung, daß es Genmutationen geben muß, die die Bereitschaft des Organismus beeinflussen, auf die Hypophysenhormone in bestimmter Weise zu reagieren.

Es ist nun sehr wichtig, daß gerade bei der konstitutionellen familiären Fettsucht sichere Beziehungen zum pyknischen Habitus bestehen. Es gibt Familien, in denen als Familienstigma eine deutliche pyknisch-cyclothyme Konstitution (oft verbunden mit einer etwas hypomanischen Note) durchläuft, die sich bei manchen Mitgliedern zu einer ausgesprochenen Fettsucht zu kumulieren scheint; oder andere Familien, bei denen ganze Geschwisterschaften einen deutlich pyknischen Grundtypus aufweisen, aber sämtliche eine das normale Maß übersteigende Fettsucht zeigen, die sich meist schon in frühen Jahren entwickelt, oft später auch noch zunimmt. Fast immer herrscht in diesen Familien eine ganz bestimmte charakterologische Tönung cyclothym-hypomanischer Struktur vor.

Erinnern wir uns nun der im ersten Teil getroffenen Feststellung, daß die gesamte Stoffwechsellage, die „Einstellung" des Organismus auf Bedarf und Verbrauch am pyknomorphen Pol völlig verschieden ist, wie am leptomorphen, indem das Stoffwechselsystem des ersteren auf höheren Umsatz eingestellt ist, als dasjenige des letzteren, dann können wir erwarten, daß, wenn eine speziell den Fettstoffwechsel steuernde, hormonale Wirkung fortfällt, der Organismus am pyknomorphen Pol seiner Stoffwechselgrundeinstellung entsprechend mehr Fett speichern als verbrennen wird, der Organismus am entgegengesetzten leptomorphen Pol hingegen mehr Fett verbrennen als steigern wird. Der gleiche Ausfall von Hypophysenhormon wird deshalb beim einen Individuum zur Fettsucht, beim anderen zur unaufhaltsamen Magersucht führen müssen. Aber auch in der physiologischen Involution der hormonalen Systeme und Organe (Klimakterium) werden sich diese Verhältnisse noch bemerkbar machen.

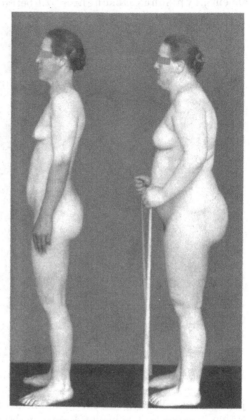

Abb. 70b. Dieselben wie Abb. 70a.

Die Fettspeicherung bei hormonaler Störung des Hypophysensystems, aber auch die konstitutionelle Fettsucht ist also vielleicht nichts anderes als Ausdruck der Autonomie der Gewebsfunktion bei einer bestimmten, genetisch determinierten Stoffwechsellage des Gesamtorganismus. Das gleiche gilt für die endogene Magersucht.

Dabei müssen zwei Momente noch in besonderem Maße beachtet werden, das eine ist der Faktor des Alters, der andere der Geschlechtsfaktor.

Auch genetisch von großem Interesse ist es, die Schwankungen der Fettspeicherung durch die verschiedenen Lebensalter zu verfolgen. Es gibt Konstitutionsformen, bei denen in der Kindheit ausgesprochene Fettspeicherung besteht, bei denen sich in der Pubertät ein völliger Wechsel zu windhundartiger Magerkeit vollzieht, der durch ein gutes Jahrzehnt anhält, um dann mit 30—35 Jahren ziemlich plötzlich einem oft klimakterisch wirkenden Fettansatz Platz zu machen, der sich im Alter nochmals reduzieren kann, so daß schon nach den 60er Jahren wieder ein relativ fettloser Habitus als Endform resultiert. Diese Schwankungen lassen sich weder durch exogene Einflüsse, noch durch den Hinweis auf hormonale

Schwankungen allein erklären. Vor allem muß eine abnorme Störbarkeit und besondere Labilität des Systems angenommen werden. Wie an einem Modellversuch können wir daran das mangelhafte Aufeinander-Abgestimmtsein einzelner Entwicklungsverläufe studieren, das Ineinandergreifen von Genwirkungen, zu denen man hier auch die Hormone zählen kann. Gerade das Studium derartiger Verläufe legt in besonderem Maß die in diesem Buch immer wieder unterstrichene Tendenz nahe, den Konstitutionstypus nicht als eine „typische Form", sondern als ein „typisches Geschehen" zu betrachten. Die Magerkeit des 3. Lebens-

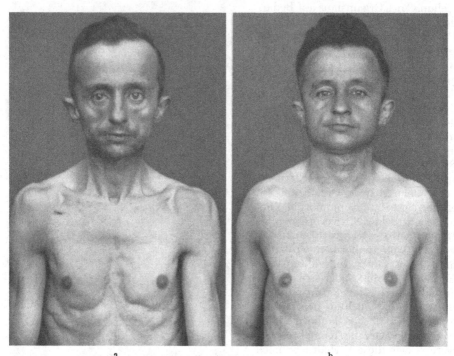

a						b
Abb. 71. Endogene Schwankung mit schwerer Magersucht bei Debilem a) bei der Aufnahme, b) bei der Entlassung.

jahrzehntes gehört in diesem Falle ebenso typisch zu der betreffenden Konstitution, wie die Fettsucht des 4. oder 5. Jahrzehntes; die eine ist nicht typischer als die andere. Es handelt sich dabei um metamorphotische Zustände, die sich nur als ein gesetzmäßiger Strukturwandel deuten lassen.

Derartige Phasen laufen nicht selten mit schweren psychischen Störungen einher, wie im Fall der Abb. 71. Es handelte sich um einen hypoplastisch-asthenischen Kümmerwuchs mit intellektueller Beschränktheit, der eine durch Monate dauernde, durch nichts zu ändernde Abmagerung zeigte. Im Verlauf der Erkrankung traten schwere psychische Veränderungen, hysteriforme und onciroide Symptome auf. Die Abb. 71a zeigt den Zustand bei der Aufnahme, Abb. 71b bei der Entlassung. Die Besserung trat spontan ein. Gewiß handelt es sich auch hier um eine hormonale Insuffizienz, aber eben bei einem schwer asthenischen Kümmerwuchs, bei dem die autochthone Eigenart der Gewebsfunktion bei Fortfall der hormonalen Steuerung — nicht wie in dem Fall der Zwillinge — zur schweren Fettsucht, sondern zur rapiden Abmagerung führte.

Ein zweiter Faktor, der für die hier angeschnittenen Fragen von Interesse ist, ist der große Geschlechtsdimorphismus hinsichtlich des Fettansatzes beim Menschen. Der größere Fettreichtum bei der Frau könnte wieder durch eine andere hormonale Tätigkeit oder durch eine andere Bereitschaft der Gewebe, auf das Hormon zu reagieren, oder schließlich durch qualitative Unterschiede der Hormone bedingt sein. Da sowohl bei Ausfall des männlichen wie bei Ausfall des weiblichen Keimdrüsenhormons meist eine Zunahme der Fettspeicherung zu beobachten ist, kann der Keimdrüse in beiden Geschlechtern nur ein steuernder Einfluß auf die Fettspeicherung zugesprochen werden. Auch der Umstand, daß schon im 1. Lebensjahrzehnt, in dem die Keimdrüsenfunktion noch keine Rolle spielen kann, gewisse Geschlechtsunterschiede im Fettpolster sich bemerkbar machen, zeigt, daß es sich hier um ein unmittelbar genisch bedingtes Geschlechtsmerkmal handelt, ein Merkmal, in dem sich die Geschlechter unterscheiden, ohne daß es durch die Keimdrüsenfunktion voll bedingt wird. Damit würde es aus der Reihe der sog. sekundären in die Reihe der primären Geschlechtsmerkmale rücken, in die man beim Menschen vorläufig nur die Entwicklung der Genitalorgane zu stellen pflegt. Während nämlich z. B. bei den Insekten sämtliche die Geschlechter unterscheidenden Merkmale primärer Art sind, so zwar, daß ganz unabhängig von der Ausbildung der Sexualorgane und -drüsen die Geschlechtsmerkmale unmittelbar vom Gensatz bestimmt werden, ist bei den höheren Tieren die Ausbildung der Geschlechtsmerkmale immer mehr von dem dazwischengeschalteten hormonalen Apparat abhängig. Diese Abhängigkeit ist jedoch keineswegs eine absolute, und es erweist sich auch hier wieder als verkehrt, die Tätigkeit der Hormone sich als von den übrigen Genen gänzlich unabhängige Wirkungen vorzustellen. Nicht die Hormone bedingen die sekundären Geschlechtsmerkmale, sondern das Zusammenwirken der einzelnen Gene im gesamten Genbestand des Individuums bewirkt die Ausbildung der Merkmale, und in diesem Zusammenwirken kommt den Hormonen eine ganz bestimmte steuernde Wirkung zu. Im Hinblick auf die obigen Ausführungen wird man auch für den größeren Fettansatz der Frau die Ursache nicht in einer anderen Hormonproduktion, sondern in einer gegenüber dem Mann anders gelagerten Reaktionsbereitschaft des Organismus und seiner Gewebe auf das Hormon zu suchen haben.

Wir glauben nicht fehlzugehen, diese Reaktionsbereitschaft mit der Konservativität des Gesamtentwicklungsablaufes bei der Frau in Zusammenhang zu bringen.

Diese Gedankengänge verfolgen keinen anderen Zweck, als die Blickrichtung des Konstitutionsforschers von der hormonalen Erklärung alles konstitutionellen Geschehens auf die eigentlichen konstitutionellen Probleme genetischer Art hinzulenken, in denen den Hormonen ein wichtiger Platz, aber nicht die letzte und entscheidende Rolle zukommt.

d) Andere dysplastische Sonderformen.

Die Schilderung dysplastischer Konstitutionsformen könnte ad libitum fortgesetzt werden. Da auf dem ganzen Gebiet der endokrinen Störungen die Grenzen zwischen Norm und Krankheit durchaus fließende sind und andererseits die Kombinationsmöglichkeit der einzelnen Wirkungen der Hormone groß ist, da ferner auch der Zeitpunkt des Einsetzens der abnormen Hormonproduktion mannigfache Varianten im resultierenden Zustandsbild bedingt, sind eine große Zahl weiterer Variationen möglich. Wir heben aus dieser Fülle noch einige weniger klar beschriebene Bilder heraus, mehr um die Mannigfaltigkeit der Variabilität anzudeuten, als um sie erschöpfend darzustellen[1].

---

[1] Die Probleme des Maskulinismus und Feminismus, die eigentlich auch hierher gehören, werden erst im nächsten Kapitel bei dem Problem der Intersexualität behandelt; ebenso wird der hypophysäre Zwergwuchs im Kapitel Zwergwuchs besprochen.

Die hypothyreotische Konstitution. Nach J. Bauer gibt es Menschen, die mit einem an der untersten Grenze der normalen Variationsweise sich bewegenden Ausmaß von Schilddrüsenaktivität ausgestattet sind, deren minderwertige Schilddrüse unter Anpassung ihrer Reservekräfte gewissermaßen maximal, statt optimal arbeitet, die nicht krank sind, aber doch gewisse Besonderheiten ihres Körperbaues, ihres Temperamentes, ihrer ganzen Persönlichkeit erkennen lassen, die offenbar mit der geringen Lebhaftigkeit ihrer Schilddrüsenfunktion zusammenhängen und durch sie bedingt sind.

„Meist sind es kleine, stämmige, kurz- und dickhalsige, wohlbeleibte, phlegmatische Leute mit kurzen Extremitäten, kurzen dicken plumpen Fingern, gut ausgepolstertem Handrücken, die in verschiedener Reihenfolge und Kombination bald diese, bald jene mehr oder minder charakteristische Ausfallserscheinungen von seiten der Schilddrüse darbieten und schließlich eines Tages auch an einem ausgesprochenen Myxödem erkranken können." Das sicherste Kriterium für die Diagnose ist stets die leichte Herabsetzung des Grundumsatzes um mehr als 10—15%.

Hier handelt es sich also wieder um eine sehr charakteristische Konstitutionsanomalie, die sich mit einer Wurzel auf die Unterwertigkeit einer endokrinen Drüse, nämlich der Schilddrüse, zurückführen läßt. Die Funktion der Schilddrüse für die Gesamtkonstitution ist weitgehend bekannt; die Konstitutionsanomalie ist also auch wieder die Abortivform einer genau bekannten Krankheit, des Kretinismus. Auf die Symptomatologie dieser verbreiteten Störung braucht hier nur verwiesen zu werden.

Bauer vermutete schon seinerzeit, daß es gewisse monosymptomatische Hypothyreosen gibt, bei denen das Besondere und Krankhafte gar nicht die mangelhafte Schilddrüsentätigkeit, sondern die besondere Reaktionsweise gerade des jeweils betroffenen Organs darstellt, das anders als alle übrigen zu seinem normalen Betrieb mehr Thyroxin benötige, als der Organismus ihm zur Verfügung stellt. Da aber für die überwiegende Mehrzahl der Organe diese tatsächlich gelieferte Thyroxinmenge ausreicht, so handelt es sich demnach gar nicht mehr um eine Hypothyreose, sondern um eine konstitutionelle (oder konditionelle) Besonderheit dieses einen Erfolgsorganes und seines Sicherungsmechanismus. Die Auffassung ist für den Genetiker hier außerordentlich wichtig, denn auch hier zeigt sich damit das gleiche Prinzip, das wir schon bei den bisherigen Fällen besprachen.

Die hyperthyreotische Konstitution verhält sich zum Basedow wie die hypothyreoide zum thyreopriven Myxödem. Sie umfaßt in bestimmter Richtung gekennzeichnete und zu hyperthyreoiden Krankheitszuständen disponierte Menschen, in deren Inkretionssystem die Schilddrüse die führende Rolle spielt, und die Neigung hat, die durch wechselseitige Zusammenarbeit gebotene Harmonie der Hormonorgane durch übermäßiges Hervortreten zu stören.

„Diese Menschen sind meist groß und grazil, mager, nervös und reizbar, haben eine warme feuchte und oft reichlich pigmentierte Haut, neigen zu Schweißen, zu Tachykardie und Diarrhöen, fiebern leicht aus geringfügigen Anlässen, haben große glänzende Augen, mit weiten Lidspalten und häufig während eines angeregten Gespräches über den oberen Cornealrand ruckweise sich retrahierende Oberlider. Sie haben ein lebhaftes Temperament und ein unstetes Wesen, sind mehr hitze- als kälteempfindlich, haben ein übererregbares animales und vegetatives Nervensystem, oft genug auch eine deutliche Vergrößerung der Schilddrüse." Bauer gibt diese Beschreibung des hier gemeinten Konstitutionstypus.

Eine genaue monographische, insbesondere auch psychologische Analyse dieser Variation wurde bisher niemals durchgeführt. Wir erkennen unschwer, daß sich hier Formen wiederfinden, die wir von ganz anderer Seite her bereits begegneten, nämlich die vegetative Labilität resp. die Vegetativ-stigmatisierten. Die beiden Begriffe decken sich wohl nicht völlig, stimmen aber weitgehend miteinander überein, indem in letzterem Fall das Bild mehr von der Seite des vegetativen Systems, im ersten Fall mehr von der Seite der Schilddrüse aus betrachtet wird. Was in diesem Wirkungszusammenhang primär und was sekundär ist, wissen wir nicht, vermutlich stehen beide Systeme in einem wechselseitigen Abhängigkeitsverhältnis zueinander. Selbst im Falle des Basedow werden neuerdings Hypothesen aufgestellt, die dahingehen, die erhöhte vegetative Erregbarkeit nicht als die Folge einer gesteigerten Schilddrüsenproduktion, sondern umgekehrt, die gesteigerte Schilddrüsenproduktion als Folge einer Veränderung im vegetativen System aufzufassen. Hier werden erst künftige Forschungen eine Klarheit schaffen. Auch die Frage des familiären Vorkommens dieses Konstitutionstypus ist niemals genauer studiert worden.

Die hyposuprarenale Konstitution hat ohne Zweifel unmittelbare Beziehungen zu Asthenie. Es ist möglich, daß die allgemeine hypoplastische Anlage beim Astheniker auch eine hypoplastisch angelegte Nebennierenrinde enthält, die ihrerseits wieder verantwortlich zu machen ist für zahlreiche sehr typische Symptome, wie wir sie in ihrer vollen Prägung bei der Addisonschen Krankheit finden, die sich zur hyposuprarenalen Konstitution verhält wie der Basedow zur hyperthyreoiden Konstitution.

Individuen von diesem Konstitutionstypus sind nach BAUER, PENDE u. a. zart gebaute, schwache magere Menschen mit habitueller Hypotension, kleinem schwachen Puls, erniedrigtem Blutzuckerspiegel, herabgesetzter Phlorizinglykosurie, hypotonischer Muskulatur, allgemeiner Kraftlosigkeit und Ermüdbarkeit, Neigung zu Hypothermie und Bradykardie sowie zu Ohnmachtsanwandlungen. Zeitweise kann es zu wenig charakteristischen Magendarmstörungen, zu kolikartigen Attacken mit Erbrechen, eventuell auch Diarrhöen kommen. Manchmal findet sich auch dunkles Hautkolorit und Lymphocytose im Blut. Naturgemäß sind derartige Konstitutionstypen durch alle jene Zustände gefährdet, welche normalerweise an die Funktion der Nebenniere besondere Anforderungen stellen und sie zu gesteigerter Wirkung veranlassen bzw. eine Schädigung ihres Parenchyms hervorrufen, wie größere Muskelanstrengungen, der Geburtsakt, epileptische Anfälle usw. oder akute und chronische Infektionskrankheiten oder chemische Giftwirkungen verschiedener Art, insbesondere Chloroformnarkose und Salvarsan. Auch pathologisch-anatomisch fand man eine Hypoplasie der Nebennierenrinde und des Markes bzw. des ganzen chromaffinen Gewebes in Fällen von plötzlichen inadäquaten Todesfällen. Das körperbauliche Bild entspricht wohl immer demjenigen der mehr oder weniger ausgesprochenen Asthenie.

Auch hier fehlen uns vorläufig genauere Konstitutionsanalysen und die entsprechende genetische und genealogische Unterbauung. Auch von der Temperamentsseite sind diese Typen noch nicht näher studiert. Es ist sicher auch hier wieder eine unterschiedliche, chromosomal bedingte Bereitschaft des Organismus anzunehmen, auf das Nebennierenrindenhormon zu reagieren. Man bringt neuerdings die Pigmentierung der stärker pigmentierten Rassen mit einer abnorm schwachen Nebennierenrindenfunktion in Zusammenhang. Dieser Schluß kann schon deshalb nicht richtig sein, da man bei diesen Rassen dann auch das übrige pathologische Ausfallssyndrom, also etwa Adynamie oder Hypotonie finden müßte. Damit wären diese Rassen aber gar nicht lebensfähig. Viel wahrscheinlicher ist es, anzunehmen, daß das Hautorgan oder besser allgemein der Organismus auf Grund von Genmutationen eine bestimmte geänderte Empfänglichkeit für die Wirkung des Hormons bekommt, die zu einer anderen Wirksamkeit im Prozeß der Pigmentbildung führt. Die Nebennierenrinde wird also auch beim Neger unzweifelhaft völlig normal reagieren, aber sein Genom enthält Mutanten, die den Pigmentbildungsprozeß, in welchem das Nebennierenrindenhormon allerdings eine bedeutsame Rolle spielt, in bestimmter Weise beschleunigen. Wir erinnern hier nur an das Raupenbeispiel von GOLDSCHMIDT.

Die hypoparathyreoide Konstitution oder die idiopathische Tetanie ist eine Anomalie, von der es noch nicht sicher ist, inwiefern es sich dabei um eine echte Konstitutionsvariante handelt. Vielleicht sind es vorwiegend exogene Faktoren, die sie bedingen. Nach BAUER findet man sie vorwiegend bei jugendlichen Erwachsenen überwiegend männlichen Geschlechtes, insbesondere Vertretern des Schuhmacherhandwerkes. Da sich die Erkrankungsfälle in den Monaten Februar bis April auffällig häufen, ist die Annahme eines Vitaminmangelzustandes am naheliegendsten. Es ist jedoch auffällig, daß z. B. in Wien fast nur zugewanderte Elemente slavischer Herkunft erkranken (FRANKL-HOCHWARTH), so daß ein gewisses dispositionelles Moment wohl sicher angenommen werden muß. Daß im übrigen auch die Rachitis und die Spasmophilie nicht nur von äußeren Faktoren abhängig ist, wurde erst kürzlich wieder durch Zwillingsuntersuchungen bestätigt. Wie sich jedoch jener Konstitutionstypus im einzelnen beschreiben läßt, der zu einer solchen spasmophilen Disposition führt, ist noch nicht bekannt. Es scheint sich meist um hypoplastische, auch sozial tiefstehende Individuen zu handeln.

Die Pubertas praecox findet sich als krankhaftes Symptom bei Erkrankungen der Zirbeldrüse.

Bei Kindern (meist Knaben) stellt sich schon mit 3—4 Jahren ein typisches Pubertätswachstum des Genitales ein, die Kinder bekommen Schamhaare, haben kräftige Erektionen und masturbieren lebhaft. Das Körperwachstum pflegt beschleunigt zu erfolgen, die Stimme wird tiefer, und öfter sind unverkennbare Zeichen einer psychischen Frühreife vorhanden. Fast in allen derartigen autoptisch verifizierten Fällen fand sich ein Tumor der Zirbeldrüse.

Demgegenüber gibt es seltene heredofamiliäre Fälle von abnormer konstitutioneller, d. h. erbanlagegemäß bedingter Frühreife (BAUER, FEIN, SIEGEL u. a.), bei denen offenbar die Dinge wieder ganz ähnlich liegen, wie in allen bisher besprochenen Fällen. Die Wirksamkeit dieser Gene, die hier angenommen werden müssen, haben sehr viel Ähnlichkeit mit dem Zustand bei Ausfall des Epiphysenhormons, und es kann auch hier wieder eine verminderte Produktion des Hormons oder eine verminderte Reaktionsbereitschaft des Erfolgsorganes auf das Hormon als genische Grundlage angenommen werden. Die letztere Annahme hat, wie in den schon erwähnten Beispielen, eine gewisse Wahrscheinlichkeit für sich.

Das Status thymicus bzw. thymolymphaticus spielt jetzt eine wesentlich geringere Rolle als vor einigen Jahrzehnten.

PALTAUF fand bei plötzlichen Todesfällen im Kindesalter, aber auch solchen von Erwachsenen, eine Abweichung der Gesamtkonstitution, die in einer über das normale Maß weit hinausgehenden Vergrößerung des Thymus, sowie einer generellen Hyperplasie des lymphatischen Apparates zum Ausdruck kommt. Lymphdrüsen, Tonsillen, Zungen- und Rachenfollikel, Lymphfollikel der Milz- und Darmschleimhaut sind mehr oder minder beträchtlich vergrößert. Diese als Status thymolymphaticus bezeichnete generelle Konstitutionsanomalie sollte für die in vielfacher Hinsicht abwegige Reaktionsweise ihrer Träger auf verschiedenartigste Einflüsse exo- und endogener Natur verantwortlich sein.

Es stellte sich in der Folgezeit bald heraus, daß mit den beiden Kriterien der Hyperplasie des Thymus und des lymphatischen Gewebes der Gesamtbefund an konstitutionellen Anomalien bei diesem Zustand nicht erschöpft war. Man fand, daß sich um diese Hauptmerkmale in variabler Zahl und Intensität eine ganze Reihe weiterer, teils anatomisch, teils schon klinisch feststellbarer konstitutioneller Abweichungen von der Norm gruppiert, daß eine regelwidrige Enge der Aorta und des Gefäßsystems, eine Hypoplasie des Genitales, eine solche des chromaffinen Systems, daß partielle Infantilismen und Bildungsfehler verschiedenster Art, kurz, die mannigfachsten konstitutionellen Anomalien das Syndrom zu ergänzen und zu komplizieren pflegen. Man versuchte deshalb, den Kreis weiter zu spannen und stellte den viel weiter gefaßten Begriff einer hypoplastischen Konstitution auf, in den der Status thymicus und der Status lymphaticus hineinfielen. Mit dieser mächtigen Ausweitung aber wurde, wie dies häufig so geht, der Begriff wieder so verwässert, daß nicht mehr viel mit ihm anzufangen war und damit trat die ganze Konstitutionsanomalie wieder stark in den Hintergrund. Dazu kam, daß der Habitus erwachsener Träger keine sehr charakteristischen Körperbauformen zeigt.

Hingegen ergeben sich von hier aus gewisse fließende Übergänge zu den sog. erblichen Diathesen, d. h. abnormen konstitutionellen Anfälligkeiten gegenüber Einflüssen der Umwelt, die vom normalen Menschen ohne Schaden vertragen werden. Es sind dies etwa die exsudative oder entzündliche Diathese, die dystrophische Diathese mit besonderer Anfälligkeit gegenüber Ernährungsstörungen, namentlich im Säuglingsalter, die lymphatische Diathese, zu der die eben genannte Konstitutionsanomalie führt, weiter die rachitische oder spasmophile Diathese, die hyperthyreotische Diathese (Lenz), die Hämophilie und vieles andere.

Wenn auch manchen dieser Krankheitsdispositionen endokrine Konstitutionsanomalien zugrunde liegen, so führt doch ihre Besprechung aus dem hier gesteckten Rahmen heraus. Ihre Erwähnung soll lediglich zeigen, inwiefern hier ein riesiges, vielfältiges und in die Tiefe gestaffeltes Variationssystem besteht.

Anhang: Der Infantilismus.

Der Begriff des Infantilismus wird in der Literatur noch recht uneinheitlich verwendet. Es wäre sehr wünschenswert, wenn es mit der Zeit gelänge, einen ganz einheitlichen Sachverhalt darunter zu fassen. Man findet in der Literatur schon bei flüchtiger Durchsicht eine Reihe höchst verschiedener Inhalte. Da wir ihn nicht für eine rein hormopathische Dysplasie halten, sei er hier nur anhangsweise angeführt.

Zunächst findet sich die Bezeichnung synonym mit dem Begriff der Nanosomia primordialis, einer Form von proportioniertem Zwergwuchs. Diese Form als Infantilismus zu bezeichnen, ist ohne Zweifel völlig fehl am Platze. Zweitens findet sich der Begriff synonym mit dem, was wir generelle Hypoplasie nannten, also zur Bezeichnung von Formen, in denen die gewebliche Differenzierung, insbesondere des bindegewebigen Anteiles, auf kindlichen Stufen persistierte. Diese Persistenz führt in der Tat vielfach zu Bildungen, die ganz denen bei Kindern ähnlich sind, wie etwa der sog. Kinderbauch oder das Pelzmützenhaar. Wir haben darüber bei Behandlung des hypoplastischen Kreises gesprochen. Die dritte Verwendung der Bezeichnung „Infantilismus" ist synonym für den hypophysären Zwergwuchs. Dieses sehr ausgeprägte und charakteristische Bild geht stets auch mit einer Genital-Hypoplasie einher. Und zwar ist gerade die extreme Kleinheit des Genitales besonders charakteristisch für diese Art des Zwergwuchses, die darauf hindeutet, daß das Genitale nicht einfach im Wachstum stehenbleibt, sondern atrophiert.

Viertens endlich — und dies ist der engere Begriff des Infantilismus, den wir hier übernehmen wollen — versteht man darunter Formen mit einer abnormen Persistenz eines bestimmten, de norma in kürzerer Zeit vorübergehenden Entwicklungsstadium der psychischen und physischen Sexualkonstitution. Bauer, der den Begriff nicht nur auf die Sexualkonstitution, sondern allgemein auf die Konstitution ausdehnt, will auch noch einen generellen und partiellen Infantilismus unterscheiden, je nachdem, ob der gesamte Organismus oder nur bestimmte Teile oder Organe betroffen sind. Wir halten dies jedoch nicht für glücklich, da damit wieder eine enorme Ausweitung des Begriffes verbunden ist; nicht nur alle partiell hypoplastischen Bildungen, sondern auch eine Reihe von Mißbildungen oder Hemmungsbildungen, wie die Hasenscharte oder die Brachydaktylie, müßte man dann konsequenterweise als partiellen Infantilismus bezeichnen, insofern es sich auch dort um eine abnorme Persistenz eines „bestimmten, de norma in kürzerer Zeit vorübergehenden Entwicklungsstadiums eines Organbestandteiles" handelt.

Wir bezeichnen also unter Infantilismus Zustände, bei denen die körperliche und die psychische Sexualentwicklung in einer gewissermaßen harmonischen Weise zurückbleiben, und zwar derartig, daß ein gemeinsames einheitliches Prinzip dieser Retardierung zugrunde liegen muß. Es handelt sich um Reifungsstörungen im engeren Sinn des Wortes, wobei das Wort „Reifung" als sexuelle Reifung aufzufassen ist. Speziell für diese Art des Zurückbleibens oder der Verlangsamung und nur für diese gebrauchen wir mit Kretschmer den Ausdruck der Retardierung.

Durch den Ausfall einer einzigen endokrinen Drüse ist das Bild des allgemeinen Infantilismus nicht zu erklären, denn der exogen bedingte Ausfall der Keimdrüse

in früher Kindheit führt zu gänzlich anderen Bildern. Es muß ein Prinzip angenommen werden, das gleichsam vor allen Hormonwirkungen wirksam wird,
das die Determination festsetzt, lange bevor Hormonwirkungen in das Geschehen
eingreifen können. Die Entwicklung verläuft dann, dieser Determinationsentscheidung entsprechend, nur bis zu einem bestimmten Punkt der kindlichen
Entwicklung, den sie nicht zu überschreiten vermag. Je früher dieser Punkt
gegen den Entwicklungsbeginn verschoben ist, desto schwerer wird das Bild des
Infantilismus sein, je geringer er verschoben ist, desto geringfügiger und abor-
tiver wird die Konstitutionsanomalie sich ausprägen. Dabei laufen zwar psychische und somatische Merkmale nebeneinander her, können jedoch im Erscheinungsbild in den verschiedensten Mischungsverhältnissen zutage treten, so zwar,
daß einmal bei anscheinend ausgereiftem Genitale ein erheblicher psychischer
Infantilismus erscheint, oder umgekehrt bei recht infantilem Genitale eine nicht
allzu stark abweichende psychische Sexualkonstitution. Es variieren also die
Grade der phychologischen Entsprechung. An ihrer Tatsache ist aber nicht
zu zweifeln.

Es ist klar, daß durch eine einfache hormonale Störung, etwa durch die Insuffizienz der Keimdrüse, das Bild des Infantilismus nicht klärbar ist. „So wenig
es etwa jemandem einfallen wird, zu behaupten, ein Kind unterscheide sich von
einem Erwachsenen nur durch die mangelhafte Funktion der Keimdrüsen und
eventuell anderer Hormonorgane, so wenig läßt sich der wirklich universelle
Infantilismus auf eine bloße Störung der Inkretion zurückführen" (BAUER).

Die schweren Fälle von Infantilismus zeigen körperlich vollkommen kindliche Proportionen bei kindlichen Dimensionen, kleinen Wuchs, meist zarte Glieder mit einem relativ
großen Kopf, völlig fehlende Behaarung, kindliches Genitale, bei Frauen fast völlig fehlende
Brustentwicklung, kindliche Gesichtszüge. Auch die Psyche bleibt kindlich, mit Neigung
zu spielerischen Beschäftigungen, unernsten und unreifen Lebensinhalten, ohne klar gesteckte
Ziele, ohne Planen auf längere Sicht, starke Gebundenheit an den Augenblick. Dabei kann
die Intelligenz gut entwickelt sein, doch macht auch sie gleichfalls nicht die entsprechende
Reifung durch und bleibt auf einer kindlichen Stufe stehen. Ebenso ist auch der Affekt dem
des Kindes am ehesten vergleichbar, problemloses Sich-Erfreuen an augenblicklichen Gegebenheiten, ebenso rasches Leidsein und Affektausbrüche dort, wo irgend etwas gegen den Strich
geht. Ein Triebleben sexueller Art bildet sich nicht aus.

Um hier nochmals einen kurzen Hinweis auf die toto coelo verschiedene
Fassung des Begriffes der konservativen Entwicklung, wie wir sie beim Pyknomorphen fanden, zu geben, sei daran erinnert, daß ein derart retardierter Infantiler natürlich seinerseits sowohl pyknomorph wie leptomorph sein kann. Die
Tatsache seines Infantilismus hat nichts zu tun mit der Einreihung auf der Skala
zwischen pyknomorpher und leptomorpher Wuchstendenz.

Viel wichtiger sind die leichteren, abortiven Fälle von Infantilismus. Hierbei handelt es sich nicht um ein Persistieren auf frühkindlicher Stufe ohne alle
Anzeichen einer sexuellen Reifung, sondern um alle quantitativen Stufen zwischen
dieser maximalen Prägung und der Norm, d. h. um mehr oder weniger starke
Grade von Retardierung. Diese leichten und leichtesten Abweichungen führen
im Bereich der Psyche in ein sehr wichtiges Problemgebiet hinein, nämlich in
das Gebiet der Hysterie. Sie erlangen dadurch eine besondere Bedeutung.

Wir verstehen hier unter Hysterie nicht den weiten Begriff alles Psycho-
genen, wie er mitunter verstanden wird, sondern den engeren Begriff dessen,
was KRETSCHMER unter dem Begriff des hysterischen Wesens oder JASPERS unter
dem hysterischen Charakter versteht. Im Gebiete der leicht bzw. partiell retardierten Sexualkonstitution liegt ohne Zweifel der konstitutionsbiologische Mutter-
boden, auf dem der hysterische Charakter im engeren Sinne erwächst, eine Erkenntnis, die wir KRETSCHMER verdanken. Genetische und genealogische Forschung stehen auch hier noch ganz am Anfang. Doch ergibt sich von hier aus ein

Programm für zukünftige Forschung. Eine genaue familienbiologische Persön-
lichkeitsanalyse, ausgehend von autochthon retardierten Persönlichkeitsbildern
wäre imstande, das genetische Radikal bei der Hysterie in seiner Wechselwirkung mit den verschiedenen Konstitutionsformen aufzudecken.

Es würde sich dabei vermutlich ergeben, daß ganz charakteristische Konstitutionsformen,
deren Hauptstigma das Moment der Retardierung ist, sich wie ein roter Faden durch
die Familien hindurch verfolgen lassen würden. Nur ein kleiner Teil der Fälle würde wohl
wieder hysterische Manifestationen im Sinne von Krankheitssymptomen (Anfällen,
Lähmungen) irgendwann im Laufe des Lebens erkennen lassen, zahlreiche andere werden
niemals „hysterisch" werden, dennoch werden auch diese bei einer genauen Betrachtung
ihrer Lebenskurve eine Reihe von sehr charakteristischen Eigentümlichkeiten zeigen, die
die konstitutionelle Beschaffenheit verraten. In soziologischer Beziehung finden wir unglückliche Ehen, Häufungen von Ehescheidungen mit langen und gehässigen Scheidungs-
prozessen, Verhältnisse zu dritt, zwei-, drei-, ja viermalige Eheversuche mit immer der
gleichen völligen Instinktlosigkeit bei der Partnerwahl, häufig die Wahl schon verheirateter
oder sonstwie gebundener Partner. Ferner sind charakteristisch schwere Zerwürfnisse
unter nächsten Verwandten, oft zwischen Eltern, Kindern oder Geschwistern, die das
völlige Fehlen eines „Familieninstinktes" verraten. Manchmal zentrieren sich diese
Zerwürfnisse um Erbschafts- oder Berufsstreitigkeiten, gehen aber meist in ihren Wurzeln
viel tiefer, oft auf widernatürliche, bis in die Kindheit reichende Haßeinstellung zwischen
nächsten Anverwandten zurück. Wir finden weiter auffallende soziale Auf- und Abstiege;
Aufstiege oft bis zu den höchsten Höhen (meist über die Bühne, den Film, die Rednertri-
büne oder andere öffentliche Zugangswege) und ebenso raschen Sturz und Verschwinden
im Dunkeln. Auch hier ist das Fehlen aller echten Bindungen an andere Menschen, Freunde,
Verwandte so sehr bezeichnend, was allein es verständlich macht, daß „der einst so Gefeierte"
oft im Armenhaus endet. Sehen wir uns die Erscheinungsformen im einzelnen näher an,
die uns in derartigen Familien entgegentreten, so finden wir: Kulissen und Dekorationen,
Flitter und Masken, fürs Auge hergerichteter Prunk, dahinter Pappe; lauter Theatralik,
Pathos, gespielter Affekt, „große Szenen", Aufmachung, Angabe, Kostüme und Rollen;
Tragödien und Komödien, aber alle nur gespielt — kurz, mit einem einzigen Wort: Theater.
Und dementsprechend auch die Reaktion der Umwelt: Applaus oder Gelächter, aber keine
letzte Beteiligtheit, kein wirkliches Ernstnehmen.

Die Persönlichkeitsformen, die sich immer wieder finden, wenn auch nach Formniveau
und Intelligenz innerhalb weiter Grenzen variierend: der „Vamp-Typus" und die frigide
Prostituierte, aus der später häufig die moralische „Betschwester" wird, der gepflegte „Don
Juan" und der sensitive Homosexuelle, die „grande dame" und der „Hochstapler", der
„gefeierte" Rechtsanwalt, Schauspieler oder Sänger — der „Star". Und diese ganze bunte
Welt, der nichts ermangelt als eines: die Echtheit — wächst auf jenem konstitutionsbiologischen Boden, der gekennzeichnet ist durch die mangelhafte Ausreifung der Sexualkonstitution und den damit zusammenhängenden Defekt im Gefüge des Instinktlebens. Es fehlen
die zum ausgereiften Leben wesentlichsten Instinkte der Partnerwahl, der Bindung, der
Familie. Dieser Mangel wird dumpf und halb bewußt erlebt und führt zur Überkompensation
mit all ihren mannigfachen und oft seltsamen Blüten im Gemeinschaftsleben der Menschen.

Die mangelhafte Ausreifung der Sexualkonstitution mit der gesetzhaft
damit verbundenen Störung des Instinktlebens ist ein weiterer Fall psycho-
physischer Ganzheitlichkeit, der offenbar auf eine frühontogenetische Genwirkung zurückführbar ist.

Vergegenwärtigen wir uns bei der genetischen Betrachtung des Problems auch
hier wieder die Art und Weise, wie überhaupt Gene in die Entwicklung eingreifen
— denken wir an das früher gebrachte Gleichnis des Baumes — dann müssen wir
uns auch unter der hier angenommenen Genmutation eine Verschiebung einer
Determinationsentscheidung vorstellen in dem Sinne, daß auf relativ frühembryonaler Entwicklungsstufe eine Determinationsentscheidung fällt, die eine spezifische
Wirkstoffproduktion zur Folge hat, so daß bei der viel später erfolgenden ontogenetischen psychophysischen Entfaltung des Individuums der ganze Vorgang der
sexuellen Reifung nicht in normaler Weise ablaufen kann, sondern mehr oder weniger
zurückbleibt. Da in diese hochkomplexen Prozesse zahlreiche weitere Faktoren
ebenfalls eingreifen, ist ohne weiteres denkbar, daß in dem einen Individuum —
genetisch könnten wir sagen: in dem einen genotypischen Milieu — die betreffende

Genwirkung hinsichtlich der psychischen und physischen Wirkungen im Phänotypus auf einer anderen Verteilung beruht als in dem anderen. Dieser Faktor kann
also, je nachdem, wie er in die Gesamtsymphonie der abgestimmten Reaktionsverläufe eingepaßt ist, einmal zu einer Hauptdeterminante des resultierenden
Phänotypus, zur 1. Geige, werden, ein anderes Mal nur zu einem bestimmenden
Agens für die Ausprägung einiger psychischer oder physischer Oberflächenmerk-
male, zu einer Begleitstimme. Damit erklärt sich die Verschiedenartigkeit, mit
der psychische und physische Retardierungsmerkmale miteinander verbunden
sind.

So erscheint uns genetisch das Problem des Infantilismus und damit
dasjenige der Hysterie als die phänotypische Domäne eines bestimmten Erbfaktors, den wir als Retardierungsfaktor (R-Faktor) bezeichnen können. Es ist anzunehmen, daß es sich auch bei diesem Faktor um ein
sehr frühzeitig in die Determinationsvorgänge eingreifendes Gen handelt und
daß die hormonale Beschaffenheit des retardierten Organismus nicht Ursache,
sondern Wirkung dieses viel früher liegenden Faktors ist. Wir sehen weiter,
daß dieser präsumptive Faktor seinerseits ganz unabhängig von unserem Strukturbestimmer (S-Faktor) ist, daß sich aber alle möglichen Kombinationen
denken lassen. In den Phänotypus hineinprojiziert heißt dies, daß man nicht
neben die cyclothyme und die schizothyme Persönlichkeitsstruktur eine hysterische Persönlichkeitsstruktur stellen wird, sondern daß sowohl der Cyclothyme,
wie auch der Schizothyme dann, wenn ihr Genom diesen R-Faktor enthält,
Retardierungssymptome aufweisen und im Zusammenhang damit gegebenen-
falls hysterische Manifestationen, daß wir also cyclothyme und schizothyme
Hysteriker unterscheiden können. Das gleiche Verhältnis besteht zu den Sekundärvarianten erster Ordnung, bzw. dem D-Complex.

2. Der genopathisch-dysmorphische Formenkreis.

Wir sahen bei der Besprechung der dysplastischen Formvarianten, daß auch
dort nicht das Hormon, sondern Genmutationen als die letzte Ursache verantwortlich zu machen waren; und zwar Genmutationen, die zu einer geänderten
Hormonproduktion der endokrinen Organe einerseits und zu einer Änderung
der Reaktionsbereitschaft des Erfolgsorganes andererseits führten. Immerhin
waren in den Ursachenkreis eine oder mehrere hormonale Wirkungen als essentielle Faktoren eingeschaltet. Aus diesem Grund waren wir berechtigt, die Formen zu einer eigenen, dysplastischen Gruppe zusammenzufassen. Schon die eben
gegebene Formulierung zeigt aber, daß keine scharfen Grenzen nach den Sekundärformen erster Ordnung bestehen und daß andererseits auch zu der jetzt zu besprechenden Gruppe fließende Übergänge bestehen, wie gleich die erste Unter-
gruppe, die Intersexualität, zeigen wird.

Wir fassen in diese Gruppe allgemeine, die psycho-physische Ganzheit betreffende Variationen der Konstitution zusammen, die mit ihren extremen
Prägungen deutlich ins Pathologische hineinreichen, aber ohne besondere Zwi-
schenschaltung des hormonalen Systems, unmittelbar durch Genmutationen, zustande kommen. Zum Teil spielen auch dabei gewisse hormonale Wirkungen
eine Rolle; es ist aber nicht die geänderte Hormonwirkung die Bedingung für die
Konstitutionsvariante, sondern diese bedingt umgekehrt die geänderte Hormonwirkung. Auch diese Gruppe ist keine geschlossene oder einheitliche, sondern
umfaßt an sich ganz heterogene Formen und Bilder. Ihre Zusammenfassung zu
einer Gruppe verdankt sie lediglich einer rein genetischen, nicht einer klinischen
Überlegung. Wir können auch hier mehr eine Ahnung von der Vielfalt geben als
diese Vielfalt erschöpfend darzustellen.

Die Intersexualität. Wir besprechen zunächst die Intersexualitätsphänomene, weil auf diesem Gebiet gerade in der Konstitutionsforschung immer noch eine gewisse Verwirrung besteht und weil es sich dabei um ein exquisit genetisches Problem handelt. Wir müssen allerdings sowohl den Mechanismus der Geschlechtschromosomen, wie auch die Entwicklung der Geschlechtsorgane als bekannt voraussetzen.

Seit GOLDSCHMIDT über seine Untersuchungen sexueller Zwischenstufen am Schwammspinner berichtete, bemächtigte sich die menschliche Konstitutionsforschung sehr bald dieses Begriffes und erklärte bald so ziemlich alle Phänomene aus der Pathologie der Geschlechtsmorphologie und -psychologie als Folge von Intersexualität. Neben den sog. echten und falschen Zwitterbildungen wurden als intersexe Symptome aufgefaßt alle Maskulinismen bei der Frau, abnorme Behaarungen, viriles Skelett, mangelhafte Brustentwicklung oder homosexuelle Veranlagung; ebenso alle Feminismen beim Mann, mangelhafte Behaarung, feminine Fettverteilung, Gynäkomastie und, ebenfalls, homosexuelle Veranlagung. Ja, es gibt auch heute, wie wir noch sehen werden, Theorien, denen zufolge die homosexuellen Männer als „Umwandlungsmännchen" im Sinne von GOLDSCHMIDT aufzufassen sind (LANG). Nun besteht in der Tat in der Klinik ein Bedürfnis, einen gemeinsamen Ausdruck zu besitzen für alle oben genannten Abweichungen, die den Phänotypus als einen von seinem Geschlecht abweichenden Ausprägungstypus erscheinen lassen, gleichgültig, wie diese Abweichung zustande gekommen ist. Wenn man aus diesem Bedürfnis heraus bei einem Kastraten, einem Eunuchoiden, einem Gynäkomasten oder gar einem Homosexuellen von einem Intersex spricht, muß man sich klar sein, daß hier der Begriff weit über den Tatbestand hinausgeht, mit dem er in die Biologie eingeführt wurde. Man wird dann am besten bei den Formen im engeren Sinne von zygotischer Intersexualität sprechen.

Ein zygotischer Intersex ist ein Individuum, das nach seiner genetischen Beschaffenheit eigentlich ein Weibchen bzw. ein Männchen sein sollte, tatsächlich aber nur bis zu einem bestimmten Augenblick mit seinem eigentlichen Geschlecht entwickelt wird, von diesem Augenblick, dem Drehpunkt an, aber seine Entwicklung mit dem anderen Geschlecht vollendet. Es folgt also im gleichen Individuum eine weibliche Phase einer männlichen oder umgekehrt. In seine Einzelbestandteile analytisch aufgelöst, ist somit ein solches Intersex ein „Mosaik" aus verschiedengeschlechtlichen Teilen, die zeitlich hintereinander liegen, also, wenn man so sagen darf, ein „Mosaik in der Zeit". Was heißt nun, es sei nach seiner genetischen Beschaffenheit ein Weibchen bzw. ein Männchen?

Jedes Individuum verfügt in seinem Genom über ein bestimmtes Chromosom, das Geschlechtschromosom, das (beim Säugetier) im weiblichen Geschlecht paarig bzw. homozygot (XX) vorhanden, im männlichen Geschlecht unpaarig, bzw. heterozygot (XY) vorhanden ist. Der weibliche Organismus produziert deshalb nur Gameten einer Sorte, nämlich mit dem Chromosom X, der männliche 50% mit dem Chromosom X und 50% mit Y. Durch die Vereinigung bei der Befruchtung entstehen auf diese Weise 50% XX und 50% XY, d. h. gleichviel Weibchen und Männchen. Wir können deshalb sagen: ein Intersex ist ein Individuum mit der genetischen Beschaffenheit XX bzw. XY, das sich gleichwohl zu dem seiner genetischen Beschaffenheit entgegengesetzten Geschlecht entwickelt. Wir sprechen beim Säugetier von weiblicher Intersexualität, wenn bei einer XX-Formel ein männliches Wesen, und von männlicher Intersexualität, wenn sich bei XY ein Weibchen bzw. eine entsprechende Übergangsform entwickelt.

Wie man sich im einzelnen die Ursache für diese Fehlentwicklung vorzustellen hat, ob man, wie GOLDSCHMIDT dies tat, einen M- und einen F-Faktor (Männlichkeits- und Weiblichkeitsbestimmer) annehmen soll, von denen der eine im Geschlechtschromosom, der andere in den Autosomen gelegen ist, oder ob es andere Möglichkeiten gibt, die Phänomene zu erklären, wie dies neuerdings versucht wurde, braucht uns hier nicht näher zu kümmern. Sicher ist, daß durch irgendeine Störung gleichsam im Kräfteverhältnis der einzelnen Faktoren die zunächst ordnungsgemäß eingeleitete Entwicklung umgekehrt wird und von einem bestimmten Punkt an, eben dem Drehpunkt, die Entwicklung nach der entgegengesetzten Seite weiterläuft.

Da nun die Entwicklung der inneren und äußeren Geschlechtsorgane ein recht differenzierter Vorgang ist, läßt sich an dem jeweils erreichten Stand der Entwicklung gleichsam unmittelbar das Maß der Intersexualität ablesen. Je mehr nämlich von dem männlichen Ausführungsgangsystem (WOLFFsche Gänge) entstanden ist, desto früher wird bei weiblicher Intersexualität der Drehpunkt gelegen haben. Je mehr umgekehrt vom weiblichen Gangsystem (MÜLLERsche Gänge) erhalten ist, indem sich etwa ein rudimentärer Uterus, Eileiter oder Vagina findet, desto später lag der Drehpunkt.

Dementsprechend finden wir eine ganze Reihe von Übergangsstufen vom Ovar über den sog. Ovotestis zum Testis. Nun liegt hier noch ein zweiter wesentlich bestimmender Faktor. Die Wirkung der zygotischen Determinationsstoffe, die man sich etwa als embryonales Gonadenhormon vorstellen könnte, ist zu trennen von den Hormonen der erwachsenen Keimdrüse, die erst später erzeugt werden und die vor allem die Bedingungen für die Entstehung der sekundären Geschlechtsmerkmale sind. Nun ist es von bisher nicht übersehbaren Faktoren abhängig, inwieweit eine derartige umgewandelte Gonade, etwa ein Ovotestis, bereits Hodenhormon zu produzieren vermag. Merkwürdigerweise hat man fast völlig in Testes umgewandelte Ovarien beobachtet, die noch Ovarialhormone, hingegen keinerlei Hodenhormone produzierten. Andererseits kennt man Ovotestes mit schon sehr erheblicher Hodenhormonproduktion.

So müssen wir also die zygotische von der hormonalen Intersexualität trennen. Und von letzterer sprechen wir auch nur in Verbindung mit zygotischer. (Es gibt, wie wir gleich noch besprechen werden, auch eine rein hormonal bedingte, bei der wir überhaupt besser nicht von Intersexualität, sondern von Virilismus sprechen.) Durch eine Störung im Kräfteverhältnis der zygotischen Geschlechtsfaktoren kommt es zu einer Umkehr der Entwicklung der inneren Geschlechtsentwicklung und damit auch der Gonaden. Durch die Umwandlung dieser wiederum kann es (muß aber nicht) zu einer Änderung der Hormonproduktion kommen und damit auch zu einer Umwandlung oder Abänderung der äußeren, vor allem auch der sekundären Geschlechtscharaktere.

Sehr wesentlich ist ferner der Umstand, daß beim Menschen wie bei allen Säugetieren eine männliche Intersexualität nicht zu erwarten ist und bisher auch niemals zur Beobachtung kam. Da sich der Hoden früher determiniert als das Ovar und sehr frühzeitig keinerlei Keimepithel mehr enthält, aus dem sich bei einem später einsetzenden Drehpunkt noch Ovarialgewebe bilden könnte, besteht außer im Falle eines sehr früh liegenden Drehpunktes gar keine Möglichkeit der Geschlechtsumkehr, zum mindesten der äußeren Genitalien. Bei mittlerer Intersexualitätsstufe würde der Hoden in der Entwicklung stehenbleiben, das Vas deferens bliebe, die MÜLLERschen Gänge wären in den niederen Stufen abwesend, in den höheren Stufen (also Drehpunkt vor ihrer Rudimentation) könnten sie zu mehr oder minder vollständiger Entwicklung gelangen. Das äußere Genitale, das schon früh entwickelt ist, wäre in den meisten Stufen männlich, aber wegen Fortfalles der Hodenhormone vom Kastratentyp. Nur in den höchsten Stufen wären Bildungen zu erwarten, die einem Stehenbleiben auf embryonalem Zustand entsprechen. Alle äußeren und psychischen Charaktere müßten aber in allen Fällen Kastratentypus haben, da zwar die Hodenhormone wegfallen, aber keine Ovarhormone gebildet werden (GOLDSCHMIDT). Dies sind jedoch nur theoretisch abgeleitete Möglichkeiten, ein empirisches Material fehlt bisher bei allen Säugetieren und beim Menschen völlig.

Viel wichtiger ist die weibliche Intersexualität. Der häufigste Fall, der in mannigfacher Abwandlung beschrieben wurde, ist der Fall mittlerer weiblicher Intersexualität. Die Gonaden sind entweder Ovotestes oder bereits Hoden ohne Spermatogenese. Da es in allen derartigen Entwicklungsanomalien immer Symmetriestörungen gibt, mag eine Gonade noch Ovotestis sein, die andere schon Hoden; der Descensus mag begonnen, ja schon in die Labia majora geführt haben und mag ebenfalls unsymmetrisch sein. Nebenhoden und WOLFFsche Gänge sind vorhanden. Die MÜLLERschen Gänge mögen vollständig als Vagina,

Uterus, Ovidukte und Tuben ausgebildet sein oder eine progressive Rückbildung verschiedener Art zeigen, die genau wie bei den Säugetieren bis zu einer blind geschlossenen Vagina von verschiedener Größe ohne weitere Reste des MÜLLER-schen Ganges führt. Die Derivate des Sinus urogenitalis, also Vulva, Labia majora und minora, Klitoris sind rein weiblich, abgesehen von gelegentlicher Vergrößerung der Klitoris. Sehr wesentlich ist nun, daß die sekundären Geschlechtscharaktere vollständig weiblich sein können. Trotz des in Hoden umgewandelten Ovars wird noch Ovarialhormon und kein Hodenhormon gebildet. In manchen anderen Fällen wird nun aber Hodenhormon bereits gebildet, und dann tritt Wachstum der Klitoris und Vermännlichung der sekundären Geschlechtscharaktere ein. Es sind in der Literatur zahlreiche hierhergehörige Fälle beschrieben, von denen jede besondere Variationen bot, die sich jedoch zwanglos als verschiedene Gradabstufungen, kombiniert mit gewissen asymmetrischen und sonstigen Einflüssen erweisen lassen. Das Wesentliche sind also: Ovotestes oder ein und beidseitig ganz zu Hoden umgewandelte Ovarien; MÜLLER-sche Gänge stets mangelhaft entwickelt (enge kümmerliche Vagina, fehlende Portio, rudimentärer Uterus usw.); äußere Genitalien von rein weiblich über Zwischenstufen mit gewissen männlichen Einschlägen (große penisartige Klitoris, scrotumartige Labien usw.), sekundäre Geschlechtsmerkmale von rein weiblich bis zu abgeschwächt männlichen Zügen.

Von dieser Gruppe mittlerer Sexualität führen alle Übergänge nach unten zu schwacher, nach oben zu starker Intersexualität. Bei der starken Intersexualität muß es zu einer weitergehenden Umgestaltung der Derivate des Sinus urogenitalis zum männlichen Zustand kommen mit gleichzeitig weiterer Rückbildung der Vagina und des Uterus; dazu käme fortschreitende Hodenumbildung bis zur Bildung von Spermien. Tatsächlich sind Intersexe dieses Typus in variierendem Zustande bekannt. Im höchsten Stadium finden sich schließlich Hypospadia penis-scrotalis (nicht mit echter Hypospadie zu verwechseln), die in den verschiedensten Übergängen bis zu einem weitgehend männlichen Zustand der äußeren Genitalien führen. Mehr oder wenig Vagina ist dabei immer noch vorhanden. Hier können auch schon lebende Spermien gefunden werden. Auch die sekundären Charaktere sind männlich, so daß man annehmen kann, daß in diesen höchsten Stadien die Hodenhormone meist gebildet werden (Fall von POZZI). Auch hier kann jedoch noch ein Ovotestis vorhanden sein. Wenn man nun noch einen Schritt weiter denkt, dann gelangen wir zu Formen, in denen praktisch kein Scheidenrest mehr nachweisbar ist, die Gonaden völlig umgewandelt sind, so daß es dann unmöglich ist, zu entscheiden, ob höchste weibliche Intersexualität nahe der völligen Geschlechtsumwandlung vorliegt (Umwandlungsmännchen) oder nur eine leichte Hemmungsbildung bei einem gametischen Mann.

In der Richtung der schwachen Intersexualität liegt der Drehpunkt bereits nach der Differenzierung der MÜLLERschen Gänge, also entweder spät-embryonal oder gar erst nach der Geburt. Da nur noch die Gonade selbst sich verändern kann (als weiter differenzierungsfähiges Organ), so kann sie sich in einen Ovotestis oder gar in einen Hoden verwandeln. Übt dieser aber, was meist der Fall sein wird, keinerlei Hormonproduktion aus, so kann nur ein Zufall (Operation oder Obduktion) die schwache Intersexualität ans Licht bringen. Eine schwache Hormonproduktion mag zur Klitorisvergrößerung führen und nur eine starke zur Vermännlichung der sekundären Geschlechtscharaktere. Eine Anzahl derartiger Fälle sind bekannt.

So findet sich eine Reihe weiblicher Intersexualität vom ersten Beginn bis zur fast völligen Geschlechtsumwandlung.

Die früheren Unterscheidungen in Hermaphroditismus verus und Pseudohermphroditismus und dieses wiederum in masculinus und femininus, externus und internus sind rein deskriptive Bezeichnungen zu einer Zeit, in der das genetische Verständnis für die Erscheinungen noch fehlte. Sie treffen keineswegs mehr das Wesentliche und sind besser aufzugeben. Es würde danach etwa ein Individuum mit nur Testes und ganz schwachen Abweichungen der äußeren Genitalien, wie etwa Hypospadie usw., als Pseudohermaphroditismus masculinus" bezeichnet werden, bei dem es sich in Wirklichkeit um einen echten weiblichen Intersex mit völliger Umwandlung der Gonade handelt. Umgekehrt wäre ein anderes Individuum als „Hermaphroditismus verus" scharf von dem ersten Fall zu trennen, lediglich deshalb, weil ein Teil der Ovarien noch nicht umgewandelt ist und noch Ovotestes bestehen. Ein Fall mit lediglich Ovarien und äußeren vermännlichten Genitalien wäre dort wieder als „Pseudohermaphroditismus femininus" zu bezeichnen, den wir überhaupt nicht als Intersex, sondern als Virilismus auffassen müssen[1].

Virilismus. Damit kommen wir wieder auf ein konstitutionstypologisch wichtiges Problem. Es gibt Formen, die, wie eben bemerkt, mitunter als Pseudohermaphroditismus femininus bezeichnet werden, bei denen das ganze innere Genitale rein weiblich ist und nur die äußeren Genitale und die sekundären Charaktere sich vermännlichen. In dieser extremen Prägung sind die Formen allerdings selten, und schon ältere Autoren erkannten, daß hier besondere Verhältnisse vorliegen. Besonders studiert wurden sie von GALLAIS und BERNER. Die Ursache dieser Art von Störung liegt, wie sich einwandfrei ergab, nicht in einer falschen Kombination der F- und M-Gene im Sinne von GOLDSCHMIDT, sondern in hormonalen Veränderungen von seiten der Nebennierenrinde. In der überwiegenden Mehrzahl der Fälle wurden Tumoren oder schwere Hyperplasien der Nebenniere festgestellt. Außerdem kann vielleicht auch ein Ovarialtumor ähnliche Erscheinungen hervorrufen (SELLHEIM), wobei allerdings der Verdacht auf versprengte Nebennierenkeime auch hier noch besteht.

Schon neugeborene oder ganz junge Kinder dieser Art wurden beschrieben. Alle besitzen normale Ovarien und Derivate des MÜLLERschen Ganges, dazu aber fast bis völlig männliche äußere Genitale, natürlich ohne Scrotum. Der Penis ist perforiert, manchmal hypospad. Es kann kaum zweifelhaft sein, daß hier ein weibliches Individuum vorliegt, bei dem bereits embryonal die Nebennierenhyperplasie begann und ihre vermännlichende Wirkung ausübte zu einer Zeit, wo die äußeren Genitalien noch umbildungsfähig waren. Je später diese Wirkung einsetzt, um so unvollkommener ist natürlich die Umbildung. Tritt die hormonale Störung erst nach der Pubertät auf, dann kommen Fälle zustande, in denen bei einer normalen Frau plötzlich männliche Behaarung erscheint, die Mammae schrumpfen, die Stimme tief wird und die Klitoris an Größe zunimmt, lauter Erscheinungen, die nach Entfernung der Geschwulst zurückgehen. Man kann natürlich auch für diese Erscheinungen die Bezeichnung ,Intersexualität' verwenden, müßte dann aber ausdrücklich von einer suprarenalen Intersexualität sprechen. GOLDSCHMIDT rät aber angesichts der Verwirrung, die die Nomenklatur ohnehin schon angerichtet hat, mehr zu dem Ausdruck suprarenaler Virilismus.

Hervorzuheben sind hier die gar nicht seltenen Abortivformen: Frauen, bei denen sich im Laufe oder nach der Pubertät deutlich virile Züge, vor allem Behaarung der Beine, der Linea alba, eventuell der Brüste und des Kinnes einstellen, ferner gewisse Skelettumwandlungen, zugleich mit psychischen Anomalien im Sinne der Asthenie und der Triebschwäche, ferner Menstruationsstörungen. MATHES hat sich sehr viel mit dieser Konstitutionsform beschäftigt, die er als „Zukunftsform" bezeichnete und als Intersex auffaßte. Wie schon erwähnt, warf er sie auch mit dem Begriff des Leptomorphen zusammen. Nach den Ausführungen sehen wir, daß diese Auffassung dem engeren zygotischen Sinne der Intersexualität sicher nicht entspricht. Es handelt sich dabei ohne Zweifel um hormonale Wirkungen oder wie im vorigen Kapitel öfters ausgeführt, um

---

[1] Nach unserer Terminologie gehört der Virilismus (resp. Feminismus) zu den Dysplasien, die Intersexualität hingegen zu den Dysmorphien.

erbliche Bereitschaften des Organismus, verstärkt auf das Hormon zu reagieren. Es ist durchaus möglich, daß auch die hormonale Ovarialfunktion in diesen Funktionskreis eingeschaltet ist; auch andere konstitutionelle Faktoren spielen sicher eine Rolle, da man diese Störung fast niemals bei Pyknikern, sondern vor allem bei hyper- und hypoplastischen Konstitutionsformen findet.

Wir können also zusammenfassen: Am Virilismus der Frauen sind ursächlich beteiligt:

a) Unmittelbar genische Wirkungen im Sinne einer erhöhten Bereitschaft zur Reaktion auf das Nebennierenhormon.

b) Verstärkte hormonale Aktivität der Nebennieren.

c) Sekundäre hormonale Wirkungen des Ovars, der Hypophyse usw.

d) Einflüsse von seiten der gesamten Konstitution (Asthenie, Athletik).

Sicher aber spielen Veränderungen im Sinne der echten zygotischen Intersexualität keine Rolle.

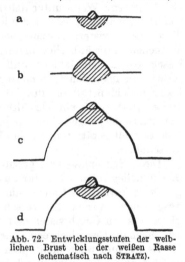

Abb. 72. Entwicklungsstufen der weiblichen Brust bei der weißen Rasse (schematisch nach STRATZ).

Feminismus. Genau dasselbe gilt auch für gewisse Erscheinungen des männlichen Körpers. Es finden sich dort bei völlig männlichen inneren wie äußeren Genitalien gewisse Stigmen der sekundären Geschlechtscharaktere im Sinne einer Feminierung, vor allem Andeutung von Brustbildung bis zu tatsächlichen, sogar funktionierendem Drüsengewebe (Gynäkomastie), Abweichungen in der Behaarung sowohl des Bartes wie des Rumpfes, wobei die bekannte horizontale Schamhaarbegrenzung des weiblichen Körpers charakteristisch ist. Ferner finden wir in der Fettverteilung weibliche Züge mit Ansammlung des Fettes an den Hüften, Nates und Oberschenkeln, so daß der Hüftumfang den Brustumfang erheblich überschießen kann; weiter gehört hierher vollkommener Schluß der Oberschenkel bis zum Knie, X-Beine und eine bestimmte Hautbeschaffenheit mit feiner Struktur und schwacher Papillenbildung.

Eine wichtige Bedeutung kommt hier auch der Hypospadia penis zu, einer gar nicht allzu seltenen Mißbildung. GOLDSCHMIDT meint, daß es theoretisch nicht ausgeschlossen ist, daß die Hypospadie die höchste Stufe weiblicher Intersexualität direkt vor der völligen Geschlechtsumwandlung darstellt. Genealogische Überlegungen führen ihn jedoch dazu anzunehmen, daß es sich in den meisten Fällen in Wirklichkeit um eine Abnormität vom Typus der Hemmungsbildungen (wie z. B. Hasenscharte) handelt.

Ähnliches gilt ohne Zweifel auch für andere Feminismen. So findet sich die Gynäkomastie in allen Abstufungen, auch einseitig meist in den leichten Stufen von bloß etwas zipflig vorstehenden Brustwarzen, also der Stufe b) von Abb. 72. Jedoch finden sich Formen bis zu Stufe c). Niemals aber finden sich bei den an sich gar nicht seltenen Gynäkomasten zugleich Mißbildungen der Genitalorgane im Sinne der Intersexualität. Auch die zu erwartende erhöhte Korrelation mit Hypospadie ist nicht bekannt. Möglicherweise finden sich in der Mehrzahl unterwertige Hoden und eine gestörte Sexualkonstitution (im Sinne der Retardierung) sowie andere endokrine Momente. Vor allem kann auch hier wieder eine genisch bedingte besondere Bereitschaft des Erfolgsorganes gegenüber hormonalen Wirkungen angenommen werden.

Homosexualität. Damit kommen wir schließlich zur Frage der Homosexualität, die konstitutionsbiologisch von besonderem genetischen Interesse ist. Th. Lang hat hier die Hypothese aufgestellt, daß sich unter Homosexuellen eine Reihe von Umwandlungsmännchen finden, d. h. also genetischen Weibchen, die sich ganz in der Art der schwersten Formen der Intersexualität durch einen sehr früh liegenden Drehpunkt vollkommen zum Männchen umgewandelt haben. Dieser Annahme treten neuerdings Tage-Kemp und von Verschuer näher, die den Satz übernehmen, daß ein Teil der Homosexuellen als Intersexe aufzufassen seien[1]. Wir können dieser Annahme nicht beipflichten, was wir im folgenden kurz darlegen möchten.

Lang gründet seine Hypothese auf die Auszählung der Geschwisterschaften von Homosexuellen hinsichtlich des Verhältnisses von weiblichen und männlichen Geschwistern. Wenn unter den Homosexuellen in der Tat eine Anzahl von Umwandlungsmännchen sich befinden, dann muß ein Überwiegen der Männer unter diesen Geschwistern festzustellen sein, da dann gewissermaßen eine Reihe von Weibchen unter äußerlich männlichen Probanden versteckt ist und damit in den Geschwisterreihen fehlen muß. Die Durchzählung großer Zahlen von Geschwistern männlicher Homosexueller ergab nun in der Tat eine Verschiebung, insofern sich anstatt des durchschnittlich zu erwartenden Verhältnisses von etwa 106 ♂ : 100 ♀ nun ein Verhältnis bis zu 132,9 ♂ : 100 ♀ fand. Unter den Geschwistern derjenigen Probanden, die sich noch in einem Alter von über 25 Jahren homosexuell betätigten, ist das Verhältnis noch stärker, nämlich 139,2 ♂ : 100 ♀ verschoben.

Diese Ergebnisse sind gewiß außerordentlich interessant, zumal Lang auch den naheliegenden Einwand auszuschalten suchte, daß sich auf jeden Fall ein gestörtes Verhältnis finden müsse, wenn von Probanden nur eines Geschlechtes ausgegangen werde. An verschiedenen anderen Materialien, bei denen es sich gleichfalls um Geschwister männlicher Probanden handelte, fand er eine durchaus normale Geschlechterproportion von 107,2 : 100.

Es ist nun aber nicht gesagt, daß diese veränderte Geschlechtsproportion nicht doch auch anders zu erklären wäre, daß sie also einen absolut gültigen Beweis für die Hypothese darstellt. Wenn wir uns nun andererseits gerade als Genetiker die Frage nach dem Wahrscheinlichkeitswert der Langschen Hypothese vorlegen, so sind doch einige ernstliche Bedenken zu äußern. Wir wollen aus diesen nur zwei herausgreifen:

1. Handelt es sich bei den Homosexuellen in der Tat um einen erheblichen Prozentsatz sog. Umwandlungsmännchen, dann müßten unbedingt

a) unter den Homosexuellen selbst,

b) unter ihren Geschwistern und Kindern eine erhöhte Zahl von echten Zwischenstufen sich finden, wie wir sie ja beim Menschen im „Hermaphroditismus" bereits genau kennen. Es müßten sich zum mindesten irgendwelche Anzeichen für das gehäufte Auftreten derartiger schwächerer Intersexe zeigen. Umwandlungsmännchen entstehen durch Kreuzung verschieden starker und nicht aufeinander abgestimmter F- und M-Wirkungen. Es ist nun ganz unwahrscheinlich, daß immer nur gerade die stärksten Grade von Intersexualität, d. h. die Kreuzungen aller differentester Quantitätsstufen zustande kommen, nicht aber diejenigen zwischen angenäherten Quantitätsstufen. Im Gegenteil wäre es viel wahrscheinlicher, daß die mittleren Formen der Intersexualität viel häufiger sind

---

[1] Tage Kemp: Handb. d. Erbbiol. d. Menschen 4, 2. T., 946: Ein Teil der Fälle von Homosexualität kann vermutlich als ein Ausschlag von Intersexualität aufgefaßt werden. Und v. Verschuer: Erbpathologie, 2. Aufl., S. 90: Homosexualität. Ein Teil der Fälle sind sexuelle Zwischenstufen (Goldschmidt).

als die völligen Umwandlungsformen. Alle genetischen Analoga aus der Tierreihe zeigen dies ganz einheitlich. Es ist genetisch gar nicht verständlich, wieso immer nur völlige Umwandlung, nicht aber zugleich auch nur teilweise Umwandlung auftritt.

Hierher gehören weitere Einwände, z. B. derjenige, daß die weiblichen Homosexuellen unmöglich analog als Umwandlungsweibchen, also genetische Männer aufgefaßt werden können, da eine derartige männliche Intersexualität bei Säugetieren überhaupt niemals beobachtet wurde. Es besteht also das Dilemma, die weibliche Homosexualität auf völlig andere Weise zu erklären, wodurch die Frage auftaucht, ob die männliche nicht auf dieselbe Weise erklärt werden könnte.

Weiter wäre zu fragen, wieso gerade die psychische Sexualität, d. h. die Triebrichtung, sich als einziges Zeichen der eigentlichen zygotischen Sexualität, der genetischen Formel, bewahren sollte, während alles andere bis ins letzte umgewandelt wurde. Nimmt man solche Umwandlungsmännchen als existent an, dann ist nicht einzusehen, warum die Triebrichtung, diese so außerordentlich labile Seite des gesamten Sexualmechanismus, nicht lange vorher ebenfalls umgewandelt wurde. Diese psychische Seite der Sexualität ist ohne Zweifel eng von der Hormonfunktion abhängig; da diese bei dem totalen Umwandlungsmännchen ebenfalls total umgewandelt sein muß (sonst käme es ja nicht zu der Ausbildung der sekundären Geschlechtcharaktere), müßte unbedingt auch der Geschlechtstrieb in seiner Richtung umgedreht worden sein. Dann aber wären diese Leute gar nicht homosexuell.

2. Das zweite Argument ist ein genealogisches. Das Experimentum crucis für die LANGsche Hypothese wäre die Untersuchung der Kinder, nicht der Geschwister von Homosexuellen. Bekanntlich können Umwandlungsmännchen als XX-Individuen mit normalen Frauen, die gleichfalls XX-Individuen sind, keine Söhne erzeugen, sondern nur Töchter. Nur wenn dies nachgewiesen wäre, dann gewänne die Hypothese an Wahrscheinlichkeit. Gerade das Umgekehrte aber ist der Fall: Unter den bisher festgestellten Kindern von Homosexuellen findet sich fast dasselbe Überwiegen der Knaben, d. h. das gleiche Geschlechtsverhältnis wie unter den Geschwistern. Obwohl sich LANG selbst diesen Einwand macht, erklärt er ihn nebenbei als einen nur scheinbaren Widerspruch, da sich vielleicht unter den verheirateten Homosexuellen überhaupt kein Umwandlungsmännchen, sondern nur „effeminierte" Männchen befänden. Mit diesem Erklärungsversuch wird plötzlich eine gänzlich andere Form der Homosexualität zu Hilfe gerufen, für die erstens die Knabenziffer keinerlei Beweis mehr darstellt, denn nun handelt es sich ja um genetische Männchen; und zweitens wieder die männliche Intersexualität herangezogen, die es in dieser Form bestimmt nicht gibt. GOLDSCHMIDT zeigte eingehend, daß aus einer männlichen Anlage höchstens komplette Umwandlungsweibchen entstehen können; sobald aber der Drehpunkt später liege, können niemals „effeminierte", sondern immer nur „kastratoide" Formen zustande kommen, d. h. Formen, die überhaupt keine Keimdrüsenfunktion besitzen. Diese können aber unmöglich Kinder erzeugen.

Auch die Zwillingsergebnisse scheinen mir keineswegs beweisend für eine zygotische Intersexualität. LANG fand unter seinen 1517 homosexuellen Probanden insgesamt 20 Zwillingspaare, und unter diesen 18 gleichgeschlechtlich männliche und nur 2 Pärchenzwillinge. Er faßt auch dieses Ergebnis als eine Bestätigung seiner Hypothese auf, da die Zahl der Pärchenzwillinge zu gering sei. Eine einfache Überlegung zeigt jedoch, daß unter einem eingeschlechtlichen Probandenmaterial die Zahl der gleichgeschlechtlichen Zwillinge — sofern wir nur von den zweieiigen sprechen — schon etwa doppelt so häufig zu erwarten sind wie die Pärchen. Von den 20 Zwillingen wären also etwa 6 bis 7 EZ zu erwarten, die notwendigerweise gleichgeschlechtlich sein müssen; unter den restlichen 13 bis 14 Paaren sind weitere $^2/_3$, d. h. 8 bis 9, gleichgeschlechtlich männlich zu erwarten. Es bleiben also nur etwa 4 bis 5 PZ zu erwarten gegenüber zwei gefundenen Paaren. Nun sind aber überhaupt zuwenig Zwillinge gefunden, denn unter 1517 Probanden wären bei einer durchschnittlichen Häufigkeit von 60 : 1 etwa 25 Zwillingspaare gegenüber den 20 gefundenen zu erwarten. Es scheint mir deshalb sehr wahrscheinlich, daß die noch fehlenden Paare zum größeren Teil PZ sind, so daß sich die normale Erwartungsziffer von PZ bei voller Erfassung der Zwillinge erfüllen würde.

Auch die von LANG herangezogene Parallele zu den Zwicken endlich scheint mir schwerlich haltbar. Würde sich in der Tat ein hormonaler Einfluß vom männlichen Partner auf einen durch eine gemeinsame Anastomose verbundenen weiblichen Partner geltend machen, müßte sich dieser doch bei allen oder wenigstens einem Teil der sehr häufigen PZ-Geburten bemerkbar gemacht haben. Auf jede 80. bis 100. Geburt fällt etwa eine Geburt eines PZ-Paares! Noch niemals aber zeigten sich Anzeichen, daß der hormonale Einfluß des männlichen Partners eine hormonale Intersexualität in irgendeiner Form beim weiblichen Partner bewirkt habe, niemals zeigte sich etwa Sterilität der weiblichen PZ-Partnerinnen, niemals irgendwelche Genitalmißbildungen. Warum soll ausgerechnet bei den Homosexuellen, die zufällig als Zwillinge geboren sind, sich dieser hormonale Einfluß plötzlich geltend machen, und zwar gleich so stark, daß aus einem genotypischen Weibchen ein Männchen wird?

Zu diesen Unstimmigkeiten genetischer Art, die die Hypothese von LANG immerhin recht zweifelhaft machen, kommt aber auf der anderen Seite die Möglichkeit, das Phänomen der Homosexualität auch ganz ohne die Intersexualitätstheorie, jedoch gleichfalls als ein konstitutionelles Phänomen zu deuten. In der Entwicklung der Sexualität aus dem kindlich unstrukturierten in den erwachsenen hochstrukturierten Zustand werden Phasen durchlaufen, in denen die Sexualität, sofern man schon von einer solchen sprechen kann, mehr oder weniger richtungslos auftritt. Man könnte hier fast von einer Art „sensibler Periode" sprechen, innerhalb welcher eine Reihe von Faktoren noch imstande sind, die Entwicklung nach verschiedenen Richtungen abzubiegen. Erst am Ende dieser Periode erfolgt gleichsam die endgültige Determination. Sowohl Faktoren von außen wie auch von innen können also zu abweichenden Determinationen, zu Fixierungen auf frühen Durchgangsstufen der psychischen Sexualität führen, die für das ganze Leben bestimmend sind. Ohne diese Betrachtungsweise hier näher ausbauen zu wollen, ist es klar, daß damit die Homosexualität in die Gruppe aller übrigen sexuellen Perversionen hineingestellt wird, in die sie unseres Erachtens hineingehört, aus der sie aber durch die LANGsche Hypothese herausgerissen würde. Denn für die Perversion des Fetischismus oder des Transvestismus, das Sadismus oder des Narzismus ist die Intersexualitätshypothese doch wohl nicht anwendbar. Es scheint mir a priori viel richtiger, die Homosexualität in dieser ganzen Gruppe sexueller Perversionen zu belassen, bei denen es sich samt und sonders um vorzeitige oder abwegige psychische Determinationen früherer Durchgangsphasen der psychischen Sexualentwicklung handelt.

Der Hypothese LANGS stehen also immerhin einige ernste Einwände entgegen. Das hindert jedoch nicht, daß hier die Akten noch nicht geschlossen sind und die Hypothese in der Neuartigkeit ihrer genetischen Fragestellung sehr befruchtend gewirkt hat.

Der Status dysraphicus. Ausgehend von der Theorie BIELSCHOWSKIS und HENNEBERGS, daß die Syringomyelie das Produkt einer Dysraphie, d. i. einer

Störung im Schließungsmechanismus des embryonalen Neuralrohres aufzufassen ist, hat BREMER den Begriff des Status dysraphicus aufgestellt.

Er fand in Familien von Syringomyeliekranken bei sonst Gesunden gewisse körperliche abnorme Merkmale gehäuft vor, die er alle auffaßt als Anzeichen für einen mangelhaften Schluß des embryonalen Neuralrohres. Vererbt werde also nicht die Syringomyelie als Krankheit, sondern jener Konstitutionstypus, der sich in immer wiederholenden, aber einmal das eine, einmal das andere Merkmal mehr in den Vordergrund stellenden Gruppierungen manifestiert und aus dem heraus aus noch unbekannten Gründen sich die Krankheitsbilder der Syringomyelie entwickeln. Die charakteristischen, immer wiederkehrenden Zeichen dieses Konstitutionstypus sind Trichterbrust, Kyphoskoliose, Spina bifida okkulta, Scapulae alatae, Mammadifferenzen, Asymmetrien der Gesichts- und Rumpfbildung, Überlänge der Arme, Akroasphyxie, Krümmungstendenz der Finger, Sensibilitätsstörungen im Sinne einer segmentären Verteilung vor allem der Thermohypästhesie, trophische Störungen der Acren, vor allem schlechte Heilungstendenz bei Verletzungen der Finger, Enuresis nocturna und endlich sog. Degenerationszeichen, darunter vor allem Spitzbogengaumen, Zahn- und Gebißanomalien, Behaarungsanomalien wie die isolierte fellartige Behaarung der Kreuzbeingegend, Schwimmhautbildung der Finger und Zehen usw. Über psychische Charakteristica wurde von BREMER nichts berichtet. (Vergl. Abb. 55.)

Über die Berechtigung, einen derartigen selbständigen Konstitutionskreis aufzustellen, wurde viel diskutiert. Dabei scheint es nebensächlich, ob alle die von BREMER aufgeführten Merkmale in der Tat in diesen Kreis hineingehören. In unserem Zusammenhang ist lediglich die Frage wichtig, ob die Konstitutionsvarianten, in deren körperbaulicher Eigenart sich Anzeichen einer derartigen genischen Bildungsvariante manifestieren, in der Tat entstehen auf Grund einer einheitlichen, genisch bedingten Störung. Diese Diskussion scheint nun vorläufig zu einem positiven Abschluß gebracht zu sein, seit NACHTSHEIM und OSTERTAG den gleichen Störungskreis beim Kaninchen wiederfanden. Auch dort ergaben sich alle Übergänge von der schweren, das ganze Neuralrohr treffenden Rachischisis, die eine nicht lebensfähige Mißbildung darstellt, über Formen, in denen die Spaltbildung nur in der Sacralregion oder unmittelbar hinter dem Kopf auftritt bis zu Formen, wo die Spaltbildung unterhalb der geschlossenen Haut als Spina bifida occulta weiterbesteht, bis schließlich zu Formen, in denen zwar der Schluß des Neuralrohres vollzogen, aber insofern unvollständig ist, als Höhlenbildungen und gliomatöse Wucherungen in der dorsalen Schließungslinie auftreten und so das typische Bild der Syringomyelie erzeugen. Dabei war aber auch bei diesen Kaninchensippen das Bild ungemein variabel, anatomischer Befund und klinisches Symptom stimmten oft gar nicht typisch zusammen, und die schon fast durch 10 Jahre fortgezüchteten Stämme, die über 1000 Tiere umfassen, konnten eine mendelistische Analyse noch zu keinem befriedigenden Abschluß bringen. NACHTSHEIM nimmt eine recessive Vererbung an. Für die Störung der Entwicklung des Rückenmarkes seien bestimmte Gene verantwortlich. Der Grad der Entwicklungsstörung hänge aber außerdem von dem übrigen ,,genotypischen Milieu" ab. Alle kranken Tiere gehen auf einen im Jahre 1925 aus Frankreich importierten Castor Rex-Rammler zurück, der selbst ganz gesund war. Auch seine mehr als 200 Kinder waren gesund. Erst von der F_4-Generation ab traten kranke Tiere auf. Nun ist der mit dem Ausgangstier in die Versuche eingeführte Rex-Faktor (Kurzhaar) zwar selbst kein Syringomyelie-Gen, jedoch schwächt er die Konstitution seiner Träger in verschiedener Hinsicht, und dies hat zur Folge, daß die Kombination von Kurzhaar und Syringomyelie bei den Rexkaninchen im Durchschnitt einen schwereren Verlauf der Krankheit mit sich bringt, als man ihn bei normalhaarigen Tieren beobachtet. Auch reine Umweltfaktoren scheinen die Krankheit zu beeinflussen. Ob das Tier klinisch erkrankt, wann und wie es geschieht, richtet sich zwar in erster Linie nach Umfang und Lokalisation der Spalt- und Gliosenbildung im Rückenmark, doch können Ernährung, Traumen, Infektionen modifizierend wirken (NACHTSHEIM).

In Anbetracht dieser Verhältnisse ist es vorerst nicht zu erwarten, daß wir die zugrunde liegenden Mendel-Proportionen in absehbarer Zeit auffinden können.

Mit diesen schönen tierexperimentellen Ergebnissen rückt das Problem der dysraphischen Störungen in das Zentrum genetischen Interesses. Man hat hier zum erstenmal die Möglichkeit, eine Erbkrankheit des Menschen im Tierexperiment sowohl züchterisch wie entwicklungsphysiologisch eingehend zu untersuchen. Insbesondere diese letztere Seite des Problems eröffnet ungeahnte Möglichkeiten, da man damit den Zeitpunkt auffinden könnte, von dem an sich die Anlage zu manifestieren beginnt. Man wird auf diese Weise die Faktoren systematisch studieren können, die die große Variabilität in der Manifestierung des Merkmals bedingen. Und man wird mit großer Berechtigung von hier auch auf die Verhältnisse beim Menschen zurückschließen können.

Vorläufig sind wir allerdings noch nicht so weit, aber für unsere konstitutionsbiologischen Erwägungen gewinnt der Tatbestand der dysraphischen Entwicklungsvarianten als eine tief in den Bereich des „Normalen" reichende Variantenbildung erheblich an Bedeutung. Auch hier ist die Frage nach der Zahl der beteiligten Gene gar nicht entscheidend, aber wir halten es, wie in fast allen bisher besprochenen Fällen, für grundsätzlich möglich, daß eine einzige Genmutation dafür verantwortlich zu machen ist. Ebenso sicher aber ist es auch, daß zugleich auch andere genische Bedingungen erfüllt sein müssen, daß also auch andere Gene eine konstituierende Bedeutung für das Merkmal besitzen, damit es im Phänotypus in Erscheinung tritt. In diesem Sinn gäbe es also auch „Nebengene".

Ich vermeide jedoch die Bezeichnung der Nebengene im allgemeinen nach Tunlichkeit, weil sie irreführt. Ist für das Merkmal der Wildfarbe des Kaninchenfelles der Faktor C, der bestimmt, ob überhaupt, bzw. bei welcher Temperatur zur Zeit der sensiblen Periode das Ferment für die Pigmentbildung gebildet wird, ein Neben- oder ein Hauptgen? Fehlt er, bzw. ist er zu c mutiert, wird unter bestimmten Umständen kein Pigment gebildet. Ist er vorhanden, so ist damit aber noch keineswegs die Wildfarbe garantiert. Andere Gene müssen in bestimmter Aufeinanderfolge der Haarringelung steuern, damit die Agutifärbung zustande kommt. Was ist hier Haupt-, was Nebengen? Schließlich kommen weitere Gene hinzu, die bewirken müssen, daß überhaupt Haare, daß ein Fell gebildet wird, daß die Gesamtentwicklung in bestimmter Zeit verläuft, daß die Entwicklung nicht auf frühembryonaler Stufe steckenbleibt. Schließlich ist unser eben besprochener Rachischisis-Faktor ebenfalls als Nebengen für die Fellfärbung zu betrachten, da eventuell bei entsprechend schwerer Mutationsstufe ein Fell gar nicht mehr gebildet wird. So kommt man zu dem Schluß, daß schließlich praktisch jedes Gen für jedes andere ein Nebengen ist. Dies folgert auch aus der auf Seite 156 ff. gegebenen Darstellung von selbst.

Beim Menschen haben wir also allen Grund, im Status dysraphicus die Manifestation einer oder mehrerer Anlagen zu sehen. Es handelt sich um die Mutation eines Genes, das den normalen Schluß des Neuralrohres steuert, der im Fall der Abänderung des Genes mangelhaft bleibt und damit zu einer Reihe von Merkmalen führt, die dann dem Konstitutionstypus ein charakteristisches Gepräge geben. Es scheint im übrigen, daß als ein günstiges genotypisches Milieu für die Manifestation dieses Genes der von uns sog. D-Komplex, also die Anlagen der Sekundärformen erster Ordnung, gelten können. Es muß mit anderen Worten eine gewisse Differenzierungsschwäche vorhanden sein, sowohl im Sinne der proliferativen, hyperplastischen, wie im Sinne der dystrophisch-hypoplastischen Anlage, um jene leichtesten Grade der Dysraphie zur Manifestation zu bringen. Vielleicht resultieren im einen Fall mehr die gliomatösen, im anderen mehr die syringomyeloischen Formen. Vermutlich sind die Träger leichtester Grade dieser Mutation viel verbreiteter, als wir es wissen. Auch scheint der Faktor im Verein mit anderen Faktoren mit biologisch fundierten sozialen Auslesevorgängen in Zusammenhang zu stehen. Wir finden Träger dysraphischer Störungen fast ausschließlich in den niedersten sozialen Schichten. Wir kommen auf diese Probleme noch zurück.

Die Chondrodystrophie. Wir verstehen darunter jene schon fetal einsetzende schwere Wachstumsstörung, die sich ausschließlich am knorpelig präformierten Skelet abspielt, daher in erster Linie das Längenwachstum beeinträchtigt und zu ausgesprochener Kurzgliedrigkeit führt. Als weitere charakteristische Merkmale gehören zum Bilde die Einziehung der Nasenwurzel, die durch die gleiche Wachstumsstörung der knorpelig angelegten Schädelbasis (vorzeitige Synostose des Os tribasilare) bedingt wird. Zu dem weiteren Kreis der Störung — wenn auch nosologisch zu trennen — ist auch die Brachydaktylie, Brachyphalangie, vielleicht auch die sog. Kampto- und Klinodaktylie zu nennen, Störungen, bei denen lediglich im Bereich der Finger ähnliche Abweichungen des Knorpelwachstums sich abspielen, wie bei der eigentlichen Chondrodystrophie im Bereich der langen Extremitätenknochen. In der Tat wurden bei der Brachyphalangie die übrigen Gliedmaßen manchmal abnorm kurz gefunden (LENZ).

Die primären Veränderungen betreffen den Knorpel, der unter Umständen mehr oder weniger erweicht ist und jede Wucherungstendenz vermissen läßt. In der Regel bleibt das Wachstum an der Knorpel-Knochen-Grenze stehen, unter Umständen gehen allerdings proliferative Prozesse, aber ungeordneter Natur, vor sich, wodurch es zwar zu Auftreibungen der Epiphysen, aber nicht zum Längenwachstum kommt. Nicht beeinflußt ist das periostale Wachstum. Die Folge dieser Störung ist die sehr charakteristische Proportionsstörung des chrondrodystrophischen Zwerges mit seinen stummelförmigen, winzigen Gliedmaßen an einem mächtigen, d. h. fast normal großen Rumpf mit einem ebenfalls normal großen Kopf. Die Wachstumsstörung erstreckt sich in der Regel nicht auf alle Röhrenknochen gleichmäßig. Nach ZONDEK bleibt oft die Ulna in ihrem Längenwachstum gegenüber dem Radius zurück, so daß dieser nach der Seite hin gewissermaßen ausweichen muß. Hand- und Fußwurzelknochen sind stets in der dem normal gebauten Erwachsenen entsprechenden Größe vorhanden. In manchen Fällen sind sie sogar übermäßig stark entwickelt. Das appositionelle Knochenwachstum geht überall ungestört vor sich, aus welchem Grunde wir die Corticalis überall von normaler, oft sogar übermäßiger Dicke und die Muskelansätze oft verdickt finden.

Sehr merkwürdig und in ihrer Art noch wenig geklärt ist die Psyche dieser Zwerge. Meist sind sie in ihrem Temperament eigentümlich spaßhafte, lustige Gesellen, die keineswegs unter ihrer Mißbildung zu leiden scheinen, kindlich-fröhliche und betriebsame Spaßmacher und deshalb besonders geeignet für ihren früheren Beruf als Hofzwerge und ihren modernen als Zirkusclown. Wahrscheinlich ist diese Charaktereigenart primär mit der Wachstumseigenart korreliert, gleichsam ihre Manifestierung im psychischen Bereich, und nicht, woran man auch denken könnte, sekundärer Art, eine Reaktion der intellektuell meist intakten, aber oft etwas einfachen Persönlichkeit auf ihre kongenitale Eigentümlichkeit, die sie von Anbeginn eine Sonderstellung unter den Menschen einnehmen läßt. Für erstere Auffassung spricht auch die Tatsache, daß im Tierreich die auch dort vorkommende chondrodystrophische Störung mit einer ganz bestimmten, derjenigen des Menschen ähnlichen Wesensart verbunden zu sein scheint (Dachshund).

Diese Wachstumsstörung hat für unsere Betrachtung aus mehrfachen Gründen Bedeutung. Erstens finden sich Konstitutionsvarianten, die weit in das Bereich des Normalen hineinreichen, die die Wachstumseigenart in abgeschwächter Form zeigen. ZONDEK bildet eine derartige partielle Chondrodystrophie ab, einen Mann, dessen Kleinheit durch eine auffällige Kürze der Arme und Beine bedingt ist, ohne daß im mindesten bereits das Bild der Chondrodystrophie vorläge. Auch wir verfügen über eine Reihe ähnlicher Fälle.

Zum zweiten findet sich die Störung in fast genau der gleichen Weise, wie schon erwähnt, bei gewissen Tierarten als Domestikationsform, so vor allem beim

Rind (Dexterrind), und beim Hund (Dachshund und Bassethund, Bulldogge und Bostonterrier). STOCKARD hat diese außerordentlich wichtigen Beziehungen aufgedeckt und einer genaueren genetischen Betrachtung unterzogen.

Auch die Erblichkeit der menschlichen Chondrodystrophie ist seit langem nicht zweifelhaft; die Pathogenese ist jedoch auch heute noch nicht klargestellt, insbesondere die Frage, inwieweit endokrine Störungen für die Genese der Entwicklungshemmung verantwortlich zu machen sind. Alle bisher in diesem Sinn geäußerten Hypothesen, die sich auf die Schilddrüse, die Hypophyse und andere Drüsen beziehen, haben sich nicht als genügend gestützt erwiesen. Trotzdem hält auch STOCKARD noch an der endokrinen Theorie fest.

Auf der anderen Seite ist es sicher, daß ein Gen am Anfang der die Entwicklungshemmung bedingenden Reaktionskette stehen muß. Es muß also die Mutation eines bestimmten Genes angenommen werden, das eine Reaktion katalysiert, deren Produkt als Determinationsstoffe das Wachstum der Knorpel in Gang setzt oder in Gang erhält. Von dem zeitlichen Zusammenhang, in dem diese Reaktion mit anderen nebenher laufenden Reaktionen steht, wird es abhängen, an welchen Teilen des Skelettes sich die Wirkung in besonderem Maße ausprägen wird. Trifft sie in die Zeit einer bestimmten sensiblen Periode der Extremitätenanlage, dann kommt es hier zu einer verfrühten Determination, d. h. das Schicksal der Knorpelanlage wird festgelegt, bevor die erst später einsetzenden Wachstumsimpulse zu einem normalen Längenwachstum führen konnten. Durch die Genmutation wurde das Knorpelwachstum der Extremitäten vorzeitig determiniert, es kommt zur Dackelbeinigkeit. Wäre diese Reaktion auf einen etwas späteren Termin gefallen (Wirkung eines anderen Genes oder einer quantitativ anderen Mutationsstufe oder auch anderer abgestimmter Reaktionsverläufe, wie schnellere Gesamtentwicklung), dann wäre die sensible Periode für das Knorpelwachstum der Extremitätenanlage vorbei, hingegen träfe sie in die sensible Periode der später liegenden Knorpelanlage der Schädelbasis. Es würde sich dann dort die Verfrühung der Determination und damit des Knorpelwachstums als „Bulldoggschädel" (Einziehung der Schädelbasis) manifestieren. Es braucht sich also nur um eine leichte zeitliche, d. h. aber quantitative Verschiebung eines einzigen Determinationsvorganges zu handeln, der für beide Formen der chondrodystrophischen Störung verantwortlich zu machen ist. Auch die Brachyphalangie erklärt sich damit, indem auch sie wieder durch eine andere zeitliche Lage des Determinationspunktes des betreffenden Genes entsteht.

Diese Vorstellungen sind hypothetische. Aber sie gliedern sich zwanglos in unsere genetischen Vorstellungen der Entstehung von Varianten des Wachstums und der Konstitution ein. Sie sind geradezu als Modellfall für die Abgestimmtheit der Determinationsvorgänge bei der Entwicklung zu verwenden. Hypothesen scheinen mir in der Wissenschaft dort am ehesten erlaubt, wo bereits die Möglichkeit — wie hier am Tierexperiment — gegeben ist, sie zu verifizieren; denn dann wird sich in kurzem die Richtigkeit oder Unrichtigkeit der Hypothese herausstellen.

Andere Zwerg- und Riesenwuchsformen. Kurz besprochen seien noch einige seltenere Zwerg- und Riesenwuchsformen, die gleichfalls genisch bedingte Anomalien der Gesamtkonstitution darstellen. Einige Zwergwuchsformen wurden bereits erwähnt, so vor allem der infantilistische, der hypothyreotische und der chondrodystrophische Zwergwuchs. Nachzutragen sind also noch der sog. primordiale Zwergwuchs und der HANHARDTsche Zwergwuchs.

Der primordiale Zwergwuchs (von HANSEMANN) beruht teils auf dominanter (GILFORD-LEVY), teils auf einfach-recessiver (TARUFFI) Erbanlage. Diese Zwerge sind schon bei der Geburt abnorm klein, ihr Geburtsgewicht beträgt ausgetragen zuweilen unter 800 g, entwickeln sich in der Folge jedoch, abgesehen vom Wachstum, normal und sind unter sich, wie mit normalen Frauen fortpflanzungsfähige, ganz vitale „Hommes en miniature". Wichtig ist, daß in ihren Familien keine Übergänge zwischen zwergwüchsigen und normalen vorkommen. Eine genauere genetische Klärung dieser echten Nanosomie steht noch aus. Auch über psychische Eigentümlichkeiten wissen wir noch wenig, da für gewöhnlich Zirkusse und Variétés eine größere Attraktion (vor allem auch finanzieller Art) für derartige Konstitutionsvarianten bieten als wissenschaftliche Institute. Immerhin kennen wir auch aus der Zoologie und Botanik derartige Miniaturvarianten genetischer Art.

Anders ist dies beim sog. HANHARDTschen Zwergwuchs. Bei ihm ist Geburtsgröße und Geburtsgewicht annähernd normal, und die Wachstumshemmung tritt erst im 2. bis 8. Lebensjahr ein. Infolge verzögerten Schlusses der Epiphysen kann das stark verlangsamte Wachstum bei diesen Zwergen bis in die 40er Jahre andauern, allerdings ohne daß mehr als einige Zentimeter Körpergröße nachgeholt werden. Die Ausbildung der primären und sekundären Geschlechtsmerkmale bleibt rudimentär, die körperliche und geistige Leistungsfähigkeit kann im übrigen recht bedeutend sein. Dieser Zwergwuchstyp ist viel verbreiteter als der primordiale. Er ist neuerdings (Hanhardt) in drei größeren Sippen aus Inzuchtgebieten (Oberegg, Samnaun, Insel Veglia) als einfach recessiv mendelndes Merkmal erkannt und als heredodegenerativer genitodystrophischer Zwergwuchs beschrieben worden. Das dabei regelmäßig nachweisbare Zustandsbild einer Dystrophia adiposogenitalis müsse, da keinerlei Anhaltspunkte für eine primäre Hypophysen- oder Keimdrüsenaffektion, andererseits aber entsprechende pathologisch-anatomische und tierexperimentelle Erfahrungen vorliegen, ebenso wie der Zwergwuchs selbst als cerebral (Defekt eines trophischen Zentrums an der Zwischenhirnbasis) bedingt aufgefaßt werden.

Auch hier gelten ähnliche Überlegungen wie in der Gruppe der dysplastischen Konstitutionsvarianten. Eine einfache, und zwar anscheinend monomer mendelnde Wachstumsstörung kann nur auf eine Mutation eines Gens zurückgeführt werden, das irgendwo in den Mechanismus der wachstumsbedingenden Faktoren eingreift. Es ist nicht notwendig, daß dies unbedingt in der endokrinen Drüse selbst liegt. Ebenso kann das Wesen der Störung in der Reaktionsbereitschaft des Erfolgorganes auf das Hormon liegen. Erst eingehende entwicklungsphysiologische Untersuchungen werden hier Klarheit schaffen können.

Die sehr interessante Frage der Rassenzwerge oder Pygmäen führt aus unserem Problemgebiet heraus. Ohne Zweifel sind auch bei der Entstehung dieser Rasse von Zentralafrika, der Andamanengruppe im Indischen Ozean, der Philippinen und Neuguineas konstitutionsbiologische Faktoren am Werke. Ob es sich dabei jedoch um dieselben Faktoren handelt wie etwa bei unserem Nanismus primordialis, oder bei der generellen Hypoplasie, wissen wir nicht. MARTIN bestreitet es, LENZ sieht andererseits keine Wesensverschiedenheit zwischen diesen Formen. Der Zwergwuchs sei dort nicht als krankhaft anzusehen, da er eine selektive Anpassung an kümmerliche Lebensbedingungen darstelle. Gerade dieser Fall zeigt deutlich, wie notwendig die engste Zusammenarbeit zwischen dem Rassen- und dem Konstitutionsforscher ist. Die beiden, vorläufig viel zu sehr getrennten Disziplinen stehen in einer untrennbaren Abhängigkeit voneinander.

Der Riesenwuchs. Neben den schon besprochenen eunuchoiden und akromegaloiden Riesenwuchsformen — beide als Folgen endokriner Störungen — unterscheidet man noch einen sog. normalen Riesenwuchs. Dieser kommt in manchen Familien erblich vor. Derartige, so gut wie immer von großgewachsenen

Eltern abstammende Hochwüchsige sind annähernd gut proportioniert und stellen
nach MARTIN extreme Plusvarianten des Normalen dar. Auch derartige Variantenbildungen kennen wir aus der Zoologie und Botanik. Die größten wissenschaftlich beglaubigten Riesenwuchsformen, vermutlich aber aus der pathologischen Gruppe, sind ein Fall von 255 cm Größe (RANKE) und ein Fall von 250 cm
Größe (HINSDALE). Auch hier wieder gelangen wir an das Grenzgebiet der hochwüchsigen Rassen. Derart abnorme Abweichungen wie im Falle der Pygmäen
gibt es jedoch hier nicht, die größten menschlichen Rassen sind nach MARTIN
afrikanische Neger (Sara, Duka, Baghirne) mit 181 cm Durchschnittsgröße.

Die Mißbildungen im engeren Sinn. Eine scharfe Grenze zwischen den bisher
besprochenen Konstitutionsanomalien und den Mißbildungen im engeren Sinn
läßt sich nicht ziehen. Aus der großen Fülle genisch bedingter erblicher Anomalien
hoben wir einige wichtige, die gesamte Konstitution betreffende heraus, insoweit
vor allem Körperbau und Psyche einheitlich davon erfaßt wurden. Abnorme
Entwicklungen betreffen aber jedes einzelne Organ, jeden Organbestandteil in
der mannigfaltigsten Weise. Wer die komplizierte Natur der Entwicklungsvorgänge kennt, die zu der letzten Prägung der Formen führt, wird sich nicht wundern
über die zahlreichen Abweichungen, die durch Verzögerungen oder Beschleunigung
einzelner Entwicklungen im einzelnen Organ entstehen können.

Auch hier gilt naturgemäß unser Satz, daß jeder Abweichung der Körperform
eine Abweichung ihrer Entwicklung zugrunde liegt. Jede, auch die leichteste
Abweichung, vom myopischen Augapfel und der weißen Haarsträhne angefangen
bis zur Schwimmhautbildung oder der erblichen Verbiegung des Großzehennagels
ist das Endresultat eines abweichenden Entwicklungsvorganges, eine Störung in
der harmonischen Abstimmung einzelner Reaktionsverläufe. Jede Anomalie
ist in diesem Sinne genetisch auflösbar.

Neben die Erbbiologie der krankhaften menschlichen Anlagen, wie wir sie
etwa dem Lebenswerk der großen Erbforscher (RÜDIN, LENZ, FISCHER, VON VER-
SCHUER, LUXEMBURGER u. a.) verdanken, werden wir in der Zukunft eine Phä-
nogenetik der krankhaften Anlagen aufzubauen haben. Während die Genealogie
die Weitergabe des fertigen Erbmerkmals in der Sippe verfolgt, wäre hier die
Entstehung des Erbmerkmals im Einzelindividuum zu erforschen. Vor allem
E. FISCHER und seine Schule haben neuerdings diese Probleme erfolgreich in
Angriff genommen.

In unserem Rahmen einer Genetik der Konstitutionstypen gehört die Besprechung der einzelnen Teilanomalien nicht mehr hinein. Eine kurze Aufzählung
einiger der wesentlichsten mag daher hier genügen. Wir entnehmen sie der Zusammenstellung von LENZ.

An den Augen findet sich der völlige Pigmentmangel (Albinismus), der allerdings weit
übergreifend schon fast zu den allgemeinen Konstitutionsanomalien zu rechnen ist, weiter
die abnorme Kleinheit (Mikrophthalmie) der Bulbi, Fehlen oder Spaltbildung der Regenbogen-
haut, Krümmungsanomalien der Hornhaut, Linsenverlagerung und -trübungen, Brechungs-
fehler, Strabismus, Anomalien im Bau der Netzhaut (Nacht- und Farbenblindheit). — An
den Ohren finden wir Taubheit aller Art, an der Haut Naevi- und Fibrombildungen bis zu
schweren Entwicklungsstörungen der ganzen ektodermalen Anlage, Störungen des Haut-
stoffwechsels, einzelner Schichten der Hautanlage, der Verhornung, der Behaarung, der
Nägel. Über allgemeine Abweichungen der Körperform sprachen wir bereits. Hierher gehören
weiter die Störungen der Fünfstrahligkeit der Hände und Füße (Vielfingerigkeit und Spalt-
hand, angeborene Gelenksveränderungen, Störungen der Knochenbildung, Fehlen und Abweichungen einzelner Knochen, Spaltbildungen (Hasenscharte u. a.), abweichende Größe
des Kopfes, Muskeldefekte, Gefäßanomalien.

Jede einzelne dieser zahlreichen Abweichungen von der Linie einer harmonisch
in sich geschlossenen Entwicklung ist gleichsam eine kleine Lücke, durch die wir
in das geheimnisvolle Getriebe der Gene hineinsehen können, vor dem wir ohne
diese Lücken wie vor einer ewig verschlossenen, in sich fugenlos verkitteten

Wand stünden. Die Art, wie das einzelne Gen in die Entwicklung eingreift, können wir nur an den Abweichungen dieser Wirkungen studieren.

Haben wir erst einmal die Phänogenese all dieser kleinen oder größeren Fehlbildungen erforscht, wird uns die ganze Harmonie des geheimnisvollen Vorganges, den wir die Entwicklung nennen, immer durchsichtiger werden. Das jetzt noch scheinbar bestehende Chaos ungezählter Einzelformen und Entwicklungen, die in mannigfachsten Richtungen strahlen und keinen erkennbaren Zusammenhang aufweisen, wird sich zu einem höchst geschlossenen, in sich notwendigen und strengsten Gesetzen folgenden „kosmischen" Ablauf zusammenfügen, in dem jede kleinste Formabweichung ihren eigengesetzlich bestimmten Platz und ihr vom Ganzen her gesehen notwendiges Ausmaß besitzt. Im gleichen Maß aber, in dem unsere Einsicht in die Gesetzlichkeit all dieser Formabweichungen wächst, wird die Vielfalt der Erscheinungen sich mehr und mehr reduzieren auf einige große, zugrunde liegende Gesetze und Prinzipien, aus denen heraus die ganze Mannigfaltigkeit der Erscheinungen verstehbar wird. — Bis dahin aber haben wir noch einen langen Weg.

C. Zusammenfassung.

Überschauen wir noch einmal die Fülle der hier kurz geschilderten Variationsformen, dann wird vielleicht erst jetzt das früher herangezogene Gleichnis klar, das wir uns vom Eingreifen der Gene in den Entwicklungsprozeß machten. Wir sagten dort, daß man grundsätzlich nicht jedem Erbmerkmal im Phänotypus ein entsprechendes Gen im Genotypus zuordnen dürfte unter der Vorstellung, daß der Fülle aller anlagebedingten phänotypischen Merkmale eine entsprechende Anlagefülle zugrunde liege, wie die verschiedenen Samenkörner den einzelnen Blumen und Gräsern auf einer Wiese „zugrunde liegen".

In Wahrheit ist die Entwicklung ein in der Zeit verlaufender, fortschreitender Differenzierungsvorgang einer Ganzheit, in welchem vom Zustand der niedersten Struktur des Einzellers bis zur höchstentwickelten vielzelligen Struktur die Gene die einzelnen Etappen dieser strukturellen Progression mit einer bestimmten Geschwindigkeit ablaufen lassen. So ist das Zusammenwirken der Gene nicht als ein räumliches Nebeneinander, sondern als zeitliches Hintereinander zu denken. Schritt auf Schritt greift ein Gen nach dem anderen in den Entwicklungsablauf ein. Neben einem bestimmten „Ort" (locus) im Chromosom kommt ihm deshalb auch ein ganz bestimmter „Moment" im Entwicklungsablauf zu, in dem es zum Einsatz gelangt, wie ein Schauspieler auf das Stichwort wartet bis zu seinem Auftritt. Ja, es erscheint mir dabei durchaus denkbar, daß „Ort" und „Moment" in einer gesetzmäßigen Beziehung stehen und daß sich so die vorläufig völlig unverständliche räumliche Anordnung der einzelnen Gene im Chromosom als eine zeitliche Gesetzmäßigkeit aufklären lassen wird. Die Art der Wirkung ist dabei die Festsetzung der Zeit, in der der entsprechende Differenzierungsvorgang zu verlaufen hat, also diejenige seiner Entwicklungsgeschwindigkeit. Von dieser Vorstellung leiteten wir das Gleichnis des Baumes mit seiner nach oben immer zunehmenden Verzweigung ab, wobei das Tertium comperationis gerade diese Verzweigung war, in dem von einem Stamm (einzelliger Zustand) nach oben zu (Verlauf in der Zeit) eine immer zunehmende Verzweigung (Merkmalsreichtum im Phänotypus) zu beobachten ist. Jeder Gabelung entspräche in diesem Bild die Wirkung eines Gens.

Aus diesem Bild ergibt sich: Je früher Genwirkungen, die zu einer Variantenbildung führen, liegen, desto ganzheitlicher werden sie den Phänotypus bestimmen, desto einheitlicher werden sich alle die zahlreichen abhängigen Merkmale auf eine gemeinsame Wurzel reduzieren lassen. Je später sie liegen, desto einzelheitlicher

wird ihre Wirkung im Phänotypus sein, desto mehr Möglichkeiten werden auch
für eine Variantenbildung zur Verfügung stehen und desto zahlreicher und mannigfaltiger werden die zugrunde liegenden Genwirkungen sein. Während der S-
Faktor sehr frühzeitig in die Entwicklung als determinierender Faktor eingreift,
liegt der „Moment" des D-Komplexes ebenso wie des R-Faktors vermutlich
später. Noch viel später aber liegen die „Momente" der zugrunde liegenden Gene
des Sekundäraspektes zweiter Ordnung. Und am spätesten, gleichsam ganz nahe
der Peripherie (der Baumkrone) liegt die Wirkung der den Mißbildungen im
engeren Sinne zugrunde liegenden Faktoren.

Es wird damit erst klar, warum wir schon eingangs die Grundunterscheidung
zwischen Primär- und Sekundärvarianten trafen; weil der „Moment" des S-Faktors
wesentlich früher anzunehmen ist als derjenige aller sekundären Faktoren. Er
bedeutet deshalb eine primäre Variantenbildung gegenüber allen späteren
sekundären Abweichungen vom normalen Ziel der Entwicklung[1].

Die Fülle der Sekundärvarianten ist demgegenüber der Ausdruck der Variabilität späterer Determinationsentscheidungen bis in die letzte Ausformung
einzelner Organe oder Organbestandteile. Je mehr wir uns den Stadien der letzten
Ausdifferenzierung nähern, desto größer wird die Fülle der Abweichungsmöglich-
keiten und damit der Varianten. Um dieses Prinzip vom hierarchischen Aufbau der Genwirkung zur Geltung bringen zu können, haben wir die kurze Übersicht der Sekundärvarianten im vorstehenden gegeben, deren erschöpfende Darstellung natürlich nicht im entferntesten angestrebt werden konnte. Was wir im
Grunde damit erreichen wollten, war die bessere Abhebung des Begriffes der Primärvarianten in dem hier verfolgten Sinn.

Schrifttum.

BAUER, J.: Innere Sekretion, ihre Physiologie, Pathologie u. Klinik. Berlin und Wien
1927. — BAUER-FISCHER-LENZ: Menschliche Erblehre. 4. Aufl. München 1936. — BREMER:
Klinische Untersuchungen zur Ätiologie der Syringomyelie und des „Status dysraphicus".
Dtsch. Z. Nervenheilk. **95**. — CHAILLOU u. MACAULIFFE: Morphologie médicale. Paris
1912. — CLAUSSEN, F.: Über asthenische Konstitution. Z. Morph. u. Anthrop. **38**, 33 (1939). —
EICKSTÄDT, E., Frh. v.: Rassenkunde und Rassengeschichte der Menschheit. I. Forschung
am Menschen. 2. Aufl. Stuttgart 1937. — FISCHER, E.: Versuch einer Phänogenetik der
normalen körperlichen Eigenschaften des Menschen. Z. indukt. Abstammungslehre **76**, 47
(1939). — GOLDSCHMIDT, R.: Physiologische Theorie der Vererbung. Berlin 1927 — Mechanismus und Physiologie der Geschlechtsbestimmung. Berlin 1920. — HELWIG: Charakterologie. Leipzig 1936. — KRETSCHMER, E.: Körperbau und Charakter. Berlin 1936 — Über
Hysterie. 2. Aufl. Leipzig 1927. — KRETSCHMER u. ENKE: Persönlichkeit der Athletiker.
Leipzig 1936. — LANG, TH.: Z. Neur. **155** (1936); **157** (1937); **160** (1938); **162** (1938); **166**
(1939). — MATHES: Die Konstitutionstypen des Weibes, insbesondere des intersexuellen
Typus. Biol. u. Pathol. des Weibes **3** (1924). — NACHTSHEIM: Erbleiden des Nervensystems
bei Säugetieren. Handb. d. Erbbiol. d. Menschen **5** (1940). — OSTERTAG, B.: Die Syringomyelie als erbbiologisches Problem. Verh. dtsch. path. Ges. **25** (1936) und Dtsch. Z. Nervenheilk. **116** (1930). — PENDE, N.: Konstitution und innere Sekretion. Budapest-Leipzig
1924. — ROHRACHER: Kleine Einführung in die Charakterkunde. 2. Aufl. Leipzig-Berlin
1936. — SCHLEGEL, W. S.: Ein klinisch-erbbiologischer Beitrag zur Frage der Asthenie.
Z. Morph. u. Anthrop. **38**, 175 (139). — SCHNEIDER, K.: Psychiatrische Vorlesungen für Ärzte.
Leipzig 1936. — SELLHEIM, H.: Arch. Frauenkde u. Konstit.forsch. **10**, 215 (1924). — STERN-
BERG, C.: Beitr. path. Anat. **69**, 262. — STILLER: Grundzüge der Asthenie. Stuttgart 1916. —
STOCKARD: Die körperlichen Grundlagen der Persönlichkeit. Jena 1932. — TANDLER, Z., u.
GROSS, S.: Die biologischen Grundlagen der sekundären Geschlechtscharaktere. Berlin 1913. —
WEIDENREICH: Rasse und Körperbau. Berlin 1927. — WEISSENFELD, F.: Neue Gesichtspunkte
zur Frage der Konstitutionstypen. Z. Neur. **156**, 432 (1936); Arch. f. Psychiatr. **77**, 672 (1926);
Z. Neur. **96**, 173 (1925); ZONDEK, H.: Die Krankheiten der endokrinen Drüsen. Berlin 1926.

---

[1] Mit dieser frühen Lage hängt vielleicht auch der Umstand zusammen, warum wir bei
den Primärvarianten kein Variieren ins Abnorme hinein kennen; gäbe es solche Varianten,
wären sie vermutlich lebensunfähige Mißbildungen. Derartig frühe Varianten von Genwirkungen können deshalb nur entweder Normvarianten oder Letalfaktoren sein.

Dritter Teil.

Die Beziehungen des Konstitutionstypus zu anderen Problemgebieten.

A. Konstitutionstypus und Krankheit.

1. Einleitung.

Wir haben in den bisherigen Ausführungen zu zeigen versucht, wie die eine große Korrelation, die von KRETSCHMER gefunden wurde, nämlich diejenige zwischen bestimmten Körperbauformen und gewissen Charakterstrukturen, zu erklären ist; wir haben, mit anderen Worten, die eingangs aufgeworfene Frage beantworten können, warum der pyknische Körperbau verbunden sein muß mit jener Struktur, die KRETSCHMER die cyclothyme nannte; warum andererseits der leptosome Körperbau und die schizothyme Charakterstruktur ebenso notwendig und gesetzmäßig miteinander verbunden sind. In der ontogenetischen Entwicklung wird zu einem bestimmten Zeitpunkt eine Determinationsentscheidung gefällt darüber, bis zu welchem Punkt im fortschreitenden Prozeß der ontogenetischen Proportionsverschiebung die individuelle Entwicklung zu verlaufen hat. Dieser morphologischen Proportionsverschiebung läuft eine psychische gleichsam parallel, ein Vorgang, den wir mit einem Ausdruck SPRANGERS als Individuationsprozeß bezeichneten. Die gleiche Determinationsentscheidung bestimmt somit für den körperlichen und für den charakterologischen Entwicklungsvorgang den Punkt, bis zu welchem die individuelle Entwicklung verlaufen wird. Das Gen, welches die zu erreichende Strukturstufe bestimmt, tritt in mehreren Allelomorphen auf von niederem bis zu hohem „Struktureffekt". Dem Allelomorph mit niederem Struktureffekt entspricht der pyknomorph-cyclothyme, dem Allel mit hohem Struktureffekt der leptomorph-schizothyme Pol.

Die Antwort auf die oben aufgeworfene Frage nach der Erklärung jenes Zusammenhanges zwischen Körperbau und Charakter lautet also: der gleiche genetisch gesteuerte Determinationsvorgang bestimmt im körperlichen wie im psychischen Bereich gleichsam korrespondierende Punkte der gesetzmäßigen strukturellen Entwicklung; der pyknische Körperbau und die cyclothyme Charakterstruktur sind nichts anderes als solche korrespondierenden Punkte im morphologischen Vorgang der ontogenetischen Proportionsverschiebung und im psychologischen Vorgang des ontogenetischen Individuationsprozesses. Ein einziger genetischer Faktor entscheidet darüber, ob die jeweilige Entwicklung konservativ oder propulsiv verlaufen wird.

Damit ergibt sich die Frage, wie wir von den Grundlagen dieses Entwicklungsprinzipes und seiner genetischen Erklärung aus die Beziehungen zu deuten haben, die zwischen primärem Konstitutionstypus und Krankheit bestehen. Solche Beziehungen sind seit langem bekannt. Im Gebiete der körperlichen Erkrankungen sind es bestimmte Stoffwechsel- und Gefäßkrankheiten, als „Arthritismus" zusammengefaßt, die eine gewisse „Affinität" zum pyknomorphen Körperbau zeigen, andererseits eine weniger einheitliche, verschiedene Störungen umfassende Gruppe, die mit dem leptomorphen Typus in Zusammenhang gebracht werden. Auf dem Gebiete der psychischen Erkrankungen ist eine solche Korrelation durch KRETSCHMER aufgedeckt worden, und zwar zwischen dem pyknomorph-cyclothymen Habitus und dem manisch-depressiven Irresein einerseits und dem leptomorph-schizothymen Habitus und der Schizophrenie andererseits.

15*

Bei Behandlung der Frage nach „genetischen Zusammenhängen", wie sie zwischen Konstitutionstypus und Krankheit angenommen werden, muß man sich einen Punkt vor allem klar machen, der das Wesen dieses Zusammenhanges betrifft. Man ist geneigt, sich unter einem genetischen Zusammenhang einen Zusammenhang von Genen, eine „Affinität" von Anlagen zueinander vorzustellen. Was wir jedoch beobachten, ist zunächst immer nur eine erhöhte Korrelation zwischen zwei Erscheinungen, die ihrerseits genetisch fundiert sind. Wir beobachten also niemals einen „genetischen Zusammenhang", sondern immer nur einen „phänischen Zusammenhang", auch dann, wenn das, was zusammenhängt, genetisch bedingte Erscheinungen sind. Wir schließen erst aus dieser Korrelation auf einen genetischen Zusammenhang. Wir beobachten also eine gehäufte Korrelation zwischen Rothaarigkeit und Sommersprossen, oder wir finden gehäuft das Zusammentreffen von männlichem Geschlecht und Blutereigenschaft und schließen hieraus auf einen genetischen Zusammenhang.

Echte genetische Zusammenhänge, die wir also nur erschließen, aber nicht beobachten können, gibt es verschiedene. Zwei Erscheinungen können die Wirkungen eines einzigen Genes sein[1] (z. B. Rothaarigkeit und Sommersprossen) oder die Wirkungen zweier Gene, die gekoppelt sind, d. h. im gleichen Chromosom liegen (z. B. die Blutereigenschaft in ihrer Beziehung zum Geschlecht) oder Erscheinungen, die gemeinsame Teilanlagen besitzen, also zum Teil die Wirkung gleicher Gene sind (z. B. geringe Pigmentierung und Anfälligkeit zur Tuberkulose).

Nur scheinbare genetische Zusammenhänge bestehen z. B. zwischen den Anlagen von Kraushaar und denen für dunkles Hautpigment, wie wir es in erhöhter Korrelation beim Neger finden. Die beiden Gene (oder Gengruppen) dürften gar nichts anderes miteinander zu tun haben, als daß sie durch jahrtausendelange Züchtungsvorgänge zusammengetreten sind, sie könnten aber theoretisch auch wieder getrennt werden, wie die Bastardforschung zeigt.

Schließlich gibt es noch eine Art eines scheinbaren Zusammenhanges, nämlich denjenigen über das sog. Milieu der Gene (TIMOFEEFF-RESSOVSKY): ein bestimmtes Gen vermag sich in einer ganz bestimmten Konstellation anderer Gene, also in einem bestimmten Genom, leichter zur Manifestation zu bringen als in einem anderen. Das wird etwa beobachtet bei dem Syringomyelie-Gen des Kaninchens, das sich in dem genotypischen Milieu einer bestimmten Kaninchenrasse (dem Kurzhaar) in schwererer Form manifestiert als in anderen Rassen. Der Rexfaktor begünstigt die Manifestation des Syr-Genes. Es handelt sich also auch dabei nicht um einen Zusammenhang von Genen, insofern die Gene beider Sachverhalte als solche sich nur den Gesetzen des Zufalls entsprechend miteinander verbinden.

Wenn wir also eine gehäufte Korrelation zwischen bestimmten Konstitutionstypen einerseits und bestimmten Krankheitsprozessen andererseits beobachten, dann müssen wir uns als Genetiker fragen, welche Art des Zusammenhanges hier gegeben ist.

2. Konstitutionstypus und körperliche Krankheit.

Es sind zwei große Kreise von Erkrankungen, die wir aus der Fülle der Erscheinungen herausgreifen wollen. Das eine ist der Kreis gewisser konstitutioneller Stoffwechselkrankheiten, die gemeinhin mit dem pyknischen Habitus in Zusammenhang gebracht werden. Das andere ist der Kreis der „asthenischen" Stoffwechselstörungen mit allen ihren abhängigen Symptomen und Krankheitszuständen, die bei dem leptomorphen Habitus häufiger vorkommen.

---

[1] Eine solche echte genetische Beziehung liegt auch, wie wir durch unsere Untersuchungen fanden, zwischen Körperbau und Charakter vor.

a) Der pyknomorphe Typus und der „Arthritismus".

Die Erkrankungen, die sich in erhöhtem Maße beim pyknischen Habitus finden, der deshalb auch als Habitus apoplecticus, plethorischer, arthritischer Habitus usw. bezeichnet wurde, sind vor allem die Fettsucht, der Diabetes mellitus, die Gicht und andere Gelenkserkrankungen, die Gallenleiden und schließlich die essentielle Hypertonie und die Arteriosklerose. Die alten Ärzte hatten vielleicht gar nicht so unrecht, wenn sie, die Erklärung des Zusammenhanges all dieser Störungen vereinfachend, annahmen, daß alle die genannten Störungen die Folge des allzu guten Wohllebens seien, zu dem eben nur ein ganz bestimmter Persönlichkeitstypus innerlich disponiert sei. Für die Fettsucht wurde sogar eine Instinktstörung im Sinne übermäßiger Eßsucht (Dysorexie UMBERS) angenommen. Ganz so einfach ist aber der Zusammenhang wohl doch nicht zu denken. Zunächst ist es wichtig, sich klarzumachen, daß der Zusammenhang aller genannten Erkrankungen mit dem pyknischen Habitus nur ein fakultativer ist. So kennt die innere Medizin seit langem einen „Diabete maigre" und einen „Diabete gras". SCHMIDT und LORANT haben diese Zweiteilung der klinischen Formen des Diabetes mellitus durch Gegenüberstellung eines „asthenischen Unterdruckdiabetes" des Jugendlichen und eines „sthenischen Überdruckdiabetes" des mittleren bis höheren Alters weiter ausgebaut und dabei eine Reihe von weiteren unterscheidenden Merkmalen festgestellt, die alle auf die wesentlichen Unterscheidungen zwischen pyknischem und leptosomem Habitus hinauslaufen. Pathogenetisch nahmen sie für die erstere Form eine primäre absolute Insulininsuffizienz, für die zweite jedoch eine primär suprarenale oder hypophysäre Überfunktion und eine nur relative Insulininsuffizienz an. Es ist die Frage — darauf weist HANHARDT mit Recht hin — ob es notwendig ist, daraus an der Uneinheitlichkeit des Diabetes mellitus zu zweifeln und ob nicht vielleicht nur die andersartigen Dispositionen der beiden Konstitutionstypen es sind, welche aus ein und derselben Anlage so verschiedene Krankheitsbilder hervorgehen lassen. Wir kommen gleich darauf näher zu sprechen.

Ähnlich können die Dinge bei der Gicht liegen. Schon SYDENHAM schilderte die Konstitution des Gichtikers als „robust und wohlgenährt, mit großem Kopfe und breiter Brust, blutreich und korpulent". Daneben werde aber eine irreguläre, atypische Form der Gicht relativ häufiger bei schwächlichen Individuen beobachtet. THANNHAUSER bemerkt ausdrücklich, noch nie eine Gicht bei rein endogener Adipositas gesehen zu haben. Und auch EBSTEIN (1902), der als einer der ersten für die gemeinsame Wurzel der drei klassischen Stoffwechselkrankheiten eintrat, gibt zu, daß es nicht wenige, an den schlimmsten Formen der Gicht leidende Individuen gebe, die zeitlebens dürr und mager blieben, ganz abgesehen von den sehr vielen im höchsten Grade Fettsüchtigen, die niemals gichtkrank wurden (HANHARDT).

Noch ungewisser, wenn auch oft behauptet, sind die Beziehungen zur steinbildenden Diathese. Von der Arthritis urica bestehen gewisse Verbindungen zur Uratdiathese, der harnsauren Gicht, doch sind die beiden Erkrankungen nach THANNHAUSER pathogenetisch zu trennen. v. MÜLLER fand bei der uratischen Diathese nicht selten echte Gicht und Diabetes mellitus, so daß also auch hier wieder das gemeinsame konstitutionelle Terrain des „Arthritismus" in Erscheinung tritt. Von hier aus ergeben sich noch weitere Beziehungen zu den Gallensteinleiden. Auch bei ihnen wurde eine Beziehung zum pyknischen Habitus oft behauptet, wenn auch hier wieder von einer absoluten Korrelation sicher nicht gesprochen werden kann. Es handelt sich nur um eine gewisse korrelative Verschiebung nach dem pyknischen Pol.

Bei allen genannten Erkrankungen ist auf der anderen Seite die Tatsache der erblichen Disposition völlig erwiesen. Bezüglich des Diabetes mellitus zeigen erst neuerdings Zwillings- und Familienuntersuchungen (HANHARDT, THEN BERG, LEMSER u. a.), daß ein dominanter Erbgang meist bei den Formen der mittleren und vorgerückten Lebensalter und ein einfach recessiver Erbgang bei weitaus den meisten schweren, schon in der Jugend manifesten Diabetesfällen erweisbar sei. HANHARDT nimmt dementsprechend mindestens zwei verschiedene Genotypen an. Die Ansicht von GROTE, daß in Anbetracht der Bindung des Diabetes an den Formenkreis des Arthritismus eine klare Vererbungsweise nicht zu erwarten sei, wird als völlig unvereinbar mit dem heutigen Stand unseres Wissens bezeichnet. Es handle sich vielmehr, wie auch der Diabetesforscher LABBÉ (1931) feststellt, um eine umschriebene Krankheitsanlage und nicht bloß um die Teilerscheinung einer Diathese.

HANHARDT geht nicht näher auf die Frage ein, was er unter einer „umschriebenen Krankheitsanlage" versteht, zum Unterschied von einer Teilerscheinung einer Diathese. Wenn wir ihn recht interpretieren, ist darunter der Effekt eines selbständigen, mutierten Genes zu verstehen und nicht bloß eine der Wirkungen eines viel allgemeiner in die Entwicklung eingreifenden, stark pleiotropen Genes, das für den ganzen Komplex einer Diathese verantwortlich ist.

An irgendeinem Punkt in der Entwicklung greift somit ein Gen ein, das dann, wenn es gegenüber der Norm in seiner Valenz herabgesetzt, d. h. mutiert ist, zu einer Verminderung jener Wirkungen führt, die notwendig sind, den Inselapparat des Pankreas für das ganze Leben funktionstüchtig zu erhalten.

Auch die Erblichkeit der konstitutionellen Fettsucht, auf die wir im vorigen Kapitel bereits eingegangen sind, ist durch zahlreiche Untersuchungen, so von WEISE und LIEBENDÖRFER, erwiesen worden. Sie fand sich stets konkordant bei EZ und in Familien regelmäßig in direkter Generationenfolge, so daß man auch hier an Dominanz dachte; es gäbe sicher mehrere verschiedene Genotypen, von denen die unmittelbar keimplasmatisch bedingten sich von den hormonal bedingten nicht scharf abgrenzen lassen.

Zum gleichen konstitutionellen Kreis dieser genannten Stoffwechselleiden gehören noch Erkrankungen von seiten des Gefäßsystemes, und zwar der Hochdruck und die Arteriosklerose.

Die essentielle Hypertonie findet sich nach Untersuchungen von O. MÜLLER und PARRISIUS sowie nach exakten anthropologischen Messungen von ZIPPERLEN, vorwiegend beim pyknischen Habitus, während diejenige mit renalem Hochdruck mehr der leptosomen bzw. asthenischen Körperbauform zuneige. GÄNSSLEN, LAMBRECHT und WERNER glauben allerdings, daß die Beurteilung der Konstitution durch die körperbaulichen Unterschiede der einzelnen Volksstämme beeinträchtigt wird, ein Umstand, der die verschiedenen Ansichten über den Konstitutionstypus beim roten Hochdruck erkläre; so finden KAHLER und POPPER in Wien einen beträchtlichen Hundertsatz von Leptosomen, und VOLLHARDT kommt sogar zu dem Schluß, daß ein bestimmter somatischer und psychischer Konstitutionstyp bei Hochdruckkranken nicht charakteristisch sei. Trotz dieser verschiedenen Ansichten im Schrifttum und bei Anerkennung vieler Ausnahmen ist ein gewisser Zusammenhang zwischen dem pyknischen Habitus und der essentiellen Hypertonie nach GÄNSSLEN und seinen Mitarbeitern nicht von der Hand zu weisen.

Bezüglich der Erblichkeit kommen die Bearbeiter des Gegenstandes zu dem Schluß, daß es sich bei der essentiellen Hypertonie um ein einfach dominantes Erbleiden handele. Was vererbt wird, könne heute noch nicht entschieden werden, da man annehmen müsse, daß die Krankheitsgruppe der essentiellen

Hypertonie aus verschiedenen Formen zusammengesetzt sei. Entsprechend den bekannten pathogenetischen Vorstellungen von den Hypertensionen sei an die Vererbung einer hypertonischen Reaktionsbereitschaft, einer Neigung zum Elastizitätsverlust des Gefäßsystems oder an eine der Vasoneurose nahestehende, vegetativ-endokrine Regulationsstörung gedacht worden, während bei der von KAHLER aufgestellten bulbären Hypertonie eine im Zentralnervensystem gelegene vererbbare Anomalie in Betracht gezogen werden müßte.

Auch die Arteriosklerose hat ohne Zweifel Beziehungen zum pyknischen Habitus. Nach dem Bericht des Wiener pathologischen Institutes (MARESCH) leiden Pykniker deutlich mehr an Arteriosklerose als die Vertreter anderer Konstitutionstypen, während allerdings RÖSSLE eine Relation zu einem bestimmten Habitus nicht entdecken konnte. Auch über die Erblichkeit der Arteriosklerose, die an sich unbezweifelbar ist, sind vorläufig noch keine exakten verwendbaren Familienuntersuchungen durchgeführt worden. Auch für sie nimmt man allgemein eine ererbte krankhafte Reaktionsbereitschaft an, die zusammen mit den zahlreichen schädlichen Einwirkungen, die im Laufe des Lebens eintreten, zur Krankheitsmanifestation führt.

So meint auch STAEHELIN, daß die Arteriosklerose eine endogene Krankheit ist, deren Entwicklung durch äußere Faktoren befördert werde.

Wenn wir von unserer genetischen Basis aus zu dem Problem dieses bekannten und geschlossenen Krankheitskreises Stellung nehmen, der sowohl die Stoffwechselstörungen des Diabetes mellitus, der Fettsucht, der Gicht, der Gallenleiden und

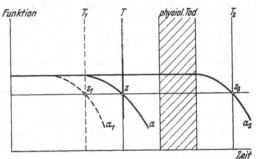

Abb. 73. Graphische Darstellung der Genwirkungen, die Involutionsvorgänge determinieren.

anderer Gelenkerkrankungen, wie auch die Gefäßerkrankungen, der Hypertonie und der Arteriosklerose umfaßt, müssen wir uns über eines klar sein: wenn, um gleich beim letztgenannten Beispiel zu bleiben, von einer „Anlage zum Hochdruck", einer „Anlage zur Arteriosklerose" wie von einem ganz spezifischen Erbfaktor die Rede ist, so ist dies, genetisch betrachtet, insofern nicht korrekt bzw. irreführend, als ohne Zweifel jeder Mensch diese Anlage besitzt, ebenso wie jeder Mensch die „Anlage zum Altern" besitzt. Die Arteriosklerose ist nichts anderes als ein physiologischer Alterungsprozeß des Gefäßsystems. Die „Anlage zur Arteriosklerose" ist also höchstens eine Anlage zu einem vorzeitigen Alterungsprozeß des Gefäßsystems. Ebenso wird es vermutlich auch eine Anlage zu einem verspäteten Alterungsprozeß des Gefäßsystems geben; das sind jene Fälle, bei denen selbst in hohem Alter die Sektion noch fast keine Spuren von Wandveränderungen aufdeckt. Damit erweist sich aber die Genwirkung wieder als von derselben Art, wie wir sie schon mehrfach sahen; nämlich als eine zeitliche Verschiebung von Determinationsvorgängen. Denn das Einsetzen der Involutionsvorgänge unterliegt genau so wie die ganzen Evolutionsvorgänge der Wirkung von Determinationsfaktoren.

Wenn wir uns etwa den einzelnen Involutionsvorgang, analog den Vorgängen bei der Evolution, als eine Kurve darstellen (nur als eine absteigende zum Unterschied von der aufsteigenden bei den Evolutionsvorgängen) (Abb. 73), dann entspräche dem Punkt Z, d. h. jenem Punkt, wo die Involutionskurve der betreffenden Funktion jene Niveaulinie schneidet, unterhalb deren die normale physiologische

Funktion nicht mehr gewährleistet ist, dem Beginn der sichtbaren Involution. Ganz analog den Evolutionsvorgängen bei der Keimesentwicklung besteht die Wirkung der die Involution steuernden Gene in der Determinierung des Punktes Z. Es läßt sich so eine mutierte Genwirkung denken, bei der der Punkt Z nach Z_1 verlagert ist, d. h. der Involutionsvorgang tritt früher in Erscheinung. Es wird nun sehr wesentlich vom „physiologischen Tod" abhängen, ob eine Einzel-involutionskurve ihren Schnittpunkt Z physiologischerweise überhaupt vor oder (fiktiv) gleichsam erst nach dem physiologischen Tod liegen hat. Dabei ist der „physiologische Tod" nichts anderes als der Schnittpunkt Z_n eines derartig gene-tisch gesteuerten Bündels bestimmter Involutionskurven.

Daraus ergeben sich folgende Möglichkeiten: Durch die Mutation eines Genes wird der Schnittpunkt Z nach rückwärts verlagert, so daß physiologische In-volutionsvorgänge früher in Erscheinung treten (Typus der Arteriosklerose). Auch die essentielle Hypertonie gehört wohl hierher, da auch die zunehmende Starre des Gefäßrohres vermutlich mit solchen physiologischen Involutionsvor-gängen zu tun hat. Es kann aber auch sein, daß gewisse Involutionsvorgänge, die physiologischerweise niemals zu sehen sind, weil sie ihren Schnittpunkt mit der Niveaulinie N hinter dem dem „physiologischen Tod" entsprechenden Schnittpunkt haben (a_2), durch die Mutation eines Genes nach vorne verlegt und dadurch in ihrer Wirkung sichtbar werden. Hierher gehören vermutlich alle jene Krankheiten erblicher Art vom Typus der Systemerkrankungen; hier-her gehört dann auch der Diabetes mellitus. Die „Anlage" zu all diesen Krank-heiten heißt also genetisch: die Mutation eines bestimmten Genes, das den Schnittpunkt Z, den „Involutionspunkt", nach rückwärts verschiebt. Es ist im übrigen zu erwarten, daß es meist verschiedene Gene gibt, die eine solche Ver-schiebung des Involutionspunktes hervorzurufen oder zu beeinflussen vermögen.

Aus den Gegebenheiten, nämlich der erhöhten Korrelation von pyknomorphem Körperbau und den genannten Stoffwechselkrankheiten, die aber alle auch in anderen Körperbauformen auftreten können, sind notwendig folgende Über-legungen abzuleiten: Jedes einzelne der genannten Krankheitssyndrome beruht auf einer eigenen Anlage, einem selbständigen mutierten Gen; selbständig zum mindesten insofern, als es primär nichts mit dem Gen „Strukturbestimmer", dem S-Faktor, zu tun hat. Diese Genmutation ändert einen bestimmten Determina-tionsvorgang, sie verlegt etwa den Schnittpunkt Z für die Involution des Insel-apparates nach rückwärts. Damit ist noch nichts darüber gesagt, ob sich der Effekt dieses Genes und wie er sich im Phänotypus äußern wird. Er wird sich überhaupt nicht äußern, wenn etwa der Tod noch früher erfolgt; er wird sich gleichfalls nicht manifestieren, wenn diese Verschiebung so gering ist, daß sie nur zu einer Veränderung der Zuckertoleranz, nicht aber zu manifesten Symptomen (Glykosurie) führt. Unter den zahlreichen weiteren Faktoren, die die Umstände beeinflussen, ob und wie sich diese Verschiebung im Phänotypus äußert, gehört nun offensichtlich auch das Gen, das wir den Strukturbestimmer nannten. Wir erinnern uns, daß wir beim Pyknomorphen ganz bestimmte Stoffwechselverhält-nisse annehmen müssen, die ihn in charakteristischer Weise vom Leptomorphen unterscheiden. Sie bestanden unter anderem darin, daß der Pyknomorphe unter einer physiologisch starken Tätigkeit des Adrenalinsystems steht, daß sein er-höhter Sympathicotonus die Zuckertoleranz herabsetzt, was sich auch aus experimentellen Untersuchungen ergab (HIRSCH) und daß bei ihm schon physio-logisch weniger Zucker durch den Inselapparat der Blutbahn entnommen werden kann, als dies beim Leptomorphen der Fall ist (s. S. 58). Diese konstitutionellen Verhältnisse der pyknomorphen Stoffwechselstruktur sind geradezu wie ge-schaffen, die Manifestation jener Genwirkung, die zu einem vorzeitigen Untergang des Inselapparates führt, zu begünstigen. Die vorzeitige Involution des Inselapparates muß sich deshalb notwendig in dem pyknomorphen Stoffwechselmilieu beträchtlich stärker und frühzeitiger manifestieren; umgekehrt könnte sie beim Leptomorphen bis zu einem gewissen Grad eine Zeitlang kompensiert werden.

Aus dieser Betrachtungsweise ergibt sich somit die Art des wahrscheinlichen Zusammenhanges zwischen pyknomorphem Habitus und Diabetes mellitus von selbst. Ein Gen, welches eine vorzeitige Involution des Inselapparates determiniert, wird in der Stoffwechsellage des Pyknomorphen leichter zur Manifestation im Phänotypus, d. h. zur Dekompensation des Zuckerstoffwechsels führen als in einem anderen konstitutionellen Milieu. Damit erklärt sich zwanglos, warum nicht jeder Pyknomorphe diabetisch wird und warum andererseits auch der Leptomorphe Diabetes bekommen kann; dann nämlich, wenn jenes „Diabetes-Gen" eine so erhebliche Verschiebung bewirkt, daß eine konstitutionelle Kompensation nicht mehr möglich ist. Dazu paßt auch der Umstand, daß diese schweren Formen meist recessiv sind, die leichteren beim Pyknomorphen aber dominant, da es eine alte Erfahrung bei zahlreichen Erbleiden ist, daß die geringeren Allelstufen dominant, die stärkeren jedoch recessiv sind.

Es ist klar, daß bei diesen Verhältnissen in einer großen Kollektivuntersuchung von Diabetikern die Pyknomorphen überwiegen müssen, ohne daß andererseits das „Diabetes-Gen" als solches sich häufiger mit dem Gen, das zu dem pyknomorphen Habitus führt, im Genom verbindet. Die empirisch gefundene Affinität der Erscheinungen muß aus dem Genom in das Phänom verlegt werden.

Genau die gleiche Ableitung dürfte nun, bei genauer Kenntnis der Stoffwechsellage des pyknomorphen Habitus, mutatis mutandis auch für die anderen genannten Erkrankungen Geltung haben. Wir wollen nur nochmals an die Beziehung zur Hypertonie erinnern. Wir konnten zeigen, daß beim Pyknomorphen vermutlich eine andere Blutverteilung anzunehmen ist, indem vergleichsweise mehr Blut im arteriellen Schenkel der Blutbahn sich befindet als beim Leptomorphen, also eine Verschiebung der Blutmenge nach dem arteriellen Schenkel zu. Daraus ergibt sich, daß dann, wenn im Alter die Elastizität der Gefäßwand abnimmt, oder wenn diese Elastizität durch eine Genmutation auf irgendeinem anderen Wege (vgl. die verschiedenen Hypertensionshypothesen) vorzeitig herabgemindert wird, die Manifestationswahrscheinlichkeit eines arteriellen Hochdruckes beim Pyknomorphen wesentlich erhöht sein wird. Ganz ähnliche Überlegungen gelten naturgemäß bei der Arteriosklerose.

Auf die Art der Beziehungen der konstitutionellen Fettsucht zum pyknomorphen Habitus haben wir gleichfalls schon hingewiesen (s. S. 201).

b) Der leptomorphe Typus und die „Asthenie".

Auch am anderen Pol unserer Konstitutionstypenreihe findet sich ein großer Formenkreis von Störungen, Krankheiten, krankhaften Zuständen, ausgehend von Störungen des Stoffwechsels. Sie sind verknüpft mit dem Begriff der Asthenie im Sinne der inneren Medizin (vgl. vor allem JAHN). Wir kommen damit noch einmal auf jenen schwierigen Punkt der Beziehungen zwischen der normalen leptomorphen Konstitutionsvariante, wie sie dem Pyknomorphen gegenübersteht und von Anatomen, Anthropologen und Psychologen als selbständige Variante der Norm anerkannt wird und dem Erscheinungskomplex der „Asthenie", unter dem wir nun vorwiegend die Krankheitssymptome verstehen wollen, die mit dieser abnormen Konstitution verbunden sind.

Wie hat man sich nun diese Beziehungen vorzustellen?

Zunächst wissen wir durch Untersuchungen von CLAUSSEN und SCHLEGEL, daß der Asthenie als abnormer Konstitutionsvariante vermutlich ein einfach dominantes Gen zugrunde liegt. Auch hält CLAUSSEN eine relativ scharfe Abgrenzung gegenüber dem normalen Leptosomen für durchaus möglich.

Wir müssen uns die Stoffwechselnatur dieses Genes vergegenwärtigen, auf die wir im vorigen Kapitel absichtlich nicht näher eingegangen sind. Wir verdanken die genauen Kenntnisse auf diesem Gebiet den trefflichen Untersuchungen von JAHN und seinen Mitarbeitern. Danach liegt dem großen Symptomenkomplex der asthenischen Beschwerden eine fehlerhafte Regulation der Stoffwechselvorgänge zugrunde, deren wesentlichste Kennzeichnung gewisse Vorgänge der Überkompensation sind, die sich in Reaktionen des Säurebasenhaushaltes und des Zuckerstoffwechsels nachweisen lassen. Als eines der wesentlichsten Momente hebt JAHN beim Astheniker die stark überschießende Entsäuerung des Blutes hervor; schon die geringste Muskelarbeit (d. h. Säuerung des Blutes) löst eine vorzeitige und überschießende Gegenregulation aus durch Ausscheidung von CO_2 durch die Lungen (sofortige starke Dyspnoe), fernes von HCl durch den Magen (dyspeptische Magenbeschwerden, Übelkeit und Aufstoßen) und Resynthese der Milchsäure und der Stabilisierung des Leber- und Muskelglykogens (Unterzuckerung des Blutes mit allen Erscheinungen der Hypoglykämie: Zittern, Herzklopfen, Schwindel, Schweißausbruch). Man kann nach JAHN die Stoffwechselstörung der Asthenie als eine Verschiebung des Schwerpunktes des Kohlehydratstoffwechsels zugunsten der Muskulatur bezeichnen. Die Kohlehydrate sind aus dem Zuckerspeicher der Leber an die Stätten des Verbrauches verlagert.

Eine Reihe von weiteren Symptomen sind hier zu erwähnen. Der Grundumsatz ist meist erniedrigt, so daß JAHN anzunehmen geneigt ist, daß infolge der starken Entsäuerung des Körpers die den Stoffwechsel antreibenden Hormone, vor allem das Schilddrüsenhormon, durch den Alkalireichtum der Gewebe an Wirksamkeit verlieren. Daraus erklärt sich die nicht seltene Vergrößerung der Schilddrüse als ein Kompensationsvorgang. In gleichem Sinne spricht ein oft erhöht gefundener Jodspiegel im Blute, wie man ihn sonst nur beim Basedow findet, wie auch sonstige leichte thyreotoxische Symptome. JAHN spricht von einer ,,unausgeglichenen Gegenwirkung der Schilddrüse".

Die Vasolabilität des Asthenikers hat ihre Ursache in den abnormen Schwankungen des Kohlensäuregehaltes des Blutes. Denn die Kohlensäure hat für die Regulation des peripheren Kreislaufes eine besondere Bedeutung. Verarmung des Blutes an Kohlensäure führt zur Erschlaffung peripherer Gefäße, zur Vergrößerung des Querschnittes der peripheren Strombahn und damit zur Erschwerung des venösen Rückstromes zum Herzen. Die Schlagfrequenz des Herzens ist jedoch abhängig von der Menge des zum Herzen zurückströmenden Blutes. Ungenügende Kammerfüllung führt unmittelbar zu starker Beschleunigung der Herzaktion und zu dem subjektiven Gefühl des Herzklopfens. Auf ähnliche Weise erklären sich hemikranische Erscheinungen bei Hyperventilation. Auch die häufig gefundene schwere Acrocyanose ist ein deutliches Zeichen dieser Veränderung der peripheren Strombahn. Endlich zeigen auch der Fett- und Cholesterinstoffwechsel charakteristische Eigentümlichkeiten. Es sei im übrigen auf die glänzenden Untersuchungen von JAHN verwiesen. Im psychischen Bereich entspricht dieser überkompensierenden Regulationsstörung das Mißverhältnis zwischen Reiz und Wirkung, das die asthenische Psyche charakterisiert (s. S. 187). Auch dieses Moment der gesteigerten Kompensationsfähigkeit kennzeichnet diese Form als konservative, d. h. ,,jugendliche" Strukturstufe.

So erwies sich die Asthenie als ein überaus interessantes und bereits weitgehend auflösbares Stoffwechselgeschehen, an deren Anfang ein oder mehrere

Genwirkungen stehen. Erinnern wir uns nun auch hier wieder an die spezifische Eigenart, durch die sich der Leptomorphe vom Pyknomorphen unterschied, dann ergibt sich hier ganz die gleiche Art des Zusammenhanges, wie wir sie soeben zwischen pyknomorphem Konstitutionstypus und „Arthritismus" fanden. So hat der Leptomorphe nach HIRSCH die „schwächere Funktion" der Nebenniere, den herabgesetzten Sympathicotonus, die Blutzuckerkurve zeigt bei Belastung die niedersten Werte, die Zuckertoleranz ist eine hohe. Schon diese Stoffwechsellage schafft ohne Zweifel günstigere Bedingungen für die Manifestation des Astheniefaktors. Dazu kommen die Verhältnisse der Blutverteilung mit der vergleichsweise stärkeren Verschiebung des Blutes nach dem venösen Schenkel der Blutbahn. Auch der geringere Kraftstoffwechsel wirkt in dieselbe Richtung.

Wenn der Hypoplasiefaktor in das Genom eines leptomorph-determinierten Individuums „hineingewürfelt" wird, dann ist anzunehmen, daß er sich in diesem Milieu enorm viel stärker zur Manifestation wird bringen können als beim Pyknomorphen, ja, daß er überhaupt erst dort wirklich zur vollen Ausprägung gelangt. Die Gesamtstoffwechsellage des Pyknomorphen ist der Manifestation des Hypoplasiefaktors entgegengesetzt. Die gleiche antinomische Wirkung dürfte sich im übrigen auch unmittelbar im körperbaulich-morphologischen Sinn geltend machen, worauf wir kurz schon bei der Besprechung der Beziehungen des asthenisch-athletischen Variationskreises zu den Primärvarianten hinwiesen. Somit spielt der „Arthritismus" — um diese Bezeichnung einmal für die ganze Stoffwechseltrias zu gebrauchen — für den pyknomorphen Konstitutionstypus etwa dieselbe Rolle wie die „Asthenie" für den leptomorphen Konstitutionstyp. Es handelt sich um selbständige Faktoren, für die die jeweilige Stoffwechsellage der polaren Konstitutionstypen ganz verschiedene genotypische Milieus darstellen. Nebenbei sei erwähnt, daß die Möglichkeit nicht von der Hand zu weisen ist, daß umgekehrt die athletisch-hyperplastische Beschaffenheit, mit ihrer — noch nicht näher erforschten — stoffwechselmäßigen Eigenart, auf der Seite des pyknomorphen Poles noch verstärkend für die Manifestation des Arthritismus wirkt[1].

Auf die Beziehungen zwischen diesem leptomorph-asthenischen Körperbau und gewissen destruierenden Erkrankungen, wie die Tuberkulose, wurde wiederholt hingewiesen. Hier liegt die Natur dieses Zusammenhanges im Sinne eines günstigen Milieus der asthenisch-bindegewebsschwachen Konstitution für die Tuberkulose auf der Hand. Wir wollen auf diese Dinge nicht näher eingehen.

Es handelt sich also nirgends um echte genetische Zusammenhänge im Sinne eines Zusammenhangs von Genen. Überall erwies es sich, daß die erhöhte Korrelationsziffer zwischen Körperbautypus und körperlichem Krankheitsprozeß durch eine zum Teil begünstigende, zum Teil hemmende Wirkung der konstituierenden Gene auf die Manifestation der Krankheitsgene im Phänotypus erklärbar ist. Der den Konstitutionstypus determinierende Genkomplex schafft unterschiedliche Manifestationsbedingungen für weitere, später in den Entwicklungsvorgang eingreifende Gene; er schafft ein bestimmtes „Milieu" für den eigentlichen Krankheitsfaktor.

3. Konstitutionstypus und psychische Krankheitsprozesse.

Es ist nun sehr naheliegend, anzunehmen, daß die Art der Beziehungen zwischen Konstitutionstypus und psychischer Erkrankung durchaus ähnlicher Natur ist, wie eben bezüglich der körperlichen Erkrankungen erörtert. Denn es ist kein grundsätzlicher Unterschied zwischen erblichen körperlichen und psychi-

---

[1] Der eigentliche „Arthritiker" — als Typus — ist fast stets ein hyperplastischer Pyknomorpher (vergl. Abb. 66).

schen Krankheitsprozessen zu machen, es besteht nur ein gleichsam akzentueller
Unterschied; im einen Fall ist der Akzent des abnormen Geschehens im körperlichen, das andere Mal im psychischen Bereich deutlicher feststellbar, für unsere
Beobachtung zugänglicher. In Wirklichkeit laufen meist psychische Veränderungen neben dem körperlichen Geschehen selbst bei Erkrankungen von der Art
der Muskeldystrophie einher, wie umgekehrt auch körperliche Veränderungen
neben den psychischen der Schizophrenie. Bei anderen, wie etwa der HUNTING-
TONSCHEN Chorea halten sie sich etwa die Waage. Der Unterschied zwischen
körperlichen und psychischen Erbleiden besteht lediglich in einer phänischen
Akzentverschiebung, die außerdem vom jeweiligen Stand unserer Kenntnisse
und Beobachtungsmethoden abhängig ist.

Wir finden zwischen psychischen Krankheiten und Konstitutionstypus eine
wichtige Korrelation, und zwar, wie schon erwähnt, zwischen dem leptomorphen
Habitus und der Schizophrenie einerseits und dem pyknomorphen Habitus und
dem manisch-depressiven Irresein andererseits. Diese von KRETSCHMER gefundene Beziehung wurde von einer ganzen Reihe von Nachuntersuchern bestätigt, so daß gegenwärtig eine große Zahl von statistischen Arbeiten niedergelegt ist, die bis auf wenige Ausnahmen zum gleichen Resultat gelangen. Auch
hier ist bekannt, daß die Korrelation keineswegs eine absolute ist, d. h. es gibt
einen gewissen Prozentsatz sicher pyknischer Schizophrener ebenso wie sicherer
leptosomer Manisch-Depressiver. Eine Erklärung dieses Zusammenhangs liegt
bisher noch nicht vor.

KRETSCHMER selbst behandelte das Problem dieses Zusammenhanges überaus
vorsichtig und undogmatisch. Man müsse sich darüber klar sein: „Körperbau
und Psychose stehen nicht in einem direkten klinischen Verhältnis zueinander.
Der Körperbau ist nicht ein Symptom der Psychose, sondern: Körperbau und
Psychose, Körperfunktion und innere Krankheit, gesunde Persönlichkeit und
Heredität sind jedes für sich Teilsymptome des zugrunde liegenden Konsti-
tutionsaufbaues, zwar unter sich durch affine Beziehungen verknüpft, aber nur
im großen Zusammenhang aller Faktoren richtig zu beurteilen." An einer anderen
Stelle definiert KRETSCHMER den verwendeten Begriff der „Affinität" ganz allgemein „als die äußere statistische Tatsache der vergleichsweise größeren Häufigkeit des Zusammentreffens von Syndromen". KRETSCHMER hat sich über die
Art dieser Affinität, mit anderen Worten über die Gründe dieser erhöhten Häufigkeit des Zusammentreffens von Körperbautypen und Psychosen niemals näher
geäußert.

Man könnte nun diesen Zusammenhang in folgender Weise zu konstruieren
versuchen. Da wir im vorigen eine klare und echte genetische Beziehung zwischen
Körperbautypus und Charakterstruktur fanden, könnte man auf dem gleichen
Wege auch den Zusammenhang zwischen Körperbautypus und Psychose erklären.
Würden wir etwa annehmen, die schizophrene Psychose sei auch genetisch nichts
anderes als eine besondere Zuspitzung des schizothymen Charakters, etwa im
Sinne einer Art Homozygotierung oder quantitativen Steigerung der beteiligten
Gene oder Manifestationsverstärkung oder Summierung gleichsinniger Anlagen
usw., dann wäre damit aus unserer im vorigen durchgeführten Ableitung ohne
weiteres eine Erklärung der fraglichen Korrelation gegeben. In der Tat gehen
die heutigen Vorstellungen, die man sich von dem Zusammenhang macht, vielfach in diese Richtung. Die Schizophrenie wird auch genetisch als eine Art von
Steigerung der Schizothymie betrachtet. Im einzelnen denkt man auch an gemeinsame Teilanlagen des supponierten Anlagekomplexes, der zum leptosomen
Körperbau führt und jenem, der der Schizophrenie zugrunde liegt; treten zu
diesen gemeinsamen Teilanlagen bestimmte andere Anlagen hinzu, ergäbe dies

Schizophrenie; fehlen sie, oder treten andere hinzu, dann haben wir es nur mit dem leptosom-schizothymen Konstitutionstypus zu tun.

Wir glauben auf Grund unserer bisherigen Ergebnisse, daß hier unsere Vorstellungen einer gewissen Revision bedürfen und wollen uns ein eigenes Bild von der Art jenes genetischen Zusammenhanges machen.

a) Leptomorph-schizothymer Konstitutionstypus und Schizophrenie.

Zu diesem Zweck ist es zunächst einmal notwendig, sich den gegenwärtigen Stand unserer genetischen Anschauungen des Schizophrenieproblemes kurz zu vergegenwärtigen. Wir erhalten darüber am besten durch die glänzende Darstellung, die LUXEMBURGER erst in jüngster Zeit an mehreren Stellen gegeben hat, ein klares Bild, so daß wir uns ein mühsames Eingehen auf die riesige Spezialliteratur ersparen können.

Da ergibt sich nun zunächst, daß Schizophrenie als klinisch-nosologisches Gebilde noch keineswegs als erbliches Merkmal im Sinne der Erbbiologie angesehen werden kann. Es ist fraglich — LUXEMBURGER ist hier noch optimistischer als wir — ob es bereits erlaubt ist, von einer Schizophrenie als Phänotypus eines noch unbekannten Genotypus zu sprechen. Als praktisch gesichert könne gelten, daß die schizophrene Psychose primär keine Hirnkrankheit, sondern vielmehr als letzte Erscheinungsform eines Prozesses angesehen werden muß, der sich schon lange vor ihrer Erkennbarkeit als Geisteskrankheit im körperlichen abspielte. Wir glauben LUXEMBURGER hier richtig zu interpretieren, wenn wir dieses „schon lange vorher" nicht wörtlich als eine lange Zeitdauer verstehen, denn darüber kann man ja unmöglich etwas Näheres wissen, sondern als den Ausdruck einer grundsätzlichen Trennung zwischen diesen beiden Manifestationsbereichen. Pathogenetisch handelt es sich vielleicht um eine Stoffwechselstörung, bei der die Pathophysiologie der blutbildenden Organe eine gewisse Rolle spielt (BUMKE, JAHN und GREVING, GJESSING, SCHEID u. a.). Weiter können wir den histopathologischen Befunden entnehmen, daß die Psychose als solche rein funktionellen Charakter trägt, die Produkte der in Wahrheit als Schizophrenie zu bezeichnenden Stoffwechselerkrankung also nicht geeignet sind, bleibende Veränderungen im Gehirn hervorzurufen. Die Schizophrenie ist also — so formuliert dies LUXEMBURGER — wohl ein Organleiden, nicht aber eine organische Erkrankung des Zentralnervensystems. Das Gehirn sei lediglich das Instrument, auf dem die Krankheit ihre letzte Melodie spielt.

Die Erbforschung habe aus diesen Erkenntnissen die Folgerung zu ziehen, daß für sie grundsätzlich nicht die Psychose Schizophrenie Ausgangspunkt sein darf, sondern die körperliche Grundstörung, die „Somatose Schizophrenie".

Welches sind nun die Ergebnisse der genetischen Forschung an dieser Krankheit? LUXEMBURGER faßt sie in folgenden Punkten zusammen: die Schizophrenie ist eine Erbkrankheit, da der Anlage eine größere Bedeutung zukommt als der Umwelt. Damit die Somatose bis zu dem Bild der schizophrenen Psychose verläuft, müssen bestimmte Umwelteinflüsse in Tätigkeit treten, wobei in durchschnittlich 20 bis 30% der Fälle diese fördernden Einflüsse der Umwelt ausbleiben, so daß sich die Anlage dann überhaupt nicht — d. h. nicht bis zu dem Phänotypus schizophrene Psychose — manifestieren kann. Bezüglich der Erkrankung ist weiter zu sagen, daß nach LUXEMBURGER Recessivität wahrscheinlicher ist als Dominanz, Monomerie wahrscheinlicher als Polymerie. Die Schizophrenie stelle mit großer Wahrscheinlichkeit eine Erbeinheit dar, wenigstens konnte ein Gegenbeweis noch nicht erbracht werden.

Mit diesen zusammenfassenden Feststellungen gab uns LUXEMBURGER eine tragfähige Grundlage, auf der wir nun unsere genetischen Überlegungen aufbauen können.

Erbliche Krankheitszustände psychischer und körperlicher Art, unter dem
Gesichtspunkt der Art der ihnen zugrunde liegenden Genwirkungen gruppiert,
gehören vorwiegend drei verschiedenen Typen an. Entweder führt die Genwirkung insofern zu einer Abweichung von der Norm, als sie eine oder mehrere
Teilentwicklungen im Entwicklungsgesamt zurückhält oder vorzeitig determiniert, so daß lange vor Abschluß der Entwicklung eine Störung der harmonischen
Durchbildung des Organismus resultiert. Dabei muß sich die Störung nicht unbedingt schon bei der Geburt zeigen, die ja in der ontogenetischen Entwicklung
keinen Wendepunkt darstellt, wohl aber bis zum Abschluß der Entwicklung.
Wir sprechen von einer Störung vom Typus der Mißbildung[1].
    Oder die Genwirkung führt dadurch zu einer Abweichung der Entwicklung,
daß sie das Reaktionsbereich des Organismus in abnormer Weise ausweitet oder
einengt, so daß ein sonst normal gebildeter Organismus unter bestimmten Umständen abweichend reagieren wird. Wir sprechen von einer Störung vom Typus
der Diathese.
    Und schließlich kann die Störung darin bestehen, daß die Evolution sich ganz
normal vollzieht, auch hinsichtlich des Reaktionsbereiches, daß aber an einem
bestimmten Punkt eine vorzeitige Involution eines Systems, Organes oder Organbestandteiles einsetzt — Aufbrauch der Wirkungsquanten im Sinne von GOLD-
SCHMIDT — und es dadurch zu einer Störung des Gesamtorganismus kommt.
Wir sprechen von einer Störung vom Typus der Systemerkrankung. Allerdings zeigen gerade neueste Untersuchungen, daß bei genauester Erforschung in
diesen später erkrankenden Systemen auch schon vorher Entwicklungsstörungen
nachzuweisen sind (VOGT). Ganz scharfe Grenzen sind also, wie immer, zwischen
diesen „Typen" nicht zu setzen.
    Ein Überblick über die Symptomatologie der Schizophrenie mit ihrem Be-
ginn seit oder lange nach Abschluß der Entwicklung, ihrem progressiven, wenn
auch oft schwankenden und schubweisen Verlauf, der jedoch als solcher niemals
rückläufig ist oder ad integrum ausheilt, ihrer spezifischen Symptombildung
und ihrer destruktiven Natur ergibt ohne weiteres ihre erbpathologische Einteilung in die dritte Gruppe erblicher Störungen, nämlich jener vom Typus der
Systemerkrankungen. In diese Gruppe gehören auch alle neurologischen Erb-
störungen, eine Reihe von Augen- und Ohrenkrankheiten, schließlich auch eine
Reihe ganz harmloser Erscheinungen, wie etwa die DUPUYTRENsche Kontraktur
oder die sog. weiße Haarsträhne[2].
    Das gemeinsame Moment ist die vorzeitige Involution eines Teilbereiches auf
Grund einer mutativen Abwandlung eines Genes. Wesentlich ist also, daß nicht
ein Entwicklungsverlauf von Anfang an gegenüber dem Gesamt zurückbleibt,
wie bei den Erkrankungen vom Typus „Mißbildung", sondern daß sich nach
einer — mindestens scheinbar — vollständig regulären Ausbildung des betreffenden Organsystemes erst nachträglich eine verfrühte Involution einstellt, die mehr
oder weniger rasch zwar vorläufig noch nicht zu einem anatomisch nachweis-
baren, aber funktionell sichtbar werdenden Abbau führt. Die eventuell bestehende klinische Reversibilität spricht nicht gegen die Einreihung einer Erkrankung in diese Gruppe, wie dies etwa der Diabetes mellitus zeigt, bei dem
die Zuführung von Insulin als Substitution für das untergegangene insuläre

---

[1] Die Hasenscharte kann als Modellfall für eine bei der Geburt manifeste Störung gelten,
die tuberöse Sklerose als eine sich häufig erst später manifestierende Störung.
[2] Damit wird die Schizophrenie nicht schon zu einer Systemerkrankung erklärt, sondern
nur zu einer Erkrankung vom Typus der Systemerkrankung, wobei hier der Begriff weiter
gefaßt ist, als bei KLEIST, der seit langem die Schizophrenie den neurologischen Systemerkrankungen gleichsetzt. Wir halten jedoch auch diese engere Fassung für keineswegs
unmöglich; es ist lediglich der Beweis dafür vorläufig nicht zu erbringen.

System zu einer völligen Stabilisierung führen kann. Das Wesentliche ist also nur die patho-physiologische, nicht die klinisch-symptomatologische Irreversibilität. Es ist kein Zweifel, daß auch die Schizophrenie in diese weitere Gruppe hineingehört. Gerade ihr neuerdings vermuteter Charakter als Stoffwechselkrankheit spricht ganz in diesem Sinne, da wir Anhaltspunkte besitzen, daß auch bei zahlreichen echten Heredogenerationen gleichfalls Stoffwechselvorgänge zugrunde liegen, wie etwa bei der Muskeldystrophie, der infantilen amaurotischen Idiotie, der THOMSENschen Dystonie, ja vermutlich auch der HUNTINGTONschen Chorea, der WILSONschen Pseudosklerose und anderen extrapyramidalen Erkrankungen.

Genetisch betrachtet, gibt es bei allen diesen Erkrankungen einen Drehpunkt, nämlich jenen Punkt, wo auf einmal ein bisher normal funktionierendes System seine Funktion langsam abbaut, schließlich einstellt, vielfach morphologisch „degeneriert", d. h. atrophiert, oft durch sekundäre bindegewebige Proliferation ersetzt wird. Kein Zweifel, daß dieser Drehpunkt genetisch, d. h. aber durch ein bestimmtes vermindertes Wirkungsquantum eines Genes bedingt ist. Ob, wie etwa HAMMERSCHLAG sich dies vorstellt, die Störung durch einen zu frühen Aufbrauch der „Energiereserve" entsteht, dadurch also, daß die Summe der Wirkungsquanten zwar ausreicht, das System aufzubauen, nicht aber dazu, es zeitlebens funktionstüchtig zu erhalten, ist noch fraglich. Wahrscheinlicher scheint es mir, daß der Unterschied zwischen den hier besprochenen Störungen vom Systemtypus und jenen vom Mißbildungstypus einfach durch den verschiedenen Zeitpunkt („Moment") bedingt wird, in dem die beteiligten Gene im Gesamtgenom sozusagen zum Einsatz gelangen. Dies braucht jedoch hier nicht weiter ausgeführt zu werden.

Wir müssen uns also bei der Schizophrenie analog einer Reihe von anderen wohlbekannten Erkrankungen vorstellen, daß hier ein Gen (Monomerie nach LUXEMBURGER) zugrunde liegt, welches gegenüber einem Normalallel mutiert, d. h. in seinem Wirkungsquantum verändert ist und dadurch bei seinem Eingreifen in das Entwicklungsgeschehen zu einem vorzeitigen Involutionsvorgang führt, der ein bisher unbekanntes, vielleicht irgendwie primär den Stoffwechsel, vielleicht aber doch auch primär das Gehirn berührendes System betrifft (Somatose). Erst „später" wird im Verlauf der Erkrankung die Psyche in einer spezifischen, funktionellen Weise mit alteriert; erst von diesem Moment angefangen, nennen wir ihn (und erkennen wir ihn) als schizophrene Psychose.

Damit gelangen wir zu einer Vereinfachung der eingangs aufgeworfenen Frage nach der Korrelation von Körperbautypus und Psychose. Liegt auch hier in der Tat eine erhöhte Korrelation vor, dann werden wir als die einzig mögliche Art des Zusammenhanges wieder das günstige genotypische Milieu annehmen müssen, das der Konstitutionstypus für die Manifestation des schizophrenen Prozesses darstellt. Eine andere Art des Zusammenhanges ist genetisch gar nicht vorstellbar; denn die Art der beiden beteiligten Gene — der Strukturbestimmer als ein frühzeitig in die Entwicklung eingreifender Faktor des Normbereiches und das Gen der Schizophrenie als einer Mutation vom Typus der Systemerkrankung — kann in keinem unmittelbar genetischen Zusammenhang stehen; dazu sind sie viel zu unvergleichbar. Nicht denkbar ist es etwa, daß der eine (Schizophreniefaktor) nur eine besondere Allelstufe des anderen (Strukturbestimmer) sei. Dort handelt es sich um eine typische Verlustmutation, hier wäre es eher eine Gewinnmutation; dort greift das Gen in gänzlich andere Wirkungszusammenhänge ein als hier; dort führt eine ganz bestimmte Entwicklung von einem bestimmten Drehpunkt an zu einem abnormen Verlauf von prozeßhaftem Charakter im Phänotypus, hier würde lediglich eine strukturelle Besonderheit entstehen, die nicht den geringsten Prozeßcharakter trägt, außerdem auch nicht

ins Abnorme führt. Auch die Annahme der gemeinsamen Teilanlagen ist nicht
möglich; da sowohl Konstitutionstypus wie Schizophrenie jeweils der Wirkungs-
effekt nur eines einzigen Genes sind, kann es keine unmittelbaren gemeinsamen
Teilanlagen geben. Vor allem aber liegt der „Moment" des Eingreifens der
beiden Genwirkungen ontogenetisch ungeheuer weit auseinander. — Die einzig
denkbare Beziehung ist diejenige über das genotypische Milieu.

Dafür spricht noch ein anderer Umstand. KRETSCHMER, MAUZ und andere
Untersucher haben festgestellt, daß die schizophrene Psychose bei pyknischem
Habitus fast durchgehend anders verläuft als beim leptosom-asthenischen
Habitus; sie beginnt durchschnittlich fast um ein Jahrzehnt später, verläuft fast
stets in gewissen Perioden mit relativ symptomfreien Intervallen, führt fast niemals zu einer völligen Destruktion der Persönlichkeit, also zu dem sog. schizophrenen Endzustand und gehört oft dem sog. paranoiden Formenkreis an, d. h.
aber jenem Symptombild, das durch die aktive resistente Reaktion der Persönlichkeit auf den schizophrenen Einbruch charakterisiert ist. Dieser Umstand
spricht sehr überzeugend für den Einfluß des genotypischen Milieus und ist
anders als durch dieses gar nicht zu erklären. Er dürfte im übrigen auch die
statistische Korrelationsberechnung zwischen der Schizophrenie und dem Körperbautypus mitgefärbt haben, da pyknische Schizophrene danach eine erheblich
geringere Wahrscheinlichkeit besitzen, bei einer solchen Berechnung miterfaßt
zu werden, besonders dann, wenn diese Untersuchung von Anstaltsmaterial
ihren Ausgang nahm. Gerade nach den Untersuchungen von MAUZ haben
pyknische Schizophrene wesentlich geringere Chancen, in Anstaltspflege zu gelangen, wie die leptosom-asthenischen. Auch durch ihren späteren Erkrankungs-
beginn und ihren schubweisen Verlauf wird die Erfaßbarkeit dieser Formen
herabgesetzt, während umgekehrt der destruktive Verlauf bei den leptosom-
asthenischen Formen, die eigentlich erst das „typische" Bild der Dementia praecox
im Sinne KRAEPELINS aufweisen, die Wahrscheinlichkeit erhöht, daß der Fall
als typische Schizophrenie aufgenommen und dementsprechend statistisch bearbeitet wird[1].

Diese Momente scheinen mir alle im gleichen Sinn zu sprechen, daß die erhöhte Korrelation zwischen leptosom-asthenischem Habitus und Schizophrenie,
genetisch betrachtet, als eine Verlaufskorrelation aufzufassen ist. Das heißt
aber nichts anderes, als daß hier ganz die gleichen Verhältnisse vorliegen, wie wir
sie bei den körperlichen Erkrankungen und ihrer Beziehung zum Konstitutionstypus fanden: das „leptomorphe" Milieu schafft andere, und zwar bessere Bedingungen für die Manifestation des Geschehens, dessen psychische Seite wir als
schizophrenen Prozeß bezeichnen. Aus diesem Grund müssen wir bei statistischer
Bearbeitung die bekannte Verschiebung nach der Seite des leptosom-asthenischen
Körperbaues erhalten.

So sehen wir, daß sich die scheinbar genotypische Korrelation, die Affinität
bestimmter Gene oder Genkomplexe, verschiebt in die Richtung einer phänotypischen Korrelation. Wir verlegen mit anderen Worten auch hier die Korrelation aus dem Genom in das Phänom.

Nicht zu halten erscheint uns demgegenüber die Vorstellung, die LUXEMBURGER neuerdings über den Zusammenhang von Psychose und Körperbau geäußert hat. Aus der Häufig-

---

[1] Die bisherigen konstitutionstypologischen Untersuchungen, die zu einer scheinbar
einwandfreien erhöhten Korrelation zwischen leptosomen Körperbau und Schizophrenie
gelangten, sind m. E. der Gefahr einer Auslese unterlegen, die darin besteht, daß die
Auswahl „typischer" Schizophrener (im Sinne KRAEPELINS) bereits eine Auslese nach
leptosomen, vor allem aber nach asthenischen Körperbautypen bedeutete. Sie stellten also
m. a. W. nur die Korrelation zu einer bestimmten Schizophrenie, aber nicht zu „der"
Schizophrenie fest.

keit der Psychosen errechnet er eine Häufigkeit der Heterozygoten von 1:18, d. h. daß etwa jeder 5. Mensch ein Träger einer Teilanlage für Schizophrenie ist. So gut wie jede Familie müsse deshalb als dem schizophrenen Erbkreis zugehörig und fast jeder Mensch als Glied dieses Erbkreises betrachtet werden. Das sage letzten Endes nichts anderes, als daß die seelischen wie die körperlichen Typen KRETSCHMERS, die primär wohl an die zugehörigen Erbkreise gebunden sind, sekundär allgemein menschliche Verhaltungsweisen und Körperbauformen darstellen. Somit sei verständlich, daß die Schizophrenen tatsächlich „denselben Körperbau haben wie die gesunden"[1], aber nicht, weil Körperbau und Psychose nichts miteinander zu tun hätten, sondern „weil die schizophrene Anlage häufig genug ist, um das Bild der Gesamtbevölkerung auch körperlich zu bestimmen."

Es wird hier also der leptosome Körperbau in der Tat als eine Manifestationsform (oder als ein Symptom) des Schizophreniegenes aufgefaßt. Und nur weil dieses so häufig ist, taucht auch in den scheinbar gesunden Familien der leptosome Körperbau so häufig auf, immer gleichsam als Indicator und mahnendes Stigma, das auch hier eine Schizophrenieanlage in irgendeinem nicht manifestierten Zustand vorliegt.

Wir haben aus dem vorigen gesehen, daß es in Wirklichkeit gerade umgekehrt ist: Der leptomorphe Körperbau als die eine große normale Konstitutionsvariante muß sich notwendigerweise entsprechend seiner Häufigkeit auch unter Schizophrenen finden. Da er die Manifestation des Schizophreniegenes in fördernder Weise beeinflußt, wird seine Häufigkeit unter den Schizophrenen gegenüber dem Durchschnitt erhöht sein. Es wird nicht der leptosome Konstitutionstypus von der Schizophrenieanlage, sondern die Anlage zur Schizophrenie vom leptosomen Konstitutionstypus in ihrer Manifestation gefördert.

Zum Problem des schizoiden Psychopathen wollen wir uns hier nicht äußern. Wir glauben, daß eine genetische Beurteilung des Tatbestandes, der darunter gefaßt wird, so lange nicht möglich ist, solange unsere genetische Erkenntnis der Schizophrenie selbst auf so schwachen Füßen ruht, wie dies heute noch der Fall ist. Der eine Hauptausgangspunkt, von dem das Schizoid aus zu entwickeln ist, der schizothyme Temperamentskreis des Leptomorphen, kann bereits, wie die Ausführungen des ganzen ersten Teiles zeigen, als weitgehend exakt und auch experimentell geklärt gelten. Wenn erst einmal der Begriff der Schizophrenie ebenso klar herausgearbeitet sein wird, wird man den Schizoidbegriff vermutlich gar nicht mehr benötigen.

b) Der pyknomorph-cyclothyme Konstitutionstypus und die manisch-depressiven Psychosen.

Man könnte versucht sein, die eben ausgeführten Überlegungen in gleicher Weise auch auf den anderen Pol der Konstitutionsreihe auszudehnen und auch dort alles in derselben Weise, nur gleichsam mit umgekehrten Vorzeichen, zu erklären. Dies wäre jedoch voreilig. Wir wollen auch hier unsere Überlegungen planmäßig und systematisch durchführen und erst am Schluß einen Vergleich zu der eben beschriebenen Gruppe der Schizophrenien ziehen.

Auch hier gilt es wieder, die erhöhte Korrelation zwischen pyknischem Körperbau und den manisch-depressiven Psychosen genetisch zu erklären. Von fast allen Nachuntersuchern KRETSCHMERS wurde diese Korrelation bestätigt.

Wir beginnen auch hier unsere Überlegung mit dem Versuch einer pathogenetischen Eingruppierung des manisch-depressiven Irreseins (M.D.I.) in das Gesamt aller erblichen Störungen. Dabei finden wir nun gänzlich andere Verhältnisse wie bei der Schizophrenie. Es handelt sich hier nämlich nicht um ein Leiden vom „Systemtypus", sondern um ein phasisches Geschehen ohne jede Progressivität mit jedesmaliger Restitutio ad integrum zwischen den einzelnen Phasen, ohne Umbau der Persönlichkeit; die Phasen treten in Perioden mit bestimmten Prädilektionszeiten auf, die u. a. mit den humoralen Krisenvorgängen des Organismus zusammenhängen. Es handelt sich gegenüber dem eben besprochenen Krankheitsprozeß hier um einen grundsätzlich anderen Typus, der am ehesten vergleich-

---

[1] LUXENBURGER zitiert dabei BUMKE (LUXENBURGER: Handb. d. Erbbiol. d. Menschen 5, 2. Teil. 387ff.).

bar ist mit Erkrankungen, die gewöhnlich als Diathesen bezeichnet werden.
Wir sprechen deshalb auch hier von einer Erkrankung vom Diathesetypus.

Wählen wir als Beispiel etwa die allergische Diathese, d. h. die konstitutionell
erhöhte Bereitschaft, auf bestimmte Stoffe Antikörper zu bilden, so finden wir
diese Bereitschaft als einen Bestandteil der Gesamtkonstitution von Anfang an
bestehend, wenn auch sich nicht von Anfang an manifestierend. Da diese Bereitschaft ausgesprochen erblich ist, muß für sie ein Erbfaktor angenommen werden,
über dessen Spezifität wir noch nicht allzuviel wissen, da sich in manchen Familien oft die verschiedensten Formen der Überempfindlichkeit finden, in anderen
wieder sich der Faktor bei allen Trägern in durchaus gleichsinniger Weise, etwa
als Heuschnupfen, äußert. Zu diesem Anlagefaktor, den man als „Innenfaktor"
bezeichnen könnte, muß ein zweiter Faktor treten, der im Falle der allergischen
Diathese von außen kommt, also meist ein Eiweißkörper, auf den die abnorme
Reaktion erfolgt (evtl. nach einer vorhergehenden Sensibilisierung). Diese Reaktion ist es erst, die sich als krankhaftes Geschehen manifestiert und wieder
aufhört, wenn sich die Bedingungen geändert haben. Bei allen Krankheiten vom
Diathesetypus zeigt sich deshalb ein solcher phasenhafter Ablauf des Krank-
heitsgeschehens mit völliger Restitutionsfähigkeit. Die Perioden werden etwa
von der Jahreszeit abhängen, insofern der Außenfaktor mit dem jahreszeitlichen
Wechsel korrespondiert (Heuschnupfen) oder vom Menstruationscyclus (Migräne)
oder von zufälligen Momenten, wie der Begegnung mit Tieren (Urticaria oder
Asthma bei Überempfindlichkeit gegen Tierhaare) oder von anderen, noch unbekannten periodischen Vorgängen des Körpers (QUINCKEschs Ödem u. a.).

Ein weiteres gemeinsames Moment dieser pathogenetischen Gruppe ist, daß
die krankhafte Reaktion nichts anderes ist als eine Steigerung einer Reaktion,
die als solche zum Reaktionsbereich jedes Menschen gehört. Es handelt sich
nicht um eine Störung, wo, wie bei der Schizophrenie oder jeder anderen Systemerkrankung, ein neues, dem gesunden Organismus fremdes, degeneratives Geschehen abläuft; sondern — und das gilt auch für das M.D.I. — das krankhafte
Geschehen kann als eine abnorm gesteigerte Reaktion des Organismus aufgefaßt
werden, die als solche zum Reaktionsbestand des Organismus gehört.

Das M.D.I. kann man auffassen als eine abnorme Schwellenlabilität jenes
obersten Regulationsmechanismus, der gleichsam das „Tempo" gewisser Lebensabläufe steuert. Dieser Steuerungsmechanismus führt normalerweise zu einer
Art von stabilem Gleichgewichtszustand eines in einer bestimmten Spannung
gehaltenen Systems, zu einem dynamischen Gleichgewicht. Abweichungen
entstehen dadurch, daß es einerseits verschiedene Einstellungen, also höhere oder
geringere Dauerspannungen gibt und andererseits Schwankungen, die aus
sich heraus die Tendenz haben, wieder in das Gleichgewicht zurückzukehren,
wenn das die Schwankung bewirkende Moment zu wirken aufgehört hat. Vermutlich gibt es bei jedem Menschen kleinste Schwankungen, Phasenverschiebun-
gen der Acceleration und Retardation, die ihm oft gar nicht bewußt werden. Es
gibt gewisse Anhaltspunkte dafür, daß das Zwischenhirn oder der Thalamus
mit diesem Regulativ in irgendeiner Beziehung stehen.

Wir müssen beim M.D.I., ähnlich wie bei anderen Diathesen, einen Anlagefaktor annehmen, der gleichsam eine „Überempfindlichkeit" dieses Steuerungsmechanismus bewirkt, also eine Bereitschaft zu besonders starken Ausschlägen.
Das Geschehen ist ein psychophysisches, so daß neben (noch unbekannten)
körperlichen Vorgängen psychische Erlebnisweisen herlaufen. Zu diesem Innenfaktor muß auch hier ein weiteres Moment treten, das diese Bereitschaft in Aktion
treten läßt. Dieser zweite Faktor — im Beispiel der Allergie als Außenfaktor
bezeichnet — könnte nun gleichfalls eine Außenfaktor sein, den wir nicht kennen.

Wahrscheinlicher ist jedoch, daß auch er „von innen" her wirkt, d. h. ebenfalls in einer bestimmten Anlagewirkung besteht. Es ist müßig, darüber zu spekulieren, ob wir uns seine Wirkung als vorübergehende Überschwemmung des Organismus mit gewissen Stoffwechselprodukten, also als autotoxisehe Vorgänge, oder ob wir sie uns als hormonale Gleichgewichtsveränderungen oder als kolloidale oder elektrolytische Verschiebungen im Körperhaushalt oder sonstwie vorstellen sollen. Wir wissen es vorläufig nicht.

Hier wollen wir uns nur den Typus des Geschehens umreißen. Und da scheint mir das Modell der Diathese am geeignetsten, bei der durch einen mutierten Faktor eine veränderte Bereitschaft zu einer an sich physiologischen Reaktion entsteht, die durch (bisher unbekannte) Momente in Gang gesetzt werden kann. Eine endogene Depression können wir uns demnach als einen enormen Ausschlag in jenem Regulationsmechanismus nach der einen Seite vorstellen, der eintritt als Folge einer anlagebedingten Überempfindlichkeit des Systems im Augenblick, in dem im Organismus durch gewisse Veränderungen, die wir vorläufig noch nicht kennen, die Bedingungen dazu geschaffen werden. Im Augenblick, in dem diese Wirksamkeit aufhört, kehrt das frühere Gleichgewicht ad integrum wieder zurück. Nicht selten ist dieser Gleichgewichtszustand jedoch ein labiler, so daß auch ein Umkippen nach der anderen Seite ins Abnorme eintreten kann.

Wir legen uns nun die Frage nach der genetischen Erklärung jener Korrelation zwischen manisch-depressivem Irresein und pyknischem Körperbau vor. Wir sehen sofort, daß hier die Dinge anders liegen müssen als bei der Schizophrenie. Während es dort genetisch nicht denkbar war, daß der Faktor des in Korrelation stehenden Konstitutionstypus zugleich auch der Schizophreniefaktor ist, ist es hier keineswegs unvorstellbar, daß in der Tat das gleiche Gen, als dessen Effekt wir den pyknomorphen Habitus und die cyclothyme Charakterstruktur erkannten, also der S-Faktor, zugleich jene erhöhte Bereitschaft bedingt, daß er also selbst der Innenfaktor ist. Es wäre dann anzunehmen, daß diese erhöhte Bereitschaft zu starken Ausschlägen der Temporegulation zu der „unsichtbaren" Manifestation[1] des Genes gehört. Nur von dem anderen Faktor hinge dann die Realisierung dieser Bereitschaft ab. Das hieße mit anderen Worten, daß jeder Pyknomorphe die Bereitschaft zu jenen übermäßigen Ausschlägen hat, die dann in der Reihe gegen den leptomorph-schizothymen Pol zu mehr und mehr abnimmt.

Die erhöhte Korrelation zwischen dem M.D.I. und dem pyknomorphen Habitus wäre damit erklärt. Diese Art der Erklärung widerspricht jedoch einer Reihe von Tatsachen. Die einen gruppieren sich um den Umstand, daß deutlich in vielen Sippen die Manifestation der manisch-depressiven Psychosen über die verschiedensten Konstitutionstypen hinweggeht, daß sich also ein Faktor gleichsam unabhängig von der Konstitution am Werke zeigt; die andere um die Tatsache, daß es große Sippen von ganz pyknomorpher Konstitution gibt, in denen sich nirgends auch nur eine einzige Psychose von M.D.I. jemals manifestiert.

Diese Tatsachen sprechen doch wohl mehr in dem Sinne, daß ein eigener Faktor, eine bestimmte Genmutante, als spezifischer Faktor für die Entstehung einer endogenen cyclothymen Psychose unerläßlich ist, daß also der Innenfaktor nicht identisch ist mit dem Strukturbestimmer. Die Verhältnisse lägen dann wieder so wie bei den körperlichen Erkrankungen, wo wir auch für die einzelnen Störungen eigene Faktoren anzunehmen hatten. Damit ergibt sich wieder die

---

[1] Jedes Gen hat ja neben den im Phänotypus sichtbaren Manifestationen, an denen wir seine Wirkung erkennen, noch zahlreiche andere, für uns zunächst unsichtbare Wirkungen, die erst durch andere Faktoren sichtbar gemacht werden können. Wir sind uns natürlich der Contradictio in adjecto des Ausdruckes „unsichtbare Manifestation" bewußt, benützen ihn aber gleichwohl, weil er trotz seiner Paradoxie zeigt, was gemeint ist.

Notwendigkeit, die wir schon kennenlernten, die Korrelation mit Hilfe des genotypischen Milieu zu erklären.

Was wir als Verlangsamung der Lebensabläufe, als „Ritardando" im physio-
pathologischen Geschehen bezeichneten, führt phänomenologisch zu dem Erlebnis
der vitalen Verstimmung, zur vitalen Traurigkeit. Es handelt sich dabei um eine
Veränderung der Leibgefühle, zu denen etwa der Hunger, der Schmerz, die Müdig-
keit oder die Angst gehören. Auch die Depression ist ein solches Leibgefühl
und hat, wie alle Leibgefühle, ihr unmittelbares physiopathologisches Korrelat
in leiblichen Vorgängen.

Spielt sich nun dieser Vorgang des „Ritardando" in einer cyclothymen Charakterstruktur ab mit ihrer hohen Integration, ihrer enorm viel größeren Bedeutung und Ansprechbarkeit des ganzen Gefühlslebens, ihrer geringen Strukturierung, der geringen Grenzfestigkeit der innerseelischen Bereiche und größeren
Einbettung aller psychischen Inhalte, der leichten Entspannbarkeit der einzelnen
seelischen Systeme, der wesentlich geringeren Bedeutung des noetischen Oberbaues der Psyche usw., wird das sehr eindrucksvolle Bild der schweren, weichen
und leicht zu beobachtenden, d. h. durch nichts abgewandelten depressiven
Hemmung entstehen, wie es vor allem durch KRETSCHMER als cyclothyme Depression beschrieben ist. Auch auf der somatischen Seite stellt vielleicht die
pyknomorphe Beschaffenheit ein günstigeres Milieu dar, ähnlich wie wir dies
etwa bei dem Diabetes mellitus sahen.

Ganz anders wird dies sein, wenn das Geschehen sich auf dem Gegenpol, der
schizothymen Charakterstruktur, abspielt. Die hohe Wandfestigkeit der einzelnen seelischen Systeme, die ungeheuer viel stärkere Strukturbildung des
Schizothymen wird es gar nicht zulassen, daß die Hemmung gleichmäßig und
total von der Persönlichkeit Besitz ergreift. Sie wird auf Teilbereiche der Psyche
beschränkt bleiben. Zugleich werden andere Teilbereiche in Reaktion zu dem
Krankheitsgeschehen treten, es werden sich hohe Spannungen einstellen, die zu
paranoiden Erlebnisweisen führen können; ebenso können hysterische Reaktionen
einen gewaltigen Überbau errichten, der die darunter liegende vitale Verstimmung
oft gar nicht mehr erkennen läßt. Es können Zwangssymptome als Folge einer
Reaktion vom dominierenden, noetischen Oberbau her auftreten, wahnhafte
Reaktionen, die bis zu riesigen sensitiven Wahnsystemen sich entwickeln, es
können Willenslähmungen und Stuporzustände auftreten, die von schizophrenen
Stuporen nicht zu unterscheiden sind. Und alle diese höchst mannigfachen Bilder
lassen sich oft erst als Folgen einer zugrunde liegenden vitalen Verstimmung
erkennen, wenn sie plötzlich wieder abklingen, wenn Wahngebäude wie Karten-
häuser zusammenfallen, Zwänge abgebaut werden, als wären sie nie dagewesen,
schwere hysterische Produktionen verschwinden. So manche glückliche Therapie
einer „Schizophrenie" gehört hierher, so manche psychotherapeutische Wunder-
heilung an einer schweren Zwangsneurose verdankt dem spontanen Abklingen
der darunterliegenden Depression ihren Erfolg.

Es scheint mir möglich, daß wir gegenwärtig unter der typischen Depression vor allem die
cyclothyme Depression erfassen, weil sie bereits gute Beschreiber gefunden hat und viel
einheitlicher, deshalb aber auch viel leichter deutlich zu sehen ist. Die schizothyme Depression
muß erst ihren Entdecker finden. Sie ist viel schwerer zu sehen, bunter und mannigfaltiger.
Ist sie aber einmal von einem geschickten Beschreiber klar herausgestellt, dann wird sie auf
einmal jeder erkennen können. Würde man dann den Körperbau derartiger Depressionen
statistisch auszählen, d. h. würde man wenigstens nicht diese „atypischen" Bilder alle willent-
lich aus dem Material ausschalten, wie dies bisher noch bei allen psychiatrischen Konstitutionsuntersuchungen geschehen ist, dann könnten sich die statistischen Resultate am
man.-depr. Irresein wesentlich nach der leptomorphen Seite verschieben.

In noch höherem Maß gilt dies für manische Perioden. Auch hier kennen wir
vor allem die cyclothyme, frische und gehobene heitere Manie des Pyknikers.

Wir ahnen aber noch gar nicht, welche psychopathologischen Bilder sich auf anderen konstitutionellen Böden vielleicht daraus entwickeln können: verworrene Erregungszustände mit Rededrang und Hyperkinesen, Motilitätspsychosen, paranoische, gespannte, explosive, gereizte Verstimmungen, sensitive Beziehungssysteme hypererotischer Art, hysterische Zustände, sog. Fassadenpsychosen (KRETSCHMER), kurz, auch hier wieder alle möglichen sog. „Mischzustände", atypische Psychosen aller Art, hinter denen man die vitale Erregung im Sinne der Manie nicht mehr vermutet. Es gilt also hier dasselbe wie bei der Depression.

Auch die Periodik als solche wird vermutlich durch den Konstitutionstypus pathoplastisch beeinflußt. So sieht man niemals bei reinen Pyknomorphen jenes uhrwerkartige, periodische Ablaufen manischer und depressiver Phasen von wenigen Tagen bis Wochen, bei dem der Kranke selbst genau voraussagen kann, wie lange es dauern wird. Auch das harte, plötzliche Umkippen, oft innerhalb einer halben Stunde aus einer Depression in einen manischen Zustand sieht man niemals bei Pyknomorphen, sondern im Gegenteil meist bei ausgesprochen Leptomorphen mit asthenischen oder athletischen Zügen. Die Phasen beim Pyknomorphen sind fast stets weiche, lange, rhythmische Perioden mit langsamem Beginn und fließendem Ausgang. Es läßt sich auch gut verstehen, daß in der pyknomorphen Konstitution mit ihren ganz anderen Stoffwechselverhältnissen die Phasen anders verlaufen müssen als in der leptomorphen Konstitution.

Wir sehen also auch hier, daß die naheliegendste Erklärung der von KRETSCHMER gefundenen Korrelation diejenige über das genotypische Milieu ist. Der Konstitutionstypus am pyknomorphen Pol stellt sowohl physiopathologisch wie psychologisch einen weitgehend anderen Boden dar, der zu anderen Krankheitsbildern führt, wie derjenige des leptomorphen Milieus. Auch hier also liegt die Korrelation nicht im Genom, sondern im Phänom.

Was endlich die cycloiden Psychopathen betrifft, so versteht man außer den Menschen mit endogenen Schwankungen leichtester Art darunter auch Menschen, deren Temperament nach einem der beiden Seiten dauernd verschoben ist, die also gleichsam auf zu rasches oder zu langsames Tempo „eingestellt" sind. Bei diesen handelt es sich um bestimmte charakterologische Strukturen (im Sinne von Dauergefügen), die eng mit dem cyclothymen Pol unserer konstitutionstypologischen Stufenskala zusammenhängen. Sie sind besondere Prägungen dieser Strukturstufe. Mit den manisch-depressiven Schwankungen haben sie genau so viel oder genau so wenig zu tun wie überhaupt die cyclothyme Struktur. Sie sind also nichts anderes als besondere Prägungen von cyclothymen Menschen. Es ist mir nicht bekannt, ob derartige cycloide Dauertemperamente häufiger manifeste Psychosen bekommen, wie cyclothyme Menschen überhaupt.

Die Frage, ob es sich dabei um Heterozygote handelte, wie dies mitunter behauptet wurde, ist so lange eine unfruchtbare Frage, als man sich nicht darüber klar ist, in welchem Gen sie heterozygot sein sollen. Man muß wohl unterscheiden zwischen dem Gen, das für die pathologischen Schwankungen verantwortlich ist, also jene Bereitschaft nach Art einer Überempfindlichkeit schafft, vergleichbar der Anlage zu allergischen Reaktionen und das wir als das eigentliche Gen des M.D.I. auffassen können (Innenfaktor), und andererseits dem S-Faktor, den wir in bestimmten Allelomorphen für die Cyclothymie verantwortlich machen. Gemeint ist aber, wenn überhaupt es einen Sinn haben soll, von Heterozygoten zu sprechen, das erstere der beiden genannten Gene. Hier möchte ich aber lediglich die Neigung zu Schwankungen als eine evtl. heterozygote Manifestation auffassen, nicht aber das hypomanische oder subdepressive Temperament als Dauerstruktur. Dieses läßt sich ohne Zweifel auf eigene, besondere Genwirkungen zurückführen. Wir wissen darüber aber wohl noch zu wenig, um diese Überlegungen hier weiterführen zu können.

Ich glaube also, daß Schizophrenie und manisch-depressives Irresein, genetisch betrachtet, auf ganz verschiedenen Ebenen liegen; sie liegen unter diesem Aspekt nicht als zwei Pole auf einer Linie, die gleichsam die Achse bildet, um die sich die psychiatrischen Erkrankungen alle drehen, wie KRAEPELIN dies annahm[1]. Daß man sie auch heute noch als derartige Pole betrachtet, hat unter anderem seinen Grund in ihrem entgegengesetzten Verhältnis zu den polaren Primärvarianten der Konstitutionstypen und deren echter Polarität. Während sich die schizophrenen Psychosen phänotypisch beim Leptomorphen „klarer" ausprägen, ist dies bei den manisch-depressiven Psychosen gerade umgekehrt. Dies hängt vermutlich mit der pathogenetischen Natur der zugrunde liegenden Vorgänge zusammen, aus denen wir folgende Grundregel ableiten möchten: Alle Erkrankungen vom Diathesetypus (d. h. abnorm gesteigerte Reaktionen) prägen sich häufig auf dem konservativen Pol der Primärreihe stärker aus; Erkrankungen vom Systemtypus (alle progressiv-destruktiven Erkrankungen) prägen sich auf dem entgegengesetzten propulsiven Pol stärker aus. Dies hängt vermutlich mit der biogenetischen Struktur der beiden Konstitutionsformen zusammen, d. h. mit der Tatsache, daß die Fähigkeit zu kompensatorischen Reaktionen entsprechend der hohen Kompensationsfähigkeit des jugendlichen Organismus vom pyknomorphen zum leptomorphen, vielleicht überhaupt vom konservativen zum propulsiven Pol ständig abnimmt. Wir möchten diese Regel als ontogenetische Kompensationsregel bezeichnen.

Die scheinbare Polarität der beiden endogenen Psychosenkreise ist also nichts anderes als die Polarität der betroffenen Konstitutionstypen; mit anderen Worten: Die Polarität liegt nicht in den Krankheiten, sondern in den Kranken.

c) Die Sekundärvarianten 1. Ordnung und die Epilepsie.

Lediglich kurz streifen wollen wir die interessanten Krankheitsbeziehungen des athletischen und asthenischen Konstitutionskreises. Auch hier verdanken wir KRETSCHMER die Aufdeckung der wichtigen Beziehungen des athletischen Habitus zur Epilepsie. In zahlreichen Nachuntersuchungen konnten sie immer wieder bestätigt werden. Zu erwähnen ist allerdings, daß auch hier wieder die bekannten Ausnahmen gelten: Auch durchaus andere Konstitutionsformen können eine genuine Epilepsie zeigen; genuine Epileptiker hinwiederum zeigen ebenso häufige Beziehungen zu anderen abweichenden (dysplastischen) Konstitutionsformen. Nach der Zusammenstellung von WESTPHAL finden sich unter Epileptikern 28% Athletiker und 29% Dysplastiker.

Unter den Epileptikern überwiegen also bestimmte abnorme Konstitutionsformen; unter diesen springen die plumpen, derben, hyperplastischen Athletiker besonders hervor. Völlig die gleiche konstitutionstypische Häufung finden wir im übrigen, wenn wir, anstatt von Epileptikern, von Schwachsinnigen oder von kriminellen Psychopathen ausgehen; ja auch wenn wir überhaupt nicht von biologischen, nämlich von Krankheitsformen, sondern von soziologischen Sachverhalten, etwa der Befürsorgung oder bestimmter Wohngegenden (Baracken) oder der Eintragung im Strafregister ausgehen. Auch bei derartigen Auslesegesichtspunkten treffen wir immer wieder auf jene charakteristische Verschiebung

---

[1] Ich werde in einer späteren Arbeit näher ausführen, daß ein „manisch-depressives Irresein" sehr wohl als erstes Symptom einer schizophrenen Psychose auftreten kann, ohne daß im geringsten dazu eine Mischung von Erbkreisen anzunehmen ist.

nach gewissen abnormen und defekten Konstitutionen, unter denen die extrem-athletischen Formen dominieren. Andererseits aber finden wir, wie MAUZ sehr überzeugend zeigen konnte, auf einem entgegengesetzten Flügel Formen, die MAUZ im Anschluß an die kriegsneurologischen Arbeiten von KRETSCHMER als reflexhysterische Formen bezeichnete. Körperbaulich handelt es sich dabei um die Asthenie. Den ganzen, beide Flügel umfassenden Konstitutionskreis nannte MAUZ wegen seiner Beziehung zu Krampfanfällen den iktaffinen Konstitutionskreis.

Damit aber haben wir das gesamte sekundäre Variationsbereich erster Ordnung vor uns mit einer starken Verschiebung nach dem abnormen Pol zu. Die Epilepsie bzw. überhaupt die erhöhte Krampfbereitschaft, findet sich also, so können wir formulieren, gehäuft bei jenen Konstitutionsvarianten, die sich auszeichnen durch eine mangelhafte Differenzierung gewisser Gewebsbeschaffenheiten, die zu einer hypoplastischen oder zu einer hyperplastischen Anlage des Bindegewebsapparates führen. Diese mangelhafte Ausdifferenzierung scheint für die Manifestation der epileptischen Anfälle das günstige konstitutionsbiologische Milieu zu sein.

Man könnte mit Hilfe der modernen Anschauungen über die Entstehung des epileptischen Anfalls leicht auf diesen Ergebnissen mannigfache Hypothesen des Zusammenhangs aufstellen. Dies wäre nicht schwierig; es ist nur die Frage, ob sie sich auch erhärten ließen. Wir wollen darauf verzichten und lieber weitere Untersuchungen abwarten.

Lediglich hinweisen wollen wir noch auf die engen Beziehungen des viskösen Temperaments und der bei Epileptikern gefundenen enechetischen Charakter-beschaffenheit. Diese ist nichts anderes als eine der Veränderungen, die beim viskösen Temperament des Athletikers gleichsam präformiert ist.

4. Zusammenfassung.

Durch die Erkenntnis des ontogenetischen Strukturprinzipes und seine gene-tische Erklärung erfuhren auch unsere Vorstellungen von dem Zusammenhang von Konstitutionstypus und Krankheit gewisse Modifikationen. Eine bisher üblich Annahme gemeinsamer Teilanlagen zwischen dem Konstitutionstypus und der erblichen Krankheit mußte aufgegeben werden, da wir nicht mehr eine Viel-heit von Faktoren, sondern einen einzigen Faktor als das entscheidende Prinzip des Konstitutionstypus erkannten. Da sich neuerdings auch die meisten An-lagekrankheiten auf die Wirkungen einer einzigen Genmutation zurückführen lassen, konnte das Problem des Zusammenhanges einfach als Frage nach dem Zusammenhang zweier Gene bzw. ihrer Wirkungen im Phänotypus formuliert werden. Da auch die Annahme der Faktorenkoppelung nicht haltbar war, schon deshalb, weil ja die beiden primären Konstitutionsvarianten gar nicht als der Effekt von zwei Genen, sondern nur von zwei verschiedenen Allelstufen eines einzigen Genes erkannt wurden, war es notwendig, sich nach anderen Erklärungen des Zusammenhanges umzusehen. Dabei bot sich zwangsläufig an Stelle der Annahme eines genischen diejenige eines phänischen Zusammenhanges an. Ein solcher Zusammenhang im Phänotypus ist ungemein viel wahrscheinlicher und häufiger. Er beruht auf der einfachen Tatsache, daß sich die beiden Gene zwar rein zufallsmäßig miteinander kombinieren, aber in ihrem phänotypischen Effekt sich gegenseitig unterstützen bzw. hemmen oder sonstwie beeinflussen können. Die Folge einer solchen gegenseitigen Beeinflussung zweier Entwicklungs-vorgänge muß die Verschiebung in der statistischen Korrelation sein, in der die resultierenden Phänotypen bei empirisch-statistischer Zählung zueinander stehen.

In einem solchen phänischen Zusammenhang stehen die Krankheiten Diabetes mellitus, Arthritis urica, Fettsucht, steinbildende Diathese, ferner die essentielle

Hypertonie und die Arteriosklerose, endlich das manisch-depressive Irresein zum pyknomorphen Konstitutionspol. Die Art der Beziehung ist bei allen Erkrankungen außerordentlich ähnlich. In allen Fällen muß mindestens ein selbständiges (vermutlich meist auch quantitativ verschieden gestuftes) mutiertes Gen angenommen werden, das als solches nichts mit dem Strukturbestimmer zu tun hat, sich also zufallsmäßig in jedem Genom finden kann. Trifft es zusammen mit jener Allelstufe des S-Faktors von geringem Struktureffekt (Pyknomorpher), dann wird die durch dieses Gen gesteuerte charakteristische Stoffwechsellage (die wir mit den Verhältnissen beim Kind verglichen) jene Bedingungen schaffen, die die Manifestation der betreffenden Gene begünstigen. Daraus folgt genau das, was sich tatsächlich findet: Nicht jeder Pyknomorphe wird diabetisch, hypertonisch, manisch-depressiv usw., sondern nur der, der die spezielle Anlage (das mutierte Gen) hat. Nicht jeder umgekehrt, der eines dieser Gene in seinem Genom hat, ist pyknisch, da das Gen in jedes Genom hineingewürfelt werden kann. Es wird jedoch beim Pyknomorphen häufiger und in stärkerer quantitativer Ausprägung in Erscheinung treten und auch leichter von zahlreichen äußeren Faktoren zur Manifestation gebracht werden können als beim Leptomorphen. Es wird sich daher statistisch häufiger mit pyknomorphem Habitus verbinden. So entsteht jener charakteristische Konstitutionskreis des Arthritismus, der seit langem bekannt ist.

Grundsätzlich ähnlich ist auch der Zusammenhang zu denken, in dem zu dem leptomorphen Konstitutionspol der große Krankheitskreis der asthenischen Stoffwechselstörungen wie auch destruktiver Erkrankungen wie die Tuberkulose stehen. Auch die Schizophrenie und andere Erkrankungen vom Systemtypus dürften zu dem genannten Konstitutionskreis auf dem gleichen Weg über die beteiligten Stoffwechselsysteme in Beziehung stehen. Auch hier wieder sind eigene mutierte Gene anzunehmen für die Asthenie, die Schizophrenie usw., die gleichfalls wieder in jedes Genom hineingewürfelt werden können. Je weiter das betreffende Individuum durch den steuernden Einfluß seines Strukturbestimmers gegen den leptomorphen Pol zu verschoben ist, desto stärker werden sich die genannten Gene im Phänotypus in allen ihren Wirkungen ausprägen können; umgekehrt hemmt die Stoffwechsellage am anderen Konstitutionspol diese Ausprägung. Die durch JAHN und seine Mitarbeiter aufgeklärten Stoffwechselverhältnisse bei der Asthenie zeigen den inneren Zusammenhang auf, in welchem die zahlreichen Störungsformen bis hin zum schizophrenen Prozeß miteinander zusammenhängen dürften.

Konstitutionstypus und Krankheit stehen also, genetisch betrachtet, nicht in dem Verhältnis der Nebenordnung, als vielmehr in dem der Über- und Unterordnung. Das konstitutionstypische Milieu mit all seinen Eigenschaften vom Stoffwechsel bis zur psychischen Struktur schafft Bedingungen, die für die Manifestation von Krankheitsprozessen, sowohl genisch-endogen, als auch exogen bedingten, günstig bzw. ungünstig sind. Je nachdem findet man statistisch eine positive oder negative Korrelation. Gegenüber dem normalen Konstitutionstypus ist die Krankheit, auch genetisch betrachtet, immer etwas Sekundäres, später Hinzukommendes.

Deshalb haben sich auch die von Krankheiten ausgehenden Bezeichnungen der Konstitutionstypen, wie etwa apoplektischer, plethorischer oder phthisischer Habitus nicht halten können, da in ihnen noch jene Vorstellung spukt, als würde bei immer größerer genetischer „Steigerung" (z. B. Homozygotierung) aus einem gesunden Pykniker schließlich ein Hypertoniker oder Arteriosklerotiker, aus einem Leptosomen ein phthisekranker Tuberkulöser resultieren. Die pathologisch-neutralen Körperbaubezeichnungen KRETSCHMERS haben sich demgegenüber mit Erfolg durchgesetzt. Aus dem gleichen Grunde darf man aus den charakterologischen Strukturbezeichnungen „cyclothym" und „schizothym" nicht mehr die ursprünglich darin liegende Krankheitsbezeichnung heraushören, da die beiden polaren Strukturformen ganz unabhängig von allen Krankheitsdispositionen völlige Selbständigkeit besitzen. Auch zu den psychischen Erkrankungen gehört ein eigener Faktor, der als solcher in jedem Genom liegen kann, sich aber, ebenso wie auch die körperlichen Krankheitsfaktoren, in den beiden polaren Strukturen höchst verschieden zur Manifestation bringt. Die Manifestation scheint einer Regel zu folgen, die wir als ontogenetische Kompensationsregel bezeichneten.

Schrifttum.

BUMKE, O.: Lehrbuch der Geisteskrankheiten. 4. Aufl., München 1936. — CLAUSSEN, F.: Über asthenische Konstitution. Morph. u. Anthrop. 38, 33 (1939). — GÄNSSLEN, LAMBRECHT u. WERNER: Erbbiologie und Erbpathologie des Kreislaufapparates. Handb. d. Erbbiol. d. Menschen Bd. IV/I, 193 (1940). — GJESSING, R.: Beiträge zur Kenntnis der Pathophysiologie des katatonen Stupors. Arch. f. Psychol. 96 (1923); 104 (1935). — GROTE, L. R.: Über die Vererblichkeit der Zuckerkrankheit. Med. Klin. 1934. — HANHARDT, E.: Erbpathologie des Stoffwechsels. Handb. d. Erbbiol. d. Menschen Bd. IV/2, 674 (1940). — HIRSCH: Z. Neur. 140, 710 (1932). — JAENSCH, Der Gegentypus. Leipzig 1938. — JAHN: Funktionsstörungen des Stoffwechsels als Ursache klinischer Zeichen der Asthenie. Klin. Wschr. 1931 II. — Die körperlichen Grundlagen der psychasthenischen Konstitution. Nervenarzt 7 (1934) — Stoffwechselstörungen bei bestimmten Formen der Psychopathie und der Schizophrenic. Dtsch. Z. Nervenheilk. 135 (1935). — JAHN, A., u. H. GREVING: Untersuchungen über die körperlichen Störungen bei katatonen Stuporen und der tödlichen Katatonie. Arch. f. Psychol. 105 (1936). — KAHLER, H.: Die verschiedenen Formen von Blutdrucksteigerung. Wien. Klin. Wschr. 1923 I, 265. — LABBÉ, M.: Le facteur héréditaire dans le Diabéte. Presse méd. 1931 II, 970. — LEMSER, H.: Zur Erb- und Rassenpathologie des Diabetes mellitus. Arch. Rassenbiol. 32 (1938); 33 (1939). — LIEBENDÖRFER, TH.: Über Erblichkeitsverhältnisse bei Fettsucht. Arch. Rassenbiol. 15, 18 (1923). — LUXENBURGER, H.: Erbpathologie der Schizophrenie. Handb. d. Erbkrankheiten 2 (1940). Leipzig. — MARESCH: zit. n. GÄNSSLEN, LAMBRECHT und WERNER S. 250. — MAUZ, F.: Veranlagung zu Krampfanfällen. Leipzig 1937 — Prognostik der endogenen Psychosen. Leipzig 1930. — MÜLLER, O., u. PARRISIUS: Die Blutdruckkrankheit. Klinische, erbbiol. anthropometrische, biochem. histol., capillarmikroskop. und andere Untersuchungen am Blutumlauf bei Hypertonikern. Stuttgart 1932. — RÖSSLE, zit. nach GÄNSSLEN, LAMBRECHT und WERNER, S. 250. — SCHEID, K. F.: Febrile Episoden bei schizophrenen Psychosen. Leipzig 1937. — THEN BERG, H.: Die Erbbiologie des Diabetes mellitus. Arch. Rassenbiol. 32 (1938). — VOGT: Forschungen und Fortschritte 1940. — VOLHARDT: Der arterielle Hochdruck. Verh. dtsch. Ges. inn. Med. 35, 134 (1923). — WESTPHAL: Körperbau und Charakter der Epileptiker. Nervenarzt 4 (1931). — ZIPPERLEN, V. R.: Körperbauliche Untersuchungen an Hypertonikern. Z. Konstit.lehre 16, 93 (1931).

B. Konstitutionstypus und Evolutionsprozeß.

Alle genetischen Probleme münden letzten Endes im Evolutionsproblem. Wenn immer man in der Biologie an ein Problem mit einer genetischen Fragestellung herantritt, also nach der Entstehung eines Merkmals, einer Anlage oder eines Organkomplexes fragt, gelangt man, soferne man nur konsequent weiterfragt und nicht auf halbem Wege stehenbleibt, schließlich zur Frage nach der Entstehung der Lebewesen überhaupt. Und bei dieser letzten Frage müssen notwendig die Antworten aufhören; vor allem hören die gesicherten Ergebnisse, die nachprüfbaren Methoden und die exakten Schlußfolgerungen auf. Es beginnt das Bereich der Intuition, der Hypothese, der Spekulation.

Das ungewisse Dämmerlicht dieses geheimnisvollsten aller wissenschaftlichen Bereiche ist jedoch allzu verlockend, als daß wir der Versuchung widerstehen könnten, wenigstens so weit vorzudringen, daß wir unsere spezielle Theorie von

der Entstehung der konstitutionellen Variabilität des Menschen an dem großen
Evolutionsproblem und seinem heutigen Stand orientieren können. Damit
gewinnen wir die Möglichkeit, uns darüber klarzuwerden, inwieweit unsere
Theorie mit den gegenwärtigen Vorstellungen über die Entstehung der Variabilität in der Natur überhaupt zur Deckung zu bringen ist.

Unsere Theorie gründete sich auf das Prinzip der fortschreitenden Strukturbildung und das Studium des Determinationsvorganges.

Wir sahen ontogenetische Entwicklungen das eine Mal frühzeitig ihr geringes
Entfaltungstempo beenden und andere mit einem enormen „Entfaltungstemperament" propulsiv nach vorwärts eilen. Wir sahen weiter, wie ein Über-sich-
selbst-Hinausführen der Entwicklung nur bei mittleren, aber potentiell entwick-
lungsfähigen Formen möglich war. Die pyknomorph-cyclothyme Konstitutionsvariante stellte also als das Resultat einer konservativen Entwicklung eine un-
spezialisierte „Jugendstufe", dar, die sich mangels entsprechenden Entfaltungs-
temperaments nicht weiter entfaltet hatte; die leptomorph-schizothyme Variante erwies sich umgekehrt als eine propulsive hochspezialisierte „Altersform",
die jedoch gleichsam zu früh diese Spezialisierung erreichte und dadurch —
allzufrüh festgelegt — ihre weitere Evolutionsmöglichkeit einbüßte. Nur die
metromorph-synthymen Formen der Mitte zwischen den beiden Polen stellten
jene Formen dar, die nach den beiden ersten großen Entwicklungsschritten des
ersten und zweiten Gestaltwandels noch die Stufe der zweiten Harmonisierung
erreichten und eventuell weitere, wenn auch entsprechend der immer geringer
werdenden Evolutionsbreite immer kleiner werdende Entwicklungsschritte durchzumachen vermögen.

Damit ergibt sich von selbst die Frage, wie im großen Evolutionsgeschehen
die reiche Formenmannigfaltigkeit entsteht, in bezug auf welche unsere hier
untersuchte Variabilität nur einen mikroskopisch kleinen Ausschnitt darstellt.
Die Entstehung der Arten in Tier- und Pflanzenwelt stellt ein riesiges evolutives
Geschehen dar, das in der Hervorbringung von mannigfaltigen „Typen" und
ihren stammreihenartigen Abwandlungen besteht. Da die Variabilität der Arten
in der Natur und die Variabilität der menschlichen Konstitutionsformen beide
nur ein und derselbe Ausdruck eines allgemeinen Prinzips sind, nämlich des Ent-
faltungsdranges aller lebendigen Form, so ist zu erwarten, daß hier wie dort
gleiche oder ähnliche Gesetze oder Regelmäßigkeiten zu finden sind. Wir wollen
uns deshalb einen kurzen Überblick über den gegenwärtigen Stand des Evo-
lutionsproblems verschaffen.

1. Die Phylogenese.

Eine Durchsicht des bisherigen ungeheuren Wissensschatzes zum Problem
der Phylogenese des Menschen zeigt sehr bald, daß wir aus der großen Diskussion
zwischen Lamarckismus und Darwinismus, durch welche die Anschauungen des
vorigen und noch des Beginnes dieses Jahrhunderts beherrscht wurden, längst
herausgetreten sind, in eine gänzlich neue Phase der Betrachtung dieses, vielleicht ewigen Problemes. Daß dieser geistige Umbruch in unserer naturwissenschaftlichen Anschauung des Problems der Entstehung der Arten nichts anderes
ist, als Ausdruck des allgemeinen geistigen Umbruches, der sich in unserer Epoche
vollzieht, zeigt nur wieder, wie unsere Natur-Anschauung nur ein nicht abtrenn-
barer Teil der Welt-Anschauung sein kann. Der Lamarckismus, entsprungen
der Zeitepoche des französischen Rationalismus mit seiner Überwertung der
zweckbedingten Anpassung ist ebenso wie der Darwinismus als Ausdruck des
angloamerikanischen Liberalismus mit seiner Überwertung des Individuums nicht
im entferntesten ausreichend, das Wesentliche am Evolutionsproblem, nämlich

das Problem der Neuentstehung der Typen zu erklären. Beide Theorien, als Möglichkeiten der Erklärung von Teilerscheinungen der Evolution, vertragen sich nebeneinander, ohne sich im mindesten gegenseitig auszuschließen. Dies taten sie nur so lange, als sie mit dem Anspruch, die einzige Erklärung zu sein, auftraten. Heute wissen wir, daß sowohl Anpassung — wenn auch in anderer Form, als Lamarck sie annahm — wie auch die Selektion, wenn auch vor allem als ausmerzender, nicht aber als neuschaffender Faktor im Evolutionsgeschehen eine wichtige Rolle spielen. Das ungeheure Material an palaeontologischen, vergleichend anatomischen, zoologischen und anthropologischen Daten läßt jedoch mehr und mehr erkennen, daß der Evolutionsprozeß, wenn man ihn als ein Ganzes betrachtet, Gesetzmäßigkeiten zu folgen scheint, die nur mit den allgemeinen Wachstums- und Entwicklungsgesetzen der ontogenetischen Entwicklung der Lebewesen zu vergleichen sind. Die Evolution stellt sich uns heute dar als ein durchaus planvolles Entwicklungsgeschehen eines nur ganzheitlich zu verstehenden Organismus, als welchen wir die Gesamtheit der lebendigen Formen betrachten. Die Gesetzlichkeit dieses Geschehens kann deshalb nur von der Ganzheit her zu erkennen sein.

a) Die ersten Stadien.

Der ursprüngliche Primitivtypus des Lebens ist der Einzeller. Die den gesamten Organismus bildende Einzelzelle ist omnipotent; sie erfüllt alle Lebensfunktionen. Durch fortschreitende Zellteilung werden aus dem Zellindividuum 2 und mehrere Tochterindividuen. Die Vermehrung besteht also vorläufig in einfachem Wachstum, nur daß die Teile des Individuums, welche bei diesem Wachstum neu gebildet werden, nicht im Verband bleiben, sondern auseinandertreten. Nach den Untersuchungen von M. Hartmann ist nun ein solcher fortlaufender Teilungsvorgang nicht unbeschränkt möglich. Die Zellen verlieren mit fortschreitender Teilung mehr und mehr an Widerstandsfähigkeit und an Fähigkeit, sich auf Veränderungen der Umgebung einzustellen. Mit der Zeit gehen sie schon bei geringsten Veränderungen der Umgebung zugrunde, als hätten sie alle Modifikabilität, alle Reorganisations- und Reaktionsfähigkeit verloren; die Zellen altern. Dies alles geschieht jedoch nicht, wenn, was bei Hartmanns Untersuchungen zunächst künstlich verhindert wurde, nach wenigen einfachen Teilungen zwei Tochterindividuen, also selbständige Zellen, sich wieder vereinigen; das Produkt dieser Vereinigung vermehrt sich dann als normale Zelle wieder durch Teilung weiter, hat aber ihre Reorganisationsfähigkeit wiedergewonnen, ist gleichsam verjüngt.

Beurlen knüpft an diese Ergebnisse Hartmanns die Anschauung, daß der Organismus, indem er wächst, gewissermaßen die Oberfläche der organisch gestalteten und eingeschmolzenen Materie gegen die nichtorganische Umgebung vergrößere und damit auch die Spannung zwischen dem labil ganzheitlichen und dem stabil anorganischen Gleichgewichtszustand; die Reorganisation der ganzheitlichen Struktur in dem nunmehr größeren Bereich erfordere einen größeren Energieaufwand. Die Abhängigkeit von der anorganischen Natur wird damit zwangsläufig größer, da dem Individuum nur eine ganz bestimmte und begrenzte Entwicklungs- und Gestaltungsenergie eigne, die sich aus sich heraus nicht vermehren könne. Es ergibt sich daraus die sehr wichtige Tatsache — die sich dann auch auf allen höheren Entwicklungsstufen wieder auffinden läßt — daß Wachstum, selbst beim Einzeller (ohne jene spezielle Differenzierung, wie wir sie dann bei den Metazoen finden) ein fortschreitend sich steigerndes Abhängigwerden von der Umgebung infolge fortschreitender Mechanisierung, also ein Verlust der Modifikationsfähigkeit, d. h. der Reorganisations- und Reaktionsmöglichkeiten bedeute. Daher werden mit der Zeit schon geringe Veränderungen der Umgebung für das Individuum tödlich. Es handelt sich in der Tat um nichts anderes als um den Urtypus des Alterungsprozesses in der Ontogenese. Durch den Vorgang der Verschmelzung zweier Zellen, der den Vorgang der einfachen Vermehrungsteilung von Zeit zu Zeit unterbricht — und der offenbar einem Geschlechtsakt in primitivster und ursprünglichster Form entspricht — konzentriert sich die beiden Ausgangszellen eignende aktive Potenz auf eine einzige Zelle und stellt damit wieder einen aktiv-reaktionsfähigen Zustand her. Dieser Vorgang ist deshalb nichts anderes als eine Art Verjüngung, indem er einen Zustand voller Aktivität, bzw. Reorganisationsfähigkeit aller Lebensfunktionen der Zelle wieder herstellt, den die „gealterte" Einzelzelle bereits verloren hatte. Eine Trennung in zwei Geschlechter ist hier noch gar nicht vorhanden.

Auf diese Weise befindet sich das Ganze dieser Amoebenwelt in einem dynamischen Gleichgewichtszustand, in dem eine ideale Anpassung herrscht, die höchste Anpassung an die Umwelt, die wir kennen. Auch eine noch so lange fortgesetzte Selektion der Tüchtigsten könnte nicht erklären, warum dieser Zustand jemals aufgegeben wurde, bzw. warum er sich, wenn er einmal aufgegeben wurde, nicht sofort wiederherstellte. Um diese Tatsache zu erklären, müssen wir notwendig ein gänzlich anderes Prinzip als ein bei der Evolution herrschendes einführen. Dieses Prinzip faßt BEURLEN zusammen unter der Bezeichnung des Willens zur Eigengestaltung. Wille zur Eigengestaltung aber heißt nichts anderes als das eigene Sein, das eigene Wesen gegen alles Andersartige zu behaupten und durchzusetzen, heißt also Wille zum Dasein.

Dieser Wille zum Dasein ist ein letztes, scheinbar nicht weiter zurückführbares Prinzip, das im Lebendigen selbst wirksam ist, nicht von außen auf das Lebendige einwirkt, wie es der Vitalismus annimmt. Vielleicht ist allerdings auch hier noch eine weitere Zurückführung möglich, indem er als die aller Ganzheit innewohnende „Tendenz zur Erhaltung der Ganzheit" verstanden wird, die auch noch im Anorganischen und wieder im Psychischen wirksam ist.

Dieser Wille zum Dasein als ein Wille zur Eigengestaltung ist nun aber nur möglich als ein „Wille zur Macht", die materiellen Gegebenheiten zu beherrschen. Auch in dieser Weiterführung liegen Tendenzen aller Ganzheiten zugrunde. Indem sich lebendiges Protoplasma aus dem Anorganischen herausgliederte, ergab sich die Tendenz alles Lebendigen, seine Umwelt wieder in sich hineinzugliedern. Die Umwelt eines Organismus im Sinne VON UEXKÜLLS ist aber immer so differenziert und so weit, als der Aktionsbereich des Organismus sich erstreckt. „Die Umwelt ist ein unmittelbares Abbild der jeweiligen Organisation des Lebendigen." Alles was außerhalb dieses Bereiches liegt, ist Umgebung, von der der Organismus somit abhängig ist, da er sie nicht beherrschen kann (BEURLEN). Der Wille zum Dasein muß sich deshalb als ein Wille zur Macht in einer Tendenz zur Erweiterung der Umwelt innerhalb der allgemeinen Umgebung äußern. In dieser Tendenz zur Umwelterweiterung — von BEURLEN zum ersten Male klar formuliert — ist ein dem ganzen Evolutionsprozeß zugrunde liegendes neuschaffendes Prinzip zu erkennen.

Der Einzeller befindet sich noch in einem Zustand nahezu völliger Umgebungsabhängigkeit. Seine Energieproduktion ist in keiner Weise ausreichend, um die in der Umgebung wirksamen Kräfte irgendwie als Umwelt beherrschen zu können. „Dieser Zustand der Abhängigkeit konnte nur überwunden werden durch eine aktive Gegenmaßnahme, nämlich durch eine Steigerung der eigenen Energieproduktion; das aber ist nur möglich durch eine Steigerung der Eigengröße." Eine solche ist im Rahmen der Zelle, vermutlich aus physikalischen Gründen nicht unbegrenzt möglich. So erfolgt der für alle weitere Entfaltung so ungeheuer wichtige Schritt, daß die infolge des Wachstums notwendig werdende Zellteilung nicht mehr gleichzeitig auch zur Zelltrennung führt, sondern daß die Teilzellen, die ja ohnedies im Grunde Teile eines Individuums sind, miteinander verbunden bleiben. Es tritt also gleichsam eine Hemmung im Wachstumscyclus ein, wodurch der Teilungsprozeß schon vor der endgültigen Abtrennung der Tochterzellen abgeschlossen wird. Dieser eigenartige Vorgang, daß ein Individualcyclus auf einmal nicht bis zum Ende läuft, sondern zusammengeschoben oder zusammengedrängt wird, so daß die entstehende Tochtergeneration eine neue und höhere und dabei gleichsam aus unreifen und daher omnipotenten Zellbestandteilen bestehende Organisationsform darstellt, die nun ihrerseits ganz neue Entwicklungsmöglichkeiten hinzugewonnen hat, ist, wie dies BEURLEN in überaus überzeugender Weise gezeigt hat, nichts anderes als die in allen höheren Stufen immer wiederkehrende Methode der Typenentstehung, d. h. der Entstehung völlig neuer und höherer Organisationsgefüge. Diesen Vorgang bezeichnet BEURLEN als Neomorphose.

Dieser Zellverband ermöglicht nun eine ökonomischere Ausnützung des tatsächlichen Energieumsatzes. Indem der Organismus der Reduktion der Zellomnipotenz Rechnung trägt und die einzelne Zelle auf eine bestimmte Funktion einschränkt, wird aus dem Zellverband ein größeres Ganzes, in welchem die Einzelzelle ein Glied ist; indem die Zelle nur eine bestimmte Funktion erfüllen muß, wird ihre tatsächliche Reorganisationsfähigkeit nicht ausgenützt, sie liefert also eine überschüssige Energieproduktion. Die Folge ist eine bessere Ökonomie und Ausnützung des Energieumsatzes und eine im Vergleich zum Einzeller aktivere Stellung gegenüber der Umgebung, eine Verringerung der Abhängigkeit von der Umgebung. Die im Mehrzellenorganismus auftretende Arbeitsteilung der Zellen ist nicht eine „zweckmäßige Anpassung", sondern die Ausnützung einer normalen Begleiterscheinung des Wachstums.

Diese Möglichkeit zu einer Spezialisierung der einzelnen Zellen im Zellverband hat noch eine weitere, sehr weittragende Folge.

Sie führt „gleichzeitig und zwangsläufig auch zu einer Trennung in zwei verschiedene Zellgruppen; einerseits die für die Lebensfunktionen in bestimmter Weise spezialisierte Zellengruppe, die schon durch ihre Spezialisierung ihre unbeschränkte Modifikationsfähigkeit verliert und andererseits die omnipotent bleibende Zellengruppe, aus der schließlich ein neues Individuum hervorgehen kann. Aus der Mehrzelligkeit folgt mit anderen Worten die wichtige Scheidung in Somazellen und Keimzellen." Der ganze Vorgang stellt gleichsam eine Entlastung der Keimzellen von der Auseinandersetzung mit der Umgebung dar. Indem die Somazellen von der Fortpflanzung ausgeschaltet sind, können sie sich vollkommen auf die speziellen Lebensfunktionen hin spezialisieren, da der Tod des Somas für den Bestand der Art, der durch die Keimzellen gewährleistet wird, unerheblich ist. Diese Spezialisationsvorgänge sind es, die zur unendlichen Mannigfaltigkeit der Arten führen. Hierbei ist es nun für unsere Überlegungen von Wichtigkeit, zu erkennen, daß ihnen ein sehr verschiedenes „Entfaltungstemperament", eine unterschiedliche Dynamik innewohnen kann.

Sie können langsam zögernd und schrittweise, mit anderen Worten konservativ erfolgen, sie können auch mit einem riesigen Entfaltungstempo rasch und überstürzt, mit anderen Worten propulsiv sich abspielen. Auf der einen Seite haben wir dann Formenreihen, die sich vom Ausgangszustand nicht weit entfernt haben, auf der anderen Seite Formen, die eine riesige Ausdifferenzierung durchgemacht haben, einen Vorgang, den wir eben als Spezialisation bezeichnen. Dieser phyletische Ausdifferenzierungsvorgang ist in der Ontogenese dem Wachstumsvorgang zu vergleichen und vollzieht sich nach den gleichen Gesetzen. Man bezeichnet ihn als Orthogenese. Die Erfahrungen in der Auseinandersetzung mit der Umgebung werden durch die mnestische Funktion aller lebendigen Substanz festgehalten, einen Vorgang, den man letztlich als Vererbung bezeichnet.

Die beiden Ausdrucksformen des Willens zum Dasein liegen also, wie wir sehen, in den beiden primären Vorgängen von Wachstum und Fortpflanzung, und zwar im Einzelindividuum ebenso wie in der Stammesentwicklung. In dieser werden sie als Orthogenese bzw. als Neomorphose bezeichnet (BEURLEN).

b) Die Orthogenese.

Phyletischer Ausdruck des individuellen Wachstums ist der Vorgang der Orthogenese. Ist ein neues Organisationsgefüge, ein neuer Typus erreicht, wie wir das eben in der Entstehung des metazoischen Zustandes sahen, dann zeigt sich durchgehend ein sehr charakteristisches, gesetzhaftes evolutives Geschehen. Zunächst setzt eine enorme Formenmannigfaltigkeit ein. Fast schlagartig findet sich eine Fülle von Ansätzen der Differenzierung nach allen möglichen Richtungen. Von allen diesen verschiedenen Ausgangspunkten, die sich auf das erreichte Organisationsgefüge zurückführen lassen, wie etwa die Würmer, Mollusken, Arthropoden auf die Organisationsstufe der Coelomaten oder die Tunikaten, Leptocardia usw. auf die Stufe der Chordaten oder die Reptilien und Vögel auf die Stufe Amnioten usw. läuft nun die Differenzierung in zahlreichen kleineren oder größeren Schritten geradlinig nach vorwärts. Als Grundgesetz gilt hier der Satz von der Irreversibilität aller organischen Entwicklung von DOLLO, wonach niemals eine Entwicklungsumkehr möglich ist. Weiter gilt der Satz VON BAERS, wonach die Embryonalentwicklung immer vom Allgemeinen zum Besonderen verlaufe, auch in der Phylogenese. Die gemeinsamen allgemeinen Merkmale einer großen Gruppe, z. B. die Merkmale der Klasse, bilden sich zuerst; weiterhin treten dann in der Entwicklung die Merkmale in einer solchen Reihenfolge auf, daß immer die spezielleren den relativ allgemeineren folgen. Die phylogenetische Entwicklung läuft somit von „jugendlichen" unspezialisierten Formen immer weiter zu höher spezialisierten. NAEF bezeichnet dies als das „Gesetz der konservativen Vorstadien". Soweit unsere Erfahrung reicht, sind die ontogenetisch voraufgehenden Bildungen ursprünglicher geblieben als die im weiteren Verlauf der individuellen Entwicklung durch Umformung aus ihnen hervorgebrachten; sie stehen also den schon bei weit zurückliegenden Ahnen in deren Ontogenese durchlaufenen Zuständen näher. NAEF nimmt deshalb einen besonders konservierenden Faktor an. Umgekehrt sind die später durch ontogenetische Umformung hervorgebrachten Bildungen allgemein auch phylogenetisch stärker abgeändert worden als diejenigen, aus denen sie entstehen, wofür NAEF besondere progressive Faktoren annimmt.

Dasselbe kommt auch in der sog. biogenetischen Entwicklungsregel von HAECKEL zum Ausdruck, wonach in der Ontogenese in stark abgekürzter Form die verschiedenen phyletischen Vorläuferstadien durchlaufen werden. Allerdings haben neuere Autoren (NAEF, FRANZ, SEWERTZOFF, de BEER, GARSTANG, BEURLEN u. a.) diese Beziehung insofern richtig gestellt, als die Phylogenese, natürlich aus den Ontogenesen erklärt werden müsse, nicht aber umgekehrt die Ontogenese aus der Phylogenese.

Der Weg, auf dem diese fortlaufende Differenzierung oder Spezialisierung erfolgt, läßt sich ebenfalls bereits in großen Zügen überblicken. Ein wesentliches Moment ist die phyletische Größensteigerung. Die phyletisch jüngsten[1] Formen setzen durchweg mit kleinen Formen ein; im Verlauf der orthogenetischen Entfaltung treten zunehmend größere Formen auf, was nahezu auf allen Organisationsstufen zu finden ist. Die ersten Ammonoideen (die Goniatiten des Devon) haben nur wenige Zentimeter Durchmesser. Aus der Oberkreide finden sich Formen vom Durchmesser bis zu 2 m. Die Dekapoden des Jura zeigen nicht mehr als 1 cm, über das Terziär bis in die Jetztzeit finden sich Riesenformen, wie unsere noch lebenden Riesenpolypen. Die ersten pferdeartigen Formen hatten ungefähr Katzengröße. Die Dinosaurier beginnen mit der allen damaligen Reptilien eignenden Größe von 2 m, um in

---

[1] Wir verstehen unter „phyletisch jung" die Formen am Beginn der Reihe, die also zeitlich von uns aus gesehen am weitesten entfernt sind. Es erscheint uns irreführend, solche Formen vom Standort des heute Lebenden als „alte" Formen zu bezeichnen.

kurzer Zeit bis zu den Riesenformen der Kreide von 20—30 m sich zu entfalten. Die heutigen kleinwüchsigen Amphibien, Reptilien usw. gehören dementsprechend ganz anderen Stämmen an und haben sich nicht etwa in direkter Linie von den großen Formen zurückentwickelt; sie gehören im Gegenteil denjenigen Formen an, die zum Unterschied zu jenen genannten, zu enormer Größe anwachsenden Formen auf weitgehend ursprünglichen Stufen der Entwicklung verblieben sind, bzw. nur in den einen oder anderen Merkmalen wesentliche Ausdifferenzierungen (Spezialisierungen) erfuhren. Wir können ihre Entwicklung deshalb mit Fug und Recht eine erheblich konservativere nennen, als die der Riesenformen, die den Ausdruck ausgesprochen propulsiver Entwicklungen darstellen. BEURLEN drückt diese Gedanken folgendermaßen aus: Die Regelerscheinung der Größensteigerung wirkt sich um so extremer aus, je lebhafter das Entfaltungstemperament und je rascher das Entfaltungstempo ist.

Jeder phyletischen Entfaltung geht also eine Größensteigerung parallel, ebenso wie mit jedem Wachstum eine Größensteigerung notwendig verbunden ist. Nun ist Wachstum aber nicht nur Größensteigerung, sondern auch Proportionsverschiebung, d. h. es besteht in der Differenzierung gewisser Teilbereiche des Organismus auf Kosten anderer, also in ungleichem Wachstum. BEURLEN zeigt nun an Hand zahlreicher Beispiele, daß innerhalb phylogenetisch einheitlicher Gruppen keinerlei Willkür in der Hervorbringung neuer Formen durch Anpassung oder Umwelteinflüsse herrsche, sondern daß jede Formenumbildung im Rahmen eines ganz bestimmten, vom Erbgut her geleiteten Gestaltgesetzlichkeit ablaufe und daher auf ganz bestimmtem Wege der Umbildung festgelegt oder eingeschränkt ist (latente Homoplasie im Sinne von NOPCSA). Er zeigt dies an Hand zahlreicher Beispiele von paralleler Umbildung, wie sie auch von SCHINDEWOLF, NOPCSA, SUSHKIN u. a. genauestens analysiert wurden. Als parallele Umbildung bezeichnet man die häufige Erscheinung, daß in nahe verwandten, bzw. aus der gleichen Wurzel stammenden Linien ein vollkommener Parallelismus der Umbildung besteht, die nicht durch eine parallele Anpassung zu erklären ist. Das gleiche Phänomen hatte DACQUÉ in seinem Begriff der Zeitsignaturen im Auge.

Eine ähnliche Erscheinung, nur gleichsam in der Zeit verschoben, ist das Phänomen der iterativen Art- oder Formbildung. Es ist dies die Erscheinung, daß sich mitunter eine bestimmte Gestalt durch lange Perioden hindurch fast ungeändert fortsetze, aber wiederholt der Ausgangspunkt einer nach allen Seiten fortwuchernden Artbildung wird (KOKEN). Dabei ist bemerkenswert, daß diese wiederholt und periodisch auftretenden Artbildungen auch Wiederholungen bestimmter Formtypen hervorbringen. „Neben Formtypen, die außerordentlich konservativ und langlebig sind, stehen also andere, welche aus diesen konservativen Typen herzuleiten sind, aber nur periodisch und intermittierend auftreten, indem sie immer wieder neu hervorgebracht werden, dann aber auch stets wieder rasch verschwinden" (BEURLEN).

Ein weiteres charakteristisches Moment, das fast alle orthogenetischen Entwicklungen kennzeichnet, scheint mir zu liegen in der progressiven Anreicherung anorganischer Substanz. Ebenso wie in der Ontogenese bei zunehmendem Alter die anorganischen Bestandteile (Kalkgehalt, Verhornungen usw.) zunehmen und der relative Wassergehalt abnimmt, so lagern auch in der Phylogenese die späteren Formen zunehmend derartige anorganische Bildungen in ihr Soma ein; Kalkschalen, Schuppenpanzer, Hornplatten und Hufbildungen, Verknöcherungen und Verkalkungen finden sich in den orthogenetischen Reihen meist gegen das Ende in zunehmendem Maße. Das Verhältnis lebendiger Zellen zu toten Bestandteilen verschiebt sich also auch während der Phylogenese ständig nach der Seite der toten. Wir können von einer phyletischen Sklerosierung sprechen.

Als eine weitere wichtige Erscheinung kommt hierzu schließlich das Phänomen der Überspezialisierung. Es zeigt sich nämlich immer wieder, daß die einmal vorhandene Differenzierungsrichtung zwangsläufig die ganze weitere Umbildung bestimmt, ob sie nun Anpassungswert besitzt oder nicht. Die ungeheure Ausbildung des Geweihes beim Riesenhirsch, die den ganzen Organismus schließlich nur noch als Träger des Riesengeweihes erscheinen läßt, oder die ungeheure Ausgestaltung des Mammutzahnes oder der Zähne des Säbeltigers usw. sind Beispiele dieses Phänomens, das von KOWALEWSKI als inadaptive Formumbildung bezeichnet wurde. Der phyletische Fortschritt ist, wie schon EIMER richtig betont hat, ein „organisches Wachsen"; auch das Wachstum des Individuums kann nicht beliebig abgebrochen oder unterbrochen werden, sondern läuft, einmal begonnen, zwangsläufig weiter (BEURLEN). Eine solche Überspezialisierung führt verständlicherweise meist zum Aussterben der betreffenden Art.

Wir fassen somit heute den orthogenetischen Entfaltungs-, Fortbildungs- und Umbildungsprozeß auf als einen phylogenetischen Wachstumsvorgang. Was für unsere Überlegungen von besonderer Wichtigkeit ist, das ist der Umstand, daß jede solche Ausdifferenzierung als ein Strukturbildungsvorgang angesehen werden kann, der bei manchen Formen zögernd und langsam, d. h. in konservativer Weise, bei anderen rasch und beschleunigt, d. h. also propulsiv verläuft.

Während die konservativen Formen als Jugendformen lange überlebensfähig bleiben, haben die spezialisierten Altersformen ihre Modifikationsfähigkeit verloren und verfallen leichter dem phyletischen Tod[1].

Fragen wir uns, wie wir uns das Entstehen der Formen genetisch vorzustellen haben, so zeigt sich sogleich, daß hier dieser phylogenetischen Theorie erhebliche Widerstände entgegenstehen. Die heutige Genetik baut nahezu geschlossen auf streng darwinistischen Vorstellungen von der Ungerichtetheit der Mutationen und dementsprechender Wirkung der Selektion auf, die sich, wie man meint, im Experiment sehr klar aufzeigen lasse. Demgegenüber nimmt die Paläontologie seit langem einen eher lamarckistischen Standpunkt ein, indem sie die Wirkung der Anpassung auf die Vererbung nicht zu leugnen vermag und eine Vererbung erworbener Eigenschaften, wenn auch nicht in dem ursprünglichen Sinne LAMARCKS — doch nicht für gänzlich unmöglich hält, was wieder die Genetik in striktester Form ablehnen zu müssen glaubt.

Gerade die neuere phylogenetische Forschung (SCHINDEWOLF, BEURLEN u. a.) zeigte nun aber, daß hier gar kein so unüberwindlicher Widerspruch klafft. Allerdings ist die Annahme der Genetik, daß jede einzelne neue Formentstehung nur auf Grund von Mutationen möglich ist, noch dazu von solchen, wie sie im Experiment beobachtet werden, ebenso aufzugeben, wie die Ansicht, daß jede Form auf jede beliebige erworbene Änderung mit einer erblichen Anpassung reagieren könnte.

Wir möchten in gewisser Anlehnung an BEURLEN folgende neue Betrachtungsweise zur Diskussion stellen: Die am Anfang der jeweiligen Stammreihe liegenden Formen verfügen — gerade das charakterisiert sie ja als phylogenetische Jugendformen — über eine riesige Modifikationsbreite ihrer einzelnen Entwicklungsvorgänge, wobei wir unter Modifikation jene Variantenbildung bezeichnen, die nicht im einzelnen erblich fixiert ist. Wohl aber ist selbstverständlich die Modifikationsbreite erblich bestimmt, d. h. es ist durch Gene festgelegt, innerhalb welcher Grenzen die betreffende Entwicklung sich vollziehen kann. Welche tatsächliche Entwicklung eingeschlagen wird, wird durch die Resultierende der jeweils gerade wirkenden Umweltkräfte bestimmt. Bei den phylogenetischen Frühformen ist somit anzunehmen, daß in ganz bestimmten und zahlreichen Differenzierungen ihre Modifikationsbreite noch eine ungeheuer große ist. Die Gene legen somit nur sehr weit auseinanderliegende Grenzen fest, so daß jeder Entwicklungsschritt in der Ontogenese eine ganze Skala von Möglichkeiten zur Realisation besitzt; die Reaktionsnorm (im Sinne von WOLTERECK) ist eine sehr weite. Wir finden eine derartige Modifikabilität auch heute noch bei manchen außerordentlich konservativen Tierformen, die zum Teil im Wasser Kiemenatmung, am Land Luftatmung auszubilden imstande sind. Ihre Modifikationsbreite in bezug auf die Ausbildung der Atmungswerkzeuge entspricht also gleichsam sehr ursprünglichen Verhältnissen ihrer Organisationsstufe.

Der Alterungsvorgang in der Phylogenese besteht nun, genau so wie in der Ontogenese, ja schon beim Einzeller, wie eben besprochen darin, daß die Modifikationsbreite mehr und mehr eingeengt wird. Der Alterungsvorgang aber ist abhängig vom Grade der Propulsivität der Entwicklung. Propulsive Formen stellen, gegenüber konservativen, phylogenetisch gealterte Formen dar. Diese Einengung der Modifikationsbreite erfolgt automatisch auf die jeweils durch die Umgebung realisierte Organbildung. Eine stets im Wasser lebende Form, die

---

[1] Unter den jetzt lebenden Tierformen zeigen die typischen Zeichen des phyletischen Alters (Größensteigerung, Sklerosierung, Überspezialisierung) etwa der Elefant und das Nashorn, die Wale und das Krokodil. Von höherer phylogenetischer Warte dürften sie alle auf dem Aussterbeetat stehen.

immer nur Kiemenatmung ausgebildet hat, wird im Verlauf der Alterung mehr und mehr ihre Modifikabilität verlieren, bis schließlich ihre Kiemenatmung festgelegt ist. Die gleiche Form, wäre sie in der Luft aufgewachsen, wäre in derselben Weise auf Lungenatmung festgelegt worden. Vererbt wurde also am Anfang der phyletischen Entwicklung eine sehr weite, am Schluß eine nur mehr sehr enge Reaktionsnorm. Diese stellt dann naturgemäß eine Anpassung an jenes Milieu dar, in welchem die Form während der unendlich langen Zeit ihres Alterungsprozesses gelebt hat. Ich möchte also nicht, wie dies noch BEURLEN tut (und ähnlich auch HARMS in seinen schönen Untersuchungen über tropische Verlandungszonen), von einer erblichen Fixierung von Modifikationen[1] sprechen, weil dies immer den Anschein erweckt, als wenn etwas, was vorher nicht erblich, sondern exogen bedingt = erworben war, nun plötzlich erblich wurde. Dem aber wird der Genetiker niemals folgen, denn es wäre nur eine Variante der Vererbung erworbener Eigenschaften. In Wirklichkeit ist aber natürlich auch die Möglichkeit, gerade diese oder jene Modifikation auszubilden, erblich bestimmt; die Genwirkung liegt nur nicht in einer einzigen Realisationsmöglichkeit, sondern in einer Skala von Möglichkeiten. In der Vererbung ändert sich also nichts, als daß die Endpunkte dieser Skala immer näher aneinander rücken, so daß schließlich vererbt wird nur noch die Möglichkeit, gerade diese eine einzige Realisationsform zu entwickeln. Dadurch entsteht nur der Eindruck eines Erblichwerdens von etwas Erworbenem, während es sich in Wirklichkeit um nichts als eine Verengerung der selbstverständlich immer erblich bedingten Modifikationsbreite handelt.

Die Tatsache der großen Modifikationsbreite der phyletischen Frühformen und ihrer langsamen Einengung im Laufe des phyletischen Alterungsprozesses vermag das Wunder der Anpassung aller unserer Tierformen durchaus zu erklären, wenn die Modifikabilität der lebendigen Substanz, d. h. die Fähigkeit des lebenden Organismus, auf seine Umgebung zu antworten, ebenso wie ihr Entfaltungsdrang (Tendenz zur Umwelterweiterung) als Grundeigenschaften des Lebens vorausgesetzt werden.

Alle unsere heutigen Tierformen sind dabei, phylogenetisch gesprochen, uralte Formen und haben deshalb weitgehend ihre Modifikationsfähigkeiten verloren. Nur einige wenige, ganz konservative Formen haben sie in manchen Punkten bis heute erhalten.

Wir möchten dieses Moment der Modifikabilität noch an Hand eines Beispiels näher dartun. Die menschliche Haut vermag auf Sonnenbestrahlung Pigmente zu bilden, die gegenüber den Strahlen eine Art Filter bilden. Die Bräunung der Haut ist ein sinnvoller Vorgang, eine zweckmäßige Antwort auf den Umgebungsreiz, eine Anpassung. Hört der Reiz auf, blaßt auch die Haut allmählich wieder ab; die Sonnenstrahlung ruft also geradezu das Pigment auf den Plan. Nun wissen wir, daß ein Mensch noch so lange und ausgiebig sich der Sonne aussetzen kann, seine Nachkommen werden darum eine nicht um einen Schatten dunklere Haut bekommen. Die sonnengebräunte Haut stellt eine nicht erbliche Modifikation dar. Würden wir behaupten, daß, wenn ein Mensch lange genug und vielleicht auch seine Ahnen durch mehrere Generationen hindurch ständig einer starken Sonnenbestrahlung ausgesetzt hätten, seine Kinder vielleicht doch langsam eine bräunere Haut bekommen würden, dann würden wir der von allen Genetikern mit Bestimmtheit abgelehnten Vererbung erworbener Eigenschaften das Wort reden; das aber wäre gegen alle empirische Erfahrung. Man nimmt deshalb zur Erklärung höher pigmentierter Menschenrassen Mutationen an, d. h. zufällige Abwandlungen des Genes, das die Reaktionsnorm der Hautpigmentbildung festlegt. Diese hätten sich in den heißen Klimaten als angepaßter erwiesen und überlebten deshalb dort, während die anderen in höherem Maße ausstarben. Daß diese Erklärung DARWINS aus vielen Gründen nicht befriedigt, ist lange bekannt.

---

[1] BEURLEN, S. 158ff.: „Das entwicklungsphysiologische Gleis wird immer tiefer ausgefahren; die Modifikation wird zur erblichen Umkonstruktion, da nunmehr das ursprüngliche Anlagengefüge ja verändert ist".

Erblich ist in unserem Fall die Fähigkeit, auf Sonnenbestrahlung in bestimmter Quantität Pigment zu bilden. Und zwar ist, um es noch genauer auszudrücken, erblich eine ganz bestimmte Reaktionsbreite gegeben durch die Pigmentbildung bei minimaler und maximaler Sonnenbestrahlung. Diese Punkte können sehr weit auseinanderliegen: dies ist der Fall bei sehr hellhäutigen Menschen, die nach längerer Bestrahlung gleichwohl intensiv braun werden; oder sie können nahe beieinanderliegen: dunkle Menschen, die nur ein wenig nachdunkeln oder hellhäutige Menschen, die sich trotz stärkster Bestrahlung nicht bräunen. Sie können schließlich — theoretisch — in einem Punkt zusammenfließen: der Organismus antwortet dann überhaupt nicht mehr auf den Reiz.

Unsere neue Annahme besteht nun einfach darin, daß im Laufe der phylogenetischen Differenzierung diese ursprünglich immer weit auseinanderliegenden Grenzen der Reaktionsnormen der Gene sich einander mehr und mehr annähern, und zwar ganz unabhängig von der jeweiligen Reizeinwirkung, in unserem Fall also von der Sonnenbestrahlung, lediglich infolge und als Ausdruck des phyletischen Alterungsvorganges. Wir denken uns eine Menschenrasse, die auf Grund eines stark propulsiven Entwicklungstemperamentes rasch „altert". Die Reaktionsbreite engt sich deshalb mehr und mehr ein und zwar auf jene Realisation der Pigmentbildung, die durch die Umgebung in der Tat realisiert wird. Lebt diese Rasse in einer südlichen Gegend mit starker Sonnenbestrahlung[1], dann wird ihr Reaktionsbereich schließlich so eng, daß die Haut während der Ontogenese nur noch einen ganz bestimmten — natürlich immer an die Sonnenbestrahlung der Heimat angepaßten Pigmentierungsgrad auszubilden imstande ist. Während der Urahne noch abgeblaßt wäre, hätte man ihn in jungen Jahren in ein gemäßigtes Klima verbracht, so muß er nun infolge des Verlustes der Modifikabilität seiner Pigmentierung, auch in gemäßigten Zonen, immer wieder starke Pigmente bilden. Dies ist beim Neger der Fall, der in der Tat eine stark propulsive Form darstellt, was man an zahlreichen anderen Merkmalen aufzeigen kann und dessen Modifikabilität sich im Laufe seines genetischen Alterungsprozesses erheblich eingeengt hat. Demgegenüber ist unsere viel größere Modifikationsbreite in punkto Pigmentierung ein deutliches Zeichen phyletischer Jugendlichkeit.

Also: nicht ungerichtete Mutationen und Selektion der Angepaßtesten (Darwin), sondern hohe Modifikabilität und langsame Einengung derselben im Laufe der phylogenetischen Alterung scheinen mir die Faktoren zu sein, welche zu dem Wunder der Anpassung der Arten geführt haben.

Wenn im Verlauf des „Alterungsprozesses" zugleich mehrere Realisationsmöglichkeiten innerhalb der Modifikationsbreite einer einzigen, genetisch gesteuerten Entwicklung, immer wieder durch die Umgebungsverhältnisse hervorgerufen wurden, wenn mit anderen Worten im Individualcyclus in gleichmäßiger Häufigkeit einmal diese, dann wieder jene Realisierung erfolgt, dann wird im Alterungsprozeß gleichsam jede einzelne Stufe für sich fixiert werden, wodurch auf diese Weise eine von einem Gen in verschiedenen quantitativen Stufen bedingte Stufenreihe entsteht. Eine derartige Reihe bezeichnen wir dann als multiple Allelie. Wir sehen dabei, daß eine solche durchaus nicht immer als Folge von verschiedenen Mutationsschritten sekundär entstanden zu sein braucht, sondern von Anfang an vorhanden sein kann, als die — gleichsam sakkadierte — erbliche Fixierung einer ursprünglichen Modifikationsbreite. Nur bei Verlustmutationen, wie sie z. B. im Zuchtexperiment beobachtet werden (Drosophila), die ja immer sekundärer Art sind, dürften auch die multiplen Allele schrittweisen Mutationen entsprechen.

Ein Phänomen, das einer darwinistischen Erklärungsweise ein unlösbares Rätsel aufgab, sei noch kurz hier erwähnt, weil es die hier geäußerte Vorstellung der phylogenetischen Einengung der Modifikationsbreite in besonders klarer Weise demonstriert. Es ist die Erscheinung der aktiven Umkonstruktion im Sinne von Böker. Die biologische Analyse Bökers am Schopfhuhn ergab, daß es von einem primitiven Vogeltypus abstammen müsse, der noch einen normalen Hubflug hatte und Insektenfresser war; ein eigentlicher Kropf war in diesem Stadium noch nicht vorhanden. Durch Veränderungen in der Umwelt ging es

---

[1] Ohne Zweifel bestehen Beziehungen zwischen dem Klima und dem Grad der Propulsivität: das tropische Klima läßt die meist sehr propulsiven Formenreihen viel rascher phyletisch altern; nur in den gemäßigten Zonen kann es zu den Formenreihen mit der größten Entwicklungspotenz (Gesetz der mittleren Linie) kommen.

zu Pflanzennahrung über, wodurch der Verdauungstrakt nicht mehr ausreichte. Darauf reagierte das Tier mit einer Erweiterung der Speiseröhre zu einem Kropf, der als Nahrungsbehälter und zu dem wesentlich komplizierteren Aufschließen der rein pflanzlichen Nahrung diente. Mit der Ausbildung des Kropfes aber wurde das statische Verhältnis zwischen Kopf und Körper gestört. Beim Sitzen müßte der Kropf den Körper nach vorne ziehen und auch die Flugfähigkeit wäre gestört. So erfolgt in Korrelation mit der Kropfvergrößerung eine Vergrößerung der Flügeltragfläche und damit eine Vermehrung der Hubkraft des Flügels, sowie eine Verlängerung des Schwanzes. Gleichzeitig erfährt der Kropf eine Rückwärtsverlagerung aus dem Hals möglichst weit vor das Brustbein. Durch die frühzeitige Ausbildung des Kropfes entsteht eine Raumbeengung im Ei, so daß gegenüber der Entwicklung des Kropfes andere Organe zurückbleiben müssen, und zwar ist dies der relativ wenig lebenswichtige Brustmuskel, während die lebenswichtigen Organe, wie Herz, Leber usw., sich frei

Abb. 74. A körnerfressender Singvogel. B Taube. C Schopfhuhn. Kropfwanderung aus dem Hals (A) bis unter das Brustbein, das dadurch verlagert wird (C), dargestellt nach 3 heutigen Typen (nach BÖKER aus ZIMMERMANN).

entwickeln (vergl. Abb. 74). Durch die Reduktion des Brustmuskels wird allerdings die Flugfähigkeit, insbesondere bei den Jungen, stark reduziert, die Jungen sind deshalb Feinden gegenüber stark gefährdet. Als Reaktion darauf bilden sich bei ihnen am ersten und zweiten Finger Krallen, die ein Klettern auf Bäumen und damit eine eventuelle Flucht vor Feinden ermöglichen.

Wenn jeder dieser einzelnen Anpassungsschritte durch selbständige und zufällige Mutationen entstehen müßte, dann käme eine derartige Umkonstruktion niemals zustande. Die darwinistische Erklärungsweise versagt bei solchen Fällen vollkommen. Dabei ist, wie sich mehr und mehr zeigt, überhaupt jede Neuentstehung einer Form aus einer anderen, d. h., also jede neue Acquisition eines Merkmals notwendig mit einer derartigen aktiven Umkonstruktion verbunden, denn jede lebendige Form befindet sich, wie ein dynamisches System, in einem Gleichgewichtszustand und jede Änderung in diesem System an einer Stelle muß notwendig zu einer Umlagerung im ganzen System führen, bis ein neuer Gleichgewichtszustand hergestellt ist. Die auch heute noch übliche Vorstellung der strengen Genetik, wonach alle Änderungen durch ein additives Hinzufügen von Mutation auf Mutation erklärt wird, wie zu einem Kapital ein Taler nach dem anderen hinzugefügt wird, ist für unsere heutigen Begriffe nicht mehr haltbar.

Das Phänomen der aktiven Umkonstruktionen erklärt sich hingegen mit Hilfe der Modifikabilität des Organismus von selbst. Genau so wie die menschliche Haut bei stärkerer Sonnenbestrahlung, als Reaktion der lebendigen Substanz auf den Umweltreiz, in vermehrtem Maße Pigmente bildet, die einen Schutz des Organismus vor der verstärkten Bestrahlung darstellen, so reagiert der Ahne des Schopfhuhns auf die andere Nahrung mit der noch innerhalb seiner Modifikabilität liegenden Kropfbildung. Auf diese Kropfbildung reagiert er genau so modifikatorisch mit einer Änderung seines statischen Gleichgewichtes; auf die geänderten Embryonalverhältnisse reagiert er wieder durch entsprechende Umlagerungen usw. Würde man den damaligen Vertretern der Schopfhühner wieder Insektennahrung gegeben haben, wären schon die Jungen der nächsten Generation wieder zum Ausgangsstadium zurückgekehrt, ebenso wie die Kinder eines in den Tropen lebenden, schwarz gebrannten Europäers im gemäßigten Klima wieder hellhäutig sein werden. Wäre ihre Nahrung durch andere Umgebungsänderungen anders umgegliedert worden, hätten sie wieder anders, aber immer zweckentsprechend geantwortet. Die Modifikationen sind die Antworten der lebendigen Substanz auf die Umgebung im Rahmen ihrer Reaktionsnorm. Im Laufe der Zeit — im Verlaufe des Alterungsprozesses der Formen — schränkte sich diese Modifikabilität der einzelnen genischen Entwicklungen mehr und mehr ein, die ontogenetische Entwicklung immer mehr festlegend. Als Übergangsformen wären also Formen zu denken, die sich von der heutigen Form lediglich durch eine etwas größere Modifikabilität auszeichnen, was man dem einzelnen Tier äußerlich natürlich nicht ansehen könnte. Schließlich hat die Form in den genannten Merkmalen keine wesentliche Modifikationsmöglichkeit mehr, die Ontogenese verläuft ganz eingleisig. Es sind also nicht zahlreiche, zufällige, unabhängige Mutationen aufgetreten, die aus den ursprünglichen Vertretern primitiver Vogeltypen schließlich das Schopfhuhn zusammenaddiert haben; die Zahl der Gene hat sich seit der Ausgangsform vermutlich überhaupt nicht geändert; eine Änderung ist lediglich insofern eingetreten, als das Modifikationsbereich der einzelnen genisch gesteuerten Abläufe enger geworden ist. Dieser Vorgang der Einengung aber ist unabhängig von allen äußeren Faktoren und Geschehnissen, vor allem abhängig von dem Grad der Propulsivität, der die gesamte Entwicklung dieser Tierform von Anfang an auszeichnete. Dieser Alterungsprozeß kann, wie wir sahen, schneller oder langsamer erfolgen. Je propulsiver die Entwicklung im ganzen verlief, desto enger ist ihr Modifikationsbereich geworden. Mit dem völligen Verlust der Modifikabilität hängt naturgemäß auch das leichte Aussterben der Arten zusammen.

Wenn wir das eben Besprochene zusammenfassen, dann ergibt sich, daß der Prozeß der Ausdifferenzierung der einzelnen Stammreihen einem organischen, orthogenetischen Wachstumsvorgang vergleichbar ist. Aus phyletischen Frühformen differenzieren sich die einzelnen Formenreihen im Sinne der Antwort der lebenden Substanz auf das Gesamt der Umgebungsreize auf dem Wege der ontogenetischen Prolongation und aktiven Umkonstruktion durch modifikatorische Anpassung an die jeweiligen Umgebungsverhältnisse, an den gesamten Lebensraum der betreffenden Form, heraus. Daß überhaupt eine immer weiterlaufende Differenzierung erfolgt, liegt in der der Formenreihe von Anfang an innewohnenden Entfaltungstendenz, die stärker oder schwächer sein kann. Daß die entstehenden Formen nie anders als im höchsten Maße angepaßt an den Lebensraum sein können, gründet sich auf die Modifikabilität der phyletischen Jugendformen. Daß diese Angepaßtheit schließlich erblich fixiert und manchmal auch wieder zur Unangepaßtheit, zur Überspezialisierung wird, liegt in der Tatsache begründet, daß im Verlauf des Alterungsprozesses die Modifikabilität immer geringer wird.

Was uns hier aber vor allem interessiert, ist, daß der ganze Ablauf sich zwischen extrem propulsiven und extrem konservativen Entwicklungen vollzieht. Die konservativen Formen sind jene mit geringem Entfaltungstemperament, die sich ihre Modifikabilität zum Teil bewahren und deshalb häufig durch lange Zeiträume überleben, die propulsiven Formen mit riesigem Entfaltungstemperament stellen Spezialisationsformen dar, die sehr bald ihre Modifikationsmöglichkeiten verlieren und dadurch meist dem physiologischen Tod der Art, d. h. dem Aussterben verfallen.

c) Die Neomorphose.

Wie kommt es aber nun zur Entstehung neuer Typen, d. h. höherer Organisationsgefüge? Diese Frage ist die Grundfrage der heutigen phylogenetischen Forschung und auch jetzt keineswegs mit Sicherheit zu beantworten.

Die bisherige Forschung zeigte mit größter Klarheit, daß die Formen sich innerhalb der einzelnen Stammreihen auf immer ursprünglichere, primitivere Formen zurückführen lassen. Irgendwo hört aber dann die Reihe der Ahnen auf, versiegt die Fülle der paläontologischen Funde, so daß in keinem Fall die sicheren Zwischenglieder gefunden sind, mit denen eine Organisationsstufe an die nächsttiefere (bzw. nächst höhere) anschließt. Aus dieser Tatsache hat die neuere paläontologische Forschung (SCHINDEWOLF, BEURLEN u. a.) die klare Konsequenz gezogen, daß diese Zwischenglieder, in der Art, wie sie bisher postuliert wurden, niemals existiert haben. Eine Reihe von Autoren, wie etwa DACQUÉ (ähnlich auch WESTENHÖFER), gab deshalb den Gedanken der Entwicklung der Formenreihe aus der anderen überhaupt auf. Dies ist jedoch ohne Zweifel zu weit gegangen, da im Gegenteil gerade die Betrachtung der einzelnen „Urformen“ — im Sinne NAEFS — außerordentlich deutlich die nahe Beziehung erkennen läßt, in der die einzelnen Stämme gerade am Beginn ihrer Entwicklung zueinander stehen.

BEURLEN hat hier eine außerordentlich interessante Hypothese entwickelt, die kurz skizziert sei. Wir können dabei an die eingangs dargestellte Entwicklung des protozoischen in den metazoischen Zustand anknüpfen. BEURLEN zeigte dort, daß als Ausdruck des „Willens zum Dasein" und der damit einhergehenden Tendenz zur Erweiterung der Umwelt ein Vorgang eintritt, den er als Neomorphose bezeichnet und der in der Zusammendrängung des ganzen ontogenetischen Cyclus auf eine Durchgangsstufe der Entwicklung besteht, also eine Art von Verjüngungsprozeß darstellt. Auf diese Weise wird als erster Fortschritt die metazoische Organisationsstufe erreicht und damit die Wurzel gelegt zu aller weiterer Ausdifferenzierung des individuellen Wachstumscyclus des Soma und seiner Scheidung vom omnipotent bleibenden Germa. Dieser Vorgang wiederholt sich nun auf jeder höheren Stufe immer von neuem. Zu einem bestimmten Zeitpunkt der Entwicklung kürzen auf einmal gewisse Formen ihren Individualcyclus wesentlich ab, bringen ihn gleichsam schon auf einem früheren Jugendstadium zum Abschluß. Dieser vorzeitige Abschluß der individuellen Entwicklung läßt alle die somatischen Differenzierungsmerkmale, welche in der vorhergehenden, orthogenetischen Umbildung sich herausdifferenziert haben, nicht mehr zur Entfaltung kommen, da ja in der Ontogenese zunächst stets die allgemeineren Merkmale zur Ausbildung kommen und erst in den späteren Stadien die speziellen Differenzierungen erscheinen. Die ganze vorhergehende somatische Differenzierungsentwicklung wird also zurückgenommen und der jugendliche, plastische, noch nicht ausdifferenzierte, daher noch umbildungsfähige Organismus mit seiner riesigen Modifikationsbreite kann sich infolgedessen auf höherer Organisationsstufe neu ausdifferenzieren.

Dabei ist wohl zu merken, daß durch diese Verkürzung des Individualcyclus nicht einfach irgendein früherer Zustand aus der Zeit einer noch geringeren Soma-Differenzierung wiederhergestellt wird, sondern es werden nur die speziell somatischen Differenzierungen zurückgenommen; die im vorhergehenden Differenzierungscyclus hervorgebrachten Merkmalsanlagen verschwinden dadurch nicht, da sie erblich fixiert sind. Aber, da sie nicht mehr in speziellen Organen ausgefaltet werden, werden sie in das Organisationsgefüge des Keimganges eingegliedert; das Organisationsgefüge wird so umgeschmolzen, daß gewissermaßen die Erfahrungen des vorhergehenden phyletischen Cyclus in dasselbe aufgenommen sind.

Der neue Typus setzt deshalb stets mit kleinen, kaum differenzierten und im Rahmen ihres Gengefüges enorm modifizierbaren Formen ein, stellt aber typenmäßig eine Weiterbildung des vorhergehenden Typus dar.

Führen wir diese außerordentlich aussichtsreiche Hypothese BEURLENS im gleichen Sinne noch um einen Schritt weiter, so kommen wir zu folgender Überlegung: Ziel aller Differenzierung ist im Sinne von BEURLEN die Erweiterung der Umwelt, also der Merk- und Wirkwelt im Sinne VON UEXKÜLLS. Eine solche ist nur möglich bei einer relativen Zunahme der Differenzierung der Nervensubstanz. Somit können wir auch sagen: Ziel aller Entwicklung ist die ständige Zunahme der Nervensubstanz in ihrem Verhältnis zum übrigen Soma. Der Vorgang der Neomorphose scheint deshalb auch in erster Linie zu einem weiteren Differenzierungsschritt im Entwicklungsgang des Nervensystems zu führen. Das nervöse Zentralorgan ist das einzige Organsystem, das in der phylogenetischen Entwicklung einen ständig progressiven Entfaltungsprozeß durchmacht, der ausschließlich den neomorphotischen Entwicklungsschritten, nicht aber den orthogenetischen Ausdifferenzierungen folgt. Er besteht vermutlich in einer schrittweisen Verdoppelung der Ganglienzellen der jeweils neuen Anteile in einem weiteren Teilungsschritt während der Ontogenese. Für die höchste Reihe der Tierformen, nämlich die Säuger, haben das die neuesten Untersuchungen von DuBois direkt gezeigt, für die niederen Formen möchten wir es ebenfalls annehmen. Von Stufe zu Stufe wird somit gleich im Beginn eine Vergrößerung (Differenzierung) des Zentralorganes erreicht, als der morphologische Ausdruck der Erweiterung der Umwelt. Daher zeichnen sich die embryonalen oder jugendlichen Individuen vor allem der höheren Tierformen durch das relativ größere Gehirn aus, während — als spätere orthogenetische Differenzierungsvorgänge — die Ontogenese mit einer Differenzierung (Größensteigerung, Spezialisierung) des übrigen Somas abschließt, so daß sich das Gehirn-Körper-Verhältnis sowohl im Verlauf der Orthogenese wie auch in jeder Ontogenese zugunsten der körperlichen Ausdifferenzierung verschiebt. Wenn also gesagt wurde, die Säuger hätten den Weg zum Gehirn eingeschlagen, so möchte ich demgegenüber diesen Satz dahin erweitern, daß die Evolution der Tierreihe überhaupt den Weg zum Nervensystem eingeschlagen hat. Diese progressive Neuralisation (auf den höheren Stadien: Kephalisation) als morphologischer Ausdruck der Tendenz zur Umwelterweiterung wird erreicht durch den Verjüngungsvorgang der Neomorphose. Auf dem Wege der Orthogenese wird er niemals beobachtet. Es gibt keine Differenzierung innerhalb einer Stammform, die etwa als orthogenetische Sonderspezialisierung zu einer einseitigen Ausdifferenzierung des Gehirns geführt hätte, in der Art, wie bei den Einhufern sich etwa die mittlere Phalange einseitig ausbildete.

Auf dem Wege der Neomorphose steigen so die Coelomaten zur Stufe der Chordaten auf, diese auf die Stufe der Vertebraten, diese (nach Naef über die Zwischenstufen der Odontophoren, Gnathostomen, Chiropterygier, Osteospondyli, Dipteroiden, Uronemoideen) zur Stufe der Tetrapoden, wobei es sich bei einzelnen dieser Stufen auch nur um Konstruktionen oder orthogenetische Teilentwicklungen, nicht aber im engeren Sinne um neomorphotische Stufen handeln mag, was wir nicht zu entscheiden vermögen. Die weiteren Stufen von der Tetrapodenstufe, die mit den Amphibien beginnt, sind die Amnioten (also Reptile und Vögel) und von hier über die Theromorphen und Therodontia schließlich die Mammalier.

Übergehen wir die noch heute sehr umstrittene Frage der Entwicklung des Menschen aus den Säugern, wobei die Ansicht der unmittelbaren Affenabstammung einer anderen entgegensteht, wonach sich der Mensch unmittelbar aus den ersten Säugern entwickelt haben soll (Klaatsch, Westenhöfer u. a.), so treffen wir auf der höchsten Stufe, also den letzten Schritt der Menschwerdung betreffend, eine Theorie an, die eng an die Neomorphoselehre anschließt, obwohl ganz unabhängig davon entwickelt, nämlich die Fetalisationslehre Bolks.

Bolk stellte auf Grund vergleichender anatomischer Untersuchungen fest, daß die Mehrzahl der morphologischen Merkmale, die den menschlichen vom anthropoiden Körper unterscheidet, eines gemeinsam haben: es sind, wie Bolk sich ausdrückt, permanent gewordene fetale Zustände oder Verhältnisse. Mit anderen Worten: Formeigenschaften oder Formverhältnisse, welche beim Fœtus der übrigen Primaten vorübergehend sind, sind beim Menschen stabilisiert. Als Beispiel derartiger primärer menschlicher Merkmale macht er folgende namhaft: Die Orthognathie, die Unbehaartheit, der Pigmentverlust der Haut, der Haare und Augen, die Form der Ohrmuschel, die Mongolenfalte, die zentrale Lage des Foramen magnum, das hohe Hirngewicht, die Persistenz der Schädelnähte, die Labia majora beim Weibe, der Bau von Hand und Fuß, die Form des Beckens, die ventral gerichtete Lage der Geschlechtsspalte beim Weibe, bestimmte Variationen des Gebisses und der Schädelnähte. Einige weitere Merkmale ergeben sich als sekundäre Folgeerscheinungen aus einigen der genannten, wie etwa das prominente Kinn als notwendige Folgeerscheinung der Retardierung der Gebißentwicklung oder das weibliche Hymen als Folge der Persistenz der fetalen Lage der Geschlechtsspalte. Auch der aufrechte Gang ist eine, vielleicht die markanteste unter den konsekutiven (sekundären) Erscheinungen, die ihrerseits wieder gewisse Umbildungen im Körper verursachte. Immerhin gilt, wie Bolk formuliert, der Satz: nicht weil der Körper sich aufrichtete, wurde die Menschwerdung vorbereitet, sondern weil die Form sich vermenschlichte, richtete der Körper sich auf. Die Abb. 75 zeigt die charakteristische Persistenz der fetalen Knickungen beim Menschen gegenüber der „Streckung" beim Säugetier (Hund).

Die Vermenschlichung der Form ist also nach Bolk nichts anderes als gleichsam ein Stehenbleiben auf einer fetalen Stufe. Was in dem Entwicklungsgang der Affen ein Durchgangsstadium war, sei beim Menschen zum Endstadium der Form geworden. Daher besitzen der Fetus des niederen Affen, wie auch noch das junge Kind des Anthropoiden, ein ungemein viel menschlicheres Aussehen, wie der Erwachsene. Die übrigen Primaten legen also in ihrer individuellen Formentwicklung noch ein Endstück zurück, das vom Menschen nicht mehr durchlaufen werde. Diesen Unterschied bringt Bolk zum Ausdruck durch die Bezeichnung der Entwicklung des Affen als einer gegenüber dem Menschen sehr propulsiven Entwicklung.

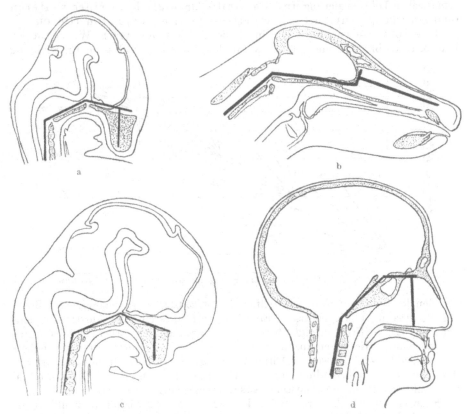

Abb. 75. a) Hundeembryo, b) Hund, c) Menschenembryo, d) Mensch (nach Bolk).

Bolk schließt weiter aus dem einheitlichen Charakter dieser primären körperlichen Merkmale auf eine gemeinschaftliche Ursache. Diese könne unmöglich in äußeren Ursachen gesucht werden. Sie war nicht der Effekt einer Anpassung an sich ändernde äußere Umstände, sie wurde nicht bedingt durch einen struggle for life, sie war nicht die Resultante einer natürlichen oder sexuellen Zuchtwahl; denn diese evolutiven Faktoren üben ihre Wirkung merkmalsweise aus. Die Ursache für die Entstehung jener Merkmalsgruppierung muß ihren Sitz im Organismus selber gehabt haben: es handle sich um ein einheitliches organisches Entwicklungsprinzip.

Das Wesentliche des Prinzipes sieht Bolk in der „Retardation" der Entwicklung. Es müsse ein die Entwicklung hemmender Faktor im Spiele sein. Die menschliche Form als ganzes erlange ihr typisches Gepräge als Konsequenz einer allgemeinen Entwicklungshemmung.

In dieser Form ist die Ansicht Bolks ohne Zweifel nicht haltbar, da es sich in der Art, wie die Sachlage von ihm dargestellt wurde, um eine einfache Neotenie handeln würde, d. h. um ein Geschlechtsreifwerden früherer ontogenetischer Stufen[1]. Damit aber wäre noch keineswegs ein höheres Organisationsgefüge erreicht. Ebenso unhaltbar ist seine Vorstellung, daß hormonale Vorgänge den ganzen Vorgang bewirken müßten, wobei er lediglich an die Hormone des erwachsenen Organismus denkt. Vielmehr ist das Wesentliche dessen, was den Kernpunkt seiner Ergebnisse bildet, viel besser durch die Vorstellung der Neomorphose getroffen: Auch dieser letzte Schritt, der zur Entstehung des Menschen führte, bestand, wie alle vorigen, die zu völlig neuen Organisationsstufen führten, in der Verjugendlichung der Form durch die Zurücknahme der vorhergehenden somatischen Differenzierung und damit die Ermöglichung eines weiteren (und zwar doppelten) Teilungsschrittes des Neencephalon (DUBOIS).

Was BOLK und vor ihm schon in ähnlicher Weise KLAATSCH, WESTENHÖFER u. a. also unabhängig von BEURLEN für den Menschen und seine Entwicklung

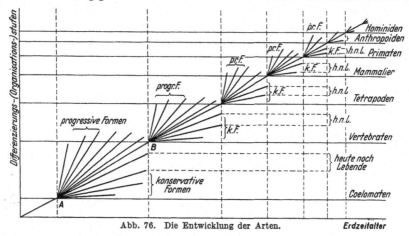

Abb. 76. Die Entwicklung der Arten.

aus den letzten Vorstadien feststellten, hatte BEURLEN, unabhängig von BOLK, für die gesamte phylogenetische Entwicklung festgestellt: der Aufstieg auf eine neue phyletische Stufe erfolgt über die Jugendstadien der vorhergehenden durch Neomorphose. Hierzu ergänzen wir: die wichtigste, dadurch erreichte höhere Strukturbildung ist der weitere Differenzierungsschritt des Zentralnervensystems, der seinerseits in Verbindung mit der wiedergewonnenen großen Modifikabilität eine weitere und neue somatische Ausdifferenzierung ermöglicht.

Entwicklung ist also progressive Differenzierung (Strukturierung) in der Zeit. Sie kann als Kurve in einem Koordinatensystem dargestellt werden, das gebildet wird einerseits aus der progressiven Differenzierung als Ordinate und andererseits aus der Zeit als Abscisse. Beschränken wir uns darauf, den Kurventypus — nicht irgendeine konkrete tatsächliche Entwicklungskurve — wiederzugeben, so ergäbe sich das Bild der Abb. 76. Auf einem bestimmten Punkt der Differenzierung des Organisationsgefüges (A) setzt ein gewaltiger Differenzierungsprozeß ein, wobei wir enorm progressive, orthogenetische Entwicklungen, die in relativ kurzer Zeit eine sehr starke Ausdifferenzierung erfahren, und andererseits konservative Entwicklungen mit sehr geringer Differenzierungsgeschwindigkeit unterscheiden können. Die stark progressiven Formen führen bald zur Überspezialisierung und zu den Zeichen phyletischer Alte-

---

[1] BOLK bezeichnet direkt den Menschen „als einen zur Geschlechtsreife gelangten Primatenfetus"; und an anderer Stelle: „Die neotenischen Organismen stellen ebensogut Hemmungsformen dar, wie der Mensch."

rung. Sie sterben fast stets aus. Die konservativen können sich unter Umständen über lange Zeiträume hin meist in wenig veränderter Form erhalten. Immer aber sind es gewisse mittlere Formen, die imstande sind, zu einem bestimmten Zeitpunkt (B) den orthogenetischen Differenzierungsvorgang — phylogenetischer Ausdruck des organismischen Wachstums — zu unterbrechen durch die Neomorphose — phylogenetischer Ausdruck der Fortpflanzung im Sinne einer energetischen Verjüngung — um so eine höhere Organisationsstufe zu erreichen. Auch hier wiederholt sich dasselbe von neuem. Vom Gesichtspunkt der propulsiven und konservativen Entwicklungen sind es also die in der mittleren Linie liegenden Formbildungen, die die Möglichkeit zu weiterer Entwicklung bewahren. Die progressiven Altersformen sind allzu rasch festgelegt, die konservativen Jugendformen sind stehengeblieben; nur die mittleren, sich ihre Entwicklungsmöglichkeiten bewahrende Formen, die ständig gleichsam zwischen zwei Polen wuchsen, tragen in sich die Möglichkeit der ewigen Verjüngung.

Dieses Prinzip der hohen Entwicklungspotenz der mittleren Linien scheint mir ein sehr allgemeines Entwicklungsprinzip zu sein. Wo immer man organische Entwicklungsverläufe beobachtet, kann man es am Werke sehen und auch in den ontogenetischen Differenzierungsprozessen erscheint es in abgewandelter Form wieder. Immer können wir propulsive „Stürmer" rasch festfahren und daneben konservative „Zauderer" nicht über sich hinauswachsen sehen; nur die mittlere zwischen diesen Polen wachsende Form, welche das rechte Maß zu halten imstande ist, hat die weiteren in die Zukunft gerichteten Entwicklungsmöglichkeiten. Wir möchten darin etwas Gesetzhaftes erblicken und in diesem Sinne von einem Entwicklungsgesetz der mittleren Linie[1] sprechen.

2. Die Anwendung auf das Konstitutionsproblem.

Wir kommen damit auf unser Konstitutionsproblem zurück. Mit der Menschwerdung haben die Differenzierungen im Sinne der ganzen bisherigen Phylogenese natürlich nicht aufgehört. Auch hier stehen am Beginn der Stammreihe jugendliche Formen (Fetalisation im Sinne BOLKS). Auch hier setzt augenblicklich eine reiche Differenzierung ein, die durchaus orthogenetisch verläuft und als Rassenbildung erscheint.

Es ist sehr auffällig, daß der Mensch nur noch eine einzige Art bildet, während die Zahl der Arten nach rückwärts immer mehr zunimmt. Auf den tiefsten Stufen organismischer Differenzierung verwischen sich jedoch die Artgrenzen wieder, so daß eine klare Abgrenzung zwischen den einzelnen Formen gar nicht mehr möglich ist. Dies erklärt BEURLEN damit, „daß auf den primitivsten Stufen des organischen Daseins die Gestaltausprägung zwar durchaus schon individuelle Züge zeige, aber die Reaktionsformen noch weitgehend summenhaft gebunden, determiniert ablaufen, die Gestaltung daher nicht autonom, sondern von Außeneinflüssen abhänge, vorwiegend phänotypisch und nur im allerweitesten Rahmen spezifisch ist, daß mit fortschreitender Differenzierung die vom Organismus beherrschte Umwelt erweitert, die Gestaltung daher typischer, die Gestaltüberprägung durch Außeneinflüsse immer weiter eingeengt und zurückgedrängt wird. Die spezifische und typische Gestaltung setzt sich daher in immer engerem Rahmen durch, bis schließlich bei den hochdifferenzierten Endgliedern des stammesgeschichtlichen Ablaufes (Insekten, Säugetiere, usw.) die arttypische Gestalt autonomer Ausdruck des jeweiligen Seins ist ...

Der Wille zum Dasein als die eigentlich treibende Kraft hat in diesen Typen daher wohl schon eine hohe Stufe autonomer Gestaltausprägung erreicht, allerdings noch nicht die letztmögliche Verwirklichung einer vollkommen freien Eigengestaltung. Erst der Mensch vermag über seine ursprüngliche Umwelt hinauszugreifen und auch andere Umwelten als seine ursprüngliche zu erkennen. Das bedingt, daß die Gestaltprägung beim Menschen eine fast ganz autonome geworden ist und von Außeneinflüssen fast gar nicht mehr überprägt wird; so wie die primitivsten Organismen noch fast ausschließlich Phänotypus sind, so ist der Mensch fast ausschließlich Genotypus. Damit ergibt sich aber, daß beim Menschen auch eine

---

[1] Genauer: Gesetz der größten Entwicklungspotenz der Formen auf der mittleren Linie.

systematische Aufgliederung nach Gattungen und Arten entsprechend der verschiedenen Umgebungen nicht mehr erfolgt. Die systematischen Einheiten innerhalb der „Gattung" Homo sind keine LINNÉschen Arten mehr und werden ja auch mit Recht nicht mehr als Arten bezeichnet, sondern als Rassen, wobei man sich aber klar sein muß, daß diese Rassen etwas anderes, und zwar biologisch gesehen, mehr sind, als z. B. die geographischen Rassen der Säugetiere."

Trotzdem laufen auch beim Menschen die Sprossungs- und Wachstumsvorgänge weiter und folgen den gleichen Gesetzen. Progressive Formenreihen, wenn auch, verglichen mit den Tierstammreihen, nur noch in keimhaften Ansätzen, bilden sich aus. Als solche propulsive und deshalb rasch aussterbende Formen betrachten wir den Homo Neanderthalensis. Wie KLAATSCH, WESTENHÖFER, BOLK u. a. zeigten, sind seine schwere Prognathie, die fliehende Stirn und mächtigen Supraorbitalbögen wie auch andere Skelettproportionen als typisch progressive Bildungen aufzufassen, wie überhaupt das starke Vorwachsen des Gesichtsschädels gegenüber dem ursprünglichen Zustand, bei dem es unter dem Hirnschädel zurücktritt, als ein Zeichen einer progressiven Entwicklung aufzufassen ist. Wir erwähnten schon früher (S. 262), daß jede progressive orthogenetische Differenzierung als eine Entkephalisierung anzusehen ist. Ähnliche progressive oder (nach STRATZ) protomorphe Merkmale zeigen etwa die heutigen Australier; es sind Formen, die zu rasch gealtert sind, ihre Modifikabilität verloren haben und auf dem Aussterbeetat stehen. Ähnliches gilt, wenn auch in abgeschwächtem Maße, für die Negriden.

Umgekehrt finden wir konservative Formen mit zahlreichen jugendlichen, primitiven oder (nach STRATZ) archimorphen Zügen bei den Mongoliden. Die Rassenmerkmale der kindlich-runden Nasenkuppe, der steilen Stirn, des kleinen Kinnes, der Mongolenfalte, der kleine untersetzte Körperbau sind in diesem Sinne typische konservative Merkmale. Auch die psychische Struktur zeigt in vielen Zügen die enorme Konservativität, die etwa in der durch Tausende von Jahren sich nicht ändernden Kultur, sich nicht ändernden Dynastie des Herrschers — das japanische Kaiserhaus feierte eben sein 2600. Regierungsjahr —, ferner dem Ahnen- und Kinderkult, der ungeschwächten Fruchtbarkeit zum Ausdruck kommt. In diesem Sinn spricht auch die erhalten gebliebene Modifikabilität, die sich u. a. dokumentiert in der Fähigkeit, die Errungenschaften der europäischen Zivilisation ohne weiteres zu übernehmen.

Die mittlere Entwicklungslinie zwischen der allzu konservativen und allzu progressiven Entwicklung, das Wachsen zwischen den Polen zeigt hingegen die heutige europäisch-indogermanische Menschenform. Sie hatte die Möglichkeit, über ihre Urformen in entwicklungsträchtiger Weise hinauszuwachsen und wächst noch weiter. Auch hier erkennen wir deutlich das Entwicklungsgesetz der mittleren Linie.

Und mit einem letzten Schritt in die keimhaften Ansätze aller Variabilität gelangen wir schließlich innerhalb unseres Rassekreises wieder zu dem gleichen Pendeln zwischen den Polen konservativer und propulsiver Entwicklungen und sind damit bei der elementaren Entwicklungslinie angelangt, die gegenüber den oben besprochenen Linienbündeln hier nur noch die Determinationswirkung eines einzigen Genes betrifft. Auch hier fanden wir das gleiche Prinzip am Werk: auf der einen Seite die konservative Entwicklung zum cyclothymen Pyknomorphen mit seinen Proportionen aus der Zeit des ersten Gestaltwandels, seiner physiologisch erhöhten Reaktionsfähigkeit in fast allen physiologischen Bereichen, seiner psychischen Adaptionsfähigkeit, seiner hohen Umweltkohärenz, seinem „Konservativismus", und auf der anderen Seite die propulsive Entwicklung zum schizothymen Leptomorphen mit seinen Proportionen aus der Zeit des zweiten Gestaltwandels, seiner herabgesetzten physiologischen Reagibilität mit den Symptomen der Altersstruktur, seiner mangelnden psychischen Adaptionsfähigkeit, seinem „Radikalismus". Zwischen diesen beiden Polen entwickelt sich auf einer mittleren Linie der synthyme Metromorphe, durch beide Stadien des Gestaltwandels in maßvoller Weise hindurchgehend und darüber hinaus sich weiter differenzierend, in künftige Entwicklungsstadien hinein; körperlich und seelisch der harmonisch ausgeglichene, nicht stehengebliebene, sich weiter differenzierende Typus, den in vollendeter Form das Griechentum in seinen apollinischen Götterbildern verherrlichte. So finden wir einen tiefen biologischen Sinn in dem Schönheitsideal des nordischen Menschen, der darin liegt, daß gerade diese Menschenform nach dem Gesetz der mittleren Linie die meisten Entwicklungspotenzen in sich trägt.

Mit dem Menschen wurde eine neue Seinsstufe des Seienden erreicht, womit die Tendenz, die wir am Beginn aller Entwicklung am Werke sahen, nämlich nach Umwelterweiterung, scheinbar völlig erfüllt wurde: die Umwelt des Menschen reicht bis in den Weltraum und bis in die Struktur des Atomgefüges hinein. Freilich wissen wir nicht, ob nicht auch bei uns eine weitere Steigerung möglich ist, denn jede Art muß ihre „Umwelt" immer für das Gesamt ihrer „Umgebung" halten und auch der Mensch kann grundsätzlich nichts von seiner Umgebung außerhalb seiner Umwelt wissen. Dann wüßte er irgend etwas von ihr, dann gehörte sie ja schon zu seiner Umwelt. Auch ist die Beherrschung der Umwelt zwar verglichen mit derjenigen der Tiere, ungeheuer vergrößert, aber eine vollkommene ist sie noch lange nicht. Immer noch sind wir in Abhängigkeit von unserem Erdball, den wir nicht verlassen können, ausgeliefert allen kosmischen Ereignissen.

Die Entwicklung ist nicht zu Ende, und wir stehen noch mitten im Evolutionsprozeß. Wir können annehmen, daß die weitere orthogenetische Evolution eine vor allem geistige ist. Unsere Psyche hat noch ganz die Eigenschaften des phyletischen Jugendzustandes, nämlich vor allem die Modifikabilität. Während wir hinsichtlich unserer somatischen Organisation „nahezu ganz Genotypus" sind, befindet sich unsere psychische Struktur noch in einem ähnlichen Zustand, wie das Soma einer neomorphosierten phyletischen Jugendform. In allen Entwicklungslinien wird durch die Gene eine große Modifikationsbreite festgelegt, nirgends handelt es sich um sehr eng begrenzte Entwicklungslinien. Daher kommt es, daß selbst heute noch von manchen eine Vererbung im Psychischen überhaupt geleugnet wird. Dies ist natürlich unsinnig; es ist lediglich die Möglichkeit zu modifikatorischen Anpassungen, zu Reaktionen auf die Umwelt, verglichen mit den streng festgelegten somatischen Entwicklungen, eine ungemein große. Wir pflegen zu sagen, die geistigen Anlagen eines Menschen müssen erst „entwickelt" werden. Diese Entwicklung erfolgt durch die Gesamtheit der auf das Individuum eintreffenden Umweltereignisse, sie wird gelenkt vor allem durch die Erziehung. In jedem von uns steckt ein unendlich viel größeres Bereich von ursprünglichen Möglichkeiten, von denen jeweils nur eine einzige realisiert wurde, als dies in körperlicher Hinsicht der Fall ist. Um ein praktisches Beispiel zu geben: In welcher Umwelt immer wir aufgewachsen wären, hätte für unsere Gesichtsbildung zwar einen gewissen, aber doch verschwindend geringen Einfluß gehabt (vgl. die Untersuchungen eineiiger Zwillinge von Verschuers). Die Modifikabilität ist außerordentlich gering. Ungeheuer aber wären die Unterschiede, die in psychischer Hinsicht erwachsen wären, zwischen dem Aufwachsen in der Hütte eines australischen Buschmannes einerseits und einer mitteleuropäischen höheren Erziehungsanstalt andererseits. Ob die psychische Entwicklung innerhalb der ihr durch die Anlagen gesetzten mehr oder weniger weiten Grenzen aber nach der einen oder anderen Richtung erfolgt, wird immer eine Modifikation sein und deshalb nicht erblich übertragbar auf die Nachkommen. Der Sohn der im australischen Busch aufgezogenen europäischen Eltern, die vermutlich viel von der psychischen Struktur der Australier hätten, würde nichts von den primitiven Eigenschaften seiner Eltern zeigen, wenn er wieder in Deutschland aufgezogen würde. Die Veränderung bei den Eltern war also eine Modifikation.

Wir können nun in Analogie zur Phylogenese des Somas annehmen, daß dann, wenn der Mensch phyletisch altert, also nach Jahrtausenden, diese Modifikabilität mehr und mehr eingeengt wird; die Ontogenese wird, entsprechend der ontogenetischen Prolongation, mehr und mehr verlängert, aber auch mehr und mehr festgelegt. Die psychischen Strukturen werden sich starr nach ihrem festgelegten Organisationsgefüge entwickeln, und was bei uns Heutigen noch ein Modifikationsbereich ist, innerhalb dessen wir frei wählen können, welche Bahn wir gehen wollen, das wird bei den Endformen zur starren Determination. Die Entwicklung verläuft auch hier von einem relativen Indeterminismus zu einem strengen Determinismus.

Während aber auch hierbei konservative Entwicklungen auf frühen phyletischen Stadien stehenbleiben, werden progressive Entwicklungen sich allzu rasch festlegen, altern und vielleicht aussterben. Nach einer harmonisch ausgeglichenen mittleren Entwicklung aber wird in jenen fernsten Zeiten aus einem Volk der Mitte, das dann dem Stamme eines Göttervolkes unter Sklavenvölkern gleichen wird, der Übermensch geboren werden, als nächste und höhere Organisationsstufe nach dem heutigen Homo sapiens. Die aber diese Entwicklung nicht mitmachen konnten, sondern stehenblieben, werden dann den kommenden Formen als höchstentwickelte „Tierform" erscheinen, so wie uns Heutigen die Menschenaffen.

So führt uns die Betrachtung der Entwicklungsgesetze zu einer Schau in zukünftiges Entwicklungsgeschehen. Eine solche aber ist immer Vermessenheit, und wir kehren bescheiden zurück in unsere phyletische Gegenwart und überlassen es dem Walten der Gesetze der Natur, wohin es uns zu führen gedenkt. Hier war es unsere Aufgabe, zu zeigen, wie die Entstehung der menschlichen Musterformen, wie wir die Variabilität zu Anfang bezeichneten, denselben biogenetischen Gesetzen folgt, auf die alle Variabilität der organischen Formen in der Natur zurückführbar ist. Mehr lag nicht in unserem Sinne bei diesem Exkurs in die Probleme der Phylogenese.

Schrifttum.

ABEL, O.: Die Stellung des Menschen im Rahmen der Wirbeltiere. Jena 1931. — BAER, v. K. E.: Über Entwicklungsgeschichte der Tiere. Beobachtung und Reflexion. I. Teil. Königsberg 1828. — de BEER: Embryology and evolution. Oxford 1930. — BEURLEN: Die stammesgeschichtlichen Grundlagen der Abstammungslehre. Jena 1937. — BÖKER, H.: Artumwandlung durch Umkonstruktion, Umkonstruktion durch aktives Reagieren der Organismen. Acta Biotheoretica Ser. A. Vol 1 (1935). — BOLK, L.: Das Problem der Menschwerdung. Jena 1926. — DACQUÉ, E.: Organische Morphologie und Paläontologie. Berlin 1935. — DOBZHANSKY, TH.: Die genetischen Grundlagen der Artbildung. Jena 1939. — DUBOIS: Die phylogenetische Großhirnzunahme; autonome Vervollkommnung der animalen Funktionen. Biologia generalis 6 (1930). — DÜRKEN u. SALFELD: Entwicklungsbiologie und Ganzheit. Leipzig 1936. — EIMER: Die Artbildung und Verwandtschaft bei den Foraminiferen. Leipzig 1899. — FRANZ, V.: Ontogenie und Phylogenie. Das soz. biogenet. Grundgesetz und die biometabolischen Modi. Abh. z. Theorie d. organ. Entwicklung. Berlin 1927. — GARSTANG: The theory of recapitulation: a critical Re-Statement of the Biogenetic Law. London 1922. — GEHLEN, A.: Der Mensch. Seine Natur und seine Stellung in der Welt. Berlin 1940. — HARMS, J. W.: Wandlungen des Artgefüges. Tübingen 1934. —

HARTMANN, M.: Die dauernd agame Zucht von Eudorina elegans. Experimentelle Beiträge zum Befruchtungs- und Todproblem. Arch. f. Protistenkde **43** (1921) — Allgemeine Biologie. 2. Aufl. Jena 1933. — KLAATSCH, H.: Die Stellung des Menschen im Naturganzen. 12. Vortrag. In: Die Abstammungslehre. 12 gemeinschaftliche Vorträge über die Descendenztheorie. Jena 1911. — KOKEN, E.: Palaentologie und Descendenzlehre. Jena 1902. — NAEF, A.: Die Vorstufen der Menschwerdung. Jena 1933. — SCHINDEWOLF, O. H.: Paläontologie, Entwicklungslehre und Genetik. Berlin 1936. — SEWERTZOFF, A. N.: Morphologische Gesetzmäßigkeiten der Evolution. Jena 1931. — STRATZ, C. G.: Naturgeschichte des Menschen. 3. Aufl. Stuttgart 1922. — v. UEXKÜLL, J. V.: Theoretische Biologie. 2. Aufl. Berlin 1928. — UNGERER, E.: Die Hypothese der Keimgangmutationen. Acta Biotheoretica. Ger. A. **2** (1936). — VERSLUYS, J.: Hirngröße und hormonales Geschehen bei der Menschwerdung (mit Ausführungen von PÖTZL und LORENZ). Wien 1939. — WESTENHÖFER, Das Problem der Menschwerdung. 2. Aufl., Berlin 1935. — WOLTERECK, R.: Grundzüge einer allgemeinen Biologie. Stuttgart 1932. — ZIMMERMANN, W.: Vererbung „erworbener Eigenschaften" und Auslese. Jena 1938.

C. Rückblick und Ausblick.

Wenn wir nun zum Schluß zu unserem Ausgangspunkt zurückblicken, so will uns scheinen, daß wir ein beträchtliches Stück Weges vorangekommen sind. Wir stellten an den Beginn unserer Erörterungen die Frage nach den Gesetzen des Zusammenhangs von Körperbautypus und Charakterstruktur. Wir können jetzt darauf antworten, daß diese Gesetze genetischer Art sind — und gar keine anderen sein konnten. Denn alles, was ist — sei es geprägte Form, Reaktionsform oder psychische Struktur —, ist einmal geworden. Und nur in diesem Werden können die Gesetze des Gewordenen liegen.

Die ontogenetische Entwicklung des Körperbaues beruht auf einer gesetzmäßigen Verschiebung von Proportionen. Diese Verschiebung vollzieht sich in mehreren Schüben, von denen jeder durch eine Periode der Harmonisierung abgelöst wird. So folgt auf den ersten großen Gestaltwandel im 6. bis 7. Lebensjahr eine Zeit der Harmonisierung der Proportionen. Im 12. bis 14. Lebensjahr setzt ein neuer, mächtiger Gestaltwandel ein mit einer gleichsinnigen Proportionsverschiebung; auch er wird abgelöst durch eine neuerliche Harmonisierung, in der sich wieder ein harmonisches Gleichgewicht herstellt.

Auf Grund eingehender vergleichender Messungen fanden wir, daß der pyknische Habitus nichts anderes ist als das Endresultat einer sehr konservativen derartigen ontogenetischen Proportionsverschiebung, so daß diese Entwicklung über das Stadium der ersten Harmonisierung nicht erheblich hinausgegangen ist. Die extreme pyknomorphe Wuchstendenz stellt gleichsam die Determination des ersten Gestaltwandels bzw. der anschließenden ersten Harmonisierung dar. Demgegenüber ist der Leptomorphe das Endresultat einer stark propulsiven derartigen Proportionsverschiebung, also die Determinationsform der starken Streckungsperiode des zweiten Gestaltwandels, der aber die Stufe der neuerlichen Harmonisierung nicht mehr erreichte, da er bereits vorher fest determiniert war.

Zwischen diesen beiden Extremen erreicht lediglich der Metromorphe (mittlere Körperbauform) — mit Maß diesen Strukturprozeß durchlaufend — über den zweiten Gestaltwandel hinaus auch die zweite Harmonisierung und damit jenes Ebenmaß, das uns im idealen ausgeglichenen Körperbauplan (dem griechischen Schönheitsideal) entgegentritt.

Dieser Versuch einer genetischen Betrachtung des Konstitutionstypenproblems erwies sich als außerordentlich fruchtbar. Eine Reihe von bisher unerklärten Korrelationen wurde damit schlagartig klar.

Dem ontogenetischen Gestaltwandel geht physiologisch ein charakteristischer Funktionswandel parallel. Die kindlichen Verhältnisse mit ihrer spezifischen

Blutverteilung mit relativ stärkerer Füllung des arteriellen Schenkels der Strombahn, dem größeren Wasserreichtum, dem höheren Energiestoffwechsel, der
sympathicotonischen Gesamteinstellung usw. machen in der Ontogenese bis zur
Pubertät bzw. dem zweiten Gestaltwandel eine charakteristische Verschiebung
bis zur Umkehr der Verhältnisse durch: relativ stärkere Füllung des venösen
Schenkels der Strombahn, geringerer Wassergehalt, abnehmender Energiestoffwechsel, vagotonische Gesamteinstellung usw. Der Konservativität der Proportionsverschiebung der Gestalt beim Pyknomorphen geht, wie wir fanden, eine
Konservativität der Funktionsverschiebung durchaus parallel, so daß sich beim
Pyknomorphen in allen untersuchten Gebieten ein Beharren auf der Stufe jugend-
licher Verhältnisse fand, während beim Leptomorphen gerade umgekehrt, auch
in physiologischer Hinsicht, propulsiv schon eine „Alters"stufe erreicht wurde.
Auch hinsichtlich seiner Physiologie erwies sich somit der Pyknomorphe als das
Resultat einer konservativen, der Leptomorphe als das Resultat einer propulsiven
Entwicklung.

Neben diesem ontogenetischen Verschiebungsvorgang von morphologischen
Proportionen und physiologischen Reaktionen geht auch im Psychischen ein sehr
charakteristischer Prozeß einer Verschiebung der Struktur einher. Die ontogenetische Jugendstruktur ist in allen Bereichen — was insbesondere die Struktur-
psychologie der letzten Jahrzehnte zeigte — die geringer strukturierte, so daß
KRÜGER daraus seinen wichtigen Entwicklungssatz ableiten konnte: Entwicklung
ist wachsende Strukturiertheit.

Aus einem Zustand hoher Ganzheitlichkeit der Erfassungsfunktionen mit
höherer Beachtung der Stoffqualitäten, Gegenständlichkeit des Denkens, enormer
Integration der Funktionen, harmonischer Psychomotorik, fehlender Reflexion,
enormer Umweltkohärenz, Eingebettetheit im Kollektiv, rascher Entspannbarkeit der Affekte, selbstsicherer und realistischer Gesamthaltung usw. kommt es
zugleich mit dem zweiten Gestaltwandel zu einem gewaltigen Strukturbildungsprozeß, einer enormen Binnengliederung der gesamtpsychischen Struktur, die
wir in engerem Sinne als „Pubertät" bezeichnen. Diese Phase ist charakterisiert
durch die wachsende Einzelheitlichkeit der Erfassungsfunktionen, Zunahme der
Formbeachtung, des abstrakten Denkens, Desintegration der Funktionen, dis-
harmonische Motorik, Zunahme der Reflexion, Abnehmen der Umweltkohärenz,
Abhebung vom Kollektiv, hoher Spannbarkeit der Affekte, selbstunsicherer und
idealistischer Gesamthaltung. Diesen ganzen Prozeß bezeichneten wir, um ein
einziges Wort dafür zu haben, als Individuationsprozeß.

Unsere vergleichenden Untersuchungen ergaben völlig einwandfrei, daß in
allen psychologischen Experimenten und anderen Untersuchungen die cyclothyme
Struktur des Pyknomorphen auch hier wieder das Ergebnis einer extrem konservativen Entwicklung ist, indem der Strukturbildungsprozeß gleichsam über die ersten
Stadien nicht hinausgekommen ist, so daß Verhältnisse bestehen blieben, wie sie im
Durchschnitt die Periode der ersten Harmonisierung charakterisieren. Umgekehrt
erwies sich die schizothyme Struktur des Leptomorphen als eine Determination
der Periode des zweiten Gestaltwandels, mit anderen Worten: der Pubertät.

Erst die synthymen Strukturen der Metromorphen erwiesen sich als jene
Strukturform, die auch noch durch die kritische Entwicklungsphase der Pubertät
hindurchzugehen und eine neue, harmonische, kompensative Strukturstufe
zwischen den extremen Polen zu erreichen imstande war. Auch dabei fanden
sich noch Schwankungen nach oben oder unten mit Übergangsformen nach den
beiden extremen Formen.

Die beiden polaren Konstitutionstypen sind somit nichts anderes, als verschiedene — konservative und propulsive — Entwicklungsmodi des in der

Ontogenese sich abspielenden, gesetzmäßigen Gestaltwandels, Funktionswandels und Strukturwandels, mit anderen Worten des gesetzhaften Strukturprozesses, den jede organische Entwicklung im Grunde darstellt. Körperbau und Charakter müssen sich also in gesetzmäßiger Weise entsprechen, einfach deshalb, weil sie das Ergebnis des identischen Entwicklungsgeschehens sind.

Eine vergleichende genetische Analyse ergab weiter, daß vermutlich jede genetisch begründete Variabilität einer einzigen derartigen Variationsskala sich zwischen den Polen eines konservativen bzw. propulsiven Entwicklungstempos erstreckt. In diesem Sinne wurden die albinistischen und melanistischen Varianten des Schmetterlingsflügelmusters als Resultate derartiger konservativer bzw. propulsiver Pigmentbildungsvorgänge aufgefaßt und an Hand dieser bereits gut analysierten Beispiele der Genetik auch für die Konstitutionstypen ein früh in die ontogenetische Entwicklung eingreifendes Gen in verschiedenen allelomorphen Abstufungen von niederem bis hohem Struktureffekt angenommen und als S-Faktor (Strukturbestimmer) bezeichnet.

So konnte also die bisher unverständliche „Affinität" so zahlreicher Merkmale, wie sie die beiden Konstitutionstypen kennzeichnen, als Wirkung eines einzigen, frühontogenetisch wirkenden Genes aufgeklärt werden.

Mit der Beantwortung der Frage nach den Gesetzen des Zusammenhanges zwischen Körperbau und Charakter gelangen wir auch zu einer Klärung des viel umstrittenen Problemes von der Vererbung des Charakters. Wir sagten zu Anfang, daß bisher noch kein Gen bekannt sei, das eine Charaktereigenschaft bedinge, und daß wir vorläufig noch nicht wissen, wie überhaupt das Gen es mache, um Wirkungen im Psychischen zu erzielen (s. S. 64). Mit unserem Gen, das wir den Strukturbestimmer nannten und das verantwortlich ist für die Determination jener progressiven Strukturbildung, haben wir nun zum erstenmal ein solches Gen gefunden, von dem wir wissen, wie es Wirkungen im Psychischen erzielt. Und diese Wirkung ist von derselben Art, wie man sich im Körperlichen die Wirkung aller Gene vorzustellen hat: sie beruht auf der Determinierung von Entwicklungsabläufen.

Auch die psychische Entwicklung verläuft, wie diejenige des Körpers, nach ganz bestimmten Gesetzen aus einer Stufe niederster Struktur — dem einzelligen Zustand vergleichbar — zu immer höherer Strukturierung. Dieser psychische Strukturbildungsprozeß ist ein ebenso vielfältiger und reichhaltiger Entwicklungsvorgang wie etwa derjenige der Blasto- und Organogenese und von denselben Genen und ihrem Zusammenwirken abhängig. Daraus folgt, daß man eine Charaktereigenschaft nur dann auf die ihr zugrunde liegende Genwirkung wird reduzieren können, wenn man ihre ontogenetische Entwicklung kennt. Es wird dabei niemals gelingen, eine bestimmte Charaktereigenschaft, und sei es auch eine der sog. Grundfunktionen oder Radikale, auf ein bestimmtes Gen zurückzuführen, sondern immer werden zahlreiche solche Charaktereigenschaften die Wirkung eines Genes sein und umgekehrt zahlreiche Gene an dem Zustandekommen jeder einzelnen Charaktereigenschaft beteiligt sein. Charaktereigenschaften sind immer Qualitäten der psychischen Ganzheit, sind Aussagen bzw. Betrachtungen der Ganzheit unter bestimmten Aspekten (Perspektiven), sind Eigenschaften bestimmter Strukturen. Sie sind nur erblich, indem eben diese Strukturen erblich sind. Wir dürfen deshalb gar nicht von der Vererbung bestimmter Charaktereigenschaften sprechen, sondern nur von der Vererbung bestimmter Charakterstrukturen. In der Polarität der konservativen und propulsiven Primärstrukturen haben wir einen sehr wesentlichen solchen Weg der Vererbung von Charakterstrukturen kennengelernt.

Im Verlauf der weiteren Ausdifferenzierungsvorgänge kommt es zur Bildung von Teilstrukturen, die alle ihrerseits wieder zwischen konservativen und propulsiven Entwicklungen variieren können. Als eine weitere solche Variationsebene studierten wir die Polarität der Sekundärvarianten erster Ordnung als eine ins Abnorme hineinreichende, ebenfalls frühontogenetische Typenbildung anderer und selbständiger Art zwischen den Polen der athletisch-viskösen und asthenisch-spirituellen Struktur. Auch hier erwies sich die letztere als Resultat einer extrem-konservativen, die letztere als Ausdruck extrem-propulsiver Entwicklung; und auch hier zeigte sich, daß der Zusammenhang zwischen der morphologischen und der psychologischen Eigenart — zwischen Körperbau und Charakter — eine strenge genetische Gesetzmäßigkeit aufweist. Sie wird am besten getroffen durch das Schlagwort der hohen „Kephalisierung" des kindlichen (und hypoplastischen) Habitus, im Vergleich zur „Entkephalisierung" der propulsiven Entwicklung in Richtung auf den Bewegungsapparat (einschl. der Kiefer und des Schultergürtels) beim Hyperplastiker. Diese mit den Differenzierungsvorgängen der psychophysischen Struktur zusammenhängenden genetischen Faktoren faßten wir zusammen als D-Komplex (Komplex der Differenzierungsfaktoren).

Schließlich besprachen wir in der Gruppe der Sekundärvarianten zweiter Ordnung die reiche Variabilität der hormonalen und unmittelbar keimplasmatisch bedingten abnormen Variantenbildungen aller Art, um vor allem das Augenmerk auf die genetische Abstimmung der Gewebsfunktion auf die hormonalen Einflüsse zu lenken. Die endokrinen Abortivformen wurden aufgefaßt als Resultate der Reaktion von reagierendem Gewebe auf hormonale, bremsende (konservative) oder beschleunigende (propulsive) Wirkungen.

Auf Grund dieser genetischen Betrachtung des Konstitutionsproblems erwies sich hinsichtlich des Zusammenhanges von Konstitutionstypus und Krankheit, daß es sich dabei nicht um irgendwelche Genkoppelungen handeln kann, sondern daß der Konstitutionstypus als das besonders günstige oder ungünstige genotypische Milieu für den eigentlichen Krankheitsfaktor aufgefaßt werden muß. Der Zusammenhang von Körperbautypus und Krankheit wurde also aus dem Genom in das Phänom verlegt. Als Grundregel ließ sich ableiten, daß Erkrankungen vom Diathesetypus (d. h. abnorm gesteigerte Reaktionen) sich häufiger am konservativen Pol, Erkrankungen vom Systemtypus (d. h. alle progressiv destruktiven Prozesse) am propulsiven Pol der Konstitutionsreihen stärker ausprägen, was vermutlich damit zusammenhängt, daß auch in der Ontogenese die Fähigkeit zu kompensatorischen Reaktionen des Organismus im Laufe des Alterungsvorganges mehr und mehr abnimmt. Natürlich gibt es auch Ausnahmen von dieser „ontogenetischen Kompensationsregel" (Regel der ontogenetisch abnehmenden Kompensationsfähigkeit).

Um schließlich unsere genetische Theorie der Konstitutionstypen am allgemeinen biologischen Variabilitätsproblem zu orientieren, unternahmen wir einen phylogenetischen Exkurs in das Problem der Entstehung der Arten. Es zeigte sich, daß auch hier als allgemeinstes Grundprinzip alles evolutiven Geschehens einerseits propulsive ontogenetische Entwicklungen von Formenreihen zu extremen Spezialisierungen und Ausdifferenzierungen mit den Zeichen des phyletischen Alters (Verlust der Modifikabilität) und dem Verlust weiterer Entwicklungsmöglichkeit führen, andererseits konservative Entwicklungen zu einem Beharren auf phyletischen Jugendstadien mit Erhaltenbleiben der Modifikabilität, aber ohne Entfaltungstemperament, die deshalb auch letztlich über diese Anfangsstadien nicht hinausführen. Nur mittlere Formen vermochten jeweils in maßvoller Weise den Differenzierungsprozeß auf Stufen zu führen, von wo ein weiterer, neuer „neomorphotischer" Schritt — einem Verjüngungsvorgang

vergleichbar — ermöglicht wurde, von dem aus sich dasselbe von neuem wieder-
holte; also wieder propulsive orthogenetische Ausdifferenzierung bis zur Überspezialisierung und baldiges Aussterben auf der einen Seite, konservatives Beharren
auf Jugendstufen ohne Entwicklungstemperament auf der anderen und dazwischen
mittlere, ausgeglichene Entwicklungen bis zum nächsten neomorphotisch entstehenden Organisationsgefüge. Die allgemeine und durchgehende Progression
der neomorphotischen Schritte führt — entsprechend dem Prinzip von der
Tendenz zur Umwelterweiterung (BEURLEN) — zu immer höheren Stufen der
Umweltbeherrschung, morphologisch dementsprechend zu einer progressiven
Neuralisation der Organismen. Der Mensch stellt bei dieser Betrachtung die
gleichsam aus der Entwicklungsgesetzlichkeit voraus zu berechnende, bisher
höchste, aber vermutlich nicht letzte Organisationsstufe dar. Obwohl er praktisch keine Artenbildung mehr aufweist, wiederholen sich auch bei ihm noch die
gleichen orthogenetischen Formenbildungen: propulsive und konservative Entwicklungen zunächst als Rassenbildungen. Schließlich aber finden wir als letzten
keimhaften Ansatz zu der gleichen Variantenbildung die Bildung der Konstitutionsvarianten. Auch sie stellen nichts anderes dar als gleichsam Mikromani-
festationen der Artbildung im großen Evolutionsprozeß und deshalb auch
wieder Manifestationen einerseits einer propulsiven, andererseits einer konservativen Differenzierung.

Der Mensch als bisher höchste Organisationsstufe hat als wesentlichste Er-
rungenschaft die Fähigkeit zur bewußten Reflexion, die Psyche und damit gleichsam eine neue „Dimension" des Seins gewonnen. Die Psyche hat dabei, wie wir
sahen, noch alle Zeichen der phyletischen Jugendlichkeit; sie entwickelt sich in
der ontogenetischen Entwicklung erst, wenn die gesamte Morphogenese nahezu
abgeschlossen ist, und sie hat noch die enorme Modifikationsfähigkeit aller phyletischen Jugendstadien. Während wir morphologisch „nahezu ganz Genotypus"
sind, sind wir psychisch-charakterologisch lediglich in den Grundstrukturen fest
determiniert; alle weiteren Ausdifferenzierungen, wie sie der Charakter des erwachsenen Menschen zeigt, verfügen über ein breites Spielbereich, so daß im
Einzelfall die Entwicklung verläuft entsprechend der Antwort des Organismus
auf die Gesamtheit aller einwirkenden Umweltwirkungen. Diese Manifestationen
sind Modifikationen, d. h. sie sind nicht im einzelnen erblich. Wir zeigten das
am Beispiel des im australischen Busch aufgezogenen Europäerkindes, das bei
gleichem europäischen Körperbau die Differenzierungsstufe des Australiers hätte;
dispositionell bliebe es natürlich ein Europäer, tatsächlich würde es aber im Alter
nicht mehr die Modifikabilität besitzen, über die archaische Struktur hinauszuwachsen. Im Verlauf der phyletischen Alterung des heutigen Menschen, also
in den kommenden Jahrtausenden, wird die Modifikationsbreite, entsprechend
dem Verlust der Modifikationsfähigkeit im Alter, mehr und mehr eingeengt
und schließlich fixiert werden, so wie heute schon der Australier als eine phyletisch gealterte Form im europäischen Milieu großgezogen, nicht mehr imstande
wäre, eine europäische Differenzierung zu erwerben; er ist psychisch schon viel
stärker determiniert.

Heute aber ist die indogermanische Rasse noch imstande, im Rahmen ihrer
genetisch bedingten Modifikationsmöglichkeit, ihrer Reaktionsnorm, sich frei
und nach mannigfachen Richtungen zu entfalten. Andernfalls wäre jede Erziehung vergebens, ebenso wie wir nicht jemandes Gesichtsbildung oder Körperbau erzieherisch zu beeinflussen uns bemühen. Daraus ergibt sich aber, daß auch
dem konstitutionell einseitig festgelegten oder abnorm abwegig strukturierten
Körperbau, der sich als solcher mit der ehernen Gesetzlichkeit der morphogene-
tischen Determination manifestieren muß, in psychisch-charakterologischer Hin-

sicht ein Spielbereich zur Verfügung steht: Auch er kann sich, innerhalb seiner
Grenzen, zu hohem Format entwickeln oder kann, seine Möglichkeiten nicht
nutzend, auf niederer Differenzierungsstufe verharren. Auch der Hypoplastische oder Dysplastische kann sich also zu hohem geistigen Format
entwickeln, ebenso wie der apollinische Metromorphe seine geistigen Potenzen
ungenutzt brach liegen lassen kann.

Doch gilt auch für die geistige Entwicklung, daß die größte Entwicklungspotenz auf der mittleren Linie, d. h. aus der Spannung zwischen den Polen erwächst. HELWIG formulierte diesen Gedanken in trefflicher Weise[1]: „Charaktere
‚prägen' sich wesensmäßig ‚aus'." Charakter ist ja Ausprägung zu bestimmter
Form, und Ausprägung ist ein hoher Charakterwert. Aber es zeigt sich, daß es
zwei Wege der Ausprägung gibt.

Die eine Entwicklung prägt in der jeweiligen Dimension zwischen zwei
konkreten Typenpolen den Charakter so aus, daß er stets die Spannung der beiden
Pole aushält. Die andere Entwicklung prägt den Charakter zu einem der beiden
Pole aus. Diese zweite Entwicklungsform ist im Vergleich zur ersten fraglos
negativ. Nach allem Gesagten ist es die wesentlichste Aufgabe aller Charakterentwicklung, den ersten Weg zu gehen, d. h. überall da, wo alternativ das Wert-
volle des Gegentyps ausgeschlossen wird, sich von dieser Ausprägungsart frei-
zuhalten. Denn es ist eben immer die negative Form des jeweiligen Typenpols,
die allein den einen Typenpol „rein" erhält. Reine Typen können kein
Charakterideal darstellen, mögen sie auch durch ein hohes Gesamtniveau
des betreffenden Charakters mehr wert sein als Charaktere minderen Ranges mit
durchgehaltener Spannung.

Auch hier gibt es das Weiterweisen der Typen von einer gewissen Rang-
stufe an. Wir können nicht einen schizothymen Typ in irgendeiner seiner positiven Eigenschaften zu großem Format gesteigert denken, ohne daß er nicht
Positives des anderen Types hinzunehmen müßte. Geradlinigkeit des Charakters
wird zur Pedanterie und Dummheit, wenn nicht die Fähigkeit hinzukommt, da,
wo es im Interesse höherer Geradlinigkeit liegt, den „Umweg" als Mittel elastisch
begehen zu können. Wir können nicht Aristokratie als echtes Königtum im
Menschen ausbilden, wenn nicht zur Distanz gegenüber dem Artungleichen der
starke Kontakt zu Gemeinschaft des Artgleichen hinzukommt. Und in der
Kunst und überall wird der „Formmensch" niemals eine hohe Form entwickeln
können, wenn sie nicht gefüllt ist mit Farbe und Reichtum der Wirklichkeit.
Und darum ist es die menschliche Aufgabe, sich so weit wie möglich auszuprägen
zu „klarem" Typ, immer aber so, daß die alternative Zuspitzung zu einem
konträr entgegengesetzten Typ unmöglich wird. Oder, zu einem Scherz formuliert: „Präge dein Wesen zum klaren Typ aus, aber so, daß du in keines der
charakterologischen Typensysteme hineinpaßt."

„Diese Aufgabe ist wahrscheinlich unerfüllbar. An irgendeinem Punkt erlahmt
unsere Spannkraft, immer weiter zwischen zwei Polen zu wachsen. Dann neigen
wir uns zu einem der beiden Pole hin, „landen", ermüdet von der durchgehaltenen
Spannung, in irgendeiner der ‚end-gültigen' Gestalten — unsere schöpferisch
freie Entwicklung damit notwendig einengend."

Das Wesentliche in der Charakterstruktur des Menschen von großem Format
liegt, wie mir scheinen will, gerade darin, daß diese Spannkraft, immer zwischen
zwei Polen zu wachsen, unvergleichlich viel größer ist als die des Durchschnitts-
menschen, ja, daß er wahrscheinlich niemals „landet", sondern bis zum Schluß
sich seine freie, schöpferische Entwicklung gerade durch dieses Wachsen zwischen den Polen erhält. Je kleiner das menschliche Format ist, je frühzeitiger

---

[1] HELWIG, Charakterologie. l. c.

die „Landung" erfolgte und die „Form" sich prägte, desto leichter gelingt die Einordnung auf einem der beiden Pole. „Es ist das Tragische aller Formgewinnung (in der Natur, in der Kunst, in wissenschaftlichen Fragerichtungen und überall), daß die zu Ende geprägte Form das Ende der Entwicklung anzeigt. Nur die Krusten, die das Leben ausbildet, lassen sich begreifen, das Leben selbst wohnt im Flüssigen, das noch zu aller Gestaltung fähig ist."

So kommen wir auch von hier aus zum Evolutionsproblem, in dem, wie wir schon sahen, alle Überlegungen genetischer Art letzten Endes münden und auf das wir auch bei unseren genetischen Überlegungen zum Konstitutionsproblem hingelangten. Alle organischen Strukturen mit Einschluß des Psychischen entstehen auf dem Wege von konservativer bis progressiver Entwicklung. Die beiden Extreme sind nicht über sich selbst hinaus entwicklungsfähig, sondern führen notwendig zur Festlegung, zur „Landung". Nur die mittleren, nicht vorzeitig festgelegten Entwicklungen vermögen die Spannung zwischen den Polen auszuhalten und eine Differenzierung zu erreichen, die zu neuer Organisationsstufe zu führen imstande ist.

Die Variabilität der Konstitutionsformen stellt somit einen Modellfall für die Artbildung im kleinen dar, und das Studium ihrer Entstehungsbedingungen führte deshalb mitten hinein in die Gesetze des großen Evolutionsgeschehens überhaupt.

Diese Gedanken weisen weit hinaus auch in die Bereiche des geistigen Lebens. Das Wachsen zwischen zwei Polen, das Sich-Freihalten von der Spezialisierung, von der Festlegung und Einpassung war es, was den Menschen erst zum Menschen machte. Dieses Wachsen zwischen zwei Polen ohne die Determination nach der einen oder der anderen Seite führt auch in der Entwicklung der einzelnen Persönlichkeit zu den höchsten Formen der Selbstverwirklichung. Und dieses Wachsen zwischen zwei Polen gilt als Ziel überhaupt für jede geistige Entwicklung. Erleben wir doch gerade jetzt den gigantischen Zusammenbruch einer Weltordnung, die sich festgelegt hatte, die zur starren Form, zum Dogma geworden war, aus der das pulsierende Leben sich zurückgezogen hatte; eine Welt, die vollkommen ihre Entwicklungsfähigkeit verloren hatte, die eine allzu fertige Spezialisation darstellte, aus der es kein Vorwärts, kein Weiter, aber auch kein Zurück mehr gab; eine Lebensform, die nur abgelöst werden konnte von jenen Kräften, die sich ihre Entwicklungsfähigkeit bewahrt hatten, da auch sie aus der Spannung zwischen den Polen (eines konservativ-nationalen und eines propulsiv-sozialistischen Entwicklungszieles) hervorgewachsen waren; nur von ihnen war eine neue und höhere „Organisationsstufe", eine neue Ordnung zu erwarten.

Eine Verpflichtung erwächst uns daraus, und sie ist es, die wir die Jungen zu lehren haben: Behaltet euere Entwicklungsmöglichkeiten, bewahrt euch die Spannung, zwischen den Polen zu wachsen; glaubt niemals, am „Ziel" zu sein, setzt euch niemals zur verlockenden Ruhe; und vor allem: Hütet euch vor dem Dogma, denn es ist das sichere Zeichen des Endes jeder geistigen Entwicklung.

Sachverzeichnis.

Handbuch der Erbbiologie des Menschen. Unter Mitarbeit zahlreicher Fachgelehrter in Gemeinschaft mit Professor Dr. K. H. Bauer, Breslau, Dozent Dr. E. Hanhart, Zürich, und Professor Dr. J. Lange †, Breslau, herausgegeben von Professor Dr. Günther Just, Berlin-Dahlem. In fünf Bänden. Gesamtumfang: LXXVII, 4905 Seiten mit 1734 Abbildungen im Text und auf 9 Tafeln.

RM 770.—; gebunden RM 800.—

I. Band: **Die Grundlagen der Erbbiologie des Menschen.** Redigiert von G. Just, Berlin-Dahlem. Mit 366 Abbildungen im Text und auf 6 Tafeln. XI, 739 Seiten. 1940.

RM 121.50; gebunden RM 126.—

II. Band: **Methodik. Genetik der Gesamtperson.** Redigiert von G. Just, Berlin-Dahlem. Mit 289 Abbildungen im Text und auf 2 Tafeln. XI, 820 Seiten. 1940.

RM 123.—; gebunden RM 127.50

III. Band: **Erbbiologie und Erbpathologie körperlicher Zustände und Funktionen I: Stützgewebe. Haut. Auge.** Redigiert von K. H. Bauer, Breslau, E. Hanhart, Zürich. G. Just, Berlin-Dahlem. Mit 407 zum Teil farbigen Abbildungen. X, 750 Seiten. 1940.

RM 127.50; gebunden RM 132.—

IV. Band: **Erbbiologie und Erbpathologie körperlicher Zustände und Funktionen II: Innere Krankheiten.** Redigiert von K. H. Bauer, Breslau, E. Hanhart, Zürich, G. Just, Berlin-Dahlem. In zwei Teilen. Mit 397 zum Teil farbigen Abbildungen im Text und auf einer Tafel. XIII, X. 1272 Seiten. 1940.

RM 210.—; gebunden RM 218.25

V. Band: **Erbbiologie und Erbpathologie nervöser und psychischer Zustände und Funktionen.** Redigiert von G. Just, Berlin-Dahlem, und J. Lange †, Breslau. In zwei Teilen. Mit 275 Abbildungen. XIV, VIII, 1324 Seiten. 1939.

RM 188.—; gebunden RM 196.25

Körperbau und Charakter. Untersuchungen zum Konstitutionsproblem und zur Lehre von den Temperamenten. Von Dr. **Ernst Kretschmer**, ord. Professor für Psychiatrie und Neurologie in Marburg. Dreizehnte und vierzehnte verbesserte und vermehrte Auflage. Mit 49 Abbildungen. XII, 245 Seiten. 1940.   Gebunden RM 13.60

Körperbau und Geisteskrankheit. Eine anthropologisch-klinische Untersuchung zur Beleuchtung des psychiatrischen Konstitutionsproblems. Von **Max Schmidt**, 1. Assistenzarzt der Psychiatrischen Universitätsklinik in Kopenhagen. (Monographien aus dem Gesamtgebiete der Neurologie und Psychiatrie", 56. Heft.) Mit 56 Abbildungen. VII, 206 Seiten. 1929.   RM 20.34

Zeitschrift für menschliche Vererbungs- und Konstitutionslehre. Unter Mitwirkung von W. Albrecht, Tübingen, F. Curtius, Berlin, C. B. Davenport, Cold Spring Harbor, E. Hanhart, Zürich, E. Kretschmer, Marburg, O. Kroh, München, L. Loeffler, Königsberg, H. Lundborg, Uppsala, M. von Pfaundler, München, H. Reiter, Berlin, R. Rössle, Berlin, H. W. Siemens, Leiden, O. Freiherr v. Verschuer, Frankfurt a. M., A. Vogt, Zürich. Herausgegeben von G. Just, Berlin-Dahlem, und K. H. Bauer, Breslau. Jährlich erscheinen etwa $1^1/_3$ Bände zu je 5 einzeln berechneten Heften.   Maximalpreis für 1941 RM 150.—

Biologische Daten für den Kinderarzt. Grundzüge einer Biologie.

In 3 Bänden:

Erster Band: **Wachstum (Körpergewicht. Körperlänge. Proportionen. Habitus). Skeletsystem — Blut — Kreislauf — Verdauung.** Von Privatdozent Dr. **Joachim Brock**, Oberarzt der Univ.-Kinderklinik Marburg a. L. Mit 23 Abbildungen. XI, 252 Seiten. 1932.   RM 18.60; gebunden RM 19.60

Zweiter Band: **Atmungsapparat — Harnorgane — Drüsen mit innerer Sekretion — Nervensystem — Stoffwechsel (Kraftwechsel. Wärmehaushalt. Wasserwechsel. Säurebasenstoffwechsel).** Bearbeitet von dem Herausgeber Professor **Joachim Brock**, Marburg a. L., Professor **Erwin Thomas**, Duisburg, Professor **Albrecht Peiper**, Wuppertal-Barmen. Mit 38 Abbildungen. VIII, 321 Seiten. 1934.   RM 26.—; gebunden RM 27.20

Dritter Band: **Stoffwechsel (Eiweißstoffwechsel. Kohlehydratstoffwechsel. Fettstoffwechsel. Mineralstoffwechsel). — Biochemie der Körpersäfte — Ernährung — Haut — Immunbiologie — Statistik.** Bearbeitet von dem Herausgeber Professor **Joachim Brock**, Bad Dürrheim (Schwarzwald), Professor **H. Knauer**, Bonn, Professor **B. de Rudder**, Frankfurt a. M., Professor **J. Becker**, Bremen, Dozent **K. Klinke**, Breslau. Mit 24 Abbildungen. X, 389 Seiten. 1939.   RM 36.—; gebunden RM 37.20

Vererbung und Erziehung. Unter Mitwirkung von A. B u s e m a n n , Ph. D e p d o l l a , E. G. D r e s e l , E. H a n h a r t , H. S c h l e m m e r , O. F r h r . v o n V e r s c h u e r . Herausgegeben von **Günther Just**. Mit 39 Abbildungen. VI, 333 Seiten. 1930.   RM 11.52

Vererbung und Seelenleben. Einführung in die psychiatrische Konstitutions- und Vererbungslehre. Von Dr. **Hermann Hoffmann**, a. o. Professor für Psychiatrie und Neurologie an der Universität Tübingen. Mit 104 Abbildungen und 2 Tabellen. VI, 258 Seiten. 1922.   RM 7.65

Charakter und Umwelt. Von Dr. **Hermann Hoffmann**, a. o. Professor für Psychiatrie und Neurologie an der Universität Tübingen. IV, 106 Seiten. 1928.   RM 5.04

Psychologische Probleme. Von **Wolfgang Köhler**. Mit 25 Abbildungen. VIII, 252 Seiten. 1933.   RM 14.—

Gedanken über die Seele. Von Professor Dr. **Oswald Bumke**, Geheimer Medizinalrat, Direktor der Psychiatrischen und Nervenklinik in München. Mit 23 Textabbildungen. III, 350 Seiten. 1941.   RM 6.30; gebunden RM 7.80